设施园艺学

面向21世纪课程教材
普通高等教育『十二五』规划教材

主　编　汪志辉　贺忠群
副主编　杨振超　孙治强　李清明

中国水利水电出版社
www.waterpub.com.cn

内 容 提 要

本书共分9章，内容包括：绪论；园艺设施的结构类型、性能及应用；园艺设施覆盖材料的种类、特性及应用；设施园艺机械与设备；我国南北方园艺设施的环境特征及其调节控制；园艺设施的规划设计与建造；现代设施园艺技术及其应用；设施无土栽培技术；园艺植物设施栽培技术；实验实习指导等内容。本书结合南北方设施园艺特点编写，内容新、起点高，知识体系更完善，能充分体现本学科的新技术与新方法，具有学科的知识性、系统性、实用性及前瞻性的特点。每章有本章要点、复习思考题，书后附有参考文献，便于自学。

本书适用园林园艺专业及相关专业的师生，也可供其他科研院所科研人员和相关行业从业者参考。

图书在版编目（CIP）数据

设施园艺学 / 汪志辉，贺忠群主编. -- 北京 : 中国水利水电出版社，2013.4(2023.7重印)
普通高等教育“十二五”规划教材
ISBN 978-7-5170-0769-2

Ⅰ. ①设… Ⅱ. ①汪… ②贺… Ⅲ. ①园艺－保护地栽培－高等学校－教材 Ⅳ. ①S62

中国版本图书馆CIP数据核字(2013)第074480号

书　名	普通高等教育“十二五”规划教材 **设施园艺学**
作　者	主　编　汪志辉　贺忠群 副主编　杨振超　孙治强　李清明
出版发行	中国水利水电出版社 （北京市海淀区玉渊潭南路1号D座　100038） 网址：www.waterpub.com.cn E-mail：sales@mwr.gov.cn 电话：（010）68545888（营销中心）
经　售	北京科水图书销售有限公司 电话：（010）68545874、63202643 全国各地新华书店和相关出版物销售网点
排　版	中国水利水电出版社微机排版中心
印　刷	北京印匠彩色印刷有限公司
规　格	210mm×285mm　16开本　18.75印张　621千字
版　次	2013年4月第1版　2023年7月第2次印刷
印　数	3001—4000册
定　价	**55.00**元

本书编委会

主　编　　汪志辉　贺忠群

副主编　　杨振超　孙治强　李清明

编　者　　（按姓氏笔画为序排序）

孙治强（河南农业大学）

汪志辉（四川农业大学）

李清明（山东农业大学）

陈双臣（河南科技大学）

杨振超（西北农林科技大学）

周艳丽（吉林农业大学）

胡小京（贵州大学）

郑阳霞（四川农业大学）

贺忠群（四川农业大学）

耿广东（贵州大学）

黄　志（四川农业大学）

总　审　　邹志荣（西北农林科技大学）

前言
Preface

设施园艺是我国农业领域一个重要的方面，设施园艺产品如蔬菜、花卉、果品是人民生活不可或缺的农产品，随着生活水平的提高，人们对设施园艺产品的需求日益增长，加上园艺产品的附加值很高，从事设施园艺生产会有显著的经济效益。因而，我国的设施园艺事业在近年来得到迅速发展，设施园艺业已成为21世纪我国农业最具活力的新兴产业之一。

设施农业是利用现代农业装备，以人为的方式创造植物适宜的生长环境来生产农产品的现代农业生产方式。其通过调控环境因子，使植物处于最佳的生长状态，使光、热、土地等资源得到最充分的利用，可以实现周年生产和产品的均衡供应，从而大大提高了土地利用率、劳动生产率、农产品质量和经济效益。

设施园艺是设施农业的重要组成部分，也是使用设施生产方式、方法最多的领域之一。近年来，随着科学技术的日新月异，我国南北方设施园艺的设施、设备及设施栽培方式和手段都有了长足的发展。为了适应新形势下设施园艺的发展，无论任课教师还是学生，以及从事设施园艺科研及生产的研究人员和园艺工作者，都迫切需要有一本新的、且与当前中国科技水平发展相适应的《设施园艺学》教材，本教材就是在这样的背景下编著的。

《设施园艺学》是普通高等教育“十二五”规划教材，全书共分9章，涉及了与设施园艺有关，同时与当前生产实际紧密关联的丰富内容，如设施园艺在农业发展中的作用，我国南北方设施园艺发展特点及差异，软化设施，植物工厂；设施园艺机械与设备；我国南北方园艺设施环境特点及其调控；现代设施园艺技术及其应用；园艺设施的类型、结构、性能、应用；设施园艺的覆盖材料；园艺设施的规划设计与建设；这些内容是以当前我国南北方设施园艺学发展需要为出发点，大大拓展了原来只针对北方地区设施园艺发展的局限，使该书的适用范围、先进设施、设备及适用技术在设施园艺方面的应用，以及对当前设施园艺生产的指导能力都大为增强。

参加编写人员有：第1章由汪志辉、郑阳霞编写；第2章由耿广东、周艳丽编写；第3章由周艳丽、耿广东、胡小京编写；第4章由陈双臣、杨振超编写；第5章由郑阳霞、汪志辉编写；第6章由李清明、贺忠群编写；第7章由杨振超、陈双臣编写；第8章由贺忠群、李清明编写；第9章由孙治强、贺忠群编写；实验指导为黄志。全文总审为西北农林科技大学邹志荣教授。

限于编者水平有限，书中不足和疏漏之处敬请广大读者和同行批评、指正，以便于以后修订、完善。

编　者

2013年1月

前言

编　者

目录 Contents

第1章 绪 论

【本章要点】 了解设施园艺发展历史、现状及未来趋势，设施园艺在农业发展中的作用。掌握设施园艺的概念、内容及其特点。教学难点是我国南北方设施园艺发展特点及差异。

我国应用设施栽培园艺作物已有2000多年的悠久历史，是世界上最早进行园艺设施栽培的国家。随着人民生活水平的提高及农业现代化建设的需要，园艺产品的品质要求及周年供应需求矛盾越来越突出，使得设施园艺事业在近年来得到迅速发展，其发展方向为自动化、智能化、无人化，并对设施生产的园艺产品质量要求也越来越高。同时，由于我国南北气候差异较大，因而我国南北方设施园艺发展呈现不同的特点及差异。

1.1 设施园艺及其在农业发展中的作用

随着人民生活水平的不断提高，以及科学技术的快速发展，设施园艺在农业生产中的地位越来越重要。目前，设施园艺已成为农业现代化的重要途径之一，在知识经济时代和信息时代的今天，设施园艺的内涵和高新科技应用水平不断提高，越来越显示出其强大的生命力和广阔的发展前景。

1.1.1 设施园艺的概念、内容及其特点

设施园艺（Protected cultivation，Cultivation under cover）是指在不适宜园艺作物（菜、花、果）生长发育的寒冷或炎热季节，利用保温、防寒或降温、防雨等设施、设备，人为地创造适宜园艺作物生长发育的小气候环境，不受或少受自然季节的影响而进行的园艺作物生产。由于生产的季节往往是在露地自然环境下难以生产的时节，又称“不时栽培”或“反季节栽培”、“错季栽培”等。

设施园艺是一门多学科交叉的科学，涉及三个主要学科，即生物科学、环境科学和工程科学，是三个学科的交叉与有机结合。生物学科主要包含生产对象即蔬菜、花卉和果树，而这三大类园艺作物又各自包含了许多种类和品种。设施环境包括光照、温度、湿度、气体、土壤5个方面。首先，应了解每个环境因子对园艺作物生长发育的影响及生理机制；其次，要掌握设施的5个环境因子特点，与露地栽培有什么不同；第三，也是最重要的，就是根据栽培作物的生物学特性，如何进行环境调节控制。既要了解作物与环境间的定性、定量关系，还要掌握各种调控手段、调控设备的运用，以及现代化的自动控制技术，计算机管理等。使作物与环境达到最理想、最完美、和谐的统一，以实现高产、优质、高效的生产目的。工程学科则是建造出能够满足作物对光、温、湿、气及土5个环境因子需要的设施类型，为作物提供最优的生育空间。这就需要有科学合理的总体规划设计，设施选型和结构优化设计，环境调控设计（如采暖、保温、降温、加湿与降湿），灌溉与施肥，通风换气，CO_2 气体施肥，建筑材料的选择和计算，建筑施工技术等。

1. 设施园艺工程

设施园艺工程研究的主体对象主要有简易保护设施、塑料大棚（含中小拱棚）及温室等。

（1）简易保护设施。所谓简易保护设施是指结构简单，环境调控能力较差的园艺栽培设施。其主要有风障、阳畦、温床，以及简易覆盖等。

风障是在冬春季节设置在栽培畦北侧用以阻挡寒风的屏障，在风障保护下的栽培畦为风障畦。阳畦又叫冷床，是完全利用太阳的光照和地温，而无任何人工加温设备的苗床，是在风障畦的基础上发展而来的

一种性能优于风障的简易保护设施。温床是在阳畦基础上增加人工加温条件，以提高床内地温和气温的保护设施。而简易覆盖则是设施栽培中的一种简单覆盖方式，是利用不同防护材料覆盖在栽培畦表面或植株上进行栽培。现代简易覆盖主要指地膜覆盖和无纺布浮面覆盖。

（2）塑料大棚（含中小拱棚）。塑料棚就是将塑料薄膜作为透光覆盖材料的单栋拱棚，以保护园艺作物正常生长发育，其骨架常用竹、木、钢材或复合材料建造而成。塑料棚分为三大类：塑料小棚、塑料中棚和塑料大棚。塑料小棚一般脊高1m或以下，跨度1.5～3m，长度10～15m，面积15～45m^2。塑料中棚一般脊高1.5～1.8m，跨度3.0～6.0m，长度10m以上，面积30～60m^2。塑料大棚一般脊高2.4～3.5m，跨度8～15m，长30～100m，面积300m^{2}以上。

在我国南方地区园艺栽培中塑料大棚主要用于冬季保温，夏季用于遮阳、防雨；在北方园艺栽培中塑料大棚主要起到春提早、秋延后的作用，一般比露地生产可提早或延后1个月左右。由于其保温性能较差，在北方地区一般不用塑料大棚做越冬生产。

（3）日光温室。日光温室是南（前）面为采（透）光屋面，东、西、北（后）三面为保温围护墙，并有保温后屋面的单坡面型塑料薄膜温室。日光温室是以太阳能为主要能源，前屋面夜间覆盖活动保温被（草帘）进行越冬生产，正常条件下，在我国北方地区使用，不用人工加温即可保持室内外温差达20～30℃以上。此类温室现已推广到北纬30°～45°地区，是我国北方地区园艺栽培越冬生产的主要温室形式。日光温室跨度一般为6～10m，脊高2.6～3.5m，长度多为60～80m。

（4）连栋温室。连栋温室是将多个单跨的温室通过天沟连接起来的大面积生产温室。连栋温室克服了单跨温室表面积大，冬季加温负荷高、操作空间小、室内光温环境不均匀、占地面积大、土地利用率低等缺点。能够完全实现温室生产的自动化和智能化控制，是现代设施农业发展的趋势和潮流。根据结构形式和覆盖材料不同，连栋温室分为连栋玻璃温室、连栋塑料温室和聚碳酸酯板温室（PC板温室）。其中连栋塑料温室又根据覆盖塑料薄膜的层数分为单层塑料薄膜温室和双层充气温室。PC板温室也根据聚碳酸酯板材料的不同，分为PC中空板温室和PC浪板温室。温室的屋面形式有拱圆形、锯齿形和人字形等。一般柔性透光覆盖材料（如塑料薄膜）常采用圆弧形屋面，而刚性透光覆盖材料（如玻璃和PC板）则采用坡屋面。连栋温室的跨度一般在6.0～1.0m，常用跨度为6.0m、6.4m、8.0m、9.6m和10.8m等。连栋温室一般都配备有比较完备的环境调控设施，可进行周年生产，适合于我国各个不同地区建造。

（5）植物工厂。植物工厂（Plant Factory）一词源于日本，根据对太阳光利用形式的不同，植物工厂可分为完全控制型、太阳光利用型和太阳光并用型等三种，而狭义上植物工厂则专指人工光型的植物生产系统。植物工厂还可根据生产对象不同分别称之为“蔬菜工厂”、“花卉工厂”、“苗木工厂”等。日本植物工厂学会对植物工厂的定义是：利用环境自动控制、信息技术、生物技术、机器人和新材料等进行植物周年连续生产的系统，也就是利用计算机对植物生育的温度、湿度、光照、二氧化碳浓度、营养液等环境条件进行自动控制，使设施内植物生育不受自然气候制约的省力型生产。

植物工厂生产采用封闭的方式，实行全面严格有效的环境控制技术和先进的植物工程技术，从播种到采收的全过程，全部实现自动化控制、流水线作业，可实现全年连续的生产，完全摆脱了自然条件的限制。植物工厂生产的对象包括蔬菜、花卉、果树、食用菌和大田作物等，目前主要用于生产生菜、菠菜、莴苣及番茄等。一年可收获十几茬以上，年总产量是露地的数十倍。采用水培、立体栽培、多段化及移动床栽培，单位面积的栽培效率可提高2～4倍，灌水、施肥，以及温度、湿度管理等完全自动化作业，播种、定植、采收等全部由计算机操作，作业变得轻松舒适，是未来农业的缩影。

2. 设施栽培的方式

由人工保护设施所形成的小气候条件下进行的植物栽培，称为设施栽培，也称为保护地栽培。设施栽培主要应用于蔬菜、果树、苗木、花卉等园艺作物和药用植物的生产。保护地栽培可以不受生产的季节性限制，使植物避开不利自然条件的影响而生长发育；能够延长或提早植物的生长期和成熟期，成倍地增加单位面积产量。在蔬菜生产中，设施栽培与露地栽培，以及储藏、加工等措施相配合，对于保证蔬菜的周年均衡供应有重要作用。设施栽培与露地栽培不是截然分割的。按照保护的程度，设施栽培主要有风障栽培、早熟栽培、秋延后栽培和促成栽培等几种方式。

（1）风障栽培。各类作物除因局部气温和地温提高而可提早播种、栽植外，栽培方式基本与露地相同。栽培管理技术较简单。

（2）早熟栽培。在露地不适于作物生长季节，采用保护设施（如防寒保温或遮阳降温）创造适宜的环境，应用早熟品种，提早播种育苗，在露地气温适宜的情况下种植于大田或栽植在设施内，是作物提早成熟的栽培方法。

（3）秋延后栽培。又称秋冬型栽培，适用于随季节变化，即气温在变低，光照在减弱，作物生长也将变慢的情况下。栽培时利用秋季的光照资源和较大的温差，将养分积累于植株体内，在冬季逐渐转移到产品器官中，形成产量的栽培技术。例如，在蔬菜园艺栽培中，一些喜温性蔬菜的延迟栽培，如黄瓜、番茄等，秋季前期在露地或在未覆盖的棚室生长，晚秋早霜到来之前扣膜防止霜冻，使之在保护设施内继续生长，延长采收时间。秋延后栽培比露地栽培可延迟供应期1～2个月。

（4）促成栽培。又称不时栽培，是完全的保护地栽培，植物一生全在保护地的综合条件下生长成熟。也就是指冬季低温季节利用温室等设施进行长期加温或保温栽培园艺植物的方式。

如目前一些日光温室或连栋温室内进行的茄果类蔬菜的长季节栽培，从8～9月定植～翌年6月采收结束，在10月下旬～翌年3月下旬采取保温措施或进行加温以维持生长，促进坐果及果实发育。

另外，随着农业科学技术的迅速发展，许多农业新技术在设施园艺栽培中得到了推广应用，例如无土栽培技术，不用天然土壤而用营养液和营养基质的方法进行栽培。无土栽培所用的营养基质或营养液中完全具有，甚至超过天然土壤所供给的各种营养物质，因此更有利于植物的生长发育。在生产上，无土栽培具有高产、早熟、节水、病害轻，可以生产无污染的优质园艺产品等优点。

设施园艺是现代农业科学与工程技术的集成，涉及建筑、材料、机械、环境、自动控制、品种、栽培及管理等多种学科和多种系统，是现代农业的重要组成部分。设施园艺学是以现代科技为依托，以先进设施为基础，以产业化经营为手段，在可控环境的条件下，实现高产、高效与可持续发展的现代农业生产管理体系。设施园艺学是一门集建筑科学、园艺科学、环境科学、信息技术和农业经济等为一体的多学科交叉的学科。

设施园艺的特点是通过采用现代农业工程技术，利用人工建造的设施，通过人工调控、改变和模拟园艺植物的自然环境，使其达到最适的温度、湿度、光照、水肥等环境条件，在一定程度上摆脱对自然环境的依赖进行有效生产的新型农作方式。生产过程中，通过调控环境因子，使植物处于最佳的生长状态，使光、热、土地等资源都得到最充分的利用。设施园艺可以实现反（错）季节及周年生产，均衡供应，从而大大提高了土地利用率、劳动生产率、农产品质量和经济效益，促进了农业产业结构的调整和现代农业的发展。

1.1.2 设施园艺在农业发展中的作用

1. 设施园艺与人民生活的关系

蔬菜、花卉和水果，是人民生活中不可缺少的食品。随着人民生活水平的不断提高，特别是解决了温饱而步入小康之后，园艺产品的不时供给，已成为农业产业结构调整的重要内容。蔬菜生产是农业生产的重要组成部分，由于蔬菜中含有丰富的维生素、矿物质、碳水化合物、蛋白质及脂肪等多种营养物质，其中维生素和矿物质是粮食作物或其他动物性食品中所没有的，因此与人民健康息息相关。蔬菜既是主要的园艺作物，也是我国设施园艺生产面积居首位的作物，据有关部门统计，1980～1981年，我国设施蔬菜的人均占有量只有0.2kg，1999年增加到59kg，增加了290多倍，到2011年已达到80kg。蔬菜设施栽培之所以发展很快，是因为自然季节的限制，使我国很多地区不可能一年四季进行露地蔬菜生产，蔬菜消费的经常性与生产的季节性存在很大矛盾，严寒冬季或炎热多雨的夏季，许多蔬菜难以在露地生长，只能靠设施栽培，才能做到周年生产、均衡供应。尽管依靠大市场流通或贮存保鲜，也对蔬菜周年均衡供应起到很大作用，但人民生活水平提高后，对蔬菜质量要求越来越高，蔬菜的新鲜度与质量关系很大，很多不耐贮运的蔬菜只能靠各种园艺设施，进行反季节栽培，才可能有高质量产品供应市场，满足人民生活的需要。

当今社会，花卉也逐渐成为人们生活中不可缺少的内容。它是美的象征，也是社会文明进步的体现。花卉是城乡园林绿化和美化的重要材料，也可起到调节空气温度、湿度，吸收有害气体，吸附烟尘，净化环境的作用。花卉是人类精神文明的反映，花卉艳丽的色彩，沁人心脾的芳香，能令人赏心悦目，心旷神怡，既可陶冶情操，还有利于人们身心健康。花卉生产是园艺生产重要组成部分，经济效益日趋显著。在设施园艺生产中，花卉栽培的面积增加得很快，反季节栽培的花卉，经济效益已超过蔬菜。一些高档花卉的栽培，尤其需要环境的保证，所以设施栽培必不可少。

果树设施栽培在我国起步较晚，除草莓、葡萄、桃近年来发展较快以外，其他果树尚处于试验阶段，很多果树设施栽培尚属空白。但随着国民经济发展，对外开放不断扩大，果品出口需求的增长，也需要果品供应新鲜多样，品质上乘，尤其那些成熟期早、不耐贮运、供应期短的果树，如樱桃、桃、李、杏、葡萄等，在设施栽培条件下，可使其成熟期提早 2 个月以上，是解决人们对淡季水果需求的重要途径。

2. 设施园艺在国民经济中的地位

我国农业发展正面临着耕地不断减少、人口不断增加及社会总需求不断增长的严峻形势。自 1992 年以来，全国耕地面积每年约减少 30 万 hm^2，而总人口却以 0.17%的速度递增，预计 21 世纪中叶我国人口将达到 16 亿，耕地将减少 1033.33 万 hm^2。在人均自然资源相对短缺的情况下，我国主要农副产品的总供给与不断增长的总需求，能否保持基本平衡和协调发展，是关系到人民生活、经济发展、国家繁荣，以及社会安定与否的根本性问题。而蔬菜、花卉、水果，则是与人民生活关系极为密切，产品附加值高，经济效益显著，占有重要位置的农副产品。

改革开放以来，我国农业生产取得了长足的进步，从中央到地方，各级政府主要领导大抓“米袋子”和“菜篮子”工程，使全国人民的生活水平由温饱转向了小康，现在正向中等发达国家水平努力。近年来，设施园艺面积大幅度增加，仅蔬菜设施栽培从 1991～1999 年就增加了 8.8 倍，比 1981 年增加了 193.8 倍，总面积跃居世界第一位。对解决大中城市蔬菜供应，丰富城乡人民的菜篮子起到了重要作用。但是从今后发展看，面对资源紧缺、人口膨胀的严峻现实，必须改变农业低效高耗的增长方式，要走技术替代资源的路子，最终要走向农业工业化的发展道路。只有这样，才有可能在有限的土地资源上，创造出高产、优质、高效的农产品。因为设施农业是人工控制环境，使动、植物获得最适宜的生育条件，从而延长生产季节，获得最高的产出，而设施园艺则是设施农业的重要方面。党的十五届三中全会作出了“中共中央关于农业和农村工作若干重大问题的决定”，其中谈到今后工作重点时，提到了“现代集约化种养技术”，这里面的“种”指的就是设施园艺，这充分说明它与人民生活水平与生活质量的提高关系极为密切。

从今后发展看，不仅城市人口对园艺产品的需求越来越多，质量越来越高，而且由于城市化进程的加快，原来在城镇郊区进行园艺生产的农民，有相当数量转成了消耗产品的城镇居民，必须有充足的园艺产品保证扩大了的需求。而这又不能靠扩大耕地面积解决，只能通过设施栽培途径提高单产。例如，荷兰温室番茄产量可达 $54kg/m^2$，黄瓜 $72kg/m^2$，是露地栽培的十几倍甚至几十倍，正是因为荷兰温室环境控制设备和栽培技术水平高，可全天候生产，因此大大提高了土地利用率和生产效率。

从我国农村改革开放进行产业结构调整看，粮食面积减少后种什么？实践证明，发展设施园艺是一条脱贫致富、逐步实现农业现代化的有效途径。许多发达国家的经验证明，发展设施农业是实现农业现代化的必由之路，而设施园艺则是设施农业重要方面之一，充分反映了设施园艺在国民经济中的特殊地位。

3. 设施园艺在园艺作物周年生产中的作用

设施园艺的作用因地而异，由于地区的自然条件不同，市场的需求不同，采用的设备及生产方式各有特点，就其生产作用而言，以蔬菜为例可概括为以下 10 种。

（1）育苗。秋、冬及春季利用风障、阳畦、温床、塑料棚及温室为露地和设施栽培培育各种蔬菜幼苗，或保护耐寒性蔬菜的幼苗越冬，以便提早定植，获得早熟产品。夏季利用荫障、荫棚等培育秋菜幼苗。

（2）越冬栽培。利用风障、塑料棚等于冬前栽培耐寒性蔬菜，在保护设备下越冬，早春提早收获，如风障根茬菠菜、韭菜、小葱等；大棚越冬菠菜、油菜、芫荽；中小棚的芹菜、韭菜等。

（3）早熟栽培。早熟栽培指利用保护设施进行防寒保温，提早定植，以获得早熟的产品。

（4）延后栽培。夏季播种，秋季在保护设施内栽培果菜类、叶菜类等蔬菜，早霜出现后，仍可继续生长，以延长蔬菜的供应期。

（5）炎夏栽培。高温、多雨季节利用荫棚、大棚遮荫及防雨棚等设施，进行遮荫、降温、防雨，于炎热的夏季进行栽培。

(6) 促成栽培。促成栽培指在最寒冷的冬季利用温室（日光或加温），栽培喜温果菜类蔬菜，促使形成产品。

(7) 软化栽培。利用棚、室（窖）或其他软化方式，为形成的鳞茎、根、植株或种子创造条件，促其在遮光的条件下生长，而生产出青韭、韭黄、青蒜、蒜黄、黄葱（羊角葱）、豌豆苗、萝卜芽、苜蓿芽、菊苣及香椿芽等芽菜。

(8) 假植栽培。秋、冬期间利用保护设施把在露地已长成或半长成的蔬菜连根掘起，密集囤栽在阳畦或小棚中，使其继续生长，如油菜、芹菜、莴笋、甘蓝、小萝卜和花椰菜等，经假植后于冬、春季供应新鲜蔬菜。

(9) 利用园艺设施进行无土栽培。

(10) 为种株进行越冬贮藏或采种。

上述这些作用同样适用于花卉尤其是草本花卉的周年生产，对于果树最主要的作用则是早熟栽培或促成栽培。

1.2　设施园艺发展概况及趋势

设施园艺经历2000多年的历史与发展，其结构类型已从原始到现代。设施环境调控技术水平从初级到高级，目前正朝智能化及无人化方向发展。我国的设施园艺发展虽然取得了长足的进步，但与世界先进水平相比，尚有一段距离。

1.2.1　我国设施园艺发展历史及现状

我国应用保护设施栽培蔬菜已有悠久的历史，早在公元前551～前479年间，《论语》中记载有“不时不食”是不时栽培的语源。我国保护地栽培最早有文字记载的是在西汉（公元前206～公元23年），《汉书》循吏传记载“太官园种冬生葱韭菜菇，覆以屋庑，昼夜燃蕴火，待温气乃生”。说明我国在2000多年前已能利用保护设施栽培多种蔬菜。到了唐朝，保护地种菜又有发展，唐朝（公元618～907年）诗人王建在宫前早春诗中：“酒幔高楼一百家，宫前杨柳寺前花，内苑分得温汤水，二月中旬已进瓜”，说明1200多年前冬季已利用天然温泉进行瓜类栽培。又据元朝（1279～1368年）王祯著《农书》记载：“至冬移根藏以地屋荫中，培以马粪，暖而即长”。又说：“就旧畦内，冬月以马粪覆之，于向阳处，随畦用蜀黍篱障之，遮北风，至春，疏其芽早出”，“十月将稻草灰盖三寸，又以薄土覆之，灰不被风吹，立春后，芽生灰内，即可取食”。说明600多年前，已有阳畦、风障韭菜栽培。明朝（1368～1644年）王世懋在《学圃杂疏》中写道：“王瓜，出燕京者最佳，其地人种之火室中，逼生花叶，二月初，即结小实，中官取以上供”，说明400多年前，北京的温室黄瓜促成栽培已取得成功。随后相继创造了北京式的土温室、改良式温室。我国劳动人民在常年生产实践中，战胜自然，不断革新，创造了很多保护地类型，显示了无穷的智慧，积累了丰富的保护地栽培经验。但在封建时代，人民生活贫困，而保护地产品又为少数统治阶级所享受，保护地栽培的发展极其缓慢。矮小的土温室延续用于生产竟达1000年之久。保护地的新类型、栽培的新技术、新方式很少被提出。新中国成立后，随着生产关系的改变，生产力的发展，人民生活水平的提高，促使保护地蔬菜的生产有了巨大的发展。

20世纪50年代初，对中国传统的北京阳畦、北京加温温室的蔬菜栽培技术和设施结构性能，进行了系统的调查研究总结，并出版了调查报告专著。促使阳畦、温室设施和栽培技术在中国北方大中城市迅速推广应用，对冬、春淡季蔬菜供应起到一定作用。20世纪50年代末，中国出现了塑料棚和日光温室，对解决中国北方冬、春淡季蔬菜供应起到较大作用。为了解决多样化鲜嫩蔬菜周年均衡供应的需求矛盾，相继发展了加温温室、育苗工厂、无土栽培、地膜、遮阳网及无纺布等覆盖栽培，形成了有中国特色的设施蔬菜园艺生产新体系。

从设施类型看，我国蔬菜设施栽培面积最大的是塑料拱棚和单屋面温室，尤其是不加温的节能型日光温室，已成为我国温室的主导类型。

1. 塑料拱棚的发展

20 世纪 50 年代中期，从日本引进农用聚氯乙烯（PVC）薄膜，作为小拱棚覆盖材料，进行蔬菜春季早熟栽培，效果良好。20 世纪 60 年代初，上海、北京先后生产出农用聚氯乙烯和聚乙烯薄膜，大大推动了我国设施园艺的发展。广泛应用到园艺作物的育苗和蔬菜冬春设施栽培上，形成了新兴的中小拱棚覆盖栽培体系。

1965 年，吉林省长春市郊区出现了中国第一栋塑料大棚（面积 0.07hm²），进行黄瓜春季早熟栽培，获得成功，取得较大的经济效益和社会效益。

1975 年、1976 年、1978 年在农业部主持下先后在吉林省长春市、山西省太原市和甘肃省兰州市召开了第一、第二、第三次全国塑料大棚生产科研协作会议，对全国各地大棚的构造、性能以及栽培技术、生产科研成果进行交流讨论。促使塑料棚从中国北方向南方发展、从平原向山区丘陵地区发展，逐渐普及全中国，出现了第一次发展高峰，总面积近 1.6 万 hm²。

1980 年北京塑料研究所首先研制出低密度聚乙烯长寿农膜（LDPE），同年，中国农业工程研究设计院设计出国产镀锌钢管组装式棚架和温室骨架。1984 年，中国国家标准局批准颁布实施了“农用塑料棚装配式钢管骨架”国家标准。促使塑料棚的建造和设施蔬菜园艺事业有较快和较大地发展。因此，1988 年以塑料棚为主要类型的中国设施园艺，出现了第二次发展高峰。塑料棚总面积已达到 9.56 万 hm²，跨入设施园艺发展大国之列。塑料大棚的发展，解决了我国蔬菜市场早春和晚秋的淡季缺菜问题。

2. 日光温室的发展

我国北方过去冬季主要依靠单屋面加温温室生产蔬菜，但 20 世纪 80 年代以来因为煤炭资源紧张，价格上涨，难以大面积推广。为了寻求具有中国特色的温室蔬菜生产发展道路，广大科技工作者和蔬菜生产者，进行了坚持不懈地努力，创造出具有中国特色的节能型日光温室。它发挥了单屋面温室充分采光与严密防寒保温的特性，冬季不加温也能生产新鲜蔬菜。辽宁省农民创建的海城日光温室和瓦房店日光温室，可在北纬 40°～41°的高寒地区，严冬不加温生产出喜温果菜如黄瓜、番茄等，做到 1 月上市，是我国温室蔬菜栽培史上的重大突破，令世人瞩目。日光温室就其完善程度，与国外的现代化温法相比，仍有较大差距，但其造价低廉，是国外温室相同面积造价的 1/10 甚至 1/50，不仅符合中国国情，而且经济效益与社会效益十分显著，因此发展十分迅速，从根本上解决了我国北方冬季新鲜蔬菜供应的难题。

3. 现代化连栋温室的发展

中国第一栋现代化连栋加温温室，1977 年在北京市玉渊潭公社建成。虽然起步较晚，但它是我国自行设计施工的大型钢构架、钢化玻璃的连栋温室，主要用于全年栽培黄瓜、番茄等果菜。1979～1987 年之间，北京、哈尔滨、大庆、上海、深圳、乌鲁木齐及广州等地，先后从东欧、美国、日本等引进屋脊形和拱圆形玻璃或硬塑连栋温室，总面积 19.2hm²。当时只注意引进了温室设备，忽视了栽培技术。这些大温室用于蔬菜生产的面积占 50%、花卉占 40%。由于现代化温室冬季主要靠加温才能生产，故能源成本很高，运行几年之后，多数难以维持，加上栽培技术跟不上，只好停产。

“九五”期间大型温室引进出现高潮，1996 年底至 2000 年不到 4 年时间，花了大约 1 亿美元从法国、荷兰、西班牙、以色列、韩国、美国、日本、中国台湾省等引进全光大型温室，面积达 175.4hm²，引进的类型有连栋玻璃温室、连栋双层塑料薄膜温室、连栋充气温室，连栋 PC 板温室，及其与之相配套的外遮阳、内覆盖、水帘降温、滚动苗床、行走式喷水车、行走式采摘车、计算机管理系统和水培系统等。这次引进过程中，特别是北京、上海几个园区从荷兰、以色列、加拿大引进温室硬件的同时，还引进了配套品种和计算机管理“专家系统”，并且有国外专家进行为期一年的现场指导，取得良好效果，使国人有机会参观学习，了解当今世界发达国家的工厂化农业设施设备、技术管理的先进性及现代化水平。

中国花卉设施栽培历史悠久，早在 2000 多年以前（公元前 200 年）汉高祖建造“未央宫”，宫中有温室殿，冬季陈列花卉盆景。汉武帝（公元前 138 年）重建扩建“上林苑”，在公元前 111 年开始修建“扶荔宫”，广种奇花异草、林果树木，形成了中国古代苑池园林特点，也是中国原始花卉盆景温室之始。中国古代盆景有始于汉、兴于唐、盛于明清之说。

南宋（1127～1279 年）有“堂花”（唐花）促成栽培技术，在齐东野语“马塍艺花”中记载了牡丹、桃、梅在冬、春提早开花，或桂花在炎夏开花的促成栽培技术，这是中国最早的设施花卉栽培环境工程技术。清光绪年间（1875～1908年）中山公园的唐花坞，都体现了中国古代设施花卉园艺的发展水平和精湛技艺。

我国花卉现代设施栽培与蔬菜相比，起步晚得多，大面积种植到20世纪80年代末期才开始，但由于其经济价值高，效益好，目前正处在蓬勃发展阶段。

果树设施栽培发展最早的是草莓塑料棚栽培，以后日光温室果树栽培也逐渐多起来。目前北方主要利用日光温室栽培果树；南方则以塑料棚栽培为主。总体说来，果树设施栽培尚处在起步阶段。

1.2.2　世界设施园艺发展历史及现状

国外设施园艺的发展，以罗马帝国最早，据罗马哲学家塞内卡（Seneca，公元前3年～公元69年）记载了应用云母片作覆盖物生产早熟黄瓜。又据罗马农学家科拉姆莱（Columella）和诗人马泰阿（Martial）记载，公元14～37年间，为了全年生产黄瓜，冬季用木箱装土，覆盖云母薄片，利用太阳光热进行生产。到16～17世纪欧洲各地保护地设备才有发展。

法国17世纪初，利用木箱种植早熟豌豆。亨利四世（1590～1629年）为使豌豆更早熟，在法国北郊建造向阳的拱形房屋种植。路易十四（1640～1710年）最早利用玻璃窗覆盖的温床种植蔬菜，并建成了有简单玻璃屋顶的温室，是法国最早的玻璃温室。

德国于1619年用木板组装成85.34m×9.75m的临时性双屋面温室，是德国最早的温室。

据英国博物学者贝氏（Bay，1627～1705年）记载：伦敦西南部阿波塞卡里斯（Apothecaries）园内开始建造与德国甜橙温室相似的玻璃温室。1717年，把温室全都装上玻璃，成为英国的玻璃温室。1815年，英国开始建成半圆形弯曲屋顶的温室。19世纪初，英国学者大量研究温室屋顶的坡度及加温设备问题。

美国的温室是从16世纪以来，随着欧洲的移民而引入。18世纪初，始有文字记载：安德鲁（Andrew）、范尤尔（Faneuil）以观赏为目的在波士顿开始建温室。1764年在纽约，由詹姆斯·毕克曼（Cames Beekman）建成比欧洲还简单而粗糙的温室。19世纪初，在美国各地推广改进温室，1806年，M·麦亨（全名）建成屋顶有1/3的玻璃板，这是美国最早的半玻璃屋顶的温室。1836年，Thomas在芝加哥市建造3/4式温室。19世纪中期，美国各地成立了温室建筑业，1872年，建成圆屋顶式的温室，作为观赏陈列室，并在各地推广。其后，又在芝加哥市建成铁架温室，是美国西部最早出现的铁架温室。美国西部的温室发展最盛，当时已有8hm^2。连栋式温室，俄亥俄州最大的连栋温室为12hm^2。

日本江户时代，庆长年间（1596～1615年）于静冈县采用草框油纸窗温床，早春育苗，进行瓜果类蔬菜早熟栽培。1868年东京的青山、麻布等地，引入欧美的果树、蔬菜、花卉栽培玻璃温室。1889年日本福羽逸人在庭园里建成小型温室，1890年又在新宿的植物御园内建成玻璃窗框的温床栽培蔬菜，这是日本最早进行蔬菜保护地栽培的时期。1892年福羽又在植物御园内建造正式的温室，栽培甜瓜。

荷兰温室的记载始于1750年法国博物学家Adanson的著作中，在Willian一世初期，Miller用栎木建造加温温室，在其内种植柑橘和凤梨。1832年，荷兰全国各地利用木框温床和温室进行甜瓜、葡萄早熟和促成栽培，产品运往巴黎、伦敦出售。1903年荷兰建成第一栋玻璃温室，生产蔬菜。1967年荷兰国立工学研究所的Germing，首创Venlo（芬洛）型连栋玻璃温室（又名明亮温室）。该温室结构简洁坚固，透光量大，环境调控能力强，管理方便，造价相对低廉，在全世界各国推广应用效果良好，至今仍为连栋玻璃温室的主流类型。

从世界现代园艺设施发展情况看，都以大型连栋温室为主，其中塑料薄膜温室约为60万hm^2（含中国日光温室及塑料大棚），主要集中在亚洲。除中国外，日本、韩国等都以大型连栋温室为主，日本面积最大。日本从20世纪60年代温室由单栋向连栋大型化、结构金属化发展。20世纪70年代为高速发展时期，政府向农户提供发展大型现代化温室的费用资助，国库补助50%，其他各种补助30%～40%，农户自付资金只有10%～20%，大大推动了日本设施园艺的发展，使其进入到世界先进行列。

美国温室面积目前约有1.9万hm^2，主要种植花卉，达1.3万hm^2。美国温室规模虽然不大，但设备先进，生产水平一流，多数为玻璃温室，少数为双层充气温室，近年来又在发展最先进的PC（聚碳酸酯）板材温室，全世界这种温室面积目前约有1万多hm^2。美国温室业社会化服务十分周到，对尖端技术研究非常重视。

目前全世界最高水平的园艺设施是植物工厂，生产为全封闭方式，环境控制准确先进。生产过程从播种到采收高度自动化、流水化作业，全年、全天候连续生产，完全摆脱了自然条件限制，如同工业产品生产一样。植物工厂面积多为900～1500m^2，主要生产结球莴苣、菠菜和番茄等，叶菜类蔬菜一年可收获20茬以上，年产量为露地栽培的数十倍。目前日本、奥地利、俄罗斯、美国、丹麦和荷兰等都有植物工厂。

英国达雷卡德设施农业工程公司，发明了一种工厂化栽培果树的方法，将果树枝条插在树枝形橡胶管内，营养液通过橡胶管输送到各个枝条，每根枝都可开花结果，且产量很高，一年可收获3～5次，全年连续生产。目前已用苹果、梨、桃的枝条建立了实验生产线，均获得成功。

1.2.3 我国设施园艺发展过程中存在的问题

目前，我国设施农业的面积已居世界之首。但与欧美发达国家相比，我国的设施应用还处在较低水平，存在很多亟待解决的问题。主要表现在以下几个方面。

1. 设施水平低，科技含量有待继续提高

发达国家发展设施农业采取的是“高投入、高产出”的技术路线，而我国由于技术和经济的原因，采用的是低投入、低能耗的技术体系。从统计数字上看，我国设施栽培面积很大，但设施装备的水平低下，90%以上的设施仍以简易型为主，主要是结构简易、设备简陋的日光温室；土地利用率低，采光性能差，作业空间小，不便于机械操作，设施的建造标准低，抗御自然灾害能力差。我国大部分温室还谈不上温、光、水和气等环境的综合调节控制。我国温室覆盖材料以塑料薄膜为主，透光性、防老化、防尘性能都低于国外同类产品。现有的少量现代化大型温室，特别是引进温室，虽然硬件装备水平并不低，但生产管理和运行水平远低于国外，整体性能有待提高，距精准农业、高效生产的技术要求相差甚远；温室种植品种也大多是从常规品种中筛选出来的，还没有专用型、系列化的温室栽培品种，设施条件下农产品的产量和品质始终在低水平上徘徊。

我国温室虽在一定程度上适应了比较落后的农村经济状况和较低的人民生活水平的需求，但还不能完全适应现代农业发展的需要。

2. 产品安全质量需要提高

由于设施结构不合理，加上环境调控能力差，造成病虫害大量发生，致使农药使用过量；有些为了单纯追求产量，盲目施用化肥，造成环境污染。设施栽培中，土壤经常处于高温、高湿、高蒸发量、无雨水淋溶的密闭环境中，复种指数高，肥料用量大，导致土壤结构破坏，板结化，多年连作造成土壤耕层盐分积累严重，引起不同程度的次生盐渍化。

3. 设施园艺基础研究相对薄弱，标准化技术体系尚未完善

设施栽培仍以传统栽培技术为主，缺乏基于作物品种特性及土壤、设施环境的科学量化的管理指标。同时，温室本身配套设施不完善，缺乏适应温室栽培需要的环境控制配套装置、机械化生产设备等，园艺产品采后处理一直相对落后，采后处理还有待进一步规范。

4. 产量和劳动生产率低

我国目前温室园艺产品的产量与劳动生产率远低于国外，我国温室生产的劳动生产率低，以人均管理温室面积比较，只相当于日本的1/5、西欧的1/50、美国的1/300。

1.2.4 设施园艺发展趋势

现在世界各国的设施园艺发展很快，发达国家设施园艺生产在实现自动化的基础上正向着完全智能化、无人化的方向发展。根据国家有关方面的调查研究资料及专家的分析，未来世界设施园艺产业的发展呈现以下6个方面的发展趋势。

1. 温室大型化

目前农业技术先进的国家，每栋温室的面积基本上都在0.5hm^2以上。连栋温室得到普遍推广，温室的栋高在4.5m以上，覆盖面积增大。温室空间扩大后，可进行立体栽培和机械化作业。温室建筑面积增

大，有利于节省建筑材料、降低成本、提高采光率和提高栽培效益。

2. 覆盖材料多样化

在温室覆盖材料方面，北欧国家使用玻璃较多，法国等南欧国家多用塑料，中国和日本应用聚氯乙烯膜较多，美国多用聚乙烯膜双层覆盖。覆盖材料的保温、透光、遮阳、光谱选择性能渐趋完善。除聚乙烯（PE）薄膜、聚氯乙烯薄膜（PVC）等常用材料外，现已开发了多种覆盖材料，例如聚碳酸酯塑料板（波浪板）透光好、耐冲击强度好，使用寿命长；聚碳酸酯中空板（PC 板）质量轻、保温性能好。另外，世界各国还研制了各种类型的长寿膜、转光膜、无滴膜等多功能膜和遮阳网等，具有不同的遮光率和保温性能，可供用户根据需要选用。

3. 环境控制自动化和作业机械化

设施内部环境因素（如温度、湿度、光照强度、二氧化碳浓度等）的调控由过去单因子控制向多因子动态控制系统发展。计算机智能化调控装置系采用不同功能的传感器，准确采集设施内室温、叶温、地温、室内湿度、土壤含水量、溶液浓度、二氧化碳浓度、风向、风速，以及作物生长状况等参数，通过数字电路转换后传回计算机，并对数据进行统计分析和智能化处理，根据作物生长所需最佳条件，由计算机智能系统发出指令，使有关系统、装置及设备有规律运作，将室内温、光、水、肥、气等诸因素综合协调到最佳状态，确保一切生产活动科学、有序、规范、持续进行。计算机有记忆、查询及决策功能，为种植者全天候提供帮助。采用智能化温室综合环境控制系统可以达到节能、节水、节肥、节省农药，提高作物产量和品质的目的。

4. 无土栽培得到进一步推广

无土栽培技术是随着温室生产发展而研究出来的一种最新栽培方式。无土栽培具有节水、节能、省工、省肥、减轻土壤污染、防止连作障碍，以及减轻土壤传播病虫害等多方面优点。无土栽培所用的营养液中完全具有，甚至超过土壤能够供给的各种营养物质，同时还可根据不同生长阶段的需求进行调整，因此更有利于园艺作物的生长发育。目前，世界上已有 100 多个国家将无土栽培技术用于温室生产，在发达国家的设施农业中，无土栽培与温室面积的比例，荷兰超过 70%，加拿大超过 50%。

5. 发展温室生物防控技术

发展有机产品、绿色产品生产的关键是禁用或限用农药、化肥等化学合成物。重视在温室内减少农药使用量，大力发展生物防控技术。采用生物防治技术、生态控制技术减少农药的使用量，是解决农药残留问题切实有效的技术手段。例如荷兰的生物防治率已达到 95%以上。对人体和环境有害的农药绝对禁用，对化肥施用、营养液循环处理均有严格的标准和规范。

6. 广泛建立和应用喷灌、滴灌节水系统

世界各国早期的温室喷灌系统居多，可根据设定的土壤湿度实行自控。近 20 年来温室多采滴灌系统，或喷灌与滴灌兼有的系统。滴灌比喷灌更节约用水，可降低温室内的湿度。施肥装置往往与滴灌系统结合起来而形成灌溉和施肥系统，根据设定的土壤水分和养分而自动进行灌溉和施肥。滴灌技术是当今世界上节水效果最好的灌溉技术。其主要特点是以低压小流量出流灌溉，实现局部灌溉。例如，以色列温室滴灌用水的最高水利用率为 95%。

1.3 我国南北方设施园艺发展特点及差异

我国幅员辽阔，气候多样，从北到南，中国可分为 9 个气候带，它们是寒温带、中温带、暖温带、北亚热带、中亚热带、南亚热带、北热带、中热带和南热带，青藏高原因其特殊地貌从低海拔到高原具有不同的气候带。从东到西，在不同气候带内根据区域的干燥度分为湿润区、亚湿润区、亚干旱区、干旱区和极干旱区 5 个气候区。最北的漠河位于 53 °N以北，属寒温带，最南的南沙群岛位于 3°N，属赤道气候。

从大范围上，将我国分为南北两大气候类型。北方气候类型的特点是日照良好，冷凉干燥，昼夜温差大；而南方气候类型的特点是湿热、少日照，昼夜温差小。由于南北方气候的差异，就决定了我国南北方设施园艺发展呈现不同的特点及差异。

适合我国北方地区应用的是节能型日光温室。这种温室是在我国传统的单层面温室基础上发展起来的，通过改进采光屋面的角度和形状，以及保温墙体的结构和做法，白天尽可能多地吸收、积蓄太阳能，夜间通过保温被等保温措施，减少室内热量的散失以维持室内作物生长适宜的温度。节能型日光温室最突出的特点是利用我国北方地区冬季晴天多，光热资源丰富的气候特点，实现基本上不需要辅助加热，就能进行反季节果蔬的生产。节能型日光温室的透光率高、保温性好、节约能源、造价低，取材方便、经济效益高，所以在我国北方地区得到了广泛的推广运用，近十几年来发展很快，至今仍势头不减。

目前我国南方已形成以塑料大棚、遮阳网、避雨栽培为主体的设施园艺体系，并伴随国家科技示范园区建设而推广的大型连栋温室逐渐增多。与北方相比，我国南方冬季具有相对优越的热量资源，使得使用大型温室生产冬季运行成本较低。因此，夏季降温和除湿是实现南方大型温室全年生产利用的关键问题。另外，沿海地区的连阴、台风、暴雨和冬季局部地区的降雪等恶劣天气也会对园艺设施生产的安全性产生十分不利的影响。

我国气候类型的多样性，为发展设施园艺产业提供了多样化的光、热等气候资源的组合。例如，在南方的高海拔山区和干热河谷地带，其气候类型与北方相似，因而也可以发展日光温室；而北方某些局部地区的湿度仍然偏高，在此区域内的设施降湿仍然是设施管理的主要矛盾之一。总之，由于我国不同地区的气候条件差异很大，因而应从生态适应、因地制宜、高效利用等诸方面考虑设施结构与类型。

在我国的北方地区，应继续加强对温室保温性能及保温材料的研究，以减少冬季的热能耗，提高光能利用率；而在南方地区，则要根据日照偏少、昼夜温差小、地下水位高、空气湿度大等特点，加强增光、通风、降温降湿设备，以及适应南方设施环境的设施专用品种的开发研究，使设施生产取得更好的效益。

复习思考题

1. 设施园艺的概念是什么？
2. 设施园艺的研究内容有哪些？
3. 设施园艺在园艺作物周年生产中的作用是什么？
4. 设施园艺的发展趋势是什么？
5. 我国设施园艺发展过程中存在哪些问题？

第2章　园艺设施的结构类型、性能及应用

【本章要点】 重点掌握阳畦、塑料大棚、温室的结构类型、性能及建造；各种园艺设施的特点和应用。教学难点是日光温室的结构和建造；现代化温室结构类型和配套生产系统。

园艺设施是指为园艺作物提供栽培或育苗空间场所的结构物。随着社会经济和科技的进步，它由简单到复杂、由初级到高级，发展成为现今的高科技园艺设施，逐渐形成了多种多样的类型，这与当时的社会历史背景、政治经济、文化科学、工业发展，以及地理自然条件等有着密切关系。结构类型由简易的保护设施发展为现代化温室，其覆盖材料也逐步由不透明的覆盖物发展到透明的薄膜、玻璃、PC板等，其内部调控设备也从无到有，逐步发展到能够加温、降温、通风、灌水、施肥等全部机械化、自动化，采用电子计算机进行环境调控。根据我国园艺设施的发展历程，依其结构、性能与应用状况的特点，本章依次从简易保护设施、塑料薄膜拱棚、温室、软化设施、植物工厂等几部分来阐述。

2.1　简易保护设施

简易保护设施是指采用简便易行的方法，改善局部小气候环境，在一定范围内对栽培作物起保护作用的设施。主要包括地面覆盖、风障畦、阳畦、温床、遮阳网、防雨棚及防虫网等。这些设施具有结构简单、造价低、寿命短、保护功能多样和高效率等特点。

2.1.1　地面覆盖

地面覆盖（Ground coverage）是指用砂砾、地膜、秸秆、无纺布等材料覆盖在植株或畦面上，用来防寒保温、防暑降温和蓄水保墒的一种保护措施。在不同地区、不同时期，利用地面覆盖的作用不同。冬季主要是防寒保温；夏季主要是防暑降温和蓄水保墒；西北干旱地区主要是防风蚀、保墒和保温。

1. *砂石覆盖*

砂石覆盖（Sand coverage）是地表铺盖一层厚度6～15cm粗砂砾或卵石夹粗砂的一种简易的保护措施。砂石覆盖的田地称为砂田。此覆盖法起源于甘肃省中部地区，至今已有四五百年的历史，主要分布在我国西北干旱、半干旱地区，是广大劳动人民在长期适应干旱少雨及盐碱地的耕作实践中创造出来的独特抗旱耕作方式。

（1）种类。按使用年限长短分为新砂田、中砂田和老砂田；按有无灌溉条件分为旱砂田和水砂田；按砂石状况分为卵石砂田、绵砂砂田和破石砂田。旱砂田使用年限较长，20年以内为新砂田，20～40年为中砂田，40年以上为老砂田；水砂田年限较短，3年以内为新砂田，4～5年为中砂田，6年以上为老砂田。长期种植易造成砂、土逐渐混合，丧失砂田效果，称为砂田老化，故砂田经一定年限之后要铲除老砂，重铺新砂石。

（2）覆盖方法。砂石原料以直径为0.5～10cm的砂粒和卵石混合而成，砂粒与卵石比例以4∶6为宜，铺压厚度为5～10cm，要尽量均匀一致。每公顷需砂石量为500～1000m^3。铺砂一般在初冬或早春土壤冻结时进行，以免车辆人畜压坏土壤表层，从而达到砂土两清，保证铺压质量，延长利用年限。

（3）性能。砂石覆盖，其性能主要包括以下几个方面。

1）蓄水保墒性能好。砂田的蓄水保墒性能表现为：①增加土壤的渗水力。由于土壤表面覆一层疏松的砂砾层，渗水能力强，速度快，除暴雨外，一般的降水可以全部渗入土壤中，而不产生地表径流。据试

验，砂田水分渗透率比土田增加9倍。②减缓土壤蒸发。土壤表面有砂砾覆盖，当土壤水汽向外扩散时受到砂砾的阻拦，从而降低土壤表层水分损失；同时砂砾覆盖形成了粗糙地表面，切断了土壤与大气之间的毛管联系，阻止毛管水的上升，故减缓土壤水分的蒸发。据检测，3～10月的砂田土壤含水量变化很小，越是土壤表层，砂田比土田的含水量越多。如0～10cm土田平均含水量为7.92%，而砂田为15.72%。

2）增加土壤温度。砂田由砂砾层覆盖，砂砾本身粗糙，加之地面低凹不平，对太阳辐射的折射率减小，因而较多地吸收热量。砂砾层热容量小，导热率低，白天受到太阳照射后，增温快，将热量传递到土壤中；晚上砂田土壤比较湿润，热容量大，导热率高，放热缓慢。同时，砂田蒸发量相对低于土田，因水分蒸发而消耗的热量也较少，所以砂田土壤温度要比土田高。

3）具有保肥作用。因砂田地表径流少，故肥料被冲刷也少，且无机盐类挥发损失也少，加之砂田很少翻耕，有机质分解较慢，因此具有一定的保肥作用。据测定，2～7年的新砂田的养分含量除全钾外，较土田都有增加趋势，以速效钾增加幅度最大，相对增加值为30.26%～58.72%，有机质相对增加1.5%。

4）具有降低盐碱作用。砂田能够充分地接纳雨水，增强了土壤的渗透力和淋溶作用，使盐分下移造成脱盐、洗盐。另外由于砂砾层切断了土壤的毛细管，使土壤减少水分蒸发，从而导致盐分不能上移，有效地控制了土壤盐渍化。据测定，砂田脱盐率为50.5%～81.2%，以表层脱盐率最为明显，向下逐渐减小。

（4）应用。低温干旱地区可利用旱砂田种植马铃薯、大蒜等；水砂田栽培喜温果菜类蔬菜，西北地区多栽培甜瓜、西瓜等瓜果类作物。迄今，砂田与薄膜覆盖、集雨补灌等技术相结合，已形成了砂田地膜、砂田塑料小拱棚、砂田塑料大棚、砂田地膜小拱棚双覆盖及砂田塑料大棚双覆盖、三覆盖等多种栽培方式。

2. 秸秆覆盖

秸秆覆盖（Straw coverage）是指在畦面上或垄沟及垄台上铺一层4～5cm厚的农作物（如稻草、麦秆）秸秆。

（1）秸秆覆盖种类。

1）秸秆粉碎还田覆盖。

2）整秆还田覆盖。

3）留茬覆盖。

（2）作用。

1）提高土壤含水率。秸秆覆盖不仅可降低雨水对土壤的冲刷，减少土、肥流失，而且能够长期保持土壤表层疏松和湿润，使土壤少板结或不板结，提高土壤对雨水的渗蓄和保墒能力即含水率。

2）提高土壤肥力。作物秸秆含有丰富的营养元素，如风干的麦秸，其氮、磷、钾含量分别是0.41%、0.18%和2.28%。秸秆覆盖可以培肥地力，改善土壤团粒结构和理化性能，抑制杂草生长，为作物生长提供良好的农田生态环境。据测定，与对照相比，秸秆覆盖还田0～20cm土层有机质含量增加0.25%；20～50cm增加0.06%。小麦秸秆连续覆盖2年，有机质可增加0.14%、全氮0.02%、腐殖质0.27%。

3）保持土壤温度稳定。由于秸秆疏松，导热率低，因此南方地区覆盖秸秆可减少太阳辐射能向地中传导，故可适当降低土壤温度；而北方地区秋、冬季节覆盖秸秆可减少土壤中的热量向外传导，从而使土壤保持较高的温度。

4）减少土传病害。由于覆盖秸秆可降低雨水从土壤溅到植株上，因此减少了土传病害的侵染机会，同时可减少土壤水分蒸发，降低空气湿度，减轻了病害的发生。

（3）应用。秸秆覆盖在我国南方地区夏季蔬菜生产中应用较多；北方地区主要是防止小粒种子（如芹菜、芫荽、韭菜和葱等）播后土壤干裂和越冬蔬菜发生冻害而应用。

3. 草、粪覆盖

草、粪覆盖（Grass，dung coverage）是指初冬封冻前，在浇过封冻水的地面见干时，在畦面上或垄沟及垄台上盖一层4～5cm厚的碎草或土粪，一般以马粪为宜。

(1) 作用。草、粪覆盖可减轻表层土壤的冻结程度，保护越冬园艺作物不受冻害，同时可使土壤提前解冻，使植株提早萌发生长，达到提早采收和丰产的目的；而且还可减少土壤水分蒸发，保持土壤墒情，避免春季温度回升时因土壤缺水而造成植株死亡。

(2) 应用。草、粪覆盖主要在我国北方越冬蔬菜中应用较多，主要起保温作用。如草、粪覆盖与其他措施（如风障）配合，可大大提高地温，促进提早采收。

(3) 注意事项。当初春夜间气温回升到－5～－4℃时及时撤除覆盖物。如果过早撤除覆盖物，已萌发的植株易受冻害；如果过晚撤除覆盖物，植株由于长期见不到光而叶片黄弱，湿度大时还会造成植株茎叶腐烂。

4. 瓦盆和泥盆覆盖

瓦盆和泥盆覆盖（Basin coverage）是指在早春夜间将瓦盆或泥盆扣在定植的幼苗上的一种覆盖方式。因瓦盆和泥盆是不透明的覆盖材料，所以这种覆盖必须是傍晚扣上，早晨揭开。

(1) 方法。傍晚将瓦盆和泥盆扣在幼苗的上方，早晨太阳出来前将其揭开，并将盆放在幼苗的北侧，避免对幼苗遮光，又可防止西北风或北风吹苗。国外还有水罩覆盖，即利用双层塑料薄膜充满水，做成钟罩状，扣在幼苗上，因其透光故可昼夜覆盖。

(2) 作用。瓦盆和泥盆覆盖具有防风、防霜、减少地面辐射，以及提高温度的作用，与小拱棚相比，具有成本低、不需坚固骨架材料等特点，但管理费工，保温效果差，只适合小面积应用。

(3) 应用。目前瓦盆和泥盆覆盖大多在我国西北地区应用。主要用于果菜类蔬菜春提早栽培，一般可提早 7～10d 定植，提早 10d 左右收获。

5. 地膜覆盖

地膜覆盖（Plastic film coverage）是用很薄的塑料薄膜紧贴在栽培畦面上进行覆盖的一种栽培方式。地膜覆盖是农业生产中既简单又有效的增产措施之一，一般比裸地栽培平均增产 30%～40%。因其具有低成本、高效益、省工省力、节水节肥等特点而被广泛应用。地膜种类较多，应用最广的为聚乙烯地膜，厚度多为 0.005～0.015mm。

(1) 覆盖方式。地膜覆盖方式依当地自然条件、作物种类、生产季节及栽培习惯不同而异。

1) 平畦覆盖。畦面平，有畦埂，畦宽 1.00～1.65m，畦长依地块而定。播种或定植前将地膜铺于畦面，四周用土压紧。平畦覆盖可以是临时性的覆盖，也可以是全生育期的覆盖。一般为单畦覆盖，也可联畦覆盖。平畦覆盖省工、便于灌水，但浇水后易造成畦面淤泥污染。覆盖初期有增温作用，后期因淤泥污染加重会降低畦面的温度［见图 2-1-1-(a)］。

2) 高垄覆盖。高垄覆盖是在整地施肥后，将其做成宽 45～60cm、高 10～15cm 的垄，然后将地膜覆盖于垄上。高垄覆盖受光较好，土温升高快，也便于浇水，但旱区垄高不宜超过 10cm［见图 2-1-1-(b)］。

3) 高畦覆盖。高畦覆盖是在整地施肥后，将其做成底宽 1.0～1.1m、高 10～15cm、畦面宽 65～70cm、沟宽 30cm 以上的高畦，然后将地膜覆盖于畦面［见图 2-1-1-(c)］。高畦覆盖增温效果较好，但畦中心易发生干旱。

4) 沟畦覆盖。沟畦覆盖又叫改良式高畦地膜覆盖，俗称天膜。即将畦做成 50cm 左右宽的沟，沟深 15～20cm，把幼苗定植在沟内，然后覆盖地膜，当苗长至接近地膜时，在苗的顶部将地膜割成十字，称为割口放风。并使顶面的地膜降到沟内土面，覆盖于根部，俗称“先盖天，后盖地”。这种覆盖方式既能提高地温，也能增高沟内气温，使幼苗在沟内避霜、避风，因此这种方式具有地膜和小拱棚的双重作用。可比普通高畦覆盖提早定植 7～10d，早熟 7d 左右，同时也便于追肥和灌水［见图 2-1-1-(d)］。

5) 穴坑覆盖。高畦或高垄的畦面上挖深 15～20cm 的穴，穴内播种或定植作物，株行距按作物要求而定，然后在畦面上覆盖地膜，待苗顶膜后割口放风，将深穴填土为浅穴，最后将地膜覆盖于地面。其作用与沟畦覆盖相似，成熟期可比普通覆盖提早 5～7d，前期产量提高 15%左右［见图 2-1-1-(e)］。

(2) 地膜覆盖的作用包括以下几个方面。

1) 提高地温。由于地膜容易透过短波辐射，而不易透过长波辐射，因此，白天阳光大量透过地膜而使地温升高，并不断向下传导。夜间土壤长波辐射不易透过地膜而比露地土壤放热少，所以，地膜覆盖的

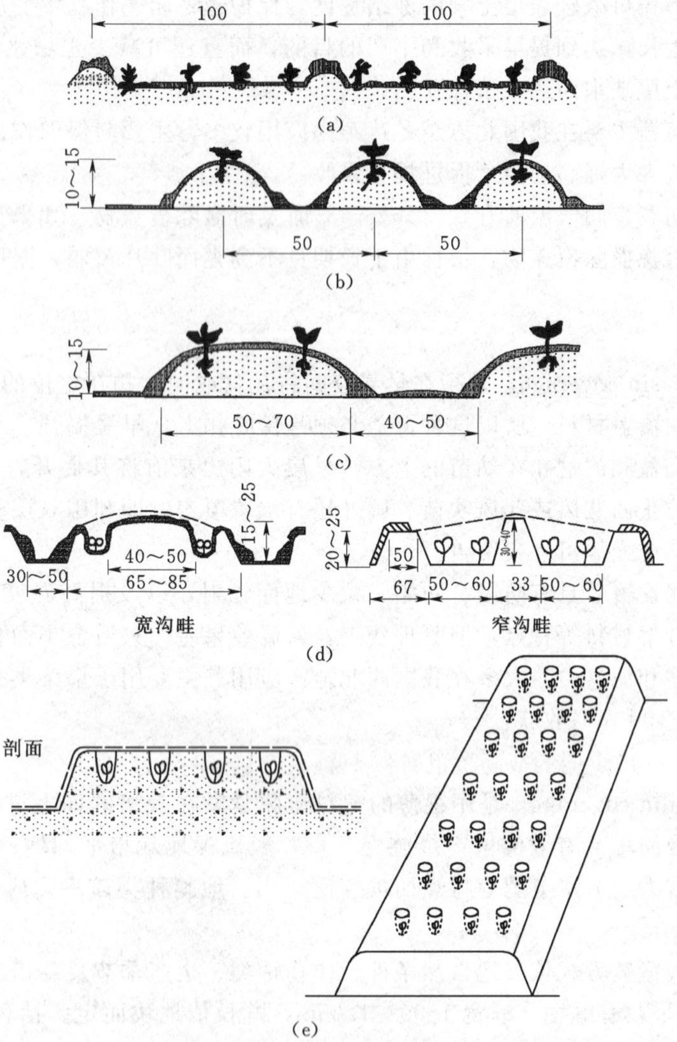

图 2-1-1 地膜覆盖示意图（单位：cm）

(a) 平畦覆盖；(b) 高垄覆盖；(c) 高畦覆盖；(d) 沟畦覆盖；(e) 穴坑覆盖

地温高于露地。其增温效果因覆盖时期、覆盖方式、天气条件和地膜种类不同而异。春季低温时，覆盖透明地膜可使 0～10cm 地温升高 2～6℃，有时可达 10℃以上；夏季高温时，如无遮荫，膜下地温可高达 50℃，遮荫后，只比露地提高 1～5℃。从增温效果看，高垄覆盖比平畦覆盖好，宽形高垄比窄形高垄好，东西延长的高垄比南北延长的好，晴天比阴天好；无色透明膜比有色膜好。

2）提高土壤保水能力。覆盖地膜后，土壤水分蒸发量减少，同时，土壤下层的水分向上运输，故可较长时间地保持土壤水分的稳定。

3）提高土壤肥力。由于膜下土壤温度高、湿度适宜，通透性好，微生物活动旺盛，养分分解和转化加快，因而速效氮、磷、钾等营养元素含量均比露地高。同时，地膜覆盖可有效防止土壤中氮素的挥发和雨水冲刷而造成的淋溶流失，起到保肥作用。

4）改善了土壤的理化性状。在作物生长期，由于地膜覆盖，减少了风吹雨淋及人在管理中的践踏，使土壤保持较好的疏松状态，防止土壤板结，使土壤容重、孔隙度、三相（气态、液态、固态）比和团粒结构等均优于露地。据测定，覆盖地膜后，土壤总孔隙度增加 1%～10%，土壤容重减少 0.02～0.20g/cm^3，含水量和团粒增加，在三相分布中固相下降，液相和气相提高。

5）防止地表盐分积累。地膜覆盖可减少土壤水分蒸发，降低随水分带到土壤表面的盐分，从而防止土壤返盐。据测定：在 pH 为 7.8 的盐碱土条件下，地膜覆盖具有抑制盐分上升，起到保苗增产的作用。

6）增加光照。由于膜本身和膜下水滴的反射作用，可使晴天中午作物群体中下部多得到 12%～14% 的反射光，从而使近地面株间的光照增强，植株中下部叶片能获得较多的太阳辐射能，因而光合作用增强，产量提高。据测定，番茄的光合强度可增加13.5%～46.4%，叶绿素含量增加5%。

7）降低空气相对湿度。由于地膜覆盖可减少土壤水分的蒸发，故可降低空气相对湿度。据北京市农业局测定，露地覆盖地膜时，5月上旬至7月中旬期间，田间旬平均空气相对湿度降低0.1%～12.1%，相对湿度最高值减少1.7%～8.4%。

8）降低病虫草害。由于地膜覆盖可降低空气湿度，故可抑制或减轻病害的发生。如地膜覆盖的黄瓜霜霉病发生率降低40%，发病期推迟12d。辣椒、番茄病毒病发生率减少7.9%～18%。乳白膜、银灰色膜具有明显的驱蚜效果，如番茄定植后34d的避蚜效果分别为54%和35%。紧贴地面覆盖的地膜，兼有除草作用，当杂草幼苗刚出土时就触及薄膜，在阳光下很容易被灼伤变黄死亡。如果使用了除草地膜，可直接杀伤杂草。黑色膜对杂草有全面的防治作用。

9）增产增收。地面盖膜可改善土壤的水、肥、气、热等环境条件，加速作物生长发育过程。与露地相比，可使茄果类、瓜类、豆类蔬菜提早5～10d采收，西瓜提早10～15d收获。覆盖地膜虽然增加了投入，但减少了田间的中耕和除草用工，并具有提早上市的价格优势，早期平均产量比露地增加50%以上，所以地膜覆盖整体效益增加。但地膜覆盖栽培的增产效应因覆盖方式、时期、地膜种类及栽培技术等的不同而有较大差异。

（3）应用。地膜覆盖可用于园艺作物的春提早和秋延后露地栽培，还可用于大棚、温室果菜类蔬菜、花卉和果树栽培，以提高地温和降低空气湿度。此外，地膜覆盖也可用于各种园艺作物的播种育苗，以提高播种后的土壤温度和湿度。

6. 无纺布覆盖

无纺布又称不织布，是由定向的或随机的纤维而构成，是新一代环保材料，具有防潮、透气、柔韧、质轻、不助燃、容易分解、无毒无刺激性、色彩丰富、价格低廉和可循环再用等特点。无纺布覆盖（Non-woven coverage）技术是从国外引进的一项先进实用的新技术，目前主要用于冬春寒冷季节，保护各种越冬作物、晚秋或早春作物免受霜冻寒害。

（1）主要覆盖方式。

1）浮面覆盖。浮面覆盖可分为露地浮面覆盖、小棚内浮面覆盖、大棚内浮面覆盖和温室内浮面覆盖等（见图2-1-2）。这些覆盖方式均具有保温、防寒、除湿、防病虫等功能。

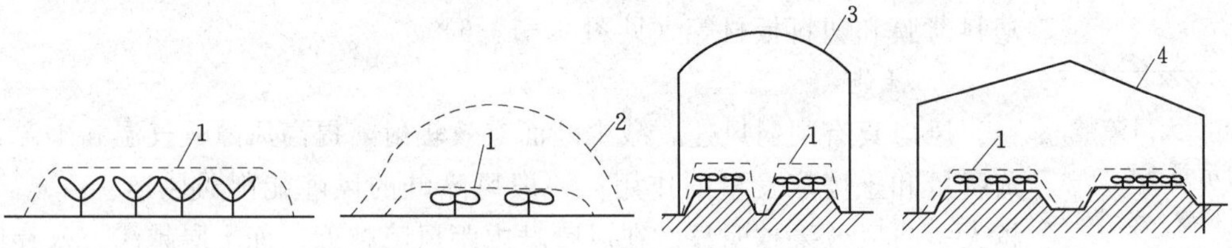

图2-1-2 浮面覆盖的方式

（a）露地；（b）小棚内；（c）大棚内；（d）温室内

1—无纺布；2—小棚；3—大棚；4—温室

2）外覆盖。替代传统的草帘覆盖于小棚外层作为保温材料，省工省力（见图2-1-3）。

3）大棚或小棚二重覆盖。作为保温、除湿幕用作大棚、温室的二重幕［见图2-1-4（a）］或小棚膜的内衬膜［见图2-1-4（b）］，既能保温，又能防止水滴落到植株上，从而降低棚内相对湿度，减轻病害的发生。

4）单株（树体）覆盖与单果（穗）套袋。单株覆盖多用于亚热带果树、花木等防寒、防霜冻（见图2-1-5）。果实、果穗套袋主要是防病虫、霜冻寒害和日灼病等。

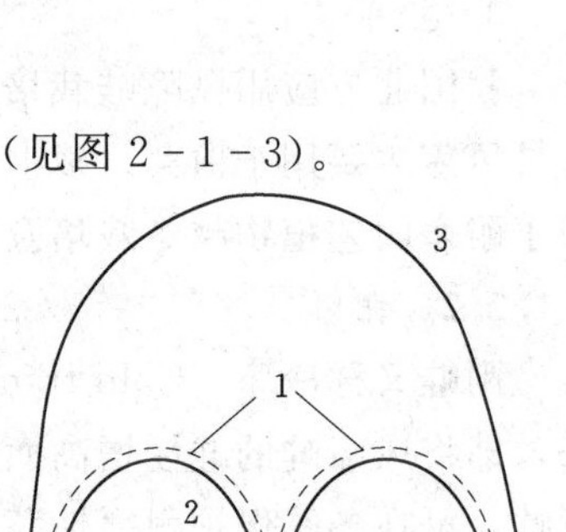

图2-1-3 厚无纺布覆盖代替草帘示意图

1—无纺布；2—小棚；3—大棚

（2）应用。无纺布可用于越冬蔬菜保温防冻；果菜类蔬菜早熟栽培；露地浮面覆盖；果树防冻和套袋防虫、防日伤；套袋包覆果（穗）、防病虫、鸟害和日伤等。

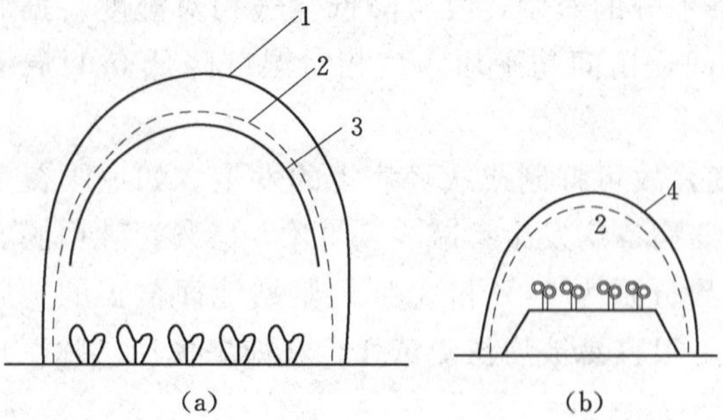

图 2-1-4 无纺布二重覆盖示意图

(a) 大棚二重幕覆盖；(b) 大棚膜下衬无纺布二重覆盖

1—大棚膜；2—无纺布；3—简易支架；4—小棚膜

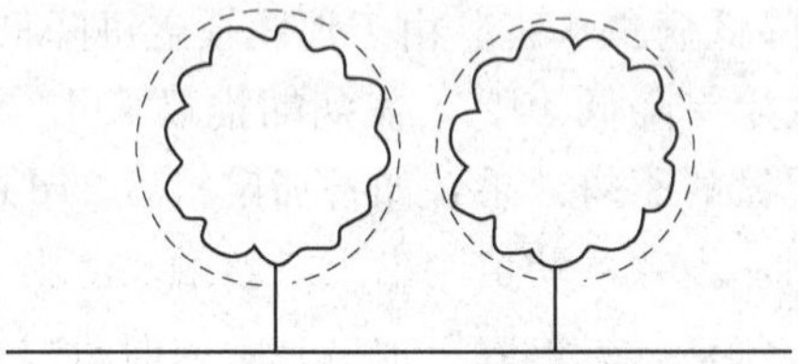

图 2-1-5 果树单株包覆防冻示意图

注：虚线为无纺布

2.1.2 近地面保护设施

2.1.2.1 风障畦

冬春季节在园艺作物育苗或栽培畦的北侧竖立起可挡风的屏障称为风障，带有风障的育苗或栽培畦称为风障畦（Windbreak）。

1. 类型与结构

我国传统的风障畦可分为小风障畦和大风障畦两种。小风障畦结构简单，在畦北侧垂直竖立高 1～2m 的芦苇、玉米、高粱秸秆或细竹竿等，辅以稻草、谷草等材料挡风。春季每排风障的防风有效范围约为 2m。大风障畦又分完全风障和简易风障两种。完全风障是由篱笆、披风、土背 3 部分组成，篱笆高为 2～2.5m，在篱笆的中下部夹一层较厚的 1～1.5m 高的披风，基部用土培成 30cm 高的土背。春季防风的有效范围为 10m 左右。简易风障（或称迎风障）只设置一排篱笆，高度 1.5～2.0m，防风效果较差。现代风障畦除采用竹竿、芦苇、玉米秸、谷草外，还采用塑料网、塑料薄膜和塑料板材等（见图 2-1-6）。

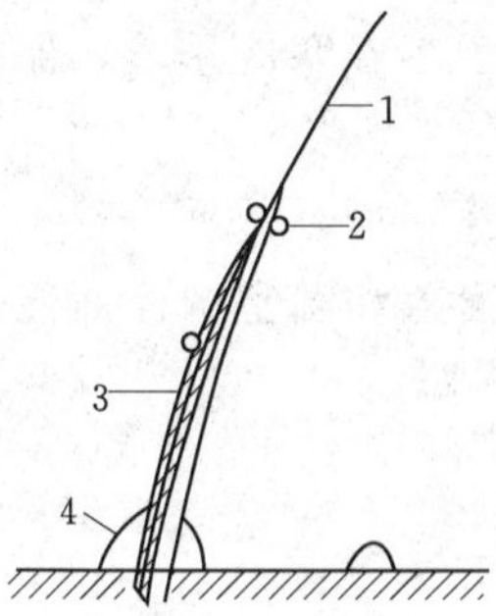

图 2-1-6 大风障畦结构示意图

1—篱笆；2—横腰；3—披风；4—土背

2. 性能

风障具有削弱风速，减少畦面有效辐射，提高风障畦气温和土温，降低作物蒸腾量和土壤蒸发量的作用。一般风障畦的风障能削弱风速 10%～50%，风速越大，防风效果越明显。在风障畦内距风障越近，冻土层越浅。入春后当露地开始解冻 7～12cm 时，风障前 3m 内已完全解冻，比露地约提早 20d，畦温比露地高 6℃左右。晴天比阴天增温效果明显。

3. 应用

我国北方应用风障畦栽培园艺作物历史较长。小风障畦主要用于瓜类、茄果类、豆类等春提早栽培；简易风障主要用于白菜、萝卜、茴香等半耐寒植物提早播种，或提早定植叶菜及果菜类等；完全风障主要用于耐寒园艺植物越冬栽培及春季早熟栽培。

2.1.2.2 阳畦

阳畦又称冷床（Cold frame），是利用太阳光热来保持畦温的一种保护设施。阳畦是由风障畦演变而来，即将风障畦的畦埂增高而成为畦框，并在畦面增加防寒保温和采光覆盖物构成。保温防寒性能优于风障畦，可在冬季保护耐寒性蔬菜幼苗越冬。将阳畦畦框增高，加大玻璃窗角度，加强保温，成为改良阳畦（或称立壕、小暖窖），其性能又优于阳畦。

1. 类型与结构

（1）普通阳畦。由风障、畦框和覆盖物组成。风障结构与完全风障畦基本相同，但分为直立风障和倾斜风障两种；畦框由土、砖、木材、草等制成；覆盖物包括油纸、塑料薄膜、玻璃等透明覆盖物和草苫、

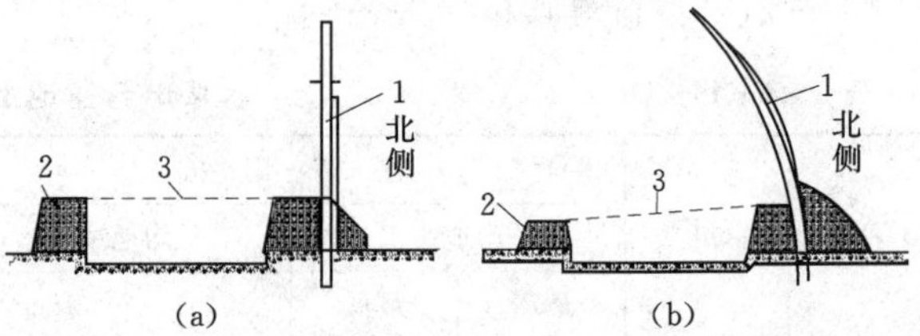

图 2-1-7 阳畦的类型

(a) 槽子畦；(b) 抢阳畦

1—风障；2—床框；3—透明覆盖物

蒲苫、苇毛苫等不透明覆盖物。根据结构的不同，阳畦可分为抢阳畦和槽子畦两种（见图 2-1-7）。

1）抢阳畦：其北框比南框高，风障向南倾斜，四框做成后向南成坡面，可使畦内在冬季接受更多的阳光，故名抢阳畦。由以下三部分构成。

①风障。风障竖立在北框外侧，冬季用时向南倾斜，与地面呈 70°夹角，春季用时则垂直竖立，高 2～2.5m。

②畦框。畦框一般用土筑成。北框一般高 50～80cm，底宽 30～40cm，顶宽 20～25cm；南框一般高 20～40cm，底宽 30～40cm，顶宽 30cm 左右；东西侧框与南北两框相接，厚度与南框相同，一般畦面宽 1.66m，畦长 6m，或为其倍数，做成联畦。

③覆盖物。可分为透明覆盖物和不透明覆盖物。透明覆盖物如用玻璃者称为“热盖”，否则为“冷盖”。如用玻璃覆盖，先将玻璃切成长 1.7m、宽 0.5～0.6m 的长方块，然后架在定做的木框上，覆盖畦面。目前生产上多采用竹竿或木条在畦面上做支架，而后覆盖塑料薄膜，称为“薄膜阳畦”。不透明覆盖物多采用蒲草苫或稻草苫覆盖，夜间覆盖在透明覆盖物上起保温作用。

2）槽子畦：其结构与抢阳畦大致相同，只是它的南北两框等高，四框做成后近似槽形，故名槽子畦。槽子畦南北等高，没有坡度，光能利用率较低，多在太阳高度角较大的春季使用。

（2）改良阳畦。由土墙（后墙、山墙）、棚架（柱、檩、柁）、土屋顶、透明覆盖物（玻璃或塑料薄膜）、保温覆盖物（蒲席或草帘）等 5 部分组成（见图 2-1-8）。改良阳畦的后墙高 0.9～1.0m，厚 0.4～0.5m，山墙脊高与中柱相同，为 1.5m，土棚顶宽 1.0～1.2m。玻璃窗斜立于棚顶的前檐下，与地面成 40°～45°。目前生产上多用塑料薄膜做透明覆盖物，成半拱圆形。栽培床南北宽约 2.7m，每 3～4m 长为一间，每间设一立柱，立柱上加柁，上铺两根檩（檐檩、二檩），檩上放秸秆，抹泥，盖土，前屋面晚上用草帘保温覆盖。畦长因地块和需要而定，一般 10～30m。改良阳畦由于空间加大，抗低温缓冲能力加强，防寒保温性能提高。

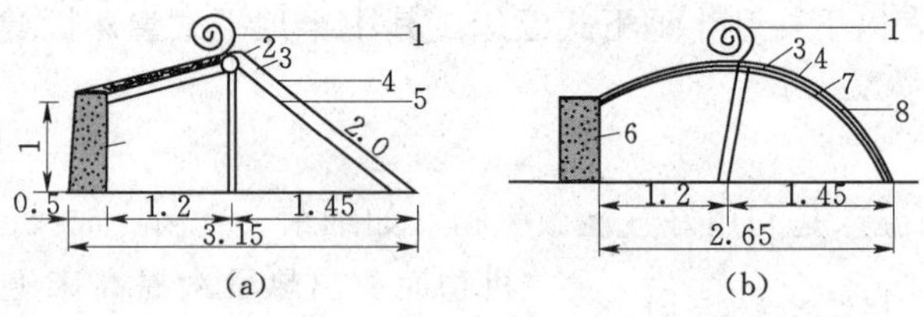

图 2-1-8 改良阳畦的类型（单位：m）

(a) 玻璃改良阳畦；(b) 薄膜改良阳畦

1—草苫；2—土屋顶；3—柱、檩、柁；4—玻璃或薄膜；5—窗框；6—土墙；7—拱杆；8—横杆

2. 性能

普通阳畦除具有风障效应外，由于增加了土框和覆盖物，白天既可吸收大量太阳辐射，夜间又减少辐射散热，所以保温能力较强。但是，由于阳畦内的热量主要来源于太阳，温度常随外界气温变化而变化。一般保温性能较好的阳畦，畦内地表温度可比露地高 13.0～15.5℃（见表 2-1-1）；连续阴雪天，阳畦温度可降至零下，而发生低温霜冻危害，须加强防寒保温管理。阳畦内昼夜温差一般可达 10～20℃，空气相对湿度差异可达 40%～60%。温差过大和夜间低温，常导致作物生长不良。同时畦内局部温差高达 6～7℃，容易造成作物生长不一致。一般上午和中午中心部位上部温度较高，四周温度较低；下午距北框近的下部地方温度较高，南框和东西两侧温度较低。

改良阳畦的性能与普通阳畦基本相同，但由于加大了玻璃窗覆盖的倾斜角度，从而增加了透光率，减少了反光率（改良阳畦反光率在 13.5%左右，普通阳畦反光率为 56.12%），而且又有土墙、棚顶及草帘覆盖，因此，防寒保温能力好，生产安全性大大提高。20 世纪 70 年代以前，生产上改良阳畦多为玻璃窗覆盖，目前以塑料薄膜覆盖为主。

表 2-1-1 阳畦与露地土壤温度的季节变化 单位：℃

月	旬	热盖阳畦				冷盖阳畦				露地	
		平均地表温		平均地中温		平均地表温		平均地中温		平均地表温	
		最高	最低	5cm	15cm	最高	最低	5cm	15cm	最高	最低
12	中	22.2	5.8	11.8	9.6	16.9	3.8	15.3	7.6	6.3	−5.1
	下	15.5	3.1	12.1	8.6	10.4	1.5	7.3	6.6	6.2	−10.0
1	上	18.2	3.5	11.6	7.4	8.4	−1.2	4.6	4.0	7.7	−12.0
	中	19.5	3.5	11.6	7.5	13.3	0.7	5.5	4.3	10.5	−12.0
	下	18.1	2.1	10.9	7.7	13.1	0.4	8.7	3.8	11.5	−12.0
2	上	21.7	2.7	13.9	9.7	21.4	2.6	10.2	6.6	18.0	−11.0
	中	19.5	0.7	9.1	7.3	21.0	0.7	10.6	6.2	13.8	−14.0
	下	20.2	—	7.5	6.0	23.5	—	10.3	6.3	—	−10.0
3	上	15.6	2.2	10.3	6.8	22.5	0.5	16.0	7.0	13.7	−12.0
	中	16.5	3.0	10.5	8.2	24.5	2.0	14.3	9.2	22.2	−7.0

3. 应用

普通阳畦主要用于蔬菜、花卉等作物育苗，还可用于蔬菜的秋延后、春提早及假植栽培。在较温暖的地区还可用于耐寒蔬菜的越冬栽培。改良阳畦较普通阳畦的性能好，主要用于葱蒜类、甘蓝类、芹菜、油菜等耐寒蔬菜的越冬栽培，还可用于喜温蔬菜秋延后、春提早栽培，也可用于蔬菜、花卉、部分果树的育苗。

2.1.2.3 温床

温床（Hot frame）是在阳畦的基础上改进的保护地设施，除具有阳畦的防寒保温作用以外，还可以通过酿热加温及电热线加温等来提高地温，以弥补日光增温的不足。根据加温热源的不同可分为酿热温床、电热温床、火炕温床和太阳能温床等；根据温床在地平面上的位置，可分为地上式（南框全在地表以上）、地下式（南框全在地表以下）和半地下式温床，其中半地下式温床因建造省工，床内通风与保温效果良好而广为应用。

1. 酿热温床

(1) 类型与结构。酿热温床是利用好气性微生物（如细菌、真菌、放线菌等）分解铺设在床土下的有机物而放出热量来提高床土温度的一种保护设施。酿热温床依照透明覆盖物的种类可分为玻璃温床与薄膜温床；依照温床在地平面上的位置，可分为地上式、地下式和半地下式温床；依照床框所用的材料又可分为土框、砖框、草框和木框温床。

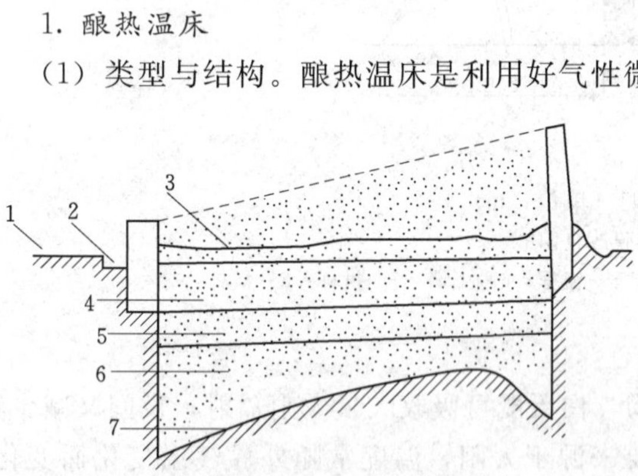

图 2-1-9 酿热温床的结构

1—地平面；2—排水沟；3—床土；4—第三层酿热物；5—第二层酿热物；6—第一层酿热物；7—干草层

酿热温床主要由床框、床坑（穴）、玻璃窗或塑料薄膜棚、保温覆盖物、酿热物等5部分组成。根据其用途来确定温床的大小和深度，一般床宽1.5～2.0m，床长依需要而定。酿热物分层加入，每层厚15cm，踏实后浇温水，当达到30～50cm厚度时盖顶封闭，充分发酵，温度稳定后上铺5～10cm床土（见图2-1-9）。

(2) 酿热温床的酿热原理及温度调节。酿热温床是利用微生物分解有机物质时所产生的热量来进行加温的，这种被分解的有机物质称为酿热物。酿热物的酿热原理为：

$$\text{碳水化合物}+\text{氧气}\xrightarrow{\text{微生物}}\text{二氧化碳}+\text{水}+\text{热量}\uparrow$$

酿热物含有多种微生物，如细菌、真菌、放线菌等，其中能使有机物较快分解发热的是好气性细菌。酿热物发热的快慢、温度高低和持续时间的长短与好气性细菌的繁殖快慢有关，好气性细菌繁殖越快，酿热物发热越快、温度越高、持续的时间越短，反之，则相反。而好气性细菌繁殖活动的快慢又和酿热物中的碳、氮、氧及水分含量有密切关系。碳是微生物分解有机物质活动的能量来源；氮则是构成微生物体内蛋白质的营养物质；氧气是好气性微生物活动的必备条件；水分对通气起调节作用。一般当酿热物中的碳氮比（C/N）为 20∶1～30∶1，含水量为 70%左右，并且通气适度和温度在 10℃以上时微生物繁殖活动较旺盛，发热迅速而持久；若 C/N 大于 30∶1，含水量过多或过少，通气不足或基础温度偏低时，则发热温度低，但持续时间长。若 C/N 小于 20∶1，通气偏多，则酿热物发热温度高，持续时间短。

根据分解发热情况不同，可将酿热物分为高热酿热物和低热酿热物两类。高热酿热物有新鲜马粪、新鲜厩肥、各种饼肥等；低热酿热物有牛粪、猪粪、稻草、麦秸、枯草及有机垃圾等。各种酿热物的配合比例、数量及厚度，应根据天气寒冷程度、应用时间长短及作物的种类而定。各种有机物质碳氮含量见表 2-1-2。

表 2-1-2　各种酿热物的碳氮含量及碳氮比

种类	C（%）	N（%）	C/N	种类	C（%）	N（%）	C/N
稻草	42.0	0.60	70	米糠	37.0	1.70	22
大麦秆	47.0	0.60	78	纺织屑	59.2	2.32	23
小麦秆	46.5	0.65	72	大豆饼	50.0	9.00	5.5
玉米秆	43.3	1.67	26	棉籽饼	16.0	5.00	3.2
新鲜厩肥	75.6	2.80	27	牛粪	18.0	0.84	21.5
速成堆肥	56.0	2.60	22	马粪	22.3	1.15	19.4
松落叶	42.0	1.42	30	猪粪	34.3	2.12	16.2
栎树叶	49.0	2.00	24.5	羊粪	28.9	2.34	12.3

（3）性能。酿热温床具防风、防寒、保温和发热等性能，因此，其床内的温度比阳畦高。由于酿热加温受酿热物和方法的限制，热效应低，而且温度无法调控，故床内温度明显受外界温度的影响。由于南北部位接受光热的强度不同，加之床框四周耗热的影响，从而造成床内存在局部温差，即温度北高南低，中部高周围低，这可以通过酿热物的厚度来调节，使四周厚，中心薄，南面厚，北面薄。酿热物发热时间有限，前期温度高而后期温度逐渐降低，因此秋、冬季不适用。

（4）应用。主要用于早春果菜类蔬菜育苗、花卉扦插或播种，以及草花或盆花的越冬栽培等。也可用于日光温室冬季园艺作物育苗。

2. 电热温床

电热温床是利用电热加温线把电能转变为热能进行土壤加温的一种保护设施。利用电热线加温具有升温快、地温高、温度均匀、调节灵敏、使用时间不受季节限制等特点。同时又能根据不同园艺植物种类和不同天气状况调控温度和加温时间，通过仪表可以自动调控，有利幼苗生长，培育适龄壮苗。因此在生产中被广泛应用。

（1）结构。电热温床一般是在改良阳畦、塑料大中棚及温室内的育苗或栽培床上，依次铺设隔热层、布线层（铺电热线），上覆床土而成（见图 2-1-10）。电加温线埋入土层深度一般为 10cm 左右，但如果用育苗钵或营养土块育苗，则以埋入土中 1～2cm 为宜。铺线拐弯处，用短竹棍隔开，不能成死弯。

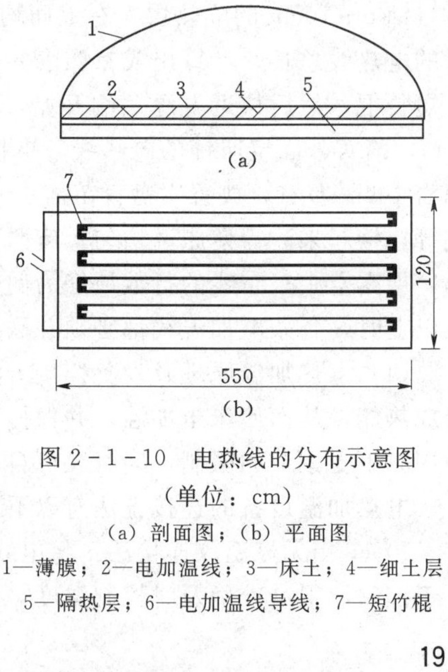

图 2-1-10　电热线的分布示意图
（单位：cm）
（a）剖面图；（b）平面图
1—薄膜；2—电加温线；3—床土；4—细土层；5—隔热层；6—电加温线导线；7—短竹棍

（2）电热器材与功率密度、总功率和电热线条数的选择。电热加温设备主要有电热线、控温仪、交流接触器、电闸盒、配电盘（箱）等组成。电热线是由绝缘塑料包裹具有一定电阻率的导线，其长度、功率等因型号不同而异。目前，厂家生产的电热线都有额定的功率、长度等。可根据温床面积与布线间距选择使用（见表2-1-3）。控温仪能将床温控制在人为设定的温度范围内。

表2-1-3　　上海农机所土壤加温电热线主要技术参数

型号	电压（V）	电流（A）	功率（W）	长度（m）	色标
DV20406	220	2	400	60	棕色
DV20608	220	3	600	80	蓝色
DV20810	220	4	800	100	黄色
DV21012	220	5	1000	120	绿色

注　引自王化，1986年

单位苗床或栽培床面积上需要铺设电热线的功率称为功率密度（W/m^2）。功率密度应根据建床地区及使用季节的气候条件、苗床的基础地温和设施的保温性能，以及作物对土温的要求来确定。据试验，早春果菜类蔬菜电热温床育苗的功率密度为70～140W/m^2（见表2-1-4）。一般华北地区冬季阳畦育苗电加温功率密度以90～120W/m^2为宜，温室内育苗以70～90W/m^2为宜；东北地区冬季温室内育苗以100～130W/m^2为宜；南方一般播种床以80～100W/m^2为宜，分苗床采用50～70W/m^2。

表2-1-4　　电热温床功率密度选用参考值　　单位：W/m^2

设定地温（℃）	基础地温（℃）			
	9～11	12～14	15～16	17～18
18～19	110	95	80	—
20～21	120	105	90	80
22～23	130	115	100	90
24～25	140	125	110	100

注　引自孟淑娥，1984年

总功率是指育苗床或栽培床需要电热加温的总功率。总功率可以用功率密度乘以面积来确定，即：

$$\text{总功率(W)}=\text{功率密度}(W/m^2)\times\text{床面积}(m^2) \tag{2-1}$$

电热线条数的确定可根据总功率和每根电热线的额定功率来计算。即：

$$\text{电热线条数(根)}=\frac{\text{总功率(W)}}{\text{额定功率(W/根)}} \tag{2-2}$$

由于电热线不能剪断，因此计算出来的电热线条数必须取整数。

（3）布线方法。一般电热温床宽为1.3～1.5m，长度根据需要而定。在规划好的苗床上，将床底整平后，铺5～10cm的隔热层，在上面均匀撒一层干细土或沙子，再铺设电加温线。布线时，先按所需总功率的电热线总长，计算出或参照表2-1-5找出布线的平均间距，按照间距在床的两端距床边10cm处插上短竹棍，然后从近电源一端开始，将电热线贴地面绕好，布线完毕，并检测完好后，在其上覆土2～3cm，踏实，固定所铺的电热线，再将床土按所需厚度均匀铺上。如为育苗播种床，床土厚5cm，分苗床则需10cm左右，放置穴盘育苗需1～2cm。最后将电加温线两端的导线（即普通的电线）与电源及控温仪等连接起来。为使床温均匀，床两侧布线间距可小些，中间稍大些。电加温线不可相互交叉、重叠、打结、裸露空中；布线的行数最好为偶数，以便电热线的引线能在一侧，便于连接。若所用电加温线超过两根以上时，各条电加温线都必须并联使用。

（4）电热加温原理及设备连接方法。电热加温原理：电热加温是利用电流通过阻力大的导体将电能转变成热能，从而使床土加温，并保持一定温度的一种加温方法。电热加温升温快，温度均匀，调节灵敏，使用时不受季节的限制，同时又可自动控制加温温度。因此，有利于园艺作物幼苗生长发育。

电热加温设备的连接方法有以下几种。

1）单相无控温仪连接法：将电线与电源通过开关直接连接［图2-1-11（a）］。此法电源的启闭全靠人工控制，很难准确及时控制温度，且费工费力，目前很少用。

2）单相加控温仪连接法：当电热线的总功率小于或等于控温仪最大允许负载时，可采用［见图 2-1-11（b）］的接线法，此方法可实现床温的自动控制。

表 2-1-5　　不同电热线规格和设定功率的平均布线间距　　单位：cm

设定功率（W/m²）	电热线规格			
	每条长 60m 400W	每条长 80m 600W	每条长 100m 800W	每条长 120m 1000W
70	9.5	10.7	11.4	11.9
80	8.3	9.4	10.0	10.4
90	7.4	8.3	8.9	9.3
100	6.7	7.5	8.0	8.3
110	6.1	6.8	7.3	7.6
120	5.6	6.3	6.7	6.9
130	5.1	5.8	6.2	6.4
140	4.8	5.4	5.7	6.0

3）单相加控温仪和继电器连接法：当电热线的总功率大于控温仪最大允许负载时，须在控温仪和电热线中间安装继电器［见图 2-1-11（c）］，否则会烧坏控温仪。

4）三相四线制线路加控温仪和继电器连接法：如苗床面积大，铺设的电热线容量太大，单相电源容量难以满足时，需要用三相四线制供电方法［见图 2-1-11（d）］。在连接时应注意三根火线与电热线均匀匹配。一般电热线和控温仪均有专门生产的厂家。目前应用较多的是上海农业机械研究所生产的电热线和 WKQ-1 型控温仪。

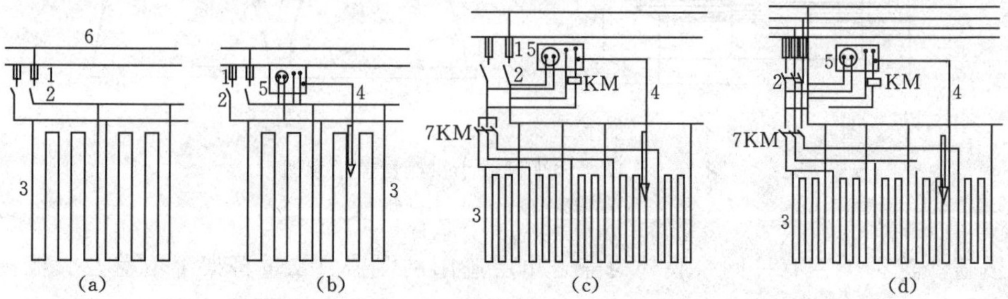

图 2-1-11　控温装置及线路的安装

（a）单相无控温仪连接法；（b）单相加控温仪连接法；（c）单相加控温仪和继电器连接法；
（d）三相四线制线路加控温仪和继电器连接法
1—熔断器；2—开关；3—电热线；4—感温头；5—控温仪；6—电源线；7—继电器主触点

3. 电热温床的应用

电热温床广泛应用于冬、春季为温室、大棚、中小棚培育喜温园艺植物幼苗，以及快速扦插繁殖葡萄、月季等种苗。也有少量用于塑料大棚黄瓜、番茄等果菜类蔬菜的早熟栽培。

2.1.3　夏季保护设施

夏季保护设施是指主要在夏秋季节使用，以遮阳、降温、防虫及避雨为主要目的的一类保护设施，包括遮阳网、防虫网、防雨棚等。

1. 遮阳网

遮阳网（Shade net）俗称遮阴网、遮光网、凉爽纱，是以聚乙烯（PE）、聚丙烯（PP）等为原料，有的是部分铝箔复合或缀铝膜经加工编制而成的一种轻量化、高强度、耐老化的网状农用塑料覆盖材料，具有遮光、防暑、降温、防台风暴雨、防旱保墒和忌避病虫等作用，现已成为我国南方地区进行夏、秋高温季节园艺作物栽培或育苗的一种覆盖新技术。与传统苇帘覆盖栽培相比，遮阳网具有轻便、管理操作省工省力的特点，虽然一次性投资较高，但其寿命长达 3～5 年，年折旧成本仅为苇帘的 50%～70%，省工

25%～50%。

遮阳网主要应用于以下几个方面。

(1) 夏季覆盖育苗。这是遮阳网最常见的应用方式。南方的秋冬蔬菜(如白菜、甘蓝、芹菜、莴苣等)都是在夏季高温育苗,遮阳网覆盖育苗,可减轻高温和暴雨危害,同时可有效地培育优质苗,以保证秋冬菜的稳产、高产。通常是利用镀锌钢管塑料大棚的骨架,顶上只保留天幕,围裙幕全部拆除,在天幕上再盖遮阳网,称一网一膜法覆盖,在其棚内进行育苗或假植。

(2) 伏菜覆盖栽培。南方夏季露地栽培蔬菜,易遭高温、暴雨危害,采用遮阳网覆盖,可大大缓解夏季蔬菜的供应。其覆盖方式有以下几种。

1) 浮面覆盖。将黑色遮阳网直接覆盖于播种后的畦面上,四周用土压实。待齐苗后揭开,再盖到另外刚播种的菜地。此法比传统露地夏季小白菜栽培省工、省力、省水,并可减轻暴雨危害(见图2-1-12)。

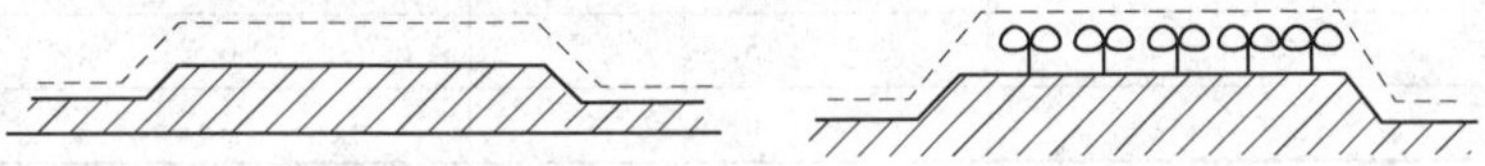

(a) (b)

图2-1-12 浮面覆盖示意图

(a) 播种后至出苗前;(b) 定植后至活棵前

2) 矮平棚或小拱棚覆盖。在种有蔬菜的畦面上搭建简易的平棚或小拱棚,遮阳网盖在棚顶,依天气状况揭盖,防止高温、高湿和幼苗徒长(图2-1-13)。

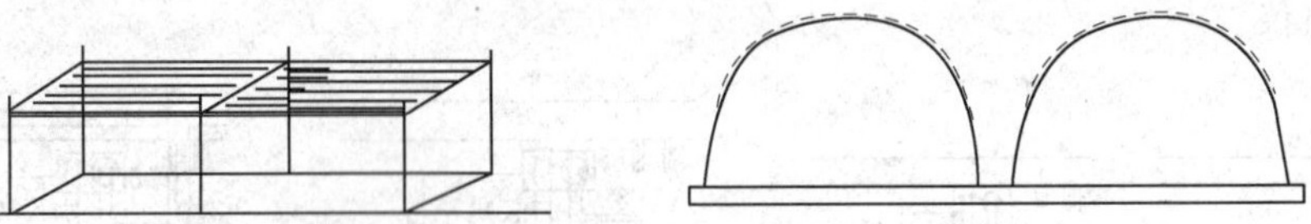

(a) (b)

图2-1-13 矮平棚或小拱棚覆盖示意图

(a) 矮平棚;(b) 小拱棚

3) 大棚覆盖。这种覆盖有一网一膜外覆盖、单层遮阳网覆盖、二重幕架上覆盖及大棚内利用腰杆平棚覆盖等多种方式(见图2-1-14)。利用大棚遮阳网覆盖,不仅可种夏季小白菜、伏芹菜、伏莴苣、伏芫荽等,还可种伏黄瓜、伏番茄等,实现冬菜夏种,丰富蔬菜种类。

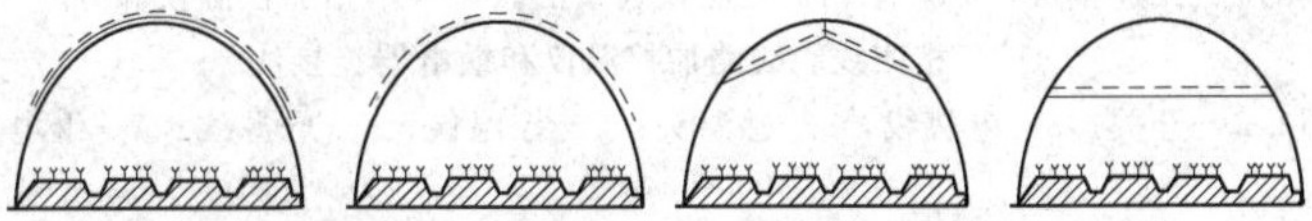

(a) (b) (c) (d)

图2-1-14 大棚遮阳网覆盖方式

(a) 一网一膜外覆盖;(b) 单层遮阳网覆盖;(c) 二重幕架上覆盖;(d) 大棚内利用腰杆平棚覆盖

(3) 春夏菜延后覆盖栽培。夏季收获完后的大棚甜椒、辣椒、茄子等,经夏季遮阳网覆盖降温后,可防止早衰,延长至9～10月仍有产品上市供应。

(4) 秋菜覆盖保苗。秋季播种或定植蔬菜时,由于温度较高,播后不易出苗,定植后易死苗。采用遮阳网覆盖,可提前播种,易齐苗、早出苗,提高出苗率,并可显著提高定植后的成苗率,促进生长,增加产量,提高品质。

此外,遮阳网还可用来延长辣椒杂交制种期,以及夏季食用菌如草菇、平菇、双孢菇等的栽培。

2. 防雨棚

防雨棚(Rain-proof shelf)又称避雨棚,是在多雨、高温、高湿的夏、秋季节,在大棚或小棚的顶部覆盖透明的塑料薄膜,以避免作物受到雨水的侵袭,其四周侧壁则为开放式或仅扣防虫网的一种设施。其具有防止湿害、防病,延长采收期,减少畸形果、裂果及花腐现象的发生,促进作物优质、稳产和高产的功能。

(1) 防雨棚的类型。

1) 大棚型防雨棚。大棚顶上天幕不揭，但四周围裙幕须揭开，以利通风，也可挂上20～22目的防虫网防虫，主要用于各种蔬菜的夏季栽培和葡萄避雨栽培。

2) 小拱棚型防雨棚。主要用作露地西瓜、甜瓜早熟栽培。小拱棚顶部扣膜，两侧通风，使西瓜、甜瓜开雌花部位不受雨淋，以利授粉、受精。也可用来育苗，前期两侧膜封闭，后期打开，进行先促成后避雨栽培。

3) 温室型防雨棚。多台风、暴雨的南方地区，建立玻璃温室状的防雨棚，顶部设太子窗通风，四周玻璃可开启，顶部为玻璃屋面，用做夏菜育苗。

(2) 应用。热带、亚热带地区年均降雨量较多，并且60%～70%的雨水集中在6～9月，多数园艺作物在这种多雨、潮湿、高温、强光的条件下病虫害发生严重，很难正常生长，采用防雨棚可以有效克服这些缺点，而且防雨棚还可以进行夏季蔬菜、葡萄及某些花卉等的避雨栽培或育苗。

3. 防虫网

防虫网（Insect-proof net）是一种采用添加防老化、抗紫外线等化学助剂的聚乙烯为主要原料，经拉丝制造而成的网状织物，具有拉力强度大、抗热、耐水、耐腐蚀、耐老化、无毒无味、废弃物易处理等优点。主要用于蔬菜作物的防虫覆盖栽培和秋季蔬菜作物的育苗，可有效防止或减少病虫害发生，是农业无公害生产的一项重要技术措施。因此，一些发达国家和地区在蔬菜和果品生产中广泛使用防虫网栽培技术，以获取优质无公害产品。我国从20世纪90年代开始推广应用，并已取得了较好的经济和生态效益。防虫网主要用于防虫覆盖栽培和秋季蔬菜作物的育苗。

主要覆盖形式有以下三种。

(1) 大棚覆盖。直接将防虫网覆盖在大棚架上，四周用土或砖压严封实，拱杆架用压膜线扣紧，留大棚正门揭盖，便于进棚作业，是目前最普遍的覆盖方式。

(2) 小拱棚覆盖。在大田畦面扣小拱棚，将防虫网覆于拱架顶上，进行全封闭覆盖，直到采收后揭网。

(3) 水平棚架覆盖。用一定高度的（一般为2～3cm）水泥柱或钢管做成平式棚架，用防虫网全部覆盖，形成隔离网室。面积一般为500～1000m^2。

2.2 塑料薄膜拱棚

在我国，通常将不用砖石结构围护，只以竹、木、水泥或钢材等作棚架，覆盖以塑料薄膜的全屋面透光的拱形或屋脊形保护设施，称为塑料薄膜拱棚（Plastic house）。根据其大小可分为小、中、大棚。

2.2.1 中小棚

塑料薄膜中、小棚是指以塑料薄膜作为透明覆盖材料的拱形或其他形式的棚，其规格尺寸虽然难以严格界定，但一般来说，小棚棚高大多在1.0～1.5m，内部难以直立行走；中棚则就其覆盖面积和空间来说，介于小棚和大棚之间。

塑料薄膜中、小拱棚，尤其小拱棚在我国面积很大，约占保护设施面积的1/3以上，主要用于蔬菜瓜果的春提早、秋延后及防雨栽培，也可用于蔬菜、花木等园艺作物的育苗。由于这类设施取材方便、投资少、易于建造、见效快而被广泛应用。

2.2.1.1 小拱棚（Small shed）

1. 类型与结构

(1) 拱圆形小拱棚。拱圆形小拱棚是生产上应用最多的类型，主要以毛竹片、竹竿、荆条或ϕ6～8mm的钢筋等为材料，弯成高1.0～1.5m的弓形骨架，按棚的宽度将两头插入地下20～30cm，骨架用竹竿或8号铅丝连成整体，上覆盖0.05～0.10mm厚聚氯乙烯或聚乙烯薄膜，外用压杆或压膜线等固定薄膜而成（见图2-2-1）。拱杆间距50cm左右，宽度依畦（垄）宽而定，一般为1.5～2.5m，长度依地形而定，一般为10～30m。因小棚多用于冬春生产，宜建成东西延长。为了加强防寒保温，棚的北面可加设风障，夜间可在膜外加盖草苫等防寒物，为防止拱架弯曲，必要时可在拱架下设立柱。

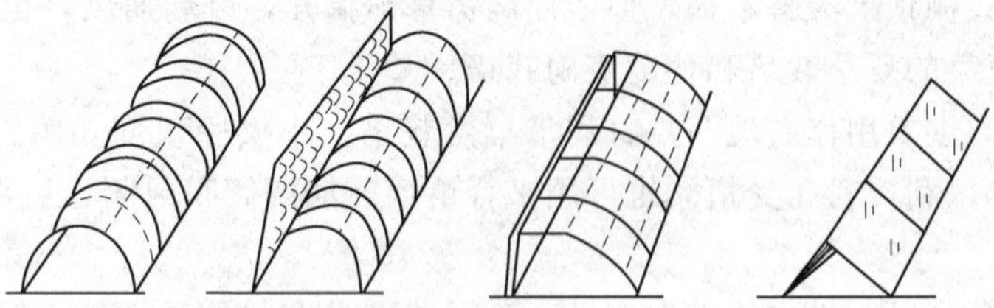

图 2-2-1 小拱棚的类型

（a）拱圆棚；（b）拱圆棚加风障；（c）半墙拱圆棚；（d）双斜面小棚

（2）半拱圆形小拱棚。棚架为拱圆形小拱棚的一半，畦北侧筑 1m 左右高的土墙或砖墙，拱架一端固定在墙上，另一端插在畦南侧土中。高度为 1.1～1.3m，跨度为 2～2.5m，一般无立柱，跨度大时中间可设 1～2 排立柱，以支撑棚面及草苫负荷。防风口设在棚的南面腰部，采用扒缝放风，棚的方向以东西延长为好。

（3）双斜面小棚。这种小棚适用于少风多雨的南方。其棚面为三角形，不易积水。一般棚宽 2m，棚高 1.5m，可以平地覆盖，也可以做成畦框后再覆盖。

2. 性能

（1）光照。小拱棚的光照情况与薄膜的种类、新旧、有无水滴、污染情况以及棚形结构等有关。据原北京农业大学园艺系测定，塑料小拱棚覆盖初期无水滴和无污染的透光率达 76.1%，但是，薄膜附着水滴或被污染后，其透光率会大大降低，有水滴的为 55.4%，被污染的为 60%。一般拱圆形小拱棚光照比较均匀，但当作物长到一定高度时，不同部位作物的受光量差异明显。

（2）温度。

1）气温。小拱棚的热源是阳光，所以棚内的温度随外界气温的变化而变化，即棚内温度也存在着季节变化和日变化。从季节变化看，冬季小拱棚温度最低，春季逐渐升高（见表 2-2-1）；从日变化看，小拱棚温度的日变化与外界基本相同，但是昼夜温差比露地大（见图 2-2-2）。由于小拱棚的空间小，缓冲能力差，在没有外覆盖的条件下，温度变化剧烈。晴天时增温效果显著，最大增温能力可达 20℃左右，因此，晴天时应及时通风降温，防止高温危害；降温速度也快，有草苫覆盖的半拱圆形小棚的保温能力仅有 6～12℃（见表 2-2-1），特别是在阴天、低温或夜间没有草苫保温覆盖时，棚内外温差仅为 1～3℃，遇有寒潮易发生冻害。

表 2-2-1　　半拱圆形小拱棚内外气温比较　　单位：℃

日期	最高					最低				
	棚内平均	棚外平均	内外相差	棚外极差	棚内极差	棚内平均	棚外平均	内外相差	棚外极差	棚内极差
1月11～30日	16.2	0.9	15.3	5.7	27.1	3.5	−8.7	12.5	−18.1	−0.2
2月	22.7	2.0	20.7	9.5	30.5	4.6	−6.3	10.9	−13.0	1.3
3月	29.7	12.5	17.2	21.8	46.0	8.9	0.7	8.2	−3.5	0.0
4月	32.2	20.9	11.3	27.8	44.5	14.4	8.4	6.0	−0.6	9.8
5月1～7日	29.0	23.7	5.3	26.9	36.6	12.4	11	1.4	6.5	8.8

此外，小拱棚内气温分布很不均匀，在密闭的情况下，棚内中心部位的地表附近温度较高，两侧温度较低，水平温差可达 7～8℃（见图 2-2-3）；从棚的顶部放风可缩小棚内各部位的温差。

2）地温。小拱棚内地温变化与气温变化相似，也存在日变化和季节变化，但没有气温变化剧烈。从日变化看，白天土壤吸热增温，夜间放热降温，晴天大于阴（雨）天，土壤表层大于深层，一般棚内地温比露地高 5～6℃。从季节变化看，据北京地区测定，1～2 月 10cm 日平均地温为 4～5℃；3 月为 10～11℃；3 月下旬可达 14～18℃；秋季地温有时高于气温。

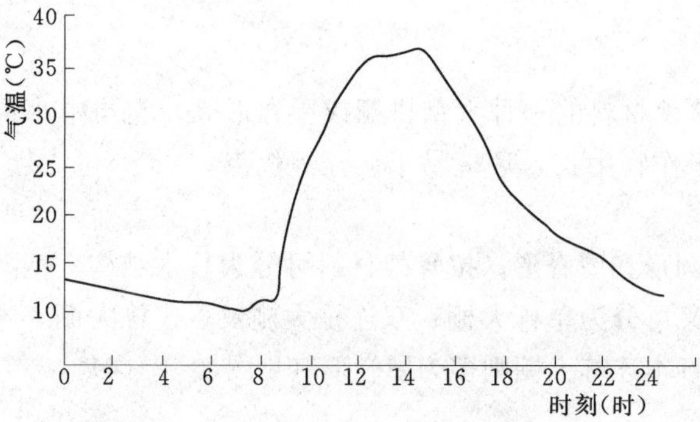

图 2-2-2 小拱棚内气温的日变化

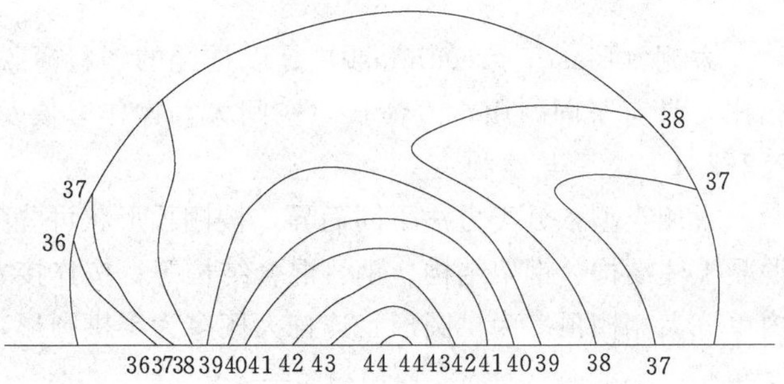

图 2-2-3 小拱棚内的温度分布（单位:℃）

(3) 湿度。塑料薄膜的气密性较好，小拱棚覆盖薄膜后，地面蒸发和作物蒸腾所散失的水汽难以逸出棚外，从而造成棚内高湿。一般棚内相对湿度可达 70%～100%；白天通风时，相对湿度可保持在 40%～60%，比露地高 20%左右。棚内的相对湿度变化与温度有关，棚温高，相对湿度低；棚温低，相对湿度则高；白天湿度低，夜间湿度高；晴天低，阴（雨）天高。

3. 应用

小拱棚主要用于果菜类蔬菜和花卉的春季早熟栽培，华南地区冬季蔬菜、花卉的早熟栽培，早春园艺作物的育苗和秋季蔬菜、花卉的延后栽培。还可用于脱春化处理，即在早春种植萝卜、白菜等蔬菜时，为消除低温感应而防止花芽分化，利用小拱棚栽培，白天棚内的高温可消除低温感应，从而防止早期抽薹。

2.2.1.2 中拱棚

中拱棚（Middle shed）的面积和空间较小拱棚大，人在棚内可直立操作，是小棚和大棚的中间类型，常用的中拱棚主要为拱圆形结构。

1. 类型与结构

拱圆形中拱棚一般跨度为 3～6m。在跨度 6m 时，以高度 2.0～2.3m、肩高 1.1～1.5m 为宜；在跨度 4.5m 时，以高度 1.5～1.8m、肩高 1.0m 为宜；在跨度 3m 时，以高度 1.5m、肩高 0.8m 为宜；长度因需要和地块而定。立柱有无与跨度大小和拱架材料的强度有关。如用竹木或钢筋作骨架需设立柱；而用钢管作拱架则不需设立柱。按材料的不同，拱架可分为竹片结构、钢架结构和竹片与钢架混合结构。现生产上主要用管架装配式中棚，如 GP-Y6-1 型和 GP-Y4-1 型塑料中棚等。

(1) 竹片结构。按棚的宽度插入 5cm 宽的竹片，入土深度 25～30cm，然后用铁丝将其绑缚弯曲形成拱圆形骨架。拱架间距为 1m 左右，中棚纵向设 3 道横拉，主横拉多用竹竿或木杆为材料，位于拱架中间下方，主横拉与拱架之间距离 20cm 设立吊柱支撑。2 道副横拉各设在主横拉两侧部分的 1/2 处，用 ϕ12mm 钢筋做成，两端固定在立好的水泥柱上，副横拉距拱架 18cm 立吊柱支撑。拱架的两个边架以及拱架每隔一定距离在近地面设斜支撑，斜支撑上端与拱架绑住，下端插入土中，竹片结构拱架，每隔 2 道拱架设立柱 1 根，立柱上端顶在横拉下，下端入土 40cm。立柱多用木柱或粗竹竿。此结构拱棚跨度不宜太大，多为 3～5m。

(2) 钢架结构。此结构的中拱棚跨度较大，拱架有主架和副架组成。跨度为 6m 时，主架用 4 分钢管作上弦、ϕ12mm 钢筋作下弦制成桁架，副架用 4 分钢管做成。主架 1 根，副架 2 根，相间排列。拱架间距 1.0～1.1m。钢架结构也设 3 道横拉，但均用 ϕ12mm 钢筋做成，设在拱架中间及其两侧部分 1/2 处。横拉与主架下弦焊接，与副架焊短截钢筋连接。横拉杆距主架上弦和副架均为 20cm，拱架两侧的 2 道横拉距拱架 18cm。钢架结构不设立柱。

(3) 混合结构。混合结构的拱架分成主架与副架。主架为钢架，其用料及制作与钢架结构相同，副架用双层竹片绑紧做成。主架 1 根，副架 2 根，相间排列。拱架间距 0.8～1.0m，其横拉设置与钢架结构相同，在钢架主架下弦焊接，竹片副架用小木棒与横拉杆连接。不设立柱。

2. 性能与应用

中拱棚的性能介于小拱棚与塑料薄膜大棚之间，不再赘述。中拱棚可用于果菜类蔬菜、草莓和瓜果的春提早和秋延后栽培，也可用于采种及花卉栽培。

2.2.2　大棚

大棚（Plastic greenhouse）是以透光的塑料薄膜为覆盖材料的一种大型拱棚或屋脊形棚。它与中小棚相比，具有坚固耐用，寿命长，空间大，操作方便及利于作物生长，环境易于调控等优点。

2.2.2.1　类型与结构

大棚类型依分类方法不同而异，按棚顶形状可分为拱圆形和屋脊形；按骨架材料可分为竹木结构、钢架混凝土柱结构、钢架结构、钢竹混合结构等；按连接方式又可分为单栋大棚、双连栋大棚及多连栋大棚。国内单栋大棚棚顶多为拱圆形，连栋大棚多为半拱圆形，而日本连栋大棚则多为屋脊形（见图 2-2-4）。

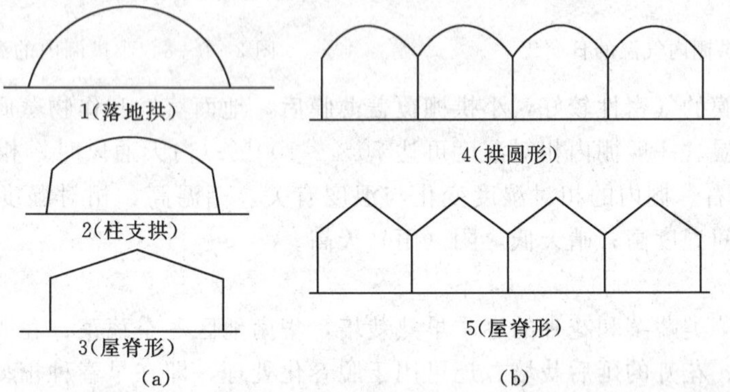

图 2-2-4　塑料薄膜大棚的类型

(a) 单栋大棚；(b) 连栋大棚

塑料薄膜大棚最基本的骨架是由立柱、拱杆（拱架）、拉杆（纵梁、横拉）、压杆（压膜线）等部件构成，俗称“三杆一柱”，其他形式均在此基础上演化而来。以下介绍几种常见的大棚类型。

1. 竹木结构单栋大棚

这种大棚的跨度一般为 8～12m，高 2.4～2.6m，长 40～60m。由立柱（竹、木）、拱杆、拉杆、吊柱（悬柱）、棚膜、压杆（或压膜线）和地锚等构成。其优点是建造容易，成本低，较牢固；缺点是立柱多，遮光严重，操作不便。

(1) 立柱。立柱起支撑拱杆和棚面的作用，纵横成直线排列。原始型的大棚，其纵向立柱间距与拱杆一致，一般为 0.8～1.0m，横向立柱间距 2m 左右，粗度为 5～8cm，中间最高，一般 2.4～2.6m，两侧低，形成自然拱形。因竹木结构的大棚立柱较多，使大棚内遮荫面大，作业不方便，故可采用“悬梁吊柱”形式（见图 2-2-5），即将纵向立柱减少，而用固定在拉杆上的小悬柱代替。小悬柱的高度约 30cm，其间距与拱杆一致。这种形式一般可使立柱减少 2/3，从而减少遮光面积，又利于操作。

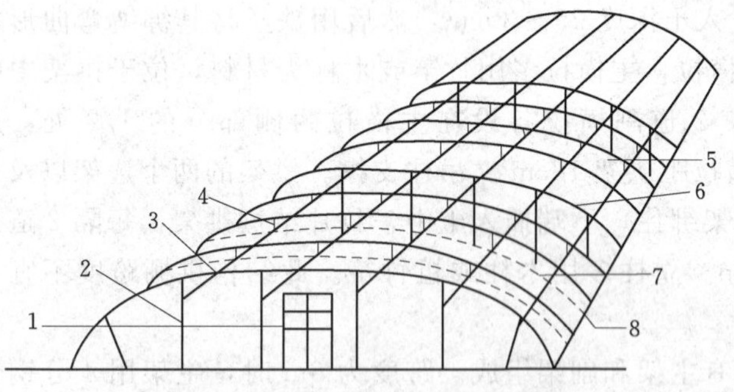

图 2-2-5　竹木结构大棚示意图

1—门；2—立柱；3—拉杆（纵向拉梁）；4—吊柱；5—棚膜；6—拱杆；7—压杆（或压膜线）；8—地锚

(2) 拱杆。拱杆是塑料薄膜大棚的骨架，起支撑棚膜的作用。拱杆是以直径 3～4cm 的竹竿或宽约 5cm、厚约 1cm 的毛竹片为材料，按照大棚跨度、高度要求连接构成。拱杆两端插入地下，其余部分横向固定在立柱顶端，成为拱形，拱杆间距一般为 0.8～1.0m。

(3) 拉杆。拉杆的主要作用是纵向连接拱杆和立柱，固定压杆，使大棚骨架成为一个整体。拉杆一般用直径 3～4cm 的细竹竿。

(4) 压杆。压杆位于棚膜之上两根拱架中间，起压平、压实绷紧棚膜的作用。压杆两端用铁丝与埋入大棚两侧土壤中的地锚连接。压杆可用细竹竿、8 号铅丝或尼龙绳（ϕ3～4mm）等为材料。目前厂家生产的专用压膜线具有柔韧、坚固，不损坏棚膜，易于压平绷紧等优点，已被广泛应用。

(5) 棚膜。棚膜可用 0.1～0.12mm 厚的聚氯乙烯（PVC）或聚乙烯（PE）薄膜以及 0.08～0.1mm

的醋酸乙烯（EVA）薄膜。为了放风方便，一般将棚膜分成几块，相互搭接在一起（重叠处宽要≥20cm，每块棚膜边缘烙成筒状，内可穿绳），在接缝处扒开放风。接缝位置通常是在棚顶部及两侧距地面1～1.7m处。顶部是否留通风口，应根据当地的气候条件、大棚规模、栽培季节等而定。目前生产上多使用无滴膜、长寿膜，耐低温防老化膜等多功能膜作为覆盖材料。

（6）铁丝。铁丝粗度为16号、18号或20号，用于捆绑连接固定压杆、拱杆和拉杆。

（7）门、窗。大棚两端各设门，门的大小既考虑作业方便，又要利于保温。塑料薄膜大棚顶部可设出气天窗，两侧设进气侧窗。

2. 钢架结构单栋大棚

这种大棚通常棚宽10～12m，高2.5～3.0m，长度50～60m。其骨架用钢筋或钢管焊接而成，具有坚固耐用，无立柱或只有少量支柱，空间大，便于人工作业等优点；缺点是一次性投资较大。

依据大棚骨架结构不同可分为单梁拱架、双梁平面拱架、三角形（由三根钢筋组成）拱架。钢架大棚的拱架多用ϕ12～16圆钢或直径相当的金属管材为材料；双梁平面拱架由上弦、下弦及中间的腹杆连成桁架结构；三角形拱架则由三根钢筋及腹杆连成桁架结构（见图2-2-6）。这类大棚使用寿命可达10年以上，但需注意维修、保养，每隔2～3年涂防锈漆，防止锈蚀。

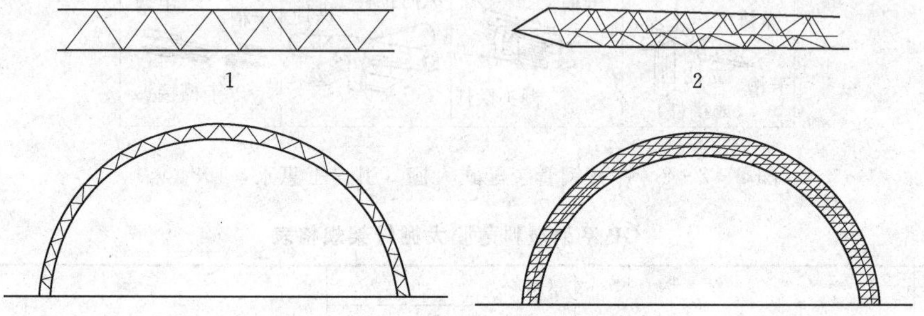

图2-2-6 钢架单栋大棚的桁架结构

1—平面拱架；2—三角拱架

平面拱架大棚是用钢筋焊成的拱形桁架，棚内无立柱，一般跨度为10～12m，脊高2.5～2.7m，每隔1.0～1.2m设一拱形桁架，桁架上弦用ϕ14～16mm钢筋、下弦用ϕ12～14mm钢筋、其间用ϕ10mm或ϕ8mm钢筋作拉花（腹杆）连接。桁架下弦处每隔2m用ϕ12～14mm钢筋作纵向拉杆，并将纵向拉杆与桁架下弦焊接。在拉杆与桁架的连接处，应自上弦向下弦上的拉梁处焊一根小斜撑，以防桁架扭曲变形，其结构如图2-2-7所示。单栋钢骨架大棚扣塑料棚膜及固定方式，与竹木结构大棚相同。大棚两端有门，同时也应有天窗和侧窗通风。

图2-2-7 钢筋桁架无柱大棚示意图

3. 钢竹混合结构大棚

这种结构的大棚是每隔3m左右设一平面钢筋拱架，用钢筋或钢管作为纵向拉杆，间隔约2m。在纵向拉杆上每隔1.0～1.2m焊一短的立柱，在短立柱顶上架设竹拱杆，与钢拱架相间排列。其他如棚膜、压杆（线）及门窗等均与竹木或钢筋结构大棚相同。这种大棚具有用钢量少，无立柱，成本低，又可改善作业条件等特点，是一种较为实用的结构。

4. 镀锌钢管装配式大棚

这种大棚（见图2-2-8）跨度一般为6～8m，脊高2.5～3.0m，长30～50m。用ϕ25mm×(1.2～

1.5）mm 薄壁钢管制作成拱杆、拉杆、立杆（两端棚头用），钢管内外热浸镀锌以延长使用寿命。用卡具、套管连接棚杆组装成棚体，覆盖薄膜在卡槽内以弹性钢丝（卡簧）固定。此种棚架规范标准、易于安装拆卸。具有重量轻、强度好、耐锈蚀、中间无柱、采光好、作业方便等特点，尽管目前造价较高，但由于它结构规范标准，可大批量工厂化生产，所以在经济条件允许的地区，可大面积推广应用。为了适应不同地区气候条件、农艺条件等特点，现已设计出 GP 系列、PGP 系列、GG-7.5-2.6 B 型、WX-6 型、JGP-6 型等多种规格的产品（见表 2-2-2 和表 2-2-3）。

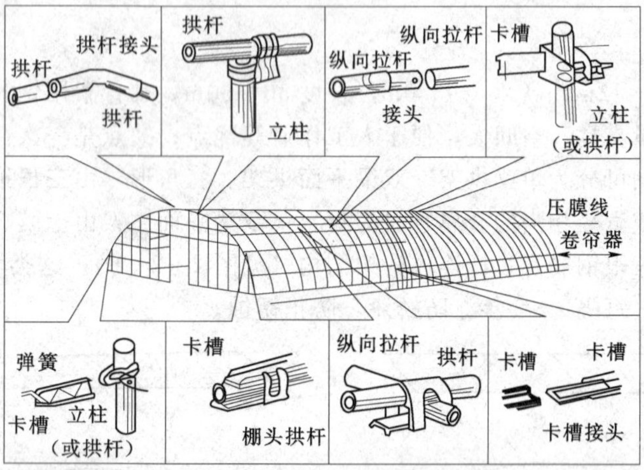

图 2-2-8 镀锌钢管装配式大棚（引自王惠永，1981 年）

表 2-2-2 **GP 系列塑料薄膜大棚骨架规格表**

型号	结构尺寸（m）					结构
	长度	宽度	高度	肩高	拱架间距	
GP-Y8-1	42	8.0	3.0	0	0.5	单栋，5 道纵梁，2 道卡槽
GP-Y825	42	8.0	3.0	—	0.5	单栋，5 道纵梁，2 道卡槽
GP-Y8.525	39	8.5	3.0	1.0	1.0	单栋，5 道纵梁，2 道卡槽
GP-C1025-S	66	10.0	3.0	1.0	1.0	双拱，上圆下方，7 道纵梁
GP-C1225-S	55	12.0	3.0	1.0	1.0	双拱，上圆下方，7 道纵梁 1 道加固立柱
GP-C625-Ⅱ	30	6.0	2.5	1.2	0.65	单栋，3 道纵梁，2 道卡槽
GP-C825-Ⅱ	42	8.0	3.0	1.0	0.5	单栋，5 道纵梁，2 道卡槽

表 2-2-3 **PGP 系列塑料大棚规格**

型号	长度（m）	宽度（m）	高度（m）	肩高（m）	拱架间距（m）	拱架管径（mm）
PGP-5-1	30	5.0	2.1	1.2	0.5	20×1.2
PGP-5.5-1	30	5.5	2.6	1.5	0.5	20×1.2
PGP-7-1	50	7.0	2.7	1.4	0.5	25×1.2
PGP-8-1	42	8.0	2.8	1.3	0.5	25×1.2

2.2.2.2 性能

1. 温度

（1）气温。塑料薄膜具有易于透过短波辐射和不易透过长波辐射的特性，因此，塑料大棚可使太阳绝大部分短波辐射透入，并能阻止地面绝大部分长波辐射透出，从而使棚内气温升高，称为“温室效应”。但是，棚温受外界气温和光照的影响，有明显的日变化和季节变化。

1）气温的日变化。棚内气温的日变化规律与外界基本相同，即白天气温高，夜间气温低。日出后 1～2h 棚温迅速升高，7：00～10：00 升温最快，在不通风的情况下平均每小时上升 5～8℃。日最高温出现在 12：00～13：00；14：00～15：00 以后棚温开始下降，平均每小时下降 3～5℃；夜间棚温下降缓慢，平均每小时下降 1℃左右。大棚的增温能力在早春低温时期，通常比露地高 3～6℃，阴天时仅高 2℃

左右，外界气温升高时增温值可达20℃以上，从而说明大棚内作物仍然存在低温霜冻和高温危害。

棚内气温的昼夜变化比外界剧烈（见图2-2-9）。棚内昼夜温差依季节和天气状况而异。11月下旬至翌年2月中旬，棚内昼夜温差可达10℃以上，很少超过15℃；3～9月通常在20℃左右，甚至达30℃。天气情况对棚内昼夜温差影响较大，例如北京地区3月中旬晴天的昼夜温差为35.5℃，阴天为15℃。晴天时棚内最低气温出现在日出之前，比最低土温出现早2h左右。在3～10月阴天有风夜晚，有时会出现棚内气温低于露地的“温度逆转”现象。但据山西农业大学赵宏钧观测，“温度逆转”发生时，大棚内地温始终高于露地，所以不会很快出现冻害。

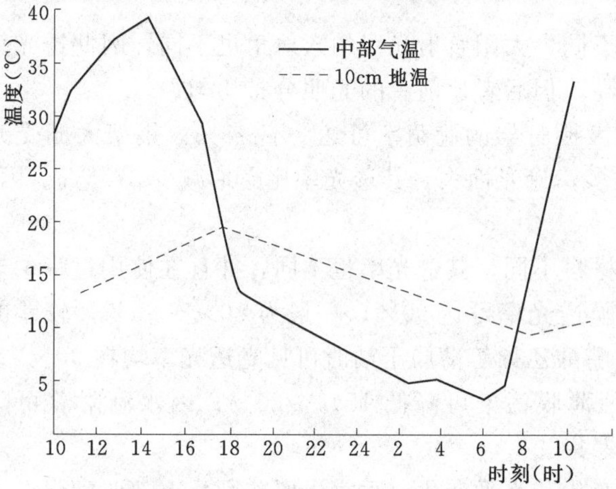

图2-2-9　大棚温度日变化（1973年3月，北京）

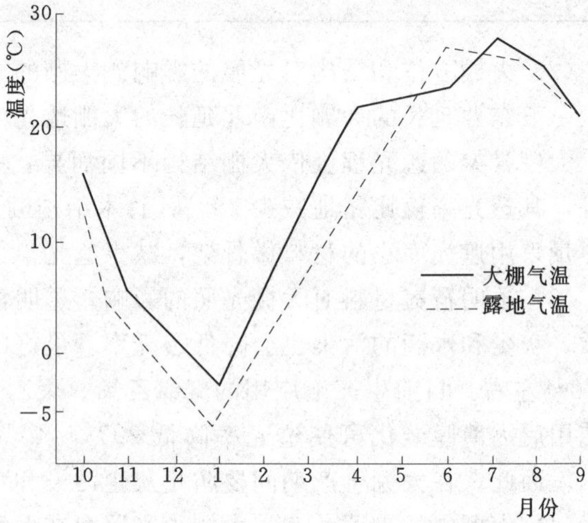

图2-2-10　塑料薄膜大棚月平均气温的变化

2）气温的季节变化。我国北方地区，大棚内存在着明显的四季变化（见图2-2-10）。如果根据气象上的规定（以候平均气温≤10℃，旬平均最高气温≤17℃，旬平均最低气温≤4℃作为冬季指标；以候平均气温≥22℃，旬平均最高气温≥28℃，旬平均最低气温≥15℃作为夏季指标，其冬季和夏季指标之间作为春、秋季指标），北京地区大棚的冬季天数可比露地缩短30～40d，春、秋季天数可比露地分别增加15～20d。因此，大棚主要用于园艺作物春提早和秋延后栽培。

根据对北京地区大棚的测定，大棚一年中的温度变化可分为4个阶段。第一阶段为低温期（11月中旬至翌年2月中旬），棚内夜间经常出现0℃以下低温，喜温蔬菜易发生冻害。第二阶段为温度回升期（2月下旬～4月上旬），此时月均温在10℃左右，但前期仍有0℃低温，故喜温蔬菜多在3月中下旬至4月初开始定植，但生长缓慢。第三阶段为生育适温期（4月中旬～9月中旬），此时棚内月均温在20℃以上，为喜温的花、菜、果的生育适期，但7月可能会出现高温危害。第四阶段为温度下降期（9月下旬～11月上旬），此时月均温在10℃上下，喜温的园艺作物可以延后栽培，但后期经常出现0℃以下低温，易发生冻害。因此，不同地区应根据大棚性能和作物特性合理安排茬口。

3）棚内温度分布。棚内不同部位存在温度差异。一般白天大棚中部气温高，北部低，相差约2.5℃。夜间大棚中部高，南北两侧低。在放风时，放风口附近温度低，中部高。在没有作物时，地面附近温度高；在有作物时，上层温度高，地面附近温度低。因此，为克服大棚冬春和秋延后栽培局部温度的不足，可采取适当方法和材料等进行保温。

（2）地温。棚内地温日变化和季节变化规律与气温相似。但与气温相比，地温比较稳定，且地温的变化滞后于气温，一天中棚内最高地温比最高气温出现的时间晚2h，最低地温也比最低气温出现的时间晚2h。

黄淮地区大棚内3月初的地温较低，不利于喜温蔬菜提早定植；3月上中旬，10cm地温在10～17℃，可定植喜温蔬菜；6～9月地温在30℃以上，若不采取降温措施，则不利于蔬菜的正常生长；到晚秋，棚内地温可保持10～21℃，适于秋延后栽培；入冬后，露地封冻时，棚内地温仅为2～5℃，只有耐寒蔬菜可以生产。棚内地温还受其他的因素影响，如棚的大小、覆盖保温状况、中耕、灌水、地膜覆盖等。

2. 光照

大棚的采光面大，所以棚内光质、光照度及光照时数基本上能满足作物需要。大棚内的光照强度与薄膜质量、太阳高度、天气状况、大棚方位及结构等有关，同时大棚内光照也存在着季节变化和光照不均现象。

（1）光照的季节变化。由于不同季节的太阳高度角不同，因此大棚内的光照强度和透光率也不同。一般在南北延长的大棚内，随着季节由冬→春→夏变化，光照强度不断增强，透光率也不断提高（见表2-2-4）；而从夏→秋→冬，光照强度和透光率则逐渐降低。

表2-2-4　大棚内地表光照的季节变化

项　目	清　明	谷　雨	立　夏	小　满	芒　种
绝对照度（lx）	15732	22200	20624	30800	31920
透光率（%）	49.9	46.6	52.5	59.3	59.3

（2）大棚方位和结构对光照的影响。大棚的方位不同，太阳直射光线的入射角也不同，因此透光率不同。一般东西延长的大棚比南北延长的大棚透光率要高，但后者比前者的光照分布均匀。

大棚骨架的遮光程度依大棚结构不同而异，一般大棚骨架的遮荫率可达5%～8%。钢架大棚受光条件好，其透光率仅比露地减少28%；竹木结构棚立柱多，遮光面大，其透光率比露地减少37.5%。因此，应尽量采用遮光面小的材料做骨架，减少遮光。

（3）透明覆盖材料对大棚光照的影响。透明覆盖材料不同，其透光率也不同，并且在使用过程中老化变质、灰尘和水滴的污染也会降低透光率。最好的薄膜透光率可达90%，一般为80%～85%，较差的仅为70%左右。目前生产上应用的聚氯乙烯、聚乙烯、醋酸乙烯等薄膜干洁时可见光透光率均在90%左右，但使用后因薄膜老化可使透光率降低20%～40%；因薄膜污染可降低15%～20%；因水滴附着可降低20%。因此，在大棚生产期间要防止灰尘污染和水滴聚集。

（4）大棚内的光照分布。大棚内光照存在着垂直变化和水平变化，垂直光照差别为上部照度强，下部照度弱，棚架越高，下部的光照度越弱。据测定，距棚顶30cm处的照度为露地的61%，中部距地面150cm处为34.7%，近地面为24.5%。水平光照差别不大，南北延长的大棚东侧、中部和西侧光照分布仅差1%左右；东西延长的大棚，南侧为50%，北侧为30%，不如南北延长的均匀。

3. 湿度

由于薄膜气密性强，棚内水分不易散失，所以棚内空气的相对湿度高于露地，并随棚内温度的降低而升高，随温度的升高而降低。当棚内相对湿度达到饱和时，棚内温度达5℃时，每提高1℃，相对湿度下降5%；当棚温为5～10℃时，每提高1℃，相对湿度则下降3%～5%。

空气湿度也存在着季节变化和日变化，从日变化看，早晨日出前棚内相对湿度最高，可达100%，12：00～13：00时最低，在密闭条件下为70%～80%，在通风条件下，可降到50%～60%，午后随气温逐渐降低，空气相对湿度又逐渐增加，午夜达100%。从季节变化看，早春和晚秋最高，夏季由于温度高和通风换气，空气相对湿度较低。

大棚空气湿度高，作物易发生各种病害，因此，生产上应采取放风排湿、升温降湿、抑制蒸发和蒸腾等措施，降低棚内空气湿度。

2.2.2.3　应用

大棚在园艺作物的生产中，应用非常普遍，全国各地都有很大面积。主要用作园艺植物的冬春季和夏季育苗；蔬菜花木的春提早、秋延后栽培或从春到秋的长季节栽培（南方地区夏季去掉裙膜，换上防虫网，再覆盖遮阳网）；果树的促成、避雨栽培等。除此之外，一些地区还创造了大棚蔬菜多茬利用的方式。

2.3　温室

温室（Greenhouse）是园艺设施中性能较为完善的类型，可进行周年生产。国外一些发达国家应用较多，设计也较先进。我国温室早在2000多年前就有文字记载，但大面积推广与应用是在20世纪50年代，特别是20世纪80年代，我国自行研制的塑料薄膜节能日光温室获得了成功，进一步促进了我国温室的快速发展，由于其节能性好，成本低，效益高，目前已成为我国温室的主要类型。近20年来，我国各地也引进了一些国外的大型现代化温室及配套设备，并在消化吸收的基础上，自行设计建造了符合当地气候特点的大型温室设施，从而促进了我国现代化设施园艺的发展。

2.3.1 日光温室

我国特有的一种以日光为主要能源，上覆盖透明塑料薄膜单层面朝南采光的温室，称为日光温室（Sunlight greenhouse）。日光温室是坐北朝南，东西延伸，主要靠采光蓄热和减少散热来积累热源，实现在基本不加温的条件下，在冬春反季节可生产喜温蔬菜和花卉，所以日光温室又称为不加温温室。

2.3.1.1 类型与结构

日光温室由墙体、后屋面、前屋面和保温覆盖物4部分组成，其主要类型有以下几种。

1. 长后坡矮后墙日光温室

这是一种早期的日光温室，后坡面可达2m以上，后墙高仅为1m左右，这种温室保温性能较好，但栽培面积较小，现很少使用（见图2-3-1）。

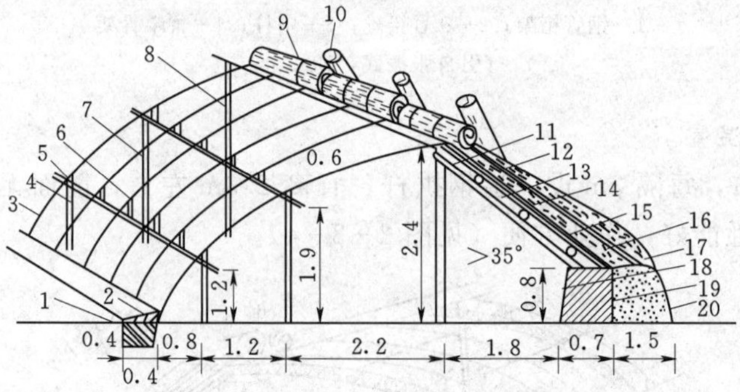

图2-3-1 长后坡矮后墙日光温室（单位：m）

1—防寒沟；2—黏土层；3—竹拱杆；4—前柱；5—横梁；6—吊柱；7—腰柱；8—中柱；9—草苫；10—纸被；11—柁；12—檩；13—箔；14—扬脚泥；15—碎草；16—草；17—整捆秫秸或稻草；18—后柱；19—后墙；20—防寒土

（引自张振武，1999年）

2. 短后坡高后墙日光温室

这种温室跨度5～7m，后坡面长1～1.5m，后墙高1.5～1.8m，采光面大，光照充足，保温性能较好，栽培面积大，作业方便，但因后墙加高，投入相对增加（见图2-3-2）。

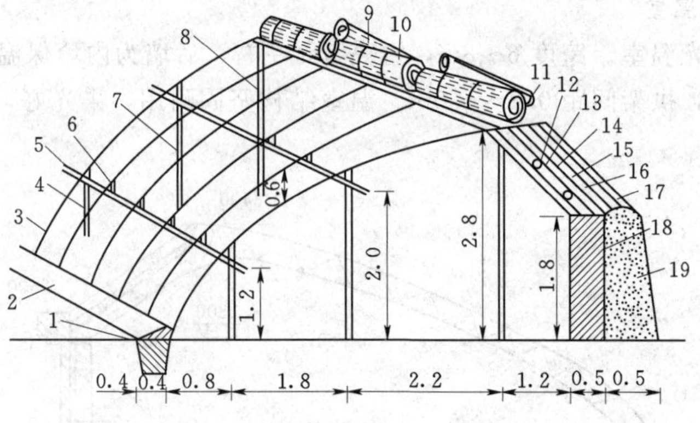

图2-3-2 短后坡高后墙日光温室（单位：m）

1—防寒沟；2—黏土层；3—拱杆；4—前柱；5—横梁；6—吊柱；7—腰柱；8—中柱；9—纸被；10—草苫；11—柁；12—檩；13—箔；14—扬脚泥；15—细碎草；16—粗碎草；17—秫秸或整捆稻草；18—后墙；19—防寒土

（引自张振武，1999年）

3. 琴弦式日光温室

这种日光温室最早应用于辽宁中部。跨度7m，后坡面长1.2～1.5m，后墙高1.8～2m，前屋面每隔3m设一道木杆或钢管桁架，在桁架上按40cm间距纵拉8号铅丝固定于东西山墙外的地锚上，使前屋面呈琴弦状。在铅丝上每隔60cm设一道细竹竿作骨架，上覆盖薄膜，在薄膜上面压细竹竿，并与骨架细竹竿用铁丝固定。该温室采光好，空间大，作业方便。缺点是固定薄膜要穿透很多孔洞，不但增加了缝隙放热量，薄膜也容易从穿孔处破损（见图 2-3-3）。

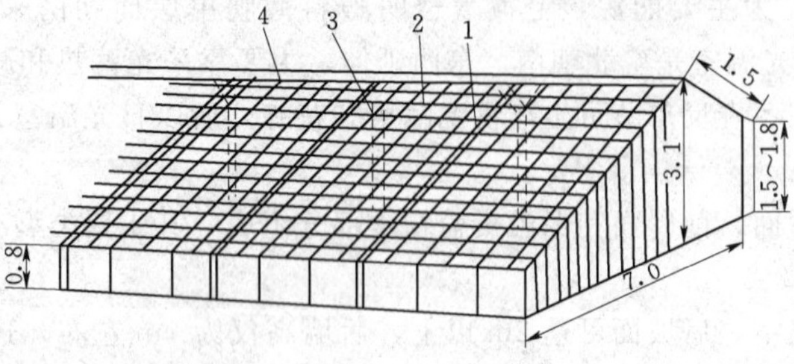

图 2-3-3 琴弦式日光温室（单位：m）

1—钢管桁架；2—8 号铅丝；3—中柱；4—竹竿骨架

（引自张振武，1999 年）

4. 钢竹混合结构日光温室

这种温室跨度 6m 左右，每隔 3m 设一道钢拱杆，脊高 2.3m 左右，前面无支柱，设有加强桁架，结构坚固，光照充足，保温性能好，作业方便（见图 2-3-4）。

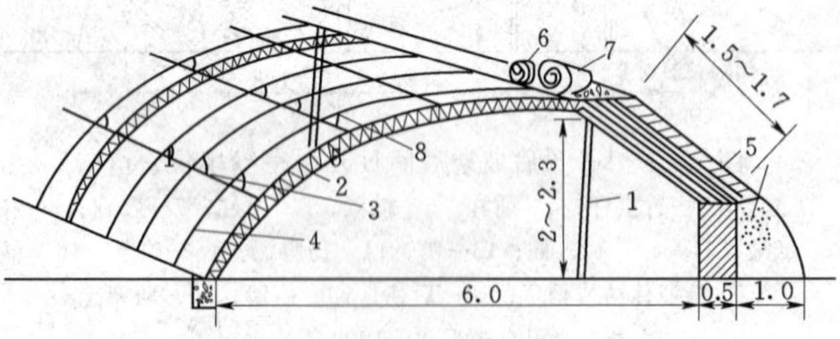

图 2-3-4 钢竹混合结构日光温室（单位：m）

1—中柱；2—钢架；3—拉杆；4—拱杆；5—后墙后坡；6—纸被；7—草苫；8—吊柱

（引自张振武，1989 年）

5. 全钢架无支柱日光温室

（1）改进冀优Ⅱ型日光温室。跨度 6～8m，脊高 3m 左右，后墙为内填保温材料的空心砖墙，钢筋骨架，有 3 道花梁横向连接，拱架间距 0.8～1.0m。温室结构坚固耐用，采光好，易于通风，利于保温，作业方便（见图 2-3-5）。

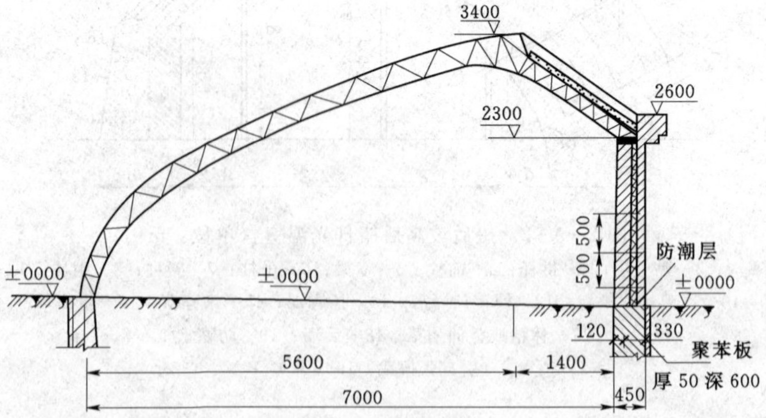

图 2-3-5 改进冀优Ⅱ型节能日光温室示意图（单位：mm）

（2）辽沈Ⅳ型日光温室。该日光温室在跨度、空间及土地利用率上实现了较大的突破。温室净跨度 12m，脊高 5.5m，后墙高 3.0m，墙体厚度 0.6m，采用异质复合墙体。这种温室空间大，采光性能好，作业方便，但建造难度大（见图 2-3-6）。

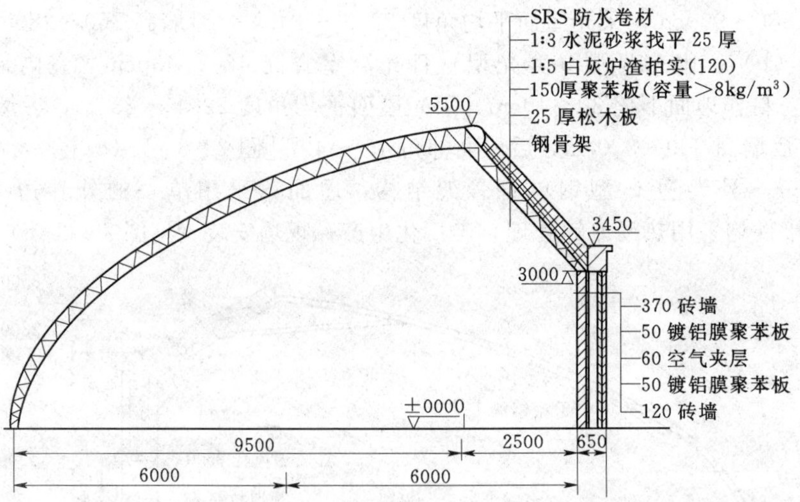

图 2-3-6 辽沈Ⅳ型日光温室示意图（单位：mm）（引自张福墁，2010 年）

（3）山东系列型日光温室。由山东省农业科学院和山东农业大学联合开发的系列温室，其中山东Ⅲ型日光温室脊高 360～375cm，后跨 100～110cm，前跨 790～800cm，采光屋面平均角度 24.2°～25.4°，后墙高 240～260cm，后屋面仰角 47°～50°［见图 2-3-7（a）］。山东Ⅳ型日光温室脊高 380～400cm，后跨

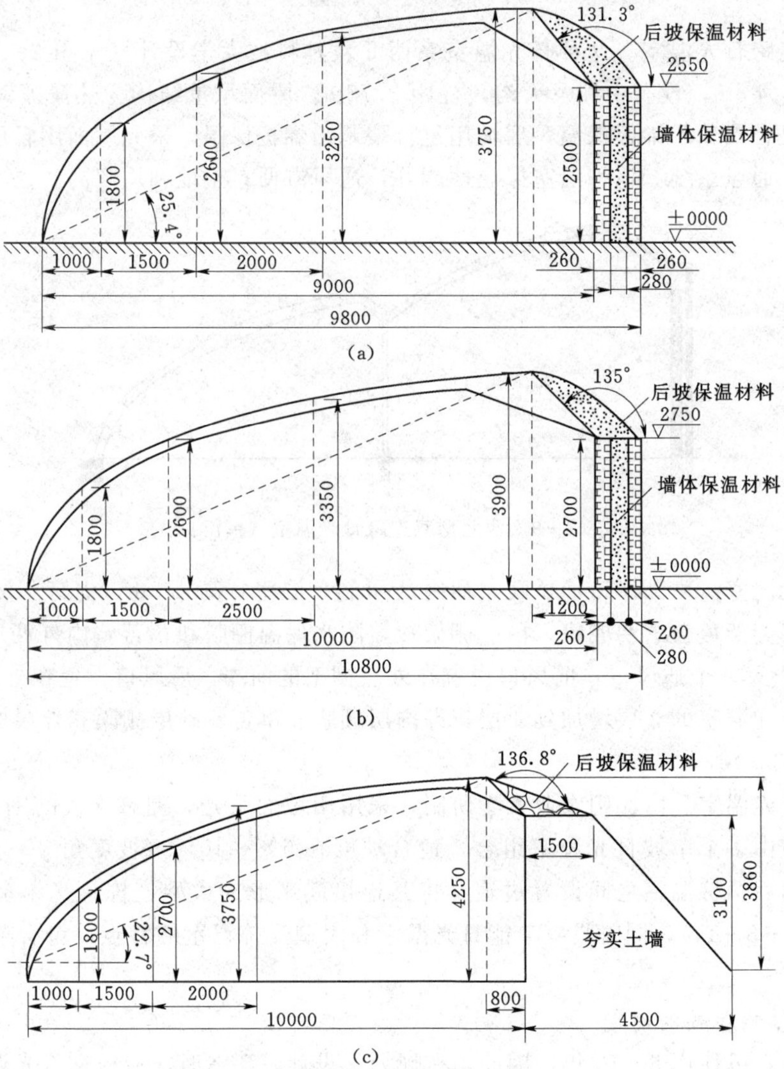

图 2-3-7 山东系列型日光温室（单位：mm）（引自何启伟，2006 年）

（a）山东Ⅲ型（SD-Ⅲ）日光温室；（b）山东Ⅳ型（SD-Ⅳ）日光温室；（c）山东Ⅳ型（寿光型）日光温室

100～120cm，前跨880～900cm，采光屋面平均角度22.9°～24.4°，后墙高260～280cm，后屋面仰角45°～47°［图2-3-7（b）］。山东Ⅳ型（寿光型）日光温室脊高420～430cm（室内地平面算起），后跨80cm，前跨920cm，耕作地面下挖30～40cm，采光屋面平均角度22.4°～23.5°，后墙下宽350～450cm，上宽100～150cm，后墙高300～320cm，后屋面仰角45°～49°［图2-3-7（c）］。

（4）西北D型——外卷边C型钢单管骨架结构。屋面梁采用单一的外卷边C型钢。骨架间距900mm，骨架和连接件均采用热浸镀锌处理，工厂化生产，现场安装（见图2-3-8）。

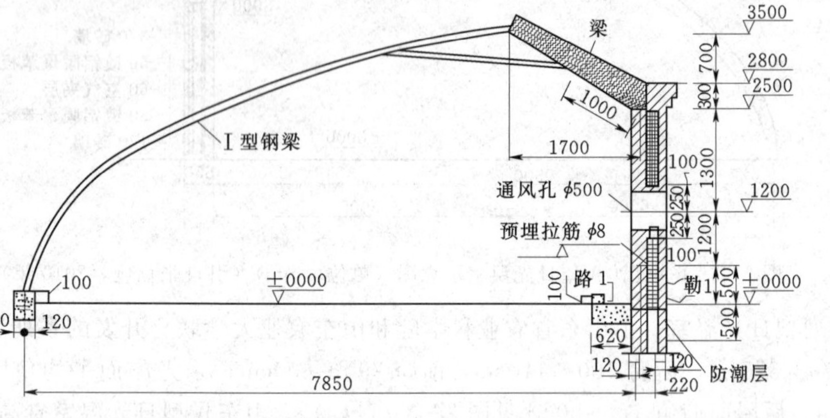

图2-3-8 西北D型日光温室（单位：mm）

（5）西北型双连跨日光温室。这种日光温室系西北农林科技大学设计（见图2-3-9）。其总跨度为16m，前、后跨度各为8m，设有中柱及天沟，柱距3.75m。屋面承重结构为热浸镀锌管或轻钢组合拱架结构，墙体为砖墙复合聚苯乙烯板保温，后坡用复合聚苯乙烯板保温，采光屋面用轻质卷帘被保温，配以热水供暖系统及人工通风系统。该种温室保温性能好，通风方便，土地利用率高。

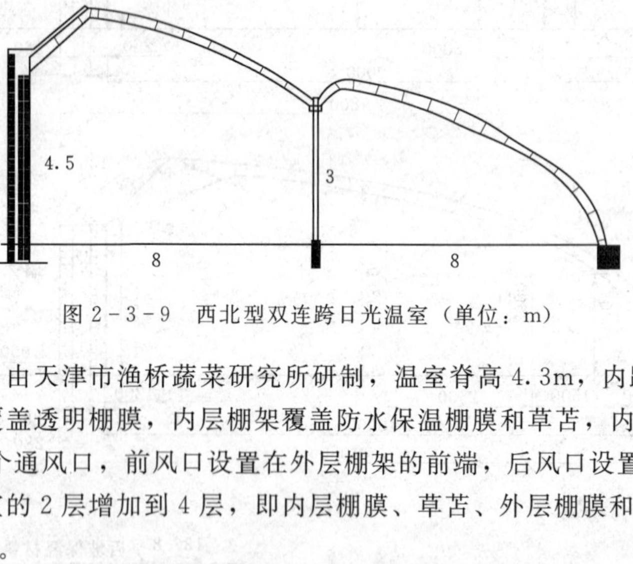

图2-3-9 西北型双连跨日光温室（单位：m）

（6）蓟春型日光温室。由天津市渔桥蔬菜研究所研制，温室脊高4.3m，内跨8.2m，墙体厚0.62m，内外双层棚架，外层棚架覆盖透明棚膜，内层棚架覆盖防水保温棚膜和草苫，内外两层棚架距离为0.6～1.1m。温室前后各设置一个通风口，前风口设置在外层棚架的前端，后风口设置在外层棚架的后坡面上。温室保温层由普通日光温室的2层增加到4层，即内层棚膜、草苫、外层棚膜和外层棚膜与草苫之间的空气隔热层（见图2-3-10）。

（7）连栋节能日光温室。由沈阳农业大学研制，采用南坡面采光，拥有永久的围护墙体结构和后坡，多连栋节能日光温室由多个单坡日光温室组合，适合坡度在6%～10%（坡度角3°～6°），可有效的利用天然地面坡度，即前后两栋温室之间设置过道，将其连接起来形成大型连栋日光温室。土地利用率高达90.0%以上（见图2-3-11），同时具有节能日光温室和大型连栋温室的特点，符合节能、大型化温室发展趋势。

2.3.1.2 日光温室结构参数的确定

日光温室寿命长，可使用8～10年，因此，在规划、设计、建造时，应根据日光温室结构应具备的特点，重点考虑采光、保温、作物生育、人工作业空间及效益等问题。其合理结构的参数具体可归纳为“五度”、“四比”和“三材”。

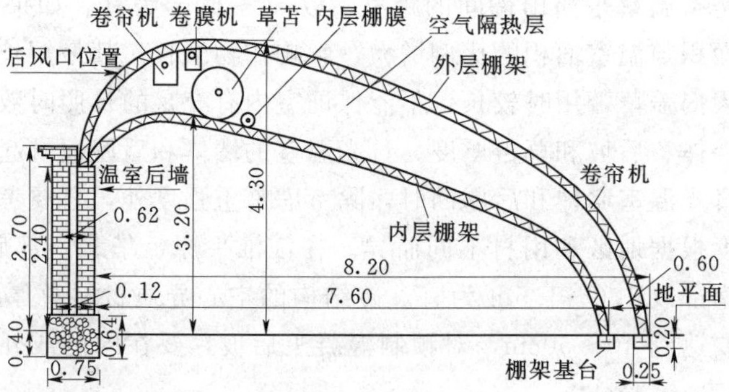

图 2-3-10 蓟春型日光温室（单位：m）

（引自李春生，2008 年）

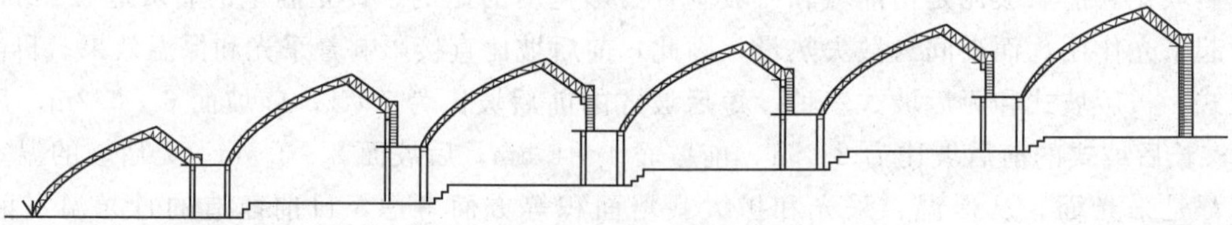

图 2-3-11 连栋节能日光温室断面示意图

1. “五度”

“五度”指角度、高度、跨度、长度和厚度。

（1）角度。包括前后屋面角和方位角。日光温室的前屋面是温室的透光面，阳光是温室的热源，要尽量争取采光量。透光面与地面夹角（屋面角）的大小，决定投射量和反射量（见图 2-3-12）。当屋面角的大小刚好使太阳光的入射角为 0°时，室内的透光量最大，屋面的反光最小。

太阳光线的入射角还与太阳的高度角有关，在确定温室的屋面角时，往往取日照条件最差的冬至日为计算依据。

太阳高度角＝90°－当地地理纬度－23.5°

据测定，当入射角在 0°～40°之间变化时，透光率变化不明显，因此在确定实际屋面角时，可用冬至日理论最佳角度减去 40°。

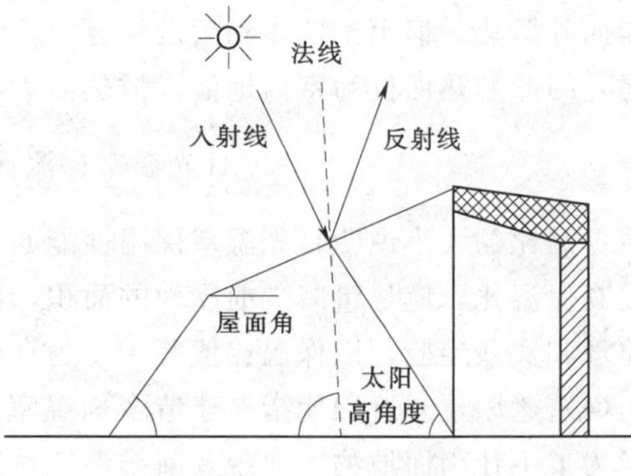

图 2-3-12 采光角度

后屋面角是指温室后屋面与后墙顶部水平线的夹角。后屋面角度一般要达到 35°～40°，以大于当地“冬至”正午时刻太阳高度角 5°～8°为宜，其目的是使冬春季节阳光照射到后墙贮蓄热量，以便晚间向温室内散热。方位角是指一个温室的方向定位，一般为坐北朝南，东西延长。

（2）高度。高度包括脊高和后墙高度。脊高是指温室屋脊到地面的垂直高度。一般要达到 3m 左右。由于脊高与跨度有关，在确定跨度条件下，降低高度会使屋面角度、比表面积和空间减小，不利于采光和作物生育；反之，则相反。据测定，在温室跨度为 6m，温室高度为 2.4～3.0m 范围之内，高度每降低 10cm，其透明屋面角度降低 1°，2.4m 高温室的太阳辐射比 3.0m 的减少 7%～9%。但如果温室过高，不仅会增加建造成本，且影响保温。因此，6m 跨度的温室，脊高以 2.5～2.8m 为宜；7m 则以 3.0～3.1m 为宜。为保证作业方便，后墙的高度以 1.8m 左右为宜，过低影响作业，过高保温效果差。

（3）跨度。跨度是指从温室北墙内侧到南向透明屋面底脚的距离，一般以 6～7m 为宜。温室跨度的大小，对温室的采光、保温、作物的生育及人工作业等都有很大影响。在温室高度及后屋面长度不变的情况下，加大跨度，会使前屋面角度和相对空间减小，从而不利于采光、保温和人工作业。近年来，日光温室的跨度有所增加，有的可达 10～12m，脊高也随之增加，从而提高了土地利用率。

(4) 长度。温室长度是指温室东西山墙间的距离，以50～60m为宜。如果太短，不仅单位面积造价提高，而且东西山墙遮阴面积与温室面积的比例增大，影响作物生长，其最短长度不应小于30m。但温室过长，室内温差大，且每天揭盖草苫用时较长，不能保证室内有充足的日照时数，最长不易超多100m。

(5) 厚度。厚度包括墙体、后坡和草苫厚度。日光温室的墙体和后屋面既起承重作用，又起保温蓄热作用。因此，在设计建造日光温室墙体和后屋面时，除考虑承重强度外，还要考虑建筑材料的导热、蓄热系数和足够的厚度。其厚度根据地区和用材不同而异。在江淮平原、华北南部后墙厚度以0.8～1.0m为宜，华北平原北部、辽宁南部以1.0～1.5m为宜。砖结构的空心异质材料总厚度一般为0.5～0.6m。以草为覆盖材料的后坡厚度要达到40～50cm，对预制混凝土后坡，要在内侧或外侧加25～30cm厚的保温层。草苫的厚度要达到6～8cm。

2. “四比”

“四比”指各部位的比例，包括前后坡比、高跨比、保温比和遮阳比。

(1) 前后坡比。前后坡比是指前坡和后坡垂直投影宽度的比例。日光温室的后坡起贮热和保温作用，前坡面白天起采光作用，而夜间易散失热量，因此，前后坡比直接影响着采光和保温效果。目前生产上主要有短后坡式、长后坡式和无后坡式三种。短后坡式的前后坡比为7∶1，前坡面6～6.2m，后坡面仅为0.6～0.8m；长后坡式的前后坡比为2∶1，前坡面4～4.5m，后坡面2～2.5m；无后坡的温室除了后墙和山墙外，都是采光面。从保温、采光和扩大栽培面积等方面考虑，目前建造的日光温室前后坡比以4.5∶1左右为宜。

(2) 高跨比。高跨比是指日光温室的高度与跨度的比例，两者的比值决定屋面角的大小。要达到合理的屋面角，高跨比以1∶2.2为宜。如跨度为6m的温室，高度应为2.7m以上；跨度为7m的温室，高度应为3m以上。

(3) 保温比。保温比是指日光温室内的贮热面积与放热面积的比例。在日光温室中，虽然各围护结构都能向外散热，但由于墙体和后坡较厚，不仅向外散热，而且可以贮热，所以在此不作散热面和贮热面来考虑，因此贮热面仅为室内地面，散热面为前屋面，故保温比就等于土地面积与前屋面面积之比。

$$日光温室保温比(R)=\frac{日光温室内土地面积(S)}{日光温室前屋面面积(W)} \tag{2-3}$$

保温比的大小说明日光温室保温性能的大小，保温比越大，保温性能越好，所以在单位土地面积上，为提高保温比，应尽量减少前屋面的面积，但前屋面白天又具有采光作用，因此要保持一定面积。根据保温原理和实践经验，以保温比值等于1为宜。即跨度为7m的日光温室，前屋面拱杆的长度以7m为宜。

(4) 遮阳比。遮阳比指在建造多栋温室或在高大建筑物北侧建造时，前面地物对建造温室的遮阳影响。为了不让南面地物、地貌及前排温室对建造温室产生遮阳影响，应确定适当的无阴影距离，其距离的大小与当地太阳高度角有关。其最短距离为当地冬至正午的太阳光照到新建的日光温室为准。

3. “三材”

“三材”指建造温室所用的建筑材料、透光材料和保温材料。

(1) 建筑材料。建筑材料有很多，如钢材、竹木、水泥、砖、泥土等。建筑时材料的选择主要取决于投资的多少。投资大，可用耐久性强的钢结构、水泥结构等；投资小，则选用简易的竹木结构、土墙结构。不论采用哪种建材，都要考虑牢固性、耐久性和保温性（见表2-3-1、表2-3-2）。

表2-3-1　几种建筑用砖的技术性能

名　称	尺　寸 (mm)	容　重 (kg/m^2)	砖标号	热导率 (λ) [kJ/(cm·h·℃)]	耐水性	耐久性
普通黏土砖	240×115×53	1800	75～150	2.93	好	好
灰沙砖	240×115×53	1900～2000	100	3.14	较差	较差
矿渣砖	240×115×53	2000	100	2.72	较好	较差
粉煤灰砖	240×115×53	1500～1700	75～100	1.67～2.60	较差	较差
空心砖	240×115×53	1000～1500		1.67～2.30	好	好

表 2-3-2　　常用温室筑墙材料的热工参考指标

材料名称	容　重 r	热导率 λ [kJ/(cm·h·℃)]	热比重 c [kJ/(cm·h·℃)]	蓄热系数 S
夯实草泥或黏土墙	200	3.35	0.84	38.09
草泥	1000	1.25	1.05	18.59
土坯墙	1600	2.51	1.05	33.07
重砂浆黏土砖砌墙	1800	2.93	0.88	34.74
轻砂浆黏土砖砌墙	1700	2.72	0.88	32.44
石块容重为 2800 的石砌体	2680	11.51	0.92	86.23
石块容重为 2000 的石砌体	1969	4.06	0.92	43.53

(2) 透光材料。透光材料指前屋面采用的塑料薄膜，主要有聚乙烯和聚氯乙烯两种。近年来又开发出了乙烯一醋酸乙烯共聚膜，具有较好的透光和保温性能，质地轻，耐老化，无滴性能好，具体指标见覆盖材料一章。

(3) 保温材料。保温材料是指墙体、后坡和前屋面保温所用的材料。墙体除用土墙外，还可用砖石结构。为提高其保温性，砖石结构内需填充煤渣、锯末、珍珠岩等保温材料。据鞍山园艺所测定，50cm 砖结构墙体（内墙 12cm，中间 12cm，外墙 24cm）内填充的保温材料不同，其保温性能也不同（见表 2-3-3）。

表 2-3-3　　不同填充材料夹心墙蓄热保温比较

处　理	内墙表面温度大于室温的时段	墙体夜间平均放热量 (W/m^2)	室内最低气温 (℃)
中空	15：00～4：00	2.9	6.2
煤渣	15：00～8：00	13.8	7.8
锯末	15：00～8：00	7.6	7.6
珍珠岩	15：00～8：00	37.9	8.6

前屋面的保温材料主要有草苫、草苫加纸被、棉被和无纺布等。因无纺布保温效果与纸被相似，所以在冬春多雨的黄淮地区，可用无纺布代替纸被。随着技术的发展，目前一些厂家已生产出一种专门用于外覆盖的 PE 高发泡软片。不同覆盖材料保温效果不同（见表 2-3-4）。常用的覆盖材料规格及用量如表 2-3-5 所示。

表 2-3-4　　日光温室覆盖草、苫纸被的保温效果　　单位：℃

保温条件	4：00 温度	室内外温差	加草苫增温	加纸被增温
室外	−18.0			
不盖草苫纸被温室	−10.5	7.5		
加盖草苫温室	−0.5	17.5	10.0	
加盖草苫纸被温室	6.3	24.5		6.8

表 2-3-5　　常用覆盖材料规格及用量

名　称	规格			用量（条/hm^2）	备　注
	长度（m）	宽度（m）	重量（kg）		
稻草苫	8～10	1.0～1.2	40	1500	
蒲草苫	8～10	1.4～1.6	50	1050～1200	
纸被	8～10	1.0～1.1		1500	4 层牛皮纸
棉被	5～8	2～4	10	450～600	
无纺布	10	1.1	100g/m^2	1500	代替纸被
无纺布	10	1.1	300g/m^2	3000	代替草苫

2.3.1.3 性能

由于日光温室方位为坐北朝南东西延长，后部和两侧有墙体保温，前屋面白天透光，夜间有草苫、保温被等覆盖物保温，因此其采光和保温性能均较好。

1. 光照

(1) 光照强度。由于可见光通过前屋面塑料薄膜时，部分光被反射和吸收，因此进入日光温室内的可见光减少。一般在直射光的入射角为0°（直射光线与透明覆盖材料的平面相垂直）时，洁净的新塑料薄膜透光率可达90%左右，但因透明覆盖材料老化、尘埃污染、附着水滴、骨架遮荫等原因，透光率会大大下降，有时会降到自然光强的50%以下，从而限制喜光园艺作物的生育。

(2) 光照时数。由于日光温室在寒冷季节多采用草苫和纸被等覆盖保温，而这些覆盖物多在日出以后揭开，在日落之前盖上，从而减少了日光温室内的光照时数。由此影响了冬季和早春日光温室内作物的生长发育。进入春季后，光照时数逐渐增加，作物生长发育良好，产量高，品质优。

(3) 光照分布。由于日光温室只有前屋面可以透过可见光，其余部分均不透光，因此光照垂直和水平分布都不均匀（见表2-3-6）。从水平分布看，北侧较弱，南侧较强；东西靠近山墙处，在午前和午后分别出现三角形弱光区，午前出现在东侧，午后出现在西侧。从垂直分布看，上部强，下部弱。此外，温室骨架遮荫处光照弱，无遮荫处光照较强。

表2-3-6 日光温室内光照度的空间分布（引自郜庆炉等） 单位：klx

观测位点		距西墙（m）			距东墙（m）	
		3.4	6.4	19.5	6.4	3.4
北墙根	距地面1m	4.89	5.31	5.25	4.56	5.21
距北墙1.7m	距地面1m	10.27	10.89	10.30	11.11	10.47
	距地面2m	9.55	8.90	9.02	10.57	9.89
	距地面5m	7.39	5.66	5.66	7.09	7.34
距北墙4.1m	距地面1m	16.38	16.25	16.23	16.51	15.23
	距地面2m	17.78	17.56	17.68	18.50	17.95
	距地面5m	6.58	7.59	5.81	8.42	7.50
距北墙6.5m	距地面1m	17.13	17.25	16.79	17.22	17.03
	距地面2m	18.50	18.20	18.40	18.80	18.70
	距地面5m	7.99	10.48	9.12	6.03	8.02

注 测定日期为2000年12月16日，时间为12:30，地点在水利部农田灌溉研究所。

(4) 光质。与玻璃相比，塑料薄膜的紫外线透过率高，因此园艺作物产品维生素C含量及含糖量高。果实花朵颜色鲜艳，外观品质比玻璃温室好。但不同种类的薄膜光质有差异，聚乙烯膜的紫外光透过率最多，可达80%～90%，而聚氯乙烯薄膜由于添加紫外光吸收剂而使透过率降低。

2. 温度

(1) 气温的季节变化。日光温室内的气温受外界气温的影响，在高纬度的北方地区，日光温室内存在着明显的四季变化。如果根据气象上的规定，日光温室内的冬季天数可比露地缩短3～5个月，夏季天数可比露地延长2～3个月，春、秋季天数可比露地分别延长20～30d，在北纬41°以南地区，保温性能好的日光温室几乎不存在冬季（见图2-3-13），可以四季生产蔬菜。

(2) 气温的日变化。日光温室内气温的日变化规律与外界基本相同，即白天高，夜间低。通常在早春、晚秋及冬季的日光温室内，晴天最低气温出现在揭草苫后0.5h左右，此后温度上升；到中午12:00左右，温度达到最高值（偏东温室略早于12:00；偏西温度略晚于12:00），然后开始下降，从14:00到16:00时，平均每小时降温4～5℃，盖草苫后气温下降缓慢，从16:00到第二天8:00降温5～7℃（见图2-3-14）。晴天室内昼夜温差大，阴天则较小，一般只有3～5℃。

(3) 气温的分布。日光温室内的气温分布不均，存在明显的水平和垂直温差。一般水平温差为3～4℃；垂直温差为2～3℃。通常白天温室内上部温度高于下部，中部高于四周；夜间北侧的温度高于南侧。但在外面无保温覆盖的寒冷季节，靠近透明覆盖材料内表层处的温度往往较低。此外，温室面积越小，温度分布越不均匀。

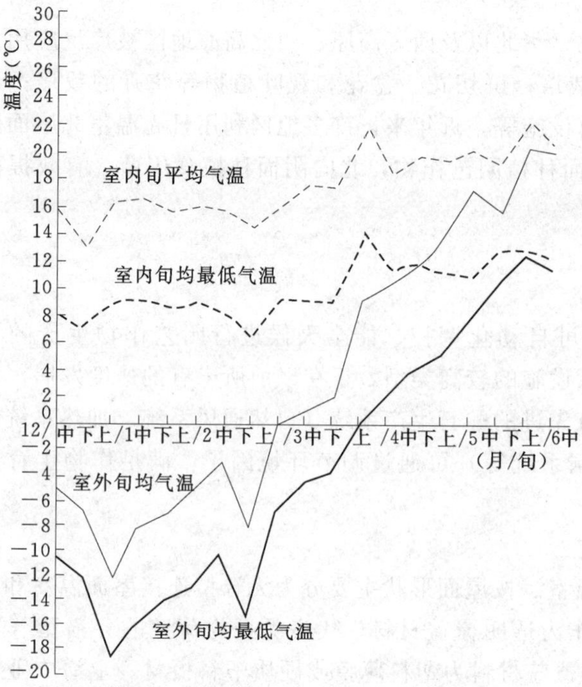

图 2-3-13　日光温室内外气温的季节变化

（瓦房店温室，1990～1991 年）

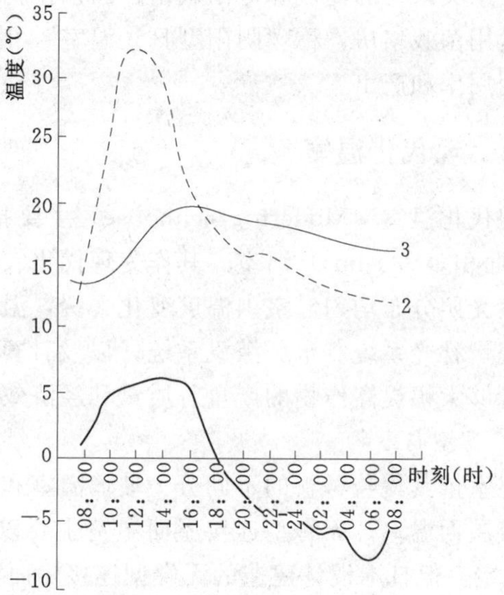

图 2-3-14　温室内地温与气温日变化

1—室外气温；2—室内气温；3—室内 15cm 地温

(4) 地温的变化。日光温室内的地温虽然也存在着明显的日变化和季节变化，但与气温相比，地温比较稳定，且变化滞后于气温，一般相差 2～3h。从日变化看，日光温室上午揭草苫后，地表温度迅速升高，14：00 左右达到最高值，随后迅速下降，盖草苫后，下降趋于缓慢。土层越深，日最高地温出现的时间越晚。一般距地表 5cm 处的日最高地温出现在 15：00 左右；10cm 处的出现在 17：00 左右；20cm 处的出现在 18：00 左右，20cm 以下深层土壤温度的日变化很小。从地温的分布看，温室周围的地温低于中部地温，而且变化幅度大。

3. 空气湿度

(1) 空气湿度大。日光温室内空气的绝对湿度和相对湿度一般均大于露地。空气湿度大，作物蒸腾量小，不易缺水，有利于作物的生长发育。但空气湿度过大，又因光照较弱，从而引起作物营养生长过旺，易徒长，影响开花结实，并易诱发病害。因此，生产上应注意防止空气湿度过大。

(2) 空气相对湿度的日变化大。日光温室内空气相对湿度的日变化比露地大。白天中午气温高时，空气相对湿度较小，一般为 60%～70%。夜间空气相对湿度迅速增高，可达到饱和状态（见图 2-3-15）。

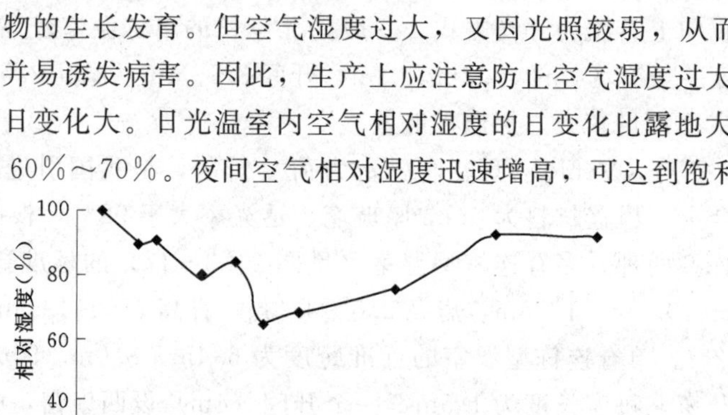

图 2-3-15　日光温室内的相对湿度日变化

（辽沈Ⅰ型温室，1999 年）

(3) 局部湿差大。日光温室内的局部湿差大于露地，并与温室空间有关。设施越高，容积越大，局部湿差较大；反之，局部湿差较小。

2.3.1.4 应用

由于日光温室有较好的性能，因此，在我国东北、华北以及西藏高原、西北高原地区被广泛应用。其主要用于北方地区蔬菜的冬春茬、春早熟和秋延后栽培；鲜切花、盆花和观叶植物等花卉的栽培；浆果类、核果类果树的促成和避雨栽培；园艺作物的育苗设施等。近年来，许多地区利用日光温室北屋面墙外设置食用菌栽培房，称"阴阳型日光温室"，南向阳面种植园艺作物，北向阴面种植食用菌，有效提高了土地利用率和产出率。

2.3.2 现代化温室

现代化温室（Modern greenhouse）主要指环境可自动化调控、能全天候进行园艺作物生产的大型（覆盖面积多为 $1hm^2$）温室。其作为现代化农业园区设施的较高类型，正在以前所未有的速度发展。现代化温室光照分布均匀，室内温度变化平缓，温室中有先进的配套生产系统（自然通风系统、加热系统、帘幕系统、补光系统、水肥灌溉系统，以及计算机控制系统等）可通过调节环境因子，满足作物生育的需要，能够大幅提高作物的产量、质量和经济效益。

1. 类型与结构

温室依其覆盖材料的不同分为玻璃温室和塑料温室。按屋面形状主要分为无脊型连接屋面温室和拱圆型连接屋面温室。无脊型连接屋面温室主要以玻璃作为透明覆盖材料，代表类型为荷兰的芬洛型（Venlo）温室。但日本设计建造的无脊型连接屋面温室的覆盖材料为塑料薄膜或硬质塑料板材。上海农业机械研究所研制的LBW63型也属无脊型连接屋面温室。拱圆型连接屋面温室主要以塑料薄膜为透明覆盖材料，这种温室广泛应用在法国、以色列、美国、西班牙、日本和韩国等国家。我国目前自行设计建造的现代化温室多为拱圆型连接屋面温室，如上海农业机械研究所研制的GLZW－7.5型、GLW－6型、GLP732型温室，中国农业大学研制的华北型温室等。在我国无脊型连接屋面温室在生产中应用较少。

(1) 玻璃温室。

1) 门式钢架结构温室。为双屋面温室最常见的类型，主要由钢筋混凝土基础、型钢、异型钢或铝金骨架，以及玻璃或硬质塑料板等透明材料和遮阳保温幕等围护结构组成，四壁由透光材料组成，具有方向相反的两个采光面。如图2－3－16所示，在用异型钢做成的"人"字型钢架上，沿屋脊平行配置桁条，垂直配置椽子，上覆玻璃。在温室周围建有承受地上部结构荷载的钢筋混凝土条形结构。如连栋温室，每一中柱下需设独立基础。天窗采用双开启式的屋脊，为防强风，最大开度达到水平为限。一般屋面倾斜角越大，通风口也越大。通常蔬菜用的倾角约为26.6°，花卉用约为31°。换气侧窗做成3枚一组的推拉式玻璃窗，也有用塑料农膜做成向上卷膜的开窗方式。一般南北延长的单栋温室较高大，环境调控能力较强，其形式规格多样，单栋跨度一般有6.4m、7.2m和8m，开间3m、4m，檐高2.5～3.0m，脊高3～4.5m，长度多为40m。但这种温室用钢量较大、保温性能差。

2) 芬洛型玻璃温室。芬洛（Venlo）型玻璃温室为荷兰研制，是我国引进的玻璃温室的主要类型。该温室的骨架为钢架和铝合金，覆盖材料为4mm厚玻璃，透光率大于92%，根据温室屋顶形状和类型主要有多脊连栋型和单脊连栋型两种。多脊连栋型温室（见图2－3－17）的标准脊跨为3.2m或4.0m，单间温室跨度为6.4m、8.0m、9.6m、12.8m，肩高2.5～4.3m，脊高3.5～4.95m，屋顶通风窗宽0.73m、长1.65m，玻璃屋面角为25°。单脊连栋型温室的标准跨度为6.4m、8.0m、9.6m、12.8m。开窗设置以屋脊为分界线，左右交错开窗，每窗长度为1.5m，一个开间（4m）设两扇窗，中间1m不设窗（见图2－3－18）。屋面开窗面积与地面积比率（通风比）为19%。由于Venlo型温室通风量不足，所以在我国南方地区夏季热蓄积严重，降温困难。现我国厂家针对亚热带气候特点进行了改进创新。这种温室具有跨度大、屋面小、空间大、光照好及成本低等特点。

(2) 塑料温室。这种温室具有省材，采光性好，顶侧通风面积大，构建方便，造价较低等特点，在我国现代化温室中应用最广。有单栋、连栋之分，多为拱圆型。透明覆盖材料多以塑料薄膜为主，也有用PC聚碳酸酯硬质或半硬质板材。现将我国常见的塑料温室介绍如下。

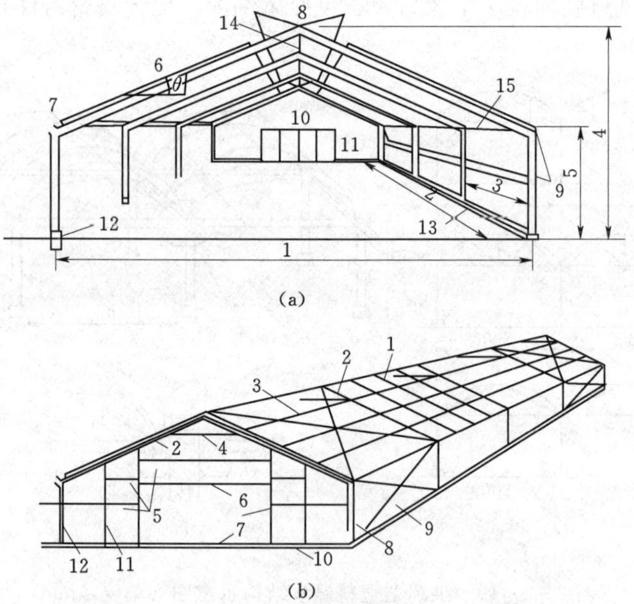

图 2-3-16 双屋面温室各部分结构名称

(a) 温室各部分名称

1—单栋跨度；2—长度；3—开间距；4—脊高；5—檐高；6—屋面角；7—天沟；8—天窗；9—侧窗；10—山墙；11—门；12—独立基础；13—连接基础；14—脊檩；15—檐檩

(b) 温室结构材料名称

1—椽；2—人字梁；3—桁条；4—屋顶横梁；5—山墙横梁；6—上框；7—门槛；8—侧柱；9—拉筋；10—基础；11—山墙间柱；12—中柱

(引自高仓，1980 年)

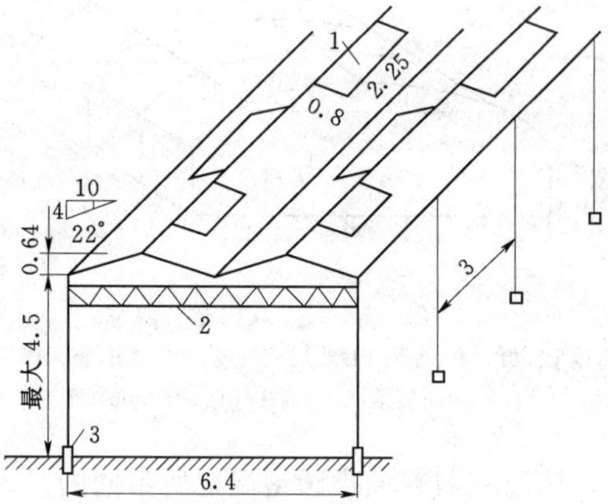

图 2-3-17 芬洛型温室结构示意图（单位：m）

1—天窗；2—桁架；3—基础

(引自佐濑，1995 年)

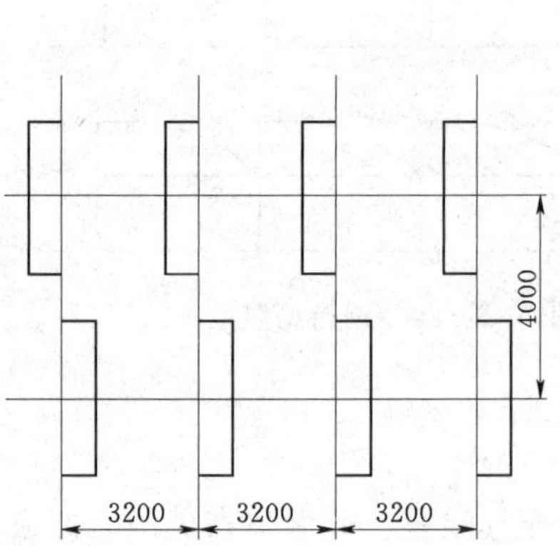

图 2-3-18 芬洛型温室天窗设置

(单位：mm)

1）拱圆型温室。拱圆型温室屋面呈拱圆型，单栋跨度一般为 6m、8m、9m、10m，檐高 1.8～2.2m 直至 3.0～4.0m，开间 3.0～4.0m，拱面脊高 1.5～2.5m。屋面拱架由主梁和副梁构成，主梁与中柱直接连接，为主要承重结构，不同地区依抗风雪荷载要求，拱架主梁可增设加固补强拱梁［见图 2-3-19 (a)］；而副梁直接连接在天沟板上（沿栋方向用槽型钢做成，兼作谷梁）［见图 2-3-19 (b)］，承重较小，起支撑塑料薄膜的作用。主副梁拱管一般采用直径为 19～22mm，管壁厚 1.2mm 的镀锌钢管，中柱一般采用壁厚 2.3mm、50mm 的方形柱或壁厚 2.3mm、直径 48mm 的圆管柱。管径粗度和厚薄依跨度和开间大小而定。通风方式通常采用顶屋面和侧屋面卷膜通风，也有用齿条式或撑开式开窗的。

2）锯齿型温室。该类型温室在我国南方地区使用较多。依其屋面造型可分为如图 2-3-20 所示的三种形式。这种温室通风效果好。据测定，有外遮阳的情况下，其自然通风能使室内外温差达 1～3℃。在使用此类温室时，须使通风口朝向位于下风口，避免冷风倒灌。但天窗密封性较差，在夏季燥热、冬季严寒的北方地区不太适用。

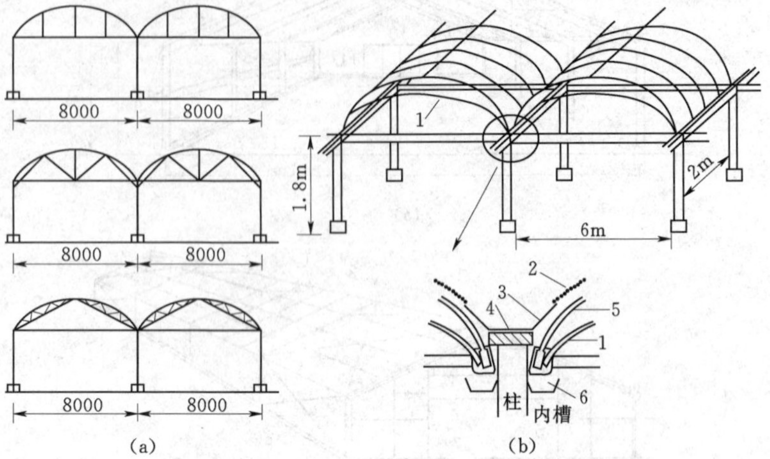

图 2-3-19 拱圆型塑料温室结构示意图（单位：mm）

(a) 拱圆型温室结构形式及主梁加固补强拱梁；(b) 拱圆型塑料温室

1—幕帘支架；2—顶幕；3—天沟；4—垫板；5—副梁拱管；6—弓形水平凹形钢

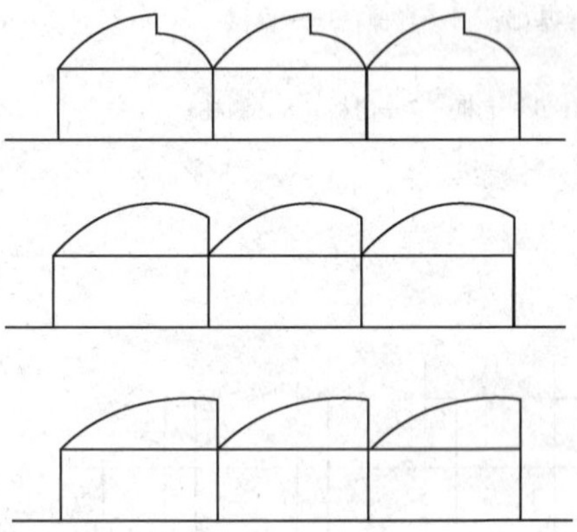

图 2-3-20 锯齿型温室示意图

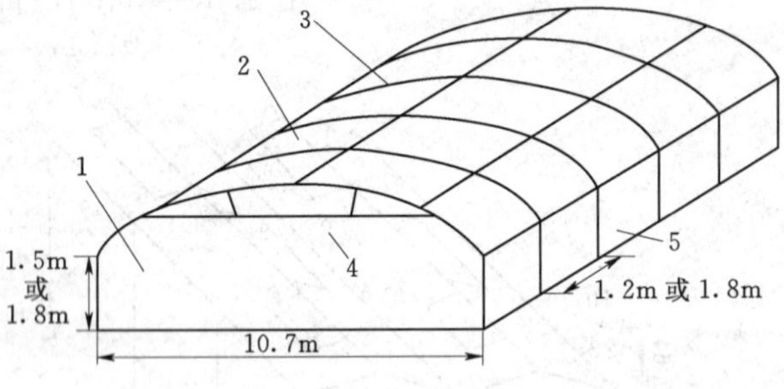

图 2-3-21 双层充气温室

1—山墙 PC 板；2—屋面 PE 双层充气膜；3—拱形管（直径 48mm）；

4—横梁；5—侧柱（直径 60mm）

3）双层充气温室。此温室在美国北部应用较多，该温室与普通拱圆型温室所不同的是采用双层充气膜覆盖保温（见图 2-3-21）。与单层薄膜相比，双层充气薄膜可缩小室内外温差，减少内层薄膜表面冷凝水。同时外层薄膜不直接接触结构件，又能避免内层薄膜受风、雨、光的侵蚀，从而延长了薄膜的使用寿命。为了保持双层薄膜之间的适当间隔，常用充气机进行自动充气。由于双层充气膜的透光率较低，故在光照弱的地区和季节生产喜光作物时不宜使用。它比单层覆盖可节省 33% 能耗，但透光率下降 10%，且天窗设置较难，需采用强制通风。

4）双层结构温室。这种温室最早从韩国引进。此温室结构上以双层骨架分别支撑两层薄膜，并可分别打开或关闭，具有节能、保温和透光好等特性，一般比双层充气温室节能 5%～10%，适合南方光照不足地区使用。在北京冬季不加温条件下结合室内保温幕，可实现室内外 10℃以上温差，节能保温效果好。但造价高，遮阴面积大（见图 2-3-22）。

5）插入式镀锌钢管温室。这种温室是塑料温室中最简易的类型。此类型温室不设基础，从肩部弯曲加工成的弓形镀锌钢管 2 根左右分开，在中央顶部（屋脊）用套管连接，下端直管插入地下 30～40cm，强风积雪地区在拱架上设横梁或桁架加固。一般拱架间距为 50～65cm，沿栋长向两侧弓管腰部设固定塑料薄膜的卡槽各 1～2 列。此形式有单栋与连栋之分（俗称塑料大棚和连栋大棚）。连接方法如图 2-3-23

所示，为提高抗风抗雪压性能，用一根直管连接固定于交叉点，上部设一天沟排水，管、槽、膜的连接用专用弹簧卡和卡槽固定。此类型温室具有组装、拆卸、保管方便，以及造价低等优点。

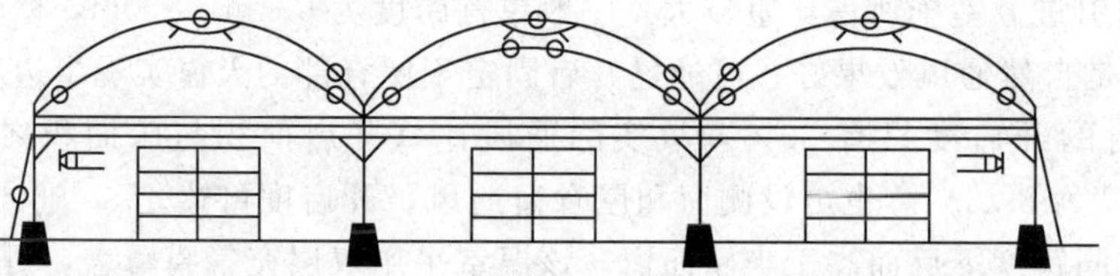

图 2-3-22 韩国温室

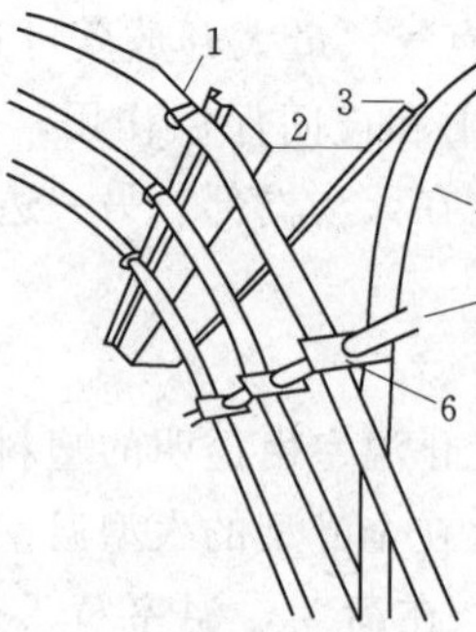

图 2-3-23 连栋棚天沟及连接部位

1—天沟固定配件；2—天沟；3—棚膜卡槽；4—拱管；5—直管；6—连接配件

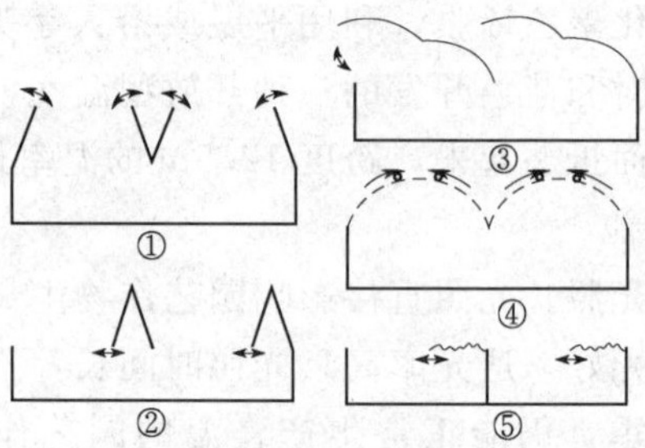

图 2-3-24 屋面开放型温室的类型

(3) 屋面开放式温室。为满足温暖地区、设施利用的周年化和耐低温作物设施栽培需要，自然通风换气性能良好的屋面开放型温室应运而生（见图 2-3-24）。开放型温室依其屋面开闭方式大体分为 5 类：①以檐梁（檩）为支轴、从脊梁（檩）部打开双屋面温室的屋面；②从檐梁部水平移动双屋面的一侧来开放屋面；③以脊梁为支轴从檐梁部打开屋面；④以卷膜方式开闭拱圆型温室的屋面；⑤沿水平方向折叠薄膜开闭屋面。开放型温室一般适用于连栋温室，因易遭强风破坏，应安装风速感应器，当达一定风速时，屋面即刻自动关闭。我国南方多台风地区需加固补强。以下介绍几种常见类型。

1) 以檐梁为支轴沿脊梁启闭的屋顶开放型温室。最早是由意大利的 Serre Italia 公司研制的一种全开放型玻璃温室，近年在亚热带地区逐渐兴起。天窗支点位于檐梁处，可从屋脊部打开，开启度能达垂直程度，温室侧窗可用推拉方式开启，全开后达 1.5m 宽。此类温室全开时可使室内外温度保持一致，也便于夏季接受雨水淋洗，防止土壤盐类积聚。天窗可依室内温度、降水量和风速而通过电脑智能控制自动关闭，其基本结构与 Venlo 型相似。

2) 卷膜式全开放型塑料温室。该温室除山墙外，顶侧屋面均可通过手动或电动卷膜机将覆盖薄膜由下而上卷起，从而起到通风透气的一种拱圆型连栋塑料温室（见图 2-3-25）。其卷膜的面积可将侧墙和 1/2 屋面或全屋面的覆盖薄膜全部卷起成为与露地相似的状态，以利夏季高温季节栽培作物，通风口全部覆盖防虫网。我国自行研制的塑料温室多采用这种形式。其具有成本低，简易、节能，通风降温，防止土

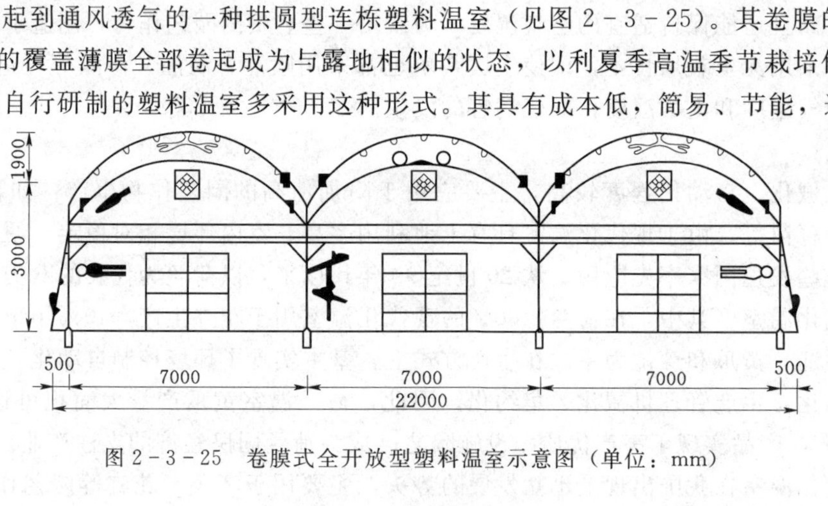

图 2-3-25 卷膜式全开放型塑料温室示意图（单位：mm）

壤盐类积聚等特点。

3）以脊梁为支轴从天沟向上开启型温室。以法国瑞奇温室公司研制的里歇尔型拱圆型连栋塑料薄膜温室为代表。在我国引进温室中所占比重较大。一般单栋跨度为6.4m、8.0m，檐高3.0～4.0m，开间距3.0～4.0m，其特点是自然通风效果好，可通过开启固定于屋脊部的天窗实现半边屋面（50%屋面）通风换气。因半屋面开窗的开启度只有30%，故实际通风比（开启面积与床面积之比）为20%（跨度为6.4m）和16%（跨度为8.0m）。也可设侧窗和屋脊窗通风，开启度可达45°，通风比为20%和35%，因此屋脊窗的通风比在同跨度下反而高于半屋面窗。该温室采用双层充气膜覆盖，可节省能耗30%～40%，构件比玻璃温室少，空间大，遮阴面少，但在南方冬季多阴、雨、雪情况下，透光率低，应用效果较差。

4）天幕折叠式开闭型温室。以加拿大 CRAVO Equipment 公司研发的 Retract-A-Roof 温室为代表，将屋面的塑料膜以每一开间为单位，沿跨度方向折叠开启通风换气，最大开放度可达屋面的90%，覆盖物使用强化聚乙烯膜，利用平展或沿人字架倾斜展开，具有避雨和夜间保温作用，多用于花卉栽培。此外，比利时和荷兰开发的一种开放型温室，其双屋面的一边固定在天沟檐部，另一边从天沟向水平方向移动而把屋面折叠起来，跨度12.5m的温室最大开度可达85%。

2. 性能

（1）光照。光照直接影响园艺作物生长、产量及品质。现代化温室由透明的塑料薄膜、玻璃或PC板构成，采光好，透光率高，光照时间长，且光照分布均匀。因此在全光型的大型温室内，即使在日照时间最短的冬季，仍能正常生产喜温的园艺作物，且能获得高产。在荷兰，温室黄瓜产量70kg/m^2，番茄54kg/m^2。上海孙桥园艺公司引进的荷兰温室，黄瓜产量可达30kg/m^2。北京中以示范农场引进的以色列温室生产切花月季年产量高达约150万支/hm^2，都比小型单屋面温室高几倍。

双层充气薄膜温室透光率较低，北方地区冬季室内光照较弱，对喜光的园艺作物生长不利。因此在此温室中可配备人工补光设备，以补充光源，保证园艺作物的优质丰产。

（2）温度。现代化温室具有热效率高的加温系统，无论是在冬、春季节，还是晴好天气或阴雪天气，都能保证园艺作物正常生长发育所需的温度，12月～翌年1月，夜间最低温不低于15℃，上海孙桥荷兰温室，气温甚至达到18℃，地温均能达到作物要求的适温范围和持续时间。炎热夏季，采用外遮阳系统和湿帘风机降温系统，保证温室内达到作物对温度的要求。

采用热水管道加温或热风加温，加热管道可按作物生长区域合理布局，使温度分布均匀，作物生长整齐一致。因此，现代化温室可以完全摆脱自然气候的影响，一年四季全天候进行园艺作物生产。但温室加温能耗大，燃料贵，成本高。

（3）湿度。由于连栋温室空间高大，作物生长势强，代谢旺盛，作物叶面积指数高，蒸腾量大，相对湿度较高。当空气、土壤湿度过高时，作物易发生病虫害。所以现代化温室内，对湿度进行调控也是作物栽培成功的关键。

在冬季气温低时，现代温室具有完善的加温系统，加温可有效降低空气湿度，因而比日光温室所造成高湿环境对园艺作物生育带来的负面影响小。在夏季炎热高温时，现代化温室内有湿帘风机降温系统，使温室内温度降低，而且还能保持适宜的空气湿度，为栽培一些名贵的园艺作物，创造了良好的生态环境。

现代化温室多采用无土栽培技术，即使土壤栽培也都采用喷灌、滴灌、渗灌等先进技术，不仅节水，还减少了温室的空气湿度和土壤湿度，减轻病害的发生。

3. 应用

现代化温室机械化、自动化程度较高，主要应用于附加值高的园艺作物生产，如喜温果类蔬菜、花卉、果树的栽培及育苗等。由于现代化温室具有土地利用率高、室内环境相对稳定、便于作业和机械化生产等优点，已被一些发达国家率先应用。从20世纪90年代以来，以荷兰为代表的欧美发达国家新建的温室都是大型的现代化温室。其中，在荷兰，60%的现代化温室用于花卉生产，40%用于蔬菜生产，而蔬菜生产中又以生产番茄、黄瓜和辣椒为主。在生产方式上，基本实现了环境控制自动化，栽培无土化，生产工艺程序化和标准化，生产管理机械化、集约化。因此，荷兰温室黄瓜产量大面积可达到800t/hm^2，番茄可达到600t/hm^2，产品实现了高产优质。设施园艺已成为荷兰国民经济的支柱产业。

近年来，现代化温室在我国出现了迅猛发展的势头，主要用于蔬菜、花卉等园艺作物的育苗和栽培，如深圳青长蔬菜有限公司和北京顺鑫长青蔬菜有限公司引进加拿大 HYDRONOV 公司的深池浮板种植技术，进行水培莴苣生产，已经实现了温室蔬菜生产的工业化。结合生物技术、工程技术和信息管理技术，以程序化、机械化、标准化，以及集约化的生产方式，采用流水线生产工艺，充分利用温室的空间，加快蔬菜的生长速度，使蔬菜产量比一般温室提高 10～20 倍，充分显示了现代化设施园艺的先进性和优越性。但与发达国家相比，我国在科研力度上还有一定的差距，在利用方面还存在普及率低，运行成本高，利用效果不佳等问题。因此，结合我国各地的实际情况，借鉴国外先进经验，通过温室结构、环境控制等研发出具有中国特色的现代化温室，必将成为我国设施生产的发展方向。

2.4 软化设施

软化设施（Blanching facility）是指温暖潮湿和密闭、黑暗或半黑暗的保护场地。将某一生长阶段营养植株（主要指蔬菜）栽培在软化设施中，使其长出具有独特风味、柔软鲜嫩或黄化产品的栽培方式，称为软化栽培或黄化栽培，如韭黄、蒜黄、芹黄及油菜心等。软化栽培是一门既古老又新兴的生产技术，其产品叶绿素含量低、组织柔嫩、具有较高的商品价值，既可供应淡季市场，又能增加经济效益，深受群众欢迎。

2.4.1 软化设施的类型

1. 地上式软化设施

地上式软化设施主要包括培土、扣瓦盆、马粪垄、稻草垄、草棚或草苫覆盖，以及黑色塑料薄膜覆盖等遮光保护设备。地上式软化栽培即在蔬菜生长前期，有光照的条件下，栽培健壮植株，并在根部或鳞茎内贮藏养分，到生长后期，植株大都原地不动，就地利用软化设施进行的栽培。

2. 地下式软化设施

地下式软化设施主要包括地沟、井窖、地窖、窑洞或土温室等。地下式软化栽培是将露地栽培健壮的蔬菜连根掘起，整理后囤积在地下式设施内，利用地下保温良好的条件或有补充加温设备，在黑暗的环境进行软化栽培。

（1）窑洞。在黄土高原地下水位较低、土层深厚的断崖下挖成拱圆形的窑洞（见图 2-4-1）。利用窑洞栽培韭黄等蔬菜。一般选择坐南朝北，背风向阳处，挖成宽 3.3m、高 2m、长 11～33m 的窑洞，窑口用砖泥密封，仅留一个小门作出入口。通过入口内侧的火坑加热来调节温度。窑的中央地带为走道，两侧为栽培床，床面低于走道 10cm。床的四周用砖围绕，便于囤韭菜和浇水；床底铺 7cm 左右的煤灰渣，以利排水。在床的南端，砌 1m 高的矮墙，防止冷风吹到床面。此窑洞简单易修、坚固耐用，窑温稳定，管理方便，栽培效益高。栽培韭黄时，一般每半月收割一次，一茬根株可收获 3 次。但窑底通风差，湿度大，蔬菜栽培过密，容易腐烂。

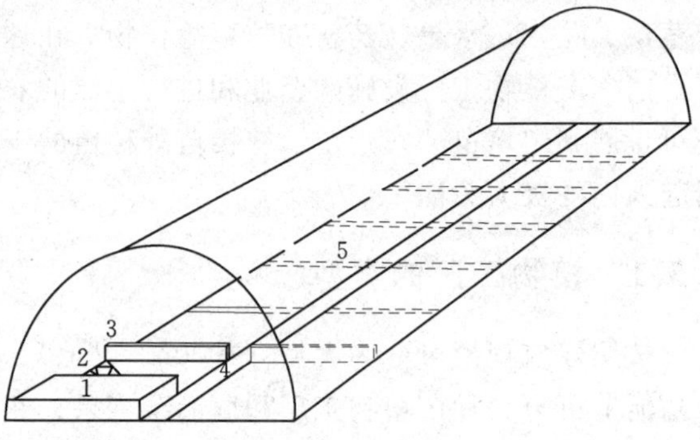

图 2-4-1 窑洞

1—火炕；2—炉炕；3—矮墙；4—走道；5—栽培床

（2）土温室。土温室为我国最古老的温室形式（见图 2-4-2）。北方农村利用它来进行韭黄、蒜黄等蔬菜的软化栽培。土温室的东西北有 3 面土墙，南面竖立半透明的纸窗或塑料薄膜窗和覆盖草苫的土屋面。在室中央有炉灶明火加温设备，栽培床在地表下。一般室宽 5.66m、北墙高 1.17m、南窗高 2.66m、室长 6.17m 或其倍数。此温室在加温的条件下，易保持稳定的高温多湿的环境。土温室囤韭软化栽培，每 20d 即可收获一次。

2.4.2 软化设施的应用

软化设施主要应用于蔬菜栽培，产品有韭黄、蒜黄、白芹菜、油菜心、白芦笋及菊苣等。我国地域辽

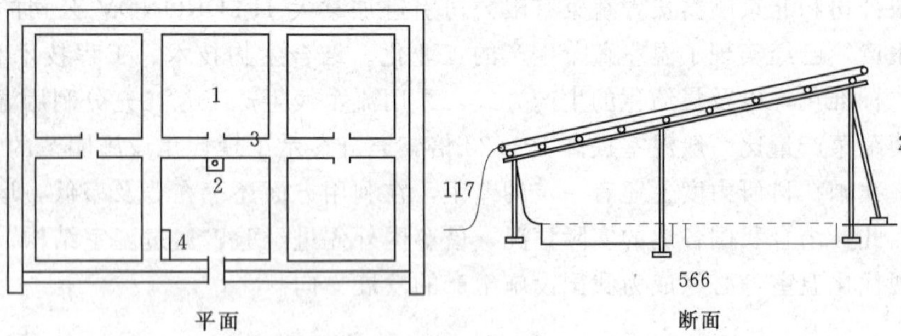

图 2-4-2 土温室（单位：cm）

1—栽培床；2—炉灶；3—水道；4—洗菜台

阔，软化栽培设施多样，不同地区所用的栽培设施不同。以栽培韭黄为例，黄土高原地区利用窑洞进行栽培；北方寒冷地区利用加温温室进行栽培；陕西骊山在温泉旁进行盖韭黄化栽培；江浙一带利用莲藕叶子进行包叶培土黄化栽培；河南洛阳地区用马粪覆盖栽培等。随着科学技术的发展，将现代化智能温室、日光温室、塑料大棚等和软化设施相结合，进一步促进软化栽培环境的调控，使产品更加丰富，常年满足市场供应。

2.5 植物工厂

植物工厂（Plant factory）是利用计算机对设施内的温度、湿度、光照、CO_2 浓度，以及营养液等环境条件进行高精度自动控制，使设施内植物生育不受或很少受自然条件制约，从而实现农作物周年连续生产的高效农业系统。植物工厂是现代农业的重要组成部分，是现代生物技术、建筑工程、环境控制、机械传动、材料科学、设施园艺和计算机科学等多学科集成创新、知识与技术高度密集的农业生产方式。

20 世纪 80 年代中期，奥地利、英国、挪威、伊朗、希腊、利比亚、美国和日本等已利用植物工厂生产蔬菜、花卉、水果、药材和牧草等作物。在这些国家中，日本发展的最好，全国设有相应的研究学会，有专门生产植物工厂设施的企业和进行生产的农家。植物工厂不仅限于具有封闭式人工生态系统的温室，还可扩展到组培苗、穴盘苗、嫁接苗等种苗的工厂化生产及航天食品的生产，被称为 21 世纪的未来农业，引起人们的极大关注。

2.5.1 植物工厂的类型

按照建筑规模可分为大型（1000m^2 以上）、中型（300～1000m^2）和小型（300m^2 以下）三种；从生产功能上可分为种苗植物工厂和商品菜（果、花）植物工厂；从其研究对象的层次上又可分为以研究植物体为主的植物工厂、以研究植物组织为主的组织培养植物工厂、以研究植物细胞为主的细胞培养植物工厂。但目前，习惯上植物工厂按照光源分为太阳光能利用型、完全人工光源利用型和太阳光能并用型三种类型。

1. 太阳光能利用型

太阳光能利用型是利用太阳光作为光合作用光源的植物工厂，可实现作物生育环境的部分自动调控，但易受季节、气候变化的影响，作物生产不太稳定。

2. 完全人工光源利用型

完全人工光源利用型是指采用不透光的高绝热材料建成，室内作物仅以高压钠灯、荧光灯、生物灯等作为光合作用光源，不受日光和外界气温的影响（见图 2-5-1）。断热层能使室内与外界隔热，从而使室内温度、湿度、光量、水肥、CO_2 等环境较易控制，且实现机械化作业，计算机控制，能够周年稳定生产，如美国的生菜工厂、荷兰的食用菌工厂、日本的芽菜工厂等。目前在日本等国作为商品性运营的植物工厂，都是完全利用人工光源的完全控制型植物工厂。但由于人工光源的光量较弱，难以满足喜光或长季节生长作物栽培的需要。

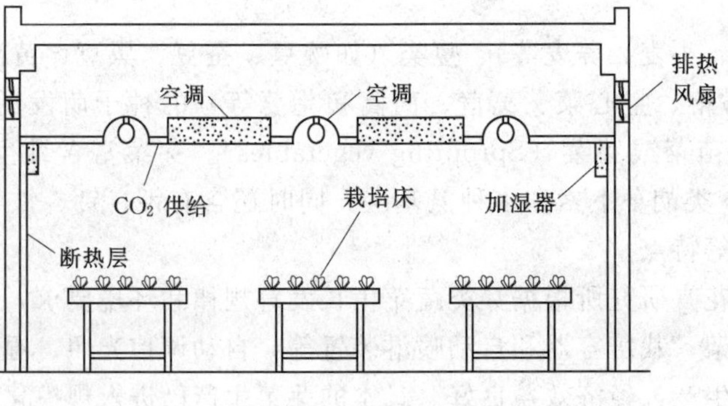

图 2-5-1 完全人工光源利用型植物工厂示意图
（引自伊东等，1995 年）

3. 太阳光能并用型

太阳光能并用型是利用太阳光和人工光源作为光合作用光源的植物工厂（见图 2-5-2）。通常以温室作为栽培场所，以玻璃作为透明覆盖材料，内部采用黑幕或泡沫颗粒调节光照，夜间补充人工光源，并利用空调自动调控温度和湿度，作物生产比较稳定。

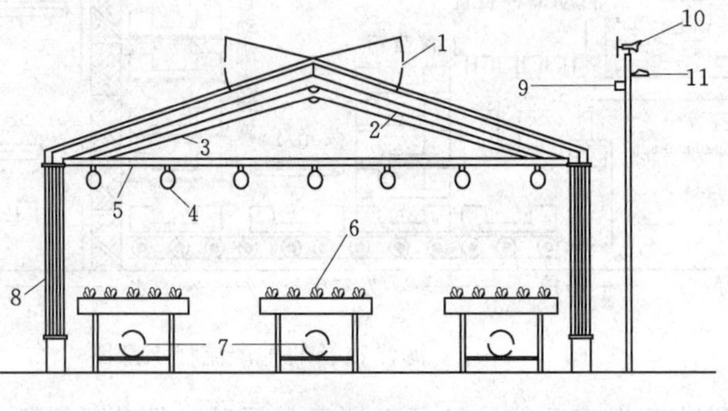

图 2-5-2 太阳光能并用型植物工厂示意图
1—自动启闭天窗；2—遮阳网；3—保温幕；4—补光灯；5—CO_2 供给；6—栽培床；7—冷暖空调通道；
8—自动启闭侧窗；9—降雨感应器；10—风向风速计；11—太阳辐射能感应器

2.5.2 植物工厂的应用

1. 工厂化育苗

工厂化育苗（Raising seedlings in industrial scale）是在人工创造的优良环境条件下，采用规范化技术措施，以及机械化、自动化手段，快速而又稳定地成批生产优质作物幼苗的一种育苗技术，是园艺植物工厂化生产的重要应用类型之一。具有用种量少，育苗期短，能源热效率高，设备利用率高，幼苗素质好，生产量稳定等特点。该设施既可对蔬菜和花木的穴盘苗、嫁接苗、扦插苗实行环境调控，促进幼苗无病、优质、稳定地生产，又可调节定植期，打破休眠，调控开花等。也可作为组培苗的驯化设施来培育优质高附加值的蔬菜花木幼苗。

育苗工厂主要包括种子处理室（包衣和丸粒化）、控制室、催芽室、播种室、育苗室、包装室，对有些蔬菜、花卉、果树苗木进行嫁接时，还应有嫁接室、愈合室与炼苗室，进行脱毒快速繁育苗木时，还需建立组培室、检验室、驯化室等。

工厂化育苗技术流程为：在播种室中，将所需基质混匀后装入育苗盘；经洒水、播种、覆盖、再洒水等工序完成播种，运至恒温、恒湿催芽室催芽；当 80%～90%的幼苗出土时，及时将苗盘运至绿化室（温室或大棚）绿化成苗；将小苗移入成苗室，室内可自动调温、调光，并装有移动式喷雾装置，可自动喷水、喷药或喷营养液；当幼苗达到成苗标准时，将苗盘运至包装室滚动台振动机上，使锥形穴中的基质松动，以取苗包装。整个过程均采用机械化操作。目前日本、荷兰等国家蔬菜、花卉育苗已广泛应用工厂化生产，我国北京丰台区花乡育苗场利用先进设施与技术，已实现了工厂化规模育苗，运营状况良好。

2. 芽苗菜工厂化生产

利用禾谷类（如大麦、小麦、荞麦等）、豆类（如豌豆、蚕豆、黑豆、黄豆、绿豆及红豆等）和蔬菜（如白菜、萝卜、苜蓿、香椿、空心菜、莴苣、茼蒿和芫荽等）的种子萌发后短期生长的幼苗（高 10～20cm）作为食用的称为芽苗菜或芽菜（Sprouting vegetables）。芽菜富含维生素 B_1、维生素 C、维生素 D、维生素 E、维生素 K、类胡萝卜素和多种氨基酸，同时还含有钾、钙、铁等多种矿物质，具有鲜嫩可口、营养丰富、味道鲜美等特点。

中国农业科学院蔬菜花卉研究所根据芽类蔬菜生长发育规律和环境要求，设计轻工业用厂房，多层立体活动栽培架、产品集装架、栽培容器和自动喷淋装置等，自动调控光照、温度和湿度条件，实现了芽类蔬菜高效优质工厂化规模生产，经济效益良好。日本的芽菜生产已进入规模化和工厂化生产阶段，如日本的海洋牧场和双层秋千式工厂化芽菜生产系统。

(1) 海洋牧场。海洋牧场是日本静冈县于 1984 年建立的以生产萝卜芽为主的牧场（见图 2-5-3），它主要由两个部分组成，一是进行种子浸种、播种、催芽和暗室生长的部分，二是进行绿化生长的绿化室部分。这种生产方式可两周生产一批萝卜苗。

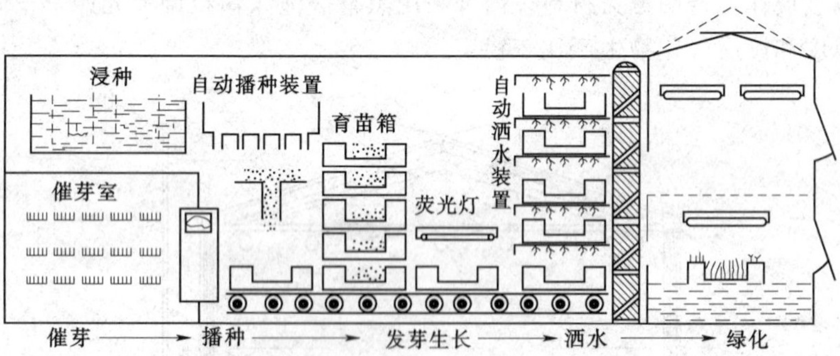

图 2-5-3 海洋牧场的生产流程示意图

(2) 双层秋千式工厂化芽菜生产系统。种子经消毒、浸种、催芽后撒播在泡沫塑料的育苗箱中，然后把育苗箱移入吊挂在双层传送带的架子上，传送带在马达的驱动下不停地缓慢运动，当育苗箱处于下层的灌水槽时，有数个喷头喷洒式供应清水或营养液，多余的清水或营养液通过 V 形灌水槽回收至营养液池中（见图 2-5-4）。

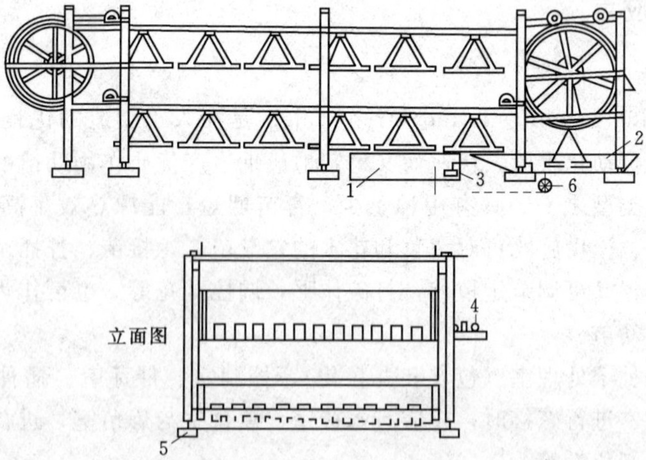

图 2-5-4 双层秋千式工厂化芽菜生产系统

1—营养液池；2—灌液槽；3—水泵；4—马达；5—水平调节脚；6—阀门

芽类蔬菜工厂化生产技术流程为：种子筛选、清洗、消毒、浸种催芽、铺放种子、暗室生长、绿化室生长成苗等过程。其作业程序一般为：苗盘准备→清洗苗盘→铺基质→撒播种子→种子 2 次清选→铺匀种子→叠盘上架→覆盖保温层→置入催芽室→催芽管理→完成催芽→移入栽培室置于栽培架→栽培管理→整盘活体销售。这种方式具有较高的生产效率和良好的经济效益。

3. 现代化温室工厂化生产

随着科学技术的发展，现代化温室内环境已逐步实现自动控制。如蔬菜生产工厂一般有控制室、机械室、育苗室、栽培室及产后处理室等。控制室安装计算机操作系统；机械室有动力机械、机器人、备用设备等；育苗室包括自动播种、发芽、育苗装置；栽培室有自动定植装置、自动调节株行距装置、人工光照装置或光照调控设备与补充光照设备、温度和湿度调控设备、CO_2 施肥设备、营养液供应系统、自动采收装置、自动包装设备、传送设备；产后处理室包括箱集作业、预冷机械设备等。现代化温室工厂化生产已完全实现园艺植物栽培、收获、产品处理等过程的机械化，并正向轻型、节能、高效方向发展。

复习思考题

1. 地膜覆盖有哪些方式？地膜覆盖性能及在生产中的应用情况如何？
2. 阳畦有哪些类型？其性能如何？在生产中有哪些应用？
3. 何为电功率密度？其确定与哪些因素有关？怎样建造电热温床？应注意哪些问题？
4. 如何界定塑料大棚、中棚和小拱棚？目前应用普遍的塑料大棚类型有哪些？比较分析不同类型塑料拱棚（大、中、小）的性能与应用差异。
5. 日光温室的结构参数有哪些？
6. 现代化温室类型有哪些？其应用前景如何？
7. 植物工厂有哪些类型？在生产中有哪些应用？

第3章　园艺设施覆盖材料的种类、特性及应用

【本章要点】　重点掌握设施园艺生产对覆盖材料的要求，明确不同透明覆盖材料、半透明与不透明覆盖材料，以及新型多功能覆盖材料的特性，掌握设施覆盖材料的基本应用和范围，并对设施覆盖材料的发展趋势有初步了解。教学难点是不同种类覆盖材料的特性与应用。

设施覆盖材料种类多样，性能特征各异，有多方面的功能。它一方面是园艺设施的重要组成部分，用以避风挡雨，遮阳防雹；另一方面又用来调节园艺设施中温、光、水、气等栽培条件，用以采光、增光、遮光、保温和隔热等。随着设施园艺生产的发展，园艺设施的覆盖材料品种不断地更新，功能日臻完善，成为一个完整的体系和产业。本章简要回顾园艺设施覆盖材料的发展，重点叙述各种现代的园艺设施覆盖材料的性能和应用。

3.1　园艺设施覆盖材料的发展及趋势

覆盖材料（Cover material）在园艺设施生产中占有很重要的地位，随着化工业的发展，园艺设施的覆盖材料品种不断更新，并且覆盖材料从传统的单一保温功能延伸到减少病虫害发生、提高品种质量等多功能上。因此，了解和认识覆盖材料的发展，设施园艺生产对覆盖材料的要求及园艺设施覆盖材料的种类，对科学应用覆盖材料具有重要的现实意义。

3.1.1　园艺设施覆盖材料的发展

温室生产有悠久的历史，与此相伴而生的温室覆盖材料也是源远流长，从低级到高级，从简陋到完善。早在古罗马帝国时期，就有用云母片或半透明的滑石板作为覆盖材料，覆盖木箱进行园艺作物早熟栽培。大约在14世纪80年代，人们开始用玻璃充当覆盖材料，建成一种屋顶不透光、四周由玻璃窗围成的玻璃房，主要用于种植花卉。到18世纪初才建成具有玻璃屋顶的温室，并逐渐普及。19世纪末，平板玻璃问世，并应用于温室，至今不过百年。20世纪30年代，英国化学家福西特（Faucett）和吉布森（Gibson）发明了聚乙烯（Polyethylene，PE）薄膜，并于1938年在英国生产。此后又相继研制出聚氯乙烯（Polrvinyl chloride，PVC）和乙烯-醋酸乙烯（Ethylene-vinyl acetate，EVA）薄膜当作温室、塑料大棚等园艺设施的覆盖材料。由于塑料薄膜具有质地柔韧、经济、便于安装及透光能力较强等优点，被广泛应用，成为当今温室、塑料大棚等园艺设施的主要覆盖材料。20世纪50年代后期开始用一种称作玻璃纤维增强聚酯塑料板（又称玻璃钢）当作温室的覆盖材料，主要是玻璃纤维增强聚酯树脂（Glass fiber reinforced polyester resin，FRP）板和玻璃纤维增强聚丙烯树脂（Glass fiber reinforced acrylic resin，FRA）板两种，以后又有丙烯树脂（MMA）板和聚碳酸酯树脂（Polycarbonate resin，PC）板问世，这种板材最大的优点是耐冲击力强，可有效地防止冰雹等冲击，比玻璃更耐雪压，但价格十分昂贵，限制了其大面积推广。

据史载，206～221年间，“冬种瓜于骊山（今陕西临潼境内）谷中温处，瓜实成”，这是我国，也是世界上最原始的温室栽培。到了汉代，纸张的发明，使温室栽培进入了以纸为透光覆盖材料的纸窗温室时代，主要以半透明的纸或油纸为覆盖材料，白天采光，夜间保温。到20世纪30～50年代，以玻璃为透明覆盖材料，作为阳畦、改良阳畦和温室的透光、保温覆盖材料。中国农用塑料薄膜的应用始于1957年，当时从日本引入，在塑料小拱棚内进行水稻育秧，效果明显。1958年中国自己研制的聚氯乙烯问世，20

世纪60年代初应用于小拱棚蔬菜栽培，取得成功。1966年应用于大棚蔬菜生产，获得早熟、增产、增益的良好效果，深受广大菜农欢迎。聚氯乙烯薄膜的大面积推广应用，促进了中国塑料棚园艺生产的发展。1976年以后聚乙烯农膜研制生产成功，由于其安全无害，一些生产者纷纷选用聚乙烯薄膜作透明覆盖材料。到了20世纪80年代中期，塑料薄膜已应用于节能型日光温室，取代了玻璃，是当今中国温室透明覆盖材料的主体。目前中国农用塑料薄膜主要有两种，即聚氯乙烯薄膜和聚乙烯薄膜。其中聚氯乙烯薄膜因其保温性优于聚乙烯薄膜，主要在东北地区和冬季日光温室生产中应用，其余地区一般用聚乙烯薄膜。由于在生产实践中发现了普通聚氯乙烯和聚乙烯薄膜的缺点，塑料研究部门和企业在20世纪80年代至今先后研制生产了若干功能性薄膜，如无滴膜、防老化膜（"长寿膜"）、保温膜、多功能膜和转光膜等。20世纪90年代初已研究生产了乙烯-醋酸乙烯多功能复合膜。随着科学技术的发展，近几年还开发了一些新型覆盖材料，如转光膜、有色膜、病虫害忌避膜、可降解膜、光敏膜、温敏膜、高压低密聚乙烯纳米复合材料、环氧丙烷系列特殊农膜和玻璃纤维增强塑料膜等。20世纪70年代末80年代初，地膜、无纺布、遮阳网等覆盖材料相继从日本引入中国，并成功地应用于生产实践，中国的温室覆盖材料从采光、保温，扩展到遮阳、降温和防虫等。中国单屋面温室的外保温覆盖材料，以往主要是具有高保温能力的草苫、蒲席、纸被等。由于草苫、蒲席等覆盖材料在铺卷时劳动强度大，易污染和破损薄膜，易遭雨雪水浸湿，逐渐不适应当前温室生产的要求，因此，在20世纪90年代初，人们开始研制生产轻型的保温被代替上述草苫等传统的温室外保温覆盖材料。这种材料基本上都是一些复合材料，内芯由棉织物、厚型无纺布、化纤织物或塑料发泡片材等组成；外层包有防雨绸、塑料薄膜、镀铝反光膜或经表面处理的薄型无纺布等。轻型保温外覆盖材料的研制刚刚起步，有待进一步完善。

温室覆盖材料从无到有，从低级到高级，种类越来越多，其功能也越来越齐全，它的发展和进步离不开温室生产的发展，离不开近代高科技的进步，正是温室生产的蓬勃发展，对覆盖材料数量的要求增多，而且对它的功能要求越来越高。而近代高科技的发展，特别是化工材料科学的发展、生产工艺的改进使覆盖材料功能日臻完善、种类不断更新成为可能。温室覆盖材料的生产，已形成一个新兴产业，不断促进园艺生产的发展。

3.1.2 设施园艺生产对覆盖材料的要求

设施园艺生产对覆盖材料总的要求是性能优良，轻便耐用，价格合理。下面针对不同类型的覆盖材料，指出对其质量性能的基本要求。

1. 用于采光的透明覆盖材料

(1) 光学特性。光照是作物制造养分和生命活动不可缺少的能源条件，也是形成大棚小气候的主导因素。作物对高光照度要求的同时，还对光质有所选择。研究表明，理想的覆盖材料要求在波长350～3000nm的可见光、近红外线区域范围内透光率高，因为400～700nm是光合成有效辐射（PAR）所在波段，波长在760～3000nm波段的光具有热效应，所以该波段透过率高，有利于作物的光合成和室内的增温。要求在波长小于350nm的近紫外线区域和波长大于3000nm的红外线区域的透光率低。虽然紫外线对作物发育有一定的积极作用，例如315～380nm波长的近紫外线参与某些植物花青素和维生素C、D的合成，并有抑制作物徒长等形态建成作用。但是光波中紫外线可以促进薄膜氧化与老化，并会诱导作物产生病害。315nm以下波长的紫外线，对大多数作物有害，345nm以下波长的近紫外线可促进灰霉病分生孢子的形成，370nm以下波长的近紫外线可诱发菌核病的发生。综合考虑，为了延缓薄膜的老化过程又满足植物正常生长的要求，可以在透明覆盖材料中添加特定的紫外线阻隔、吸收剂或转光剂，将350nm以下的紫外线阻隔掉。波长在3000nm以上的远红外线，是各种物质热辐射失热的主要波段，可以添加红外线阻隔剂，降低其透光率，以提高温室内的温度。

透过覆盖材料的光，不完全是平行光，当光通过材质时形成散射光，在温室内，直射光可以照射到植物上层枝叶的表面，而散射光可以给下层植物枝叶提供能量，参与光合作用。散射光又是各向同性的，可使温室内的光照和温度分布均匀，所以散射性较强的材料对作物生长是有利的。

(2) 强度。覆盖材料是园艺设施的围护物，长年暴露在大自然中，因此必须结实耐用，经得起风吹、雨打、日晒、冰雹的冲击和积雪的压力，同时还应经得起运输安装过程中受到的拉伸挤压。归纳起来主要是受到来自以下几种力：①冲击力，如下落的冰雹，刮风引起风沙磨损；②积雪对覆盖物施加的稳定而持久的压力；③安装时受到的拉伸力；④园艺设施不光滑的骨架对覆盖材料的磨损等。当然其中有些外力，如在运输、安装时小心注意点是可以减轻甚至是可以避免的，但有些则在研制覆盖材料时必须加以考虑，必须使覆盖材料达到一定的强度，例如对于塑料薄膜，则必需要求其有一定的纵向和横向的拉伸强度，纵向和横向的断裂伸长率，对硬质塑料板材也要求有一定的抗冲击强度。

(3) 耐候性。覆盖材料在受到阳光照射、温度变化、风吹雨淋等外界条件的影响时，会出现褪色、变色、龟裂、粉化和强度下降等一系列老化的现象。所谓耐候性就是指阻止这种老化的性能，这关系到覆盖材料的使用寿命。覆盖材料的老化至少应当包括两方面的含义，一是覆盖材料在强光和高温作用下变脆从而自动撕裂，主要表现在：①外观变化，发黏、变硬和变脆等；②物理化学特征的变化，如密度、熔点、耐寒性和耐热性等；③力学性能即抗拉强度、伸长率，以及弹性等减小或丧失。二是光衰减，随覆盖材料使用时间的增长，透光率变低，以至于不能满足设施生产的需要而失去使用价值。塑料薄膜变脆的主要原因是：薄膜受到阳光中的紫外线作用，发生氧化；薄膜被紧绷在支架上，白天支架表面的温度高，尤其是夏季晴日，常常超过50～60℃，加速氧化的过程。塑料薄膜紧贴支架的部分先变灰，而后变棕色，最终变脆、撕裂。硬质塑料板材，由于表面的氧化作用，颜色逐渐变黄（黄化），表面出现裂缝，露出纤维（开花），甚至在裂缝内滋生微生物。此外，高温还将导致板材膨胀，而冷却时会收缩，板材面临的温差会导致其破碎。为了抑制老化进程，延长覆盖材料的使用寿命，需要在生产塑料薄膜和塑料板材等一类覆盖材料时添入光稳定剂、热稳定剂、抗氧化剂和紫外线吸收剂等助剂，成为有防老化功能（或耐候性强）的覆盖材料。

玻璃是一种化学性质非常稳定的物质，其老化、化学侵蚀等的作用都非常不明显，具有优异的耐久性。而塑料高分子材料则在外界各种因素作用下，较易发生内部分子链结构的变化，引起材料性能的下降。因此，塑料材料的耐久性能较弱，在选用塑料覆盖材料时需要重视。

(4) 防雾、防滴性。覆盖材料的表面凝结水，不会产生滴状而能成为薄膜状流去的性质，可称为无滴性或流滴或防滴性；相反，如有滴状的凝结水形成则称为有滴性。如果覆盖材料表面的温度比温室内空气的温度低，则温室内的覆盖材料表面会有水蒸气凝结，将大大降低覆盖材料的透光率（可降低5%～10%），也影响室内的增温，同时雾滴和露滴容易使作物的茎叶濡湿，诱导病害的发生和蔓延。为了克服这一缺点，需要在生产塑料薄膜和塑料板材时添加防雾滴剂。这是一类表面活性剂，旨在降低表面张力，增加薄膜表面与水的亲和性。具有防露滴功能的薄膜，其表面亲水性能强，当有露滴发生时，露滴会沿着薄膜表面扩展，最后成为一薄水层，顺薄膜表面流走；不具备防露滴功能的薄膜，表面与水不亲和，当露滴较小时，沾着在薄膜表面，当其较大时，在重力作用下下落到作物表面。从设施园艺生产的角度看，要求防雾滴功能持续时间长，而且防雾与防滴同步，目前我国农膜在这方面的差距比较大，不仅防雾滴的有效期短，而且往往防滴不防雾。发达国家的塑料薄膜，防雾滴持效期可达1年、2年、3年，长者达5年以上，基本上与防老化寿命同步。而我国的塑料薄膜防雾滴持效期一般不足4个月，最好的也不过6～8个月。

(5) 保温性。设施园艺生产要求覆盖材料具有较高的保温性能，以减少冬、春能源消耗。各种覆盖材料的保温性能是不同的，究其原因在于各种覆盖材料对长波辐射吸收性能的不同，而导致覆盖材料的保温性也有所不同。一般而言，对长波辐射透过率高的覆盖材料，其保温性较低；相反，对长波辐射透过率低的覆盖材料，其保温性较高。塑料薄膜中普通聚乙烯薄膜的长波辐射透过率达80%，保温性差，聚氯乙烯保温性能最好，乙烯-醋酸乙烯介于两者之间。因此，为了提高覆盖材料的保温性能，在生产塑料薄膜或塑料板材时需要添加红外阻隔剂，阻挡设施内向外界失散的热辐射，保持室内温度。中空PC板由于空气层的存在，热阻较大，具有良好的保温性能，因而近年来的使用量逐步增加。基本不透过长波辐射的玻璃保温性能较好，如果采用双层中空玻璃，则保温效果更好。

以上列举了覆盖材料应具备的5个基本性能，此外还要求有防尘性，某些覆盖材料，如聚氯乙烯，因其具有静电性，表面易吸附灰尘，使透光率下降；对塑料板材还要求表面耐磨和阻燃等特性。

2. 外覆盖保温的不透明覆盖材料

不透明覆盖材料主要用于温室（主要是中国传统的单屋面温室）和塑料大棚的外覆盖保温，如草苫、草帘、纸被、保温被等；也有用于温室和塑料棚的内张材料，如薄型无纺布、塑料薄膜等。

对于外保温覆盖材料的要求，首先是有较高的保温性能。草苫、蒲席属于传统的覆盖材料，主要由稻草、芦苇等编织而成，草苫和蒲席的导热系数都比较小，5～8cm厚的草苫或蒲席可使夜间温室热量损失减少大约60%，其传热系数仅2.0W/（m^2·K）左右。因此要求其他的一些外覆盖保温材料的传热系数不应高于2.0W/（m^2·K）。草苫、蒲席等传统的覆盖材料保温性能不错，但笨重，操作费时、费工，易污染、损坏薄膜，易进水腐烂等。因此要求新型的保温覆盖材料具有热传热系数小、保温性好，重量适中、易于卷放、具有一定的防风性，表面洁净、光滑，以免污染和磨损薄膜。此外，还要求表面防水性好，经久耐用。所以对新型的外覆盖保温材料要求进行表面防老化和防水处理。对于内张的保温材料，除了要求高保温以外，还要求防雾滴，结实耐用，柔软易卷曲便于铺张和收卷，无破损，否则大大降低保温效果。

3.1.3 园艺设施覆盖材料的种类

园艺设施覆盖材料的种类较多，就其主要功能而言，可区分为三类。一是用于采光的透明覆盖材料，如玻璃，塑料板材和塑料薄膜，以满足设施内作物对光量和光质的要求；二是外覆盖保温的不透明覆盖材料，主要用于温室和塑料棚的外覆盖保温，如草苫、草帘、纸被、保温被等；三是调节光、温环境的半透光或不透光覆盖材料，如遮阳网，防虫网，反光膜，无纺布等。表3-1-1列出了各种覆盖材料的名称、主要用途和功能。

表3-1-1　　园艺设施覆盖材料种类及功能

种　类	主要用途和功能
1. 外覆盖保温材料	
（1）草苫（帘）	制作简单、方便，成本低，园艺设施外覆盖保温
（2）纸被	弥补草苫（帘）缝隙，保温性好，园艺设施外覆盖保温
（3）保温被	重量轻、蓄热保温性好，园艺设施外覆盖保温
2. 透明覆盖材料	
（1）塑料薄膜	用于园艺设施采光、保温
PVC普通膜	有效使用期较短（6～8个月）
PVC防老化膜	耐高温日晒，有效使用期8～10个月
PVC防老化无滴膜（双防膜）	透光率高，有效使用期8～10个月，流滴持效期4～6个月
PVC耐候无滴防尘膜	透光率高、耐老化、无滴
PE普通膜	有效使用期较短（4～6个月）
PE防老化膜	耐高温日晒，有效使用期12～18个月
PE防老化无滴膜（双防膜）	透光率高，有效使用期12～18个月，流滴持效期2～4个月
PE保温膜	可提高保温效果1～2℃
PE多功能复合膜	无滴、保温、防病，有效使用期12～18个月，流滴持效期3～4个月
薄型多功能PE膜	无滴、耐候、保温、防病
EVA多功能复合膜	保温、高透光、耐低温、耐冲击，有效使用期18～24个月，流滴持效期6个月以上
漫反射膜	使直射光进入大棚后形成更均匀的散射光，早晚光照弱时透光率高，棚室内温度高；中午光照强时，透光率降低，棚室内温度低
转光膜	使太阳光中的能量相对较大的紫外线转换成能量较小有利于植物光合作用的可见光，具有保温性能，可提高设施中的温度
有色膜	如紫色膜可用于塑料棚或温室栽培韭菜、茴香、芹菜、莴苣等叶菜；蓝色膜对防止水稻育秧时的烂秧效果显著
氟素（ETFE）膜	有效使用期10～15年，每隔数年需进行防雾滴剂处理

续表

种 类	主要用途和功能
(2) 硬塑料膜	用于园艺设施采光、保温
硬质聚酯(PET)膜	有效使用期5~10年
(3) 硬质塑料板	用于园艺设施采光、保温
FRP板	有效使用期10年以上，强度高，但易龟裂、变黄
FRA板	有效使用期15年，耐候性好、不发黄，不耐高温、不阻燃
MMA板	使用寿命长，耐候性强、透光率高、性能稳定，但耐热性差
PC板	有效使用期10年，强度高、透光率高、耐热耐寒性好、保温性好、不结露、阻燃
(4) 玻璃	用于园艺设施采光、保温
平板玻璃	透光性好，使用寿命长，但重、易碎
钢化玻璃	耐冲击性能好，承受温差大，使用寿命长，但易老化
夹层玻璃	有较高的强度，使用寿命长
中空玻璃	保温绝热、减少噪声，使用寿命长
热射线吸收玻璃	吸收太阳光中的近红外线，但可见光透过率低
3. 调节光、温环境的半透光或不透光覆盖材料	
(1) 无纺布	浮面覆盖、棚室内保温幕、外覆盖保温
薄型无纺布	浮面覆盖或二道幕保温帘，保温、保湿、防风、防寒
厚型无纺布	棚室外覆盖保温材料
(2) 遮阳网	遮光、调温、增湿、防暴雨、冰雹和鸟害
(3) 防虫网	具有遮阳、防虫的作用
(4) 镜面反光膜	有保温作用，还可增加棚室内光照，促进果实着色

3.2 透明覆盖材料

透明覆盖材料种类很多，在园艺设施中应用均需具有良好的采光性、较强的密闭性和保温性，必要时可进行换气，具有较强的韧度和耐候性，以及较低的成本等特点。

3.2.1 农用塑料薄膜

农用塑料薄膜是设施生产最主要的透明覆盖材料，是我国目前设施农业中使用面积最广的覆盖材料。从结构上分有普通膜、防老化膜、长寿膜、多功能复合膜等。从树脂原料上分有PVC膜、PE膜、EVA多功能复合膜等。目前常用的棚膜有以下几种。

1. PVC膜

PVC膜种类繁多，有较好的综合性能，是我国农业生产上推广应用时间最长、数量最多的一种，也是世界上许多国家使用最普遍的薄膜之一。

PVC膜透光性好，初始透光率可达90%，对不同波长光的辐射透过率不同，对光合有效辐射的透过率高，而在长波辐射区域的透过率较低，因此可以有效地抑制棚室内的热量以热辐射的方式向棚室外散失，增湿性、保温性较强。PVC薄膜的强度较高，耐候性较好，柔软易造型，黏合、铺张、修补都比较容易，适合作为温室、大棚及中、小棚的外覆盖材料。

PVC膜使用一段时间以后，薄膜中的增塑剂会慢慢地析出，使其透明度降低，加上PVC表面的静电性较强，容易吸附尘土，使薄膜的透光率衰减加快，因此，PVC膜较适于风沙小、尘土少的地区，尤其适宜于要求夜间保温栽培的北方地区使用。其中，厚度为0.10~0.15mm的PVC普通膜曾广泛应用于大棚覆盖，厚度为0.03~0.05mm的仅用于中、小拱棚。PVC膜的密度大，一般为1.3g/cm^3，同样质量、同样厚度的薄膜，覆盖面积要比聚乙烯膜少近1/3，因此PVC成本较高。PVC膜耐寒性较弱，低温下变硬，脆化温度为－50℃，在温度为20～30℃时则表现出明显的热胀性，往往表现出昼松夜紧，在高温强光常容易软化松弛，在有风的季节容易被磨损，因此不适于高温炎热的夏天应用。PVC薄膜残膜不可降解，燃烧时有有毒氯气产生。

（1）PVC普通膜。PVC普通膜是由PVC树脂添加增塑剂经高温压延而成，PVC普通膜对不同光波区的辐射透过率存在差异，紫外光（≤300nm）透过率为20%，可见光（450～650nm）透过率为86%～88%，近红外光（1500nm）透过率为93%～94%，中红外光（5000nm）透过率为72%，远红外光（9000nm）透过率为40%。据测定，新的PVC普通膜使用半年后，透光率由80%下降到50%，使用1年后下降到30%以下，失去使用价值。PVC普通膜的强度较高，拉伸强度为19～23Mpa，伸长率为250%～290%，冲击强度为14.5N/cm^2。由于制膜过程不加入耐老化助剂，PVC普通膜的有效使用期较短，一般为6个月，可生产一季作物。其厚度为0.1～0.15mm。

（2）PVC防老化膜。PVC防老化膜是在PVC树脂中按一定比例加入防老化助剂（如紫外线吸收剂、抗氧化剂等）吹塑成膜。加入防老化助剂可克服PVC普通棚膜不耐高温日晒、不耐老化的缺点。目前我国生产的PVC防老化膜厚度一般为0.08～0.12mm，可连续使用8～10个月。这种薄膜是大棚、中、小拱棚上覆盖的主要材料，多用于春提前和秋延后栽培。

（3）PVC防老化无滴膜。PVC防老化无滴膜是在PVC防老化膜的基础上，添加一定比例的聚多元醇酯类或胺类等复合型防雾滴助剂压延而成，同时具有防老化和流滴的特性。防雾滴剂能增加薄膜的临界湿润能力，使薄膜表面发生水分凝结时不形成露珠附着在薄膜表面，而是形成一层均匀的水膜，水膜顺倾斜膜面流入土中，使透光率大幅度提高，同时减少了植株病害的发生。由于PVC分子具有极性，防雾滴剂也是具有极性的分子，分子间形成弱的结合键，使薄膜中的防雾滴剂不易迁移至表面乃至脱落，保持防雾滴性能。并且在成膜过程中加入大量的增塑剂，可使防雾滴剂分散均匀。所以PVC防老化无滴膜流滴的均匀性好且持久，流滴持效期可达4～6个月。这种薄膜厚度在0.12mm左右，在日光温室果菜类越冬生产上应用比较广泛。

（4）PVC耐候无滴防尘膜。PVC耐候无滴防尘膜是在PVC长寿无滴膜的基础上，增加一道表面涂敷防尘工艺，使薄膜外表面附着一层均匀的有机涂料，该层涂料的主要作用是阻止增塑剂、防雾滴剂向外表面析出。除具有耐候流滴性能外，由于阻止了增塑剂向外表面析出，使薄膜表面的静电性减弱，从而起到防尘、提高透光率的作用。并且阻止了防雾滴剂向外表面迁移流失，从而提高了薄膜的无滴持效期。另外，在表面材料中还加入了抗氧化剂，从而进一步提高了薄膜的防老化性能。这种薄膜对日光温室冬、春茬生产更为有利。

2. PE膜

与PVC膜相比，PE膜质地轻、密度小，一般为0.92～0.95g/cm^3，仅为PVC膜的70%左右，生产成本较低。PE膜还具有吸尘少，无毒、无增塑剂释放等特点，使用一段时间后的透光率下降要比PVC膜不明显。PE膜耐寒性强，其脆化温度为－70℃，在－30℃时仍能保持柔软性。PE膜热胀性不明显，因此覆盖比较容易。虽然PE膜不易黏合，但是PE膜质地柔软、易造型，可以用吹塑法生产不同幅宽（1～16m）的产品，长度任意，以供温室、大棚及中、小棚的外覆盖的需要，可省去不少拼接薄膜的劳力和时间。适于作各种棚膜、地膜，是我国农业生产中用量最多的农膜品种之一。目前南方大棚蔬菜生产上应用较多的是PE膜，PVC膜应用较少。

与PVC膜相比，PE膜初始透光率稍差，在紫外线区透过率较高，在可见光区域透过率较低，而在中远红外区域透过率远高于PVC膜，因此PE对光合有效辐射的透过率低，增温性、保温性低于PVC膜。PE薄膜表面易附着水滴也是降低其透光性的原因之一。PE膜的强度低于PVC膜，而且PE膜对紫外线的吸收率较高，因此大多PE膜的使用寿命要比PVC膜短。

（1）PE普通膜。这种膜是由低密度聚乙烯（LDPE）树脂或线型低密度聚乙烯（LLDPE）树脂吹制而成的白膜。PE普通膜紫外光（≤300nm）透过率为55%～60%，可见光（450～650nm）透过率为71%～80%，近红外光（1500nm）透过率为88～91%，中红外光（5000nm）透过率为85%，远红外光（9000nm）透过率为84%。新的PE普通膜使用半年后、透光率由75%下降到65%，使用1年后仍在50%以上。夜间保温性能差，PE普通膜平均保持温度要比PVC膜低1～2℃。PE普通膜的机械强度较低，拉伸强度<17MPa，伸长率为493%～550%，冲击强度为7.0N/cm^2，韧性和回弹性较差，但是在使用期间下降的速度要比PVC膜小。PE普通膜对紫外线吸收率较高，容易引起聚合物的光氧化而加速薄膜的老化，发生表面龟裂、脆化等现象，使用寿命仅为4～6个月，种植一茬作物。PE普通膜厚0.06～0.12mm，幅宽2～4m，不耐晒，高温软化度为50℃，不适用于高温季节的覆盖栽培，作为大棚及中、小棚春提早和秋延后覆盖栽培仍占较大比例，也可用于大棚内的二层幕、裙膜或大棚内套小棚覆盖。

(2) PE防老化膜。PE防老化膜是以PE为基础附脂，加入一定比例的防老化剂（如紫外线吸收剂、抗氧化剂等）后吹塑而成。加入防老化剂可克服PE普通膜不耐高温日晒、易老化的缺点。目前我国生产的PE防老化膜厚度一般为0.08～0.12mm，可连续使用12～18个月，用于2～3茬作物栽培，适合设施周年覆盖栽培。由于延长使用期，覆盖栽培成本降低，是目前设施栽培中使用较多的农膜品种。

(3) PE防老化无滴膜。PE防老化无滴膜是在PE树脂中按一定比例添加防老化剂（如紫外线吸收剂、抗氧化剂等）和防雾滴助剂（表面活性剂），通过三层共挤加工工艺生产的农膜，同时具有流滴性、耐候性、透光性、增温性等性能。这种薄膜透光率比PE普通膜提高10%～20%，使用寿命达12～18个月，防雾滴效果可保持2～4个月，无滴期内棚内空气湿度降低，早春病虫的发生减轻。这种薄膜厚度0.1～0.12mm，是目前性能较全、使用广泛的农膜品种。不仅适于大、中、小棚和节能在日光温室早春茬栽培，也可用于大棚内的二层幕、棚室冬、春连续覆盖栽培。

(4) PE保温膜。PE保温膜是在PE树脂中加入保温剂（如远红外线阻隔剂）吹塑成膜。这种覆盖材料能阻止大棚内的远红外线（地面辐射）向大气中的长波辐射，从而把设施内吸收的热能阻挡在设施内，可提高棚室保温效果1～2℃，在寒冷地区应用效果较好。

(5) PE多功能复合膜。PE多功能复合膜是在PE树脂中加入防老化剂、防雾滴剂、保温剂等多种功能性助剂吹塑成膜，具有长寿、无滴、保温等多种功能。在加工工艺上，一种是将基础树脂与各种添加剂混合均匀后吹塑成膜，另一种是复合膜，例如三功能复合膜，采用三层共挤设备将具有不同功能的助剂（防老化剂、防雾滴剂、保温剂）分层加入制备而成。一般来说，防紫外线添加剂相对集中于最上层（指与外界空气接触的一层），使其具有防老化性能，延长薄膜使用寿命；防雾滴剂相对集中于内层（指与棚室内空气接触的一层），使其具有流滴性，提高薄膜的透光率；保温剂相对集中于中层，具有阻隔红外线的能力，抑制棚室内热辐射流失，使其具有保温性。这种薄膜使用期为12～18个月，无滴持效期3～4个月，夜间保温性能优于PE膜，接近PVC膜。该膜覆盖的棚室内光照均匀，散射光比例占棚室内总光量的50%，减轻了骨架材料遮荫影响。另外，该膜还添加了特定的紫外线阻隔剂，可以抑制灰霉病和菌核病的发生、蔓延。这种薄膜厚度为0.08～0.12mm，在东北、华北、西北地区广泛应用于棚室覆盖。适于塑料大棚冬季栽培和特早熟栽培及作二层幕使用，已大面积推广。

(6) 薄型多功能PE膜。这种薄膜厚度仅为0.05～0.08mm。以PE树脂为基础母料，加入光氧化和热氧化稳定剂提高薄膜的耐老化性能，加入红外线阻隔剂提高薄膜的保温性，加入紫外线阻隔剂以抑制病害发生和蔓延。

薄型多功能PE膜的透光率为82%～85%，比PE普通膜透光率（91%）低，但棚室内散射光比例高达54%，比PE普通膜高出10%，使棚室内作物上下层受光均匀，有利于提高作物的光合效率，促进生长和产量的形成。

PE普通膜（0.1mm）在远红外线区域（7000～11000nm）的透过率为71%～78%，而厚度为0.05mm的薄型多功能PE膜的透过率仅为36%，所以其保温性能优于PE普通膜，比PE普通薄膜提高1.0～4.5℃（见表3-2-1）。经暴晒和实际扣棚实验，耐老化性能优于PE普通膜，暴晒和扣棚10个月后，其伸长保留率远高于50%（见表3-2-2）。薄型多功能PE膜的机械性能也优于PE普通膜（见表3-2-3）。由于薄膜中添加了紫外线阻隔剂，病情指数比普通PE薄膜下降了37%（据1985年试验，PE普通膜棚内黄瓜霜霉病的病情指数为72.25%，薄型多功能PE膜棚内则仅有35.75%），起到了良好的防病作用，达到增产的效果，每公顷平均产量比普通PE薄膜提高8%。

表 3-2-1　两种农膜保温性比较　单位：℃

日期	4月19日		4月20日		4月21日		4月22日		4月23日	
	0时	6时	0时	6时	0时	6时	0时	6时	0时	6时
普通 PE 膜（厚度 0.1mm）	9.0	6.0	9.0	7.0	16.0	11.0	7.0	6.5	7.5	5.0
薄型多功能 PE 膜（厚度 0.05mm）	12.0	19.0*	13.5	11.7	16.5	13.2	11.5	9.0	9.2	7.8
差值	−3.0	−13.0	−4.5	−4.7	−0.5	−1.2	−4.5	−2.5	−1.7	−2.8

注　引自韩昌泰，1986 年

表中数值为空气温度（℃）；*最低温度出现在 4 时，为 11.0℃。

表 3-2-2　两种农膜机械性能比较

	拉伸强度（MPa）		相对伸长率（%）		直角撕裂（N/cm）	
	纵	横	纵	横	纵	横
普通 PE 膜（厚度 0.01mm）	14.7	16.7	500	588	818	828
薄型多功能 PE 膜（厚度 0.05mm）	29.4	27.6	690	210	960	1027

注　引自韩昌泰，1986 年

表 3-2-3　两种农膜耐候性比较

项目	暴晒试验				连续扣棚试验			
	纵向伸长保留率（%）		横向伸长保留率（%）		纵向伸长保留率（%）		横向伸长保留率（%）	
	9个月后	10个月后	9个月后	10个月后	9个月后	10个月后	9个月后	10个月后
普通 PE 膜（厚度 0.055mm）	32.8	已破	3.5	—	已破	已破	—	—
薄型多功能 PE 膜（厚度 0.044mm）	96.3	94.5	96.0	87.8	87	85.9	100	85.1

注　引自韩昌泰，1986 年

3. EVA 多功能复合膜

EVA 多功能复合膜是以 EVA 共聚物树脂为主原料添加紫外线吸收剂、保温剂和防雾滴助剂等制造而成的三层复合功能性薄膜。其外表层一般以 LDPE 树脂、LDPE 树脂或 VA 含量低的 EVA 树脂为主，添加耐候、防尘等助剂，使其机械性能良好，具有较强的耐候性，能防止防雾滴剂等析出；中层以 VA 含量高的 EVA 树脂为主，添加保温、防雾滴助剂，使其有良好的保温和防雾滴性能；内表层以 VA 含量低的 EVA 树脂为主，添加保温、防雾滴助剂，使其有好的机械性能、加工性能，又有较高的保温和流滴持效性能。但是 EVA 中 VA 的含量多少对农膜质量有很大影响，一般 VA 含量高，透光性和保温性强，用于农膜的 VA 含量为 12%～14%最好。也有的 EVA 多功能复合膜三层均为 VA 含量高的 EVA 树脂，保温性能更好，适用于高寒地区。EVA 多功能复合膜质地轻，厚度为 0.1～0.12mm，幅宽 2～12m，易黏结。用 EVA 农膜覆盖可较其他农膜覆盖增产 10%左右，用后可方便回收，不易造成土壤或环境污染。由于 VA 的引入，使 EVA 树脂具有许多独特的性能。

（1）透光性。EVA 多功能复合膜具有良好的透光性，在短波太阳辐射区域，膜的透过率在小于 300nm 的紫外线区域低于 PE 膜，在 400～700nm 的光合有效辐射区域高于 PE 膜，与 PVC 膜相近；在长波热辐射区域，EVA 多功能复合膜的透过率低于 PE 膜而高于 PVC 膜。一般来说，在 700～1400nm 的红外线区域，0.1mm 厚的 PVC 膜阻隔率为 86.70%，EVA 多功能复合膜为 53.10%、PE 长寿膜为 23.20%，以及 PE 多功能膜 53.10%（表 3-2-4）。在制备过程中添加了结晶改良剂，EVA 多功能复合膜本身的雾度（混浊程度）小于 30%，初始透光率可达到 92%，并且有良好的抗静电性，表面具有良好的防尘效果，扣棚后透光率衰减慢。据测定在北京地区连续使用 18 个月后，EVA 多功能复合膜的透光率仍高达 77%。

（2）保温性。EVA 树脂红外线阻隔率高于 PE，低于 PVC，保温性能较好。EVA 多功能复合膜在中层和内层添加了保温剂，其红外线阻隔率还要高，有的可超过 70%，在夜间低温时表现出良好的保温性，一般夜间的温度要比 PE 膜高 1.0～1.5℃，白天要比 PE 膜高 2.0～3.0℃。

表 3-2-4　　不同材质棚膜对红外线的阻隔率

性　能	PE 长寿膜	PE 多功能膜	EVA 4#	PVC 多功能膜
膜厚（mm）	0.10	0.10	0.10	0.10
红外阻隔率（%）	23.20	53.10	77.60	86.70

注　引自刘友华，1999 年

（3）强度和耐候性。EVA 多功能复合膜的强度较高，拉伸强度 18～19MPa，伸长率为 517%～673%，冲击强度为 10.5N/cm²，优于 PE 膜，但总体强度指标不如 PVC 膜。EVA 树脂本身阻隔紫外线的能力较强，而且在成膜过程中添加了防老化助剂，故经自然暴晒 10 个月，伸长保留率仍在 80%以上；经实际扣棚 13 个月和 18 个月后，伸长保留率均高于 50%。其使用期一般可达 18～24 个月。

（4）防雾滴性。EVA 树脂有弱极性，因而与添加的防雾滴剂有较好的相容性，有效地防止防雾滴助剂向表面迁移析出，延长了无滴持效期，无滴持效期在 6 个月以上，同时棚室内雾气相应减少（见表 3-2-5）。

表 3-2-5　　EVA 多功能复合宽幅吹塑棚膜覆盖越冬日光温室流滴性观测结果

棚膜品种与批号	应用试验单位与覆膜时间	流滴性变化情况观察	流滴持效期（d）
辽宁省塑料实验厂生产的 EVA 多功能复合宽幅吹塑棚膜，厚度 0.11±0.015mm，折径 3500mm。批号 9604	辽宁省鞍山市园艺科学研究所，1996 年 10 月 25 日覆膜，定植茄子	覆膜后 1997 年 3 月下旬流滴性为 1 级，4 月下旬为 2 级	>180
	河北省秦皇岛市蔬菜研究所 1996 年 10 月 15 日覆膜，定植青椒	覆膜后至 1996 年 11 月末流滴性为 1 级，1997 年 4 月中为 2 级	>180
	河南农业大学园艺系，1996 年 11 月中旬覆膜，定植黄瓜	覆膜后 1997 年 3 月末流滴性为 1～2 级，5 月中旬为 2～3 级	>180
备注	棚膜流滴性分级标准： 1 级：棚膜基本不附着露滴，结露面积比例 < 5%； 2 级：压膜线下有少量露滴，结露面积比例为 6%～20%； 3 级：压膜线及其附近有少量露滴，结露面积比例为 21%～49%； 4 级：流滴不均，棚膜流滴与附着露滴部位相间，结露滴面积 > 50%（4 级为失败）； 5 级：棚膜密布露滴		

注　引自高继志，1996～1997 年

如表 3-2-6 所示，EVA 多功能复合膜在耐候性、初始透光率、透光率衰减、无滴持效期、保温等方面都具有优势，既克服了 PE 膜无滴持效期短、初始透光率低、保温性差等的缺点，也克服了 PVC 膜比重大、同样重量薄膜覆盖面积小、幅宽窄、需要较多黏结、易吸尘、透光率下降快和耐候性差等问题，这种薄膜是较理想的 PE 膜和 PVC 膜的更新换代材料，具有很好的推广前景，是今后重点发展的农用功能膜。

表 3-2-6　　不同覆盖材料性能特点

薄　膜　种　类	保温性	透光性（前期～后期）	耐候性（月）	流滴性（月）	防尘性
PE 长寿膜	良好	良好～中	13～15	无	有
PE 长寿无滴膜	良好	优～中	12～18	2～4	有
PE 保温膜	优	优～中	12～18	无	有
PE 多功能膜	良好	良好～中	12～18	2～4	有
PVC 长寿膜	优	优～差	10～15	无	无
PVC 长寿无滴膜	优	优～差	10～12	4～6	无
PVC 多功能膜	优	优～良	10～12	4～6	有
EVA 多功能膜	优	优～良	18 个月以上	6～8	有

4. 调光薄膜

（1）漫反射膜。漫反射膜是由性状特殊的结晶材料（漫反射晶核）混入 PVC 或 PE 母料中制备而成。

这种薄膜可以使直射阳光透过薄膜后，在漫反射晶核的作用下，在棚室内形成均匀的散射光，减少直射光的透过率，既可降低中午前后棚内的高温，减轻高温对作物的伤害，又能使棚内植物生长整齐一致。漫反射膜还具有一定的光转换能力，能把部分紫外线吸收转变成可见光，有利于作物对光合有效辐射的利用，减少病害的发生。漫反射膜在可见光和近红外线区的透过率为87%，与PVC薄膜接近。在中红外线区域透过率为7%～16%，比同质透明膜（36%）下降了20%～30%；在7000～25000nm远红外区域透过率为18%，比同质透明膜（36%）下降了50%。漫反射膜在阴天阳光不是很强的时候，保温性能明显高于普通膜；晴天日照强烈的中午前后，由于漫反射膜对中红外区的阻隔，气温反而低于普通膜，而夜间因漫反射膜热辐射透过率低而使气温高于普通膜（见表3-2-7）。适宜于高温季节使用。

表3-2-7　不同膜对棚内全天最高温度的影响　单位：℃

晴天			阴天		
重复	漫反射膜	PE普通膜	重复	漫反射膜	PE普通膜
1	40.0	45.5	1	34.8	33.5
2	42.0	50.0	2	33.5	34.6
3	44.0	50.0	3	32.0	29.1
4	42.2	47.5	4	34.5	33.0
平均	42.1	48.3	平均	33.7	32.6
比PE普通膜降温	6.2		比PE普通膜升温	1.1	

注　引自郭世荣，1991年

（2）转光膜。在各种功能性PE膜中添加某种荧光化合物和介质助剂而成，这种薄膜具有光转换性能，受到阳光照射时可将吸收的紫外线（290～400nm）区能量的大部分转化成为能量较小有利于作物光合作用的蓝紫光（400～480nm）及橙红光（600～680nm），或将黄绿光（500～580nm）转换成红橙光，从而改变透过膜的光质，促进作物对氮、磷、钾、锌等营养元素的吸收，提高植株的叶片面积和展开度，增加植物的株高和叶柄长度，由此增加叶片叶绿素的含量，使叶片中的光合产物含量升高，促进作物生长（见表3-2-8）。这种薄膜比同质的功能性PE薄膜透光率高出8%左右，有的在橙红光区高9%～11%。转光膜保温性好，尤其在严寒的12月和翌年1月更显著，最低气温可提高2～4℃。有的转光膜阴天或晴天的早晚，棚室内气温高于同质的PE膜；而晴天中午则低于PE膜。在使用转光膜的棚室内，番茄、黄瓜等品质和产量有所提高。此种农膜具有长寿、耐老化和透光率好等特点，一般厚度为0.08～0.12mm，幅度折径1～5m，抗拉强度不小于13MPa，断裂伸长率不小于305%，直角撕裂强度不小于50000N/m。使用期限为2年以上，透光率为85%以上。

表3-2-8　转光膜投射光谱光质比例

处理	紫外光（300～400nm）	蓝紫光（400～500nm）	绿（500～600nm）	红橙光（600～700nm）	红外光（700～1100nm）
转光膜Ⅰ	1.42	17.50	28.39	20.97	31.71
转光膜Ⅱ	1.39	19.67	28.36	23.16	27.43
EVA长寿无滴膜	1.43	17.00	32.11	19.24	30.21
自然光	1.54	17.35	30.63	19.85	30.63

注　引自王玉霞，2006年

（3）有色膜。有色膜是指在母料中添加一定的颜料以改变设施中的光环境，创造更适合光合作用的光谱，从而达到促进植物生长的目的。有色膜带有各种颜色，主要有红、橙、黄、绿、蓝、紫等颜色，可以是透明的，也可以是不透明的。透明有色膜的透光率在80%左右。目前使用较多的是紫色膜和蓝色膜。

紫色膜和蓝色膜有两种，一种是在无滴长寿PE膜基础上加入适当的紫色或蓝色颜料；另一种是在转光膜的基础上添加蓝色或紫色颜料。两种薄膜的蓝、紫光透光率均增加。紫色膜呈微蓝紫色，幅宽2～

16m，厚度0.06～0.12mm，具有流滴、保温、长寿功能。特别适合于秋冬及早春韭菜、茴香、芹菜、莴苣及多种绿叶菜的覆盖栽培，也可作为茄子栽培的专用膜使用，效果极佳。蓝色膜可增加透过阳光中蓝紫光部分的光照强度，促进植物茎叶生长，这种薄膜保温性较差，无流滴性，薄膜呈青蓝色，幅宽2～16m，厚度0.03～0.06mm。特别适用于水稻育苗覆盖，使秧苗根系发达，分蘖快，分蘖量大，成活率高，减少烂秧，实现增产增收。

有色膜的分光透过率与其本身的色调有关。红色膜在蓝绿光区透过率低，而在红光区透过率高；而青色膜在黄红光区透过率较低，蓝、紫、绿光区透过率较高。

有色塑料薄膜在我国农业生产上的应用时间不长，具有方便实用、经济有效（该膜价格只有同类普通膜的1.2～1.5倍）、防止环境污染、有益人体健康等优点。从试验结果来看，它与无色塑料薄膜相比，有增加农作物产量、提高农作物质量、减轻植物病虫害等效果，但是要根据农作物的品种和当地的自然条件有选择地使用有色膜，而且必须经过仔细的研究与实践，在取得一定经验后再推广。

5. ETFE膜

ETFE膜是以四氟乙烯为基础母料制成的。这种膜的特点是高透光和极强的耐候性，其可见光透过率达90%～93%，而且透光率衰减很慢，经使用10～15年，透光率仍在90%，该膜远红外线透过率高，与农用聚酯膜相比保温性差。氟素膜抗静电性强，多年覆盖膜不变色，不污染。此膜强度高，具有超耐久性，厚度为0.06～0.13mm，薄膜使用期为10～15年，期间每隔数年需进行防雾滴剂喷涂处理以保持其流滴性和防雾性。可在−100～180℃范围内安全使用，高温强日照下与金属部件接触部位不变形，在严寒冬季不硬化、不脆裂，耐药性强。此类型薄膜由于燃烧时会产生有害气体，故废膜需厂家回收进行专业处理。目前氟素膜主要产品有透明膜、梨纹麻面膜、紫外光阻隔型膜及防滴性处理膜等，厚度有0.06mm、0.1mm和0.13mm三种。

(1) 自然光透过型氟素膜。此膜能进行正常光合作用，作物不徒长，通过棚室内蜜蜂正常活动完成传粉，湿度低可抑制病害。

(2) 紫外光阻隔型氟素膜。紫外光被阻隔、红色产品变鲜艳，用于棚室内部覆盖寿命可延长。氟素膜CR产品使用期达10～15年。

(3) 散射光型氟素膜（梨纹麻面膜）。光线透过量与自然光透过型相同，但散射光量增加，对棚室内作物无影响，且实现生产均衡化。

(4) 管架棚专用氟素膜。加工品使用期为10～15年，经宽幅化加工，可容易、方便地用于管架棚覆盖，用特殊的固定方法固定。

6. 硬质膜

硬质膜指厚度为0.10～0.25mm的硬质塑料片材。目前国内使用的硬质薄膜主要有硬质PVC膜和聚酯膜（PET）等。这类膜表明经过了耐候性处理，使用年限4～10年，透光性好，透光率下降慢，耐折强度高。

(1) 硬质PVC膜。此膜是由PVC加工而成，在设施园艺上常用的厚度为0.8～1.3mm，宽度为1.8～2.4m。硬质PVC膜质地强韧且表明光滑，无特殊异味，具有流滴性，透光率为80%，热稳定性比软质PVC差，具耐燃性，能自熄，耐光性良好。紫外线透过量少，耐低温性及耐寒性较差，随使用添加剂而引起之变化很大，施工容易，成本较低。

(2) 硬质PET膜。PET无毒、无臭、质轻且表面光滑而透明，能透过320nm以上的紫外线，但红外线透过率极低，仅10%。耐寒性（−70℃）与耐热性（150℃）均优；PET膜附着尘埃以后透光率下降幅度小，保温性与PVC薄膜相当；PET经热处理后，抗拉强度、撕裂强度、耐折度均比硬质PVC膜大，耐候性好，可使用5～10年。但PET施工较难，成本较高。

3.2.2 硬质塑料板材及玻璃

1. 硬质塑料板材

硬质塑料板材是指厚度为0.25mm以上的塑料板，近年来，随着化学工业的发展，硬质塑料板材在设施园艺中的使用量不断增加。硬质塑料板具有较长的使用寿命，可见光透过率一般可达90%以上。硬质塑料板保温性好，节能效果显著，重量轻，用来做覆盖材料可降低支架的投资费用。机械强度高，有一定的卷曲性能，耐冲击力，耐雪压。但由于塑料硬板的价格较高，使用面积有限。常见的硬质塑料板材有玻璃纤维增强聚酯（FRP）板、玻璃纤维增强聚丙烯树脂（FRA）板、丙烯树脂（MMA）板和聚碳酸树脂（PC）板。FRP板、FRA板和MMA板又称为玻璃钢。

（1）FRP板。FRP板是聚酯树脂与玻璃纤维所制成的复合材料，几乎不透过紫外线，在可见光区域透光率为90%以上，在5000nm的红外线区域几乎不透过，FRP板棚室内的散射光比例较高。FRP板厚度为0.7～0.8mm，波幅32mm，表面或有涂层或有覆膜（PVC薄膜）保护，以抑制表面在阳光照射下发生龟裂，导致纤维剥蚀脱落，缝隙中滋生微生物和积沉污垢，而使透光率迅速衰减。在－40～120℃温度范围内保持性能稳定，不会出现高温软化、高寒脆化现象，使用年限在10年以上，随着使用时间的增加颜色会变黄。FRP板具有独特的透光性，用于温室采光效果显著。同时具有质轻、高强、抗冲击性能好、耐腐蚀及耐老化等特点，可简化设计，易安装、拆换。

（2）FRA板。FRA板是以聚丙烯酸树脂为主体，加入玻璃纤维增强而成，FRA板采光性能比FRP板好，紫外线区域透过率较高，可见光区域透光率为90%以上，在5000nm的红外线区域几乎不透过，棚室内的散射光比例较高。PRA板厚度为0.7～0.8mm，波幅32mm，由于紫外线对FRA板的作用仅限于表面，所以比FRP板耐老化，具有与FRP板同等的机械性能，使用寿命可达15年，但耐火性差。

（3）MMA板。MMA板是以丙烯酸树脂为母料，不加玻璃纤维。厚度为1.3～1.7mm，波幅63mm或130mm。MMA板具有优良的透光性，可透过300nm以下的紫外线（但透过率低于FRA板），在可见光区域透光率高达90%以上，不透过2500nm以上的红外线，加之它的导热性较低，保温性能极佳，使用MMA板比使用其他塑料板可节能20%。MMA板污染少，透光率衰减缓慢，使用寿命可达10～15年，但热线性膨胀系数大，耐热性能差，价格贵。

（4）PC板。PC板是由聚碳酸酯树脂加工而成，园艺设施上常用的PC板有双层中空平板和波纹板两种类型。波纹板的厚度为0.7～1.5mm，双层中空板的厚度为3～10mm。PC板透明度高，在可见光区域透光率高达90%以上，且衰减缓慢（10年内透光率下降2%）。PC板几乎可完全阻止紫外线的通过，因此PC板不适合用于需要昆虫活动来促进授粉受精和一些含较多花青素的作物。PC板表面有防老化涂层，使用寿命15年以上。PC板强度高，抗冲击力是玻璃的40倍，是其他玻璃钢的20倍，能承受冰雹、强风、雪灾。保温性能强，是玻璃的2倍，且温度适应范围广，耐热耐寒性好，在－110～－40℃都能使用。重量轻，仅为玻璃的1/5，不易结露，防雾滴性能优异，安装方便。无毒无味，但防尘性差，热膨胀系数是玻璃的67.5倍。PC板是目前塑料应用中最先进的聚合物之一，非常适合应用在温室领域，但现在制约PC板温室发展的主要因素是一次性投入较高。

2. 玻璃

普通玻璃的可见光透过率为90%左右，透光率很少随时间变化，对2500nm以内的近红外线具有较强的透过率，对330～380nm的近紫外线有80%左右的透过率，而对300nm以下的紫外线则有阻隔作用。由于玻璃可吸收几乎所有的远红外线，夜间的长波辐射所引起的热损失很少，保温性强。另外，玻璃耐候性最强，使用寿命达20～40年，具有防尘和防腐蚀性强等优点。玻璃的线性热膨胀系数也比较小，安装后较少因热胀冷缩损坏。但由于玻璃的密度大（2500kg/m^3），要求具有较强的支架，且不耐冲击，易破损，从而限制了其推广应用。在大多数气候寒冷的国家，玻璃仍然是常用的覆盖材料。目前用于玻璃温室建造最常用的是平板玻璃、红外线吸收玻璃、钢化玻璃等类型。

（1）平板玻璃。

1）普通平板玻璃。普通平板玻璃的厚度为3mm和4mm，长300～1200mm，宽900～2500mm。在330～380nm的紫外线区域透过率达80%～90%，对310nm以下的紫外线则基本不透过。在可见光波段，玻璃的透过率高达90%，在4000nm以内的近红外线区域玻璃的透过率仍在80%以上，在4000nm以上的红外线区域，基本上都不透过。除寒冷季节外，一般尚能满足作物对光照的要求。普通平板玻璃增温性能强，对远红外部分辐射的透过率极低，因此具有较强的保温性能。

2）浮法平板玻璃。浮法平板玻璃透光性能优异，在波长330～4000nm波段范围内透光率约可达到90%，且入射光基本以直射为主，散射光所占比例不足10%。几乎不透过超过4000nm以上的长波辐射，室内各表面的长波辐射能被玻璃屋面阻挡于室内，室内向室外散失的热量少，因而保温效果好。浮法平板玻璃表面的亲水性好，防雾滴能力强，热胀冷缩系数低、结构系数可靠，使用寿命可达25年以上。但是密度大（2500kg/m^3），对骨架承重要求严格，而且抗冲击性差，易碎。在温室安装过程中，通过耐老化柔性镶嵌材料来加强玻璃的抗冲击能力。由于浮法平板玻璃独特的物理和光学性能，得到世界上大多数国家的使用。

（2）红外线吸收（热吸收）玻璃。红外线吸收（热吸收）玻璃是在玻璃原料中加入铁和钾等金属氧化物从而能够吸收太阳光中的近红外线。目前此类产品大多为蓝、灰和棕等色。对350～380nm的紫外区域透过率40%～70%，对330nm以下的紫外光则基本不透过。在可见光波段，热吸收玻璃则为70%～80%，低于普通玻璃；在4000nm以内的近红外区域透过率在70%以下，尤其在1000nm处，仅50%；两种玻璃在4000nm以上的红外线区域，基本上都不透过。热吸收玻璃有效地削弱了近中红外辐射，从而降低了自身的增温能力，这有利于降低夏季室内的温度。对远红外部分辐射的透过率极低，因此具有效强的保温性能。

（3）钢化玻璃。在冰雹较多的地区，温室可采用5mm厚的钢化玻璃，破碎时呈小碎块不易伤人，但破损后不能修补，且造价高，易老化，透光率衰减快。

近年来，国外一些厂家开发出热射线发射玻璃及热敏和光敏玻璃等多功能玻璃。热反射玻璃则通过采用双层玻璃并在二层玻璃之间填充热吸收物质从而达到降低栽培环境中温度的目的，但由于它也在一定程度上吸收可见光，因此还很难在设施园艺中应用。除此以外，国外一些厂家还开发了一些根据温度或光线强度变化而发生颜色变化的热敏和光敏玻璃，虽然在设施园艺上也有一定的应用前景，但由于性能和价格上的原因，目前还未能在生产上应用。

3.3 半透明与不透明覆盖材料

透明覆盖材料主要是用于园艺设施采光保温。还有一些半透明或不透明覆盖材料，除外覆盖保温、调节设施内光、温等环境外，还具有保墒防旱、防风、防暴雨、抗冰雹、避虫害及防病害等作用。

3.3.1 半透明覆盖材料

半透明覆盖材料主要包括无纺布、遮阳网和防虫网等，起调节设施内温度、光照等环境及避虫、防病等作用。

1. 无纺布

无纺布是以聚酯（Polyester，PET）或聚丙烯（Polypropylene，PP）为原料经熔融纺丝，堆积布网，热压黏合，最后干燥定型成棉布状的材料。因其无织布工序，故称“无纺布”或“不织布”，因其可使作物增产，又称为“丰收布”。具有防潮、透气、柔韧、质轻、不助燃、容易分解、无毒无刺激性、色彩丰富、价格低廉和可循环再用等特点。

（1）种类。根据纤维的长短分为长纤维无纺布和短纤维无纺布两种：短纤维无纺布强度差，不宜在设施园艺生产上应用，应用于设施生产的是长纤维无纺布。长纤维无纺布是以聚酯为原料经熔融后喷丝于传送带中，丝与丝之间相互堆积成层，经热压黏合后干燥成型。目前，该类产品具有质量轻、种类多、价格便宜，以及使用方便等优点，主要用于保温、防虫等。

根据每平方米的质量多少，可将无纺布分为薄型无纺布和厚型无纺布。质量低于100g/m^{2}的无纺布属于薄型无纺布，100g/m^{2}以上的无纺布为厚型无纺布。

（2）无纺布的性能主要包括以下几方面。

1）透光率。不同厚度规格的无纺布透光率不同（见表3-3-1），以20g/m^{2}的长纤维无纺布透光率最好，40g/m^{2}的最差，但也能基本满足覆盖作物对光照的需求。

2）透气性。与塑料农膜不透气性相比，无纺布有一定透气性，覆盖后不必揭盖通风，省工省力。无纺布的通气率与厚度规格、覆盖层内外温差、风速等有关。一般短纤维比长纤维的通气率高；在无风状态下，20 g/m^{2}的长纤维无纺布在内外温差3～9℃条件下的通气率为5.5～7.5m^3/(m^2·h)，但其保温性随通气率的增大而下降。

表 3-3-1　不同品种无纺布的透光率

规格品（g/m^2）	20	30	40	25＊
透光率（%）	87	79	72	73

注　引自李式军，2005年

＊　短纤维热轧无纺布，其余为长纤维丙纶纺黏无纺布。

3）保温性。无纺布对短波光线透射率高，而对长波光线透射率却低于塑料薄膜。由于夜间覆盖区的散热主要靠长波辐射，因此，覆盖区域的降温比较缓慢，从而起到保温作用。据测定，在浦东北蔡潘姚园艺场用 $20g/m^2$ 无纺布浮面覆盖，日平均温度 14.53℃，比草苫低 0.03℃；最低温度 11.67℃，比草苫低 0.47℃。利用连栋温室内单层无纺布覆盖，$50g/m^2$ 无纺布覆盖的日平均温度比单层草苫高 1.02～1.34℃；$40g/m^2$ 无纺布覆盖的 5cm 和 10cm 地温分别比草苫高 0.02℃和 0.05℃（见表 3-3-2）。保温性能与草苫基本无差别，可以代替传统的保温材料。

表 3-3-2　不同规格无纺布和草苫覆盖的温度比较　单位：℃

覆盖物		2：00	8：00	14：00	20：00	日平均	最高	最低	日温差	5cm 地温	10cm 地温
草苫		7.62	8.94	16.55	11.66	11.19	22.85	7.53	15.32	12.16	13.12
无纺布	$50g/m^2$	8.66	11.0	19.69	10.73	12.53	22.7	7.56	15.14	12.17	13.09
	$40g/m^2$	7.89	10.2	20.36	10.27	12.21	23.69	7.66	16.03	12.18	13.17
	$30g/m^2$	8.68	9.86	20.04	10.95	12.39	23.27	7.47	15.80	11.92	13.02

注　引自郁樊敏，2002年

4）保湿性。经覆盖后测定的土壤含水量如表 3-3-3 所示。$25g/m^2$ 短纤维无纺布和 $40g/m^2$ 长纤维无纺布保湿性最好，含水量分别比露地不覆盖的增加 51.14%和 31.01%，$20g/m^2$ 长纤维无纺布较薄，与对照差异不大，故在温度低的干旱地区宜选保湿性强的规格。另外，由于无纺布具吸湿透水性，因此，覆盖后不会有水滴或湿度大而引发病害或日灼。

表 3-3-3　不同无纺布覆盖后对土壤含水量的影响　%

材　料	土壤含水量	比 CK 增加	材　料	土壤含水量	比 CK 增加
$25g/m^2$ 短纤维无纺布	23.17	51.14	$20g/m^2$ 长纤维无纺布	17.24	12.46
$40g/m^2$ 长纤维无纺布	22.22	31.01	露地（CK）	15.33	
$30g/m^2$ 长纤维无纺布	19.69	28.44			

注　引自李式军，2002年

（3）应用。无纺布多用于设施内双层覆盖栽培、直接覆盖栽培、育苗栽培及夏季防雨栽培，起到调节光照、防风、防雨、防霜冻和减轻病虫危害等作用，因而成为设施蔬菜栽培一项新型覆盖技术而被广泛应用。

1）双层覆盖栽培。设施冬春栽培蔬菜时可选用 $50g/m^2$ 无纺布在温室或大棚内顶部用铁丝作为支撑在薄膜下覆盖，成为双层覆盖，每天上午日出后将无纺布拉开，下午日落后及时拉盖，可提高温室、大棚夜间气温 2℃左右，5cm 地温 1℃左右。如遇温室、大棚内的幼苗嫁接或移栽还可以做为遮阴覆盖，防止强光照射和促进缓苗。

2）直接覆盖栽培。冬季低温季节选择 15～$20g/m^2$ 无纺布在温室、大棚中直接覆盖在已经移植、定植的蔬菜幼苗或播种后的畦面上，可起到保温、降温、促进出苗和缓苗的作用，同时在冬、春季有寒流侵袭等灾害性天气发生时，还可以起到防寒、防霜冻的作用。冬、春低温季节在温室、大棚中使用无纺布还可降低空气湿度 10%左右，有效改善温室、大棚中低温、潮湿的不良环境条件。

3）育苗覆盖。早春在温室或大棚内用覆盖 $20g/m^2$ 无纺布的小拱棚进行早春黄瓜、番茄、辣椒等茄果类蔬菜的育苗，幼苗生长健壮，叶色浓绿，叶片数量增加，易培养成壮苗。夏季采用无纺布覆盖育苗，不仅能有效减轻强光对蔬菜幼苗的灼伤和高温危害，抑制幼苗徒长，而且还可减轻病虫害的发生，保证幼苗的茁壮生长。

4）夏季防雨栽培。在夏季选择合适密度的无纺布进行防雨栽培，可以起到遮阳降温、防雨、防虫、防鸟的作用。

2. 遮阳网

遮阳网又称遮荫网、寒冷纱，是以PE、聚丙烯和聚酰胺等为原料，加入耐候剂经加工制作拉成扁丝，编织而成的一种网状材料。遮阳网具有质量轻（30～50g/m²）、强度高、耐老化、柔软、便于操作等特点。

在我国南方地区，夏季高温、暴雨、强光照对作物夏、秋季节栽培十分不利，遮阳网在遮阳、降温、降低降水强度，克服作物夏、秋季节栽培的不利环境条件影响方面提供了一条简易有效的途径，利用遮阳网覆盖栽培成为夏季保障叶菜类蔬菜市场供应的主要栽培形式。与传统稻草、芦苇、秸秆遮阳覆盖物相比，具有管理操作省工、省时、省力，使用寿命长、折旧成本低等特点。

（1）种类。遮阳网在外观上要求色泽均匀，网表面平整，排列整齐均匀，没有断丝或绞丝。目前生产遮阳网的厂家较多，其宽度、颜色、密度均有不同，透光率也不相同。江苏武进县塑料二厂生产的遮阳网根据纬编的一个密区（25cm）中用编丝8、10、12、14和16根，将产品定为SZW－8、SZW－10、SZW－12、SZW－14和SZW－16五种型号（见表3－3－4），遮光率和经纬拉伸强度，主要与纬经每25mm的编丝根数呈正相关，编丝根数越多，遮光率越大，纬向拉伸强度也越强，但编丝的质量、厚薄、颜色也会影响遮光率和拉伸强度。但不论何种规格，经向的拉伸强度差别不大。遮阳网的宽度有900、1500、1800、2000、2200、2500mm和4000mm等几种，颜色有黑、银灰、白、绿、蓝、黄、黑与银灰相交等色。生产上使用较多的为SWZ－12和SWZ－14两种型号，其宽度以1800～2500mm，颜色以黑色和银灰色为主，每平方米的重里分别为45±3g和49±3g，使用寿命一般为3～5年，使用和存放过程中要加强管理，以延长使用寿命。

表3－3－4　　遮阳网规格与性能

型　号	遮光率（%）	机械强度经向含一个密区	500mm宽度拉伸强/N经向含一个密区
SWZ－8	20～25	≥250	≥250
SWZ－10	25～45	≥250	≥300
SWZ－12	35～55	≥250	≥350
SWZ－14	45～65	≥250	≥450
SWZ－16	55～75	≥250	≥500

（2）遮阳网性能包括七个方面。

1）遮光性能。遮阳网有良好的遮光作用，遮阳网覆盖能大大降低太阳的热辐射。不同颜色的遮阳网其降低太阳辐射的效果不同，蔬菜生产中多用黑色和银灰色遮阳网，黑色遮阳网效果好于银灰色网，但其遮阳强度大，对光照度要求高的番茄、青花菜和黄瓜等蔬菜覆盖会影响其正常生长。遮阳网对散射光的透过率要比总辐射高，其中银灰色遮阳网内散辐射比露地强，主要是由于银灰色网的反射作用比较强。

不同颜色遮阳网晴天与阴天遮光效果也不同，如表3－3－5所示，黑网较灰网、12丝较8丝，同型号网晴天较阴天的遮光率要大。但网孔大的黑8和灰8晴天透过直射光多，故遮光率少于阴天。

表3－3－5　　遮阳网的日平均遮光率和光照度

型　号	天 气 型	遮光率（%）	光照度（$\times 10^4$lx）
露地（CK）	晴	0	5.40～9.32
	多云、阴	0	3.54～4.85
灰8	晴	33	3.64～5.92
	多云、阴	40	2.07～3.13

续表

型　号	天　气　型	遮光率（%）	光照度（$\times10^4$lx）
灰 10	晴	45	2.84～5.56
	多云、阴	42	1.90～3.29
灰 12	晴	48	2.39～5.18
	多云、阴	47	1.77～2.90
黑 8	晴	57	1.72～4.19
	多云、阴	63	1.32～2.14
黑 10	晴	67	1.76～3.26
	多云、阴	65	1.58～2.52
黑 12	晴	70	1.34～2.97
	多云、阴	66	1.15～1.78

注　引自李式军，1995 年
晴天在最高气温 36℃以上；多云、阴天在 30～33℃时的日平均实测值。

遮阳网的遮光效果在 1d 中有日变化，中午前后，太阳高度最大时，遮阳网大棚的透光率达到最低点，效果最显著（见图 3-3-1）。

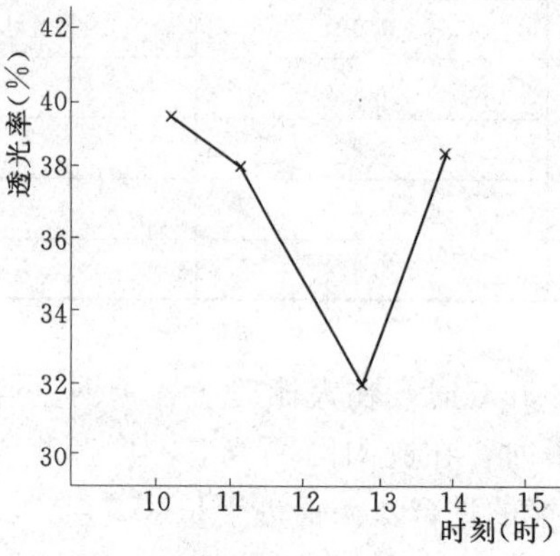

图 3-3-1　黑色遮阳网遮光率随时间的变化
（引自周允将，1990 年）

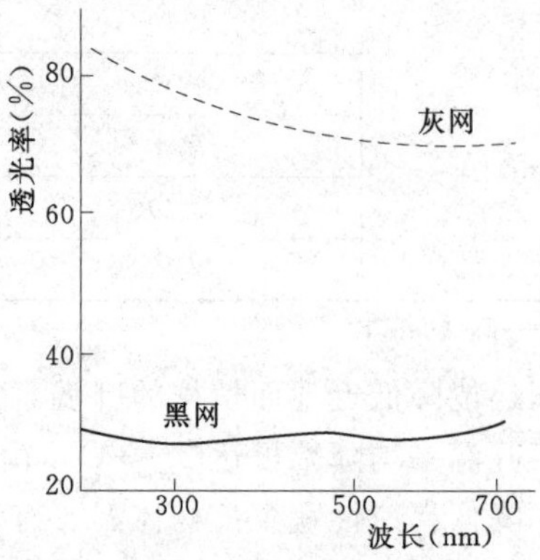

图 3-3-2　灰网与黑网对紫外线与可见光透过率
（引自李式军，1995 年）

不同颜色的遮阳网在不同光谱区的透射性也不同（图 3-3-2），有关研究表明，不论 200～350nm 波长的紫外区或 400～700nm 的可见光区，灰网的透射率均大于黑网，特别是紫外线透射率远远大于黑网，这不仅影响降温性能，也影响覆盖作物的生长与品质。另外，对中、远红外区 4600～16700nm 波长的透射率的测定表明，黑网为 50%，灰网为 47%，故黑网覆盖的热蓄积少于灰网。

2）降温性能。遮阳网覆盖降温效应最显著的部位是地面温度、地下、地上 20cm 范围的土温、气温和叶温，从而优化根际环境，提高作物地上部的抗逆性。一般地表温度可下降 4～6℃，最大 12℃；地上 30cm 气温下降 1℃；地中 5cm 低温可下降 6～10℃。

不同覆盖方式降温效果也不同，在露地地表最高温度为 38.6℃时测得不同覆盖方式的降温效果中，以大棚覆盖最显著，浮面覆盖最差（见表 3-3-6）。

表 3-3-6　　不同覆盖方式的降温效果比较　　单位：℃

种类型号	大　棚	小拱棚	浮面覆盖
黑 10	−5.6	−5.0	−1.6
灰 10	−2.2	−2.2	−0.5

注　引自李式军，1993 年

遮阳网的降温效应与天气类型关系极大，在夏季晴热型天气条件下，室外最高气温为 35.1～38.0℃，露地地面最高温度平均值为48.6℃，各种网型的平均地面降温值达8～13℃。当室外最高气温为30.1～35℃时，露地地面最高温度平均值为39.1℃，各种网型平均地面降温幅度为3～6℃。当室外最高气温为25～30℃时，露地地面最高温度平均值为34.1℃，各种网型覆盖的降温效应明显减弱，甚至出现负效应（灰8）。在以上温度范围内，降温效果以遮光率为65%～70%的黑网最佳（见表3-3-7）。

表3-3-7　室外不同最高气温下遮阳网的地面降温幅度　单位：℃

最高气温	网型	平均降温值	最大降温值	最小降温值
35.1～38.0	灰10	8.2	13.4	3.0
	灰12	8.7	13.9	3.4
	黑8	11.3	16.4	6.2
	黑10	12.2	17.4	7.0
	黑12	12.9	18.2	7.6
30.1～35.0	灰10	2.8	4.8	0.8
	灰12	3.4	6.1	0.7
	黑8	3.8	6.4	1.2
	黑10	4.6	7.1	2.1
	黑12	5.6	8.9	1.2
25～30	灰10	3.1	6.9	+0.7
	灰12	3.2	6.4	±0.0
	黑8	3.6	6.9	0.3
	黑10	4.8	8.4	0.7
	黑12	4.7	8.9	1.0

注　引自李式军，1993年

遮阳网还能降低近地面植株的叶温，当近地面平均气温在32℃时，在大棚覆盖各种网型遮阳网下生长的小白菜叶温平均降幅可达2～3℃，由此可知夏季晴热酷暑时，在遮阳网覆盖下，可显著改善根际的温度环境，降低喜凉性蔬菜植株体温，有利于各种生理代谢功能的进行从而促进生长。

3）保湿性能。遮阳网覆盖可以减少田间蒸散量，从表3-3-8可见，随着遮阳网遮光率的增加地面蒸散量降低，大棚覆盖下，农田覆盖遮阳网下，农田蒸散量可比露地减少1/3（遮光率33%～45%）～2/3（遮光率60%～70%），因此可节水灌溉1/3～2/3。

表3-3-8　不同网型的遮光率与蒸散量减少率　%

网型	灰10	灰12	黑8	黑10	黑12
透光率	45	48	57	67	70
蒸散量减少率	35	38	41	60	60

注　引自李式军，1992年

4）减弱暴雨冲击。据江苏省镇江市农业气象的测定，在100min内降雨量达34.6mm的情况下，遮阳网内中部的降雨量仅26.7mm，边缘的降雨量为30.0mm，网内降雨量分别减少了13.3%～22.8%，同时可减轻水滴对地面的冲击力，从而降低暴雨对植物的损伤和对土壤的冲刷。

5）减轻台风袭击。遮阳网通风比塑料棚好，对风力的相对阻力小，所以只要在台风来临前将遮阳网固定好，一般不易被大风吹损，对网内作物有一定的保护作用，据测定一般网内的风速不足网外的35%。

6）保温、防霜冻。晚秋至早春夜间浮面覆盖遮阳网可比露地气温提高1.0～2.8℃。如上海市1991年4月1～2日出现晚霜冻，未盖网的小拱棚内气温下降到-1.0℃，有12.6%的番茄苗受冻害，而盖网的为1.5℃，无冻害。在遇到严重冻害时，因网内光照弱，温度回升缓慢，可缓解冻融过程，抑制因组织脱水而坏死，减轻冻霜危害。

7）避虫、防病。遮阳网在避蚜虫、防治病毒病等方面均有非常好的效果，同时还可防止果菜日灼伤。据在广州市调查，银灰色遮阳网避蚜效果达88%～100%；油菜病毒病的防病效果达96%～99%，辣椒日灼病减少到零。

(3) 应用。遮阳网主要用于夏季花卉、蔬菜栽培、果树栽培，夏、秋季花卉、蔬菜、果树育苗，夏季果蔬延后及采收栽培，秋菜提前种植，以及冬季用来覆盖防寒。

1) 夏播蔬菜的稳产、高产栽培。在小白菜、菜心播种后出苗前，浮面盖在畦表，在强日高温或台风暴雨恶劣的自然条件下可实现生产的安定化。

2) 夏秋菜遮阳育苗。用遮阳网搭设荫棚用于甘蓝类、芹菜、生菜、白菜夏季育苗，可以减轻高温、暴雨的危害，可以有效地培育优质苗。

3) 提早秋菜的播种上市期。秋季直播的萝卜、胡萝卜、大白菜、菠菜等，可在播种后出苗前畦面浮动覆盖；移栽后的甘蓝类、芹菜、生菜等可在株上覆盖或搭平棚覆盖 7～10d，具有遮阳防强光、防雨、保墒，促进出苗快长、防病虫等作用；对定植苗能加速缓苗，加快生长，提早成熟，改进品质等功能，改进提高夏、秋淡季供应水平。

4) 延长夏菜采收期。通过遮阳网覆盖，使夏菜增产增收补充淡季供给，如茄子、辣椒覆盖后，供应期由 6～7 月延长至 8～9 月。

5) 进行蔬菜反季节栽培。在大棚或中棚上盖遮阳网可在夏季种植萝卜、白菜、生菜，增加夏、秋淡季蔬菜品种。

覆盖栽培方式一般有温室遮阳网覆盖、塑料大棚遮阳覆盖、中小拱棚遮阳覆盖、小平棚遮阳覆盖和遮阳浮面覆盖等。

采用遮阳网栽培必须根据当地的自然光照强度、蔬菜作物的光饱和点和覆盖方法，选用适宜透光率的遮阳网，以满足作物正常生长发育对光照的要求。在通常情况下，白菜、甘蓝类蔬菜全天候覆盖栽培，不宜选用遮光率大于 40%的遮阳网。当最高气温在 35℃以上时，晴热型夏季气候条件下，宜选用遮光率 65%～70%的黑网；当最高气温在 30～35℃时，晴热型夏季则宜选遮光率为 45%～55%的黑网，冷夏型宜选灰网；当最高气温在 30℃以下时，在晴热型气候下也要注意 1d 中中午前后覆盖，早晚揭盖，谨慎使用；冷夏多雨型气候条件下，没有必要使用遮阳网覆盖。

3. 防虫网

防虫网（Insect-proof net）是以高密度聚乙烯为主要原料，添加防老化、抗紫外线等助剂后经挤出拉丝编织而成的 20～40 目（每 2.54cm 长度的孔数）网纱状新型农用覆盖材料。防虫网具有质量轻（40～100g/m^2），耐拉强度大，优良的抗紫外线、抗热性、耐水性、耐腐蚀、耐老化、无毒及无味等特点。其使用寿命约 3～4 年。

(1) 种类。目前防虫网按目数分为 20 目、24 目、30 目、40 目，按宽度有 100cm、120cm 和 150cm，按丝径有 0.14～0.18mm 等数种。颜色有白色、银灰色等，目前生产上以 20 目、24 目最为常用。

(2) 防虫网的性能。

1) 防虫。覆盖防虫网后，可以防止或减少菜青虫、小菜蛾、甘蓝夜蛾、斜纹夜蛾、黄曲跳甲、猿叶虫、蚜虫等多种害虫为害。据试验，30 目的防虫网对小白菜的黄曲跳甲、猿叶虫、甜菜夜蛾等害虫的防虫效果达 85%以上。

2) 防病。病毒病是多种园艺作物上的灾难性病害，主要由蚜虫传播。防虫网能切断这一主要传毒途径，因此，大大减轻了病毒对作物的侵染。据测定，用 22 目网纱隔离蚜虫育苗，可有效控制芥菜病毒病的发生，防效为 63%～87%。

3) 调节气温、土温和湿度。据测定，炎热的 7～8 月，在 25 目白色防虫网中，早晨和傍晚的气温与露地持平，而晴天中午比露地低 1℃左右；早春 3～4 月，防虫网覆盖棚内比露地气温高 1～2℃，5cm 地温比露地高 0.5～1℃，能有效防止霜冻。防虫网室遇雨可减少网室内的降水量，晴天能降低网室内的蒸发量。

4) 遮强光。夏季光照强度大，强光会抑制作物营养生长，特别是叶菜类蔬菜，而防虫网能起到一定的遮光和防强光直射作用，20～22 目银灰色防虫网一般遮光率在 20%～25%。

(3) 应用。防虫网可用于叶菜类小拱棚、大棚、中棚、温室防虫覆盖栽培；茄果类、豆类、瓜类大、中棚及日光温室防虫网覆盖栽培；特别适用于夏、秋季节病毒病的防治，切断毒源；还可用于夏季蔬菜和花卉等的育苗，与遮阳网配合使用，效果更好。

防虫网在使用时可由数幅网缝合后覆盖在单栋或连栋大棚上进行全封闭式覆盖，这是目前最普遍的覆盖方式；防虫网也可安装在拱棚两侧或日光温室前屋面 50cm 高处，与塑料薄膜一起将设施全封闭覆盖，还可以用高约 2m 的水泥柱或钢管作支撑，覆盖防虫网做成隔离网室（面积在 500～1000m^2）。在防虫网使用时，应在整个生育期进行全程覆盖，不给害虫侵入机会，而且安装后两边应用砖块或土块压紧，网上用压网线压牢，以防披风吹开。

防虫网在发达国家和地区的夏、秋蔬菜生产中早已被广泛应用。近年来，在我国南方开始采用防虫网全封闭栽培速生叶菜，有效地防止虫害的发生和蔓延，基本实现"无农药"生产。目前防虫网在南方地区作为无（少）农药蔬菜栽培的有效措施而得到推广，在我国的无公害蔬菜生产中也发挥着越来越重要的作用。

3.3.2 不透明覆盖材料

日光温室的前屋面是主要的散热面，夜间需要在其上覆盖保温材料，以防止热量的散佚，达到保温的目的。不透明覆盖材料包括草苫、纸被和保温被等。

1. 草苫

我国在设施栽培上很久以前已开始用草苫覆盖保温，近年来由于设施栽培的飞速发展，面积急剧扩大，中、小拱棚及各种类型的温室用草苫作为外覆盖，需求量很大，是当前外覆盖保温的首选材料。目前生产上使用最多的是稻草苫，其次是蒲草、谷草、芦苇，以及其他山草编制的草苫。稻草苫一般宽 1.5～1.7m，长度为采光屋面之长再加上 1.5～2m，厚度在 4～6cm，大绳在 6 道以上，要求致密，捆扎紧实牢固，如宽 1.5m、长 5.52m 的稻草苫质量要达 30kg 以上，否则难以达到理想的保温效果。蒲草苫强度较大，卷放容易，常用宽度为 2.2～2.5m。草苫的特点是取材方便，可使夜间温室热消耗减少 60%，保温效果一般为 5～6℃，但实际保温效果则因草苫厚薄、疏密、干湿程度的不同而有很大差异，同时也受室内温差及天气状况的影响（见表 3-3-9）。草苫的编制比较费工，耐用性不太理想，一般只能使用 3 年左右。遇到雨雪吸水后重量加大，即使是平时的卷放也很费时费力。另外，草苫对塑料薄膜的损伤较大。

表 3-3-9　　草苫和纸被的防寒效果　　单位：℃

室外气温		−8.2	−14	−15	−16.5
室内气温	覆盖一层膜	1.2	−7.5	−9.0	−11.0
	膜上覆盖草苫	4.8	1.2	−0.4	−0.9
	膜上覆盖草苫和纸被	10.1	7.7	6.7	5.3

注　引自安志信，1994 年

2. 纸被

在寒冷季节，为了提高草苫的保温性能，可以在草苫下面加盖纸被，纸被是用 4 层旧水泥袋纸或 4～6 层新的牛皮纸，缝制成和草苫大小相仿的一种保温覆盖材料。纸被弥补了草苫的缝隙，显著减少了缝隙散热。纸被质轻、保温性好，但是近年来纸被来源减少，而且纸被易被雨水、雪水淋湿，寿命也短，不少地区逐步用旧塑料薄膜替代纸被，有些则将废旧塑料膜覆盖在草苫或纸披上，既保温又防止雨雪。

除草苫和纸被外，生产上也有采用棉布（或包装用布）和棉絮（可用等外花或短绒棉）缝制而成的棉被作为保温材料，质轻、蓄热保温性能好，其保温能力在东北、内蒙古等严寒地区可使棚室内温度提高 7～10℃，高于草苫、纸被的保温能力。但棉被造价高，一次性投资大，防水性差，保温能力尚不够高。

在国外设施栽培中，为提高保温效果，在小棚外覆盖锦纶丝、腈纶棉等化纤下脚料编织的"农用化纤保温毯"，保温效果好、耐久。

3. 保温被

保温被是 20 世纪 90 年代研究开发出来的新型保温覆盖材料，一般由 3～5 层不同材料用一定工艺缝制而成，由外到内依次是防水层、隔离层、保温层。防水层由防雨绸、涤纶牛津纺面料、塑料薄膜、喷胶薄型无纺布等制成，表面进行了防水处理，用于防水汽、雨、雪、风，并提高保温被的强度、耐磨性及抗老化性。隔离层选用黑色不透气材料制成，主要用来隔离水汽和防潮，并起到一定增强保温性能的作用。

保温层采用毛、纤、棉及麻按一定比例加工制成，具有一定的厚度和密度，使保温被具有优异的保温性能。同时，保温层中添加无纺布夹层，增强了保温层的抗拉强度，从而大大提高了保温被的使用寿命。有的保温被最内层有镀铝转光膜，可以提高棚室内光照。保温被具有质量轻、保温效果好，防水、阻隔红外线辐射、使用年限长等优点，适于电动操作，显著提高劳动效率，并可延长使用年限。通常保温被的厚度决定了其保温性能的优劣，同时也极大地影响保温被的成本和价格，选用时应根据使用地域的气候条件、栽培作物种类等因素综合考虑。华中、华东地区可选择 800g/m^2 的保温被，华北和西北可选择 1000～1400g/m^2 规格的，东北和西北寒冷地区可选择 1800g/m^2 规格的保温被。

3.4 新型多功能覆盖材料

随着科学技术的不断进步，许多新型的、多功能的和具有特殊功能的覆盖材料被研制生产出来，并在园艺设施和园艺生产中推广应用。

3.4.1 PO 膜（多层复合高效功能膜）

PO（Polyolefin）是以 PE、EVA 优良树脂为基础原料，加入保温强化剂、防雾剂、光稳定剂、抗老化剂、爽滑剂等系列高质量适宜助剂，通过 2～3 层共挤工艺路线生产的多层复合功能膜，综合了 PE 膜和 EVA 膜的优点，具有强度高、抗老化性能好、透光率高且衰减低等特点。PO 膜具有高透光性，能达到 PE 膜初始透光率水平（见图 3-4-1）；由于对红外线透过率改性，有较高的保温性，PO 膜覆盖的室内温度高于 PE 膜 1℃左右（见表 3-4-1）；使用寿命可达 3～5 年；质轻，不沾尘，作业性好；抗风和雪压，有破洞不易扩大；不要压膜线，只在肩部用卡槽压膜固定即可，省力，且提高透光性，低温下农膜硬化程度低；燃烧不生成有害气体，安全性好。

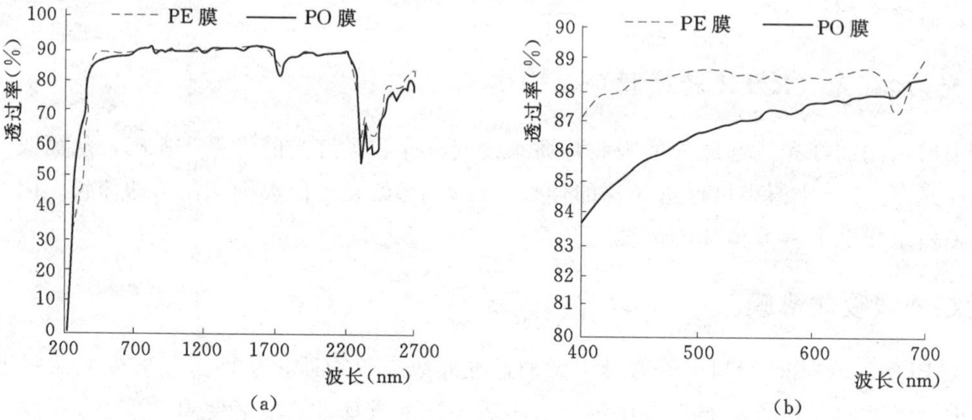

图 3-4-1 PO 膜和 PE 膜在不同波长下初始透光率的比较
（引自程强，2011 年）

表 3-4-1 **PO 膜和 PE 膜覆盖的日光温室最低、平均温度比较** 单位：℃

时间（年-月）	平均气温			最低气温		
	CK	PE 膜	PO 膜	CK	PE 膜	PO 膜
2010-12	−1.0	13.6	14.2	−12.2	4.1	5.6
2011-01	−4.7	12.0	13.4	−11.7	2.8	5.0
2011-02	0	15.1	15.7	−11.0	6.1	6.8

注 引自程强，2011 年

但是 PO 系特殊农膜延伸性小，不耐磨，形变后复原性差。为防雾滴，覆盖店需喷布流滴剂。主要用于覆盖大棚、中小拱棚、温室，以及作为棚室内的保温幕等。目前，日本、韩国、西班牙及法国等欧美国家所用的农膜多为复合功能膜，这是当今世界新型覆盖材料发展的趋势。

3.4.2 聚乙烯醇（PVA）膜

聚乙烯醇是一种多羟基聚合物，结晶度较高，具有高亲水性、高阻隔、高透明、高物理机械强度，以及稳定的化学性质等优异性能。与PE和EVA膜相比，PVA膜雾度低，远小于PE膜和EVA膜（见表3-4-2），直射光透过率高，覆盖温室采光、增温效果好；红外线透射率低，尤其是在温室散热量较大的中长波辐射峰值区域7～14μm范围内，红外透射率远小于PE膜和EVA膜（见表3-4-3），使用改性PVA制作棚膜可很好的阻隔夜晚温室的中长波红外辐射散热，大幅提高温室保温性能。

表3-4-2 三种薄膜的可见光透光率及雾度 %

薄膜品种	透光率	雾度
PVA膜	90.8	1.91
PE膜	89.6	17.21
EVA膜	90.3	13.47

注 引自催海龙，2012年

表3-4-3 三种薄膜不同波长范围内的透射率 %

薄膜品种	2.5～25μm	7～14μm
PVA膜	20.2	13.2
PE膜	70.6	66.8
EVA膜	54.9	36.5

注 引自催海龙，2012年

3.4.3 高压低密聚乙烯（LDPE）纳米稀土复合转光膜

用特定的聚烯烃材料，在其中添加纳米稀土转光剂及无滴、长寿剂，通过插层复合的方法使带有转光剂的黏土片层以纳米结构单元在聚烯烃基体中剥离、分散与基体复合。此膜透光率高，棚内增温保温效果好，作物生化效应强，对不同作物具有早熟、高产、提高营养成分（维生素、固形物、糖分的含量都有显著增加）等功能。因其拉伸强度和断裂伸长率高，故抗风雪等自然灾害能力强。此膜具有高效地将不同波段的紫外光转换成红橙光或蓝紫光的特殊功能，不仅可延长农膜的使用寿命，同时兼有耐候、保温、延长流滴剂使用寿命等功能。

3.4.4 红光/远红光（R/FR转换膜）

在薄膜中通过添加红光或远红光的吸收物质来改变红光和远红光的光量子比率，从而改变植株特别是茎的生长。红光/远红光比值小可促进植株的伸长，红光/远红光比值大则抑制植株伸长。因此，我们可利用这类薄膜来一定程度上调节植株的高度。

3.4.5 近红外线吸收薄膜

在PVC、PET、PC和PMMA等薄膜中添加近红外线吸收物质，从而可以减少光照强度和降低设施中的温度，但这类薄膜只适合高温季节使用，而不适合冬季或寡日照地区使用。

3.4.6 光敏薄膜

通过添加银等化合物，使本来无色的薄膜在超过一定光强后变成黄色或橙色等有色薄膜，从而减轻高温强光对植物生长的危害。

3.4.7 温敏薄膜

利用高分子感温化合物在不同温度下的变浊原理从而减少设施中光照强度，降低设施中的温度和植物的叶温。由于温敏薄膜是解决夏季高温替代遮阳网等材料的重要技术，因此，许多国家正在积极研究开发。

3.4.8 病虫害忌避膜

病虫害忌避膜除通过改变紫外线透过率和改变光反射和光扩散来改变光环境外，还可通过在母料中加入或在薄膜表面粘涂杀虫剂和昆虫性激素从而达到病虫害忌避的目的。

3.4.9 可降解膜

可降解膜是指在特定环境下，其化学结构发生变化，并用标准的测试方法能测定其物质性能变化的材料。可降解膜按照降解机理可分为光降解膜、生物降解膜及光生可控双降解型三大类。

1. 光降解膜

光降解膜是在原料中添加光敏剂，使膜在自然光照下降解崩溃。此种膜的不足之处是得不到阳光照射，很难碎裂粉化。

2. 生物降解膜

生物降解膜是在原料中添加某些特定的有机物，如淀粉、纤维素、甲壳素或乳酸脂等，通过土壤微生物的作用，使膜彻底分解。这种膜因为耐水性差、强度低，因此功能不好，实用性差。

3. 光生可控双降解型

在生产膜的时候，同时加入光敏剂和高分子有机物。这种地膜可在覆盖后经一定时期（一般为60d或80d不等），即可在自然条件影响下崩解粉碎，被微生物吸收利用，从而可减少环境污染，有利于生态环境保护。

3.4.10 GRP（玻璃纤维增强塑料）膜

GRP膜具有良好的温热性与透光性，在弱光条件下，透光率增强，因而提高室内温度，而在强光照条件下，透光率减小，抑制室内高温的出现；另外，还具有良好的防雾、防滴性能。

复习思考题

1. 目前我国覆盖材料有哪些种类？
2. 对园艺设施覆盖材料特性有哪些要求？
3. 农用薄膜的种类和主要性能有哪些？
4. 硬质塑料板材有哪些？其主要性能是什么？
5. 玻璃作为覆盖材料有什么显著特点？
6. 试述遮阳网、防虫网在设施园艺上的应用。
7. 保温覆盖材料有哪些？如何根据当地气候条件进行合理选择？
8. 新型覆盖材料有哪些？其主要性能是什么？

第4章 设施园艺机械与设备

【本章要点】 重点掌握育苗及栽植机械、灌溉施肥设备、降温与增温设备、补光设备、通风设备、卷帘（拉幕）机械、产品分级及包装机械等设施园艺常用机械与设备的类型、工作原理和使用中注意的问题。教学难点主要的机械设备构造类型。

作为现代农业的重要组成部分，设施农业综合集成了农业生物技术、农业机械与建筑工程技术、环境控制技术、信息技术和管理技术等多领域科学技术，是以此进行集约化种植生产和养殖业生产的农业生产方式，实现了农业的高产、高效和优质生产。在荷兰、以色列、日本等设施农业发达国家，已形成了成套的技术和完整的设施装备，这些设备小型、轻便、多功能、性能高，涵盖了耕作、播种育苗、定植、管理、收获、包装及运输等作业的机械化，自动化程度高，而且国外不断追求规模效益，在欧美温室生产中每个经营者的栽培面积由原来的 $2hm^2$ 以下增加到 $4hm^2$ 以上，而这种规模的扩张都是通过先进的管理，特别是先进的设备农业装备技术来完成的。

经过多年的发展，我国设施农业相应技术装备先后不断突破，也有了许多配套的装备技术。然而，我国设施农业装备技术还相对落后，拥有的小型耕作机械虽可进行多项作业，但大多存在操作性差、耕作质量差、生产率不高和适应差等问题。特别是占中国设施面积90%以上的日光温室，仍未能实现环境控制自动化、生产环节机械化，以致劳动生产率低、产量、质量及效益不高，产品的市场竞争差。加强设施设备技术研究的自主创新，开发适合我国设施农业特点的具有独立知识产权的设施农业装备技术核心产品，提高设施农业整体装备技术水平，提高劳动生产率和作业精度，是充分挖掘设施农业生产潜能的重要途径。

4.1 育苗及栽植机械

以轻基质无土材料草炭、蛙石等做育苗基质，采用机械化精量播种，一次成苗的现代化育苗体系是20世纪70年代发展起来的育苗技术。机械化育苗的优点是：节能、省力、效率高、苗子生长速度快、整齐度高、便于规范化管理、适宜远距离运输和机械化移栽、增强了抵御自然灾害的能力，移栽到田间后，成活率几乎达100%。机械化育苗的主要设备是精量播种生产线，包括育苗基质的混合、装盘、压凹、种子的精量播种及播种后的覆土、喷水等项作业。育苗播种机依其播种方式分为手动、针式（Natural）和滚筒式（Drum）3大系列产品，依其工作原理分为气吸式精密播种机，主要包括育苗播种机械和栽植机械等。

4.1.1 育苗播种机械

1. 温室穴盘精密播种研究现状

（1）国外精密播种的研究现状。温室园艺精量播种机根据播种原理不同，可分为吸附式、板式、齿盘转动式和磁性播种机；按自动化程度划分，可分为手动、半自动和全自动播种机。手动播种机又可分为点播机、手持振动式播种机。半自动播种机包括手持管式播种机和板式播种机，而全自动播种机有针式精量播种机、滚筒式播种机两种。20世纪40年代，国外就已开始研究精密播种器，目前，国外知名的温室园艺精量播种机生产商及品牌主要有：美国的布莱克默（Blackmore），英国的汉量尔顿（Hamilton），荷兰的Visser，澳大利亚的Williames ST750、ST1500，韩国大东机电的Helper播种机。其中，Blackmore公司主要生产针式、滚筒式精量播种机；Hamihon公司有手动（Handy）、针式（Natural）、滚筒式（Drum）3大系列产品；Visser公司主要提供半自动、全自动的针式和滚筒式的精量播种机；Williames的产品主要是滚筒式；韩国的Helper精量播种机涵盖了手持式、板式、家用针式、自动针式等。

（2）国内精密播种器的研究现状。我国精密播种器的开发和研究始于20世纪70年代初。近几年来，我国精密播种器的研制工作已取得了很大的进步，机械化精量播种已经逐步替代传统手工播种。例如，重庆市万而能农业机械有限公司生产的温室精量播种机，用于温室大棚育苗播种。该机可播多种植物种子，如番茄、辣椒、蔬菜、烟叶等，可1次完成1个苗盘的播种，播种效率为720盘/h。被称为我国在机械式精密播种器方面的重大突破的内侧囊种垂直圆盘式播种器，播种频率为22.11次/s，株距合格率达90%。中国农机院研制的2BJ-16气力轮式精密播种器可高速精播小粒距作物，作业速度较高，粒距合格率达91%，而且所需气源全压为4.5kPa，同其他高速精播播种器相比，具有结构简单、制造容易、操作方便等优点。

2. 精量播种生产线

依据栽培作物的品种与栽培方式不同，所采取的育苗播种手段也不同，机械化育苗精量播种生产线的主要工艺过程包括：基质筛选—混拌—提升装料—穴盘装料—刷平—压穴—精量播种—刷平—喷水等。可播种除瓜类作物外的各种蔬菜、花卉和某些经济作物。工作时，操作人员把穴盘接连不断地送到机器的传送带上，播种机就能自动填充基质材料、刷平，在穴盘的每个穴中央压出一个浅坑，同时把基质压实。播种器精确地在每个穴中央播一粒种子，接着再覆盖薄薄一层轻基质（如蛭石），以盖住种子并遮挡日光直射，最后把穴盘表面多余的基质刮平并喷水。

3. 不同类型育苗播种机

（1）吸附式育苗播种机。

1）吸嘴式播种机。如图4-1-1所示为吸嘴式育苗播种机工作过程：该机由吸嘴、压板、排种板、盛种管及吸气装置等部分组成，适用于营养钵育苗点播。吸嘴内有孔道与吸气口，用以吸附种子，里面还装有一顶针，当压板下压顶针时，顶针由吸气口伸出使种子排出。

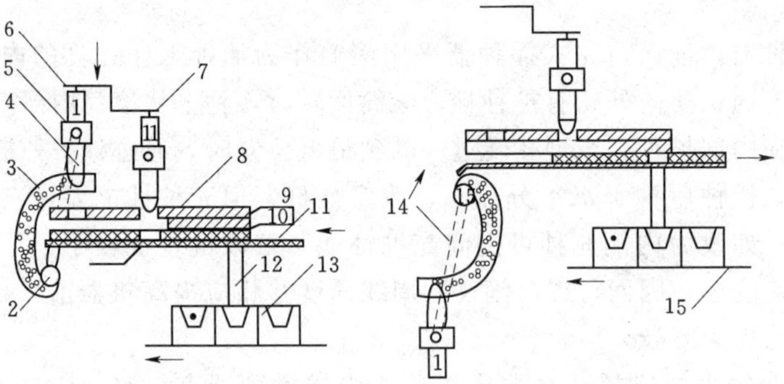

图4-1-1 吸嘴式育苗播种装置工作过程示意图

1—种子；2—吸气管；3—盛种管；4—吸嘴；5—吸气口；6—压板；7—顶针；8—带孔铁板；9—斜槽板；10—电木板；11—下挡板；12—输种管；13—营养钵块；14—吸气道；15—输送带

其工作原理过程如下：当吸嘴Ⅰ和吸嘴Ⅱ直立时，压板下压，顶针由吸气口伸出，吸嘴Ⅰ吸附的种子落到电木板上，吸嘴Ⅱ吸附的种子落入电木板的孔内。压板上抬，吸嘴Ⅰ下转，此时电木板右移，当种子孔与输种管相对时，落入电木板孔内的种子依自重落入营养钵的种穴内。在电木板右移时吸嘴Ⅱ将电木板上种子吸附，转入下方的吸嘴Ⅰ自盛种管内又吸附一粒种子。当再转到上方直立位置时，又重复上述工作过程。该播种装置与制钵机配合使用，可实现边制钵边联合作业。已播种的营养钵块由输送带送出机外，并装入育苗盘最后送到催芽室进行催芽。

2）板式育苗播种机。如图4-1-2所示，板式育苗播种机由带孔的吸种板、吸气装置、漏种板、输种管、育苗盘和输送机等组成。工作时，种子被快速地撒在吸种板上，使板上每个孔眼都吸附1粒种子，多余的种子流回板的下面。将吸种板转动到漏种板处，此时通过控制装置，去掉真空吸力，种子自吸种板孔落下并通过漏种板孔和下方的输种管，落入育苗盘对应的营养钵块上，然后覆土和灌水将盘送入催芽室。这种类型的播种机可配置各种尺寸的吸种板，以适应不同类型的种子和育苗方式的需要。该育苗方式劳动强度大，效率低，难以大面积推广。

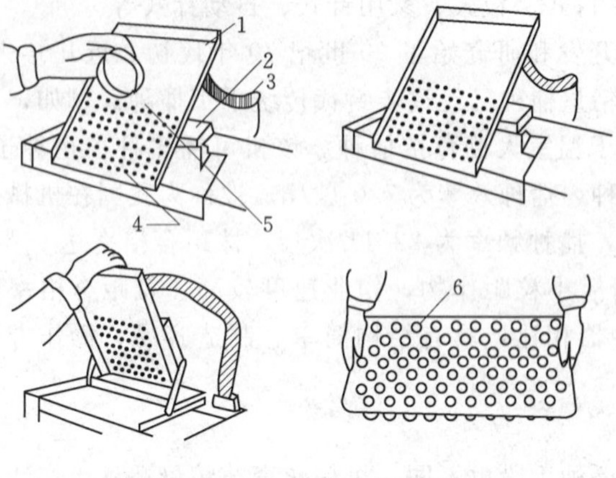

图 4-1-2 板式育苗播种机
1—吸孔；2—吸种板；3—吸气管；4—漏种板；
5—种子；6—育苗盘

还有一种结构简单、操作方便的板式育苗播种机。主要用于水耕栽培。播种器由两层漏种板交叉而成。先将种子撒在上层板上，一孔一粒，多余的仍流到板子边缘，将漏种板与育苗箱对齐。因为播种前育苗海绵块已灌满了水，所以不需要再灌水。播种结束后，一盘一盘地叠放到催芽室，最顶层地一盘要加上盖子以遮光。上述播种机，适用于营养钵和育苗穴盘的单位播种，有利于机械化作业，生产效率高。但要求种子饱满、清洁和发芽率高，不能进行一穴多粒播种。

(2) 磁性播种机。该机是与纸钵育苗配套的机具，一穴内可播数粒种子，有利于选取壮苗。它由播种设备和电气系统两部分组成。它的工作原理是利用磁铁原理而制成的，在种子上附着带磁性的粉末，用磁极吸引，然后再用消磁的方法使被吸上的种子播下。工作时，使用 100W 的交流电，由整流器转成直流电，通过电闸盒通过线圈上，此时，磁极的端部就被磁化，吸引住几粒附着磁性粉末的种子，当电闸闭闸后电流消失，磁性也随即消失，被吸住的种子靠自重下落，播入钵内，播种结束。

播种机磁性具有与纸钵规格相同的数目盒尺寸。用于装种用的盛种盘上盛种孔的配置也与播种机磁极的排列间隙盒数目相一致。播种时选用发芽率高而且饱满种子，把选出的种子和磁性粉末装在一小筒里，并加以摇晃一两分钟即可，未黏附的粉末筛出。每一个纸钵的播种量为 3～4 粒种子，待幼苗长出后从中选优。磁性播种机的播量（即每穴粒数）可以调节，其方法是根据输出功率来控制，输出功率越大，则磁极吸附的种子粒数越多。

(3) 滚筒内充式播种器。滚筒内充式播种器采用滚筒作为播种工作元件的内充式播种器。筒壁有型孔，种子箱与滚筒内部连通，筒内外均有护种板。滚筒回转时，种子从滚筒内部充入型孔，光种的型孔转到一定高度后清种，并在内部护种。当型孔转过一圈到最低位置时，通过外护种板上的漏种孔投种。这种穴播播种器投种高度低，投种后种子水平分速小，成穴性好，但充种性能差、穴较数偏差大、通用性较差。常用于铺膜播种机。如改为内侧充种可提高充种性能，粒数偏差也较小；充种时型孔与种子相对速度小，因而可提高滚筒圆周线速度并相应提高机器前进速度，但使播种器结构更为复杂。

(4) 气力式播种器。气力式穴播播种器常用的气力式播种器有气吸、气吹、气压等型式。这类播种器对种子的大小要求不严，种子破损少，可适应 7～10km/h 的速度作业，都属于单粒播种器。如用于穴播，播有成穴装。只有气吸式播种器，若将吸种盘换成多粒穴播盘，则可直接穴播。用气吸式播种器多粒穴播时，同穴种子落下时间有先后，成穴性较差。穴播播种器的播种量可用穴粒数表示。在播种前应选用合适的型孔盘或吸种盘，使穴粒数符合要求。

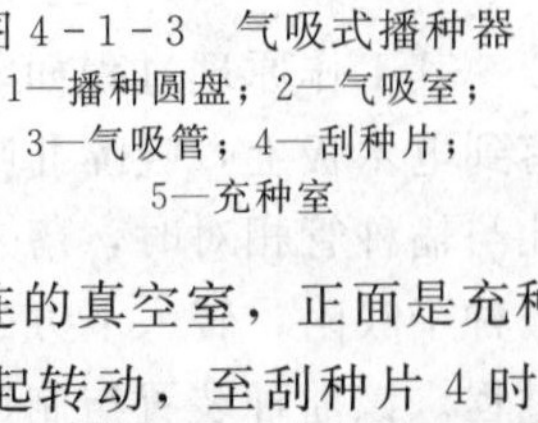

图 4-1-3 气吸式播种器
1—播种圆盘；2—气吸室；
3—气吸管；4—刮种片；
5—充种室

1) 气吸式播种器。气吸式穴播播种器结构如图 4-1-3 所示。

有吸种孔的播种圆盘 1 将吸室 2 和充种室 5 隔开，背面是与风机其吸管 3 相连的真空室，正面是充种室与种子相接触。当圆盘回转时，真空室的负压将种子吸附在吸孔上，随圆盘一起转动，至刮种片 4 时，多余的种子被刮掉，转至圆盘下方卸种位置时，吸力消失，种子靠自重或推种器落入种沟内。该播种器对种子的尺寸和形状要求不严，不必对种子严格按尺寸分级，伤种率小，可提高播种作业速度。但通常需要动力输出轴带动风机产生负压，真空度一般要达到 3.0kPa 左右，风机率消耗大，传动结构较复杂，真空室气密性要求也较高。

2) 气吹式播种器。该播种器结构如图 4-1-4 所示。该种播种器在窝眼轮式播种器的基础上，采用气流清种，使播种质量大大提高。充种区的种子在重力和气流压差作用下，充填到排种轮型孔内。当充种型孔转到清种区时，由风机提供给气嘴的高压气流，将型孔上部多余的种子吹掉，只有一粒种子被压附在型孔里，然后随排钟轮转到护种区，气压消失，到下方卸种区时种子靠重力及推种片的作用排出落入种沟内。

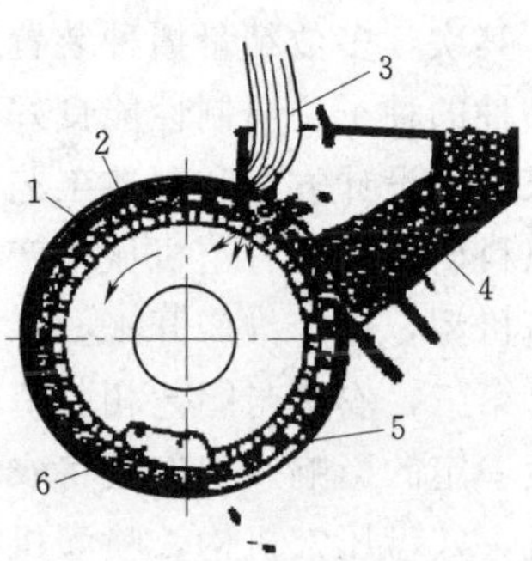

图 4-1-4 气吹式播种器

1—护种板；2—型孔；3—气流吹嘴；4—种子通道；5—型孔轮；6—推种片

该种播种器充种性能好，对种子形状尺寸要求不严，播种过程中种子损伤率很小能在较高速度（8km/h）下播种。但需动力带动分级产生高压气流，吹气压力需根据不同种子进行调节，吹气压力不够，不能清除多余种子；压力较高，会把种子吹走而成空穴，因此分压控制要求较高。另外排种轮制造加工较窝眼轮复杂。

3）气压式播种器。该播种器结构如图 4-1-5 所示。一种是集中式播种系统如图 4-1-5（a）所示，该播种器可同时播 6～8 行作物，播种器是一个内充型的回转播种筒，在筒的内壁有窝眼，底部窝眼的小孔与筒外大气相通，风机的气流由进风管进入播种筒，通过接种漏斗进入气流输种管。由于播种筒是封闭的，筒内气压高于大气压，种子受压差作用而贴附在窝眼内并随排气筒上升，先用清种毛刷刷去压差较小的多余种子，然后由弹性卸种轮堵住窝眼与大气相通的小孔，消除压差，于是种子卸压并在重力作用下掉入各行的接种漏斗内进入气流输种管，被气流输送到各行的种沟内。

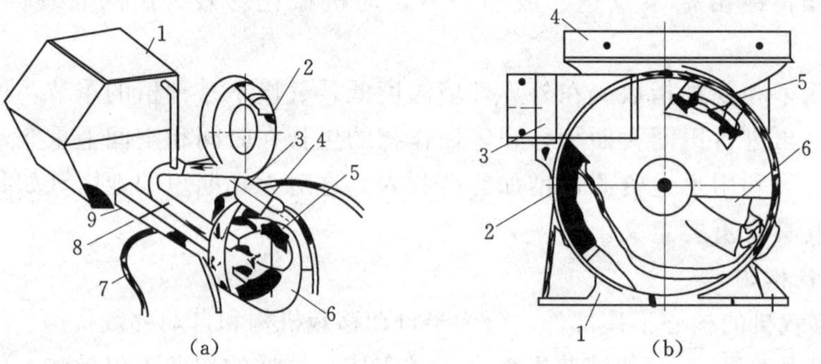

图 4-1-5 气压式播种器

（a）

1—种子箱；2—风机；3—弹性卸种轮；4—接种漏斗；5—清种刷；6—播种筒；7—输种管；8—进风管；9—进种管

（b）

1—御种口；2—护种毛刷；3—进风口；4—接种漏斗；5—清种毛刷；6—进种口

该种播种器结构紧凑，传动简单，通用性好，在充种、清种和卸种工程中种子不受损伤，充种性能好，工作风压一般为（2.2～4.3）kPa，但输种距离较远，株距合格率较低。

另一种是一个播种器只能播一行作物如图 4-1-5（b）所示，充种原理与前一种相同，用毛刷清种，卸种是在下方卸压后靠种子自重卸种，伤种率很低，工作风压大于或等于 1kPa。可降低投种高度，株距合格率较高。

4. 存在的问题与发展趋势

经过多年的发展，我国的设施育苗精量播种装置取得了一定的成果，但是在今后的发展道路上还是有很多问题需要解决的。

首先，播种装置与育苗成套设备一般为独立工作，所以整个流水线的自动化程度较低，劳动强度相对较大。目前，一些具有规模和育苗播种机械的育苗基地多为国家投资的示范性基地，真正投入育苗生产的很少，导致了育苗机械的闲置，不能及时在生产中发现机械的缺点与不足，不能为机械的改进提出指导性意见。这就要求我国加快农业转变的步伐，将示范性基地尽快地投入生产，并新建一些育苗生产基地，拉动育苗机械的市场，促进育苗机械的完善。鼓励分散农户以合作社的形式结合起来，扩大育苗规模，采用机械化播种。

其次，多数精量播种装置对裸种的适应性差，一般一种形式的精量播种机只能播种单一品种或少数几个品种的种子。研制性能良好的育苗机械成了当务之急。首先，我们应该加强国际交流合作，通过向先进国家学习设计方法和制造工艺，并结合我们的国情，提出可靠的设计方案，研制新机型。其次，在国内要加强科研机构和育苗机械生产企业的合作，利用科研机构的科技优势和企业的推广能力，将科研成果转变为新机型，迅速推广开来。

第三，农机与园艺相脱节。主要表现在多数的精量播种机不能播种催芽种子，这对秧苗的生长势必会产生一定的影响。我们要将农机与农艺结合起来，要研制出与播种机械配套的设备，包括穴盘铺土机、覆土机，穴盘压穴机构，喷灌机械，施肥施药等机械，使设施育苗实现机械自动化，达到精准农业的要求。

4.1.2　栽植机械

1. 栽植设备的优点

设施内作物栽培方式一般分为两大类：一类是直播方式，用播种机具或人工将作物种子直接播于土壤中的传统栽植方式：另一种是移栽方式，用机械的方式或人工将在温室中培育的钵苗栽植于田间。

移栽相比于直播方式有以下优点。

(1) 提高保苗率。我国北方地区春季气温低、有风沙、冻害、干旱等自然灾害，提前室外播种保苗率较低。采用温室或工厂化育苗移栽方法，幼苗期改在苗床培育，可以通过控制土壤温度、湿度、光照等幼苗期的生长环境，提高幼苗成活率和生长速度，减少外界不利环境对幼苗的侵害，提高保苗率。

(2) 育苗移栽的作物钵苗根系发达、成熟一致，为机械化移栽、田间管理、收获等环节提供有利条件。

(3) 调高土地利用率和复种指数。在外界环境温度低，气候不易种植的季节，可以在温室内小面积育苗，待外界环境适宜，再进行田间大面积移栽，使作物的生长在时间和空间上重叠，可以有效的缩短作物在大田的生长周期，有效利用土地资源，增加经济收入。这对无霜期短的地区（如我国的东北地区）和一年多茬种植地区，尤其具有重要意义。

2. 常见移栽机移栽机构

移栽机构是蔬菜移栽机的核心工作部件，分为半自动移栽机构和自动移栽机构。半自动移栽机构是由手工实现分苗和取苗（即手工喂苗），种植苗操作由机械完成，这样的作业不仅导致工作效率低，且漏苗、缺苗率增加；而自动移栽机构从分苗、取苗到种植苗操作都是由机械自动完成，工作效率较高。从工作过程上看，国外发达国家所普遍采用的钵苗栽植机械大都是人工喂苗的半自动栽植机械。栽植机械的持苗及植苗机构主要有钳夹式（圆盘钳夹式和链条钳夹式）、导苗管式（导管推落苗式、导管指带落苗式和导管直落苗式）、吊篮式及挠性圆盘式等。栽植机构型式不同，工作性能也具有差异，所以适合栽植的作物也有区别。

(1) 钳夹式栽植机。钳夹式栽植机根据带动钳夹运动构件的不同可分为圆盘夹式和链夹式。图 4-1-6 (a) 和图 4-1-6 (b) 分别是链夹式和圆盘夹式栽植器的结构示意图。栽植器主要有输送链条（或回转圆盘）和固定其上的秧夹组成。工作时，一般由人工或取苗装置将钵苗放在转动的钳夹上，钵苗被夹持并

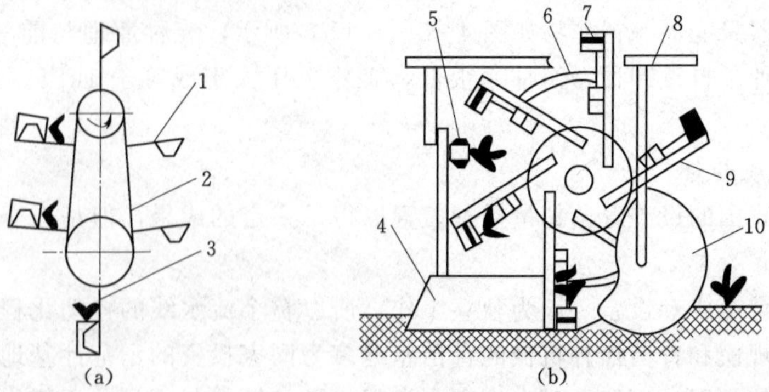

图 4-1-6　钳夹式栽植机

(a) 链夹式栽植器工作原理图；(b) 圆盘夹式栽植器工作原理图

1—秧夹组合；2—链条；3—钵苗；4—开沟器；5—横向输送带；6—滑道；7—秧夹组合；8—机架；9—移植圆盘；10—覆土器

随链条（或栽植盘）运动，到达苗沟时，钳夹被一控制导轨打开，钵苗落入苗沟，然后覆土，完成栽植过程。钳夹式栽植器具有结构简单，成本低，栽植株距和栽植深度稳定，栽植后钵苗的直立度较好等优点，但株距调整困难，一般通过改变秧夹的数量来改变株距，栽植效率低，一般为 30～40 株/min，栽植速度偏高时容易出现漏苗现象，秧夹有时易伤钵苗。主要机型有意大利切克基·马格利公司（Chedchi & Magli）生产的奥特玛（OTMA）栽植机和荷兰米启根公司（Michigan）生产的 MT 栽植机。

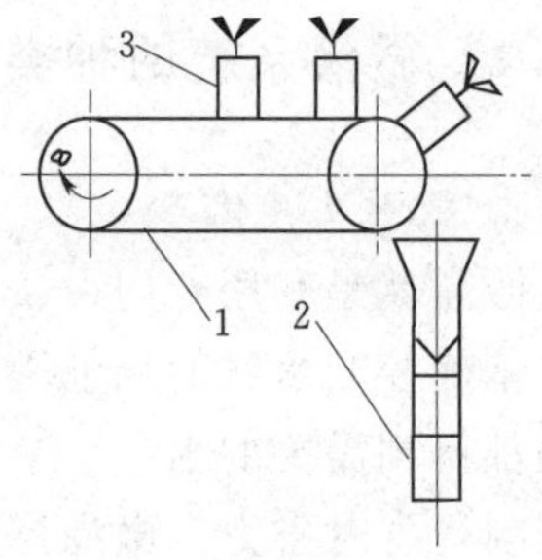

图 4-1-7 导苗管式栽植器工作原理图

1—输送带；2—导苗管；3—钵苗

(2) 导苗管式钵苗栽植机。导苗管式钵苗栽植机是一种较新型的钵苗栽植机械，其上有一个垂直或倾斜地将钵苗送入开沟器的导苗管（见图 4-1-7）。根据钵苗沿管进入苗沟形式的不同，这种栽植机又分为推落苗式、指带落苗式和直落苗式三种。这三种机型的典型代表依次为：荷兰米启根公司（Mchigan）生产的 Model 4000 型栽植机、芬兰劳尼思公司（Lannen）生产的 RT-2 型栽相机和意大利切克基·马格利公司（Chechi&Magli）生产的 TEX2 型栽植机。其特点是适应性较广、不伤秧苗，与钳夹式钵苗栽植机相比具有较高的作业速度且生产率较高，栽核速率一般为 60～70 株/min，机构相对复杂一些，制造成本也偏高。

(3) 吊篮式钵苗栽植机。吊篮式钵苗栽植机是一种适合于钵体尺寸较大的钵苗栽植机械。这种栽植机械尤其适合于地膜覆盖后的打孔栽植作业。工作时，人工将钵苗放入旋转到最高位置的吊杯内，当吊杯转到最低位置附近时，在滚轮轨道控制下，吊篮打开，钵苗落入苗沟内，随后被覆土定植。

目前生产上使用的有意大利切克基·马格利公司（Checchi&Magli）生产的沃夫（Wolf）栽植机和艾德沃思（Edwards）农机厂生产的坡杜（PERDU）栽植机。这种栽植机的优点是钵苗在栽植过程中不受任何冲击，特别适合于根系不太发达而且易碎的钵苗；缺点是结构相对复杂，喂苗速度不能过高，否则漏栽率增加，生产率不高。

(4) 圆盘式栽植器。挠性圆盘式栽植器是使用较早、结构比较简单的栽植器，它利用两片可以弹性变形的挠性圆盘来实现夹秧、送秧，并在圆盘间隙变大处松脱钵苗完成定植工作（见图 4-1-8）。栽植时，用人工（或输送带）将钵苗对准圆盘的中心放置在圆盘的张开处，镇压轮通过传动机构带动圆盘转动，当圆盘转到聚点位置时，便将钵苗夹紧并带至圆盘间隙较大处，钵苗落入沟中，此时镇压轮及时覆土镇压，完成栽植过程。

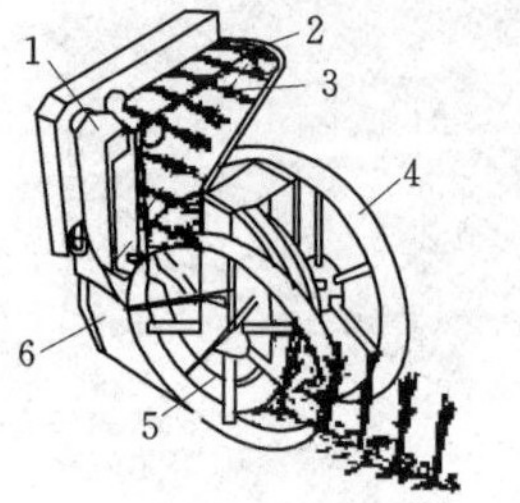

图 4-1-8 圆盘式栽植器工作原理

1—垂直输送带；2—供苗输送带；3—秧苗；4—覆土轮镇压；5—挠盘式栽植器；6—开沟器

栽植株距可用人工控制，也可在圆盘外部位置安装指示器，通过调节指示器的个数或调换链轮来调节株距。由于不受秧夹数量的限制，它对株距的适应性较好，在小株距移栽方面具有良好的推广前景，此种栽植器也可用于栽植无土大苗。圆盘一般有橡胶材料或弹簧钢制作，结构简单，成本低；其缺点是会产生较大的株距变异，同时栽植深度不稳定。国外主要机型有德国 PRIMA 公司生产的夹盘式压缩土钵苗栽植机，日本公司研制的 OP290/2100 全自动大葱栽植机，法国的皮卡多尔栽植机。

3. 我国蔬菜移栽机发展方向

(1) 由纸钵苗移栽机向穴盘苗移栽机发展。穴盘苗育苗相对于传统的钵苗移栽具有便于管理，节省空间和提高钵苗成活率等优点。

(2) 移栽机由多种作物移栽向某种或者某几种作物移栽发展。这使作物的移栽质量越来越高。其中日本的洋马、久保田和井关公司研制的栽植机构为鸭嘴式的移栽机得到越来越广泛的应用。鸭嘴式栽植器具有可以进行陇上与膜上栽植的优点，特别是在蔬菜栽植中得到越来越广泛的应用。

(3) 移栽机自动化程度越来越高。喂苗装置和取苗装置工作性能越来越可靠。机器由喂苗、取苗与植苗自动化向机身调节自动化方向发展。

(4) 机具的质量更加可靠。国外的农业机械的生产和制造工艺水平越来越高，农业机具不断地向着标准化、通用化与系列化方向发展。

4.2 灌溉机械设备

4.2.1 微灌系统的种类

1. 微灌及其优点

微灌就是利用专门设备，将有压水流变成细小的水流和水滴，湿润作物根部附近土壤的灌水方式，是一种精确控制水量的局部灌溉方法。根据作物的需水要求，用管道把水送到每一棵植物的根部，使每一棵植物都得到需要的水量，减少了深层渗漏、地面径流和输水损失，并且可通过微灌系统施肥施药，便于自动控制，省时省力。微灌比地面灌溉节水50％～70％，比喷灌省水15％～20％，灌水均匀，适用于所有的地形和土壤，特别适用于干旱缺水地区。

2. 微灌的种类

微灌按所用的设备（主要是灌水器）及出流形式不同，分为：滴灌（地表与地下滴灌）、微喷灌、涌泉灌（小管出流灌）、重力滴灌及渗灌。

（1）滴灌。滴灌是通过安装在毛管上的灌水器将水均匀而又缓慢地滴入作物根区附近土壤中的灌水方式。滴灌不同于传统的将土壤全部表面灌水的地面灌或喷灌，而是只湿润作物根系附近的局部土壤（见图4-2-1）。滴灌适合于设施蔬菜、果树、花卉以及垄向种植的作物，各种土壤条件都适用。采用滴灌灌溉果树，其灌水所湿润土壤面积的湿润比只有15％～30％。滴灌便于实施化学灌溉（灌溉施肥），控制灌溉，在保护地蔬菜采用滴灌技术效果最佳。按出流方式分为固定式地面滴灌、半固定式地面滴灌、膜下滴灌、地下滴灌。

(a) (b) (c)

图4-2-1 温室内滴灌设施

(a) 滴灌带；(b) 大型连栋温室黄瓜滴灌；(c) 日光温室滴灌系统

（2）微喷灌。微喷灌是通过管道系统将有压水送到作物根部附近，用微喷头将灌溉水喷洒在土壤表面进行灌溉的一种新型灌水方法。微喷灌与滴灌一样，也属于局部灌（见图4-2-2）。

(a) (b) (c)

图4-2-2 温室内喷灌设施

(a) 旋转式微喷头；(b) 折射式微喷头；(c) 温室雾微系统

其优缺点与滴灌基本相同，节水增产效果明显，但抗堵塞性能优于滴灌，而耗能又比喷灌低。同时，其还具有降温、除尘、防霜冻、调节田间小气候等作用。灌溉质量受地形影响，工程造价较高，适用于经济作物灌溉。微喷头是微喷灌的关键部件，单个微喷头的流量一般不超过 250ml/h，射程小于 7m。按照结构和工作原理，微喷头可分为射流式、离心式、折射式和缝隙式四种。

(3) 涌泉灌（小管出流灌）。涌泉灌是微灌形式的一种，属小管出流灌溉方式。采用流量调节器控制塑料三通小管替代微灌多滴头出水孔，形成一套以 $\phi 4$ 小管出流为主体的微灌系统。涌泉灌是以细流局部湿润作物附近土壤，均匀度较高，灌水器流量为 30～60L/h。涌泉灌主要用于大田作物栽培，对于设施内果树通常在围绕树干修一渗水小沟，以分散水流，均匀湿润果树周围土壤。

(4) 渗灌。渗灌属地下暗管灌溉，是利用一种特殊的渗水毛管埋入地下 30～40mm，压力水通过管壁上的毛细孔，以渗流的形式湿润周围土壤（见图 4-2-3）。渗灌系统全部采用管道输水，灌溉水是通过渗灌管直接供给作物根部，地表及作物叶面均保持干燥，作物棵间蒸发减至最小，计划湿润层土壤含水率均低于饱和含水率。因此，渗灌技术水的利用率是目前所有灌溉技术中最高的。渗灌与滴灌的区别在于出水点分散，无规律，孔管大小不一。工作压力低，一般为 10～50kPa（1～5m 水头），出流量每米管长为 2～5L/h。

渗灌国内外早已出现，但至今没有大面积推广使用。其原因是渗灌在使用中除砂粒等物理性堵塞外，还有因水中溶解盐析出后凝积在管壁中的化学性堵塞，以及细菌类的生物性堵塞。上述原因造成的堵塞会使渗水管的渗水性能不断降低直至失效。其次是渗水管的埋深、间距和渗水强度都随管道材质、土壤质地、作物、地下水埋深等因素有关，该方面的研究尚不完善。加之其投资较大，一般为喷灌的 4 倍，检查、维修也比较麻烦。

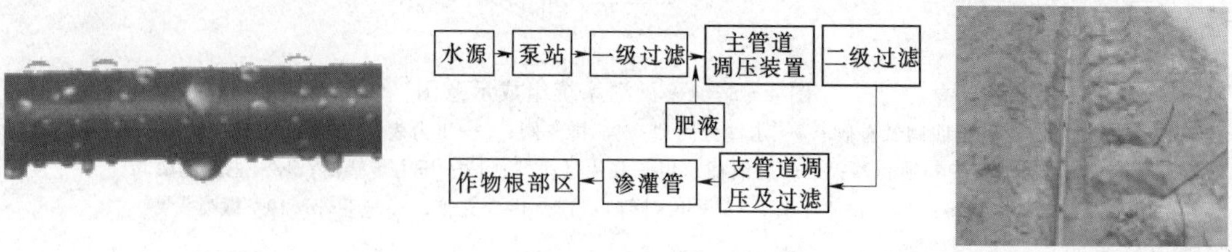

(a) (b) (c)

图 4-2-3 渗灌系统

(a) 渗灌管；(b) 管线流程图；(c) 埋设渗灌管

3. 微灌技术的发展

(1) 与生物技术相结合的作物调控灌溉技术。作物调控灌溉的基本思想是在作物生长发育的某些时期施加一定的水分胁迫，即可影响光合产物向不同组织器官分配倾斜，从而提高产出量。基于上述思路，从作物生理角度出发，在一定时期内主动施加一定程度有益的亏水度，使作物经历有益的亏水锻炼，改善品质，控制上部旺长，实现矮化密植，达到节水增产的目的。

(2) 应用 3S 技术的精细灌溉技术。精细灌溉是精细农业的一个组成部分。精细农业代表着 20 世纪 90 年代农业生产的最高水平，是信息和人工智能高新技术相结合在大农业中的应用，其主要内容是运用全球卫星定位系统（GPS）、地理信息系统（GIS）、遥感技术（RS）和计算机控制系统，实时获取农田小区作物生长实际需求的信息，通过信息处理与分析，基于小区农作条件的空间差异性，采取有效的调控措施，最大限度地优化组合各项农业投入，对作物实施定位按需变量投入和精细管理，以获得最高产量和最大的经济效益，同时保护自然资源的利用率和土地的产出率。

(3) 智能化节水灌溉装备技术。把生物学、自动控制、微电子、人工智能、信息科学等高新技术集成于节水灌溉机械与设备，实时地检测土壤和作物的水分，按照作物不同的需水要求来实施变量施水，达到最优的节水增产效果。

4.2.2 微灌系统的分类与组成

1. 微灌系统的分类

因组成微灌系统的灌水器不同，相应的分为滴灌系统、微喷灌系统、小管出流系统，以及渗灌系统等。根据配水管道在灌水季节中是否移动，每一类微灌系统又可分为固定式、半固定式和移动式。固定式微灌系统的各个组成部分在整个灌水季节都是固定不动的，干管、支管一般埋在地下。根据条件，毛管有的埋在地下，有的放在地表或悬挂在离地面一定高度的支架上。固定式微灌系统常用于经济价值较高的经济作物。半固定式微灌系统的首部枢纽及干、支管是固定的，毛管连同其上的灌水器是可以移动的。根据设计要求，一条毛管可以在多个位置工作。移动式微灌系统各组成部分都可移动，在灌溉周期内按计划移动安装在灌区内不同的位置进行灌溉。移动式微灌系统提高了微灌设备的利用率，降低了单位面积微灌的投资，但操作管理比较麻烦，适合在经济条件较差的地区使用。

2. 微灌系统的组成

微灌系统由有压水源、首部过滤器、干支线输水管网、田间施肥或控制装置和灌水器等组成，如图4-2-4所示。

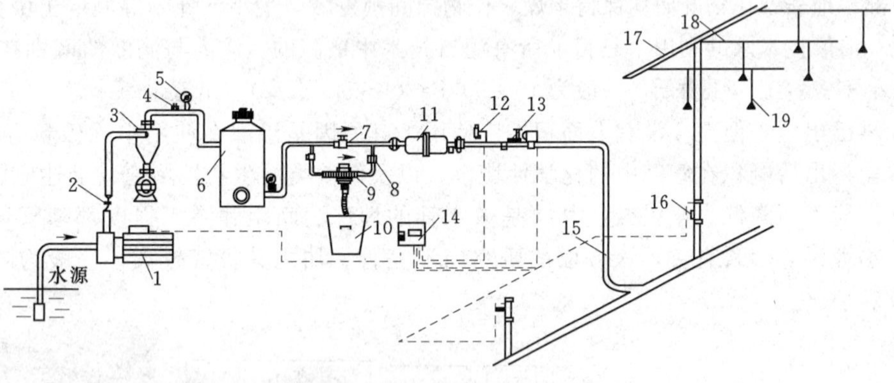

图4-2-4 微灌系统组成示意图

1—水泵及动力机；2—止回阀及总阀；3—水沙分离器；4—排气阀；5—压力表；6—介质过滤器；7—施肥控制阀；8—施肥开关；9—施肥器；10—肥液桶；11—叠片过滤器；12—压力传感器；13—主控电磁阀；14—控制箱；15—供水干管；16—分区阀门；17—供水支管；18—毛管；19—微喷头

(1) 有压水源。有压水源包括水源、水泵、压力罐等部分，它的作用是向系统提供设计要求的压力和水量。

(2) 首部过滤器。首部过滤器主要由离心过滤器和网式过滤器两部分组成。其作用是过滤灌溉水中含有的少量堵塞管中滴头的各种污物，保证系统安全运行。

(3) 干支线输水管网。其主要由干管、支管和各种管件及必要的流量、压力调节装置组成。干支线由不同规格的PE或PVC塑料管组成，每种规格的管材都配有相应的接头、三通、弯头及旁通等连接件，其作用是把水或化肥溶液输送到田间。

(4) 田间施肥或控制装置。其主要由施肥专用阀、施肥罐和田间过滤器及快速连接装置等组成，施肥罐必须装过滤器，以免未溶解的化肥渣填塞微灌系统。

(5) 灌水器。其作用是将管道中的水按作物的要求分配到作物的根部土壤中，不同的灌溉方法使用不同的灌溉器，滴灌的灌水器是滴头，微喷灌的灌水器是喷头，渗灌的灌水器是涌灌管。灌水器是完成灌水任务中最末级最关键的设备，被称为微灌系统的心脏。

1) 滴头。其作用是将到达毛管的水流消能后，以稳定的速度一滴一滴地滴入土壤。滴头的形式与种类很多，结构和原理也不尽相同，常用的滴头有：微管式滴头、管式滴头、孔口滴头及压力补偿滴头等。

2) 微喷头。微喷头是喷头的一种，它具有体积小、压力低、射程短、雾化好的特点。其作用是将有压的集中水流喷射到空中，在落洒过程中使水流变成细小的水滴后，落在作物或土壤表面。主要形式有全圆喷洒、扇形喷洒、射流式、离心式，以及折射式等。

3) 渗头。渗头包括多孔渗管及海绵渗头。多孔渗管的管壁上有均匀的透气孔，工作时类似人类的皮肤发汗，灌溉水沿着管壁微孔渗出。海绵渗头是一个普通滴头，用海绵状的物体包裹，然后将水滴在海绵体上，再通用海绵体将水渗入土壤。

4.2.3 微灌系统的田间布置

1. 温室内的田间布置

若温室较短，可以从一端进水，如图4-2-5 (a) 所示。毛管的铺设一般应一行作物铺设一条毛管，当两行作物较近时，也可以在两行中间铺设一条，同时灌溉两行作物。另外对一畦种植多行作物的，应根据情况铺设多条毛管。

若温室较长，应采用从支管中间进水向两侧分布的方案，如图4-2-5（b）所示。这样系统水头损失小，灌水均匀度高。

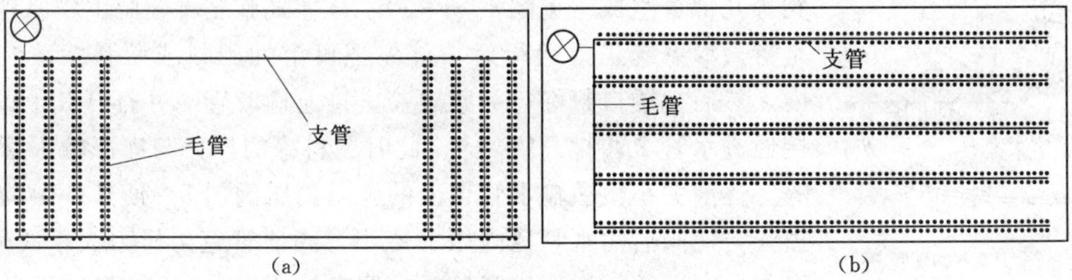

图4-2-5 微灌系统田间布置

（a）温室管网布置；（b）大棚管网布置

2. 管道工程的施工

（1）毛管的铺设。毛管是微灌自压软管灌溉技术措施的核心和使用效果的关键，其长度、管径、出水孔大小及间距间相互影响，又受地形坡度、进水口压力水头的制约。毛管各项技术参数的合理选择已有一些实践经验和研究成果，但还需对其进行深入的研究。毛管在播种时随地膜一起沿作物播种方向铺于膜下，其铺设注意事项如下。

1）毛管应随机自然铺于地面，切勿拉得过紧，以免在与支管连接时因收缩而无法连接。

2）铺设毛管时，应将毛管铺于作物行距中间，使毛管供水两边距离相等。

3）毛管在铺设过程中，如遇换卷，应临时将接头连接，播种结束后，再用一小节地膜管芯套入捆扎连接即可。

4）毛管铺设应平整，不能重叠、扭曲，防止水路堵塞。

（2）支管的铺设。支管铺设是在首次浇水前，根据地形和设计要求，由人工铺设完成，其铺设注意事项如下。

1）在支管铺设时应检查铺设线路上是否有坚硬物，以防损伤管带，应尽量避免人为在管带上踩踏；而且应一边铺设，一边压土，以防管带拉的过紧，产生收缩，造成毛管与作物行距错位和大风将管带刮起。

2）支管应选择地势较高的地面从进水口开始铺设，并留余量，避免因尺寸不够无法与干管或农渠连接。

（3）干管的铺设。干管铺设与支管铺设的方法和要求基本相同，只是干管间距要求不同，根据实践经验干管间距应严格控制在120m以内，一边可控制60m，间距大了影响灌溉质量，间距小了浪费材料。干管铺设时，不需把干管铺到条田的最底边，只需铺设到能够使最末端的支管可以连接上干管即可，即干管的铺设长度是条田的总长减去条田最末端毛管的铺设长度。

（4）管道间的连接。毛管和支管的连接是用塑料连接件，通过专用的工具，人工进行剪切支管小孔、安装毛管接头而得以连接。支管与干管的连接是用五通，通过专用的工具，人工进行剪切干管接口、安装支管五通而得以连接。五通既将支管连接在了干管上，同时其上面的出气孔也平衡了干管中的水头压力，防止了水压过大，而将干管胀破。

4.3 施肥设备

4.3.1 液肥装置

1. 常用液肥装置

液肥装置可以用来向灌溉水溶液中定量注入液态化学肥料、防治土壤病害的化学农药、植物生长调节

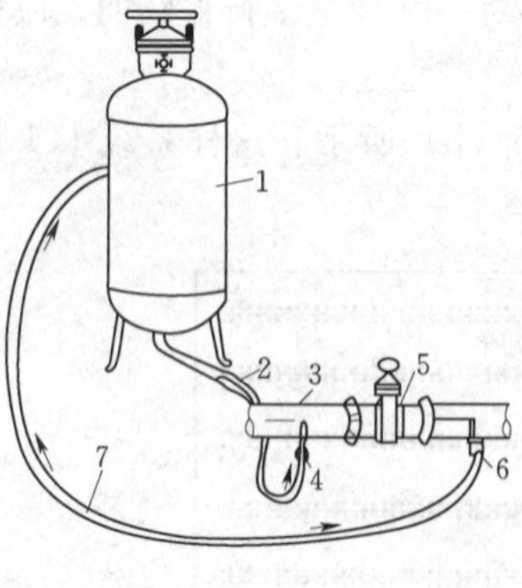

图 4-3-1　压力差式施肥罐
1—储液罐；2—进水管；3—输水管；4—阀门；5—调压阀门；6—供肥管阀门；7—供肥管

剂，以及植物生长所需的多种微量元素。微灌系统中常用的施肥装置有压差式施肥罐、文丘里施肥器、比例自动施肥泵和电动注肥泵（如隔膜泵、活塞泵）等。

(1) 压差式施肥罐。压差式施肥罐由储液罐、进水管、出水管及调压阀等几部分组成（见图 4-3-1）。压差式施肥罐施肥工作原理与操作过程是待微灌系统正常运行后，首先把可溶性肥料或肥料溶液装入储液罐 1 内，然后把罐口封好，关紧罐盖。接通输液管 7 并打开其上的阀门 6，再接通进水管 2 并打开阀门 4，此时肥料罐的压力与灌溉输水管道的压力相等。逐渐关小微灌输水管道上的施肥调压阀门 5，使其产生局部阻力水头损失，使阀后输水管道内压力变小，阀前管道内压力大于阀后管道压力，形成一定压差（根据施肥量要求调整该阀），使罐中肥料通过输肥管进入阀后输水管道中，又造成化肥罐压力降低，因而阀前管道中的灌溉水即由供水管 2 进入化肥罐内，而罐中肥料溶液又通过输液管进入微灌管网及所控制的每个灌水器，如此循环运行，化肥罐内肥料浓度降至接近零时，即需重新添加肥料或肥溶液，继续施肥。

压差式施肥罐的优点是加工制造简单，成本较低，不需外加动力设备。缺点是溶液浓度变化大，无法实时控制。罐体容积有限，添加肥料次数频繁且较麻烦，输水管道因设有调压阀而调压造成一定的水头损失。

(2) 文丘里施肥器。文丘里注肥器是用文丘里和施肥罐相连，并把化学物质注入到灌溉系统的干管中。水流经文丘里时产生一吸力，可以把化学物质吸到管道中来。文丘里施肥器主要适用于小型灌溉系统向管道中注入肥料或农药。如图 4-3-2 所示，文丘里注肥器与储液桶配套组成一套施肥装置，利用文丘里管或者射流器产生的局部负压，将液态的肥料吸入灌溉管路中。该种注肥方式的优点是：在灌溉水流压力及流量稳定的情况下，肥液浓度稳定不变，施肥质量好，效率高。通过控制肥料原液流量与灌溉水的流量比值，可严格控制混合比。多应用于要求实现灌溉液 EC、pH 值实时自动控制的施肥灌溉系统中。文丘里施肥器的缺点是：如果直接装在骨干管道上注入肥料，则水头损失较大，这个缺点可以通过在管路中并联一个文丘里器来克服。

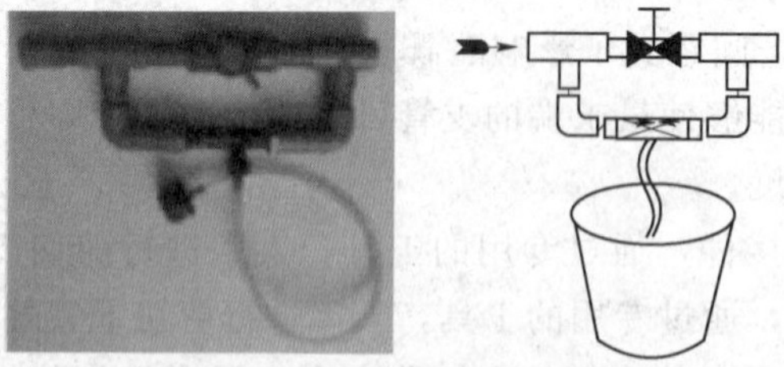

图 4-3-2　文丘里施肥器

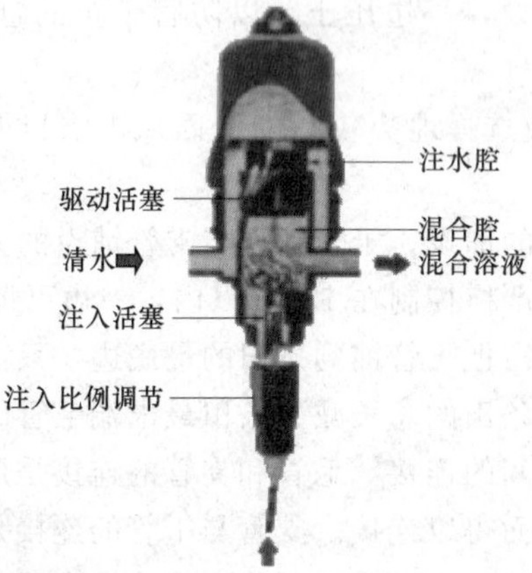

图 4-3-3　水源驱动活塞式注肥装置

(3) 水源驱动活塞式注肥装置。该种装置的结构及工作原理如图 4-3-3 所示。该种注肥方式目前在国内获得广泛的应用。其工作原理是：利用灌溉管路的水压力，推动驱动活塞向上运动，驱动活塞向上运动的同时也拉动注入活塞向上运动，注入活塞向上运动使肥料液因大气与注肥腔之间的压差而进入注肥腔内，当驱动活塞到达最上端时，灌溉水从注水腔流入混合腔，两活塞均向下运动，注肥腔内的压力增大，其与混合腔就存在着压差，于是肥料注入混合腔内；各工作水流通道均为单向；灌溉水和肥料液两股冲击液体进入混合腔后碰撞在一起形成湍流使两者迅速充分地混合均匀。其优点是：在施肥作业时事先设定好肥水比，不管注入的灌溉水的压力及流量如何变化，其混合的肥水比例都将是恒定的。另外，系统也可将多个注肥器串联使用，可以实现不同肥料的均匀注入。缺点是：购置成本高，对有些腐蚀性强的肥料会造成注肥器的损坏，另外其维护使用必须认真。

(4) 组合式自动灌溉施肥系统。如图 4-3-4 所示。该种注肥方式能够按照用户设置的灌溉施肥程序和 EC/pH 实时监控，通过预先编制好的程序和根据反映作物需水和肥的某些参数，自动地通过系统上的一套肥料泵准确适时地把肥料养分直接注入灌溉管道中，连同灌溉水一起适时适量地施给作物。该系统的优点是：灌溉水和肥料预先在水桶中混合，混合后的水溶液通过加压泵加压到灌溉管路中，从而实现整个系统的施肥灌溉。因为在系统的灌溉管路中安装有 EC 及 pH 测定传感器，实时测定灌溉溶液的 EC 和 pH 值，从而系统可以实时调整灌溉溶液所需的各种肥料的配比，从而实现整个系统的优化灌溉。系统可以很方便地安装在已有的灌溉管路中，另外施用的不同肥料可以放在不同的肥料容器中，系统可以一次将所需的不同肥料按照预先设定的比例注入到灌溉水流中。另外，系统安装的控制计算机可以按照用户设定的程序完成不同时段的施肥灌溉作业。该系统的最大缺点是购置成本高，适合于较大面积的分区灌溉施肥作业。

图 4-3-4　组合式自动灌溉施肥系统

(5) 水肥一体化技术。水肥一体化技术是指借助压力灌溉系统，将可溶性固体肥料或液体肥料配成肥液与灌溉水一起，均匀、准确地输送到作物根部土壤的技术。其灌溉、施肥一次完成，并可按照作物生长需求，进行全生育期需求设计，把水分和养分定量、定时，按比例直接提供给作物。节水量 3482～4737m^3/hm^2，节肥率 19.4%～39.0%，节药率 48.3%，生态、社会效益显著。温室水肥一体化技术路线如图 4-3-5 所示。

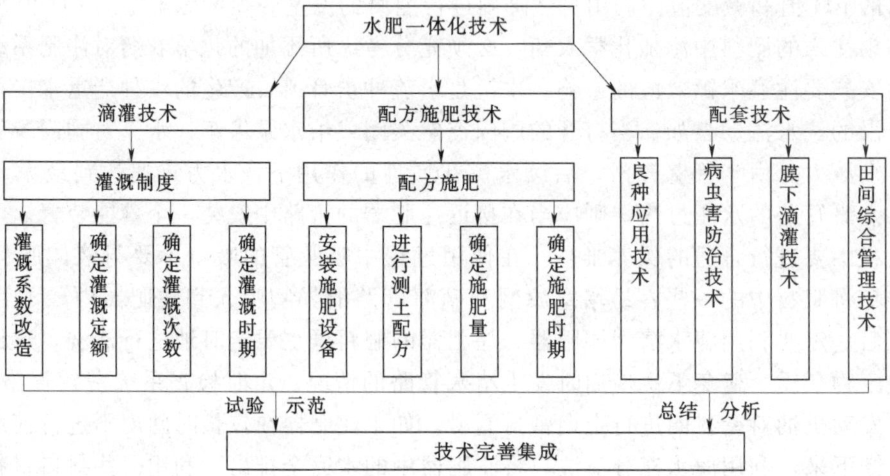

图 4-3-5　温室水肥一体化技术路线

2. 温室施（注）肥器的选择方法

温室施肥器的选择首先是考虑经济性。需要依据灌溉施肥作业的面积而确定，对于单独农户的一些小型的温室，温室灌溉管路连接简单，施用的肥料是颗粒状的可溶肥料，选择差压式的施肥系统即可。而对于使用液态微肥和土壤消毒类的化学农药采取滴灌的方式注入则宜选用文丘里施肥器，利用该种施入方式可以实现肥料的准确注入，同时也可减少肥料的浪费和农药在注入过程中通过不同容器的转移造成的污染。对于规模化成片不同农户单独经营的温室，可以使用水源驱动活塞式注肥装置。而对于连栋大型温室的施肥作业则可以选择安装组合式自动灌溉施肥系统，利用这种施肥方式可以实现分区分时的程序化控制注肥作业。

另外，注肥器的选择也要考虑设施温室种植作物的品种和施入肥料的种类，考虑潜在的注肥需求，这样可以明显提高整个系统的工作效率和经济效益。肥料注入系统的水流量也是注肥器选择需要考虑的问题，通常将水的流量分成三类，流量为0.2～48L/min通常称为小流量，流量48～160L/min为中等流量，而流量大于160L/min则为大流量灌溉。水流量的检测比较简单的方法是当用户安装有水表的情况下，用户只需计算在单位时间内流过的水量即可得到系统的供水流量值。

选择注肥器时注肥比率也是用户需要考虑的问题，国际上注肥比率通常分成五个范围，1∶4000～1∶250（即0.025%～0.4%）属于很低；1∶500～1∶100（即0.2%～1%）属于低；1∶200～1∶100（即0.5%～1%）属于中等；1∶100～1∶20（即1%～5%）属于高；1∶50～1∶10（即2%～10%）则属于超高。低的注肥浓度则意味着只有少量的液体注入到灌溉水路中，当肥料的注入比率大于1∶200时，则肥料和水则不能够实现很好的混合，肥料注入土壤后极易对作物的叶片造成烧伤，对于温室设施作物通常来讲，肥料的注入比例不要高于1∶200。

3. 温室注肥器使用过程中应注意的问题

（1）必须要注意水及肥料的充分过滤。系统若没有很好的过滤，极易发生注肥管路的堵塞和注肥器的过度磨损。在某种程度上，每个灌溉系统都需要过滤器。过滤器可以有效地去除沙砾和大的有机悬浮颗粒。过滤器的类型主要有沙基质过滤器、网式过滤器、碟片过滤器及水沙分离离心过滤器等。过滤器的选择取决于设计流量。过滤器的类型取决于灌水器出口的大小和灌溉水质。其主要原则是：选择的过滤器能够全部截留直径至少为系统中最小出口直径的1/10的颗粒。网式过滤器只能去除少量的沙子和有机物，当含有大量的藻类时，过滤器很快会被装满。一般来说，网孔越小，拦留的污物就越多，装满的就越快。为了增加过滤器清洗的时间间隔，可并排安排两个或更多的过滤器或选用过滤面积大的过滤器。滤网可以是开槽的PVC、打孔的不锈钢、不锈钢丝网，也可以是合成线网，比如尼龙。有些过滤器必须拆开冲洗，而有些过滤器，比如“Y”形过滤器，可以手动或自动冲洗。有些过滤器，比如尼龙网的，不用拆开就能进行反冲洗。在冲洗过程中颤动的滤网或在反冲洗过程中稍微张大的滤网，去除杂质的效果要比硬网的效果好。温室注肥管路中安装的过滤网一般为140～200目之间。

（2）灌溉水的pH值和碱度值。利用自然降雨进行灌溉的温室必须考虑土壤的pH值及碱度值对注入肥料的影响。如果注入的肥料中添加化学农药，必须充分考虑所添加的化学农药对注肥系统部件的腐蚀性影响。注肥器的安装要注意水锤效应的影响。水锤是水流冲击管道，产生的一种严重水击。由于在水管内部，管内壁是光滑的，水流动自如。当打开的阀门突然关闭或给水泵停车，水流对阀门及管壁，主要是阀门或泵会产生一个压力。由于管壁光滑，后续水流在惯性的作用下，水力迅速达到最大，并产生破坏作用。因此，如果灌溉管路的水压过高，则应当在接近注肥器的管路中安装一个蓄能装置。

（3）使用过程中要进行合适的保养维护。在使用过程中吸肥管的吸口不要与液体肥料容器的底部接触，这样可以避免将肥料中的一些容易堵塞滤网和滴灌管路的异物吸入到注肥器内。不管使用何种注肥器，在注肥结束后一定要利用清水清洗注肥器。注肥器的肥料桶也要定时地进行清洗，这样可以避免在肥料桶内滋生一些废物杂质，避免下次使用时发生堵塞管路的情况。定时检查系统密封管路中的油封装置，利用凡士林或者发动机油对密封圈进行定期密封润滑。如果注肥器在较长时间内不进行使用，则可以将注肥器从管路中拆卸下来，利用净水充分清洗，将注肥器中的水完全排出，利用一些封口材料将注肥器的进出口进行封堵，以防异物进入到注肥器的内部。在一些冬季结冰区域，应当注意注肥器的防冻问题，以防注肥器结冰冻裂。总之，对注肥器的科学合理维护，既可以延长注肥器的使用寿命，同时也可降低注肥器的使用维护成本。

4.3.2　气肥装置

气肥主要是二氧化碳气肥。二氧化碳是作物进行光合作用的主要原料之一，空气中的二氧化碳浓度一般为300mL/m^{3}左右，远远不能满足作物优质高产的需要。露地增施二氧化碳气肥又不切实际，棚室封闭的环境使二氧化碳气体施肥成为可能，同时，也是保护地高产优质栽培所不可缺少的重要措施之一。根据其施用方法，该类设备可分为液化二氧化碳设备、化学反应设备、燃烧增施设备、微生物分解设备等。

1. 液化二氧化碳增施设备

把气态二氧化碳经加压后转变为液态二氧化碳保存在钢瓶内，施肥时打开阀门，用一条带有出气小孔的长塑料软管把汽化的二氧化碳均匀释放进棚室内（见图4-3-6）。钢瓶出气孔压力为1.0～1.2kg/cm^2，每天放气6～12min。二氧化碳一般为酿酒厂、化工厂的副产品，纯度要求在99%以上。

图4-3-6 液化二氧化碳增施设备

2. 化学反应施肥设备

此类施肥设备主要是强酸与碳酸盐进行化学反应，产生碳酸，而碳酸化学性质不稳定，在低温条件下分解为二氧化碳和水。目前推广的主要是用稀硫酸和碳铵反应法。反应式为：

$$2NH_4HCO_3+H_2SO_4(稀)=\!=\!=(NH_4)_2SO_4+2CO_2\uparrow+2H_2O$$

反应产生的二氧化碳可作气肥利用，硫酸铵可作土壤肥料。此法硫酸可以用工业硫酸，碳铵是化肥，成本低廉。其具体用法是：反应容器为小塑料桶、玻璃缸或玻璃瓶。浓硫酸与水按1∶3比例稀释。稀释时将1份浓硫酸缓慢倒入3份水中，并边倒边用塑料棒或玻璃棒充分与水搅拌均匀，切不可把水倒入硫酸，以防硫酸飞溅伤人。每个棚室吊挂7～10个容器，高度为作物的中上部，一般离地1.2m左右。把称量好的稀硫酸倒入容器中，称好的碳铵分7～10份，用塑料袋装好，每个袋上扎上十几个孔洞，各放入盛酸的容器中，让其缓慢反应，反应后残渣无残留硫酸时可将其作肥料施入土壤。该法是通过控制碳铵用量来控制二氧化碳气体浓度。

另外，生产中还有用硫酸与小苏打反应法、石灰石与盐酸反应法。在具体施用时，除以上简易施法外，生产上已有成套二氧化碳气体发生装置销售（见图4-3-7）。该装置是用大容器代替上述小容器，产生出的二氧化碳气体经清水过滤后用带孔的塑料管送入棚室。

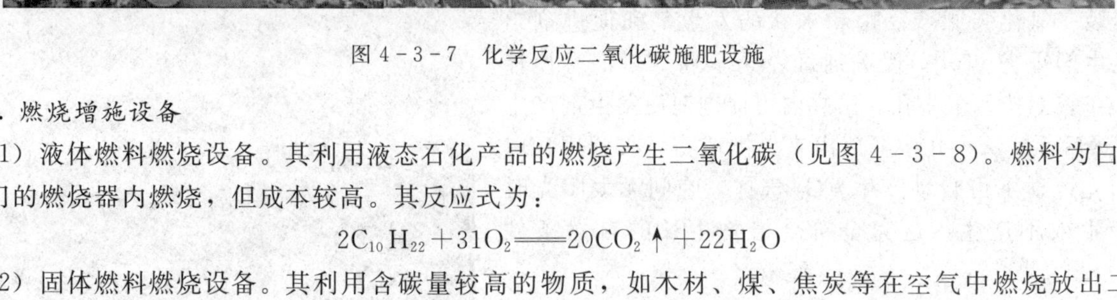

图4-3-7 化学反应二氧化碳施肥设施

3. 燃烧增施设备

(1) 液体燃料燃烧设备。其利用液态石化产品的燃烧产生二氧化碳（见图4-3-8）。燃料为白煤油，在专门的燃烧器内燃烧，但成本较高。其反应式为：

$$2C_{10}H_{22}+31O_2=\!=\!=20CO_2\uparrow+22H_2O$$

(2) 固体燃料燃烧设备。其利用含碳量较高的物质，如木材、煤、焦炭等在空气中燃烧放出二氧化碳。目前已有专门设备用于生产，如一种称为“气肥机”的装置，由燃烧炉、气体过滤装置和气体输送设备组成，燃烧后产生的诸如SO_2、CO、NO_2、H_2S，以及烟雾被很好地除去。高级二氧化碳气肥棒是一种新型的燃烧式气肥，它选用高温干馏木炭为碳源，与催化剂和活化剂充分混合压制成型，再经烘干活化，直接用火点燃后置于棚内即可。

(3) 气体燃烧设备。利用液化石油气、天然气、沼气等燃料燃烧产生二氧化碳。一般将罐装的液化气

图 4-3-8　燃烧增施设备

接入燃烧装置，在棚内点燃后产生二氧化碳，同时还可提供光照和热量。其反应式为：

$$C_3H_8 + 5O_2 = 3CO_2\uparrow + 4H_2O$$

4. 微生物分解增施设备

此类增施设备是利用微生物的分解作用来产生 CO_2。具体的操作方法包括：施用颗粒有机生物气肥，或在棚室内栽培食用菌和增施有机肥产生 CO_2。

在大棚内将作物和食用菌间套作，菌料发酵、食用菌呼吸过程中释放出 CO_2，在一定程度上补给了棚室内 CO_2 浓度。同时间套作提高了光能的利用率，充分利用水分养分，减轻病虫害及其他自然灾害，提高产量与品质，从而提高了经济效益，同时也保护了资源环境。

在大棚里多施有机肥，当土壤温度、湿度、透气性都适合于微生物活动时，有机质便可分解而产生大量的 CO_2。据测定，在施有大量稻草堆肥的苗床里，由于稻草分解所放出的 CO_2，可使床内空气中 CO_2 浓度高达 500ppm，40d 后，床内 CO_2 浓度仍在 2000ppm。可见，多施有机肥在一定时期内对提高大棚内 CO_2 浓度作用是十分明显的。但是在作物生长繁茂，叶面积指数较大的大棚，光合作用对 CO_2 消耗量大，加之大棚处于密闭状态，空气中 CO_2 含量常来不及依靠土壤释放的 CO_2 进行补充。所以，多施有机肥代替人工补施 CO_2 有一定的局限性。

另外，在土壤水、肥、气、热等条件适宜的情况下，利用腐熟好的人或畜粪便、作物秸秆、杂草茎叶等配成适宜比例进行设施内栽培（见图 4-3-9），基质不仅可以产生 CO_2 气肥，还可以增加土壤有机质含量，补充了一定的钾、硅等营养元素，有效的节约了肥料的使用量，同时改良土壤理化性状，增强土壤中有益微生物活性，活化土壤潜在养分，提高土壤肥力。

图 4-3-9　富有机质栽培增施二氧化碳

5. 吊袋二氧化碳施肥设备

袋装二氧化碳肥产品由粉末状的发生剂和促进剂组成，发生剂每袋 110g，促进剂每袋 5g。将二者混合搅拌均匀，在袋上扎几个小孔，吊袋内由促进剂使发生剂产生 CO_2，然后不断从小孔中释放出来，供植物吸收利用。白天在阳光照射下可自动产生 CO_2 气体，晚间无太阳光时则少产生或不产生，这完全符合植物生长的自然条件要求。

图 4-3-10　液化二氧化碳增施设备

吊袋式二氧化碳发生剂操作简单，使用方便。只须将发生剂和促进剂混合均匀，每袋最好烫 4 个双面气体释放孔，然后吊挂在植物的上端 50～170cm 处（见图 4-3-10）。这是因为 CO_2 气体比空气重，这样便于植物的叶面呼吸，使用效果明显。一般将这些吊袋在大棚里排列成之字形。对于叶菜类品种一般在定植缓苗后即可吊挂使用，瓜果类品种在开花前吊挂效果更佳，其他品种在植苗 2～3 周后适时吊挂使用。使用吊袋式二氧化碳发生剂最好采用上口通风，如果使用下口通风易使 CO_2 气体外漏，影响气肥使用效果。二氧化碳气肥使用有效期 30d 左右，CO_2 释放量随着光照和温度的升高释放量加大，温度过低时 CO_2 释放较少。

综上所述，施用二氧化碳的设备大致划分为三类，物理、化学、生物。固体二氧化碳施肥设备利用的是干冰气化来释放的 CO_2，属于物理变化。化学反应设备、有机物燃烧设备、吊袋二氧化碳施肥设备都涉及物质的转变，属于化学变化。施用颗粒有机生物气肥法、土壤化学法、微生物分解法，以及有机物发酵法都需要用到微生物的分解作用，属于生物范畴。

4.4 增温与降温设备

4.4.1 增温设备

在中国北方地区，由于冬季天气寒冷，必须在设施内营造出适合反季节果蔬生长发育的环境温度，克服外界气候因素对作物的影响和制约，才能使作物冬季正常生长，并且缩短生产周期，提高产量和质量。应用科学合理的增温方式与供热设备，可获得适宜的温室温度，减少投资和运行费用，降低种植成本。

1. 温室增温方式与设备

(1) 热水采暖。热水采暖系统由热水锅炉、供热管道及散热器三部分组成（见图 4-4-1）。散热器大多采用法兰连接，质量轻，节省能源，维护工作方便。

图 4-4-1 热水采暖设备

其工作过程为：先用锅炉将水加热，然后用水泵加压，热水通过加热管道供给在温室内均匀安装的散热器，再通过散热器对室内空气进行加温。整个系统为循环系统，冷却后的水重新回到锅炉进行加热，进入下一次循环。系统中的锅炉和供热管道采用目前通用的工业和民建产品。热水采暖使用的散热器有光管散热器、铸铁散热器、铸铁圆翼散热器、热镀锌钢制圆翼散热器，以及高频焊钢制热镀锌翅片管等。其中，热镀锌钢制圆翼散热器和高频焊钢制热镀锌翅片管散热量大，热功性能好，承压高，管道内部光滑，水流阻力小，散热均匀，外观感觉舒适，耐腐蚀，应用较多。热水采暖系统运行可靠，温室内热稳定性好，即使性能系统发生故障，临时停止供暖时，2h 内也不会对作物造成大的影响，是温室最常用的增温方式之一。但系统设备复杂，造价高，一次性投资较大。

另外，热水采暖系统还有一种加温方式，即地中加热。设备与上述不同之处在于，无需安装散热器，而直接将热水管道埋设于地表土壤中，直接对土壤进行加热，然后再通过辐射或传导对室内空气进行加热。地中加热方式直接加热了作物生长的区域，同时土壤还具有较强的蓄热功能，因此，比起散热器来更加节能。地中加热管道一般采用特殊的塑料管材，有时也用钢管。

(2) 热风增温。热风采暖系统由热源、空气换热器、风机和送风管道组成，由热源提供的热量加热空气换热器，用风机强迫温室内的部分空气流过换热器，当空气被加热后进入温室内进行流动，如此不断循环，加热整个温室内的空气（见图 4-4-2）。热风采暖系统的热源多种多样，一般分为燃油、燃气和燃煤三种，也可以是电加热器。热源不同，加热系统的设备和安装方式也各不相同。一般来说，电热方式换热器没有造成空气污染，可以安装在温室内部，直接与风机配合使用；燃油、燃气式加热装置一般也安装在室内，但由于其燃烧后的气体含有大量对作物有害的成分，必须排放在室外；而燃煤热风炉体积往往较大，使用中也不易保持清洁，一般安装在温室外部。热风系统的送气管道由开孔的聚乙烯薄膜或布制成，沿温室长度方向布置，开孔的间距和位置需计算确定，一般情况下，距热源越远处孔距越密。热风采暖系统的优点是：加温时温室内温度分布比较均匀，热惰性小，易于实现温度调节，且整个设备投资较低。其缺点是运行费用和耗电高于热水采暖。热风采暖在塑料温室中较为常见。

图 4-4-2 大棚燃煤专用热风机

(3) 电热采暖。除用电加热热风增温外，也可用电加热直接采暖（见图 4-4-3）。其优点是清洁、方便，但费用较高，只有在试验温室中才有少量使用，生产中应用较少。另一种电加热方式是采用地热线提高地温，主要应用于需热量少、无其他热源的南方地区，而且主要是育苗温室。

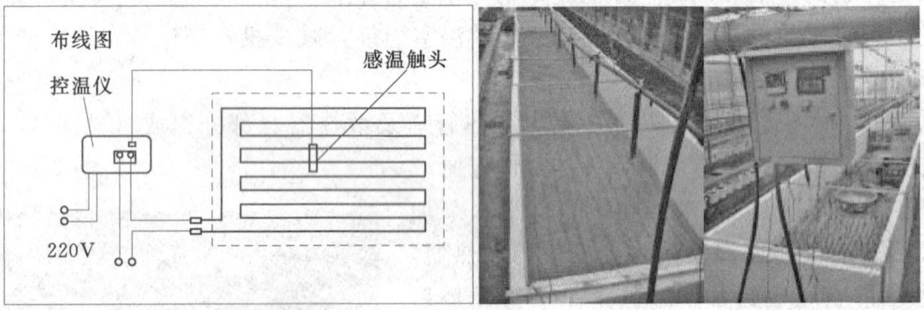

图 4-4-3 电热温床布线图及田间图

(4) 酿热加温。其原理是：利用有机物酿热，微生物分解有机物释放出热量。具有节约能源、制作简单、投资少、成本低、出苗快而整齐等优点。

酿热物填入床坑时，必须全床分布均匀，才能发热一致。同时还要把酿热物踏实，做到全床紧实程度一致。要特别注意四周靠近土壁的地方必须踏实。如果酿热物不踏实，就会发热快、热度高，但发热不均匀、不持久，温湿度差异大，秧苗生长不良，不利于培育壮苗和苗床管理。为做到均匀踏实，可把酿热物分 2～3 次填入床坑。第一层铺平踏实后浇入人畜尿，再铺第二层，待踏实后又浇入人畜尿，再铺第三层并踏实。酿热物填完后，用塑料膜盖严（见图 4-4-4）。夜间可加盖草帘，提高保温效果，促进酿热物发酵生热。5～7d 升到 70℃，30d 后降到 40℃，维持 40～50d；地温较高。

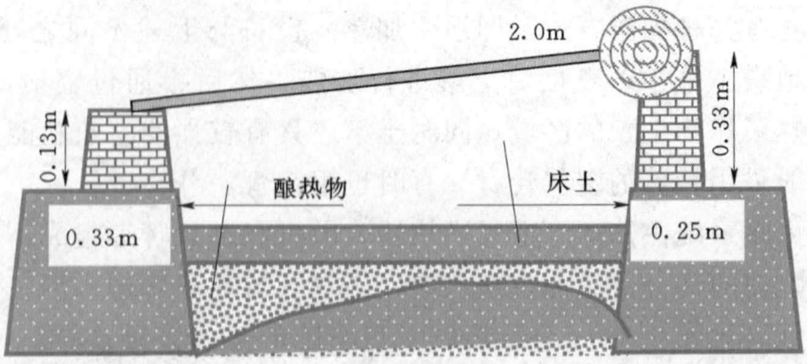

图 4-4-4 半地下式酿热温床示意图

(5) 火道加温。火道加温是一种最简便的采暖方式，投资少，建造方便，是农户经常采用的增温措施（见图 4-4-5）。在采暖效果上，封火后仍有一定的保温性，有辐射加热效果。缺点是预热时间稍长，烧火费劳力，不易控制。注意防风，防止煤气中毒。适宜于大棚短期加温。

(6) 介质传热。介质传热是一种超导传热的高效新技术，以燃煤、燃气、燃柴做热源，可直接用于暖棚、花窖采暖，尤其是用于温室及塑料大棚的增温系统，节能效果较好。

图 4-4-5 火道加温设备

（7）浅层地能在温室中的应用。浅层地温能作为一种新型、可再生的优质清洁能源，广泛存在于地球浅表层（<200m）巨大的恒温带中，其能量主要来源于太阳辐射和地球梯度增温，土壤温度相对恒定，几乎不受环境气候变化的影响。提取地下15～100m深度土壤中蕴含的能量，夏季用于温室降温，冬季用于温室采暖（见图4-4-6）。目前的研究表明，节能幅度可达65%～70%；完全不用燃烧化石燃料，极有推广前景的研究成果。

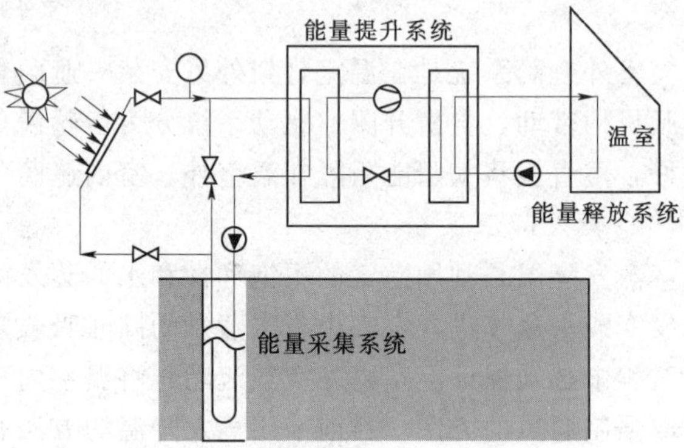

图 4-4-6 温室浅层地能热泵系统

2. 采暖方式和设备的选择

温室采暖费用是决定温室运行成本的重要因素，采暖设备的选用很大程度上影响着温室投资、运行成本和以后的经济效益，因此在温室设计阶段就应该慎重考虑，科学合理地选择。温室采暖设备与温室类型、所处区域关系密切，在设计之初都要进行温室热负荷的计算。根据设计计算所得出的需要供热量进行散热器的布置，同时对热源的容量进行确定。只有根据自己的温室形式和当地气候进行设备的选择，才能最大程度地避免材料浪费。

温室加温设备总的来说可分为热源和加热装置两部分。热源装置又可分为燃油式、燃气式和燃煤式三种。其中燃气式的设备最为简单，造价最低，但气源容易受到限制。燃油式的设备也比较简单，操作方便，可以实现较好的自动化控制，这种设备常用的是一些小型的燃油锅炉和热风炉，但燃油式设备运行费用比较高，要得到相同的热值比燃煤的费用高三倍左右。燃煤式设备费用最高，因为占地面积大，土建费用也往往较高，但设备运行费用在三种设备中是最低的。加热装置包括前面所述热水式和热风式两种，热水式的性能最为稳定，但价格高，热风式的性能一般，造价较低，运行费用高一些。

一般来说，在北方地区，由于冬季加温时间长，采用燃煤热水锅炉较为可靠，但需要较高的一次性投资。南方地区加温时间短，热负荷低，采用热风采暖经济合算。

4.4.2 降温设备

在我国大部分地区，夏季炎热，温度较高。室外温度在30℃以上时，温室内部温度很可能超过40℃。如果仅靠通风，温室内就不能进行正常生产，必须配合采用其他的降温方法来降低室内温度。温室降温方式依其利用的物理条件可分为以：加湿（蒸发）降温法，采用室内喷雾、喷水或设置蒸发器（湿墙、湿帘），通过水分蒸发“消除”太阳辐射热能。遮光法，在屋顶以一定间隔设置遮光被覆盖物，可减少太阳净辐射约50%，室内平均温度约降低2℃。通风换气法，利用换气扇等人工方法进行强制换气，降低温室内空气温度。在生产上应用的温室降温设备主要有以下几种。

1. 遮荫降温设备

利用不透光或透光率低的材料遮阳降温，阻止多余的太阳辐射进入温室，既保证作物正常生长，又能降低温室的温度。由于遮荫材料不同和安装方式的差异，一般可降低温室温度3～10℃。遮荫方法有室内遮荫和室外遮荫（见图 4-4-7）。室内遮荫系统是在温室骨架拉接金属线或塑料网线作的支撑系统，将遮阳网安装在托膜线上。一般采用电动控制或手动控制。

(a) (b)

图 4-4-7 遮荫设备

(a) 室外遮荫；(b) 室内遮荫

室外遮荫系统是在温室骨架外另安装一遮荫骨架，将遮阳网安装在骨架上，遮阳网可以用拉幕机构或卷膜机构带动，自由开闭。驱动系统分为齿轮齿条驱动系统与钢索驱动系统两种。遮阳网室外安装降温效果好，可直接将太阳能阻隔在温室外。室内遮荫冬季时可起到双层幕的保温效果。

2. 蒸发降温设备

蒸发降温是利用空气的不饱和性和水的蒸发潜热来降温。当空气中所含水分没有达到饱和时，水分会蒸发变成水蒸气进入空气中，水蒸发的同时吸收空气中的热量，降低空气的温度，提高空气湿度。蒸发降温过程中必须保证温室内外空气流动，将温室内高温、高湿的气体排出温室，并补充新鲜空气，因此必须采取强制通风的方法。目前采用蒸发降温的方法有湿帘风机降温［见图 4-4-8（a）和图 4-4-8（b）］和喷雾降温［见图 4-4-83（c）］。

(a) (b) (c)

图 4-4-8 蒸发降温

(a) 湿帘；(b) 风机；(c) 喷雾

湿帘风机降温系统由湿帘箱、循环水系统、轴流风机和控制系统四部分组成，湿帘由箱体、湿帘、布水管和集水器组成。目前湿帘采用的材料有：白杨木细刨花、瓦楞纸、聚氯乙烯等。

喷雾降温是直接将水以雾状喷在温室的空中，因为雾粒的直径非常小，只有 10μm，所以可在空气中直接汽化。雾粒汽化时吸收热量，降低温室内空气温度，其降温速度快，蒸发效率高，温度分布均匀，是蒸发降温的最好形式。喷雾降温系统由水过滤装置、高压水泵、高压管道、旋芯式喷头组成。其工作过程是：水经过过滤器过滤，通过水泵加压由管道通到各个喷头，以高速喷出，形成雾粒。旋芯式喷头的主要参数是：喷量 60～100g/min，喷雾锥角大于 70°，雾粒直径小于 10μm。这种降温系统一般是间歇式工作，喷雾 10～30s，停止工作 3min，以便雾粒汽化。喷雾降温时还必须进行强制通风，以便排出高湿气体，否则将降低雾化降温效果。优点是喷雾降温效果好，但整个系统比较复杂，对设备要求较高，造价及运行费用都较高。

3. 屋顶喷淋降温系统

屋面喷水降温是将水均匀地喷洒在玻璃温室的屋面上，来降低温室内空气的温度。将水均匀地喷洒在玻璃温室的屋面上，来降低温室的温度。其原理是：当水在玻璃温室屋面上流动时，水与温室屋面的玻璃换热，吸收屋面玻璃热量，进而将温室内的余热带走；当水在玻璃屋面流动时，会有部分水分蒸发，进一步降低了水的温度，强化了水与玻璃之间的换热。另外，水膜在玻璃屋面上流动，可减少进入温室的日光辐射量，当水膜厚度大于0.2mm时，太阳辐射的能量全部被水膜吸收并带走，这一点相当于遮荫。屋顶喷水系统由水泵、输水管道、喷头组成。

4. 屋面喷白降温

屋面喷白降温是温室特有的降温方法，尤其是玻璃温室。它是在夏天将白色涂料喷在温室的外表面，阻止太阳辐射进入温室内。其遮荫率最高可达85%，可以通过人工喷涂的疏密来调节其遮光率，到冬天再将其清洗掉。屋面喷白降温的优点是：不需要制造支撑系统，因此造价低、施工方便。缺点是：不能调节控制，对作物的生长有影响。

5. 降温方式的组合

一般温室的降温方式不是采用单一方法来实现的，而是采用多种方法组合。如采用室内遮荫与冬季保温的组合；强制通风与蒸发冷却方式的组合；遮荫与湿帘风机降温系统的组合等。

4.5 补光设备

光是光合作用的能量源泉，同时又是控制光周期的一种信息。温室内的光照度除与上述因素有关外，还与温室结构、管理措施及材料的透光性能等密切相关。由于温室覆盖材料、灰尘，以及结构遮光等因素的影响，温室内的光照状况要比露地差得多，一般仅为露地的30%～70%，尤其是在冬季和早春季节，太阳高度角低，日照时间短，温室内光照度往往不能满足作物生长的需求，人工补光成为众多可控环境温室管理的必然选择。

人工补光的目的主要有两个：一是作为光合作用的能源，补充自然光的不足。据研究，当温室内床面上光照日总量小于100W/m^{2}时，或日照时数不足4.5h/d时，就应进行人工补光。二是抑制或促进花芽分化，调节开花期，即满足蔬菜光周期需要为目的。这种补充光照要求的光强较低，称为低强度补光或日长补光。例如草莓等开花期的调节。

目前，温室人工补光主要考虑三个方面要素：一是对光照度的要求。以主要作物光补偿点为依据，番茄、黄瓜、辣椒的光补偿点分别为3000lx、2000lx和1500lx，光饱和点分别为70000lx、55000lx和30000lx，因此，温室补光光照度一般要求在作物冠层达到1000～3000lx。二是对光质的要求。作物的光合作用主要利用400～500nm的蓝紫光、600～700nm的红橙光，以及少量700～800nm的远红外光，温室补光一般根据作物不同，对R/B（红/蓝）和R/FR（红/远红）有特定要求。三是对光周期的要求。自然界昼夜交替、周而复始的现象形成了光周期，作物在漫长的进化过程中适应了这种明暗变化。但是，在冬至前后或连阴天时，光照时间往往不能满足作物生长发育需求，需要人工补光来增加光照时间。近年来，温室人工补光已经成为设施园艺生产的重要手段，各种人工光源也得到了快速发展。如表4-5-1所示为常见人工光源应用。

表4-5-1　人工光源的应用

用途	目的	选用光源
一般园艺设施（光周期与光质调控为主）	菊花、康乃馨等开花期的控制	白炽灯
	防止草莓休眠	白炽灯
	紫苏、薄荷等延长时期	白炽灯
	蘑菇培养	白炽灯
	果树补光（着色等）	荧光灯（白色、近紫外）
日光兼用型植物工厂（光合补光为主）	秋海棠、兰花等补光	高压钠灯、金属卤化物灯、荧光灯
	叶菜、果菜栽培补光	高压钠灯、金属卤化物灯
	育苗补光	高压钠灯
全人工光照植物工厂	叶菜栽培	高压钠灯

续表

用途	目的	选用光源
生物实验研究设施	人工气候箱	高压钠灯+金属卤化物灯、荧光灯（近距照明）
	植物育种、培养研究	金属卤化物灯、金属卤化物灯+高压钠灯
	植物组织培养	荧光灯+白炽灯、氙灯、发光二极管
植物观赏	办公室、门厅等	荧光灯
	商店、住宅等	微波放电灯
	水槽	金属卤化物灯

4.5.1 温室补光常用光源及其特征

1. 人工补光的要求及光源类型

人工补光的光源是电光源，对其要求：①要求有一定的强度（使床面上光强在补偿点以上，饱和点以下）；②要求光照强度具有一定的可调性；③要求有一定的光谱能量分布，可以模拟自然光照，要求具有太阳光的连续光谱，也可以采用类似作物生理辐射的光谱。植物要求人工光源光谱中富含红光和蓝、紫光。④发光效率：光源的发光效率越高，所消耗的电能越少，这对节约能源、减少经济支出都有明显的效益。目前常用的人工光源中，低压钠灯的发光效率最高，高压钠灯、荧光灯次之，白炽灯的发光效率最低；⑤其他因素包括在选择人工光源时还应考虑到光源的寿命、安装维护，以及价格等因素。

目前，常用的温室人工补光光源主要有荧光灯、高压钠灯、低压钠灯、金属卤化物灯、新型节能光源LED等（见表4-5-2）。

表4-5-2 几种人工光源的发光效率及光照强度换算

项目		日光灯	白炽灯	白色荧光灯	金属卤灯	高压钠灯
效率	光效率（lm/W）	(100)	17	70	87	106
	辐射效率（mW/W）	(420)	68	190	270	300
	光量子效率［(μmol/s)/W］	(1.68)	0.34	0.87	1.24	1.48
光照单位转换	klx转换为W/m²（PAR）	4.2	4	2.7	3.1	2.8
	W/m²(PAR)转换为μmol/(m²·s)	4	5	4.6	4.6	5
	klx转换为μmol/(m²·s)	16.8	20	12.4	14.3	14

2. 常见人工光源

(1) 白炽灯。白炽灯可用于温室花卉生产的光合补光及光周期调控，通过调节白炽灯的悬挂高度和安装密度达到调节光照强度的目的。白炽灯平均寿命较短，不到1000h。辐射光谱主要在红外范围，可见光范围比例很小，其发光原理决定了白炽灯发光效率较低，所辐射的大量红外线转化为热能，也会使温室内的温度和植物的体温升高。白炽灯不宜作光合补光，可作光周期补光。

(2) 普通荧光灯。普通荧光灯提供较多的绿光，约为50%，其余部分大多为红、蓝光，又分别约占总光谱的25%，远红色光谱比例很低。荧光灯发光效率较高，寿命长（约12000h），但是功率较小（目前常用有28W和36W两种），满足一定光照度所需灯具多。由于含有很多的绿光，容易造成作物徒长。目前常用于植物组培室的人工光照。

(3) 气体放电灯。气体放电灯是由气体、金属蒸汽或几种气体与金属蒸汽的混合放电而发光的灯。温室生产中常用的气体放电灯有高压水银灯（高压汞灯）、金卤灯和高压钠灯。严格来讲，荧光灯也属于低压气体放电灯的一种。

1) 高压水银灯。又称“高压汞灯”、UV灯。类似于荧光灯，利用高压水银蒸汽放电发光的一种气体放电灯（见图4-5-1）。产生的生理辐射量占总辐射能的85%左右，主要是蓝绿光及少量紫外光，红光很少。发光效率高，平均寿命6000h以上。高压水银灯的不足之处在于需要镇流器高压启动，断电后需完全冷却才能重新启动，不可以频繁启动。

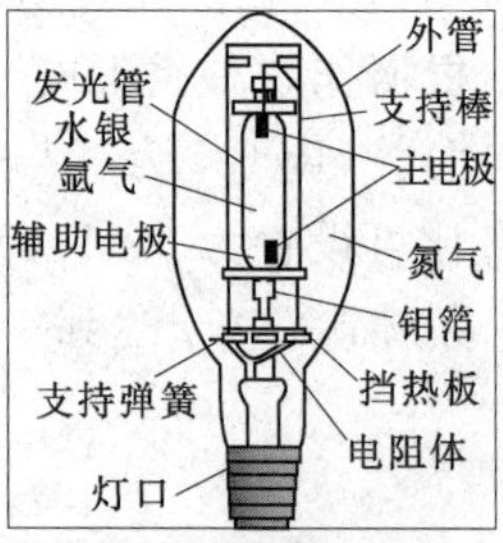

图 4-5-1 高压水银灯结构

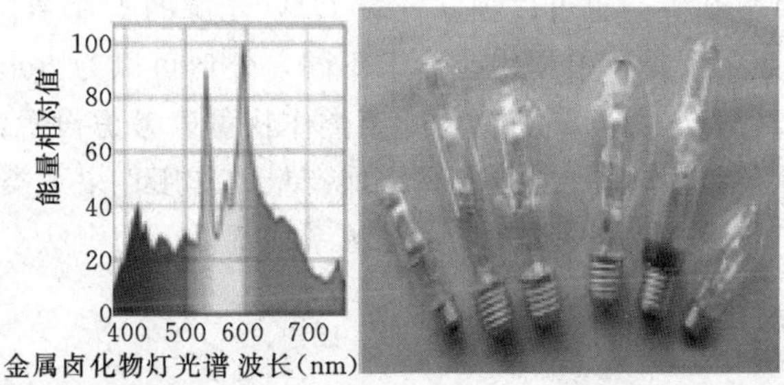

图 4-5-2 金属卤化物灯光谱

2）金卤灯。全称是金属卤化物灯，是在高压水银灯的基础上添加各种金属卤化物而制成的光源（见图 4-5-2）。采用不同类型的金属卤化物，可以制成不同类型的近日光光源，也可通过改变金属卤化物组成呈现不同的光谱，发光效率高于高压汞灯，功率大，寿命长（8000～15000h）。但是灯内的填充物中有汞，当使用的灯破损或失效后抛弃时，都会对环境造成污染。

3）高压钠灯。电流通过高压钠蒸汽时激发产生光的一种光源（见图 4-5-3）。高压钠灯主要产生黄橙光，光谱能量分布大致为：红橙光占 39%～40%，黄绿光占 51%～52%，蓝紫光占 9%。因含有较多的红橙光，补光效率较高。平均寿命可达 20000～24000h。高压钠灯需要配合反光罩或反光板使用，是温室中常用的人工补光光源。不足之处在于，高压钠灯功耗高，发热量大，表面温度高，不宜近距离照射作物，亦不宜频繁启动。

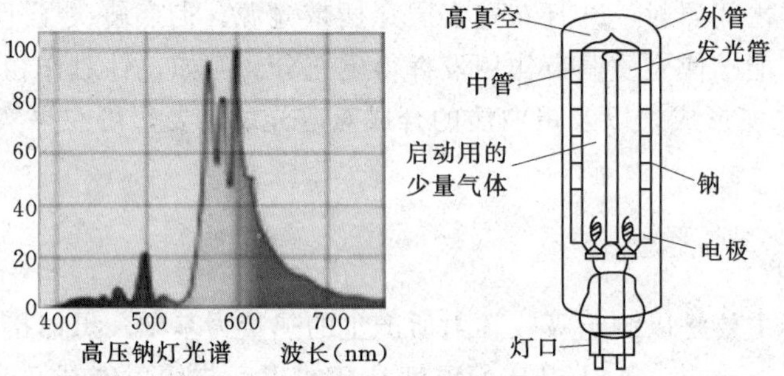

图 4-5-3 高压钠灯结构

4）LED。LED（Light emitting diode，发光二极管）光源是近年来发展起来的新型节能光源。与白炽灯、荧光灯和高压钠灯等人工光源相比，LED 具有显著优点：①直流低压供电。小功率彩色 LED 的正向电压通常为 1.5～2.8V，大功率 LED 的正向电压通常为 3～4V，远小于安全电压。②节能。钠灯和金属卤化物灯是气体放电发光灯，靠加热升温使金属元素蒸气放电而发光。LED 是固体发光光源，不需要加热就能发光，是一种冷光源，因此减少了消耗在加热上的电量。单色光源，发光效率高。LED 可发射单色光，其半波宽大多为±20nm，可以精确地为植物提供所需要的光谱，而不浪费电能发出黄光、绿光等植物不需要的光谱。③体积小、应用灵活。可设计出轻薄短小的灯具，应用空间大。④环保。LED 是固体发光光源，不含汞等有害物质，在安装使用中不会造成污染，其废弃物也可以回收。LED 光源是环保的绿色光源。⑤寿命长。LED 是固体光源，内部不存在松动部分，没有玻璃、灯丝等易损和易烧部件，机械强度大，耐振动，耐冲击，寿命可达 50000h 以上。LED 光源的明显优势已经引起荷兰、日本、美国等国学者的关注，尤其是近年来大功率 LED 的研发成功，为 LED 在温室补光应用奠定了基础。

4.5.2 温室补光 LED 光源类型及结构

常用的 LED 温室补光光源主要有两种形式：一种是垂直照射的点光源式；另一种是穿插于植株之间进行侧面照射的带光源式。目前，LED 光源用于温室人工补光尚处于试验阶段。

1. 点光源式

点光源式是较早得到开发和应用的 LED 温室补光光源，可以根据不同气候条件、不同作物类型，以及生长的不同阶段，调整 LED 补光光源的光照度和光质。其安装方式多为在温室顶部已有骨架基础上加装条状 LED 供电装置，也可以独立安装 LED 光源的支撑结构和供电装置。LED 点光源从供电装置中引出，垂直向下照射植物，根据组装要求不同，外形可以为方形或圆形。根据作物种类不同，红色 LED 点光源和蓝色 LED 点光源间隔布置，叶菜类作物可以考虑设置红蓝光照度比（R/B）为（7～9）：1，因为红光对茎伸长有促进作用，也可起到增加产量的作用；果菜类作物 R/B 比可设置为 5：1～10：1。LED 点光源一般悬挂于植株上方进行补光，光源系统常处于固定状态，高度不易调节，对于达到一定高度的果菜类作物补光较为适宜。

2. 带光源式

带光源式 LED 温室补光系统是在点光源基础上开发起来的光源系统，其显著特征是高度可以调节，可以根据不同作物需求及不同生长阶段进行光源的高度、光照度和光质调节。带式 LED 光源结构相对简单，克服了点光源式 LED 组件多、安装复杂的弊端，夏季不用时还可置于天沟下侧，避免对通风降温及栽培操作的影响；由于高度可以调节，可根据作物大小近距离照射作物，光能损失小，效率高；带式光源还可置于作物冠层下部，形成穿插照射，避免从上部照射时冠层叶片对下部植株的遮挡。

顶置带光源：将 LED 内置于柔性材料中，供电装置置于带光源两端。选用大功率（>1W）LED 芯片的灯珠，单颗排列，红蓝光比例按植物 R/B 的需求不同顺序设置。由于带光源质量较轻，无需支撑结构，从而大大简化了系统结构。

穿插带光源：设计思路不同于上述两种 LED 温室补光光源，其主要特点是：充分利用 LED 发热量小的特点，使光源与植物零距离接触，光损失比顶置带光源还小；充分发挥带光源柔性的特点，布置在作物行间或垄间，甚至缠绕于植物上，最大程度地满足了作物的光合需求。红色 LED 穿插带光源置于植物主要茎秆上，也穿插在植株之间照射，并且布置多层穿插带光源，彻底解决了上层叶片引起的光遮蔽问题。同时，由于零距离照射，能够使光质调节作用发挥得更充分。例如，针对作物节间伸长需要，在作物节间区布置红色 LED；针对果实形成，以及蛋白质的合成对蓝光的需要，可在果实区域酌情增加蓝色 LED。

4.5.3　光照测量仪器

1. 热电堆辐射测量仪

目前测量辐射的仪器主要是以测定吸收辐射所产生的热量为基础。黑体接收辐射后，热量增加，温度上升，而温度升高的程度与辐射能成正比，因此测定辐射实际上是测定黑体表面热量增加的情况（见图4-5-4）。常用的辐射仪有总辐射、散辐射和净辐射测量仪等数种。辐射的表示单位是 W/m^2。

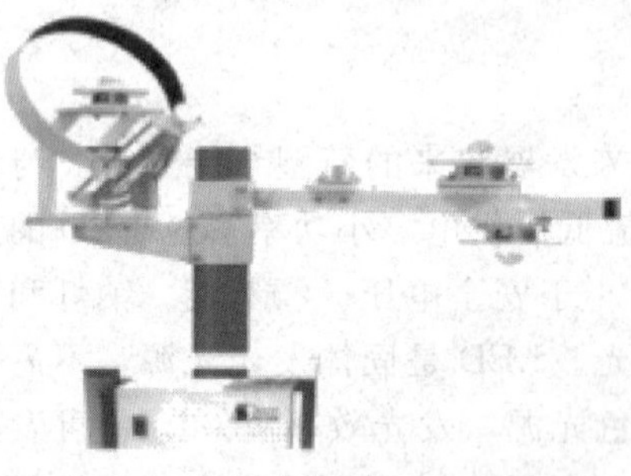

图 4-5-4　热效应式辐射仪结构

总辐射表测量的辐射光谱范围为 300～3000nm，受光面为平面，上面覆盖半球形玻璃罩，接受来自平面以上半球范围内的辐射，为了尽量减少来自玻璃罩的传热，一般将玻璃罩做成双层中空型。按照总辐射表感应面的结构不同，辐射表分为黑白片型和全黑型两种。黑白片型辐射表受光平面为黑白相间的小方块，对应每个小方块接一个测温电极，从而形成两族电极，称为热电堆。由于黑白面吸收辐射量不同，黑白片间将产生温差，测定该温差值，即可相应地获得接受的辐射量。显然，这种仪器热电堆的低温端位于白片下，热端则位于黑片下，而全黑型辐射表热电堆的热端直接接触黑片，冷端则藏在仪器体内。散射辐射的测定也是利用总辐射表。为了能够测到天空半球的散射辐射，仪器应水平安置，然后用固定在金属支杆顶端的圆片遮挡太阳直射光线，使产生的阴影正好落在总辐射表的半圆球罩上。也有采用遮光环的，可以省去随太阳阴影的移动而要经常调节遮光圆片位置的麻烦，但需进行散射辐射测定值的修正，因为遮光环还遮掉了一大部分不应遮的天空。直射辐射的数值，可以用总辐射数值减去散射辐射而获得。但在温室补光设计中一般常用总辐射，而很少独立使用直射辐射和散射辐射。

2. 照度计

照度计是专用于测量光照度的仪表，测量的单位是 lx（见图 4-5-5）。由于光照度在温室光照设计中应用较多，所以照度计是温室光照测量中最常用的一种仪表，由于通用性强，相应地价格也较低。照度计的光敏传感器是光电池，通常使用最多的光电池是硒光电池和硅光电池，它吸收光能后产生电能，进而推动一个小型电流计指示光照的大小。为获得准确的读数，照度计必须对光的颜色和余弦效应进行修正。对光颜色的修正是通过在光电池上加装一个滤光片以使输出与人眼的敏感性相适应；余弦效应的修正是因为硒光电池对垂直入射直线更为敏感。照度计还可用于获取辐射能（可见光＋紫外线＋红外线）的相对数值，并可对同一类型灯的输出进行比较，比如对两个荧光灯的光输出进行比较。但如果不对输出波段进行参数修正，则不能对一个荧光灯和一个白炽灯进行比较。

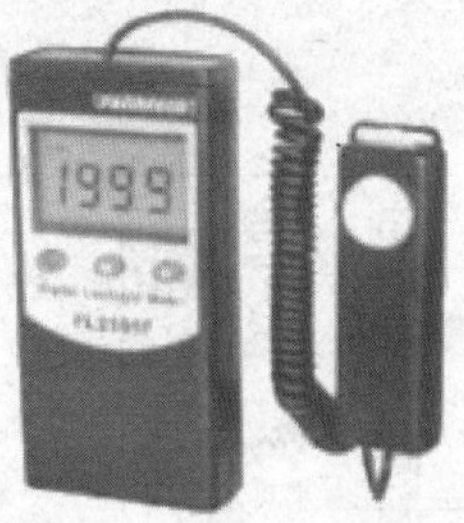

图 4-5-5 照度计

图 4-5-6 光量子仪

3. 光量子仪

光量子仪是专用于测定作物接收光量子数的仪表，如图 4-5-6 所示，其测定的单位是每平方米单位时间内的微爱因斯坦数 $\mu E/(m^2 \cdot s)$。光量子仪主要用于研究作物光合作用，也可以用作测量光合有效辐射（PAR）。光量子仪的光敏元件仍然是硅光电池。根据光电效应及光辐射与电流之间特定的物理关系，通过测定光电池的电流来获得吸收的光辐射量。假设与光合作用相关的辐射能限 400～700nm 的光辐射波段，通过特殊滤光片的处理，按照不同光量子之间所具有能量的比例加以修正，最后将辐射能（400～700nm）换算成光量子数（假设 550nm 光量子能量为 400～700nm 光量子的平均能量）。

4.6 通风设备

4.6.1 园艺设施通风方式

温室内外进行空气交换，即为通风。其目的是排除多余的太阳辐射热，降低过高的室内环境温度，并补充空气中的二氧化碳，控制相对湿度，为作物生长创造良好的环境条件。温室通风促进了室内外环境之间的质热交换。常用的通风方式有自然通风和强制通风。自然通风（Natural ventilation）指利用温室内外温差与风力作用造成室内外空气压差，而进行室内外空气交换的技术措施。这种通风方式基本上不消耗或很少消耗动力能源，但要求有可供利用的风和足够的开窗面积。强制通风（即机械通风 Mechanical ventilation）指利用风机运转造成室内外空气压差的通风措施，包括向室内送气的正压通风和向室外排气的负压通风。

通风降温在温室的设计和使用中，通风和降温总是密不可分的。一般来说，温室通风主要有以下目的：①排除温室内的余热，降低温度；②排除多余水分，降低湿度；③调整室内空气中气体成分，排除有害气体，提高空气中 CO_2 含量。对于夏季，通风的主要目的是为了室内降温，要求具有足够的通风换气量；而对于冬季，通风的主要目的则是为了调整室内空气成分，为了保温节能，依靠冷风渗透换气，维持最低的通风量即可满足换气要求。

在不同的季节，通风的目的也不相同。夏、秋季节通风主要是进行降温，靠通风消除室内余热，在盛夏余热值最大，所需的通风量也最大。冬季通风主要是调节温室的湿度和气体成分，对温室等设施冬季通风的同时也要带走大量的热，为了节约能源，仅维持最低的通风量即可。

4.6.2 自然通风方式

1. 自然通风技术的原理及应用

自然通风是在压差推动下的空气流动。根据压差形成的机理，可以分为风压作用下的自然通风和热压作用下的自然通风。自然通风一般是在温室顶部或侧墙设置窗户，依靠热压或风压进行通风，并可通过调节开窗的幅度来调节通风量。

如图 4-6-1 所示，为风压作用下自然通风的形成过程。当有风从左边吹向建筑时，建筑的迎风面将受到空气的推动作用形成正压区，推动空气从该侧进入建筑；而建筑的背风面，由于受到空气绕流影响形成负压区，吸引建筑内空气从该侧的出口流出，这样就形成了持续不断的空气流，成为风压作用下的自然通风。

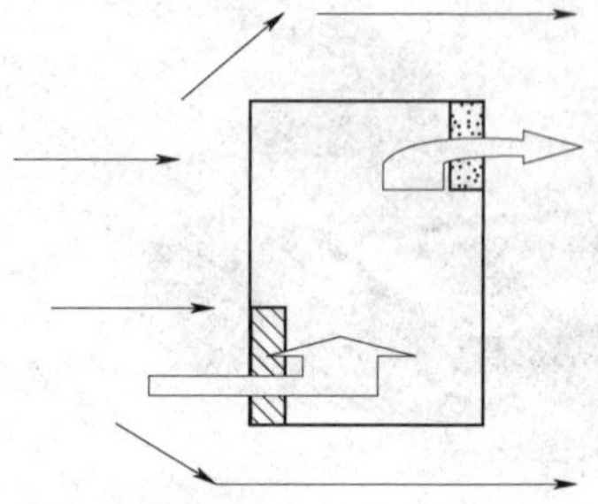

图 4-6-1 风压作用下的自然通风

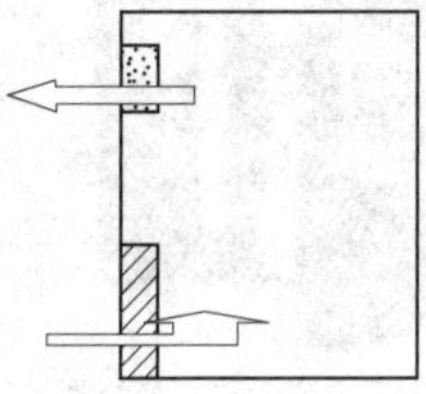

图 4-6-2 热压作用下的自然通风

如图 4-6-2 所示，为热压作用下的自然通风的形成过程。当室内存在热源时，室内空气将被加热，密度降低，并且向上浮动，造成建筑内上部空气压力比建筑外大，导致室内空气向外流动，同时在建筑下部，不断有空气流入，以填补上部流出的空气所让出的空间，这样形成的持续不断的空气流就是热压作用下的自然通风。

2. 自然通风口的设置

根据进出口位置，自然通风可以分为单侧的自然通风和双侧的自然通风。决定自然通风量大小的主要因素一般有：室内外温差、温室通风口高差、通风口面积、通风口孔口阻力及室外风速风向等。室内外温差、室外风速风向一般是不可控制因素，因此，评价温室自然通风的性能主要看通风口的高差和通风口面积。是采用侧墙通风，还是采用屋顶通风，或是采用屋顶与侧墙联合通风，需要根据温室大小、型式及当地具体气候环境来决定。一般情况下，屋顶与侧墙联合通风的通风量是最大的。但对于温室总宽度小于 30m 的温室，侧墙通风在整个温室通风中占有较大的比重。对于大面积的连栋温室，一般屋面通风口面积总和远大于侧墙通风口面积，所以，屋顶通风一般占主导地位。

通风口的设置应符合空气的流动规律，对于屋顶通风口，应尽量设在屋面的最高处，以形成大的高差。对于侧墙通风口，应尽量设在低处，并尽量使侧窗与从晚春到中秋这段季节的主导风向垂直。自然通风性能的一个重要指标是实际通风口面积占温室建筑面积的百分比值。比值越大，通风性能越好。所以一般温室窗户开启角度应尽量大，以加大实际的进风口面积。自然通风因受外界气候影响比较大，降温效果不稳定，一般室内温度比室外温度高 5～10℃。

温室只有设置通风口，自然通风才得以有条件完成。因此，通风口设置的合理与否直接影响温室自然通风的能力和效果，是温室设计中应该重点考虑和关注的设计要素。通风口设置方法、通风口大小和通风口的位置是影响温室自然通风能力的两个主要参数。一般，通风口面积越大，自然通风的能力就越强（但两者并非直线关系，而是近似抛物线关系）；进风口和排风口的位置高差越大，自然通风（主要为热压通风）的强度也就越强（两者近似直线关系）。日光温室自然通风口设置的位置一般在温室后墙中部、前屋面和温室屋脊 3 个部位。有的温室 3 个部位都设置通风口，有的温室则可能仅设置其中 1 个或 2 个通风口。

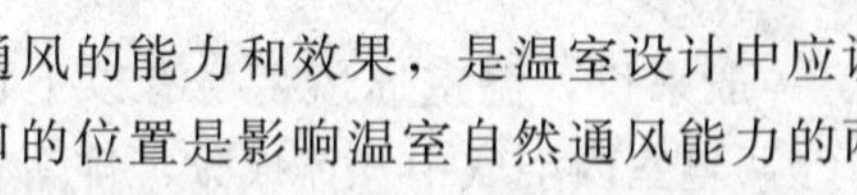

图 4-6-3 后墙通风口

(1) 后墙通风口。后墙通风口一般设置在后墙距离室内地面 1m 高的位置（见图 4-6-3），形状可以是方形或者圆形，间距一般为 3m，每个通风口的面积多在 $0.2m^2$ 左右。

后墙通风口和前屋面通风口在风压通风时可分别形成进风口和出风口，造成温室横向的“穿堂风”，通风强度大，通风效果好，但冬季通风可能因通风强度过大或冷风直接吹袭作物，容易引起作物冻伤。我国北方地区冬季多为西北风，所以，在冬季日光温室通风口基本处于封闭状态，待到春、秋季节温度适宜时才打开使用。此外，后墙通风口和前屋面通风口也可配合屋脊通风进行热压或风压通风。热压通风时两者均为进风口，屋脊通风口为出风口；风压通风时一般迎风面通风面为进风口，其他两个通风口为出风口。

(2) 温室前屋面通风口。温室前屋面通风口可以设置在温室前屋面底部，也可以设置在温室前屋面中部或两个部位都设置（见图4-6-4）。设置在前屋面底部，与屋脊通风口形成的高度差最大，热压通风的能力最强，但由于冷风从底部前脚进入温室会直接吹袭室内栽培作物，所以在寒冷地区或其他地区的寒冷季节基本不采用这种方式。实际生产中如果设置了这种通风口，在使用中一般要求在室内再附加一道防风幕，将室外冷空气导流到温室的中部，避免冷空气直接吹袭作物下部，同时形成通道延迟冷空气进入温室后直接接触作物的时间，并与室内高温空气混合，提高室外冷空气的温度，事实上起到了对室外冷空气加温的作用，可有效避免冷空气直接侵袭作物所造成的伤害。

图4-6-4　温室通风口设置

前屋面中部通风口可有效避免室外冷空气直接侵袭室内作物，而且其开启位置正好在人工操作的直立位置，非常适合人工手动扒缝。但如果中部通风口的位置距离温室前部较远，人工扒缝在室外操作极不方便，需要在室内操作。对以垄栽为主的高大攀蔓作物（如黄瓜、番茄、西瓜及辣椒等）温室，中部人工扒缝室内操作从一垄到下一垄需要蛇形运动，花费的时间和劳作的强度都很大。近年来，随着日光温室装备水平的提高，手动或电动卷膜器的应用越来越多，由于前屋面中部通风比较适合安装卷膜，所以，传统的温室前屋面中部通风口人工扒缝方法逐渐被卷膜方式所替代。

温室前屋面通风口基本都是沿温室的长度方向通长开口，即利用塑料薄膜的搭接位置形成通风口，打开相邻两幅搭接塑料薄膜即可形成局部的或通长的通风口，操作灵活，使用方便。但对于冬季比较寒冷的一些地区，为减少温室的通风量，也有在温室屋面上局部开洞通风（图4-6-3），但这种通风口开启或关闭花费的时间较长，对通风口的密封要求也较高，实际生产中应用较少。

(3) 屋脊通风口。屋脊通风口是日光温室热压通风最基本的通风口，一般沿温室长度通常设置在靠近屋脊的部位（见图4-6-4和图4-6-5）。在没有其他通风口配合的情况下，它能够单独形成进、出风口，进行温室自然通风。日光温室屋脊通风口必不可少。

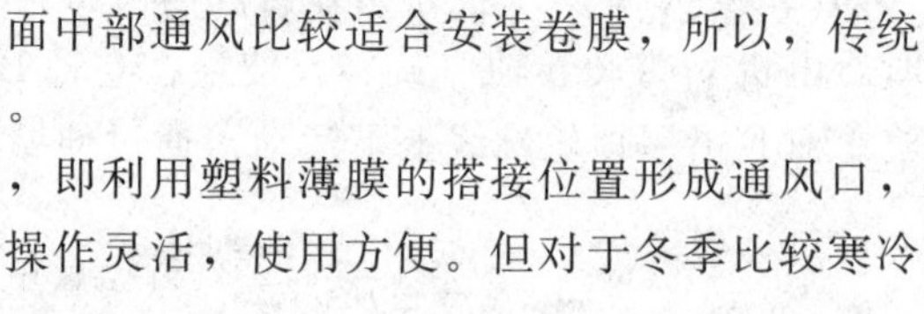

图4-6-5　华南改良型顶开窗塑料大棚

与温室前屋面底部通风口相同，在寒冷地区或其他地区的寒冷季节，只用屋脊通风口通风时，室外冷空气直接“坠入”温室，也会给通风口正下方栽培作物造成冻害，为此可从日光温室的后墙或后屋面向前倾斜向上张挂一幅能够阻挡屋脊通风口冷空气直接吹袭室内作物的塑料薄膜，可有效避免屋脊通风对室内作物的伤害。该膜在遇到室外下雨时，也能有效阻挡室外降雨直接落向室内作物，同时还起到了作物防雨的作用。

和前屋面通风口一样，对于冬季比较寒冷的地区，为减少温室的通风量，屋脊通风口也可以采用屋面开洞或设置屋顶通风帽的方式解决。

对于沿温室长度方向设置的屋面通风口（包括屋脊通风口、前屋面中部和底部通风口），在温室设计中不必专门考虑通风口的设计，只是在温室结构安装完毕前屋面扣膜时，需要根据通风口设置的位置将塑料膜剪裁成不同幅宽，采用搭接铺盖，两幅膜的搭接口即形成温室的通风口。如果只设屋脊通风口，用两幅膜覆盖；如果设屋面通风口则采用三幅膜覆盖。需要注意的是，相邻两幅薄膜搭接时一定要保证位置高处的薄膜压在位置低处的薄膜上，以保证流水顺畅，两膜塔接重叠部分20～30cm。

温室前屋面底部通风口是否开启，主要取决于塑料薄膜在温室前沿塑料薄膜的固定方式，如果不设此通风口，则永久固定；如果设置该通风口，则薄膜边沿应采用活动式安装。

3. 自然通风开、关窗的机械设备

温室所用开、关窗系统主要包括：卷膜开窗系统和齿条开窗系统。如表4-6-1所示，为不同自然通风系统比较情况。

表4-6-1 不同自然通风系统比较

系统	适用范围	性能
手动卷膜系统	薄膜温室	手动
电动卷膜系统	薄膜温室	电控
齿轮一齿条传动系统	各类温室	电控，性能稳定
冲孔齿条齿轮传动系统	塑料、PC板温室	电控，性能不够稳定
曲柄连杆开窗系统	塑料、PC板温室	电控，开窗长度受限制，性能不稳定
VENLO型温室推杆开窗系统	VENLO型温室	电控，性能稳定

(1) 卷膜开窗系统。此类系统主要用于塑料温室的侧墙开窗和屋顶卷膜开窗。卷膜开窗是将覆盖膜卷在钢管上，通过转动钢管，将覆盖膜卷起或放下。一般卷膜钢管长度在60m左右。分手动和机动两种，传动方式有软轴传动和直接传动两种。一般屋顶卷膜用机械传动或用软轴传动，侧墙卷膜用手动或机械直接传动方式。

如图4-6-6所示，卷膜开窗机构由窗膜A、卷轴B、电机C、伸缩杆D及铰链E等零部件组成，工作时，电机C带动卷轴B旋转，使卷在卷轴B上的窗膜A卷起或放下，从而达到开、闭窗的目的。电机C随卷轴B沿屋顶轮廓线上下运动，通过伸缩杆D和铰链E与温室框架做活动式连接。

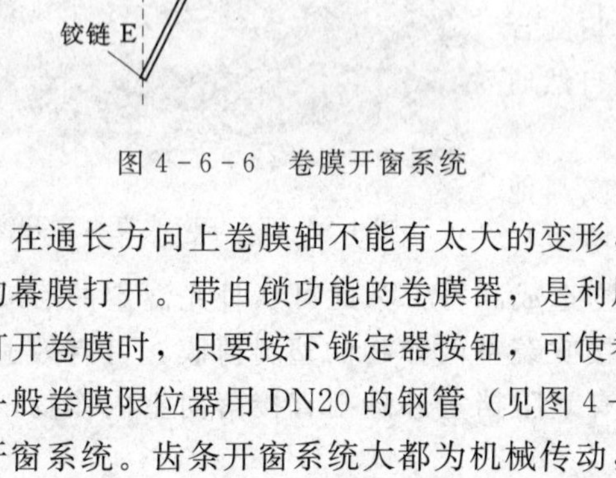

图4-6-6 卷膜开窗系统

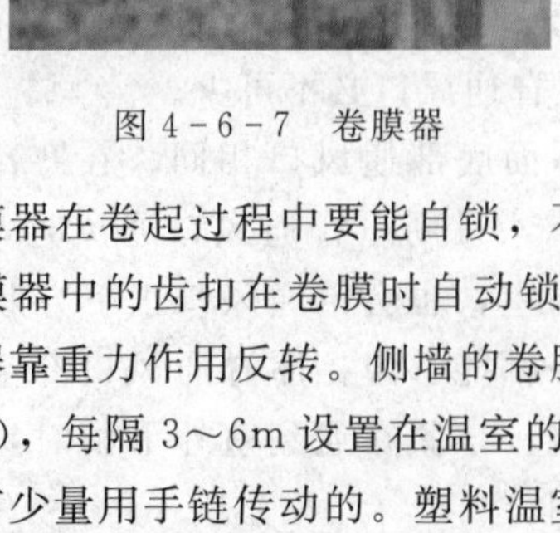

图4-6-7 卷膜器

其要求是：在通长方向上卷膜轴不能有太大的变形，卷膜器在卷起过程中要能自锁，不能在重力作用下自行将卷起的幕膜打开。带自锁功能的卷膜器，是利用卷膜器中的齿扣在卷膜时自动锁定反方向转动，当反方向操作打开卷膜时，只要按下锁定器按钮，可使卷膜器靠重力作用反转。侧墙的卷膜系统还必须设卷膜限位器。一般卷膜限位器用DN20的钢管（见图4-6-7），每隔3～6m设置在温室的通风口外侧。

(2) 齿条开窗系统。齿条开窗系统大都为机械传动，也有少量用手链传动的。塑料温室用齿条开窗机构和玻璃温室基本相同，只是前者由于通风窗口重量较后者小，电机的负荷大大减小；从而每台电机的服务范围得到了扩大，也就是说塑料温室内电机数量比等面积玻璃温室少，一次性投资也相应降低，运行费用也相应降低。齿条开窗系统所用的电机主要有两种形式：一种为普通电机，220V 或 380V；另一种为管道电机 220～240V。管道电机由于体积小、重量轻、遮光少、变速比小，因此应用较广。

齿条开窗机构由铰链 A、窗框 B、传动齿条 C、齿轮及齿轮套 D，转轴固定架 E，转轴 F 等零部件组成（见图 4-6-8）。工作时电机带动转轴 F 转动，使固定在转轴 F 上的齿轮 D 转动，从而使与齿轮配合的齿条 C 上下运行，推动窗框 B 做开、闭动作。

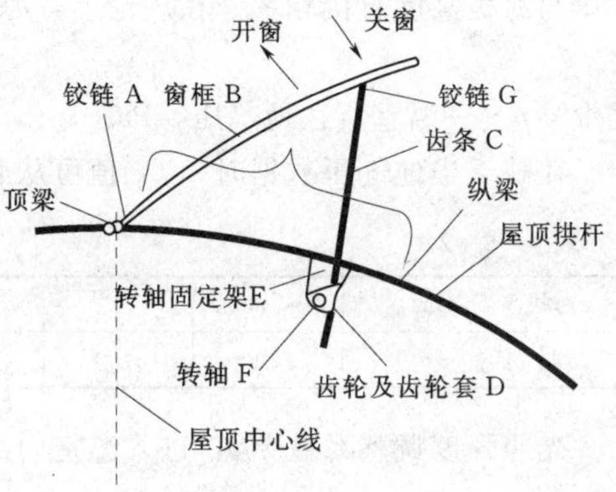

图 4-6-8 齿条开窗系统

4.6.3 强制通风

强制通风是在温室一端设置侧窗，在另一端设置风机，利用风机由室内向室外排风，使室内形成负压，强迫空气通过侧窗进入温室，穿越温室由风机排出室外。强制通风的理论降温极限是室内温度等于室外温度，但在实际应用中是不可能达到的。由于机械设备和植物生理上的原因，一般温室的通风强度设置在每分钟换气 0.75～1.5 次，这样能控制室内外温差在 5℃以内。强制通风的优点在于温室的通风换气量受外界气候影响很小。

1. 夏季机械通风

我国多数地区的气候属于温带大陆性气候，夏季气温常高达 35～40℃。进入温室的空气，进一步吸收太阳辐射热量，常常产生作物难以承受的高温。夏季降温措施有自然通风、遮阳、机械强制通风、湿帘风机降温、喷雾降温甚至热泵降温等。自然通风需要在高温季节当地常有可供利用的自然风，这是很难完全满足的。采用这种方式降温，不能种植对环境温度要求苛刻的作物。为了实现最佳降温效果，常在自然通风温室，利用蒸发的原理使空气的干球温度降低便成为最常用而有效的一种夏季通风降温设施，这就是湿帘风机降温装置。

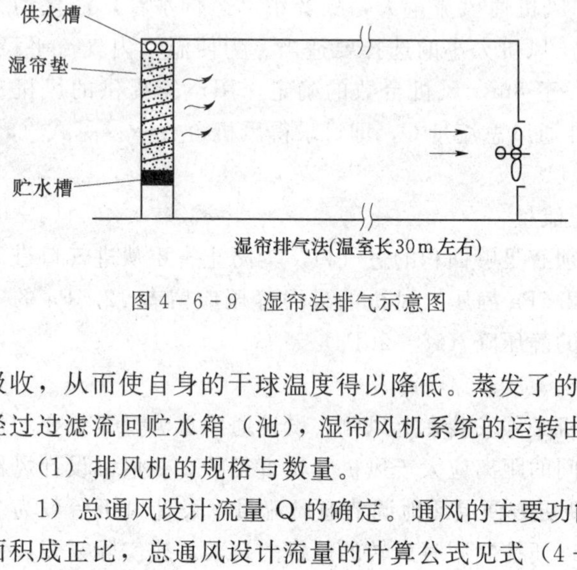

图 4-6-9 湿帘法排气示意图

湿帘风机系统一般由排风机、湿帘箱、循环供水装置和控制器等部分组成（见图 4-6-9）。排风机将吸收了太阳辐射热而提高了温度的空气排出温室，带走辐射热，使温室内处于一定的负压状态。由于室外气压高于室内气压，室外的空气便可透过湿帘表面进入室内。过帘空气中的湿热由于湿帘水分的蒸发而被吸收，从而使自身的干球温度得以降低。蒸发了的水分由供水装置不断地进行补充多余的水汇集起来后，经过过滤流回贮水箱（池），湿帘风机系统的运转由控制器执行控制。

（1）排风机的规格与数量。

1）总通风设计流量 Q 的确定。通风的主要功能是排除多余的太阳辐射热。通风流量需求与温室地面面积成正比，总通风设计流量的计算公式见式（4-1）、式（4-2）

$$Q=f_{温室}\cdot q\cdot A \tag{4-1}$$

式中 Q——总通风设计流量，m^3/h；

q——基本通风量，$m^3/(m^2\cdot h)$；

A——温室地面面积 m^2；

$f_{温室}$——温室通风流量系数。

$$f_{温室}=f_{高}\cdot f_{光}\cdot f_{温升} \tag{4-2}$$

式中 $f_{高}$——温室所在地海拔高度调整系数；

$f_{光}$——温室内光照强度调整系数；

$f_{温升}$——温室湿帘与排风机之间允许温升调整系数。

海拔高度调整系数 $f_{高}$：空气的排热能力取决于其重量而非体积，单位体积空气的重量与气压成反比。气压与海拔高度直接相关。在理论上，海拔高度调整系数可按式（4-3）计算：

$$f_{高}=10132.5/p \tag{4-3}$$

式中　p——温室所在地气压，Pa。

在缺乏当地气压数据时，$f_{高}$ 值可从表 4-6-2 查取。

表 4-6-2　　海拔高度调整系数

海拔高度（m）	<300	300	600	900	1200	1500	1800	2100	2400
$f_{高}$	1.00	1.04	1.08	1.12	1.16	1.20	1.25	1.30	1.36

光照强度调整系数 $f_{光}$：进入温室内部的太阳辐射热量与温室内部光照强度成正比，$f_{光}$ 按式（4-4）计算：

$$f_{光}=E/50000 \tag{4-4}$$

式中　E——温室内最大光照强度，lx。

E 值可从当地室外最大太阳辐射强度和覆盖物的透光率计算得出，也可用测光仪就地实测。允许温升调整系数 $f_{温升}$：推荐的温室气流从湿帘到风机的允许温升为 4℃，总通风设计流量与温室的允许温升成反比，见式（4-5）。

$$f_{温升}=4.0/\Delta T \tag{4-5}$$

式中　ΔT——从湿帘到风机的允许温升，℃。

允许温升的取值应当适宜。ΔT 太小，则需要更大的通风流量，需用更多的风机和湿帘装置，造价高，经济性差；ΔT 太大，则室内温度分布有较大的温度梯度，各处温度不均匀，影响作物生长环境。因而推荐 $\Delta T=4$℃。

2）风机的规格和台数 N 的确定。

湿帘风机系统一般使用大直径轴流式排风机。这种风机通风流量大，噪音小，运行平稳，消耗动力小。温室通风总流量确定之后，可选择适合的风机规格。风机大小的选择要适当。为使温室内气流平稳，少产生紊流，使室内温度均匀，相邻风机的间距应不大于 8m。风机台数的确定，用厂家提供的风机在 25Pa 静压（2.5mm 水柱）的流量（单台流量）去除设计通风总流量 Q，即可求得风机台数 N。见式（4-6）：

$$N=Q/单台流量 \tag{4-6}$$

与风机所在侧相对的端墙，如果不设湿帘装置，必须有足够面积的进气口。为防止害虫从进气口进入温室，进气口应安装防虫网。建议风机为防虫网提供 12.5Pa 静压。风机的最大静压应留有 12.5Pa 的安全余量。如果设有湿帘，风机的工作压力应能克服湿帘的静压降（15～20Pa）。

3）风机安装位置。

风机应安装在温室下风向的侧墙或山墙上，如果风机必须安装在上风侧，设计通风总流量至少要增加 10%。风机排气口与邻近障碍物（例如建筑物墙壁）之间的距离应大于风机叶轮直径的 1.5 倍。设计风机台数≤3 时，建议其中 1 台以上采用双速电机驱动，以便更方便灵活地调节通风流量。设计风机台数为多台时，建议将全部风机按一定的间隔分成 2 组或 3 组，以便控制同时运转的风机的台数，按实际需要，调节通风流量，并保持温室各处气流大体均匀。风机外侧应有百叶窗，防止停机时空气倒流或害虫和污物侵入。风机内侧应用防护罩，防止人体和杂物接触运动部件。若防护罩网至运动部件的距离在 100mm 之内，护网所用钢丝直径不应小于 1.5mm，孔口不得大于 13mm；若防护罩网至运动部件的距离超过 100mm，可使用直径 2.7mm 的钢丝编网，孔口尺寸最大可达 50mm。

2. 冬季机械通风

（1）设计原理。

1）冬季通风的目的。与夏季通风不同，冬季通风的主要目的是补充由于光合作用而消耗掉的二氧化碳，排除有毒（或有害）气体，并调节温室内空气的相对湿度。

2）冬季通风的特殊要求。冬季室外空气温度太低，不允许直接吹向作物。这就要求进入温室的冷空气，在到达作物之前，与室内暖空气进行充分的混合。冷热空气的充分混合，需要强烈的紊流。通过小孔将室外空气高速射入温室，便可产生需要的射流。一般高速射流在孔径 20 倍的距离内，便会完全混合在周围空气中。例如，通过 3mm 射流孔的空气，在 5～8cm 距离内，便会与室内空气完全混合。因此，温室冬季通风，应采用许多小孔进风，而不是用一个大的通风口。进风口的分布应力求均匀，风机的布置应综合考虑冬夏季节的通风需要。

（2）通风总流量。由于冬季通风的目的与夏季通风不同，因而在设计冬季通风系统时，所用的标准温室条件也有不同。区别在于这时不用湿帘降温装置，所以不能使用允许温升作为标准条件。代替它的条件是室内外空气之间的允许温差。设计推荐的标准允许温差为 8℃。在标准温室条件下，基本通风量为 $27m^3/(m^2 \cdot h)$。

冬季通风总流量 Q 按式（4－7）计算：

$$Q=f_{温室} \cdot q \cdot A=f_{高} \cdot f_{光} \cdot f_{温差} \cdot q \cdot A \tag{4-7}$$

式中 Q——冬季通风总流量，m^3/h；

$f_{温室}$——温室通风量调整系数；

$f_{高}$——海拔高度调整系数；

$f_{光}$——光照强度调整系数；

$f_{温差}$——室内外允许温差调整系数，可由式（4－8）计算。

$$f_{温差}=8/\Delta T \tag{4-8}$$

式中 ΔT——室内外空气允许温差，℃。

4.7 卷帘（拉幕）机械

温室大棚机械卷帘是利用卷帘机实现草帘、保温被等大棚保温覆盖物自动卷放的一项农业工程技术。在我国北方特别是东北地区，温室大棚在冬季和早春、晚秋时节都要使用草帘、保温被来提高棚内温度。人工卷放费时费工，劳动强度大，而机械卷帘不但能延长光照时间，提高棚内温度。减轻劳动强度，还能提高温室大棚的经济效益。

温室机械化卷帘有效地缩短了卷放帘时间，一般每天可增加日照时间近 2h，提高温室内温度 3～5℃；提高劳动生产率 15 倍；由于卷放过程运行平稳，无绳索与保温帘的摩擦，使保温帘延长使用寿命 1～2 年。由于温室内温度增高，生长快，使作物早熟，缩短作物生长期，一般可使作物提前上市 5～10d。通过减少用工量，降低保温帘的损坏，提高作物的产量，增加反季节产量等，可明显地提高经济效益。

4.7.1 卷帘机的种类及工作原理

1. 卷帘机的分类

卷帘机按不同的分类方法有多种形式，按动力形式分为手动式和电动式；按结构形式分为牵引式、滑轨式、支臂式、侧悬浮动式等；按工作形式分为固定式和走动式。固定式是卷帘机固定在大棚后墙的砖垛上，利用机械动力把草帘子卷上去。利用大棚的坡度和草帘子的重量往下滚放草帘子。该种型号的卷帘机都是早期安装的，造价较高，大棚要有一定的坡度，如果棚面坡度太小，草帘子滚不下来。走动式是电机和减速机一起在棚面上走动，利用卷帘机的动力上下自由卷放草帘子，不受大棚坡度大小的限制，安装简单，造价低，效率高，卷放整齐，是目前广泛采用的一种形式。

2. 不同卷帘机的工作原理

（1）拉绳式卷帘机。这种形式应用的比较早，主要的部件有电动机，减速器、卷绳轴、联轴器、卷绳等组成。卷帘时依靠电动机、减速器驱动卷绳轴转动把绳子缠绕在轴上，通过绳子拉紧使保温帘卷起。放帘时靠帘的自重自动滚落。此种形式的卷帘机安装施工比较复杂，而且造价高，卷放速度慢，保温帘易损坏，现在已很少使用。

（2）爬行移动式卷帘机。电动机和减速器连在一起。卷帘过程是电动机减速器在温室中间沿轨道爬行，卷放帘靠电动机正反转开关控制，在棚外设一支杆，定位滑杆可在支杆上移动。保证电机减速器能紧贴在大棚上上下移动，减速器带动卷帘轴随电机转动实现卷放帘。其优点是结构简单，造价低，卷帘速度较快。缺点是卷帘时电动机、减速器需在棚膜上爬行，而且有一片保温帘需经常放在棚上作为保护棚膜垫料，影响进光量。

（3）摆臂式卷帘机。电机与减速器纵向相连，动力输出端与卷帘轴相连，保温帘末端系在卷帘轴上。摆臂式又分为悬臂型和支臂型两种。其特点是结构简单，重量轻，工作性能可靠，卷放速度快，价格适中，但安装技术要求高。

（4）悬臂自走式卷帘机。目前主要使用较多的悬臂自走式卷帘机主要由底座、支臂、摆臂、三相或单相电动机、减速机、卷帘轴及电机座组成，一般都用单相电动机，功率 1.1～2.2kW，适合棚长 30～80m，摆臂、支臂及卷帘轴均为 2 寸钢管。在棚前中间地面位置安装即可，卷帘机安好后将草帘的下端固定在卷帘轴上，上端搭在或固定在后墙上，卷帘机即可工作。工作时接通电源，电机动力通过减速机传给卷帘轴，卷帘轴卷起草帘，电机反转即为放帘。工作中电机和减速机一起在棚面上走动，并且可以在任何位置停止或启动。此种型号的卷帘机结构非常简单，具有以下优点。

1）效率高，卷放一次仅需 5～8min。

2）减轻劳动强度。接通电源卷帘机自行卷放，不用人工操作。

3）延长光照时间，提高作物的质量和产量，促进作物早熟。

4）安全性好，可靠性高，保护大棚。

5）卷放整齐，棚上材料不受破坏。

6）操作方便，可在棚上任意位置停止或启动。

7）结构简单，价格较低。

4.7.2 日光温室卷帘机的机具结构及安装

1. 适用范围

以临泽银先农机修造厂生产的悬臂式 XJL－8×60A 型卷帘机为例（见图 4－7－1），适用于棚宽 6～15m，高 3～5m，长 50～100m 有一定拱度的钢屋架的日光温室。

图 4－7－1 卷帘机机具实图

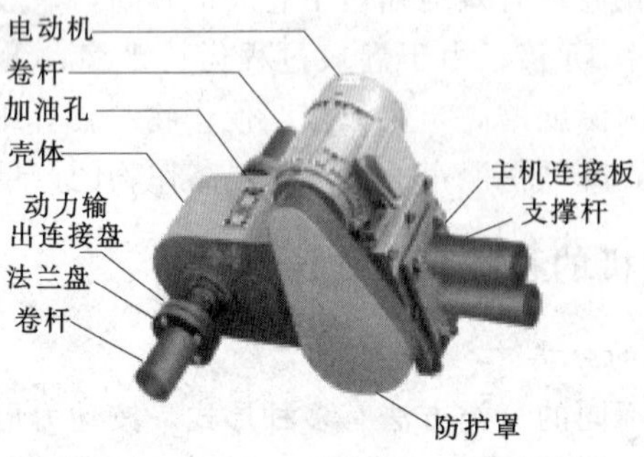

图 4－7－2 日光温室卷帘机主机结构

2. 机具结构

该卷帘机由动力部分和卷轴部分组成。动力部分包括：电动机（220V 2.2kW 或 380V 1.5kW）、电动机皮带轮、减速机、减速机皮带轮、皮带、手摇柄、控制开关及电路、机架等。卷轴部分由支架、卷轴等组成（见图 4－7－2）。

3. 工作原理

该卷帘机的工作原理是：电动机通电后，通过皮带轮将动力由皮带传给减速机，带动卷轴向两个不同方向转动，将草帘卷起或放下；卷轴不同方向的转动由倒顺开关控制；停电时可通过手动装置完成卷、放帘作业。

4. 卷帘机的安装步骤

安装示意图如图 4－7－3 所示。

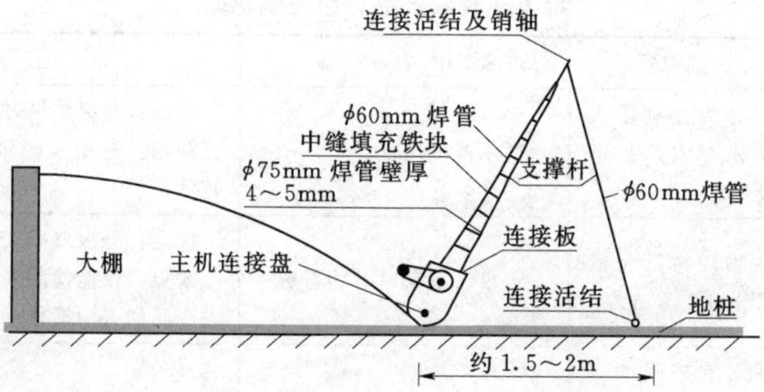

图 4-7-3 日光温室卷帘机安装示意图

(1) 预先焊接各连接活动节、法兰盘到管上。

(2) 将主机与电机连接。

(3) 将棚上草帘从中间两边依次均匀放下，草帘可成品字形，下边对齐，伸出地面 40cm。上边固定，每条草帘下铺一条无松紧的绳子。

(4) 将主机放在大棚的中间，将焊好的卷杆用螺栓连接。

(5) 在棚前正中，距棚 1.5～2m 处挖坑。连接支撑架，以活结和销轴接支撑杆，立起，先连接主机，后根据主机的位置埋设地桩。

(6) 将连接好的卷杆由中间向两边摆放整齐。并用铁丝将草帘和绳子固定在卷杆上。

(7) 连接倒顺开关及电源。

(8) 试机，第一次送电运行。上卷至 2m 停机检查，观察卷动的草帘是否整齐。如不整齐将草帘放下，卷慢处垫些软物以调节卷速，直至卷如一条直线。

5. 卷帘机使用注意事项

卷帘机在使用和维护时要注意以下问题。

(1) 接通电源时防止缺一相电源，如果缺一相电源会烧坏电机。

(2) 主机的传动部分（如减速机、传动轴承等），要每年添加一次润滑油，变速箱要加防冻机油。

(3) 在安装过程中要把卷帘绳子的长度（松紧）调整一致。使卷起的草帘子处在一条直线上。在使用过程中要经常对卷帘绳子进行调整，如果绳子长短不齐，草帘子松紧不一致，卷起的草帘子会出现曲线状，在使用中会加大卷帘机和卷轴的扭矩力，影响使用效果或损坏卷帘机和卷轴。

(4) 草帘的底部（即和卷帘轴连接的地方）不能过湿，过湿使草帘子过重，卷起困难。在使用中最好用塑料布将草帘盖上，避免雨雪淋湿草帘，也便于清除积雪。

(5) 每年对部件涂一遍防锈漆。

4.8 产品分级及包装机械

4.8.1 产品分级、分选设备

1. 产品分级与定级

分级是将清理后的物料按其尺寸、形状、重量、颜色及品质等特性的不同分成等级，即利用物料各组成部分的物理机械特性差异进行分选分级。我国现有农产品分级方法如表 4-8-1 所示。分级的作用主要有：①保证产品的规格和质量指标；②降低加工过程中原料的损耗率，提高原料利用率，降低产品的成本；③提高劳动生产率，改善工作环境；④有利于生产的连续化和自动化。本节着重阐述水果和蔬菜的分级。

定级指按商业价值和用途划分品级，与物理分级时所公认的考虑因素相比，定级取决于更多的因素。定级所考虑的因素可以分类如下：物理特性，如含水量、单元尺寸、单元重量、结构、颜色、杂质和形状；化学特性，如成分分析、酸败情况、自由脂肪酸指数（用于含油脂的物料）、气味和味道；生物学特性，如发芽情况、虫害的种类和数量、霉菌损害的种类和数量、细菌数量。

表 4-8-1 我国现有农产品分级方法比较

分级方法	内容及描述	适用农产品	优缺点
人工分级	人工检测分级是利用人的视觉系统来对农产品进行检测分级	适用范围广	优点：分级质量好。 缺点：易受人的情绪和疲劳程度影响，分级效率较低
机械分级	以物料的物理特征为依据进行检测分级	水果、蔬菜、谷物籽粒	优点：分级效率较高。 缺点：仅能检测农产品的外部缺陷，同时容易造成农产品的人为损伤
X射线和γ射线	短波射线具有较强的穿透力，如X射线和γ射线能穿透大多数农产品，其传播水平主要取决于农产品的密度和吸收系数	与密度变化有关系的品质因素监测，如苹果压伤、桃子破裂和土豆空心等	优点：该技术可穿透农产品，检测其内部缺陷。 缺点：适用范围有限
近红外技术	利用农产品对近红外反射特性的不同，进行品质监测分级	谷物、油菜籽、肉类及牛奶产品	优点：不破坏样品，不需要进行样品预处理，操作简单、速度快、无污染、无浪费、成本低，属于绿色分析技术，一次测定多种成分和指标。信息量极为丰富。 缺点：干扰因素多，实用性不强
光电技术	利用农产品个体外观或内部品质的不同而对光电反应所存在的差异进行分级	大米、果蔬等农产品	优点：利用该技术在控制数量、大小和色泽等方面非常精确，可避免各种形式的碰伤。 缺点：分级对象比较单一
介电分选技术	根据一些小型或异型种子的粒重、介电常数及种子表面光滑性的差异进行分选	小型籽粒	优点：应用该技术的种子分选机具有结构简单、受环境影响小、分选确定性好等优点，而且可以适用于不同粒度、不同形状的种子的分选。更为重要的是，该分选机可按种子本身的活力进行分级。 缺点：仅适用于籽粒的分选，适用对象单一
计算机视觉技术	利用计算机视觉模拟人，对农产品进行检测分级	苹果、柑橘、桃、西红柿及其他水果	优点：能避免人主观因素影响，可同时利用大小、形状、颜色、表面损伤等参数对物料进行客观的检测分级，分级的精度比较高。 缺点：易受人的情绪和疲劳程度影响，分级效率较低
核磁共振技术	一种具有极高分辨率的分析技术，该技术是探测浓缩氢核及被测物油水混合团粒状态下的相应变化，能产生物体内的清晰图像及结构分布	水果、蔬菜检测损伤、虫蛀、成熟度、局部枯干、内部腐烂及种子内核空隙等	优点：成像清晰。 缺点：系统成本高

2. 农产品分级常用方法

水果、蔬菜是按颜色、损伤情况大小和重量进行分级。谷物和坚果的清理和分级一般利用下列原理和方法：空气动力学特性的不同——气流清选法；颗粒大小的不同——筛选法；颗粒形状的不同——精选；比重的不同——干法比重分选和湿法比重分选；磁性的不同——磁选法；弹性的不同——撞击法；颜色的不同——光电分选法。

(1) 形状分级机械与设备包括以下几种。

1) 滚筒式分级机。多级滚筒式分级机适合于大多数球形水果和蔬菜的分级（见图 4-8-1）。

入孔条件：设 h 为 P 点至滚筒中心的垂直高度，由图 4-8-1 (b) 中可得：

$$\alpha=90^\circ-\arcsin\frac{\phi}{2r} \tag{4-9}$$

$$h=\left(\sqrt{R^2-\frac{\phi}{4}}+\sqrt{r^2-\frac{\phi^2}{4}}\right)\sin\alpha-r \tag{4-10}$$

适当加大 h 值，可改善喂入条件。

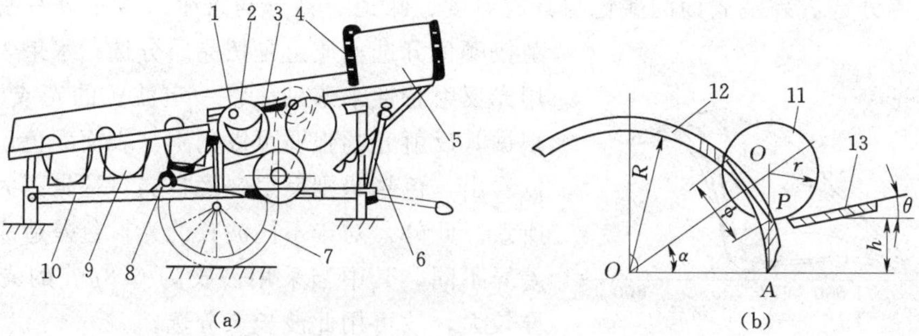

图 4-8-1　多级滚筒式分级机

(a) 分级机结构图；(b) 水果喂入条件的极限状况

1—辊轴；2—分级滚筒；3—V 形导果槽板；4—喂料阀门；5—果箱；6—手把；7—车轮；8—电动机；9—接果盒；10—机架；11—水果；12—分级滚筒；13—V 形导果槽板

2）辊轴分级机。用于球形体或近似球形体的果蔬原料，如苹果、柑橘、番茄和桃子等按直径大小不同进行分级。结构由滚筒、驱动链、链轮、理料辊及出料输送带组成（见图 4-8-2）。

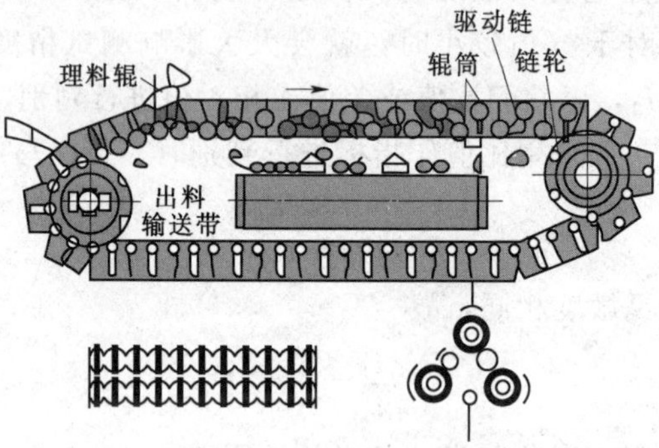

图 4-8-2 辊轴分级机

其工作原理是：物料首先落入运输带梯形槽中，通过调节升降辊形成大小不同的孔隙，原料按大小实现分级。

3）回转带分级机。由一对长橡胶带所组成，带面相对成 V 形，橡胶带之间，在物料进口端的距离较窄，延至末端出口处逐步加宽。整个过程分为几段，每段为一个等级。物料进入以后，落在成对且并行速度相同的橡胶带上，如果直径小于两带之间的距离就落下，由输送带送出（见图 4-8-3）。

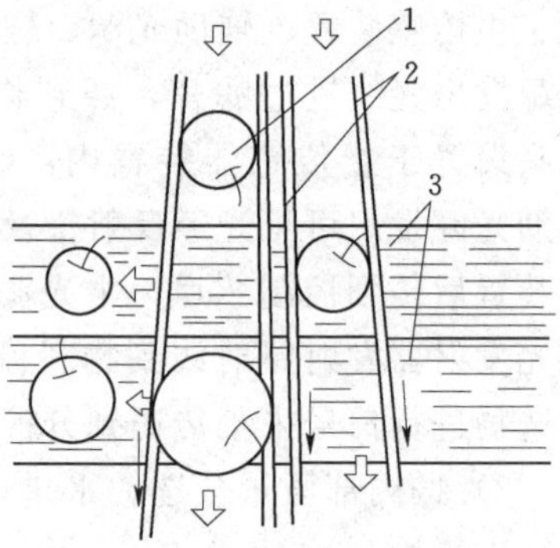

图 4-8-3　回转带分级原理

1—物料；2—选果带；3—输送带

（2）按重量分级。重量式分级机可根据水果、家禽、蛋类等的重量不同进行分级。重量式分级机一般有秤重式和弹簧式两种，前者用得较多（见图 4-8-4）。

（3）按光学特性分选。为保证农产品的表面和内部质量，还可以利用其光学特性进行分选。

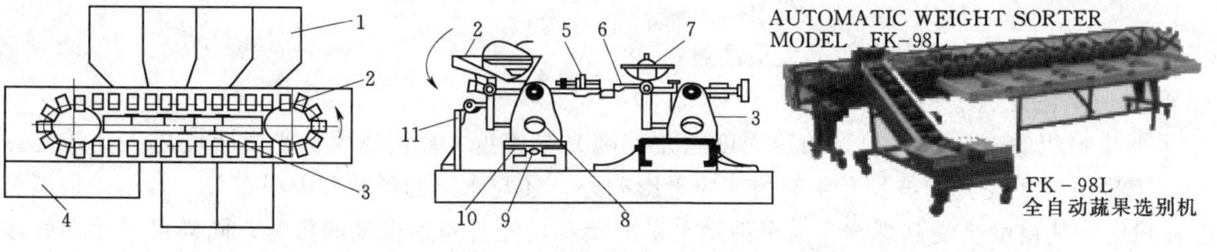

图 4-8-4　重量式选果机

1—进料斗；2—料盘；3—固定秤；4—喂料台；5—调整砝码；6—分离针；7—砝码；8—移动秤；9—滚子链；10—移动秤轨道；11—小轨道

1）按表面颜色分选。果蔬表面的颜色与其成熟度、味道、糖分与维生素含量等有密切关系，因此果蔬按颜色分选实质上是按品质分选。水果表皮的颜色可以利用光反射特性来鉴别。将一定波长的光或电磁波照射水果，根据其反射光的强弱可以判别其表面颜色。由图4-8-5可以看出，色越绿则反射强度越弱，这是因为叶绿素吸光性强所致。此外，对于不同波长的光，色差造成的反射光强度的差异不同，其中当采用波长为678μm的光照射时，则其差异较大，故可用此波长来分选。

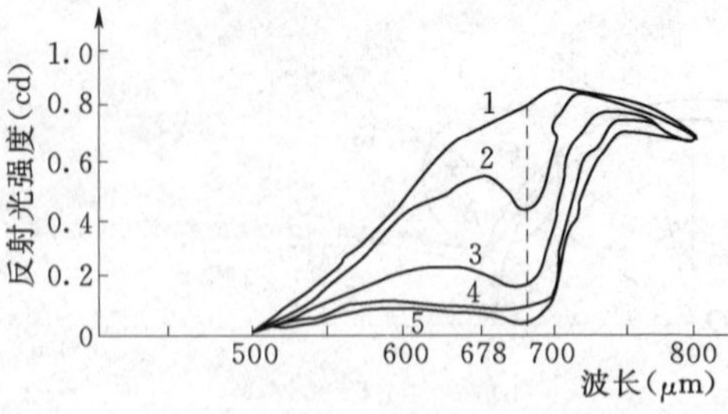

图4-8-5 蜜柑的光反射特性
1—黄色果皮；2—淡黄色；3—黄绿色；4—淡绿色；5—绿色

通常，采用光电管将反射光转变为电信号，由电流强度的大小来判别果皮的颜色。

$$I=SR \tag{4-11}$$

式中 I——电流；

S——测示系统的灵敏度；

R——反射率。

由于S值不仅与光照强度、光电管灵敏度有关，还与物料尺寸、形状、位置等有关，因而，当不同颜色水果所得到的反射率之差相对于S值较小时，就会大大影响测试精度，为此，常选用两种不同波长的光照射，得到两个电流值I_1、I_2，以它们比值或差值或相对值进行判别，这样可消除因物料尺寸、形状等带来的影响，提高了测示精度。如采用比值作指标进行判别时，可以写成：

$$\frac{I_1}{I_2}=\frac{S_1R_1}{S_2R_2} \tag{4-12}$$

因两种波长下的测示系统的灵敏度相同，故

$$\frac{I_1}{I_2}=\frac{R_1}{R_2} \tag{4-13}$$

此时，判别指标与S无关，即不受物料尺寸及形状的影响。

图4-8-6是一种果皮色分选机，包括主光源、过滤片、物料流、主传感装置、辅助光源、辅助传感装置、背景板，控制芯片，主光源发出光线进过滤片，照到物料流上反射到透光CCD镜头，CCD镜头设置于主传感器装置内，CCD镜头将光信号传输到控制芯片，辅助光源发出可见光经反射镜及背景板反射到物料流，透射到辅助传感装置后传到控制芯片，主光源相对位置设有激光发射器和摄像头，激光发射器发射照射线到物料流上，将被选物“污染”，摄像头是对被选物进行信号采集传送到分拣系统对其分拣。

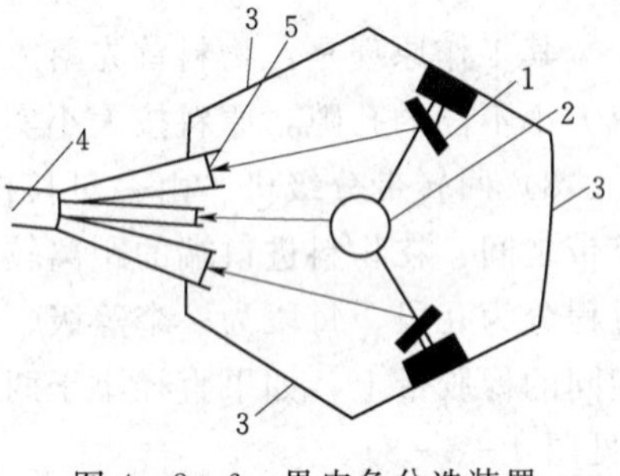

图4-8-6 果皮色分选装置
1—反射镜；2—果实；3—背景板；4—集光器；5—透镜

2）按内部质量分选。水果内部质量的好坏可以利用水果的透光特性进行检测。图4-8-7为一种圆盘式滤光器。用一定波长的光照射水果时，由于其内部生物组织的不同，其透光程度也不相同（见图4-8-8）。透光程度可用光学密度OD（Optical density）来表示。其大小为：

$$\text{OD}=\log\frac{E_1}{E_2} \tag{4-14}$$

式中 E_1——到达物体表面的单色光发射能量；

E_2——单色光透过物体的能量。

水果的生物组织对一定波长光的透光度越差，则光学密度OD值越大。光学密度越大，透光性能越差。由于OD值除了受光的波长及水果内部质量影响外，还与水果的形状及大小有关。若用一种波长下的OD值来判别，其精度会受到影响。为了消除水果形状及尺寸对判别精度的影响，同样可采用两种波长的光（如692nm及740nm）照射水果，这样可得到两个OD值，用两者之差ΔOD值的不同来判别其内部质量。

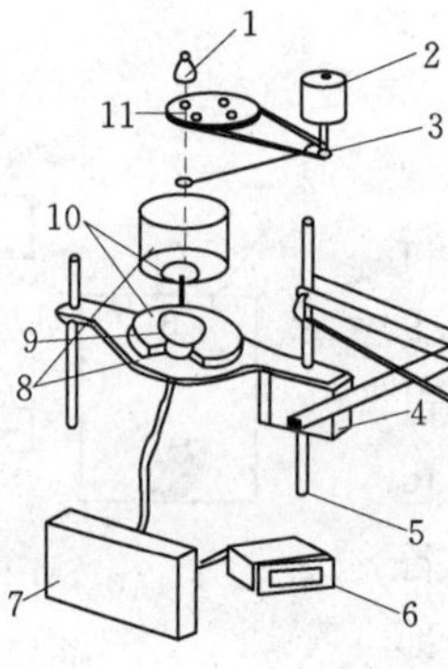

图 4-8-7 农产品内部品质检测装置
（圆盘式滤光器）

1—灯；2—马达；3—透镜；4—试样上下移动装置；5—导杆；6—指示针；7—运算放大器；8—检测部位；9—物料；10—缓冲垫；11—滤光器圆盘

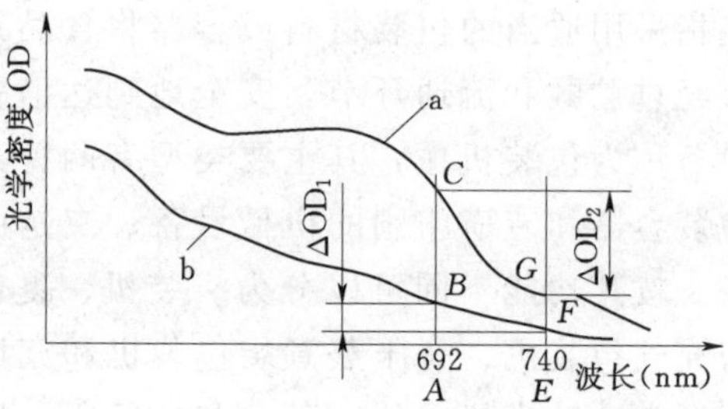

图 4-8-8 桃子光透过的分光特性

a—未成熟桃子；b—成熟桃子

3. 光电分选分级机械与设备

当一束光照向物料时，部分被反射（约 4%，包括反射光和体反射光）、部分被吸收、部分成为透射光，部分被吸收转化为物料的发射光谱，这种性质称为物料的光电特性。不同种或同种品质不同的物料，其光电特性不同。光电分选技术是利用光电原理，对农产品组织的弹性、导电性、表面温度、形状，以及光辐射和反射光的能力等特性进行研究，找出农产品个体因外观或内部品质差异对光、电反映所存在的差异（如果实表面叶绿素含量对光的反射波有高低之分；农产品的不同成熟度、色泽及内部缺陷等对光的透过能力也不同等），从而进行分级（见图 4-8-9）。它是目前检测农产品应用最广泛、最成功的一种方法。

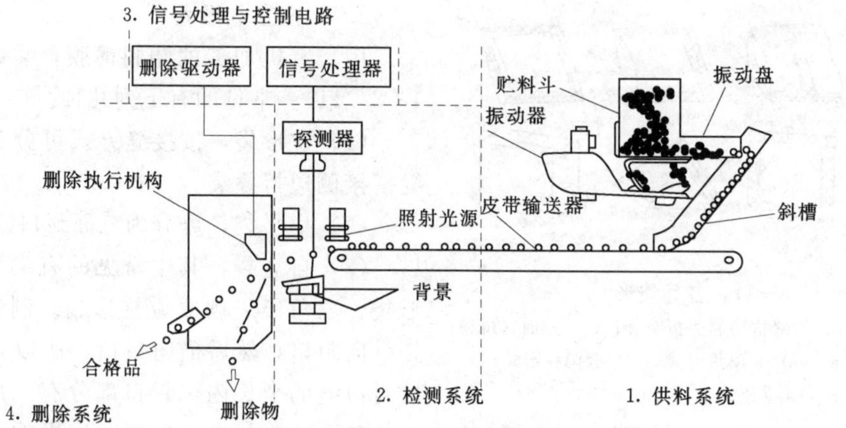

图 4-8-9 光电色选机系统示意图

国外学者在此领域进行了广泛的研究，他们根据声波反射特性，发现许多水果（如苹果、甜瓜等）可以通过敲击听其所发出的声音，判断成熟度和品质。有的学者发现 X—射线和 γ—射线等短波射线能穿透大多数农产品，其传播水平主要取决于农产品的密度和吸收系数。用来检测各种农产品不同品质的色选机、光电色选机都是根据光电技术研制出来的。

4. 计算机图像处理技术与设备

随着计算机技术及数字图像处理分析理论的成熟，计算机视觉技术在农产品品质检测与分级领域得到了广泛的应用研究，包括在尺寸与面积检测中、在颜色识别中、在表面缺陷及损伤中、在果形果梗识别中，国内外学者都做了大量的研究与应用尝试，取得了较大的经济效益。其中，计算机图像处理技术发挥了主力军作用（见图 4-8-10）。此外，人工神经网络等高新技术也开始引入到计算机视觉识别与分级中。因此，应用该技术有利于设计制造自动分级流水线，大大提高工作效率。

4.8.2 包装机械

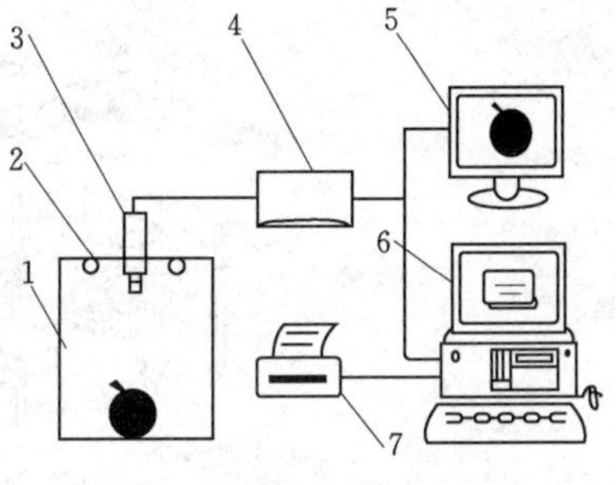

图 4-8-10 计算机组成的图像处理系统示意图

1—光源箱；2—光源；3—摄像机；4—采集卡；5—监视器；6—主机；7—图像输出设备

食品包装指采用适当的包装材料或容器将食品封闭起来，在规定的时间内，经过贮藏和流通环节，安全地到达消费者手中。进行包装作业的设备称为包装机械，其主要类型有两种：一是用于加工包装材料、包装容器和装璜印刷的机械设备；二是用于完成包装过程的机械设备。按其功能不同可以分为袋装机、裹包机、热收缩包装机、真空与充气包装机、高压蒸煮袋包装机和充填灌装机械设备等。包装机械通常由动力机、传动部分和执行部分所组成，后两部分是基本组成部分。

4.8.2.1 袋装机械

将粉状、颗粒状、液体或半流体（酱体）物料装入用柔性材料制成的包装袋，然后进行排气或充气、封口以完成产品的包装，所用机械称为袋装机械。

装袋之前先要制袋。制袋用的柔性材料如纸、蜡纸、塑料薄膜、铝箔及其复合材料等，应具有良好的保护物品的性能，价廉质轻，容易印制、成型。封口和开启使用，并且容易处理。制成的袋装产品体积小，轻巧美观，成为软包装产品中的重要特色。由于塑料薄膜及其复合材料具有良好的热封性、印刷性、透明性和防潮透气性等特点，因此，在实际生产中获得了广泛的使用。当前填充物品已由最初只是充填散粒体物品发展到充填液体、气体、胶体和大块状的固体，使袋装逐渐渗透和替代灌装和裹包等传统包装形式。

1. 袋装机的工作过程

袋装机是采用热封的柔性包装材料，自动完成制袋、物料的计量和充填、排气或充气，封口及切断等多功能的包装设备，可用于包装液体、固体和气体物料，是目前发展最为迅速、应用最为广泛的一种包装机。这类包装机有卧式和立式两种类型。

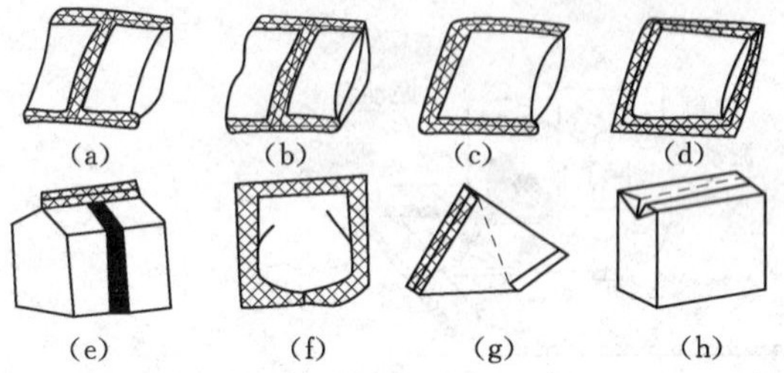

图 4-8-11 各种袋形

(a) 纵缝搭接袋；(b) 纵缝搭接侧边折叠袋；(c) 三面封口袋；(d) 四面封口袋；(e) 尖顶角形袋；(f) 椭圆柱形袋；(g) 三角形袋；(h) 立方柱形袋

2. 袋的基本形式

用袋装机加工的塑料薄膜，袋的形式甚多（见图 4-8-11）。常见的有下列几种。

(1) 枕形袋，按接缝方式可分为纵缝搭接袋和纵缝搭接侧边折叠袋。

(2) 扁平袋，可分为三面封口袋和四面封口袋。

(3) 自立袋，其中常见的有尖顶角形袋、椭圆柱形袋、三角形袋和立方柱形袋。制袋过程中，一般是先纵向封口，然后横向封口，所以在枕形袋搭接和对接封口缝的全长内，封口部分有三层或四层薄膜重叠在一起，这对封口质量有一定影响。扁平式三面封口袋的内薄膜的层数相等，封接质量较好，但袋的外形不对称，美观性较差。四面封口克服了上述两种情况的缺点，但包装材料用得较多。各种自立式袋的外形美观，有立而不倒的优点，便于后续装箱工序的进行和产品的安置陈列，但对包装材料的要求较多，需采用复合包装材料。

3. 袋装机的种类

由于袋形种类繁多，所以袋装机的型式和结构也有较大差异，主要反映在装袋和封口装置上。生产薄膜袋的设备叫袋装机，主要有立式和卧式两种类型。

(1) 立式袋装机。又可分为制袋式袋装机和直移型给袋式袋装机。制袋式袋装机适用于生产枕形袋、三面封口袋、四面封口袋、扁平袋及自立式袋。按袋形制作不同，可分为以下两种。

1) 翻领成型制袋式袋装机。用于枕形袋等制作，如图 4-8-12 所示。可以完成塑料薄膜的制袋、纵封(搭接或对接)、装料（充填)、封口和切断等工作。其工作过程为平张薄膜卷筒 2 经过多道导辊后，进入翻领成型器 3，先由纵封加热器 4 封合成形，搭接或对接成圆筒状，这时计量装置计量后的一份物料从料斗 1 通过加料管落入袋内，横封加热器 5 在封住袋底的同时向下拉袋，并对前一个装满物料的袋的进口封口，然后在两个袋子之间切断使之分开。该机各执行机构的动作，可由机、电、气或液压控制自动操作。

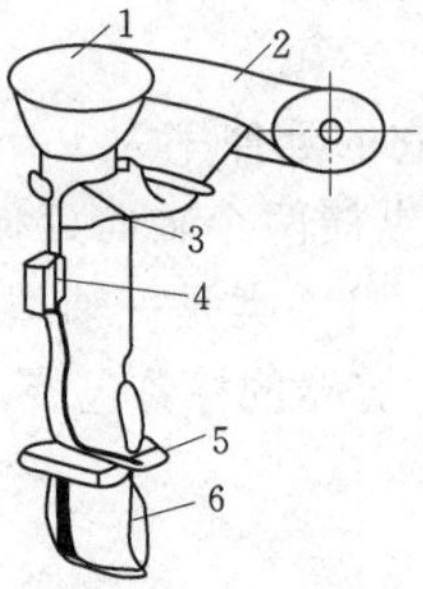

图 4-8-12 翻领成型制袋式袋装机

1—料斗；2—塑料膜卷筒；3—翻领成型器；4—纵封加热器；5—横封加热器与切断器；6—成品袋

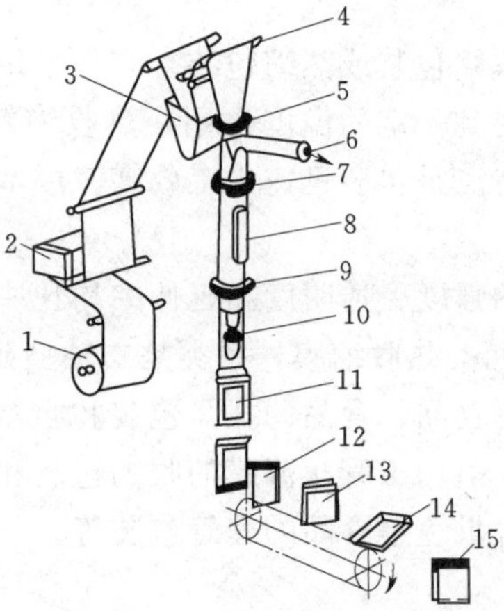

图 4-8-13 立方柱形制袋式袋装机

1—薄膜卷筒；2—印刷装置；3—双氧水槽；4—导辊；5、7、9—成型环；6—液体进料管；8—纵封加热器；10—螺旋式加热器；11—封口成型切断；12—入链式输送器；13—折翼；14—折角；15—成品

2）塔形与立方柱形制袋式袋装机。该机主要用来灌装和包装液体饮料（见图 4-8-13）。包装容器为塔形和立方形，平张薄膜卷筒 1 上的包装材料经过印刷装置 2（如包装材料上已有印刷文字说明，可以不用印刷装置）和过氧化氢（俗称双氧水 H_2O_2）消毒液消毒后，由导辊 4 向下导引，在成型环 5 和成型环 7 的作用下，将平张包装材料折成圆筒状。包装袋的接缝在向下运动时，被无菌空气加热，当通过最后一道成型环 9 时，被纵缝加热器 8 压合成纵封缝。果汁和鲜牛奶等料液由泵送到进料管 6 进入圆筒状包装袋内，无菌热空气从料管外面进入圆筒内直达液面，液面上又有螺旋加热器 10，它对袋内壁进行杀菌消毒，并使液面上形成无菌的空气层。横封与切断是在料面下进行的，横封切断装置的配置方式不同，就形成了立方柱形与塔形包装的不同产品。

直移型给袋式袋装机在使用前，应将事先加工好的各种空袋叠放在空袋箱里，工作时，每次从空袋箱的袋层上取走一个空袋，由输送链夹持手带着空袋在各个工位上停歇，完成各个包装动作（见图 4-8-14）。给袋式袋装机按输送链行走路线可分为直移型和回转型两种，前者输送链带着空袋作直线移动，后者作回转移动。两者的工作原理基本相同。

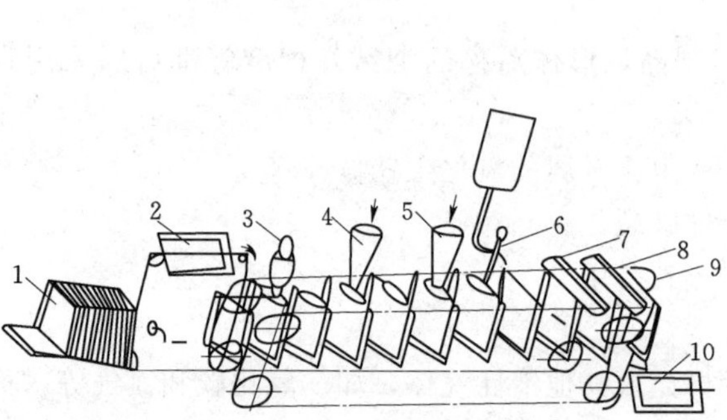

图 4-8-14 直移式给袋式袋装机

1—空袋箱；2—空袋递送；3—吹气张开袋；4、5—固体物料料斗；6—液体加料器；7—加热封口器；8—冷压成型；9—链式输送器；10—成品

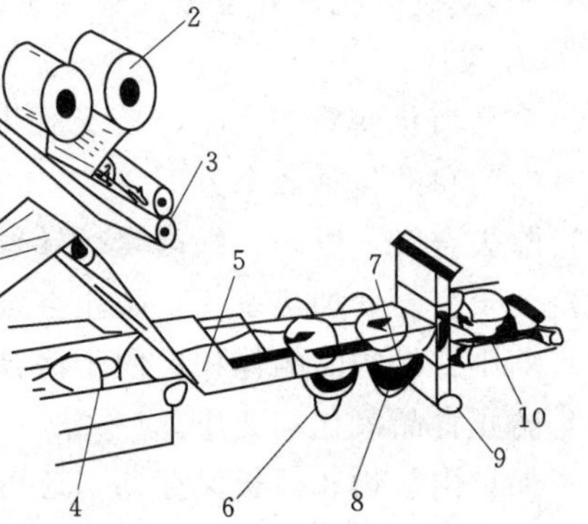

图 4-8-15 卧式给袋装机包装过程示意图

1—光电检测；2—卷筒包装材料；3—抽纸辊；4—进料带；5—制袋器；6—输纸滚轮；7—台面板；8—热风滚轮；9—风切刀具；10—出料带

（2）卧式袋装机。立式袋装机多用于液体饮料的制袋、装料（充填）和封口。而卧式袋装机多用于饼干、糕点、方便面、冰棒和雪糕等块状物料的包装（见图 4-8-15）。

4.8.2.2 热收缩包装机

1. 工作原理

热收缩包装又称收缩包装或热缩包装。它是采用具有热收缩性的塑料薄膜，直接包裹在食品上或覆盖在被包装容器上，当受到一定的温度作用，热收缩塑料薄膜会自行收缩，从而达到紧贴住被包装件的目的。热收缩膜包装的特点是包装迅速、工效高、成本低、操作方便、产品便于运输和销售，因此在食品加工业上应用甚广。

热收缩塑料薄膜的强度、透明度和延伸率均比一般塑料薄膜好。它的延伸率为1：4～1：7，而普通薄膜的只有1：2。有两类热收缩膜，一类是二轴型延伸热收缩膜，其纵横两个轴向延伸量几乎相等。这种薄膜可用于包装新鲜食品、食品的托盘包装和容器瓶口的密封包装。另一类是一轴型延伸热收缩薄膜，它只向一个方向延伸，适用于管状薄膜的收缩包装和标签包装，如酒类容器的标签包装，塑料瓶、玻璃瓶和盖的密封包装，新鲜果蔬等食品的套管包装等。

2. 包装方法

有三种热收缩包装方法（见图4-8-16）。

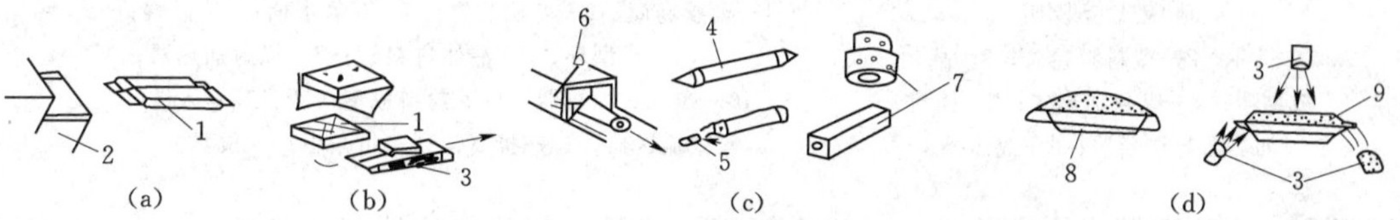

图4-8-16 热收缩包装方法

(a)、(b) 搭接法；(c) 套筒法；(d) 罩盖法

1—包装后的被包物；2—热缩隧道；3—加热输送带；4—加热前包装物；5—用热风喷嘴热缩；6—用热隧道热缩；7—热缩后包装物；8—加盖薄膜未热缩包装物；9—用热风喷嘴热缩的包装物

(1) 搭接收缩包装法。将被包装物装入热收缩薄膜袋1中，密封后经加热通道2进行收缩。或者在被包装物的上面盖上一张热收缩薄膜，从四角到底部折叠成1所示形状，由加热输送带3送到加热隧道进行加热，使其收缩。

(2) 套筒收缩包装法。将圆柱形或长方形食品用管状收缩薄膜包裹着，在薄膜包裹的宽度方向约有20mm的重叠，在长度方向留有30～50mm的余量，先将两端加热紧固，再使整体收缩。

(3) 罩盖式收缩包装法。这是一种有边容器的包装方法，用一张热收缩薄膜罩盖在被包装件的容器或托盘边缘的下部，然后进行加热收缩。

4.8.2.3 真空包装机与真空充气包装机

1. 工作原理

对于容易氧化变质的食品，易于氧化生锈的金属制品，形体蓬松的羽绒及棉麻等都可以采用真空包装。抽真空的目的包括四个方面。

(1) 除去空气，以防止细菌繁衍导致食品腐败，或阻止金属的氧化生锈。

(2) 便于密封后加热杀菌，防止空气膨胀使包装件破裂。

(3) 缩小膨松物品的体积，便于保存、运输，并节省费用。

(4) 防止食品氧化和变质。

为了保护内装物和延长保存期，还可在抽真空后再充入其他惰性气体，如二氧化碳和氮气等，称为真空充气包装。真空包装和真空充气包装使用阻气性强的材料，有金属铝箔和非金属（如塑料薄膜、陶瓷等）的筒、罐、瓶和袋等容器。

2. 分类

按照包装材料的不同，可分为金属罐真空包装机（即真空封罐机）和塑料容器真空包装机两大类。

(1) 真空封罐机。将已经计量充填后的金属罐送入真空腔进行抽气和封口的设备（见图4-8-17）。封罐时采用机械卷边挤压密封。

(2) 塑料容器真空包装机。可分为机械挤压式和腔室式等型式的真空包装机（见图4-8-18）。机械挤压式真空包装机是在塑料袋装料后留一个口，然后用海绵类物品挤压塑料袋，以排除袋内空气，随即进行热封。对于要求不高的真空包装可采用这种包装方法。

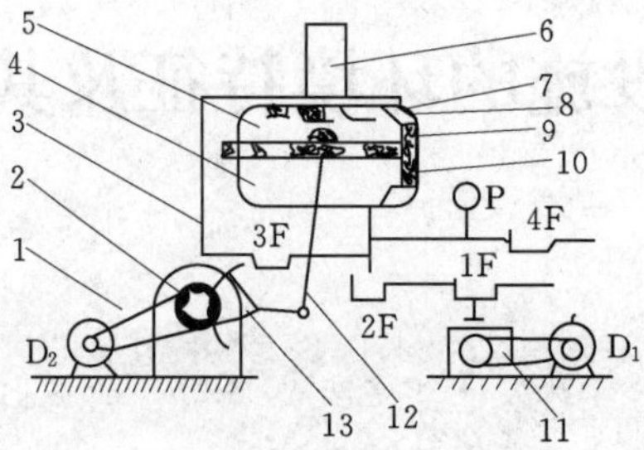

图 4-8-17　真空收缩包装机

1—皮带；2—齿轮；3—真空管道；4—底盘；5—封盖；6—平整气缸；7—平整压板；8—小气室；9—上热封头；10—下热封头；11—真空泵；12—连杆；13—扇齿轮 1F、2F、3F、4F 电磁控制阀

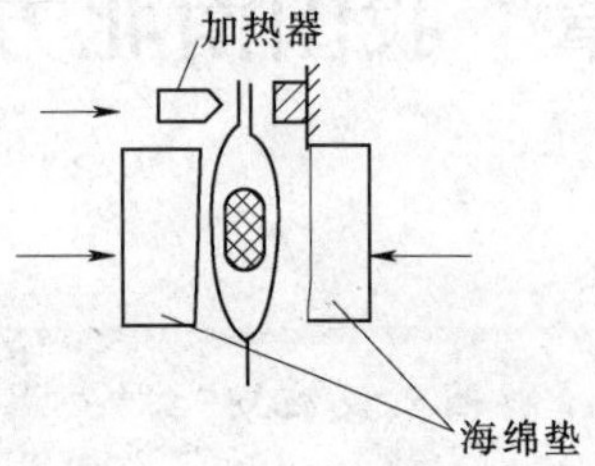

图 4-8-18　机械挤压式真空包装

腔室式真空包装机是目前应用最为广泛的一种真空包装设备。根据其结构形式不同，主要包括合式真空包装机和真空收缩包装机。合式真空包装机的工作过程为：将人工装好物料的塑料袋放在台面上的承受盘腔室内，关闭真空槽盖后由限位开关使继电器自动完成真空包装各工序的操作。其真空回路的转换阀有由电磁阀单体组成的转换阀和复合转换阀两种类型。阀座应耐腐蚀。加工包装体的封口宽度一般为 3～10mm，长度可达 700mm，生产效率为 12～30 袋/min。真空收缩包装机，用于需要排除空气、缩小物料体积的收缩包装。它有一个容积为 1300mm×850mm×410mm 的真空室，先把蓬松的物料装入塑料袋，然后放入真空室抽气并加热封口。

复习思考题

1. 常见育苗播种机有哪些类型，各有何特点？
2. 试述栽植设备的优点。常见移栽机、移栽机构有哪些？
3. 按所用的设备（主要是灌水器）及出流形式不同，微灌可分为哪些种类？各有何优缺点？
4. 微灌系统的田间布置应注意哪些方面？
5. 微灌系统中常用的施肥装置并描述其特点。
6. 温室注肥器使用过程中应注意的问题有哪些？
7. 根据施用方法，气肥设备分为哪些种类？
8. 温室增温、降温方式与设备有哪些，各有何特点？
9. 温室补光常用光源及其特征？
10. 什么是温室自然通风技术的原理？通风口的设置应注意哪些方面？
11. 什么是湿帘风机系统的工作原理？排风机数量如何确定？
12. 卷帘机的种类及安装步骤有哪几步？
13. 常用分选的方法有哪些？各种分选方法的分选原理是什么？

第5章　我国南北方园艺设施的环境特征及其调节控制

【本章要点】 了解园艺设施内光照、温度、湿度、气体及土壤五大环境因子的成因和特点，掌握各个环境因子的调控措施及相互关系。教学难点是园艺设施的综合环境管理。

园艺设施内的环境不同于露地，是一个可干预、控制和调节的空间环境。可以人为地调节控制设施内的五大环境因子，即光照、温度、水分、气体和土壤，创造出园艺作物生长发育所需的最佳综合环境条件。因此在设施栽培过程中，设施内环境的调节控制十分重要。在理清各种园艺设施内环境特征和掌握各种园艺作物对环境要求的基础上，千方百计使各个环境因子尽量满足栽培作物对环境条件的要求，使作物与环境间协调、统一，从而实现蔬菜、花卉、水果设施栽培的优质、高产、高效。本章主要介绍设施内五大环境因子的特点及其调控技术，以及园艺设施的综合环境管理。

5.1　设施内光照环境及其调节控制

“万物生长靠太阳”精辟地阐明了光照对作物生长发育的重要性，露地光照直接影响作物的光合作用、光周期反应和器官形态的建成。在设施栽培中光同样发挥着多种机能，光不仅是设施内作物进行光合作用的能源，也是形成设施内温度、湿度环境条件的能源。目前我国园艺设施的类型中，塑料拱棚和日光温室是最主要的，约占设施栽培总面积的90%，而塑料拱棚和日光温室是以太阳光为唯一光源与热源的。要改变设施内的温、湿度条件，首先要调节进入其中的光量。所以光环境对园艺作物生产的重要性是处在首位的。本节主要介绍设施内光照的特点、影响设施光环境的因素和光照调节的方法。

5.1.1　设施内光照的特点

园艺设施内的光照环境不同于露地，其光照条件受建筑方位、设施骨架结构、透光屋面大小、形状和角度、覆盖材料特性及其洁净程度等多种因素的影响。首先设施方位及屋面角影响入射量；其次覆盖材料的种类及其表面清洁程度影响阳光透射量，甚至会改变室内太阳辐射的光谱分布；再次受到设施结构或设备遮荫的影响，使得室内光照分布不均匀。

园艺设施内的光照环境除了从光照强度、光照时数、光的组成（光质）等方面影响园艺作物生长发育外，还要考虑光的分布均匀性对其生长发育的影响。设施内光照环境主要有以下特点。

1. 光照强度

设施内总辐射量低，光照强度弱。这是因为自然光通过设施透明屋面覆盖材料才能进入设施内。这个过程中自然光会由于覆盖材料吸收、反射、覆盖材料内表面结露的折射、吸收等降低透光率，进入棚室的光照只有自然光的60%～80%。另外透明覆盖材料的污染、老化等因素也会加重对透光率的影响。寒冷的冬季温室的透光率仅为露地的50%～70%（或更低），不能满足作物对光照要求。尤其在南方连日阴雨，光照不足，设施内的光照更弱。弱光已成为我国南方冬季和早春影响喜光性园艺作物的主要因素。

2. 光照时数

设施内的光照时数，是指园艺设施受光时间的长短，受自然光照时数和设施类型的影响。我国南方的日照时数少于北方，再加上南方阴天雨多，因此南方设施内的日照时数短于北方。大棚和大型连栋温室，因全面透光，无外保温覆盖，设施内的光照时数与露地基本相同。而单屋面日光温室光照时数一般要短于室外。在寒冷季节为防寒保温覆盖的草帘、纸被等揭盖时间直接影响温室内受光时数。往往在刚刚日落甚至在日落前就开始覆苫，而在日出后才开始揭苫。一天内光照时数7～8h，在高纬度地区甚至还不足6h，远远不能满足园艺作物对日照时数的要求。

3. 光质

室内光谱的组成（光质）与室外有很大的差异。由于各种覆盖材料的光谱特性不同，对各个波段光的透射、吸收和反射能力存在差异，致使透射到温室内的光谱存在很大差异。因而对作物生长发育的有效性不同。一般紫外线的透过率为聚乙烯薄膜＞聚氯乙烯薄膜＞玻璃；可见光的透过率为聚氯乙烯薄膜≈玻璃＞聚乙烯薄膜；红外线的透过率聚乙烯薄膜＞聚氯乙烯薄膜＞玻璃。

4. 光照分布

设施内光照分布不论在水平方向还是垂直方向都存在差异。以薄膜面为光源点，越向下，光照强度越弱，每下降1m，光照强度减少15%左右。日光温室朝南的透明屋面下，光照明显优于北部。设施内光照的平面及空间分布，除由太阳高度角、大气等自然因素决定以外，主要由设施的方位、屋面角度、覆盖材料的散射特性及作物的群体结构决定。温室内光照分布的不均匀性，使得园艺作物的生长也不一致。

5.1.2 影响设施光环境的因素

对于园艺设施内光照条件的要求是透光率要高，受光面积大且光的分布均匀。影响透光率的主要因素有室外太阳辐射能、覆盖材料的光学特性、设施的结构、类型与方位和作物的群体结构等。

设施的透光率是指设施内的光照强度（I）与室外自然光照强度（I_0）之比，以百分率表示为透光率。假定设施的平均透光率为τ，则设施内的光照强度为：

$$I=I_0\tau$$

设施的透光率τ可分为直射光透光率（τ_z）和散射光透光率（τ_s）两部分。

假如室外直射辐射与总辐射的比率为M，则设施的透光率τ可按下式求得：

$$\tau= M\tau_z+(1-M)\tau_s \tag{5-1}$$

直射光的透光率（τ_z）主要与投射光的入射角有关，即与设施方位、屋面坡度和太阳高度角有密切关系。直射光的透过率由下式决定：

$$\tau_z=\tau_a(r-r_1)(1-r_2)(1-r_3) \tag{5-2}$$

式中 τ_a——干净透明覆盖材料，在入射角为α时的透光率。α由温室的方位、屋面倾斜角，以及当地的太阳高度角决定。

散射光透光率（τ_s）取决于覆盖材料的种类、设施的结构型式，以及覆盖材料的污损情况等，也与设施的方位、季节及时间等有关。设施的散射透光率t_s可按下式确定：

$$\tau_s=\tau_{so}(1-r_1)(1-r_2)(1-r_3) \tag{5-3}$$

式中 τ_{so}——清洁透明的覆盖材料水平放置时对散射光的透光率，当屋面倾斜角较大时应折减2%～3%；

r_1——由设施构架和设备等引起的遮光损失系数，一般大型温室在5%以内，小型温室在10%以内；

r_2——覆盖材料因老化而引起的透光率损失系数；

r_3——水滴和尘埃引起的透光损失系数，一般由于水滴引起的透光损失系数可达20%～30%，尘埃引起的透光损失系数可达15%～20%。

散射光与直射光一起全称为全天光照。太阳辐射中，散射光的比重与太阳高度和天空云量有关。太阳高度为0°时，散射辐射占100%，20°时占90%，50°时占18%。散射辐射还随云量的增多而增大。阴雨天时，全天光照量相当于散射光量。散射辐射是太阳辐射的重要组成部分，因此，在设计园艺设施的结构时，要考虑如何充分利用散射光的问题。

1. 室外光照条件

设施内的自然光照来自于室外太阳辐射，因此在光照强度、光分布及光周期等方面，设施内的光照环境首先是受到室外光照条件的影响。如南方的自然光照比北方弱，南方设施内的光照也弱于北方。

2. 覆盖材料

不同的覆盖材料有不同的透光率，所以覆盖材料对设施光照有决定性的影响。覆盖材料除透光率外，还影响设施内的光谱组成。

(1) 覆盖材料的透光性能。投射到园艺设施覆盖材料上的太阳辐射能，一部分被覆盖材料吸收，一部分被反射，另一部分透过覆盖材料射入设施内。这三部分有如下关系：

$$吸收率+反射率+透射率=1 \tag{5-4}$$

干净玻璃或塑料薄膜的吸收率为10%左右，剩余的就是反射率和透射率。反射率越小，透射率越大。覆盖材料对直射光的透光率与光线的入射角有关。如图5-1-1所示，透光率随着入射角的增大而减小，但透光率与入射角的关系并不是简单的线性关系。入射角为0°时，光线垂直照射在覆盖物上，透光率最大。当入射角在0°～45°时，透射率下降缓慢，入射角>45°透射率下降明显，≥60°透射率急剧下降，入射角达85°时，透光率减小一半，直到90°时为零。一般对于设施的主要采光面，尽量使其在冬季一天中的主要采光时刻，太阳光的入射角小于40°。透光率与入射角的关系也因覆盖材料的不同而异，如硬质覆盖材料中的波形板的透光率高于平板材料。

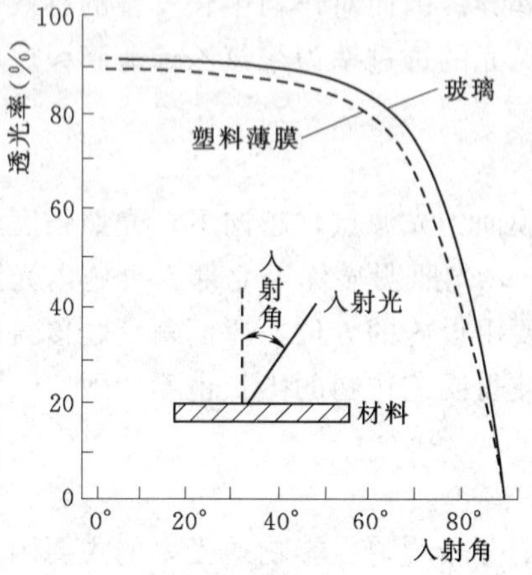

图5-1-1 透明覆盖材料的透光率

此外不同覆盖材料的光谱特性不同，对各个波段的吸收、反射和透射能力各异。某些情况，虽然两种覆盖的平均透光率相同，但由于各波长透光率不同，致使射入设施内的光谱能量分布有很大差异。

(2) 覆盖材料的污损和老化。覆盖材料对太阳辐射的透光率除了自身的透光特性外，还受到其内外表面附着尘埃颗粒、水滴或水膜和自身老化的影响，而且光质也有所改变。灰尘主要削弱900～1000nm和1100nm的红外线部分。灰尘和水滴共同影响，使塑料棚内的光照强度仅为露地的50%左右。此外，水膜的消光作用与水膜的厚度有关，当水膜厚度不超过0.1～1.0mm时，水膜对薄膜的透光率的影响很小。因此，在覆盖材料表面涂抹防尘辅料或合成时添加防尘辅料，可以减少尘埃对透光率的影响。在覆盖材料表面涂亲水材料使冷凝的水汽不能形成珠状，减少水滴的影响。覆盖材料老化也会使透光率降低，覆盖材料不同，抗老化的能力也不同，玻璃最强，树脂板较差。因覆盖材料本身老化透光率降低20%～40%。

3. 设施的结构、类型与方位

园艺设施的结构、类型与方位影响光的透过率和光照在设施内的空间分布情况，尤其对直射辐射的影响较大，而对散射辐射的影响较小。

(1) 屋面倾斜角。屋面倾斜角大小主要影响光线的入射角，从而影响透光率。单屋面日光温室，其后屋面仰角对透光率也有一定的影响。因此对于单屋面温室而言，为了增大其透光率，选择合理的后屋面仰角也是必须考虑的。

太阳直射光在日光温室采光屋面的入射角为θ，当太阳正对日光温室采光屋面时，可由下式求得：

$$\theta=90°-\beta-\alpha \tag{5-5}$$

式中 α——太阳高度角；

β——采光屋面倾斜角。

由于入射角在0°～40°，透过率降低不超过5%，只有在入射角大于40°后，透光率才显著降低。因此可按入射角θ小于等于40°的要求设计采光屋面角，即取$\beta \geqslant 50°-\alpha$。但是如果只按正午时刻计算，则只是正午较短时间达到较高的透光率，午前和午后的绝大部分时间，阳光对温室采光面的入射角将大于40°，达不到合理的采光状态。对此，张真和提出“合理采光时段”，即要求中午前后4h内（一般为10：00～14：00），太阳对温室前屋面的入射角都能小于或等于40°。这样对于北纬32°～43°地区，日光温室采光设计应在冬至日正午入射角40°为参数确定的屋面倾斜角基础上，再增加5°～10°。例如，北京地区冬至日正午时太阳高度角为26.5°，则合理的屋面倾斜角为28.5°～33.5°。

经过多年实践和各地试验研究，林伟申教授提出合理的日光温室屋面角应根据当地地理纬度（即太阳高度角）来确定，其经验公式是：

$$温室屋面角=23.5°+(当地纬度-40°)\times 1/2\pm 1 \tag{5-6}$$

（注：±1是为了防止温室过高或偏低，在北纬40°以北地区要－1，在北纬35°以南地区要＋1）

这种温室结构，在各地春、秋两季（春分、秋分）温室理论进光率达95％以上，最高室温30～35℃，达到生产各种蔬菜所需的光热条件。而在严寒的冬季能有78％光照进入室内，晴天最高温度达28～32℃。在不加温情况下，为秋季喜温性蔬菜的继续生长提供条件，保证耐寒性蔬菜顺利生长。在寒流袭击时，稍有加温就可使喜温蔬菜渡过难关。

（2）设施方位。单屋面温室，如日光温室，仅向阳面受光，两山墙和北后墙为土墙或砖墙，不透光。这类温室应东西延长，坐北朝南，便于采光。双屋面的设施，以冬季生产为主时，东西延长的比南北延长的透光率高。单栋塑料大棚，冬季直射光平均透过率东西延长的比南北延长的高出5％～20％，以冬季生产为主的，应以东西延长为宜。南北延长大棚的光照分布均匀，以春、秋栽培为主或全年栽培时，应以南北延长为优。

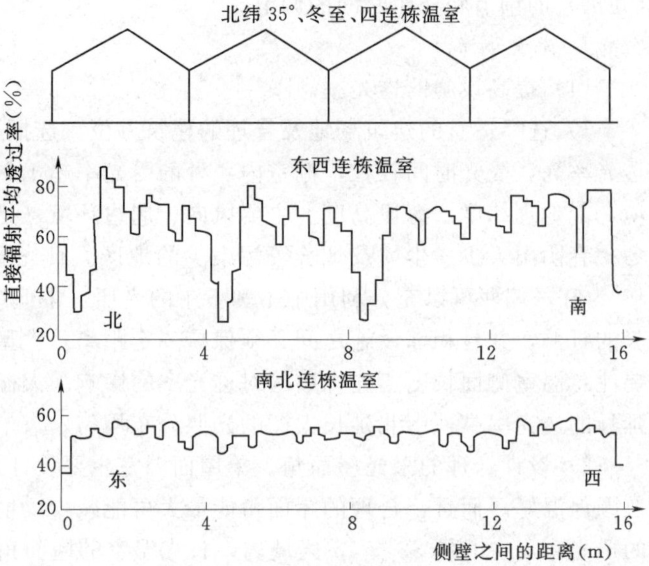

图5－1－2　南北与东西连栋温室直接辐射平均透过率的横向分布

连栋温室，东西延长的其直接辐射平均透过率的横向分布不均匀，屋脊结构等造成阴影弱光带，使靠北边的透光率下降，形成凹凸不匀光的分布状况，透光率大小相差近40％，但透光率高。南北延长的连栋温室虽然透光率低，但光照分布较均匀。一般是中央位置的透光率高，东西侧面低10％左右（见图5－1－2）。因此连栋温室的方向选择，不仅考虑直射光的透光率，还要考虑直射光分布的均一性。

（3）设施结构和设备。园艺设施的结构材料和设备的遮光可使温室内光照强度降低10％左右，工程设计中应尽可能减小构件遮光面积。

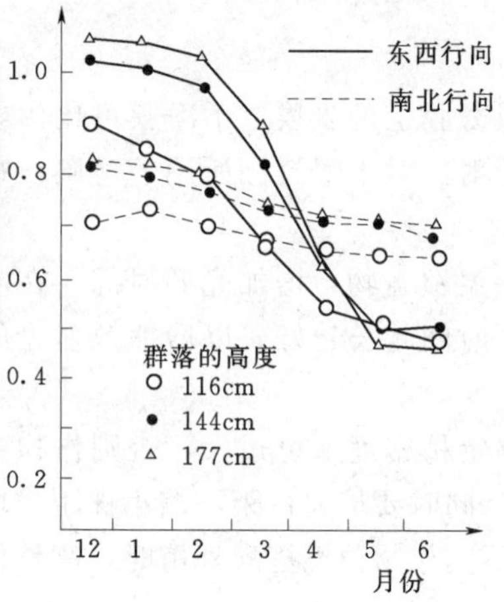

图5－1－3　番茄群落行向和群落折射光入射率

（4）相邻设施的间距。为了保证相邻的设施内有充足的日照，不至于被南面的设施遮光，相邻设施间必须保持一定的距离。相邻日光温室之间的距离大小，主要应考虑温室的脊高加上草帘卷起来的高度，相邻温室间距应不小于上述两者高度的2～2.5倍，应保证在太阳高度最低时的冬至节前后，温室内也有充足的光照。南北延长的温室或塑料拱棚，两栋之间的间距要求为脊高的1倍左右，纬度越高倍数越大。

4．植株垄（行）向

一天中进入温室的直射光中，被植物群体吸收的比例称作直射光群落入射率。直射光群落入射率受垄向的影响较大，如图5－1－3所示的是番茄植株群落垄行向对不同时期直射光群落入射率的影响。由图可见，东西垄向冬季的群落直射光入射率高，夏季低；但南北垄向直射光的群落入射率的季节变化小。可见冬季番茄栽培东西垄向较好，但东西垄向种植时，必须扩大垄行间距，否则会恶化作物下部的光照状况。因此，在选择温室内作物的垄行向时，需要考虑其对温度、光照等多种因子的综合影响。我国温室栽培以南北垄行向为主。

5.1.3　设施内光照环境的调节与控制

光在设施内发挥着多种机能，在调控设施内的光环境时，首先要考虑需要调控光的哪些机能。光是设施内植物进行光合作用、形成设施内温度及湿度环境条件的能源。要提高光合作用、改变温室内的温度、湿度条件时，首先要调节进入温室内的光量，虽然光合作用也和光谱组成有关，但在以自然光源为主要光源的温室，光照强度仍然是影响光合作用的第一要素。此外，光与园艺植物开花、贮藏器官的形成等关系密切，因此要调控植物的形态建成，日长和光谱等的调节是关键。温室光环境的调节主要包括光量、光质（光谱）的调节和光照时间的调节。

1. 光量调节

（1）提高设施的透光率。

1）选择适宜的建筑场地及合理的建筑方位。选择适宜的建筑场地及合理的建筑方位，尽量让棚室的透光率高，受光时间较长，棚室内各处的受光率趋于一致。确定的依据是设施生产的季节，当地的自然环境，如地理纬度、海拔高度、主要风向、周边环境（是否有高大建筑物）。如建造日光温室，选光照充足、冬、春阴雨天少、尘埃及烟雾等污染少的地区。日光温室坐北朝南，东西延长，高纬度地区南偏西5°～10°为宜，偏西可以充分利用中午和下午的光照。中低纬度地区则以南偏东5°～10°为宜，可以充分利用上午的日照。并且相邻设施之间必须保持一定距离。大型现代化温室则以南北延长为宜，光照分布均匀，并要注意温室侧面长度、连栋数等对透光率的影响。大棚南北延长或东西延长，东西延长的塑料大棚比南北延长的透光率高，南北延长大棚的光照分布均匀。

2）设计合理的采光屋面角。单屋面温室主要设计好前屋面角，后屋面仰角，既保证透光率高同时也兼顾保温好。而且，合理的屋面角能最大可能减少反射光的损失，使寒冷季节每天的大部分时间都有较大的透光率。在北纬32°～43°区域内，日光温室的屋面角应达到25°～35°。连接屋面温室屋面角要保证尽量多进光，还要防风、防雨（雪），使排雨、雪水顺畅。

3）设施结构要合理。首先选择合理的透明屋面形状，以拱圆形屋面采光效果好，最好是圆形面与抛物面组合。其次要安排多根建材的阴影处于同一部位，同时尽可能缩短温室后坡长度。

4）选择合理的骨架材料。在保证设施结构强度的前提下尽量用细材和反光性能好的材料，如强度大的钢材或铝合金骨架，以减少骨架遮荫，梁柱等材料也应尽可能少用，可取消立柱，对改善光合环境有利。

5）选择透光率高的薄膜。选用透光性好、防尘、抗老化、无滴的透明覆盖材料，且透紫外光多，透长波红外辐射少。北方薄膜厚度为0.1～0.12mm，南方的光照更弱，因此南方用膜较薄。或选择调光膜，如漫反射膜、转光膜等。另外，扣膜时要拉平、拉紧，薄膜上皱褶也影响透光，在中午前后扣棚容易拉紧。大型温室有条件的可选用PC板材。

（2）改进光照管理措施。

1）保持透明屋面干净清洁。保持棚面干洁，经常清洗设施玻璃或薄膜上的尘埃，干净膜可比污染膜增加透光率约20%。内表面应通过放风等措施减少结露，防止光的折射。对于塑料棚所用的薄膜，每年要更换老化污染的旧膜，选用无滴膜。

2）延长光照时间。在保温前提下，尽可能早揭晚盖外保温和内保温覆盖物，增加光照时间。在阴天或雪天，也应揭开不透明的覆盖物（同样也要在防寒保温的前提下），时间越长越好，以增加散射光的透光率。双层膜温室，可将内层改为白天能拉开的活动膜，以利光照。

3）调整作物布局，合理密植。为减少作物间的遮荫，设施内植物定植密度不可过大，否则作物在设施内会因高温、弱光而徒长。作物行向以南北行向为好，没有死阴影。同时要扩大行距，缩小株距，增加群体透光率。单屋面温室的栽培床高度要南低北高，防止前后遮荫。不同作物种类搭配种植时，高秆作物在北部和两侧，矮秆作物在南部和中部。

4）加强植株管理。黄瓜、番茄等高秧作物应及时整枝打杈，及时吊蔓和插架。尽量使用无色透明尼龙绳吊蔓，并使绳架向南倾斜5°～10°，可以减少架材遮荫，还可以减少南排作物对北排作物的遮光。利于中午前后太阳光直射入下部，减少垂直光照差异。进入盛果期时应及时将下部老化的或过多的叶片摘除，以防止上下叶片互相遮荫。

5）选用耐弱光品种。尤其在南方设施内更需选择耐弱光、耐阴的园艺植物种类与品种。

6）利用反射光。在日光温室北墙张挂反光幕，可使膜前3m范围内的光照强度增加40%～44%（见表5-1-1）。在1～3月光照弱的季节育苗，利用此膜能明显提高秧苗素质。或者把温室后墙涂白、棚室的骨架刷白等也能增加室内的反射光。地面铺设地膜，有利于地面反光，可增加植株下层的光照。

表 5-1-1 温室反光幕的增光率

项目	高度（m）			
	0	1	2	3
总平均	40.0	29.1	18.9	9.2
地面12月平均	44.5	31.8	16.0	9.1
3月平均	31.4	13.5	14.2	4.4
60cm高	43.0	20.8	12.3	7.5

（3）补光。人工补充照明的目的有两个：一是光周期补光，用以满足作物光周期的需要，调节花期和成熟期。如温室进行大蒜冬季栽培，补光满足大蒜鳞茎膨大对光周期的要求，使蒜头在春节期间上市。二是栽培补光，满足光合作用对能源的需要，补充自然光的不足。人工补光在北欧地区，冬季太阳辐射严重不足，人工补光应用较领先。我国由于农产品的价格较低，人工补光会导致生产成本的大幅度提高，影响了其应用，目前还没有大规模应用，主要在育苗上应用。对于大多数果菜类蔬菜来说，我国南北方冬季设施内的光照一般都达不到光饱和点，尤其南方光照更弱，补光显得尤为重要，补光能够提高设施室植物的光合效率，提高产量和品质。

栽培补光对光源的基本要求：一是要求要有一定的强度（使光照强度在光补偿点以上和饱和点以下）；二是要求光源的光谱特性与植物产生生物效应的光谱尽量吻合，以便最大限度利用光源的辐射能量；此外要求光照强度最好具有一定的可调性。

人工补光的光源因栽培方式不同而异，电照栽培多用白炽灯，补光栽培多用高压气体放电灯，而荧光灯则两种栽培方法都可利用。白炽灯灯光的能量分布中红外线比例大，有利于作物的形态建成，但发光效率低和光合效率低。由于白炽灯的构造简单，价格便宜，目前主要作为辅助光源。荧光灯作为第二代电光源，发光率高，约为白炽灯的 4 倍。光谱主要集中在可见光区域，其成分一般为蓝紫光 16.1%，黄绿光 39.3%，红橙光 44.6%。荧光灯使用寿命长达 3000h 以上，是目前使用最普遍的一种光源，主要缺点是功率小。高压放电灯是现代灯源，有水银灯、氙灯、钠灯、金属卤化灯及生物效应灯等。其中金属卤化灯功率大，发光率高。发光光谱主要集中在可见光区域内，寿命长，一般达 4000h 以上。是目前高强度人工补光的主要光源，但价格高。除了这些常用灯源，还有一些新型灯源微波灯、发光二极管。微波灯强度大、寿命长，而且其光谱能量分布与太阳辐射相近，是今后最具有推广价值的新灯源。

（4）遮荫。设施遮荫的目的有两个：一是减弱设施内的光照强度；二是降低设施内的气温、土温和叶温。遮光率越大，抑制升温的效果也越好。一般遮光 20%～40%，便可降温 2～4℃。遮光是园艺作物夏季设施栽培获得优质高产的关键技术之一，对弱光性园艺植物尤为重要。盛夏季节的强光和高温会严重影响作物的生长，需要遮光减弱光照强度。在高温季节育苗或分苗后缓苗前需要进行遮光，促进缓苗；栽培韭黄、蒜黄等也需要全程遮光。遮荫已成为我国南方地区晴热型夏季进行优质高效叶菜栽培的主要方式，是我国南方热带、亚热带地区设施栽培的特色。

1）覆盖各种遮荫物。如图 5-1-4 所示，可覆盖各种遮阳覆盖物，如遮阳网、无纺布、普通网纱、竹帘等。遮阳网（凉爽纱）依原料不同有维尼纶、聚酯等编织而成白色、黑色、银灰色和灰色等，强度和耐候性均强。但以维尼纶为原料的，干燥时收缩率达 2%～6%，覆盖时不能拉得太紧。PE 网以 PE 为材料编压成网，通气性、强度、耐候性均佳。PVA 纤维网以聚乙烯醇为原料的有黑色和银灰为主两种，以维尼纶为原料的与凉爽纱相似，会收缩 3%～4%，但通气性好。不织布光滑柔软，不易与作物发生缠绕牵挂等障害，软质塑料膜以 PE 涂黑或铝箔状，适于内覆盖。

在设施外面或里面覆盖遮阳材料，均能减弱光照强度，降温 2～3℃。一般外遮阳降温效果好，但易受风害；内遮阳不易受风害，但阻断的热量仍然滞留在遮阳网上部的空间内，降温效果比外遮阳差。对于喜阴植物，应采取遮光措施，一般 9：00～10：00 到 15：00～16：00。

2）玻璃面涂白或塑料薄膜抹泥浆。涂白材料多用石灰，用石灰块 5kg 加少量水粉化，过滤后加入 25kg 水和 250g 食盐，用喷雾器均匀的喷布在温室外的玻璃面上。能起到减弱设施内光照 20%～30%，但

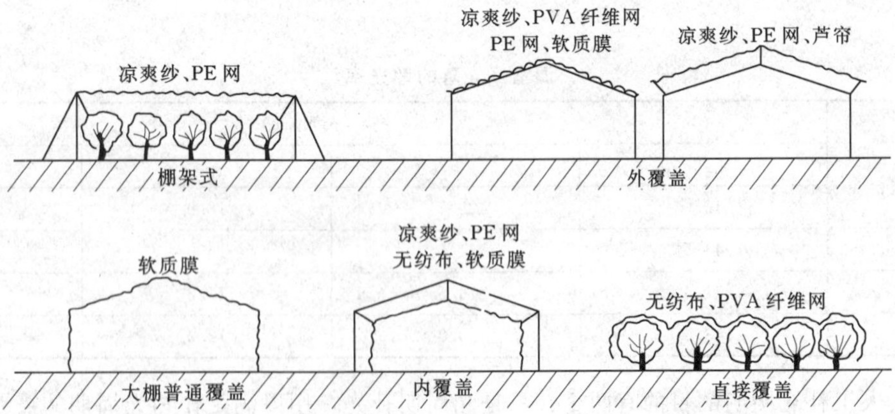

图5-1-4 各种遮光材料的覆盖方式与覆盖位置

喷白对降低温度效果不大。在国外也有用温室涂白专用的涂白剂。

3）屋面流水。夏季高温光照过强时，在屋面上不断流水，既能遮光，还能吸热。可遮光25%，降温4℃。

4）温室内种植藤本植物。园林花卉设施内种植一些爬蔓的藤本植物，如叶子花、佛手瓜、苦瓜等，夏季高温时茎蔓爬到架上，下面形成荫蔽环境，起到遮光，降温的作用。

5）室外种植落叶树种。在温室外部四周距墙2～2.5m处，种植成排的高度适宜的小乔木，树种要求枝叶不过于繁茂，树冠比较开张，枝条萌发力强，生长迅速，且病虫危害较少的落叶树，如垂柳、合欢等。夏季即可降温又遮荫并能使温室周围环境更与自然的生态条件相近，秋末光照强度减弱，对树木进行强修剪，防止冬季遮光，早春又可重新萌发形成新的植物景观。

2. 光质调节

光质（即光谱）与植物的光合作用、形态建成等关系密切，因此了解各种波长光的作用，配置适当光谱比例非常重要。利用自然光设施栽培中，覆盖材料不同对不同波长的光辐射透光率不同，影响进入设施内的阳光的光谱组成。光照处理与红光和远红光关系很大，用于长日照处理的白炽灯就富含这两种光波。据报道，在聚丙烯树脂内添加遮断红光和远红光的色素制成的转光膜，可调节室内600～700nm的红光（R）和700～800nm的远红光（FR）的光量子比（R/FR），控制植物茎节的伸长。因此可以通过覆盖材料的选择，促进或抑制植物的节间伸长。覆盖材料光波透过率中另一重要波长是紫外线。紫外线和紫茄子、葡萄和月季花的着色关系密切，对蜜蜂等昆虫的活动也非常重要。但滤去紫外线后，能抑制蚜虫的发生，并促进茎叶的伸长。

此外，可以选择有色覆盖材料，人为的创造某种光质，以满足某种作物或某个发育时期对该光质的要求，获得高产优质。但有色薄膜透光率偏低，只有在光照充足的前提下改变光质才能收到较好的效果。如紫光膜适用于韭菜、茴香、芹菜、莴苣叶菜类等；蓝色薄膜对防止水稻育秧时的烂秧效果显著。

3. 光照长度的调节

植物光周期反应的控制，促进或延缓园艺植物开花、打破休眠，分为长日照处理与短日照处理。

(1) 短日照处理。短日照遮光处理一般称黑暗处理，即采用遮光率为100%的遮光幕覆盖。如秋菊在日照时数在12h以下才会开花，遮光处理，可促进提早开花。草莓的遮光处理可以诱导休眠和促进花芽的分化。草莓花芽的分化要求每天10～12h以下的短日照，诱导休眠要将每天的日照时数控制在10h以下。短日照处理有黑色PVC、银色PVC及银色PE膜。

(2) 长日照处理。长日照处理采用补光处理，进行长日照处理的补光栽培一般称电照栽培。如菊花电照处理可抑制花芽的分化，延长秋菊开花期至冬季三大节日期间开花，实现反季节栽培，增加淡季菊花供应。而草莓的电照栽培，可以阻止休眠或打破休眠，提早上市。

电照补光因照明方法、作物种类而异同，光源一般用5～10W/m^{2}白炽灯泡。照明方法有：①从日落到日出连续照明的彻夜照明法；②日落后连续照明4～8h的日长延长法；③黑暗中插入连续照明2～5h的黑暗中断法；④在夜间4～5h交替进行开灯和关灯的间歇照明法，即在1h内开灯数分钟至20min，如此反复点灭，与连续长日处理效果相同。电力消耗少，但需要反复开关电源的定时器，并会影响灯泡的寿命。

5.2 设施热平衡原理及其温度的调节控制

温度是影响园艺作物生长发育的最重要的环境因子，也是设施栽培的首要环境条件。它影响着植物体内一切生理变化，任何植物生长发育和维持生命活动都要求一定的温度范围。不同的园艺作物都有各自温度要求的“三基点”，即所谓最低温度、最适温度、最高温度。当温度超过生长发育的最高、最低界限，则生育停止，如再超过维持生命的最高、最低界限，就会死亡。只有在最适温度范围内，植物才会生长良好。原产热带、亚热带的园艺植物多为喜温性作物，不耐低温，甚至短期霜冻就会造成极大危害；而原产温带气候条件下的则多为喜凉性作物，耐寒性较强。即使同一种作物，在其生长发育的不同时期，对温度的要求也不同。在同一天中也要求白天温度高，夜间温度低，昼夜要求有一定的温差（多数作物要求有近10℃温差），这就是所谓“温周期”现象。

设施栽培应根据不同园艺作物对温度“三基点”的要求，尽可能使温度环境处在其生育适温内，即适温持续时间越长，生长发育越好，有利优质、高产。我国地处欧亚大陆东部，形成季风显著、大陆性强的气候特征，与欧美及日本发达资本主义国家相比，我国盛夏酷热，冬季严寒，因此设施内温度的调节显得尤为重要。本节主要介绍设施内温度的特点、热平衡原理和设施内温度调控的方法。

5.2.1 设施内温度的特点

设施内热量的来源主要是太阳辐射，除加温温室外，所有保护设施白天都依靠太阳辐射而增温。因此设施内温度环境受到太阳辐射和室外温度的影响。太阳辐射透过透明覆盖物照射到地表面，提高设施内气温和土温。而反射出去的长波辐射大多数被玻璃、薄膜等覆盖物阻挡，所以室内进入的太阳能多，反射出去的少。室内温度自然高于外界，这就是所谓的温室效应。根据这个道理，可以知道设施内温度随外界温度的变化而变化，有季节变化，日变化、昼夜温差、局部温差等特征。

1. 气温的季节变化

设施内温度受外界温度的季节性变化影响很大。在北方地区，保护设施内存在着明显的四季变化。按气象学规定，以候平均气温≤10℃、旬平均最高气温≤17℃、旬平均最低气温≤4℃作为冬季指标；以候平均气温≥22℃、旬平均最高气温≥28℃、旬平均最低气温≥15℃作为夏季指标。冬季、夏季之间作为春、秋季指标。则日光温室内的冬季天数可比露地缩短3～5个月，夏天可延长2～3个月，春秋季也可延长20～30d。而大棚冬季只比露地缩短50d左右，春、秋比露地只增加20d左右。所以高效节能温室可四季生产喜温果菜，而大棚只能进行春提早、秋延后栽培。

2. 气温的日变化

设施内气温变化一般与太阳辐射的变化是同步的。晴天上午随着太阳辐射的增强温度逐渐升高，室内气温每小时升高5～7℃；白天最高气温出现在13：00～14：00左右，午后随着太阳辐射的减弱，室内气温每小时下降4～5℃；日落后约降温0.7℃左右，最低温度出现在日出前或保温覆盖物揭起前。

园艺设施内的日差是指一天最高温度和最低温度之差。设施内的日差因设施大小、覆盖材料、保温措施、气候等不同而异。一般大型设施的温度变化较缓慢，日较差小；小型设施的空间小，热缓冲能力小，温度变化剧烈。据调查，在密闭条件下，小拱棚春天的最高气温可达50℃，大棚只有40℃左右。在外界温度10℃时，大棚的日较差约为30℃，小拱棚却高达40℃。相同结构的园艺设施，覆盖聚乙烯薄膜的日温差大于覆盖聚氯乙烯薄膜的日差。晴天的日差较阴天的日差大。南方设施的昼夜温差较北方的昼夜温差小。昼夜温差的大小影响到果实增糖、果面着色及成熟等。若昼夜温差不能达到园艺植物所需的要求，会影响果实的品质与成熟。

3. 设施内“逆温”现象

通常温室内温度都高于外界，但在没有保温覆盖和加温设备的设施内，日落后的降温速度往往比露地快。如再遇冷空气入侵，特别是有较大北风后的第一个晴朗微风夜晚，温室大棚夜晚通过覆盖物向外辐射放热更剧烈。设施外在微风的作用下，可以从大气的逆辐射补充热量，而室内因覆盖物阻挡得不到热量补充，常常出现室内气温反而低于室外气温1～2℃的逆温现象。一般出现在凌晨，10月至翌年3月都有可能出现，尤以春季逆温的危害最大。有试验研究表明，逆温出现时，设施内的地温仍然比露地高，所以作物不会立即发生冻害，但逆温时间过长或温度过低就会出问题。

4. 设施内气温的分布

园艺设施室内气温的分布存在不均匀状况，不论水平方向还是垂直方向都存在着温差。设施内温度的空间分布比较复杂。温度分布不均匀的原因，主要是受太阳光入射量分布的不均匀、加温/降温设备的种类和安装位置、通风换气的方式、外界风向及设施结构等多种因素的影响。如距离加温设备近的地方，气温就比较高，远的地方温度低。一般情况下，室温上部高于下部，中部高于四周，中国北方日光温室夜间北侧高于南侧，保护设施面积越小、低温区比例越大，分布也越不均匀。而地温的变化，不论季节与日变化，均比气温变化小。

5. 设施内地温的变化

土壤是设施的蓄热体。白天土壤吸收设施透射进来的太阳辐射，地温升高，土壤贮存热量。夜间，气温下降，土壤散失热量减缓气温的下降。由于空气的热容量远小于土壤，气温变化较地温更明显，因此不加温温室内白天气温一般高于地温，而夜间地温一般高于气温。在作物栽培区，由于有作物的遮阳作用，地面吸收太阳辐射少，土壤蓄热量少，地温相对较低。在日照不足的地区，冬季和早春季节温室地温一般偏低，难以满足作物生长的要求。设施内土壤温度中部高于四周，30cm 以下土温变化很小。因为土壤热辐射和热传导的作用，设施面积越大，土壤保温效果越好。

一般地温要求 10～12℃以上，才能保证园艺作物根系正常生长。设施内土温比气温稳定，有时气温已经达到植物生长发育要求，却因土壤的散热途径较多而使土温上升缓慢。土温与气温不协调，会致使植物发芽迟缓，花期延长。这就是有些情况下温室内要设置地下加热系统的原因。

5.2.2　设施热平衡原理

园艺设施是一个半封闭系统，它不断地与外界进行能量与物质交换。根据能量守恒原理：蓄积于温室内的热量 ΔQ 为进入温室内的热量（Q_{in}）与散失的热量（Q_{out}）之差。当 $Q_{in}>Q_{out}$ 时，温室蓄热升温；当 $Q_{in}<Q_{out}$ 时，室内失热而降温；当 $Q_{in}=Q_{out}$ 时，室内热收支达到平衡，此时温度不发生变化。不过，热量收支平衡总是相对、暂时和有条件的，是一种动态平衡。不平衡是经常的、绝对的。根据热量平衡原理，只要增大传入温室内的热量或减少传出的热量，就能使设施内的温度升高。反之，便会出现较低的温度。因此人们采取保温、加温和降温措施来调节设施内的温度。

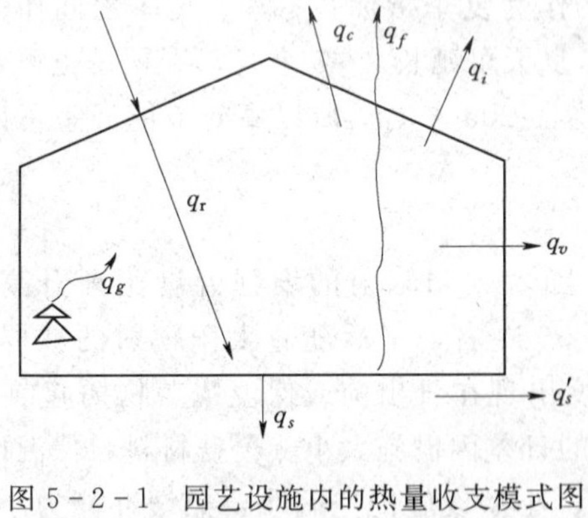

图 5-2-1　园艺设施内的热量收支模式图

如图 5-2-1 所示，为设施的热量收支模式图，图中箭头到达的方向表示热流的正方向。温室内的热量来自两方面：一是太阳辐射能，另一部分是人工加热量。而热量的支出则包括如下几个方面：①地面、覆盖物、作物表面有效辐射失热；②以对流方式，设施内土壤表面与空气之间、空气与覆盖物之间热量交换，并通过覆盖物表面失热；③设施内土壤表面蒸发、作物蒸腾、覆盖物表面蒸发，以潜热形式失热；④通风换气将显热和潜热排出；⑤土壤传导失热。

综上所述，可写出温室的热量平衡方程式如下：

$$q_r+q_g=q_f+q_i+q_c+q_v+q_s+q_s' \tag{5-7}$$

式中　q_r——太阳总辐射能量；

q_g——人工加热；

q_f——有效辐射失热量；

q_i——潜热失热量；

q_c——对流传导失热量（显热部分）；

q_v——通风换气失热量（包括显热和潜热部分）；

q_s——地中传热量；

q_s'——土壤横向传导失热。

方程式（5-7）和图5-2-1是一种粗略的近似，忽略了室内灯具的加热量，作物生理活动的加热或耗热、覆盖物、空气和构架材料的热容等。如图5-2-2所示，为日光温室一天内的热收支状况，其中没有 q_g（人工加热）一项，热量只来自太阳辐射。

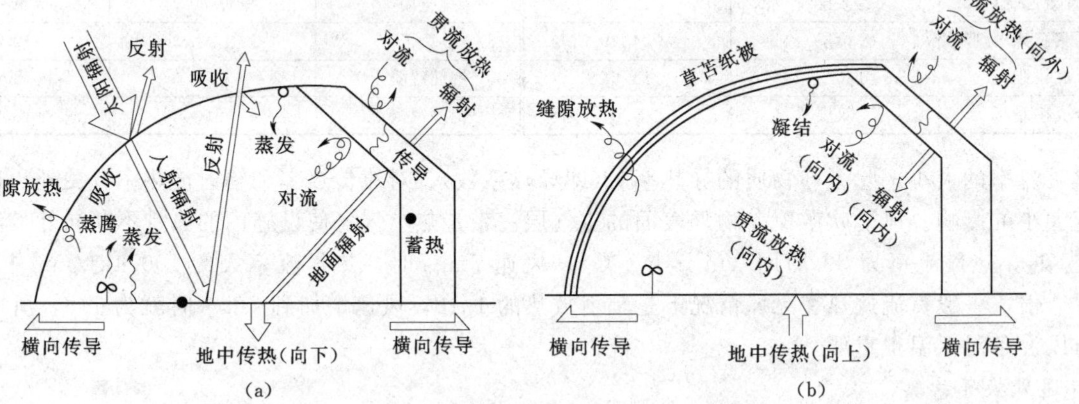

图5-2-2　日光温室热收支平衡示意图

(a) 白天；(b) 夜间

园艺设施内存在着热量的传导、辐射和对流。作为一个整体系统，各种传热方式往往是同时发生的，而且彼此是连贯的，是某种放热过程的不同阶段。下面讨论设施热支出的各种途径。

1. 贯流放热

把透过覆盖材料或围护结构的热量称做温室表面的贯流传热量（见图5-2-3）。这种贯流传热量就是几种传热方式同时发生的，它的传热主要分为3个过程：首先设施的内表面A吸收了从其他方面来的辐射热和空气中来的对流热，在覆盖物内表面A与外表面B之间形成温差，通过传导方式，将上述A面的热量传至B面，最后在设施外表面B又以对流辐射方式将热量传至外界空气之中。

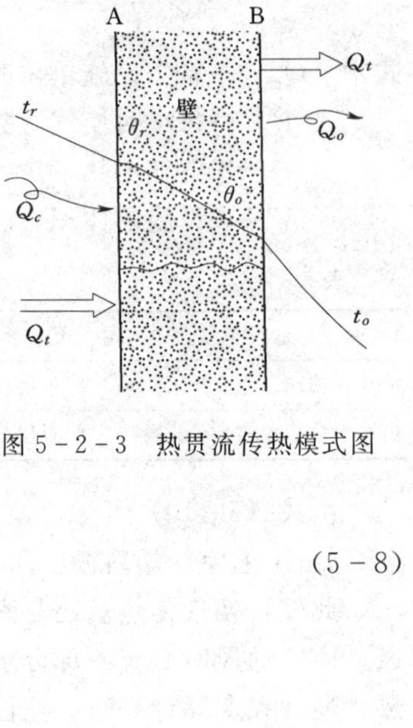

图5-2-3　热贯流传热模式图

贯流传热量的表达式如下：

$$Q_t = A_w h_t (t_r - t_o) \tag{5-8}$$

式中　Q_t——贯流传热量，$kJ \cdot h^{-1}$；

A_w——设施表面积，m^2；

h_t——热贯流率，$kJ/(m^2 \cdot h \cdot ℃)$；

t_r——温室内气温；

t_o——温室外气温。

热贯流率的表达式为：

$$h_t = \frac{1}{\dfrac{1}{\alpha_\gamma + h_\gamma} + \dfrac{d}{\lambda} + \dfrac{1}{\alpha_{\gamma o} + h_{\gamma o}}} \tag{5-9}$$

式中　α_γ，$\alpha_{\gamma o}$，h_γ，$h_{\gamma o}$——设施内外的对流传热率和辐射传热率；

λ——导热率；

d——材料厚度。

由式（5-8）可知，贯流传热量 Q_t 就是由设施内外温差引起的，由设施内流到设施外的全部热量，表5-2-1列出若干物质的热贯流率。

表 5-2-1 若干物质的热贯流率 单位：kJ/(m² · h · ℃)

种　　类	规　格（mm）	热贯流率	种　　类	规　格（cm）	热贯流率
玻璃	2.5	20.92	木条	厚5	4.60
玻璃	3～3.5	20.08	木条	厚8	3.77
玻璃	4～5	18.83	砖墙（面抹灰）	厚38	5.77
聚氯乙烯	单层	23.01	钢管		41.84～53.97
聚氯乙烯	双层	12.55	土墙	厚50	4.18
聚乙烯	单层	24.29	草苫		12.55
合成树脂板	FRP、FRA、MMA	14.64	钢筋混凝土	5	18.41
合成树脂板	双层	5.0	钢筋混凝土	10	15.90

热贯流率的大小，除了与物质的导热率λ（即导热系数）、对流传热率和辐射传热率有关外，还受设施外风速大小的影响。风能吹散覆盖物外表面的空气层。带走热空气，使设施内的热量不断向外贯流。风速 $1\text{m}\cdot\text{s}^{-1}$时，热贯流率为 33.47kJ/(m² · h · ℃)；风速 7m/s 时，热贯流率大约 100.4kJ/(m² · h · ℃)，增大了 3 倍。一般贯流放热在无风情况下是辐射放热的 1/10，风速增加到 7m/s 时就为 1/3，所以设施外围的防风设备对保温很重要。

2. 通风换气放热

温室内自然通风或强制通风，建筑材料的裂缝，覆盖物的破损，门、窗缝隙等，都会导致设施内的热量流失。

温室内通风换气失热量，包括显热失热和潜热失热两部分，显热失热量的表达式如下：

$$Q_v = R \cdot V \cdot F(t_r - t_o) \tag{5-10}$$

式中 Q_v——整个设施单位时间的换气失热量；

R——每小时换气次数（见表 5-2-2）；

F——空气比热，F=1.3kJ/(m² · h · ℃)；

V——设施的体积，m³。

表 5-2-2 每小时换气次数（温室密闭时）

保护地类型	覆盖形式	R（次/h）	保护地类型	覆盖形式	R（次/h）
玻璃温室	单层	1.5	塑料大棚	单层	2.0
玻璃温室	双层	1.0	塑料大棚	双层	1.1

由式（5-10）可知，换气失热量与换气次数有关。因此缝隙大小不同，其传热量差异很大。表 5-2-2 列出了温室、塑料棚密闭不通风时，仅因结构不严引起的每小时换气次数。

此外，换气传热量还与室外风速有关，风速增大时换气失热量增大。因此应尽量减少缝隙，注意防风。由于通风时必有一部分水汽自设施内流向设施外，所以通风换气时除有显热失热以外，还有潜热失热。通常在实际计算时，往往将潜热失热忽略。普通设施不通风时仅因结构不严，由缝隙逸出的热量仅为辐射放热的 1/5～1/10。

3. 土壤传导失热

土壤传导失热包括土壤上下层之间的传热和土壤横向传热，但无论是垂直方向还是在水平方向上传热，都比较复杂。

垂直方向上的传导失热，可以用土壤传热方程表示。

$$Q_s = -\lambda \frac{\partial t}{\partial z} \tag{5-11}$$

式中 $\frac{\partial t}{\partial z}$——某一时刻土壤温度的垂直变化；

t——土壤温度；

z——土壤深度；

∂——微分符号；

λ——土壤的导热率，除与土壤质地、成分等有关外，还与土壤湿度有关，随土壤湿度增大而增大。

土壤中垂直方向的热传导仅发生在一定的层次，大约在40～45cm深度以内，设施内土壤温度变化已很小，所以可以认为，该深度以下，热传导量很小。

土壤在水平方向上的横向传热，是园艺设施的一个特殊问题。在露地由于面积很大，土壤温度的水平差异小，不存在横向传热。设施则不然，由于设施内外土壤温差大，横向传热便不可忽视。荷兰布辛格(J. A. Businger) 认为，土壤横向传热占设施总失热的5%～10%。

综上所述，园艺设施的总放热量是贯流放热、通风换气放热量和土壤传导放热量三部分之和。据测定日光温室通过贯流放热占总耗热75%～80%，通风换气放热占总耗热量的5%～6%，土壤横向热传导约占总耗热量的13%～15%。

5.2.3 设施内温度的调节与控制

园艺设施内温度的调节和控制包括保温、加温和降温三个方面。温度调控要求达到能维持适宜于园艺作物生育的设定温度，温度的空间分布均匀，时间变化平缓。

- 保温覆盖
  - 固定双重覆盖物
    - 双重中空复合板
    - 充气膜塑料棚
    - 固定式双重覆盖（玻璃或薄膜）
  - 保温帘
    - 单层保温幕
    - 两层保温幕
    - 顶部单层、侧面双层
  - 外覆盖
    - 草帘、蒲席、纸被
    - 保温被
  - 其他
    - 小拱棚
    - 浮面覆盖
    - 设施后墙、侧墙填充保温隔热材料

图5-2-4 多层保温覆盖的种类

1. 保温措施

根据上述热收支状况分析，保温措施要考虑减少贯流放热、通风换气放热和地中热传导，在白天尽量加大设施内土壤对太阳辐射的吸收率。我国大多数地区属于大陆性气候，冬季温度较低，设施的保温措施越来越受到重视。目前应用的主要保温措施有以下几种。

(1) 采用多层覆盖，减少贯流放热量。多层覆盖是最有效、实用、经济的方法，常见的种类如图5-2-4所示，多重覆盖的保温效果如表5-2-3所示。

表5-2-3　　不加温温室多层覆室内外温差

温差	单层覆盖	双层覆盖	三层覆盖		四层覆盖
			无小棚	一重为小棚	
平均（℃）	±2.3	+4.8	+6.3	+9.0	+9.0
标准差	±1.1	±1.4	±1.4	±0.7	±0.7
最小（℃）	−1.7	+1.7	+4.1		+8.0
最大（℃）	+4.5	+7.0	+7.6		+9.0
备注					大部分一层为小棚膜

注　单层为一重固定膜；双层为一重固定、一层保温幕；三层为一重固定加两层保温幕或二重固定膜，再加一层保温幕（含一重小拱棚膜）；四层为一重固定加两层保温幕，再加小棚膜或二重固定膜、二层保温幕。

我国长江流域一带塑料大棚近年推广“三棚五幕”多重覆盖保温方式，这是利用大棚加中棚加小棚，再加地膜和小拱棚外面覆盖一层幕帘或厚无纺布。使该地区喜温果菜从原来只有春提早、秋延后栽培，发展到能进行冬春茬栽培，显著提高大棚利用率和增加经济效益。又如我国北方日光温室，不仅采光性、密封性好，由于采用外覆盖保温被、草帘等方式，使保温性显著提高，在北方可以基本不加温在深冬生产出喜温果菜。温祥珍提出日光温室内多种覆盖，使室内气温在原有基础上又提高3～5℃，节能30%～40%(见图5-2-5)。

单屋面温室的外保温覆盖，传统的覆盖材料有草苫、蒲席、棉被、纸被等。蒲席的保温能力强，可比外界温度提高7～10℃，但笨重；草苫保温能力稍差，只有4～5℃；纸被密封性好，挡风保温，一般用在草苫、蒲席下面；棉被可使室温提高7～8℃。外覆盖若被雨雪打湿，保温能力显著下降，所以雨、雪天应在上面加盖薄膜。新型的外保温覆盖材料保温被保温效果优于传统的覆盖材料，而且轻便光滑、防水，使用寿命长，正在逐渐取代传统的覆盖材料。

(2) 增大设施透光率。选择合理的设施建造方位，保持屋面洁净，尽量争取获得最大的透光率，使设

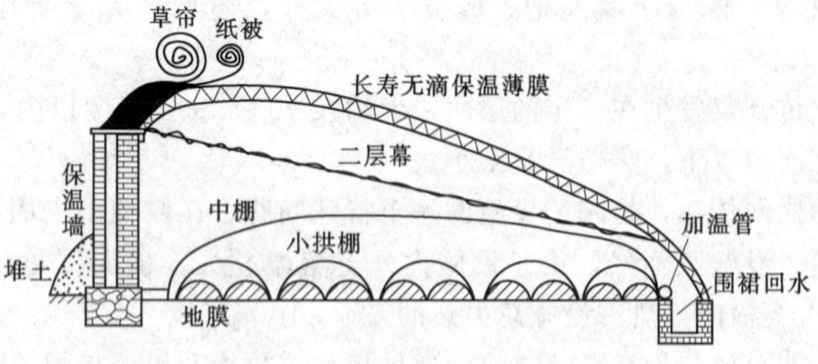

图 5-2-5 日光温室内二重幕与多重覆盖

施内土壤积累更多热能。

(3) 增大保温比。可减少保护设施内的放热，所谓保温比是指土地面积与保护设施覆盖及围护材料表面积之比，即保护设施越大，保温比越小，保温越差；反之保温比越大，保温越好。适当降低园艺设施的高度，缩小夜间保护设施的散热面积，有利于提高设施内昼夜的气温和地温。但日光温室由于后墙和后坡较厚（类似土地），因此增加日光温室的高度对保温比的影响较小。而且，在一定范围内，适当增加日光温室的高度，反而有利于调整屋面角度，改善透光，增加室内太阳辐射，起到增温的作用。

(4) 减少缝隙放热。设施密封要严实，薄膜破孔，以及墙体的裂缝等要及时粘补和堵塞。通风口和门窗关闭要严，门的内、外两侧冬季应加挂保温帘。

2. 加温技术

在寒冷季节，设施内温度降低到作物的最低温度甚至零度以下，此时就要采取加温措施维持作物正常生长所需的温度。加温技术是现代设施园艺最基本的环控技术，但投入的设备费和运营费用大，要求采用高效、节能、实用的加温技术。

(1) 常见的加温方式及特点。各种加温方式所用的装置不同，其加温效果、可控性能、维修管理，以及设备费用和运行费用等都有很大差异。常见的加温方式及特点如表 5-2-4 所示。另外，热源在设施内的部位、配热方式不同，对气温的空间分布有很大影响，所以应根据使用对象和采暖、配热方式的特点慎重选择。不同采暖及配热方式的特点如表 5-2-5 所示。

表 5-2-4 采暖方式与特点

采暖方式	方式要点	采暖效果	控制性能	维修管理	设备费用	其 他	适用对象
热风采暖	直接加热空气	停机后缺少保温性，温度不稳定	预热时间短，升温快	因不用水，容易操作	比热水采暖设备投资费用低，运行成本高	不用配管和散热器，作业性好，燃烧空气由室内补充时，必须通风换气	各种温室
热水采暖	用 60～80℃ 热水循环，或由热水变换成热气吹入室	因所用温度低，加热缓和，余热多，停机后保温性高	预热时间长，可根据负荷的变动改变热水温度	对锅炉要求比蒸汽的低，水质处理较容易	须用配管和散热器，成本较高	在寒冷地方管道怕冻，必须充分保护	大型温室
热汽采暖	用 100～110℃ 蒸汽采暖，可转换成热水和热风采暖	余热少，停机后缺少保温性	预热时间短，自动控制稍困难	对锅炉要求高，水质处理不严格时，输水管易被腐蚀	比热水采暖费用高	可作土壤消毒，散热管较难配置适当，容易产生局部高温	大型温室群，在高差大的地形上建造的温室
电热采暖	用电热温床线和电暖风加热采暖器	停机后缺少保温性	预热时间短，控制性最好	使用最容易	设备费用低	耗电多，生产用不经济	小型温室、育苗温室、地中加温、辅助采暖

续表

采暖方式	方式要点	采暖效果	控制性能	维修管理	设备费用	其他	适用对象
辐射采暖	用液化石油气红外燃烧取暖炉	停机后缺少保温性，可升高植物体温	预热时间短，控制容易	使用方便容易	设备费用低	耗气多，大量用不经济，有二氧化碳施肥效果	临时辅助采暖
火炉采暖	用地炉或铁炉，烧煤用烟囱散热取暖	封火时仍有一定保温性、有辐射加热效果	预热时间长，烧火费劳力，不易控制	较容易维护，但操作费工	设备费用低	注意通风，防止煤气中毒	土温室、大棚短期加温

表 5-2-5　配热方式与特点

配热方式	方式要点	采暖方式	气温分布	作业性能	其他
上部吹出	从热风机上部吹出热风	热风采暖	水平分布均一，但垂直梯度大，上部形成高温区	良好	由于上部高温，热损失增大
下部吹出	从热风机下部吹出热风	热风采暖	垂直分布均一，但水平分布不均	良好	
地上管道	在垄间和通道处设置塑料管道吹出热风	热风采暖（或热水蒸汽交换成热风）	通过管道的根数、长度、位置而自由地调节温度	必须注意保护管道	通常用末端开放型的管道
头上管道	一般在 2m 以上高度设塑料管吹出热风	热风采暖		良好	管道末端封闭，在下测开小孔，向下方吹出热风较好
垄间配管	在垄间地面上 10～30cm 高处配管道	热水采暖或蒸汽采暖	若散热管配置不当，会产生固定的不均匀	较难	兼有提高地温效果
周围叠置配管	在温室四周及天沟下面集中配置几根管道	热水采暖或蒸汽采暖	离管道 10m 以内距离处，水平、垂直温度分布都比较均匀	良好	由于管道层叠，散热效率下降，配管根数增加；因高温空气沿覆盖面上升，热损失变大
头顶上配管	在头顶上（一般 2m 以上高处）配置管道	热水采暖或蒸汽采暖	管道上部形成高温，下部形成低温	良好	为消除上部高温，必须用周围配管和垄间配管组合，热损失最大，有辐射加温作用

加温温室由于能耗大，成本高，能耗年运营费用一般约占生产总成本的 40%～50%，因此目前国内加温设施占设施总面积还不到 2%，绝大部分设施都是利用自然太阳光能。日光温室大多采用炉火烟道燃煤加温，近年来也有采用锅炉水暖加温或地热水暖加温的。大型连栋温室和花卉温室，则多采用集中供暖方式的水暖加温，也有部分采用热水或蒸汽转换成热风的采暖方式。塑料大棚大多没有加温设备，少部分试用热风炉短期加温，对提早上市、提高产量和产值有明显效果。用液化石油气经燃烧炉的辐射加温方式，对大棚防御低温冻害也有显著效果。目前在高档花卉、蔬菜栽培、工厂化育苗和娱乐型园艺上，现代加温温室的面积正在逐年增长中。

（2）最大采暖负荷的计算。为保持设施内作物的正常生长发育，所需补充的热量称为采暖负荷。在栽培期间最冷季节保持作物正常生育所需补充的热量，称为做最大采暖负荷，其乘以安全系数就是加温设备必须具有的加温能力。采暖设备一定要具备这种能力，所以最大采暖负荷就成为确定采暖设备（锅炉等）

容量指标的依据。在培期间将每天的采暖负荷积算起来，就叫做期间采暖负荷，它是估算栽培期间燃料消耗量的依据。

1）粗略估算法。温室的最大采暖负荷 Q(w/h) 等于温室的表面积 $F(m^2)$、采暖负荷系数 $U[w/m^2 \cdot K)]$、设施内气温 $t_{内}$ 与设施外气温 $t_{外}$ 之差（℃），以及保温覆盖修正项 $(1-f_r)$ 的乘积，即：

$$Q=FU(t_{内}-f\,t_{外})(1-f_r) \qquad (5-12)$$

采暖负荷系数 U 对全玻璃温室可取值 6.2，聚氯乙烯大棚取 6.6。保温覆盖的热节省率 f_r 的取值如表 5-2-6 所示。

表 5-2-6　　保温覆盖的热节省率　　%

保温方法	保温覆盖材料	热节省率	
		玻璃温室	塑料大棚
双层固定覆盖	玻璃或聚氯乙烯薄膜	40	45
	聚乙烯薄膜	35	40
室内单层保温幕	聚乙烯薄膜	30	35
	聚氯乙烯薄膜	35	40
	不织布	40	30
	混铝薄膜	30	45
	镀铝薄膜	45	55
室内双层保温幕	两层聚乙烯薄膜	45	55
	聚乙烯薄膜+镀铝薄膜	65	65
外面覆盖	温室用草苫	60	65

2）逐项计算法。设施的最大采暖负荷 Q 等于围护结构耗热量（贯流放热）Q_t、漏风冷风渗透耗热量 Q_v 和设施地面传热量 Q_s 之和，即：

$$Q=Q_t+Q_v+Q_s \qquad (5-13)$$

在强风地区对 Q 值还应增加 5%～10%。

3）室内、外设计温度的确定。设施蔬菜生产多以喜温性蔬菜为主，因此设施内设计温度常以喜温性蔬菜要求温度为准。如果满足了喜温性蔬菜的要求，基本上就能满足其他园艺作物对温度的要求。喜温性蔬菜黄瓜和番茄的生育下限温度分别为 8℃和 10～12℃，因此设施设计的室内气温一般不低于 8～10℃。我国北方温室栽培的蔬菜，都要求能在春节前后上市。也就是最冷的 1 月能保证喜温蔬菜有适宜的生长温度，因此室温不能过低，一般确定室内的设计温度为 12～15℃。

关于室外设计气温，多采用数年一遇的低温，或用当地近 20 年中 4 年连续最低气温的平均值，也有使用保证率为 80%的最低气温。

3. 降温技术

园艺设施生产为了保证其良好的经济效益，必须保证一年四季都进行生产。我国大部分地区夏季由于强烈太阳辐射和温室效应，设施内温度高达 40℃，甚至 50℃。远远超出园艺作物生育适温，设施不能正常生产，因此迫切需要解决夏季的降温问题。根据设施的热收支平衡原理，降温措施可从三方面考虑：减少进入设施的太阳辐射能，增大设施的潜能消耗和增加温室的通风换气量。

(1) 遮阳降温法。遮阳降温就是利用不透光或透光率低的材料遮住阳光，阻止多余的太阳辐射能量进入设施，降低了设施内的空气温度。遮阳降温一般可降低设施温度 3～10℃。遮阳方法有外遮阳、内遮阳和屋面喷白降温。遮阳材料有苇帘、黑色遮阳网、银色遮阳网、缀铝条遮阳网、镀铝膜遮阳网及石灰水等。

外遮阳在离温室大棚的屋脊 40cm 高处张挂透气性黑色或银灰色遮阳网，通过钢缆驱动系统，齿条副传动开启和闭合，遮光 60%左右时，室温可降低 4～6℃，降温效果显著。外遮阳的优点是：降温效果好，直接将太阳能阻隔在室外。缺点是：外遮阳骨架需要耗费一定的钢材；室外气候恶劣时，对遮阳网的强度要求较高；各种驱动设备在露天使用，要求设备对环境的适应能力较强，机构性能优良。

内遮阳是将遮阳网安装在设施内，在设施骨架上拉接一些金属或塑料的网线作为支撑系统，将遮阳网安装在支撑系统上，造价较室外遮阳低。室内遮阳网一般采用电动控制，或电动加手动控制。室内的遮阳效果主要取决于遮阳网的反射能力，不同材料的遮阳网使用效果差别很大，以缀铝条遮阳网效果最好。室内遮阳系统还与室内保温幕系统共设，夏天使用遮阳网，降低室温，到冬季将遮阳网换成保温幕，夜间使用，可以节约能耗 20%以上。

玻璃设施可以采用屋面喷白降温。它是在夏天将白色涂料喷在温室的外表面，阻止太阳辐射进入设施内。可以通过人喷涂的疏密来调节其遮光率，到冬天再将其清洗掉。屋面喷白降温的优点是不需要制造支撑系统，造价低、施工方便。缺点是不能调节控制，对作物的生长有影响，而且遮光、降温效果略差。

(2) 屋顶喷淋降温法。屋顶喷淋降温是将水均匀地喷洒在玻璃温室的屋面上，来降低室内的孔气的温度。流水层可吸收投射到屋面的太阳辐射 8%左右，能减少透光率，并能用水吸热冷却屋面。屋面喷淋系统的降温效果与水温及水在屋面的流动情况有关，如果水在屋面上分布均匀时降温效果可达 6～8℃，否则降温效果不好。屋顶喷水系统由水泵、输水管道、喷头组成，系统简单，价格低廉。但需要有温度较低的水源。屋面喷水系统的缺点是：耗水量大；水在屋面上易结垢，滋生藻类，影响设施透光率，清洗复杂。硬水区水质要经软化处理后再使用。

(3) 蒸发冷却法。蒸发冷却法是使空气先经过水的蒸发冷却降温后再送入室内，即显热转化成潜热，达到降温的目的。但会增加室内空气的湿度，所以在蒸发冷却过程中必须保证设施内外空气流动，排出高温高湿的气体，补充进新鲜的空气。

1) 湿帘排气法。在设施进风口内设纸垫窗或棕毛垫窗，不断用水将其淋湿，温室另一端用排风扇抽风，使进入室内空气先通过湿垫窗被冷却再进入室内。由湿帘箱、循环水系统、轴流风机和控制系统四部分组成。湿帘降温装置的效率取决于湿帘的性能及过流面积大小。一般湿帘面积与温室地面面积比为 8∶10。若湿帘满墙布置，室内空气分布比较均匀。同时冷风通过室内距离也不能过长，一般为 30～40m，否则室温分布不均匀。我国南方高温高湿地区，由于空气湿度大，降温效果受到限制，但夏天中午高温时刻使用，仍不失为一种有效的降温方法。

2) 喷雾降温。喷雾降温是直接将水以雾状喷在设施内的空中，要求雾滴直径在 50μm 以下，才可在空气中直接气化，降温效果才好。有两种类型，一种是由设施旁侧底部向上喷（见图 5-2-6）。另一种是从设施上部向下降雾。同时在天窗处要安装换气扇，喷雾一定要在换气扇打开中进行，以便排出高湿气体，否则将降低雾化降温的效果。据经验，外界气温 37℃时，单用排气扇（换气率 70%），室温可降到 35～36℃，加用喷雾装置后可降温至 28～30℃。

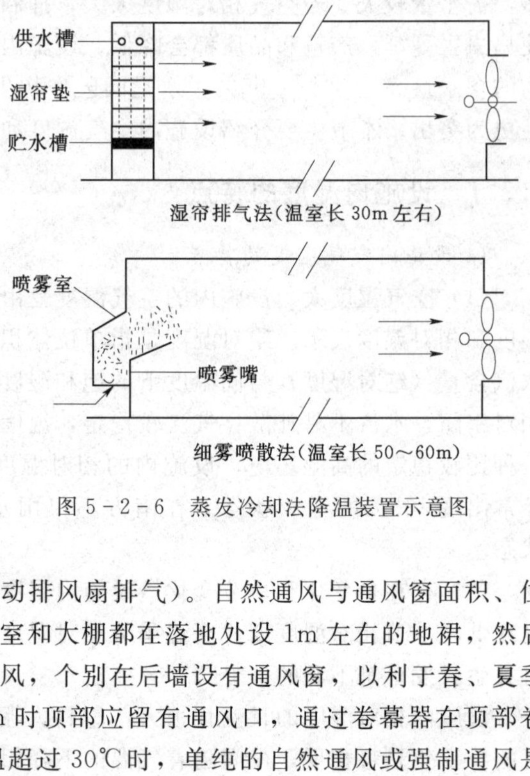

图 5-2-6 蒸发冷却法降温装置示意图

(4) 通风换气降温。通风包括自然通风和强制通风（启动排风扇排气）。自然通风与通风窗面积、位置、结构形式等有关，通常设施均设有天窗和侧窗。日光温室和大棚都在落地处设 1m 左右的地裙，然后在其上部扒缝放风。日光温室顶部常采用扒缝放风或烟囱放风，个别在后墙设有通风窗，以利于春、夏季温度升高后，与前屋面下风口对流通风。大棚跨度超过 10m 时顶部应留有通风口，通过卷幕器在顶部卷膜放风，这些都是简易有效的通风降温方法，但在室外气温超过 30℃时，单纯的自然通风或强制通风是满足不了生产要求。

4. 土壤保温加温技术

大多数作物以根区温度 17～23℃时生长旺盛，最适宜地温范围为 15～20℃。地温对作物生长发育的影响表现在影响作物对水分和养分的吸收及块茎、块根的形成等。此外，地温还影响土壤传染性病菌的繁殖。比如地温高容易发生番茄的青枯病及黄瓜的蔓隔病等，地温低易发生番茄的根腐病。尤其温室、大棚冬、春季节气温低，往往不能满足作物对地温的要求，因此需要采取保温和加温措施采取挖防寒沟，阻止地中热量横向流出。设施土壤加温多为电热加温和水暖加温，有些简易温室中也采用马粪、稻草、落叶等有机物发酵放热进行加温，即酿热加温。管理上凭经验掌握，产热持续时间短，地温不容易控制均匀。

(1) 设置防寒沟。防寒沟设置在设施周围，以切断室内土壤与外界的联系，减少地中热量横向散出。通常防寒沟宽30cm，深50cm，沟内填充稻壳、蒿草等导热率低的材料。防寒沟可使设施内5cm地温提高4℃左右。

(2) 地膜覆盖。采用地膜覆盖，减少土壤水分蒸发，增加土壤蓄热量，有利于土壤保温。

(3) 电热加温。使用专用的电热线，埋设和撤除都比较方便，热能利用率高，采用控温仪易实现高精度控制，但耗电多，电热线耐用年限短，所以一般只用于育苗床。

(4) 水暖加温。在采用水暖加温的温室内，在地下40cm左右深处埋设塑料管道，用40～50℃温水循环，对提高地温效果明显，并可节省燃料。

用水暖加热提高地温，停机后温度维持时间长，效果较好。但应注意与地上部加温适当分开控制，以免地下部加温过多，地温过高。另外，地中加温管道周围土壤温度的分布，有向下方扩展比向上方扩展大的趋势，所以管道不宜埋设过深。进行地中加温时，土壤容易干燥，灌水量应适当增加。

5.3 设施湿度环境及其调节控制

园艺设施内的湿度环境包括空气湿度和土壤湿度两个方面。由于园艺设施是一种封闭或半封闭的系统，空间相对较小，气流相对稳定，温度又较高，使得内部的空气湿度和土壤湿度有着与露地不同的特性。空气相对湿度的大小，影响着植物蒸腾作用和吸水力。若空气相对湿度较小，植物蒸腾较旺，吸水较多，需水量较大。若空气相对湿度太大，抑制蒸腾作用，进而影响植物的生长，影响果实的成熟，并且易使病虫害蔓延，产量和品质都会降低。设施内土壤湿度直接影响作物根系的生长和对肥料的吸收。园艺作物的含水量高达80%～95%，水是园艺作物生长发育的命脉。因此设施空气湿度和土壤湿度环境的重要性更为突出。本节主要介绍设施内空气湿度和土壤湿度的变化特点及其调节与控制。

5.3.1 设施内湿度的特点

1. 设施内空气湿度的特点

(1) 空气湿度大。设施内的空气湿度是由土壤水分的蒸发和植物体内水分的蒸腾形成的。通常用绝对湿度和相对湿度表示。绝对湿度是指单位体积内水蒸汽的含量（g/m^3），相对湿度（RH）是空气中实际水汽含量（绝对湿度）与同温度下的饱和湿度（最大可能水汽含量）的百分比值（%）。由于大多数设施相对密闭，水汽不易外散；气流较稳定，温度又较高，蒸发量较大。所以水蒸气容易在棚室内积聚，形成一种比较稳定的高湿环境。设施内的相对湿度和绝对湿度均高于露地，平均相对湿度一般在90%左右，经常出现100%的饱和状态。在南方不仅雨水多且露地空气湿度大，设施里的空气湿度更易出现饱和状态。

(2) 存在日变化和季节变化。设施内湿度环境的另一个特点是季节变化和日变化明显。季节变化一般是在低温季节相对湿度高，高温季节相对湿度低。因此，设施在冬、春季节生产，作物多处于高湿环境，对其生长发育是不利的。

设施内相对湿度的日变化很大，塑料大棚内的变幅可达到20%～40%。空气相对湿度的日变化与温度的日变化趋势相反，夜间随着气温的下降相对湿度逐渐增大，往往能达到饱和状态。日出后随着温度的升高，相对湿度开始下降，中午前后相对湿度最低。设施内空气湿度的日变化还受天气、通风换气和灌水的影响，同时还与设施的结构、大小、土壤干湿等有关。在春季，白天温度高，光照好，可进行通风，相对湿度降低；夜间温度下降，不能通风，相对湿度迅速上升。一般情况下，高大的保护设施空气湿度小，但局部湿差大。矮小的保护设施空气湿度大，但局部湿差小。

(3) 湿度分布不均匀。由于设施内温度分布存在水平温差和垂直温差，导致相对湿度分布也存在差异。而设施内的绝对湿度是基本相同，由于温度差异的存在，其相对湿度差异非常大，因此在温度低的地方相对湿度高，常出现结露的现象，对设施内作物的生长发育极为不利。

结露的现象有几种：①设施内较冷区域的植株表面结露，当局部区域低于露点温度时就会发生。通常3～4℃的温度差异，就会在低温区出现结露的现象。②高秆植物顶端结露。在晴朗的夜晚，设施的屋顶会散发出大量的热量，这会导致高秆作物顶端的温度下降。③植物的花芽和果实上结露。通常发生在日出前后，因为太阳出来后，设施内的温度升高，植株的蒸腾速率和土壤水分的蒸发加快，使设施内绝对湿度提高。但是果实和花芽上的温度提高比设施内的温度提高滞后，从而导致植物的花芽和果实上结露。

结露现象在露地极少发生，因为大气经常地流动，会将植物表面的水分吹干，难以形成结露。

(4) 濡湿（沾湿）现象。空气相对湿度高，水蒸气饱和差小，或绝对湿度高易引起濡湿现象。作物沾湿是从屋面或保温幕落下的水滴、作物表面的结露、由于根压使作物体内的水分从叶片水孔排出“溢液”(吐水现象)、雾等四种原因造成的。

2. 设施内土壤湿度的特点

园艺设施内的空间甚至地面有较严密的覆盖材料，土壤耕作层不能依靠降雨来补充水分，只能由灌水、土壤毛细管上升水等来供给。因此土壤湿度只能由灌水量、土壤毛细管上升水量、土壤蒸发量，以及作物蒸腾量的大小来决定。与露地相比设施内的土壤水分较易调节。

设施内与露地相比，自然风少，土壤蒸发和作物蒸腾量相对小，加之灌水多，蒸发和蒸腾水在覆盖材料表面结露下落返回土壤，因此土壤湿度比露地大，但比露地稳定。南方部分地区地下水位过高，地下水位离表土只有20～30cm，土壤湿度更大，影响植物生长。一般低温时期土壤湿度容易偏高且变化较小，高温期的变化较大。

设施土壤水分有两个特殊的变化：一是表面潮湿的假象，这是因为冬季，温度较低，棚室放风少，水分散失少，浇水量也少。而土壤深层的水分要通过毛细管作用，不断上升。这样，虽然土表潮湿，但是土中水分已经缺乏。由于受假象的影响，土中水分得不到及时补充，致使植物缺水。因此检查土壤水分含量不能只看表面。二是周湿中干的现象，这种现象的形成，除棚室外的水分向内渗透以外，还因土壤的水分，在蒸腾和蒸发时，一部分在棚室内塑料薄膜上凝结成水珠，顺流到棚室两侧的土中。所以在设施中部一带土壤应注意多灌水。设施愈大，中部干燥区亦愈大，使中部植物遭受旱害。这些特殊的变化，须在设施管理中引为注意。不然，就会使设施内植物遭受较大的损失。

另外，设施园艺一般施肥量大，且无大量的雨水淋溶，土壤盐类易随着毛细管向上移动而在地表聚集，使土壤盐类浓度提高，影响作物根系对水分的吸收。

5.3.2 设施内湿度的调节与控制

1. 空气湿度的调节与控制

园艺设施的空气湿度调控包括除湿和增湿两方面。一般情况下，园艺设施栽培经常发生的是空气湿度过高，因此空气除湿是湿度调控的主要内容。从创造园艺植物生长发育的适宜条件、控制病害发生、节约能源、提高产量和品质及增加经济效益的综合方面考虑，空气湿度以控制在80%～85%为宜。相对湿度低于55%或高于90%对园艺植物的生长发育不利。

(1) 除湿目的。空气湿度的调控主要有防止作物沾湿和降低空气湿度两个直接目的。最终目的一是为了抑制病害发生，另一个目的是调整植株生理状态。实际上作物沾湿如能减少2～3h以上，即可抑制大部分病害。除湿的目的可归纳为表5-3-1。

表5-3-1 设施内除湿的目的

直接目的			发生时间	最终目的
大分类	序号	小分类		
防止作物沾湿	1	防止作物结露	早晨、夜间	防止病害
	2	防止屋面、保温幕上水滴下降	全天	防止病害
	3	防止发生雾	早晨、傍晚	防止病害
	4	防止溢液残留	夜间	防止病害

续表

直接目的			发生时间	最终目的
大分类	序号	小分类		
调控空气湿度	1	调控饱和差（叶温或气温饱和差）	全天	促进蒸发蒸腾、控制徒长、增加着花率、防治裂果、促进养分吸收、防止生理障碍
	2	调控相对湿度	全天	促进蒸发蒸腾、防止徒长、改善植株长势、防止病害
	3	调控露点温度、绝对湿度	全天	防止作结露
	4	调控湿球温度、焓*	白天	调控叶温度

*　焓是潜热与显热之和。

(2) 除湿方法。

1) 通风换气。为了防止设施内湿度过大，可进行通风换气，将棚室内的高湿空气排出，换进棚室外的低湿空气。其降湿效果显著。因为通风必然要降低温度，所以必须同时考虑到通风对温度的影响。在保证温度的前提下，尽量延长通风时间。一般采用自然通风，通过打开通风窗、揭薄膜、拔缝等方式通风，但通风量不易掌握，而且室内降湿不均匀。有条件时，可采用强制通风，可由风机功率和通风时间计算出通风量，便于精准控制。

通风排湿除了依据不同作物及不同生育期对空气湿度的要求而定外，还要注意加强下面五个时期的排湿：一是浇水后的2～3d内；二是叶面追肥和喷药后的1～2d内；三是阴雨（雪）天时的排湿；四是日落前后的几个小时内；五是早春。后两个时期加强排湿是为了降低上半夜的相对湿度，减少发病。

2) 加温除湿。加温除湿是降低相对湿度的有效措施之一。当设施内温度较低时，可以通过加温的措施降低设施内的相对湿度。温度的控制既要考虑作物的同化作用，又要注意病害发生和消长的临界湿度，保持叶片表面不结露，就可有效控制病害的发生和发展。

3) 覆盖地膜。覆盖地膜可以减少地表水分蒸发，从而减少设施内部空气中的水分含量，降低相对湿度。没有覆盖地膜，设施内夜间相对湿度达95%～100%，覆盖地膜后则可降至75%～80%。在南方进行园艺植物的设施栽培，必须进行地膜覆盖，否则会因设施内的高湿环境而造成病害的蔓延。

4) 选择合适的灌水方式。采用滴灌、渗灌或膜下暗灌，能够节水增温，减少蒸发，降低空气湿度。

5) 农业技术措施。适时中耕，通过切断土壤毛细管阻止地下水分通过毛细管上升到地表，蒸发到空间。通过植株调整、去掉多余侧枝、摘除老叶，可以提高株行间的通风透光，减少蒸腾量，降低湿度。合理使用农药和叶面肥。设施内尽量采用烟雾剂、粉尘剂取代叶面喷雾。一定要叶面喷雾时，用药量也不要过大，并且选择晴天喷药，以便喷药后有足够长的时间通风排湿。

6) 采用吸湿材料。覆盖材料选用无滴长寿膜。在设施内张挂或铺设有良好吸湿性的材料，用以吸收空气中的湿气或者承接薄膜滴落的水滴，可有效防止空气湿度过高和作物沾湿，特别是可防止水滴直接滴落到植物上。如大型温室和连栋大棚内部顶端设置的具有良好透湿和吸湿性能的保温幕，以及内部张挂的无纺布幕。也可以在地面覆盖秸秆、稻壳、麦秸等吸湿性材料，达到自然吸湿降湿的目地。也可利用氯化锂等吸湿材料吸收空气中水分来降低空气湿度。

7) 热交换型除湿机。热交换型除湿机是通过通风换气来降低湿度的。目的是在早晨日出后消除夜晚在植物体上的结露。原理是通过热交换器中的吸气和排气两台换气扇，从室外吸入高温低湿空气，而排出的是低温高湿的空气，达到除湿的目地，同时可补充二氧化碳，也可以防止随通风而产生的室温下降。

(3) 加湿方法。有些情况下设施内需要加湿满足作物生长要求，比如新扦插的作物、新嫁接的嫁接苗都需要高湿环境。冬季采用热风供暖系统的温室空气相对湿度过低，也需要加湿。大型的园艺设施在进行周年生产时，到了高温季节还会遇到高温、干燥、空气湿度不够的问题。当栽培要求空气湿度高的作物，如黄瓜和某些花卉时，还必须加湿以提高空气湿度。棚室内空气增湿，主要是通过喷雾加湿、湿帘加湿、灌水来实现的。

1) 喷雾加湿。其基本原理是在高压作用下，水雾化为直径极小的雾粒飘在空气中并迅速蒸发，来提高空气湿度。此法效果明显，常与降温（中午高温）结合使用。

2）湿帘加湿。主要是用来降温的，同时也可达到增加室内湿度的目的。

3）灌水加湿。灌水也可以增加设施内的空气湿度，但同时土壤的湿度也增加了。

2. 土壤水分的调节与控制

土壤水分偏多或过少均影响作物的正常生长发育。因此在设施环境调控中，土壤湿度的调控是最重要、最严格的环节之一。一般按不同园艺植物的主根分布范围，将接近某发育期受阻碍的水分指标的时间，作为适宜灌水的时期。土壤水分含量一般用 pF 表示，它是由土壤水分张力计所测得的土壤负压值换算成以毫米水柱表示的值，减去张力计压力表头到陶瓷管中心高度相应的水柱数值，然后取常用对数值而得到的数值。pF 与土壤含水量成反比关系。如图 5-3-1 所示，作物根系可利用的土壤水分范围为 pF 1.5～4.2 之间，其中 pF 1.5～2.0 为作物生育最适的土壤水分含量，pF 为 3.0～3.3 时土壤水分不足，但 pF 小于 1.5 时则土壤水分过多，土壤空气状况恶化。因此，应依据土壤 pF，参照作物各生育期的需水量和植物体内水分状况，来进行设施土壤水分的管理。目前我国设施栽培的土壤湿度调控仍然依靠传统经验，主要凭栽培者的观察感觉来确定灌水期和灌水量，调控技术的差异很大。随着设施园艺向现代化和精准管理方向发展，要求采用机械化、自动化灌溉设备，严格根据作物各生育期需水量和土壤水分张力进行土壤湿度调控。

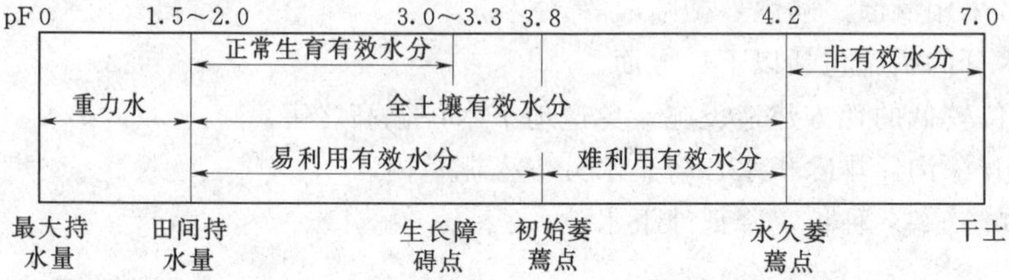

图 5-3-1　土壤水分的种类与相应的 pF

(1) 灌水期。灌水时间主要根据土壤水分含量、作物的种类、作物各生育期的需水规律，以及栽培季节、天气状况、作物的生长表现等情况来确定。土壤 pF 上升到某一数值时，作物因缺水而丧失膨压导致萎蔫，即使在夜间蒸腾量很小膨压也不能恢复，这时的土壤含水量，称为萎蔫系数或永久萎蔫点，一般 pF 为 4.2。永久萎蔫点因作物的种类、栽培方式、作物根系大小等不同，一般灌水都在永久萎蔫点以前。设施栽培土壤 pF 应维持在 1.5～3.0 之间。因为设施栽培作物根系分布范围受到一定限制，需要在土壤中保持较多的水分。土壤中的灌水指标，还需根据土壤的性质和作物的不同有所差别。下面列出几种蔬菜灌水期的参考数据（见表 5-3-2），以供参考。

表 5-3-2　蔬菜的需水指标与灌水指标

蔬菜种类	生殖生长和营养生长期需水指标（pF）	灌水指标（pF）	蔬菜种类	生殖生长和营养生长期需水指标（pF）	灌水指标（pF）
番茄	2.5～1.8	2.7～2.0	芹菜	1.5～2.0	1.5～1.8
黄瓜	2.5～1.7	2.5～2.0	莴苣	2.0	2.0
茄子	1.5～2.0	2.3～2.0	草莓	1.5～2.0	1.5
甜椒	1.5～2.0	2.5～2.0			

(2) 灌水量。设施内浇水除了满足园艺作物的生长需求外，还要考虑浇水后空气湿度的增加幅度要小。另外设施相对密闭，土壤水分消耗较慢，因此浇水量比露地小。灌水量应根据设施内作物生理需求和土壤水分含量来确定。可采用蒸发蒸腾比率来计算一次灌水量。

$$\text{一次灌水量}(h)=\text{蒸发器计蒸发量}(E)\times\text{蒸发蒸腾比率}(K) \qquad (5-14)$$

蒸发蒸腾比率是蒸发蒸腾总量与蒸发器计蒸发量的比值，可以通过试验测出某种作物在某个季节的蒸发蒸腾比率曲线，再由蒸发器测出蒸发量，从曲线查得相应的蒸发蒸腾比率，从而计算出一次灌水量(mm)。用此方法确定灌水量时应注意：在地下水位高时要减去由地下上升的水量，同时要考虑各种灌水方法从栽培床流失的水量，对计算值进行调整。

灌水量与作物种类、气象条件及土壤状况等有关。作物间的差异如表 5-3-3 所示，在低温寒冷季节，应一次多灌，间隔时间要长，以免频繁灌水降低地温。

表 5-3-3　　设施内主要蔬菜的灌水量和间隔天数

蔬菜种类	灌水量（mm）						间隔天数（d）		
	每次			每天					
番茄	2.7	17.5	44.4	1.1	3.8	9.0	1.3	3.8	7.1
黄瓜	4.4	24.0	42.0	2.5	6.1	15.0	0.7	3.9	8.0
甜椒	10.0	25.2	35.0	3.9	7.2	10.0	2.6	3.4	4.3
茄子	4.8	—	19.4	3.0	—	6.0	1.6	—	2.9
芹菜	4.5	7.3	12.5	1.15	3.0	7.0	1.0	2.4	4.5

（3）灌水方法。设施内的灌溉既要掌握灌溉期，又要掌握灌溉量，达到节约用水和高效利用的目的。设施内采用的灌溉技术应满足以下要求：灌水均匀，田间有效水利用率不低于 0.90，灌溉有效水利用率不低于 0.90；少破坏或不破坏土壤团粒结构，灌水后土壤能保持疏松状态；灌水用工少；便于操作，投资及运行费用低；田间占地少；并易于和其他农业措施相结合，例如与施肥、喷药、调节田间小气候相结合。目前园艺设施多采用滴灌、喷灌、微喷灌等。

（4）降低土壤水分的措施包括以下三方面。

1）选择地下水位较低的地方建造设施，免遭地下水位偏高之害。

2）在棚室四周开深沟，排除积水，防止水分渗入棚室内。

3）采用深沟高畦（垄）种植，降低地下水位。

5.4 设施气体环境及其调节控制

气体环境也是园艺植物生长发育必不可少的环境因子，但园艺设施内的气体环境往往被人们忽视。因为设施内的气体条件不如光照、温度条件那样直观地影响着园艺作物的生长发育。设施经常密闭，其内部的气体环境与外界的组成有很大的差异。如果设施内气体组成不正常会影响园艺植物的正常生长和发育。目前设施内气体成分和空气流动状况对园艺作物生育的影响逐渐引起人们的重视。设施内空气流动不但对温度、湿度有调节作用，并且能够及时排出有害气体，同时补充 CO_2 对增强园艺作物光合作用，促进生育有重要意义。所以，为了提高园艺作物的产量和品质，必须对设施环境中的气体成分及其浓度进行调控。

5.4.1 设施内气体环境特点

由于设施的封闭和半封闭，使设施内的气体条件呈现出与露地不同的特点：一是与作物光合作用密切相关的 CO_2 浓度的变化规律与露地有着明显的区别，并造成 CO_2 严重亏缺；二是由于肥料分解、燃烧加温用煤、石油及覆盖材料等产生有害气体，如氨气、二氧化硫、一氧化碳、氯气等，造成有害气体的聚集；三是设施内气流速度低下，使设施内温度、空气相对湿度、二氧化碳浓度分布不均匀。

1. 设施内 CO_2 浓度的特点

CO_2 是园艺作物光合作用的原料。大气中 CO_2 含量约为 330～350μl/L，该浓度并不能满足园艺作物进行光合作用的需求。设施是一个封闭和半封闭的系统，若能增加设施内空气中 CO_2 浓度的浓度，将会大大促进光合作用，提高设施内作物的产量。

（1）设施内 CO_2 浓度的变化。大气中 CO_2 含量约为 330～350μl/L，由于受气候、生物等因素而具有一定的季节变化和日变化。一般一天中，日出前最高，10：00～14：00 最低；一年之中，11 至翌年 2 月较高，4 至翌年 6 月较低。园艺设施处于相对封闭状态，与外界气体交换少，特别是冬季因受保温的限制，设施几乎与外界完全隔离开来。因此设施内 CO_2 浓度的变化幅度远远超过外界。

图 5-4-1 是日光温室内二氧化碳浓度的日变化曲线。夜间，由于植物呼吸、土壤微生物活动和有机质分解，室内二氧化碳不断积累，早晨揭苫之前浓度最高，超过 1000μl/L。揭苫以后，随光温条件的改

善，植物光合作用不断增强，二氧化碳浓度迅速降低，揭苫后约 2h 二氧化碳浓度开始低于外界。在密闭的温室中，到正午时刻甚至可降低至 100μl/L 以下。11：00 点后开始放风，外界二氧化碳进入室内，浓度有所上升，但补充数量有限，二氧化碳浓度可维持在 250μl/L 上下。一直到 17：00左右，室内二氧化碳浓度低于外界。17：00 以后随着光照减弱和温度降低、植物光合作用随之减弱，二氧化碳浓度开始回升，直到第二天早晨揭苫前，又达到一天中的最高值。总的来看，白天呈亏缺状况，远低于室外平均浓度，当设施封闭时更甚。

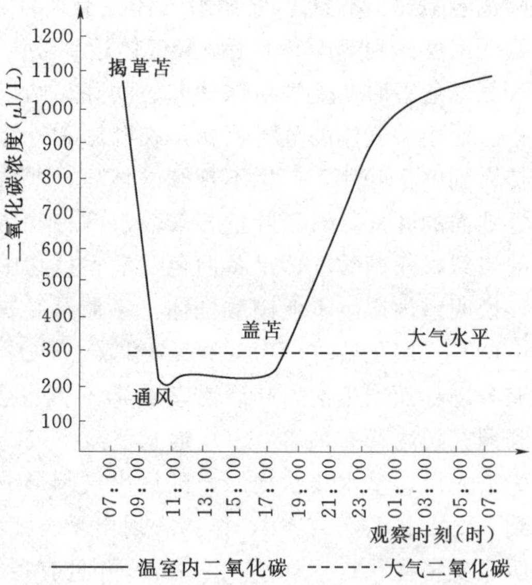

图 5-4-1　日光温室二氧化碳浓度日变化

（2）设施内 CO_2 浓度的分布。由于设施类型、空间面积大小、通风状况，以及栽培的作物种类、生育阶段等不同，导致设施内各部位的二氧化碳浓度分布不均匀。以温室为例，晴天当室内天窗和侧窗打开时，群体生育层上部及靠近侧通风窗和地表面的空气中 CO_2 浓度较高。生育层内部的二氧化碳浓度较低，降低到 135～150μl/L，比生育层上部低 50～65μl/L，仅为大气二氧化碳标准浓度的 50%左右。但在傍晚或阴雨天则相反，靠近地表面的 CO_2 浓度往往相当高，生育层内 CO_2 浓度较高，上层浓度低。设施内 CO_2 浓度分布不均匀，会造成作物光合强度的差异，从而使各部位的产量和质量不一致。

表 5-4-1 是塑料大棚各部位 CO_2 浓度、温度、光量与黄瓜光合强度的关系。可以看出，塑料大棚横断面的中部与边部的 CO_2 浓度分布不均匀，中部与边部黄瓜光合强度差异也很大，最终导致大棚中部为高产区，边部为低产区。

表 5-4-1　塑料大棚各部位 CO_2 浓度、温度、光量与黄瓜光合强度的关系

项　目	时　刻（时）				
	08：00	10：00	12：00	14：00	16：00
CO_2 浓度（μl/L）	2100	950	400	220	200
温度（℃）	22.0	28.5	32.5	30.5	30.0
光量（lx）	26000	36600	50000	43000	23500
光合强度［$mgCO_2/(dm^2 \cdot min)$］					
中部	4.25	2.80	0.28	0.57	
边部	1.13	1.7	0.28	0.28	

2. 氧气

一般而言，设施内空气中的氧气浓度远远超过作物所需的最低浓度，作物缺氧的现象很少见。地上部分生长需氧来自空气，而地下部分根系的形成，特别是侧根和根毛的形成，需要土壤中有足够的氧气。在土壤板结或灌水过多的情况下，土壤中氧气不足，含氧量低于 5%，作物根部就会窒息死亡。此外，在种子萌发过程中，要求土壤含氧量在 10%以上，否则会因酒精发酵毒害种子，使种子丧失发芽力。

3. 有害气体

由于露地空气是时时刻刻流动着的，因而大气中氨气（NH_3）、亚硝酸气体（NO_2）、二氧化硫（SO_2）、一氧化碳（CO）、乙烯（C_2H_4）及氯气（Cl_2）等有害气体对露地园艺作物基本上没有危害。而设施相对密闭，空气不对流，极易积累有害气体，严重影响园艺作物的生长发育，而且危害着劳动者的健康。南方由于高温高湿，设施内有害气体更多，设施内有害气体的检查和防除显得尤为重要。设施内危害园艺植物生长的有害和有毒气体有以下几种。

（1）氨气（NH_3）和亚硝酸气体（NO_2）。设施内施用未腐熟的鸡粪、猪粪、饼肥、厩肥等有机肥，以及施用碳酸氢铵、尿素氮素化肥，在肥料分解过程中都可能释放出大量的氨气。此外，化学反应法 CO_2

施肥也容易逸出 NH_3。亚硝酸气体主要来自氮素化肥。氨气和亚硝酸气体是通过气孔进入细胞产生损害。当氨气浓度达到 5μl/L、亚硝酸气体达到 2μl/L 时，从蔬菜外观上就可以看出危害症状。

氨气危害时，受害植株幼叶、幼芽、幼果首先开始呈水浸状，然后逐步变黄色或淡褐色，严重时全株死亡。亚硝酸气体的危害症状是在叶脉和叶缘间出现水渍状不规则的白色斑点，然后很快使细胞破裂，逐步扩大到整个叶片，产生不规则的坏死，严重时叶肉组织白化，叶脉也变成白色，而渐枯死。它主要危害靠近地面的叶片，对新叶危害较少。两种气体受害的区别，氨气受害的病部颜色较深，呈黄褐色，危害幼嫩的组织，亚硝酸气体呈黄白色，危害植物中上部叶片。若设施内薄膜内壁附着的水滴 pH 值在 4.5 以下时，说明室内产生了亚硝酸气体。番茄易受氨气的危害，黄瓜、茄子易受亚硝酸气体的危害。

(2) 二氧化硫（SO_2）和一氧化碳（CO）。这两种气体主要是设施内加温时，用的燃料质量差或燃料没充分燃尽而产生的，硫磺熏蒸消毒不慎也会产生二氧化硫。二氧化硫（SO_2）和一氧化碳（CO）对人体和园艺植物均有危害。SO_2 遇水（或空气湿度大）时产生亚硫酸，它直接破坏植物的叶绿体。叶片中毒后失去光泽，呈水浸状褪绿，随后出现圆形或菱形白色“烟斑”，逐渐枯萎脱落。设施内空气中 SO_2 含量达到 0.2μl/L，经 3～4d，作物表现出受害症状；达到 1μl/L 左右，则经 4～5h 后，敏感的蔬菜作物表现出明显受害症状；达到 10～20μl/L 并且有足够的湿度时，则大部分蔬菜作物受害，甚至死亡。菠菜、菜豆、番茄对 SO_2 非常敏感，当浓度在 0.3～0.5μl/L 就可受害，叶面出现灰白斑或黄白斑。而芹菜、洋葱、马铃薯对 SO_2 的抗性比较强。

CO 是由于煤炭燃烧不完全和烟道有漏洞缝隙而排出的毒气，对生产管理人员造成的危害最大，浓度高时，造成死亡。应当注意燃料充分燃烧，必要时应用鼓风机使煤充分燃烧，经常检查烟道及加强保护设施的通风换气。CO 对蔬菜幼苗有危害。

(3) 乙烯（C_2H_4）和氯气（Cl_2）。设施内的乙烯来源于有毒料薄膜和塑料管道的挥发，以及乙烯利用浓度过大，也会产生乙烯。园艺植物蔬菜、水果、花卉自身也会产生少量的乙烯，它促进果实成熟和植株衰老。空气中混入乙烯浓度大于 0.05μl/L，植物开始受害。黄瓜、番茄对乙烯敏感，当浓度达到 0.05μl/L 时，6h 后受害。浓度为 0.1μl/L 时，2d 后番茄叶片下垂弯曲变黄褐色。达到 1μl/L 时，大部分蔬菜叶缘或叶脉之间发黄，而后变白枯死。

此外，由于有毒塑料薄膜的原料不纯，设施内含有少量的氯气，而氯气的毒性比二氧化硫大 2～4 倍。氯气的危害症状与乙烯相似，氯气也能分解叶绿素，使叶子变黄。氯气的浓度在 0.1μl/L 时，2h 后即可危害十字花科蔬菜作物。对氯敏感的花卉有珠兰、茉莉；抗性中等的有米兰、醉蝶花、夜来香；抗性强的有杜鹃花、一串红、唐菖蒲、桂花、丝兰及白兰花。

(4) 其他大气污染物。近年来，随着城市工业化的发展，大气污染已成为全球性的严重公害，也同样对园艺设施内的气体环境有不良的影响。因大气污染产生的有害气体如下。

1) 氟化氢（HF）。制铝工业和磷肥厂等含氟为原料的化工厂排放的废气而产生的。氟化氢毒性比二氧化硫大 20 倍，空气中只要含 5×10^{-6}μl/L 就可使植物叶片比正常小 25%～35%，并造成叶绿体破坏。危害症状和二氧化硫中毒症状相似，但急性中毒时，只需几小时，叶子变为黄褐色，全株枯死。氟化物对植物的危害首先表现在叶尖和叶缘，呈环带状，然后逐渐向内发展，严重时引起全叶枯黄脱落。不同蔬菜其抗性不同，如大豆受害的临界浓度约为 50mg/kg，萝卜为 10～25mg/kg。不同作物其抗性不同，对氟特别敏感的花卉有唐菖蒲、郁金香、玉簪、杜鹃、梅花等；抗性中等的有桂花、水仙、杂种香水月季、天丝葵、山茶花、醉蝶花等；抗性强的有金银花、紫茉莉、玫瑰、洋丁香、广玉兰、丝兰等。

2) 臭氧。大气中臭氧正常浓度为 0.02μl/L，而在城市周围却高达 0.05μl/L，以达到植物受害的程度。臭氧通过植物叶片的气孔，破坏细胞膜，造成质壁分离，增强了膜透性和呼吸作用，使光合作用减弱，酶遭受破坏。臭氧所造成的受害症状随植物种类和所处条件而不同。一般受害叶面变灰色，出现白色的芥麦皮状的小斑点或暗褐色的点状斑，或不规则的大范围坏死。其受害的临界值大致为 0.05mg/kg 1～2h。当臭氧与二氧化碳共同存在时，会增大损害的严重程度，这种增大的作用在两种气体浓度较低时更为明显。

3) 塑料薄膜增塑剂。薄膜中含有邻苯二甲酸类增塑剂，在增塑中如选择不当，使用二异丁酯、己二酸二辛酯等，对作物的毒性最大，造成植物失绿，叶片黄化和皱缩卷曲，严重时全株枯死。白菜、黄瓜等最敏感。要选用可靠的工厂生产的无毒膜，并注意换气。

4. 设施内气流环境

田间自然条件下，作物群体由于空气的流动（气流），冠层风速一般可达 1m/s 以上，可以促进田间作物群体内水蒸气、二氧化碳和热量的扩散。但在设施条件下，尤其是冬季设施密闭状态下，室内气流速度较低。设施内空气流动状况不仅影响气温的分布，二氧化碳浓度的分布，相对湿度的高低，而且影响叶面的光合强度、蒸腾速率等生理过程。因此为促进加温温室内气温分布均匀，缓解群体内低二氧化碳浓度和高相对湿度，必须促进室内空气的流动，以实现设施作物的优质高产。

（1）空气流动速度与作物的生长发育。空气流动到达作物叶片表面时，气流与叶面摩擦面产生黏滞切应力，形成一个气流速度较低的边界层，称为叶面边界层。由于进行光合作用的二氧化碳和水汽分子进出叶面时，都要穿过这一边界层到达叶面。再从叶面上的气孔经过叶肉到达叶绿体内进行光合作用。因而其厚度、阻力和气流，都对叶片的光合和蒸腾作用构成重要影响，从而影响作物的生长发育。研究资料表明：叶面边界层厚度和阻力的大小与气流速度的大小密切相关，当气流速度在 0.4～0.5m/s 以下时，叶面边界层的厚度与阻力均增大；而在 0.5～1.0m/s 的微风条件下，叶面边界层阻力厚度显著降低，有利于二氧化碳和水汽分子进入气孔，促进光合作用，这是设施作物生长的最适气流速度。如果风速过大，会引起叶面蒸腾量过大，气孔张开度变小，光合强度受抑制。但这时如能增加空气湿度到 80%，光合强度还能随着风速增加而有所增强。但在低相对湿度、高光强和高气流速度下，都会使光合强度下降。

（2）设施内气流与通风换气。为调控设施内气温、湿度和二氧化碳浓度而进行换气时，设施内产生气流。据河野（1987 年）的试验，温室栽培番茄时，温室面积 $200m^2$，番茄 LAI＝3.5。开启天窗进行自然通风换气时，室内绝大部分部位的气流速度都是 10cm/s 以下，开启排风扇进行强制通风（$105m^3/min$ 排风量）时，室内气流速区虽比自然通风高，但也不超过 30cm/s 的风速，群体内大部分不到 10cm/s。可见仅靠这些换气方式、都达不到温室番茄最适的室内气流 0.5～1.0m/s 的要求。

5.4.2 设施内气体调控技术

1. CO_2 浓度的调控

20 世纪 60 年代，英国、日本、德国、美国相继开展二氧化碳施肥试验，目前均已进入生产实用阶段，成为设施栽培中一项重要管理措施。我国在该领域的研究和应用起步虽晚，但由于日光温室在北方大面积普及推广，冬季密闭严，通气少，室内二氧化碳亏缺严重，目前已推广使用二氧化碳施肥技术，效果十分显著。无论是叶菜类还是果菜类，在 CO_2 浓度增加时，除了植物的光合速率明显提高外，其株重、叶面积均增加。果菜类蔬菜的平均增产 20%～30%，并能促进开花，增加果数和果重，提高品质。鲜切花施二氧化碳可增加花数，促进开花，增加和增粗侧枝数，提高花的质量。苗期施用二氧化碳有利于培育壮苗，而且增施二氧化碳后，植株健壮、叶片肥厚，抗病能力大大增强。因此，有必要进行 CO_2 的施用，促进园艺植物生长发育，从而达到高产优质的目的。

（1）CO_2 施肥浓度。各种作物对二氧化碳的吸收存在补偿点和饱和点。若二氧化碳长时间地处于饱和点可对植物光合系统造成破坏而降低光合效率。把低于饱和点可长时间保持较高光合效率的浓度称为最适的二氧化碳浓度。二氧化碳补偿点、二氧化碳饱和点和最适二氧化碳浓度被称为植物的二氧化碳三基点。不同作物的二氧化碳三基点有所不同，二氧化碳补偿点一般在 30～90μl/L，饱和点在 1000～2000μl/L，最适浓度一般为 800μl/L。通常 800～1500μl/L 作为多数作物的推荐施肥浓度，具体依作物种类、生育时期、光照及温度等条件而定。如晴天和春、秋季节光照强温度高时施肥浓度宜高，阴天和冬季低温弱光季节施肥浓度宜低。二氧化碳施肥浓度过高，易引起作物生长异常，产生叶片失绿黄化、卷曲畸形和坏死等症状。Mortensen（1987 年）综合前人研究认为，二氧化碳施肥浓度超过 900μl/L 后，进一步增加收益很少，而且浓度过高易对作物造成损伤和增加渗漏损失，尤其是用碳氢化合物燃烧作为二氧化碳肥源，在产生高浓度二氧化碳的同时，往往伴随高浓度有害气体的积累，因此适宜的二氧化碳施肥浓度宜在 600～900μl/L 之间。

（2）CO_2 施肥时间。CO_2 施肥时间，必须在一定的光强和温度下进行。即在其他条件适宜，而只因 CO_2 不足影响光合作用时施用，才能发挥其良好的作用。

苗期二氧化碳施肥利于缩短苗龄，培育壮苗，提早花芽分化，定植后缓苗快，结果期提前，增产效果明显。据试验黄瓜定植前施用二氧化碳能增产10%～30%。定植后的二氧化碳施肥时间取决于作物种类、栽培季节、设施状况和肥源类型。以蔬菜为例，果菜类定植后到开花前一般不施肥，待开花坐果后开始施肥，主要是防止营养生长过旺和植株徒长。结果期是二氧化碳施肥的关键时期，特别是结果盛期。叶菜类则在定植后立即施肥。作物生长后期，生产量少，栽培效益也比较低，一般不再进行施肥，以降低生产成本。在日本，越冬栽培黄瓜二氧化碳施肥在开始收获前、促成栽培在定植后。在荷兰，利用锅炉燃气，二氧化碳施肥常常贯穿作物全生育期。

一天中，二氧化碳施肥时间应根据设施二氧化碳变化规律和植物的光合特点安排。一般设施在上午随着光照的加强，二氧化碳浓度因作物的吸收而迅速降低，这时应及时进行二氧化碳施肥。在日本和我国，二氧化碳施肥多从日出或日出后0.5～1h开始。中午设施内温度过高，需进行通风，可在通风换气前0.5h停止，下午一般不施用。严寒季节或阴天不通风时，可到中午停止施肥。表5-4-2是日本设施黄瓜、番茄二氧化碳施肥技术标准。在北欧、荷兰等国家，全天候进行二氧化碳施肥。

此外，国外曾有夏季温室通风期二氧化碳施肥的报道，二氧化碳施肥浓度近于或略高于大气水平，既减少设施内外二氧化碳浓度落差，降低渗漏损失，又能取得明显的增产效果。

表5-4-2　设施黄瓜、番茄二氧化碳施肥技术标准（日本蔬菜试验场）

时　期	越冬茬于保温期开始，促成栽培在定植后30d开始，均在结果后施，育苗期不使用
时间	日出后30min开始，至换气前的2～3h，不换气场合施放3～4h结束
浓度	晴天1000～1500μl/L，阴天500～1000μl/L，雨天不施用
温度条件	日温：与不施的情况一样，达到28～30℃时就要换气； 夜温：变温管理时、设有转流时间带（4～5h）； 晴天：黄瓜15℃，番茄13℃； 阴天：比这些温度低些，抑制呼吸温度，黄瓜10℃，番茄8℃
湿度条件	为了施二氧化碳，密闭时间长，要注意避免高湿
施肥条件	不必特别多施肥料
浇水条件	适当控水，防止茎叶过于繁茂
备注	堆肥多施，土壤会产生大量二氧化碳，影响施用效果，所以应预先测定室内浓度

（3）CO_2施肥过程中的环境调节。二氧化碳施肥改变了设施的气体环境条件，必须全面保证和调节各种环境条件，才能有效地发挥二氧化碳施肥的作用。如果其他条件不能相应跟上，仅提高二氧化碳浓度也是徒劳的。

1）光照。强光下增加二氧化碳浓度对提高作物的光合速率更有效。日本和荷兰学者试验证明：只有光照强度达到2600～2800lx，才能明显看出二氧化碳气体肥增加光合量的效果。一般晴天都可以达到这样的光照度。当光照不足时，即使施用二氧化碳气肥，效果也不好。因此二氧化碳施肥的同时应注意改善作物群体受光条件。

2）温度。从光合作用的角度分析，当光强为非限制因子时，增加二氧化碳浓度提高光合作用的程度与温度有关，高二氧化碳浓度下的光合适温升高。因此，在二氧化碳施肥的同时提高管理温室时必须的。同时要大温差管理提高施肥效果，白天上午在较高温度和强光下增施二氧化碳，有利于光合作用制造有机物；而夜间较低的温度有利于光合产物的积累和转运，从而加速作物生长发育。有人提出在二氧化碳施肥时，白天温度提高2～4℃，夜温降低1～2℃，加大昼夜温差，以保证植株健壮生长，防止徒长。一般果菜类蔬菜白天光合作用适宜温度范围为白天20～30℃，夜间13～18℃。

3）肥水。二氧化碳施肥增强了作物的生理机能，其结果引起吸水、吸肥能力的提高。因此，在二氧化碳施肥的同时，必须增加水分和营养的供给，满足作物生理代谢需求。如果土壤干燥、叶片萎蔫，光合作用会显著降低。还应当重视氮肥的施用，因为氮是光合碳循环酶系和电子传递体的组成成分，增施氮肥利于改善叶片的光合功能。但又要注意避免肥水过大造成徒长。

2. 有害气体的预防

有害气体严重影响设施内园艺植物的生长与发育，而且危害劳动者的健康，所以应采取一些预防措施。

(1) 正确施肥。有机肥要充分腐熟后施入，化肥要随水冲施或埋施。如氮素化肥碳酸氢铵要深施，施后立即盖土。尿素随水冲施或施后立即灌水，可以预防氨气和亚硝酸气体的产生。同时要平衡施肥，以优质有机肥为主，控制氮肥用量，配施磷钾肥。也不可在设施内沤肥，坚持“基肥为主，追肥为辅”的原则，避免使用挥发性强的氮素化肥。发现土壤酸度过大时，可适当施用生石灰，阻止亚硝酸气的产生。

(2) 选用优质塑料制品。选用无毒的蔬菜专用塑料薄膜和塑料制品，禁止使用正丁酯、邻苯二甲酸二异丁酯、己二酸二辛酯等塑料膜，发现棚膜有问题，出现有害气体，应立即更换。同时设施内不堆放陈旧塑料制品。此外乙烯利使用浓度不能过大。这些措施可以预防乙烯、氯气和塑料薄膜增塑剂的危害。

(3) 采用正确的加温措施。采用炉火加温时，应选用优质煤，并使其充分燃烧，注意烟道严密不漏气。另外，可以在设施附近建立沼气池，用沼气加温，既能避免产生一氧化碳，又能补充二氧化碳。有条件的地方用暖气、地热资源等方法加温。这些措施可以有效地预防二氧化硫、一氧化碳等有害气体的产生。

(4) 合理使用烟雾剂。在防治害虫时要对症下药，严格按使用说明书操作，不得任意加大药量，燃施点要分布均匀，熏后要及时通风换气。此外不能将不同农药任意混合使用而产生有害气体，不要在高温下喷药，浓度切勿过高，药量不可过大。不要将农药堆放在设施内。这些措施可以预防农药对植物的危害。

(5) 合理的选址。园艺设施应远离有污染源的地方，如矿山及化工厂等地，避免受排放的工业废气的污染。

(6) 通风换气。经常通风换气，有利于换入新鲜的空气，排除有害气体，减轻有害气体的危害。但在通风换气的同时，一定要考虑到设施内温度、湿度的变化。

(7) 补救措施。如发现设施内植物受到二氧化硫、二氧化氮危害时，应及时喷砂石灰水、石硫合剂等，并浇水使其迅速进入土中。黄瓜受氨气危害时，可向叶片背面喷10%的食醋进行治疗。

3. 气流环境的调控

为了保证设施内有一定量的空气流动，通常在设施内设置排风扇进行强制通风。通风时，注意选择通风设备和通风方法，还要注意通风量和分布状况。在决定通风量时，不仅应考虑降温、降湿效果，还要考虑风速，以求设施内环境均一化，提高净光合速率和蒸腾强度，促进设施内植物的生长和发育。在冬季设施密闭的情况下，引起设施内相对湿度上升，二氧化碳浓度低下，因此通风换气必须与二氧化碳施肥相结合。可将环流风扇安装在设施内，冬季设施密闭时开启，搅拌空气使其流动，使室内大部分气流速度达到0.5～1.0m/s，达到设施作物生长最适的气流水平。

关于送风的具体时间，有昼夜连续送风和夜间送风两个时间。试验结果表明，当风速为50～70cm/s时，昼夜连续送风的番茄同化量比不送风的增加192%；仅在夜间送风的也比不送风的增加78%。由于夜间送风可使番茄叶内水分下降，可以促进第二天的光合作用而增产（见图5-4-2）。

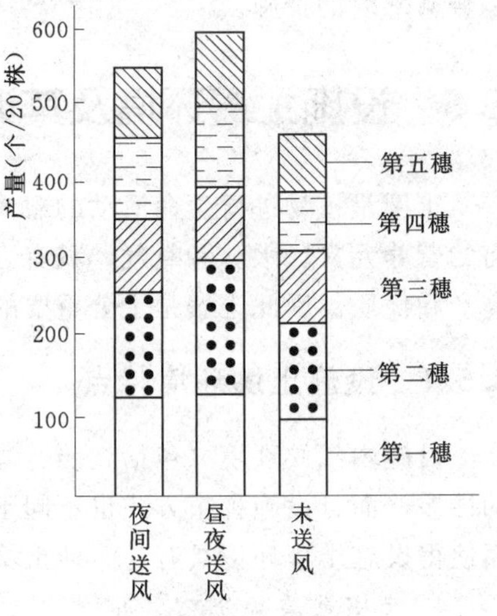

图5-4-2 送风时间对番茄产量的影响

5.4.3 设施土壤气体环境调控

1. 土壤气体环境及其对作物生育的影响

作物根系有支持植株、吸收水分、养分并将其输送到地上部分、贮藏有机物质等多种功能，这些功能与根的呼吸作用有密切关系。所以应当保持根的正常呼吸作用，提高作物根系的活力。因此，土壤中气体环境也是作物生育的重要环境因子。要求土壤有良好的通气性，氧气充足，而且土壤气体中CO_2浓度不可过高。许多研究表明，由于土壤氧气浓度低，作物根系对养分和水分的吸收受到抑制，光合速率和生长速度降低。土壤中氧气浓度在15%以上时，对光合作用的影响较小，10%以下时光合速率显著降低。另外，随着土壤中二氧化碳浓度的升高，光合速率也呈下降趋势，作物的含水率和蒸腾速率也降低。二氧化碳浓度为1%～2%时作物生长受到抑制。

由于作物根系的呼吸作用和微生物分解有机物质，加上土壤气体与外界气体交换受到一定的限制，氧气浓度较低，土壤中二氧化碳浓度较高，二氧化碳有时高达3000mg/L，使园艺植物根系的生长发育受到抑制。土壤气体存在于土壤粒的间隙内，正常的土壤粒和间隙的比例大约是1：1，间隙内被气体和水分充满着，其比例大约是1：1。如果孔隙的大小、孔隙率和含水量变化时，土壤的容气量也发生变化，要使土壤中保持一定比例的气体，土壤团粒结构要良好。黏土团粒结构差，排水不好，容气量小。设施内的灌水次数频繁，也影响土壤容气量。土壤气体浓度的变化与土层深度有关，土层愈深则二氧化碳浓度愈高，氧气浓度愈低。这与土壤呼吸量和土壤气体扩散系数有关。

2. 土壤气体环境的调控

要保持作物良好的土壤气体条件，必须扩大根际环境和外界环境间的气体交换，提高土壤氧气浓度、降低土壤二氧化碳和其他有害气体的浓度。选用团粒结构良好的土壤和人工合成基质，或施入大量的有机肥和作物秸秆改善土壤结构。土壤疏松透气，空隙多，氧气的含量高，有利于植物根系的呼吸作用，使根系发达。此外，要适量浇水，及时中耕来保持土壤团粒结构，通气良好。特别注意在地膜覆盖栽培时，薄膜割断了根际气体和外界气体交换，若过量浇水则极易出现根际低氧气、高二氧化碳环境，使根系生长受阻，所以地膜覆盖应采用高畦式、以扩大气体交换表面积。基质槽式栽培应选用团粒结构和通气性良好的基质，并保证适当的含水量。

为了加强土壤气体和外界气体的交换，可采取埋设塑料通气管的方法。如土壤栽培番茄，在栽培畦内埋设通气管，可使二氧化碳浓度降低至原浓度的1/2～1/4，促进根系的生长。更有效的方法为强制性通气。据报道，在栽培畦内埋设带孔的聚乙烯塑料管，用通气泵强制通气，每米长的畦通气量2.5L/min，为防止土壤干燥，通入的空气经过水加湿，这样的二氧化碳浓度可维持在0.1%的低水平，而不通气的对照在0.3%～3.5%之间变化。通气可使茄子和黄瓜的产量提高15%～17%。基质栽培和水培中强制通气是普遍采取的措施。

5.5 设施土壤环境及其调节控制

土壤是植物进行生命活动的载体，是作物赖以生存的基础。植物根系生活于土壤中，从土壤中吸收所需的营养元素、水分和氧气，只有当土壤满足植物对水、肥、气、热的要求时，植物才能生长良好，才能高产和优质。因此土壤是十分重要的环境条件。

5.5.1 设施土壤环境特点

设施内气候环境（包括光照、温度、湿度）不同于室外环境，温度高，空气湿度大，光照弱，气体流动性差，而且设施种植方式也不同于室外，一般采用周年生产，多茬种植，施肥量大，根系残留也多，因而使得设施土壤环境具有与露地土壤不同的特点。主要表现特点如下。

1. 土壤表层盐分浓度高

设施内施肥量大，并且常年或季节性覆盖，改变了自然条件下的水分平衡，土壤得不到雨水的充分淋洗，使土壤中的盐分不能被淋洗到地下水中，不仅养分残留量高，而且大量聚集在表层土壤。另一方面，设施内作物生长旺盛，土壤水分自下而上的蒸发和作物蒸腾作用都比较强，根据“盐随水走”的规律，也加速了土壤表层盐分的聚集。这对园艺作物的生长发育是不利的。

2. 土壤次生盐渍化

目前我国在设施园艺植物栽培上，尤其是蔬菜栽培上盲目施肥现象非常严重，化肥施用量一般都超过蔬菜需求量的1倍以上，甚至更多，远远超过蔬菜作物本身的吸肥量。大量的剩余养分积累在土壤中，使土壤盐分浓度逐年升高，造成土壤次生盐渍化。据沈阳农业大学园艺系调查，当地多年种植蔬菜的温室，土壤EC值很多已近临界值。上海温室、大棚耕层土壤（0～25cm）盐分分别为露地的11.8倍和4倍。这不仅会造成土壤板结、透气性差和需氧微生物的活动下降，而且过多的肥料积累在土壤中或进入地下水又造成土壤和水源的污染。

土壤次生盐渍化后，造成土壤溶液浓度增加使土壤的渗透势加大，植物种子的发芽、根系的吸水、吸肥均不能正常进行，而且土壤溶液浓度过高，元素之间的拮抗作用常影响到作物对某些元素的吸收，从而出现缺素症状，最终使生育受阻，产量及品质下降。同时，随着盐浓度的升高，土壤微生物活动受到抑制，施入的肥料不易分解和转化。

3. 有机质含量高

园艺设施内温度高，土壤微生物活动旺盛，有机质（包括有机质总量和可氧化的有机质）含量高，且分解较快，土壤腐殖质含量也明显高于露地土壤，这对作物的生长是有利的。沈阳农业大学园艺系研究证明，蔬菜产量和易氧化有机质含量间呈显著正相关（$\gamma=0.763$）。

4. 土壤酸化

设施内土壤的pH值有随着种植年限的增加而降低的趋势，即土壤酸化。据报道哈尔滨市种植5年、10年和20年的温室土壤pH值分别降低0.01、0.16和0.44；大庆市种植5年、14年和30年的温室土壤pH值分别降低0.02、0.39和0.50。造成园艺设施土壤酸化的原因是多方面的，但最主要的原因还是由于氮肥施用量过多，残留量大而引起的（见图5-5-1）。过多连续施用硫酸铵、氯化铵时pH值下降最明显。硫酸钾、氯化钾也可导致土壤酸化。土壤酸化除因pH值过低直接危害作物，破坏根系的生理功能，导致根系死亡外，还影响土壤中养分的有效性，抑制了P、Ca及Mg等元素的吸收，P在pH值<6时溶解度降低。而且也不利于土壤微生物活动，使肥料分解、转化慢。

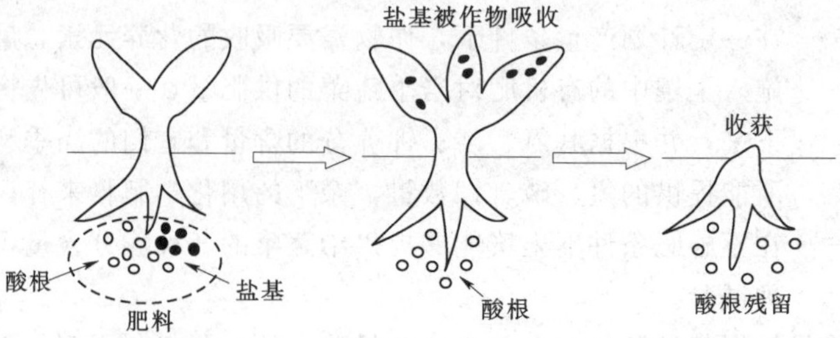

图5-5-1　土壤酸化示意图

5. 连作障碍

连作障碍是指在同一土壤中连续栽培同种或同科作物时，即使在正常的栽培管理措施下也会发生长势变弱、产量和品质下降的现象。设施内作物栽培的种类比较单一，为了获得较高的经济效益，往往连续种植产值高的作物，而不注意轮作换茬。久而久之，使土壤中的养分失去平衡，某些营养元素严重亏缺，而某些营养元素却因过剩而大量残留于土壤中，产生连作障碍。露地栽培轮作与休闲的机会多，上述问题不易出现。当设施内作物连作时，前茬作物地上部茎叶淋溶、根系分泌物的残留，以及植株残体释放化感物质，引起土壤中生物条件的变化，也影响下茬同科或同种作物的生长。此外，设施土壤中病原菌积累也是引起连作障碍的主要因子。连作使土壤中的病原菌数量不断增加，加重土传病害的发生，如西瓜枯萎病、番茄的青枯病、茄子的黄萎病等。连作障碍轻者造成减产，重者导致绝收，严重制约了设施园艺生产的可持续发展。

6. 病原菌聚集

设施内的环境比较温暖湿润，为土壤中的病虫害提供了越冬场所，土传病、虫害严重，而且使得一些在露地栽培可以消灭的病虫害，在设施内很难绝迹。例如根结线虫，设施土壤内一旦发生就很难消灭。还有空气中传播的地上部病害，早疫病、白粉病、霜霉病等在设施内也难以根治。

5.5.2 设施土壤环境的调节与控制

保持良好的土壤状态，是设施生产的首要基础，更是提高设施生产持久经济效益的重要条件。针对设施土壤环境特点，坚持“用养结合”的原则，采取综合调控措施改良土壤环境是很有必要的。

1. 平衡施肥

盲目施肥是设施土壤盐分富积、土壤次生盐渍化、土壤酸化的主要原因，要解决此问题，必须根据土壤的供肥能力和园艺作物的需肥规律，进行平衡施肥，从根源上减少土壤盐分的过多积累。做到每茬进行土壤的营养诊断，测定土壤中养分种类和含量，根据土壤养分状况和作物种类设计施肥配方，避免盲目施肥。配方施肥是设施园艺生产的关键技术之一，我国园艺作物配方施肥技术研究要远远落后于大田作物，设施蔬菜配方施肥技术正处于起步阶段，设施栽培中花卉与果树配方施肥更少有研究，一些用于配方施肥的技术参数还很缺乏。

有关配方施肥的技术方案较多，现以蔬菜为例，以土壤养分平衡法和土壤有效养分校正系数法为基础，介绍氮、磷、钾大量元素配方施肥方案和技术。

(1) 土壤养分平衡法。蔬菜配方施肥是在施用有机肥的基础上，根据蔬菜的需肥规律、土壤的供肥特性和肥料效应，提出氮、磷、钾和微量元素肥料的适宜用量，以及相应的施用技术。

$$\text{计划产量施肥量}=\frac{\text{计划产量吸肥量}-(\text{有机肥供肥量}+\text{土壤供肥量})}{\text{肥料的有效养分含量}\times\text{肥料利用率}} \tag{5-15}$$

$$\text{计划产量吸肥量}=\frac{\text{计划产量(或目标产量)}}{100}\times 100\text{kg 蔬菜产量吸肥量} \tag{5-16}$$

$$\text{有机肥料供肥量}=\text{有机肥料施入量(kg)}\times\text{有效养分含量}\times\text{利用率} \tag{5-17}$$

$$\text{土壤供肥量}=\frac{\text{无肥区产量}}{100}\times 100\text{kg 蔬菜产量吸肥量} \tag{5-18}$$

式中　计划产量施肥量——在一定的计划产量条件下，需要施入土壤氮、磷、钾化肥的数量，kg/hm^2；

计划产量吸肥量——在一定计划产量条件下，作物需要吸收的营养元素总量；

有机肥料供肥量——施入土壤中的有机肥对当季蔬菜的供肥量，一般可先将施用有机肥的数量确定下来，并根据其氮、磷、钾养分的含量和它们的当季利用率，算出施入有机肥所能提供的氮、磷、钾数量，余下的用化学肥料来补；

土壤供肥量——在不施肥条件下土壤能够提供给蔬菜的各种养分含量，通常需要进行不施肥处理试验。

肥料的有效养分含量是根据某种肥料的有效成分含量确定的，肥料利用率是指当季作物从所施入肥料中吸收的养分占施入肥料养分总量的百分数。肥料利用率随肥料的种类、施肥量、作物产量和土壤的理化性质及环境条件的不同而变化。一般菜田氮素化肥的利用率为30%～45%，磷素化肥的利用率为5%～30%，钾素化肥的利用率为15%～40%。有机肥料的养分利用率更为复杂，一般腐熟的人粪尿、鸡粪和鸭粪的氮、磷、钾利用率为20%～40%，猪厩肥的氯、磷、钾利用率为15%～30%。

(2) 土壤有效养分校正系数法。土壤有效养分校正系数法，是在土壤养分平衡法的基础上提出的。在土壤养分平衡法中，获得土壤供肥量参数，需要在田间布置缺氮、缺磷和缺钾试验，并分别通过不施氮、磷和钾试验区的产量及蔬菜的100kg经济产量吸肥量，分别计算出土壤的氮、磷和钾的供肥量。而用土壤有效养分校正系数法可以不用上述试验，通过土壤养分测定和土壤有效养分校正系数来计算出土壤的供肥量。计算公式如下：

$$\text{计划产量施肥量}=\frac{\text{计划产量吸肥量}-\text{有机肥供肥量}-(N_s\cdot 0.15\cdot r)}{\text{肥料的有效养分含量}\times\text{肥料利用率}} \tag{5-19}$$

计划产量施肥量、计划产量吸肥量、有机肥供肥量的计算方法与土壤养分平衡法的计算方法相同。

式中　N_s——土壤的有效养分的测试值，mg/kg；

0.15——从土壤养分测试值转换成每$667m^2$土壤耕层有效养分含量的千克数；

r——土壤的氮、磷、钾的有效养分校正系数。

土壤的有效养分校正系数，与土壤的理化性质、有效养分含量、土壤有效养分的测定方法、蔬菜品种和栽培方式及产量有关。建立起土壤有效养分校正系数与有关参数的关系式，需要作大量的田间试验工作。根据现有的资料，暂定土壤碱解氮的校正系数为0.6，有效磷（Olsen法）0.5，有效钾1.0。

氮、磷、钾化肥的具体施用技术，可根据不同蔬菜种类的需肥规律和有关栽培措施来定。一般磷肥做基肥一次性施用；钾肥可与磷肥一样，一次性做基肥施用，也可以分两次施用，2/3做基肥，1/3做追肥；氮肥的施用方式较多，一般以1/3做基肥，2/3做追肥，并分两三次追施。

2. 合理灌溉

土壤水分的上升运动和通过表层蒸发是使土壤盐分积聚在土壤表层的主要原因。灌溉的方式和质量是影响土壤水分蒸发的主要原因。漫灌和沟灌都将加速土壤水分的蒸发，易使土壤盐分向表层积聚。滴灌、渗灌等灌溉方式可以有效的降低土壤蒸发强度，减缓土壤表层的盐分积累。此外，有些地区采用膜下暗灌，对防止土壤次生盐渍化也起到很好的作用。

3. 灌水洗盐

对于盐分过大的土壤，在生长期间可明显增加灌水次数和灌水量；在夏季休闲期进行深翻后灌大水洗盐，使盐分随水向下渗透或排除；每隔 2～3 年利用夏季休闲期，揭开棚膜接受降雨淋洗。

4. 增施有机肥

有机肥肥效缓慢，腐熟的有机肥不易引起盐类浓度上升，还可以改进土壤的理化性状，疏松透气，提高含氧量，对作物根系有利，因此设施内宜施用有机肥。设施内土壤的次生盐渍化的盐分是以硝态氮为主，硝态氮占到阴离子总量的 50%以上。因此降低设施土壤硝态氮含量是改良次生盐渍化土壤的关键。

施用禾本科作物秸秆是改良土壤次生盐渍化的有效措施，禾本科作物秸秆的碳氮比比较宽，施入土壤以后，在被微生物分解过程中，都能够同化土壤中的氮素，进一步消除盐分积累。据研究，1g 没有腐熟的稻草可以固定 12～22mg 无机氮，在次生盐渍化不太重的土壤中，每 667m^2 施用 300～500kg 稻草较为适宜。在施入前，先把稻草切碎，然后均匀地翻入土壤耕层。有机肥不仅可以防止土壤次生盐渍化，而且有机肥中含有各种园艺植物生长所需的营养成分，能够全面补充营养，不会发生营养过剩的危害。此外有机肥中含有大量微生物，可以增加土壤中有益微生物，能促使被土壤固定的营养元素释放出来，从而增加土壤中的有效营养成分，以减少肥料投入。

5. 轮作和间套种

轮作可以调节地力，改变病原菌的寄主，改变土壤微生物群落，从而解决连作障碍。尤其通过与病原菌非寄主植物的轮作，病虫赖以生存的环境条件发生巨变，土壤中病原菌数量显著降低，从而减轻土传病害的发生。目前普遍推广蔬菜—水稻种植模式不仅可以有效地减少土壤中的病原菌数量，也可以显著提高养分的利用率，克服土壤盐类积聚的问题，对恢复地力、减少生理性病害都有显著地作用。同时也可消除由连作带来的作物分泌的有毒物质的积累而引起的自毒现象。也可以利用作物间的化感原理进行有益组合。如葱、蒜类蔬菜的根系分泌物对多种细菌、真菌等具有较强的抑制作用，对间作或后作（如黄瓜、西瓜、番茄）等的根部病害具有很好的防治效果。

另外，早春大棚内种植生长期较长的番茄、辣椒、茄子等蔬菜的行间可以套种苋菜、茼蒿等速生蔬菜，以利用速生蔬菜的生长吸盐和灌溉时的洗盐作用；夏季可以利用大棚骨架种植丝瓜、冬瓜遮阳，降温吸盐，既能防止土壤盐分向表土积聚，又可增加大棚内产量和产值。

6. 土壤消毒

土壤中有病原菌、害虫等有害生物和硝酸细菌、亚硝酸细菌、固氮菌等有益微生物。正常情况下土壤中各种微生物保持平衡，但设施栽培条件下可能引起土壤中生物条件的变化，打破平衡，造成病虫害的猖獗。采用土壤消毒的办法可以有效的消灭原菌和害虫。土壤消毒可以采用高温蒸汽热处理消毒，也可以采用药剂消毒。

7. 清洁田园

首先要拔除中心病株，清除作物病残体和周围杂草。集中烧毁或深埋，均能减轻连作病害。作物病残体是作物发病和病害流行的重要初次侵染原和再次侵染原，必须清除出田间。其次，加强耕作管理，深翻土壤。深翻土壤不仅有利于将病原菌翻入土中以加速病残体分解和腐烂，使其失去传染机会。

8. 选育抗病品种或砧木品种

近年来，世界各地相继育成了一些抗根部病害的品种或砧木，因此，采用抗病品种或采用嫁接是生产上控制土传病害发生与流行的有效方法。用南瓜或葫芦等做砧木嫁接西瓜既可防治枯萎病，又可提高其产量。采用野生茄子做砧木嫁接茄子，可以防治茄子的黄萎病，又可延长其采收期。目前可供选用的砧木数量也在不断增加，既可抵御土传病害，同时也提高蔬菜的抗逆性，许多砧本还兼具耐盐和克服自毒作用的效果。

9. 生物防治

生物防治是国内外学者的研究热点，并将逐步成为农作物病虫害防治的重要手段之一，生物防治的主要措施有以下几种。

（1）引入拮抗菌。园艺作物重茬后改变了土壤微生物的种群结构和数量，致使土壤中有益微生物数量逐渐降低，病源菌逐渐积累。利用拮抗菌防治设施园艺植物病害是一种有效的方法。利用拮抗菌防治植物病害，就是将培养好的拮抗菌以一定方式施入土壤中，或是通过在土壤中加入有机物等措施提高原有的拮抗菌的活性，从而降低土壤中病原菌的密度，抑制病原菌的活动，减轻病害的发生。如拮抗菌芽孢杆菌能够控制多种蔬菜的土传真菌和细菌病害，并且对植物生长有一定的促生作用。拮抗菌木霉菌可以降低枯萎病的发病率。

（2）接种有益微生物。在设施条件下，也可通过接种有益微生物来分解连作土壤中存在的有害物质或与特定的病原菌竞争营养和空间等途径来减少病原菌的数量和根系的感染。从而减少根际病害发生。它包括通过接种一些有益菌根菌或其他有益的群以便在根际形成生物屏障，或接种致病菌弱毒菌株促进幼苗产生免疫机能或使用含有有益微生物种群的生物有机肥抑制土壤致病菌的发展。施微生物菌肥，可明显增加土壤肥力的持效性，土壤中速效钾、速效磷和碱解氮含量增加，能改善土壤微生物体系，增强了植株对土传病害的抵抗能力。

10. 换土和无土栽培

土壤积盐太多、土传病害严重或用上述方法效果不理想时，要及时更换耕作层土壤，把肥沃的田土移入设施内。但是劳动强度大，只适合小面积应用。

当园艺设施内的土壤障碍发生严重，或者土传病害泛滥成灾，常规方法难以解决时，可采用无土栽培技术。

5.6 设施灾害性天气及预防对策

我国南北方有多种灾害性天气，影响园艺作物设施栽培。近年来灾害性天气增多，一旦遭灾，就会受到严重损失。因此，除加强正常性管理外，还应严防灾害性天气的发生与危害，防患于未然。这也是环境管理的重要内容，是保证设施园艺产业健康稳步发展的基础。主要灾害性天气有大风、寒流、暴雨、积雪、久雨等。

5.6.1 大风

我国的大风天气，主要有强寒流、龙卷风及台风等。强寒流主要发生在冬季，园艺生产者应随时关注天气预报，提前准备应急办法。如加盖保温被、加厚草苫，或在日光温室南边或大棚两边围靠草苫，必要时应采取临时性的加温措施，保护园艺作物免受寒流的危害。强寒流袭击在初冬的10月下旬至12月上旬，易出现－10℃左右的强寒流，是日光温室蔬菜生产的一大威胁。轻者造成减产，重者甚至绝收。

龙卷风虽然发生在局部地域，但因发生在早春和夏季。尤其是早春，正是设施栽培揭棚启窗的重要时期。往往是突然发生，令人防不胜防，所以是摧残最烈的大风。台风主要发生在夏、秋季，这时大多数设施已经清除，只有夏季保护设施遮阳网、防雨棚等，影响不大。只有很少年份，有台风发生在春季或初夏，对设施栽培影响较大。大风的主要危害是掀翻设施，砸伤植株，直接导致植株死亡。吹破棚膜，吹倒园艺植物，枝干折断，以及形成大量的落花、落叶、落果，使园艺植物遭受冻害和寒害。同时大风还污染棚体，减弱棚内的光照强度。

预防大风灾害的措施有：①要科学设计、合理建造设施，充分提高设施的抗风、保温能力，这是抵抗大风天气的基础。②加固设施，选择耐老化、张力强的压膜线、棚膜，在大风来临之前加固，同时要将顶风口及腰风口完全闭合。夜间在保温被或草苫上加盖镇压物，增强防风能力，防止将棚膜揭起。③风后要及时整修设施。④大风过后，遭受冻害的植株应及时补救，剪除枯枝、也可摘除成熟或接近成熟的瓜果，减少养分向果实输送，提高植株糖分含量，增强抗冻能力。同时补充营养，加强管理，促进植株逐步复壮。⑤营造防风林和风障。

5.6.2 暴雨

暴雨会形成山洪暴发，冲毁植株与设施。暴雨也会使河道倒灌，地下水升高，设施受淹。

预防暴雨的措施有：①要选择地势较高，山洪免冲的地方建立设施，同时要在设施的四周挖排水沟，保证排水通畅。②设施受淹后，要及时开深沟排除积水。③要将受淹过的园地进行松土通气，以避免土中有害物质产生而毒害根系。

5.6.3 大雪

我国气象上规定，下雪时，水平能见距离小于500m，24h内降雪量大于5mm的为大雪。冬季降雪过多可形成多种灾害。大雪能压垮设施，破坏园艺设施，砸伤植株；积雪过久威胁园艺作物越冬，降低作物生长速度，延迟作物生长发育，严重时造成设施作物冻害。另外，暴风雪通常伴随强寒潮，寒冷潮湿的天气易结冰，加重设施内作物灾害程度。尤其是南方极少下雪，往往容易忽略。一旦下雪，会造成毁灭性的损失。2008年的南方冰雪灾害给设施园艺生产带来毁灭性的损失。设施被压垮，植物遭受霜冻害，造成南方蔬菜、水果等供应出现较为紧缺的现象。因此广大南方地区应把预防雪灾摆在与防台风、防暴雨同等重要的位置，科学地采取措施来规避大雪灾害。

大雪的预防措施：①雪后要及时清除棚室上的积雪，防止大雪压坏棚膜和棚架，防止雪化湿苫。②下雪时间长，不能一天不卷苫，要在中午卷苫1～2m高，让室内见光1～2h，让设施内的作物接受散射光，千万不能捂棚。在降雪天气温不太低时，尽量卷起草苫，让雪直接落在棚膜上，便于清扫，棚膜上积雪也有一定的保温作用。③夜晚降雪时应在草帘上覆盖1层塑料布，可防止草帘被雪浸湿。④雪后要修复倒塌的设施，整理受伤的植株。

5.6.4 连续阴天

连续4～5d或以上的阴雨天气现象称为连续阴天。南方地区春季、江淮地区秋季、华北平原春末夏初、华南地区的秋季等都常有连阴雨发生。尤其南方早春，春雨绵绵，长出现持续7～15d以上的阴雨，对园艺植物高产优质极为不利。长期阴雨，日光不足，光合作用不能正常进行，作物处于饥饿状态，影响设施内园艺作物的正常生长和发育。而且长期阴雨天气，设施内的土壤和空气湿度过大，易造成病害的发生。其危害程度因发生的季节、持续的时间、气温高低及作物的种类、生育期、设施内的环境等的不同而异。

对于这种天气，要设法增光，改善设施内部温光照条件。在后墙及两侧山墙上张挂银白色反光幕，或进行人工光源直接补光，可促进园艺植物光合作用，提高产量和品质。同时要注意保持透明覆盖物良好的透光性，这是减轻或避免连阴雨天气危害的前提。还要注意在久雨后骤晴，因棚室里的园艺植物虚弱，偶受日光暴晒，反受危害。所以，在久雨后放晴开始，要用草帘或遮阳网适当遮盖后，再逐渐揭开，使植株有一适应过程，避免植株打蔫闪苗。

5.7 园艺设施的综合环境管理

以上各节就设施内的光照、温度、湿度及气体等各种环境因子成因、特点及其调控技术分别作了论述。实际生产中，众多的环境因子之间是相互作用、相互协调，形成综合动态环境，对作物生长发育产生影响。同时，作物自身又对环境产生重要影响。为创造作物生长的最佳生态环境，不可能只考虑单一因子，而应考虑多种环境因子的综合影响。这就增加了设施环境调控的复杂性和难度。

5.7.1 综合环境管理的目的与意义

实际生产中各环境因子综合影响园艺作物的生长发育，而且各个因子是同时起作用的，它们具有同等重要性和不可替代性，缺一不可又相辅相成。当其中某个因子起变化时，其他因子也会受到影响随之变化。如为了降低设施内温度而开启侧窗天窗时，不仅抑制了温度的上升，室内的湿度、二氧化碳浓度也同时发生了变化。实践中根据情况调控某一环境因子时，其他环境因子有可能随之变到一个不适宜的水平，所以单因子调控往往不能达到良好效果。因此生产者在进行设施环境管理时要有全局观念，不能只偏重于某一个方面。

人们早就注意到要将几个环境要素综合起来考虑，根据它们之间的相互关系进行环境的调节。所谓综合环境调节，就是以实现作物的优质、高产和低耗可持续生产为目标，把关系到作物生长的多种环境要素（如温度、湿度、二氧化碳浓度、气流速度及光照等）都维持在一个相对最佳组合下（即合适的平衡点），而且要求使用最少量的环境调节装置（通风、保温、加温、灌水、施用二氧化碳、遮光和利用太阳能等各种装置），既省工又节能，便于生产人员管理的一种环境控制方法。这种环境控制方法的前提条件是，对于各种环境要素的控制目标值（设定值），必须依据作物的生育状态、外界的气象条件，以及环境调节措施的成本等情况综合考虑。

设施的综合环境管理不仅仅是综合环境调控，还要对环境状况和各种装置的运行进行实时检测，并要配置各种数据资料的记录分析、存储、输出和异常情况的报警等，还要从设施经营的总体出发，考虑各种生产资料投入和运营成本，产出产品的市场价格变化，劳力和管理作业和资金等，根据效益分析来进行有效率的综合环境调控。

5.7.2　综合环境管理的方式

综合环境管理的方式有两种：一是完全依靠生产者的头脑和经验来分析判断，主要通过人工和传统的机械装置进行设施的综合环境管理。二是使用计算机实行设施环境自动化管理和调控。

1. 依靠人的综合环境管理

在未普及电子计算机以前，完全依靠人们的头脑和经验来进行设施环境的综合管理，这也是采用计算机进行综合环境管理的基础。早期许多设施蔬菜生产能手就善于把多种环境要素综合考虑，进行设施的环境调节和栽培管理。并根据生产资料成本、产品市场价格、劳力、资金等情况统筹计划、安排茬口、调节上市期和上市量，为取得高产、优质、高效进行综合环境管理，并积累丰富的经验。

20世纪70年代，北京郊区一些设施蔬菜生产者进行温室大棚的环境调节和栽培管理，创造出日光温室和塑料大棚冬、春黄瓜每667m^{2}产出1万～1.5万kg的水平。根据作物生长发育要求一定昼夜温差的温周期学说，根据果菜类蔬菜生长发育适温和太阳辐射状况（晴、阴），提出综合调控设施温度的作物变温管理模式。证明变温比恒温控制能显著提高产品品质，节减燃料能耗。五段变温管理模式，即早上日出前预先加温至接近光合适温的水平；上午维持光合适温的水平；下午保持光合及其光合产物运转所需适温；日落后至前半夜4～6h维持光合产物运转的适温；后半夜依不同作物的光合特性保持抑制呼吸消耗的温度。通过手动或机械定时加温、通风换气进行操作，也是一种简易的复合环境调控技术。

依靠人脑实行的综合环境管理要求管理人员要具备丰富的知识，要善于并勤于观察情况，随时掌握情况变化；善于分析和思考，能根据情况做出正确的决断，集思广益；能让作业人员准确无误的完成所应采取的措施。

2. 采用计算机的综合环境管理

随着设施生产的现代化，环境控制因子复杂化，如换气装置、保温幕的开闭及二氧化碳的施用，灌溉等调控项目不断增加，再加上设施作物种类品种的多样化，市场状况和成本核算、经济效益的复杂化，仅依赖人工和传统的机械化管理难以完成设施的综合环境管理。随着70年代微型计算机的问世，以及此后信息技术的飞速发展和价格的不断下降，计算机日益广泛地应用于温室环境综合调控和管理。据资料，日本1996年在温室环境管理中应用的计算机已突破25000台。我国在20世纪80年代初期，开始将计算机应用于温室的管理和控制领域。中国农业科学院、清华大学、中国农业大学、江苏理工大学、中国科学院上海植物生理研究所等单位，侧重不同的领域，研究了温室计算机控制与管理技术。“十五”和“十一五”期间，有关设施农业的国家重大科技攻关项目中，加大了计算机应用研究的力度，专门设置了相关专题开展研究。随着21世纪我国大型现代温室的日益发展，计算机在温室综合环境管理中的应用，将日益发展和深化。我国设施园艺环境控制的计算机应用，在总体上正从消化吸收、简单应用阶段向实用化、综合性应用阶段发展。

所谓园艺设施计算机综合环境管理，实质上是指以创造园艺作物生长发育的最佳环境，以获得最大生产效益为目的，根据环境因子间的互作规律，利用计算机、传感器等控制元器件所进行的设施园艺环境综合调控过程。虽然计算机在综合环境自动调控中功能大、效率高、且节能、省工省力，成为发展设施园艺业优质、高效、高产和可持续生产的先进实用技术，但温室综合环境管理涉及温室作物生育、外界气象条件状况和环境调控技术措施等复杂的相互关联因素，有的项目由计算机信息处理装置就能做出科学判断并进行合理的管理，有些必须通过电脑与人脑共同合作管理，还有的项目只能依靠人们的经验进行综合判断决策管理，可见电脑还不能完全替代人脑完成设施园艺的综合环境管理。

5.7.3 采用计算机的温室环境综合调控

在设施环境调控方面，计算机主要起“调节器”的作用。设施环境调控系统中，环境因素众多，关系复杂，加之园艺作物对环境的要求又因时因地而变，这就要求“调节器”具有强大的“比较”、“计算”功能。因此计算机在温室环境调控系统中起到重要的作用。20 世纪 60 年代，荷兰人首次将计算机用于温室环境调控。50 多年来，在计算机温室环境调控的软硬件设施、技术方面取得了突飞猛进的发展，从而促进了温室产业的蓬勃发展。尽管计算机在温室环境调控方面发挥巨大作用，但设施生产对象是具有生命的园艺植物，其生长发育的管理需根据作物的种类、生育阶段、天气及土壤等而适时采取必要的环境管理与技术措施。也就是说需要将计算机功能与管理者的经验、技术良好结合，互相取长补短，才能获得作物的高产优质。

如图 5－7－1 所示，为计算机温室环境综合调控系统的结构。具体来说，在温室环境综合调控系统中，计算机可以发挥以下几项功能。

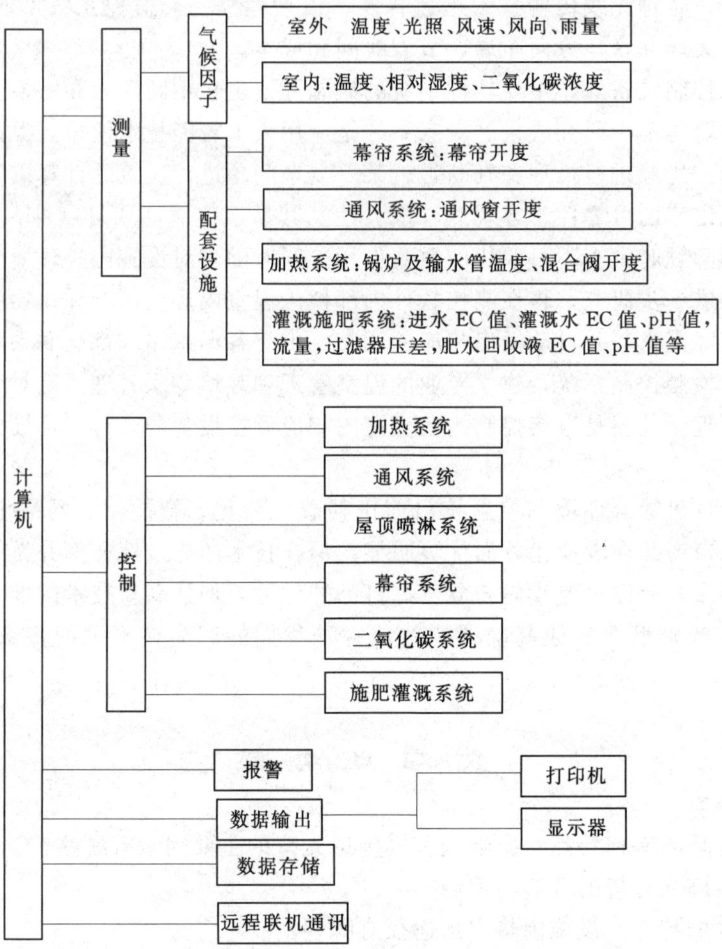

图 5－7－1 计算机测量和控制系统示意图

1. 调控环境

一般都采用通用型的程序结构，能适用多种使用情况。程序中一般只规定控制的方法（如比例控制、差值控制等），即根据几个环境要素的相互关系规定一些计算的关系式，以及根据计算结果对各种机器进行控制的逻辑。各种具体环境要素的设定值，由用户根据要求事先输入计算机中，并根据现场情况及时变更。例如，该系统对室温的调节是通过天窗和两层保温幕的开关，以及水暖供热管道的开关来实现。

2. 故障处理

故障处理分为故障报警和故障诊断两部分功能。当实测任何一个参数超出预设范围时，系统采用多媒体技术、自动进行声、光报警并将有关数据存入数据库。如室温超出用户设定的最高温度和最低温度时，系统自动报警在现场亮指示灯，并在中心管理室的主机监视器屏幕上显示故障内容或红色符号。故障诊断功能指出故障的位置、性质和解决方法，从而有效的加快维修速度。

3. 数据采集处理

该系统能监测、记录设施内外各种环境参数，可自动在线存入数据库。而且能随时以图表方式显示并打印出来，可随时对这些数据进行查询、统计、制表和绘制曲线。所测参数可在计算机上实时显示并输出各种环境参数动态变化图，也可显示环境控制设备的运行状态，输入的设定值等。计算机综合环境管理系统的作用发挥的好坏，取决于栽培者对数据分析处理的能力。

5.7.4 设施园艺计算机综合环境管理的发展趋势

随着现代科学技术的快速发展，设施园艺计算机综合环境调控技术也在不断地进行着技术改进和发展。从硬件设施上看，新型、高精度、低成本的各类传感器不断得到开发和推广，这将极大地提高我们掌握实时环境参数的能力；各种无线传输技术迅速普及，以后建立一套监控系统可能不再需要铺设电缆线了，各点之间直接采用无线互联，方便布局，节省时间和成本。

除了不断完善硬件控制设备外，主要软件系统的研制开发也在不断深入和完善。其中以专家系统为代表的智能管理系统已经取得不少研究成果。专家系统是应用人工智能技术模拟人类推理过程，依据多个专家提供的特殊领域知识、经验进行推理和判断，就某一复杂问题进行决策的计算机程序。专家系统作为一种知识的载体，所表现出来的可靠性、客观性、永久性及其易于传播性和复制性，是人类专家所不及的，在处理与解决某些领域问题时具有不可取代的重要作用。同时随着对设施内外环境变化的深入了解，以及对园艺作物生长规律的进一步研究，将在测控软件内部植入温室内环境模型和作物生长模型，提前预知环境变化及作物生长的实际需求，并自动做出相应的调整。由于各温室园区都已联入互联网络，完全可以实现基于网络的远程设施检测控制系统，建立专业的温室管理和栽培专家管理团队对所有入网的温室园区进行远程服务、咨询、管理，甚至是直接控制园区温室内相应调控设备的运行，可极大地提高各温室园区的管理水平。

总之，设施园艺计算机综合环境调控系统目前正朝着无线化、智能化、网络化及专业化的方向发展着。在该领域，外国进口产品在专业化方面优势明显，但在技术的先进性方面并无多少优势，在易操作性方面更是远不如国内产品。所以只要我们充分发挥自己的优势，加强高新技术的推广和应用，同时加大对温室环境变化和作物生产模型等专业基础课题的研究，我们的产品在不远的将来一定会达到世界一流水平。

复习思考题

1. 园艺设施内的光环境有何特点？影响园艺设施透光率的主要因素有哪些？
2. 如何进行园艺设施光环境的调节与控制？
3. 园艺设施内温度的特点？设施内热支出途径有哪些？
4. 如何进行设施内温度环境的调节与控制？
5. 园艺设施内空气湿度有何特点？如何进行空气湿度的调控？

6. 如何进行园艺设施内土壤水分的调节与控制?
7. 园艺设施内的气体环境有何特点?如何预防有害气体?
8. 如何进行设施内二氧化碳施肥?
9. 园艺设施内土壤环境有何特点?如何进行设施土壤的调控?
10. 何为设施环境综合调控?为何说综合环境调控是一个复杂工程?其发展趋势如何?

第6章　园艺设施的规划设计与建造

【本章要点】 掌握园艺设施总体设计的要求；掌握园艺设施规划设计的内容与步骤；了解设施工程预算及塑料大棚、高效节能日光温室、现代化温室对建筑施工的要求。

6.1　园艺设施的总体规划设计要求

6.1.1　园艺设施规划设计的重要性

近年来我国设施园艺发展迅猛，特别是日光温室和塑料大棚正在由小型发展到大型；由单栋发展到连栋；由竹木结构向钢结构、钢筋混凝土结构；由半永久式向永久式发展。内部设施也正由简单向复杂，由原始向先进，由手动操作向机械化及自动化方向发展。完全交给建筑部门，往往由于不懂得园艺作物设施栽培的特点和要求，所以造成园艺设施的设计采光不合理、建材使用过多、采暖设备设计超量或不足等，造成很大的浪费。在施工方面也会因施工安装不合理，影响栽培管理和工程质量。为了便于研究改进园艺设施的结构性能、内部环境条件、简单设备的设计，以及对复杂工程设计施工的检查、监督和验收，以便合理有效地建设园艺设施，所以有必要学习园艺设施规划设计与建造的一些基本知识。

6.1.2　园艺设施的建筑特点与要求

1. 高透光率

温室中的透光性能温室是一种采光建筑，其透光性能的好坏直接影响到室内作物光合产物的形成和室内温度的高低。透光率是评价温室透光性能的一项最基本的指标，它是指透进温室内的光照量与室外光照量的百分比。透光率越高，温室的光热性能越好。温室透光率受温室透光覆盖材料的透光性能和温室骨架阴影率的限制，而且随着不同季节太阳辐射高度的不同，温室的透光率也在随时变化。夏季室外太阳辐射较强，即使温室的透光率很小，透进温室光照强度的绝对值仍然较高，要保证作物的正常生长，适当的遮荫设施仍然是必要的。但到了冬季，由于室外太阳辐射较弱，太阳高度角很低，温室透光率的高低就成了作物生长和选择种植作物品种的直接影响因素。一般，玻璃温室的透光率在60％～70％，连栋塑料温室在50％～60％，日光温室可达到70％以上。

2. 高保温性能

园艺设施的加温能耗是冬季运行的主要障碍。提高设施的保温性能，降低能耗，是提高其生产效益的最直接的手段。衡量设施保温性能的指标除了围护结构的保温热阻外，保温比是一项最基本的指标。温室保温比是指热阻较大的温室围护结构覆盖面积和地面积之和与热阻较小的温室透光材料覆盖面积的比。保温比越大，说明温室的保温性能越好。一般温室的保温比均小于1.0，但日光温室的保温比大于1.0，所以日光温室的保温性能要远远优于其他温室，在我国北纬40°以南地区冬季不加温或仅用少量临时加温在日光温室种植喜温果菜可以安全越冬，这是我国科技工作者对设施农业的杰出贡献。

3. 适于园艺作物的生长发育

园艺设施是栽培蔬菜、花卉、果树等作物的场所，为了适应作物的生育，要求结构上保证白天能充分利用太阳光能，获得充足的光和热，高温时应有通风换气等降温设备；夜间应有密闭度高、保温性能好的结构和设备，现代化温室或条件好的日光温室还应有采暖设备。园艺作物对水肥需求量大，所以要求土壤肥沃，理化性状好，为调节土壤水分，应有性能良好的排灌设备。为使园艺设施能发挥更好的效果，建筑时首先要选择好场地，并对建筑物进行合理布局，做好总体规划与设计。

4. 严格的调控环境能力

为取得高产、优质的产品，要随着作物生育和天气的变化，不断地调控设施内小气候环境。特别是春、夏季的高温、高湿和秋、冬季的低温弱光，不仅影响作物的生育，还容易诱发病虫害，所以要求具有灵敏度高、容易调控的结构和设备。

5. 良好的生产条件

设施环境不仅要适合作物生育，也应适于劳动作业和保护劳动者的身体健康。如采暖、灌水等管道配置不合理或立柱过多时，会影响耕地等作业；结构过于高大时，会影响放风扣膜作业，而且也不安全；设施内高温、高湿，不仅容易使劳动者疲劳，降低劳动效率，而且因病虫害多，经常施农药，直接影响作业者的健康，其残毒也会影响消费者的健康。此外，还要考虑废旧薄膜和营养液栽培时废液的处理问题，否则易造成公害。

6. 坚固耐用的结构

为了使设施屋面能充分透过太阳光，减少遮光，要求结构要简单、质轻、建材截面积小，以减少阴影遮光面积。但从强度上又要求坚固，能抗风、雪、雹等自然灾害。设施采光屋面角要求科学合理，以保证充分采光，以及使薄膜棚面的水滴能顺畅流下。园艺设施结构及其所有构件的设计必须能安全承受包括恒载在内的可能的全部荷载组合，任何构件危险断面的设计应力不得超过设施结构材料的许用应力。温室结构及其构件必须有足够的刚度，以抵抗纵、横向的挠曲、振动和变形。设施的金属结构零部件要采取必要的防腐及防锈措施，覆盖材料要有足够的使用寿命。设施结构及其构件必须具有足够的稳定性，在允许荷载的作用下不得发生失稳现象。

7. 适宜的建造成本

园艺设施生产的产品是农产品，价格低，所以要求尽量降低建筑费和管理费，这与坚固的结构、灵敏度高的环境调控设备等要求引起费用增加的事实相矛盾。因此，要根据经济情况考虑建筑规模和设计标准，一般应根据当地的气候条件选择适用的园艺设施类型。另外，园艺设施是轻体结构，使用年限一般为10～20年，在结构设计的设计参数取值和建筑规模上，应与一般建筑物有所不同。

6.1.3 场地的选择与布局

1. 园艺设施场地的选择

场地的选择需考虑所在场区的气候条件（气温、光照、风、雪、冰雹等）、地理位置（地形、地质等）和周围环境（水、暖、电、交通运输、土壤）等条件。

（1）气候条件。气候条件是影响园艺设施的安全性和经注性的重要因素之一。它包括气温、光照、风、雨、雪、冰雹和空气质量等。

1）气温。良好的局部温度条件可降低设施的采暖费用和采暖、保温设施的投资。选择时，在掌握各个可能建造地域的气温变化过程的基础上，着重对冬季加温及夏季降温的能源消耗进行估算。无气温变化过程资料时，要着重对其纬度、海拔调试，以及周围的海洋、山川、森林等对气温的主要影响因素进行综合分析评价。

2）光照。光照强度和日照时数对温室内植物的光合作用及室内温度状况有着很重要的影响。日照强度随地理位置、海拔高度和坡向的不同而不同。日照强度随纬度的增加而减弱，纬度越低，太阳高度角越大，日照强度越强；反之，纬度越高，日照强度越弱。坡向对日照强度也有影响，在北半球的温带地区，太阳位置偏南，故南坡向太阳入射角大，日照强度强，反之，北坡向太阳入射角小，日照强度弱。日照时数是地理位置决定的，纬度越高，阳光穿过大气层的厚度就越大，光照强度越弱。

3）风。风速、风向及风带的分布在选址时必须加以考虑。因为具有良好的风向，有利于设施的降温与通风。所以，对于主要用于冬季生产的温室或寒冷地区的温室应选择背风向阳的地带建造温室；全年生产的温室还应注意利用夏季的主导风向进行自然通风换气；避免在靠近海、山口、台风带等局部风压变化较大的地区建造温室，以利于温室结构的安全；避免在冬季寒风地带建造温室，以利于冬季的保温节能。

若是塑料薄膜温室或大棚应避免因过大的风振而影响其使用寿命。我国北方多西北风，故庭院温室宜建在房屋的南面；大规模的温室群要选在北面有天然人工屏障的地方。

4）雨、雪、雹。降雨量的大小、多少会影响温室储水设备的建造和灌溉方式。从结构上讲，雪压是温室这种轻型结构的主要荷载，特别是对排雪困难的大、中型连栋温室，要避免在冬季降雪量较大地区建造。此外，在局部多冰雹的地区不宜建造温室，尤其是普通玻璃温室。

（2）地形、地质条件。平坦的地形便于节省造价和便于管理，同时同一栋温室内坡度过大会影响室内温度的均匀性，从而加大热能耗量和带来操作管理的不便；但过小的地面坡度会使温室的排水不畅，一般认为地面应有不大于1%的坡度为宜。也可尽量利用山坡地或荒地建造温室群，以提高土地利用率。对于建造玻璃温室，有必要对场址进行地质调查和勘探，以避免因局部软弱带、不同承载能力地基等原因导致不均匀沉降。

（3）土壤条件。对进行有土栽培的园艺设施，土壤是决定场区栽培适应状况、灌溉、排水等基本条件的重要因素。对于现代高密度种植作物而言需要精确而又迅速地达到施肥效果，选用砂土则比较适合。在现代多数温室，为了防止连作障碍和土传病，均采用基质无土栽培，可充分利用土质恶劣的土地。

（4）设施周边环境。

1）水。由于温室对灌溉、水培、供热、降温等用水的水量、水质要求高，选择场址时必须考虑场区周围给水管网或水源的条件和水质，应尽量靠近河流等水源地，但要避免将温室置于污染源的下游，同时，要有排、灌方便的水利设施。

2）电。对于现代大型温室，电力是必备条件之一，特别是有采暖、降温、人工光照及营养液循环系统的温室，必须从电力供应的数量和稳定性上加以保证，可设置双路供电系统或自备发电机等。

3）交通。由于温室生产有大量的产品要运出和大量的物资、设备要运入，所以温室场区距产品集散区、火车站、港口、机场等应交通便利，否则会增加产品的成本。但应避开主干道，以防车来人往，尘土污染覆盖材料。

（5）其他。温室的生产中，城市、工矿带来的污染会对植物的不同生长期有严重的危害，乃至影响公众的健康。因此，温室的场址应远离像化工厂、金属制造厂、造纸厂等各种污染源，选择在其上风向，以及空气流通良好的地带。其次，为降低温室的运行费用，温室的建设应尽量利用自然资源，应尽量靠近无污染而又有余热的地区（如发电厂附近）或具有地热资源的地区建造温室，可大大降低采暖温室的运行费用，提高温室农产品的竞争力。

2. 园艺设施布局

设施生产一般采取集中管理，多种类型相结合的经营方式。小规模设施要考虑设施之间，以及它们与其外部之间的联系进行布局。规模大的还要考虑锅炉附属建筑物和办公室、休息室等非生产用房的布局。

设施群的布局首先要考虑方向问题；其次考虑道路的设置、设施入门的位置和每栋间隔距离等。场内道路应该便于产品的运输和机械通行，主干道路宽要6m，允许两辆汽车并行或对开，设施间支路宽最好能在3m左右。主路面根据具体条件选用沥青或水泥路面，保证雨雪季节畅通。

大型连栋温室或日光温室群应规划为若干个小区，每个小区成一个独立体系，安排生产不同作物种类或品种。所有公共设施，如管理服务部门的办公室、仓库、料场、机井及水塔等应集中设置，集中管理。每个小区之间的交通道路实际规划中应在保证合理的交通路线的前提下，最大限度地提高土地利用率。为了管理方便，公共设施区一般规划在南面为好。

规划使用频率高的路线及搬运重物的路线应该短，且尽量不要交错。因此，应该把和每个设施都发生联系的作业室、锅炉房等共用附属建筑物放在中心部位，将农艺设施生产场地分布在周围，便于运输。

6.1.4 设施建筑计划的制定

园艺设施一次性投资较大，使用年限较长，为取得较高的经济效益，除了考虑地理、气象等自然条件外，还要考虑劳动力、资金等经济条件。所以在工程设计前还要作投资计划，进行成本核算，做好建造规划。设施的建筑计划可分为生产性建筑计划和非生产性建筑计划。

1. 生产性建筑计划的制定

生产性建筑计划应根据设施的建造设计来制定，建造设计一般要考虑设施的类型和规模（长、宽、高、屋面角度）、门窗的形式、数量和造价等问题。我国农艺设施的类型很多，规格也不尽相同。随着我国农村经济体制改革，承包责任制、公司加农户等形式的落实，出现了极小型（几十平方米）、简易型（土木）、巨大型（几万平方米）电脑自控的现代化园艺设施。如此多种多样的类型和规格，是由于栽培作物、栽培方式、气候条件、建筑材料、经济条件、历史习惯和引进新技术不同而形成的。农艺设施设计的好坏与设施的性能、管理的难易、经济效益高低等关系很大，应慎重做好设计。

(1) 设施方位。为了保证设施的采光，一般单屋面温室布局均为坐北朝南，但对高纬度（北纬 40°以北）地区和晨雾大、气温低的地区，日出时不能立即揭帘受光，方位可适当偏西，以便更多的利用下午的弱光；相反，对于冬季不太寒冷且大雾不多的地区，方位应适当偏东，以充分利用上午的阳光，提高光合效率。无论方位南偏西还是南偏东，偏离角应根据当地的地理纬度和揭帘时间来确定，一般为 5°～10°，不宜太大。全光连栋温室或塑料棚方位多为屋脊南北延长，屋面东西朝向，防止骨架产生死阴影。

(2) 设施间距。以每栋不互相遮光和不影响通风为宜，从采光考虑，在风大的地方，为避免道路变成风口，温室或大棚要错开排列。如果并排建造 2 栋以上温室，2 栋之间距离要保证前栋温室不挡后栋温室光线。

(3) 设施长度。单屋面日光温室或塑料大棚的长度一般以 50～60m 为宜，过长易造成通风困难。现代化温室一般强制通风有效距离在 30～40m，也不宜过长。灌水水道过长浇水不均匀，管道灌水一般在 50m 以内。长度过长，采收或某些作业时，跑空的距离增加，给管理上带来不便。设施过长风雪天在结构上振动大，影响结构强度和稳定性，如果某一地方被破坏时，那个部分所负担的荷载要加到邻近构架的同一部位，由于荷载增加可能引起该部位变形且破坏，依次连锁作用加大破坏范围，所以长度应适当。塑料大棚和连栋温室的屋顶走向多为南北延长，因此主要靠东西侧墙透光，长度越短，即长宽比 L/B 越小，光照越好，东西延长的日光温室则相反，因东西两侧山墙不透明，L/B 越小山墙阴影占的比率越大，光照越差。

(4) 设施跨度。单屋面温室如跨度加大，高度也相应增加，必然增加建造成本。若高度不变则屋面角度必相对变小，特别是大棚几乎接近平顶，棚顶外面容易积水，内面增加屋内湿度；若改为连栋式，则要增加柱子，给管理带来不便。跨度对光线分布也有影响，跨度过大内部光线减少，光线分布不均匀程度也随之增加，特别是连栋温室的天沟下更明显。日光温室或塑料大棚跨度过宽影响通风效果，夏天不易降温，但保暖性能好。塑料大棚的宽度一般为高度的 2～4 倍。

大型连栋温室的跨度，是指每一单栋的宽度，多为 3.2m 的倍数，国外现代化温室跨度最大可达 12.8m。近年来，荷兰现代化温室有跨度减小而高度增加的趋势，跨度 6.4m、脊高达 6m 以上，成为“瘦高形”，目的是为了产生“烟囱”效应，夏季高温时，只利用顶窗自然通风，排除顶部热空气，而 4m 以下作物生育层温度并不太高，可不用安装湿帘风机强制通风设备，降低造价且节约能源。

(5) 设施高度。园艺设施的脊高包括两方面：一方面是指脊部（最高点）到地面的垂直高度，也称“脊高”；另一方面是指侧高，即侧墙顶部到地面的垂直高度，也称“檐高（H）”。侧墙光线主要从侧面照射进去，高的温室或大棚，屋内光线好，作物的遮荫也少。东西延长的园艺设施的地窗角度大时光线好。冬季东西延长比南北延长的光照强，H/B 越大两者光照差异也越大，即 H/B 大的光线分布均匀。檐高的屋内空气流通好，温度分布较均匀，有利栽培。空间过大保温比变小，保温效果差，使采暖费用增加，所以高度也是有一定限度的。

根据风压高度变化系数，园艺设施的高度由 2m 增到 4m，每增高 1m，风压约增加 10%，影响不十分明显。所以目前钢架塑料大棚侧高多在 1.5m 以上，脊高 3m 左右；大型现代化温室侧高多在 3m 以上，甚至大于 4m，脊高多在 4.5m 以上。

(6) 设施内地面标高。为了防止室外雨水聚集倒灌入温室，一般温室内地面比室外地面高 15cm。但是，许多日光温室为了保温的需要，采取室内地面低于室外地面的做法，即采用半地下式温室，以提高地温和室内的气温。

(7) 设施屋面坡度。塑料大棚或温室的屋面坡度越大，光照、温度、湿度条件越好，对栽培有利，但建筑费、采暖费用增加。从结构力学来看，屋面坡度（即三角形角度）大的比坡度小的骨架更稳定，雨雪容易滑落；坡度小的虽然保温比大，但增加温差，结露时容易滴水。屋面形状有平面和拱圆形两种，一般玻璃、塑料板材屋面多为平面屋脊形，塑料薄膜多为拱圆屋面。从太阳光线射入情况比较，拱圆屋面更有利。

阳光照射到透光屋面上以后，一部分被透光材料吸收；一部分被反射掉；一部分透入室内。根据物理学定律三者之间有如下关系：

$$吸收率+反射率+透过率=100\%=1$$

吸收率、反射率和透过率的大小是和光线与被照面所组成的入射角有关，此入射角除了与透光面的倾角（坡度）有关外，还与太阳位置有关。太阳位置又随着地理纬度、季节和时间而变化，所以想获得最大的透光率，必须要有最佳的入射角，但这最佳入射角每时、每地都不同，也就是温室透光屋面最佳坡度也应是每时、每地都不同。如温室一旦建成，屋面坡度也就定局了，但阳光的入射角在不断地变化，所以，最佳屋面坡度就有一定的局限性了。

设计者只有在温室生产的季节中使室内透入的阳光最多为目的，计算出优化屋面角度。使温室透入阳光最多的屋面坡度称为优化屋面角度。优化屋面角度主要取决于太阳位置（包括地理纬度和温室生产季节）和透光材料的光学特性。计算优化屋面角度是比较繁杂的，根据屋面采光特点应将温室透光屋面的方位朝向正南，再根据太阳辐射能中太阳直接辐射占绝大部分，所以只计算不同屋面坡度下温室内的太阳直接辐射，来确定优化屋面坡度。

（8）设施面积。目前日光温室净跨度一般为6.0～12.0m，长度为50～100m，1栋温室面积最好为300～667m^2，这样基本上满足生产及管理上的需要。但有时受用地限制，面积也可适当减小，可根据具体情况确定，如庭院建造温室面积可小些，但不宜小于50m^2。

（9）设施总体规模。建设总体规模的确定，一方面与生产用地的面积有关，也和经济实力与技术力量和经营管理能力有关。更重要的要做充分的市场调查，以合理确定产品的定位（内销、外销、出口）。如果市场需求好、产品定位较高、回报率也高，能在短期内获得较高的经济效益，自身经济实力强，能保证一次性投资费用和后续资金，企业或单位人才技术也有保证时可较大规模地规划设计。如果不具备以上条件，则可逐步运作、滚动发展为宜，不要贪多贪大，最忌建设规模很大，建成之后没有流动资金保证，也缺乏管理和生产技术及营销人才，规模越大损失也越大。

2. 非生产性建筑物计划的制定

生产性建筑规模较大时，生产上所必需的附属建筑物，如锅炉房、水井（水泵室）、变电所、作业室、仓库、煤场及集中控制室等的建筑面积，应根据园艺设施的栽培面积及各种机械设备的容量而定。在计划时，安装机械的房屋面积要宽松些以便操作和维修保养。即非生产性建筑计划可根据生产经营规模，其建筑物可设办公室、田间实验室、接待室、会议室、休息室、更衣室、值班室、浴室、厨房、厕所等。这些房子可以单独修建也可以一室多用。设施内易形成高温、高湿环境，与外部温、湿度差异很大，多在门口处修缓冲室，可缓冲温、湿差的剧烈变动对作物和人体健康的不良影响，还能兼作休息室。

6.1.5 温室工程概预算

园艺设施基地建设一次性投资大，因此必须在建设前进行投资估算和经济分析。投资估算包括固定资产投入、固定资产投入的不可预见费、勘察设计费和银行流动资金贷款。然后计算生产运行成本，包括直接生产成本、间接生产成本和生产不可预见费等，根据投资估算和生产运行成本进行经济分析，经济分析的关键是产值利润率、投资回收期。工程概预算是指在工程建设过程中，根据不同设计阶段的设计文件的具体内容和有关定额、指标及取费标准，预先计算和确定建设项目的全部工程费用的技术经济文件。

1. 设计概算

设计概算是在初步设计或扩大初步设计阶段，由设计单位根据初步设计或扩大初步设计图纸，概算定额、指标，工程量计算规则，材料、设备的预算单价，建设主管部门颁发的有关费用定额或取费标准等资料预先计算工程从筹建至竣工验收交付使用全过程建设费用的经济文件。简言之，即计算建设项目总费用。其主要作用为国家确定和控制基本建设总投资的依据；确定工程投资的最高限额的依据；工程承包、招标的依据；核定贷款额度的依据；考核分析设计方案经济合理性的依据。

2. 修正概算

在技术设计阶段，由于设计内容与初步设计的差异，设计单位应对投资进行具体核算，对初步设计概算进行修正而形成的经济文件。其作用与设计概算相同。

3. 施工图预算

施工图预算是指拟建工程在开工之前，根据已批准并经会审后的施工图纸、施工组织设计、现行工程预算定额、工程量计算规则、材料和设备的预算单价、各项取费标准，预先计算工程建设费用的经济文件。其主要作用为考核工程成本、确定工程造价的主要依据；编制标底、投标文件、签订承包合同的依据；工程价款结算的依据；施工企业编制施工计划的依据。

4. 施工预算

施工预算是施工单位内部为控制施工成本而编制的一种预算。它是在施工图预算的控制下，由施工企业根据施工图纸、施工定额并结合施工组织设计，通过工料分析，计算和确定拟建工程所需的工、料、机械台班消耗及其相应费用的技术经济文件。施工预算实质上是施工企业的成本计划文件。主要作用是企业内部下达施工任务单、限额领料、实行经济核算的依据；企业加强施工计划管理、编制作业计划的依据，以及实行计件工资、按劳分配的依据。

6.1.6　设施建造的招标与标书的撰写

1. 设施建造招标的法律依据

我国设施建造招标有相应的法律依据。《中华人民共和国招标投标法》(以下简称《招投标法》) 是社会主义市场经济法律体系中非常重要的一部法律，是整个招标投标领域的基本法，一切有关招标投标的法规、规章和规范性文件都必须与《招标投标法》相一致。

招标投标法是国家用来规范招标投标活动、调整在招标、投标过程中产生的各种关系的法律规范的总称。按照法律效力的不同，招标投标法法律规范分为三个层次：第一层次是由全国人大及其常委会颁布的《招标投标法》法律；第二层次是由国务院颁发的招标投标行政法规，以及有立法权的地方人大颁发的地方性《招标投标法》法规；第三层次是由国务院有关部门颁发的招标投标的部门规章，以及有立法权的地方人民政府颁发的地方性招标投标规章。

2. 设施建造招标中应考虑的问题

(1) 明确招标范围。招标范围的确定是招标活动中较为复杂的一项工作，业主应当综合考虑招标项目的专业要求；招标项目的管理要求；对工程投资的影响；工程各项工作的衔接及竣工资料的整合等因素。要在招标前期做好招标范围的确定工作，权衡利弊，科学合理地确定招标范围。

(2) 工程主要材料价格的确定。工程招标范围确定以后，招标工程的工程量随之确定，但是随之而来便是建筑材料价格的确定，建筑材料价格直接影响工程总造价的确定，常见建筑材料价格可以通过地方政府造价站公布的工程造价信息获得，但是往往有些建筑材料无法从工程造价信息中查到，这就涉及到许多无价材料价格的确定，这一直以来是工程实施阶段中较难解决的问题，这就需要业主项目部予以特别关注。在招标阶段，业主项目部一定要尽可能详细地明确各无价材料的种类、规格、数量、技术要求等，对一些设计文件中未明确的可根据建设单位的惯例或工作经验予以确定，对一些可能在施工过程中产生变更的无价材料应特别作出分析和明确。

(3) 确定投标人资格。确定投标人资格，主要是审查潜在的投标人或者投标人是否符合应具备的条件。这些条件包括：具有独立订立合同的权利；具有履行合同的能力，包括专业、技术资格和能力，资金、设备和设施状况，管理能力，经验、信誉和相应的从业人员；没有不良记录；最近3年内的工程实例，以及是否骗取中标和严重违约及重大工程质量问题等。

(4) 工程进度款的支付方式及过程的确定。投资控制的一个非常重要的内容，就是工程进度款的支付方式及过程。目前，常用的进度款支付方式主要有两种：一是按照施工进度，依据合同造价的百分比进行支付；二是按当月实际完成的工程量进行结算并按一定的比例进行支付。建设单位应根据工程的特性，结合建设单位的管理规程，充分分析以上两种模式的利弊。若造价工程师在现场施工期间参与程度不大，即人员安排不充分时建设单位常用第一种支付模式，这种模式在施工期间与施工单位的纠纷较少，但问题暴露较迟，大部分纠纷在最后结算时一次性解决，增大了后期结算的难度；采用第二种模式支付时，建设单位项目部的要求较高，应参与现场管理、及时进行工程计量签证等，在每一次支付过程中都要与施工单位进行结算，此种结算方式问题较易早暴露，一旦甲乙双方出现分歧时，造价工程师将起着非常重要作用。

(5) 工程总造价调整方式的确定。工程变更中设计变更是影响工程造价的主要因素，业主必须在招标文件内合理确定工程变更的处理办法，一般应明确以下几点：①明确变更审批程序。无论是建设单位还是施工单位提出的设计变更，均应在规定的时间内以书面的形式通知对方并通过双方签字认可方可生效。②业主在进行变更时应慎重考虑，因为不同的施工方法对工程造价的影响很大，这就要求业主的造价工程师精通各项施工方法并选择出既经济又有效的施工方案。③明确变更价款的确定程序。设计变更确定后应在规定的时间内提出变更价款的报告，经造价工程师确认后调整合同价款。一般合同内有适用的价格，按合同已有的价格计算；合同内有类似的，可参照此价确定变更价格；合同中没有适用的，由承包人提出，经造价工程师确认后执行。

3. 设施建造标书的撰写

标书是以订立招标采购合同为目的的民事活动，属于订立合同的预备阶段，包括招标和投标文书。所谓招标，是指招标人对货物、工程和服务事先公布采购的条件和要求，邀请投标人参加投标，招标人按照规定的程序确定中标人的行为。投标是指投标人应招标人的邀请，按照招标的要求和条件，在规定的时间内向招标人递价，争取中标的行为。

招标书实质是一种要约邀请，是招标人在修建工程、开展业务、进行交易时公布项目信息，通过一定程序的比价方式从中选择最佳对象，确定承办者的经营手段，它具有公平性和选择性的特点。投标书实质上是一项有效期至规定开标日期为止的发盘，内容必须十分明确，中标后与招标人签定合同所要包含的重要内容应全部列入，并在有效期内不得撤回标书、变更标书报价或对标书内容作实质性修改。为防止投标人在投标后撤标或在中标后拒不签定合同，招标人通常都要求投标人提供一定比例或金额的投标保证金。招标人决定中标人后，为中标的投标人已缴纳的保证金即予退还。

6.2 园艺设施的荷载

6.2.1 园艺设施的荷载类型

6.2.1.1 荷载的概念

荷载也称载荷或负荷，是指施加在建筑结构上的各种作用。结构上的作用是指能使结构产生效应（结构或构件的内力、应力、应变、位移、裂缝等）的各种原因的总称，习惯上将结构上的各种作用统称为荷载。

6.2.1.2 荷载分类

1. 按荷载性质分类

按荷载的性质分，直接作用在温室结构上的荷载分为永久荷载、可变荷载和偶然荷载三类。

(1) 永久荷载。又称恒载，是指结构使用期间，其值不随时间变化，或其变化与平均值相比可忽略不计，或其变化是单调的并能趋于极限的荷载，如温室、大棚结构的自重、温室透光覆盖材料的自重、温室结构上安装的各种附属设备（如加热、降温、遮阳、灌溉、通风、补光等永久性设备）的自重、土压力、水压力、预应力等。

(2) 可变荷载。又称活载，是指结构使用期间，其值随时间变化，且其变化与平均值相比不可忽略的荷载，主要有风荷载、雪荷载、作物荷载、屋面活荷载、竖向集中荷载（维修荷载），以及可变设备荷载等。

(3) 偶然荷载。指结构使用期间不一定出现，一旦出现，其值很大且持续时间很短的荷载，如爆炸力、撞击力、地震力等。

2. 按荷载作用的方式分类

荷载作用的方式包括荷载作用的方向、荷载的分布状况等。

(1) 按荷载作用的方向分类，荷载分为垂直荷载和平行荷载。

垂直荷载是指垂直作用在结构表面上的荷载，如风荷载等；平行荷载是指平行作用在结构表面上的荷载，如吊车荷载等。在结构计算中，经常是将作用在结构上不同方向的荷载分解转换为垂直和平行于地球表面的荷载，前者称为竖直荷载，后者称为水平荷载。

(2) 按荷载分布状况分类，荷载分为集中荷载和分布荷载。

当作用荷载在结构构件上分布范围远小于构件的长度时，便可简化为作用于一点的集中力，这个集中力称为集中荷载，如悬挂在温室屋架下弦杆上的环流风机对下弦杆形成的作用力、检修人员在温室天沟上行走时对天沟的作用力等。集中荷载常用 P 表示，单位为 kN。

分布荷载是沿结构构件的长度或部分长度连续分布的荷载。分布荷载的大小和分布方式，以作用在构件单位长度上的荷载值，即荷载集度来表示，按荷载集度在构件长度上的分布是否等于常量而分别称为均布荷载和非均布荷载。温室结构设计中常见的非均布荷载主要有三角形分布荷载和梯形分布荷载。均布荷载一般用 q 表示，单位为 kN/m^2 或 kN/m。对于作用在屋面、墙面等作用面上的面荷载，在结构计算时，一般按结构构件承载面积转化为作用在构件长度上的线分布荷载。

6.2.1.3 荷载取值方法

荷载大小是结构设计的基本依据。取值过大则结构粗大，浪费材料，还增加阴影，影响作物采光；取值过小，经不起风雪袭击，而发生损坏倒塌，对生产和人身安全造成严重后果。因此，确定设计荷载是一项慎重而周密的工作。

1. 荷载取值的基准期

因为设计采用荷载的大小与实际建设和运行中所产生的荷载具有很强的不一致性，因此确定荷载的大小是一件复杂的工作。我国 GB 50009—2001《建筑结构荷载规范》2002 年 3 月之前的风、雪荷载按 30 年一遇取值，2002 年 3 月之后按 50 年一遇取值，重要建筑物按 100 年一遇取值。在此“多少年一遇”，即为荷载取值的设计基准期，又称为荷载重现期。设计基准期是针对可变荷载而提出，永久荷载由于在结构整个使用期内没有变化或趋于稳定，所以不存在设计基准期的问题。

荷载的设计基准期和温室结构的设计使用年限是两个不同的概念，前者是仅为确定可变荷载设计值而规定的荷载出现的概率统计期限；而后者则是包括承载能力之内的各种影响安全的因素综合作用的结果。一般荷载取值的设计基准期要大于温室结构设计使用年限。园艺设施是一种特殊类型的建筑结构，风雪荷载基本主导着结构的安全性，因此探讨荷载取值的设计基准期与温室结构的标准使用年限之间的关系意义重大。

2. 温室设计荷载取值方法

确定设计荷载的基本方法是调查研究和必要的数理统计，经过整理、分析、归纳，确定出一个合理的取值。GB 50009—2001《建筑结构荷载规范》中对工业与民用建筑中常见的荷载给出了具体的取值。但由于目前我国尚无针对温室结构设计的荷载规范，而温室建筑又确有一些特殊的荷载在一般工业与民用建筑中不会出现，因而在 GB 50009—2001 中没有规定，如作物荷载、拉幕荷载等，温室结构设计应在尽可能尊重和使用 GB 50009—2001 的基础上，利用其荷载取值方法，确定温室结构设计中的特殊荷载。对一些类同的荷载，应结合实际情况和已有设计经验，对 GB 50009—2001 中的给定值进行必要的修正或折减后再使用。

GB 50009—2001 中规定，在结构设计中，对不同荷载应采用不同的代表值。所谓荷载代表值即在结构设计中用以验算极限状态所采用的荷载量值，荷载代表值有标准值、组合值、频遇值和准永久值四种。同时规定，永久荷载应采用标准值作为代表值；可变荷载应根据设计要求采用标准值、组合值、频遇值或准永久值作为代表值；偶然荷载应按建筑结构使用的特点确定其代表值。荷载设计值是荷载代表值与荷载分项系数的乘积。

(1) 荷载标准值。荷载标准值是荷载的基本代表值，为设计基准期内最大荷载统计的特征值（例如均值、众值、中值或某个分位值），即建筑结构在使用期间的正常使用条件下，所允许采用的和可能出现的最大荷载值，或使用和生产中的控制荷载。由于荷载本身的随机性，因而使用期间的最大荷载也是随机变量，原则上也可用它的统计分布来描述。我国 GB 50068—2001《建筑结构可靠度设计统一标准》规定，荷载标准值统一由设计基准期最大荷载概率分布的某个分位值来确定。因此，对某类荷载，当有足够资料而有可能对其统计分布作出合理估计时，可在其设计基准期最大荷载的分布上，根据协议的百分位，取其分位值作为该荷载的代表值，原则上可取分布的特征值（例如均值、众值或中值）。

永久荷载的标准值，对结构自重，可按结构构件的设计尺寸和材料单位体积的密度计算确定。对于密度变异较大的材料和构件，自重的标准值应根据对结构的不利状态，取上限值或下限值。可变荷载的标准值根据可变荷载的性质分别确定。

（2）组合值。对可变荷载，使组合后的荷载效用在设计基准期内的超越概率，能与该荷载单独出现时的相应概率趋于一致的荷载值；或使组合后的结构具有统一规定的可靠指标的荷载值。可变荷载的组合值是当结构承受两种以上可变荷载时，按承载能力极限状态基本组合及正常使用极限状态短期效应组合设计采用的荷载代表值。这是考虑到两种或两种以上可变荷载在结构上同时作用时，由于所有荷载同时达到其单独出现的最大值的可能性极小，因此取小于其标准值的组合值为荷载的代表值。可变荷载的组合值应为可变荷载标准值乘以荷载组合系数。

（3）频遇值。对可变荷载，在设计基准期内，其超越的总时间为规定的较小比率或超越频率为规定频率的荷载值。

（4）准永久值。对可变荷载，在设计基准期内，其超越的总时间约为设计基准期一半的荷载值。

（5）荷载分项系数。荷载分项系数是在荷载标准值已给定的前提下，使按极限状态设计表达式设计所得的各类结构构件的可靠指标，与规定的目标可靠指标之间，在总体上误差最小为原则，经优化后确定的。荷载分项系数应根据荷载不同的变异系数和荷载的具体组合情况（包括不同荷载的效应比），以及与抗力有关的分项系数的取值水平等因素确定，以使在不同设计情况下的结构可靠度能趋于一致。

6.2.1.4 园艺设施主要荷载

1. 作物荷载

作物荷载指悬挂在温室结构上的作物自重对温室结构所产生的荷载。由于温室内经常种植一些无限生长型的作物，需要用绳子或钢丝等柔性材料将其悬挂到温室屋面或屋架结构等部位；也有一些育苗或花卉生产温室经常将盆花直接悬挂在温室的结构上。不论采用什么样的悬挂方式，植物的自重都将对温室结构产生荷载。

（1）作物荷载的大小。作物荷载的大小与所栽培的作物品种、作物的生长时期、吊挂方式等有关。由于种植的作物品种不同，果实的数量、大小、植物藤的长度有很大区别，从而使需吊挂植物的重量也不同。作物在生长初期由于没有结果，因而重量比较轻，随着植物的生长和果实的出现、生长，植物吊重不断增大，一般在作物生育高峰期或收获前达到最大值，因此，作物吊重荷载与其生长时期有关。作物吊重荷载还与作物吊挂方式有关，有些温室中采用将悬挂绳直接吊挂在屋架构件上，有些温室中将一个方向中的所有植物均吊在一根绳上，再挂到温室端部墙面，由此引起作物荷载的作用位置和作用大小都不相同。温室作物吊重荷载还与吊挂点的设置有关，吊挂点的布置不同，每个吊绳所承受的荷载也不同，吊挂点对温室的组合荷载也不同。所以，不同的吊挂方式将影响到温室结构的受力，在设计悬挂方式时，应考虑结构安全因素，使结构设计更具合理。

作物荷载是温室的特有荷载。当悬挂在温室结构上的作物荷载持续时间超过 30d，则作物荷载应按照永久荷载考虑，结构计算中应明确作物荷载的吊挂位置和荷载作用的杆件。

（2）作物荷载在结构上的作用方式与作用位置有以下几种。

1）盆栽作物独立吊挂。花卉生产温室或育苗温室中，经常在温室的下弦杆上吊挂花盆等盆栽植物。如果是吊挂轻质容器，可以将作物荷载转化为线荷载均匀分布在温室的下弦杆上；如果是重质容器，则应将荷载转化为集中荷载，作用在下弦杆或设计吊挂点上，必要时应对吊挂点进行加强设计。

2）垄栽作物吊线悬挂。番茄、黄瓜等垄栽作物在温室中生产时，经常采用水平吊线悬挂。对南北走向连栋温室采用南北走向垄栽时，一般将水平吊线的两端固定在两侧山墙的水平横梁上，对于长度较长或作物荷载较大的温室，为了避免两侧山墙上水平横梁承受过大的拉力引起横梁，甚至整个山墙产生过大的变形，往往在两侧山墙上单独设计作物吊挂梁。采用水平线吊挂时，在水平线的固定处将发生张力，所以设计时除考虑竖直荷载外，还应考虑悬挂线两端固定处的水平集中荷载。

3）树式栽培作物荷载。近年来，在示范园现代化连栋温室中经常种植番茄树、黄瓜树等各种树式栽培作物，由于每株栽培作物占用面积较大，且荷载分布很不均匀，目前还没有统一的荷载取值方法，设计中应根据经验取值，并单独设计支撑体系，避免将其直接吊挂在温室主体结构上。

2. 永久设备荷载

永久设备荷载指诸如采暖、通风、降温、补光、遮阳及灌溉等永久性设备的荷载。

(1) 压力水管。采暖系统和灌溉系统中供回水主管如果悬挂于结构上时，其荷载标准值取水管装满水和不装水时的自重分别按不利荷载组合计算。

(2) 遮阳保温系统。遮阳保温系统的荷载按材料自重计算竖直荷载，并按压/托幕线或驱动线数量计算拉线张力，并分解为水平和竖直集中作用力作用到拉幕梁上。材料的自重应按供货商提供的数据采用，一般室外遮阳网的重量为 $0.25N/m^2$，室内遮阳幕的重量为 $0.1N/m^2$，托幕线的重量为 0.1N/m，如果室内采用无纺布作保温材料，其相应规格有 $1.00N/m^2$、$1.65N/m^2$、$1.80N/m^2$、$2.00N/m^2$ 和 $3.50N/m^2$。荷载计算中要考虑遮阳保温幕展开和收拢两种状态下的荷载组合。

(3) 喷灌系统。喷灌系统采用水平钢丝绳悬挂时，除考虑供水管装满水和空管两种状态下的竖直荷载外，还应计算每根钢丝的张力对结构的作用力。在资料不充分时，水平方向最小作用力按 2500N 计算。当采用自行走式喷灌车灌溉时要考虑将荷载的作用点运动到结构承载最不利的位置。喷灌车的自重咨询供货商，资料不足时每台车按 2kN 的竖向荷载计算。

(4) 人工补光系统。补光系统设备的自重由供货商提供。400W 农用钠灯（含镇流器和灯罩）的重量按 0.1kN 计。

(5) 通风降温系统。通风及降温系统设备自重由供货商提供。湿帘安装在温室骨架上时，按全部湿帘打湿考虑；风机安装在屋顶或由墙面构件承载时，除考虑静态荷载外，还要考虑风机启动时的振动荷载。温室内永久设备荷载难以确定时，可以按照 $70N/m^2$ 的竖向均布荷载采用。

3. 屋面可变荷载

我国 GB 50009—2001 规定，不上人屋面水平投影面上的屋面均布可变荷载为 $0.5kN/m^2$，上人屋面为 $2.0kN/m^2$。这一规定适合于日光温室的操作间和后屋面设计。

不上人屋面，当施工或维修荷载较大时，应按实际情况采用；对不同结构应按有关设计规范的规定，将标准值作 $0.2kN/m^2$ 的增减。上人的屋面，当兼作其他用途时，应按相应用途楼面可变荷载计算。对于因屋面排水不畅、堵塞等引起的积水荷载，应采用构造措施加以防止；必要时，应按积水的可能深度确定屋面可变荷载。

连栋温室的屋面，一般为不上人屋面，其屋面均布荷载是一种控制荷载，其水平投影面上的屋面均布可变荷载，可取 $0.3kN/m^2$ 的标准值。

4. 施工和检修荷载

设计屋面板、檩条、天沟、钢筋混凝土挑檐、雨篷和预制小梁时，施工或检修荷载（人和小工具的自重）应取 1.0kN，并应在最不利位置处进行验算。对于轻型构件，当施工荷载超过上述荷载时，应按实际情况验算，或采用加垫板、支撑等临时设施承受。当计算挑檐、雨篷等结构的承载力时，应沿板宽每隔 1.0m 取一个集中荷载；在验算挑檐、雨篷倾覆时，应沿板宽每隔 2.5～3.0m 取一个集中荷载。当采用荷载准永久组合时，可不考虑施工和检修荷载。

5. 风荷载

垂直于温室大棚等建筑物表面、单位面积上作用的风压力称为风荷载。风荷载与风速的平方成正比，与作用高度、建筑物的形状、尺寸有关。

对于建筑物的承载结构，是根据风压稳定情况下的静压作用这一假设来计算风荷载的。通常情况下，摩擦力影响很小，因此可以说空气静力主要是由于气流中的流线，为了绕越温室建筑而必须改变其速度和方向而引起的。风荷载计算中，没有附加考虑空气动力作用的影响，因为在大多数情况下，其值很小，在温室结构设计中可忽略不计。

风荷载的大小还与温室周围地面的粗糙程度，包括自然地形、植被，以及现有建筑物有关。气流掠过粗糙的地面时，地面的粗糙度越大，气流的动能消耗越大，风压与风速的削弱亦越明显。在温室周围空旷地面进行绿化后，不论种植乔木或灌木，对温室都有不同程度的避风作用，使得气流在地面的摩擦上及树冠的摇动上消耗一部分动能，削弱了气流对温室的冲击力，降低了风压。在建筑物比较密集地区建造温室时，应该考虑周围建筑物的避风作用。

温室属于轻型结构，特别是塑料连栋温室，覆盖材料抵抗屋面风吸力的能力较低，而且骨架的整体刚度一般不大，因此，对瞬时的最大风速比较敏感。实践证明，往往在数秒钟之内的大风就可以将温室覆盖材料破坏，显然用10min平均风速对温室结构来讲是偏于不安全的。建议温室设计时，温室对风荷载敏感的部位，应把瞬时最大风速作为一个验算标准。由于瞬时风荷载作用是短暂的，而温室结构是弹性很高的钢结构，在瞬时风荷载卸除后，结构自身的残余变形很小（如果在材料的屈服点下卸载，残余变形约为0.2%），因此，在验算风荷载敏感部位时，可取材料的屈服强度作为设计强度。

6. 雪荷载

雪荷载的大小，主要取决于依据气象资料而得的各地区降雪量、屋面的几何尺寸等因素。我国大部分地区处在温带，一般地区降雪期不到4个月。积雪比较严重的包括东北、内蒙古、新疆、青海等地区，冬季严寒时间长，温度低，积雪厚；华北、西北地区冬季严寒时间较长，温度亦低，但水汽不足，降雪量并不大；长江中下游及淮海流域，冬季严寒时间虽不长，有时一冬无雪，但有时遇到寒流南下，温度较低，水汽充足时可降很大的雪；华南、东南两地区冬季很短，降雪很少，其中一大部分为无雪地区。因此，雪荷载的确定，应从各地区实际的气象条件出发，合理取值。

在确定温室的雪荷载时，应考虑已建成温室的设计与使用实践经验，查明与分析其他温室因积雪过多而坍塌或发生永久性变形过大的原因，实测各种情况下积雪量大小与积雪分布的情况，为确定基本雪荷载，提供比较完整的资料。

温室建筑结构设计所需的是屋面雪载，而人们可以从气象部门得到的是地面雪压的资料，如何将地面雪压转换成屋面积雪是一个比较复杂的问题，因为屋面雪载受到温室朝向、屋面形状、采暖条件、周围环境、地形地势、风速、风向及人工清雪等的影响。建议在取得实际资料之前，屋面雪载暂按地面雪压减少10%处理。

温室屋面上的雪荷载除直接降落到温室自身屋面的积雪形成的屋面基本雪荷载外，还可能有高层屋面向温室低层屋面的漂移积雪和滑落积雪形成的局部附加雪荷载。

7. 园艺设施荷载组合包括以下两方面

（1）荷载组合的要求。当结构上有两种或两种以上的可变荷载时，由于所有可变荷载同时达到其单独出现时可能达到的最大值的概率极小，因此，除主导荷载（产生最大效应的荷载）仍以其标准值为代表值外，其他伴随荷载均应采用小于其标准值的组合值为荷载代表值。

当整个结构或结构的一部分超过某一特定状态，不能满足设计规定的某一功能要求时，则称此特定状态为结构对该功能的极限状态。设计中的极限状态往往以结构的某种荷载效应，如内力、应力、变形、裂缝等超过相应规定的标准为依据。结构的极限状态在总体上分为承载能力极限状态和正常使用极限状态两大类。承载能力极限状态一般以结构的内力超过其承载能力为依据；正常使用极限状态一般以结构的变形、裂缝、振动等参数超过设计允许的限值为依据。

温室结构设计应根据使用过程中可能出现的荷载，按承载能力极限状态和正常使用极限状态分别进行荷载（效应）组合，并应取各自的最不利的效应组合进行设计。

（2）荷载组合的方式。

1）基本组合。永久荷载和可变荷载的组合称为基本组合，荷载基本组合用于强度及稳定计算。

2）标准组合。采用标准值或其组合值为荷载代表值的组合称为标准组合。荷载的标准组合用于变形计算，组合原则与基本组合相同，但在计算式中所有分项系数均取1.0。

3）频遇组合。对可变荷载采用频遇值或准永久值为荷载代表值的组合称为频遇组合。它是永久荷载标准值、主导可变荷载的频遇值与伴随可变荷载的准永久值的效应组合。

4）准永久组合。对可变荷载采用准永久值为荷载代表值的组合称为准永久组合。

5）偶然组合。由永久荷载、可变荷载和一个偶然荷载作用的组合称为偶然组合。对于偶然设计状况（包括撞击、爆炸、火灾事故的发生），均应采用偶然组合进行设计。由于偶然荷载的出现是罕遇事件，它本身发生的概率极小，因此，对偶然设计状况，允许结构丧失承载能力的概率比持久和短暂状态可大些。考虑到不同偶然荷载的性质差别较大，目前还难以给出具体统一的设计表达式，设计中应由专门的标准规范规定。

6.2.2 园艺设施的结构设计的力学基本概念

1. 结构形式

温室和大棚的结构，应具有适于作物生育的空间和环境，尽量减少对作物的遮荫，而且要求坚固、安全、经济、实用。因此要求构件最好使用轻型的钢材，构件的外面用玻璃或塑料薄膜覆盖，形成一种很轻的薄壁围护结构。为了便于作物的生育和管理，要采用矮而面积大的结构形式。为达到此目的，最好采用跨度大，立柱少的排架。现在一般都采用跨度大的钢架、桁架和拱架结构。这对地上部的构架和地下基础都有利，经济实用，既符合结构力学原理，也符合创造良好的光照环境的要求。

（1）钢架结构。刚度大，内力分布均匀，钢节点能承受和传递弯矩，可削减弯矩峰值。杆数少，适用于大跨度的温室和大棚。空间大、遮光少，便于安装管理设备，且制作方便，被广泛应用。

（2）桁架结构。型钢用料少，造价低，但加工复杂，荷载作用在节点时，各杆只有轴力，截面上的应力分布均匀。温室和大棚中常用的有三种。平行桁架多用于梁等构件，内力分布不均匀，弦杆的内力中间最大；三角形桁架多用于跨度小的温室，弦杆内力分布不均匀，弦杆内力支座处最大；拱形桁架结构多用于跨度较大的大棚，弦杆的内力分布均匀，受力状况好。

（3）拱架结构。由于扣膜方便，塑料大棚多用此结构。其特点是竖向荷载作用下有水平反力，也叫推力。由于有推力，弯矩小而轴力大，截面上的应力分布均匀，推力与拱高成反比，拱越低推力越大。

2. 建材的形状与配置

构件的遮荫是透光率的25%～30%。遮荫与杆件的粗细、形状和配置方法有关。例如，有一截面为矩形的杆件，长边为短边的两倍，当把长边竖立时，从材料力学来说，抗弯强度要比横放的大2倍，但从阴影来看影幅主要受高度的影响。抗弯强度与透光是矛盾的，为了提高屋顶的抗弯强度，檩、椽往往采用工字钢，甚至采用高而窄的工字钢，因此遮光更严重。另外遮光与杆件的配置方向也有关，东西长的水平杆件是“死阴影”，影响面大，东西长的倾斜杆件影响减小。建造时一定要考虑建材的选用和配置。从光照条件看，圆管截面比矩形截面的好，应使用钢管和质量高的薄壁钢管。

3. 结构受力分析

（1）设施整体结构受力。设施结构设计，要求结实耐用，用材经济。因此，要求荷载内力的路线距离最短、路线最简单、最合适。特别要求结构材料的全断面尽量都是有效作用力。

（2）构件的基本受力特性。构件受力（荷载作用）时，要发生形状和长短的改变，一般变形很小不易用肉眼看出，需要用专门仪器测量。园艺设施的构件主要受三种力，每个杆件受其中的一种或几种力的作用。

1）拉伸与压缩。作用在杆件两端的两个大小相等、方向相反的力，沿着杆的轴线，将使杆件伸长，或压缩杆件变短。求内力时一般将假想构件横切断面截开进行研究，这种研究方法叫做截面法或断面法。用截面法计算的内力与荷载相等，这个内力叫轴力。轴力和弯矩产生的应力叫正应力。受轴力的杆件有屋架中的拉杆、压杆、结构支柱等。

2）剪切。当杆件受到一对大小相等、方向相反，但力的作用不在同一作用线上，而又很相近的力的作用时，杆件相邻两截面内将产生相对滑动，这种变形叫做剪切变形。用截面法计算的内力与荷载相等，这个内力叫做剪力。剪力产生的应力叫剪应力。受剪力的杆件有梁和铆、销连接件等。

3）弯矩。杆件受到与杆轴线相垂直的力（荷载作用）时，使杆件产生变形叫做弯曲变形。这里所指的弯曲只限于平面弯曲，其特点是外力作用在构件的纵向对称平面内，弯曲后的轴线也在此对称面内。梁受力发生变形时，梁的上部将受压而缩短，下部则受拉伸而变长，越向梁的内部此变形越小，其中存在有一层既不伸长也不缩短的中性层，横截面与中性层的交线，叫中心轴。用截面法计算内力矩为梁反力与外力对该截面力矩之和，这个内力距叫做弯曲力矩，简称弯矩。受弯矩的杆件有梁、檩等，梁同时受剪力和弯矩的影响。

（3）结构强度。结构与构件要有一定的强度，在结构计算中要检查计算每个杆件的强度。杆件受力时产生变形，这是材料内部出现抵抗变形的力，这个力叫内力。内力是与荷载相平衡的大小相等、方向相反的力。荷载增加，内力也随着增大，杆件内力增加到一定范围以上就会引起破坏。求出杆件内力后，再由内力求杆件的亢力，杆件的亢力大小与杆件横截面面积大小有关，因此需要用单位面积上的内力大小来判断强度，单位面积的内力叫亢力，用 kg/cm^2 表示。单位长度内的变形叫做应变，是无单位的量。

不同材料的破坏状态和强度各不相同，对不同材料需要用实验测定出该材料能够承受的最大应力。为保证安全可靠，再除以一个大于1的安全系数，这个应力叫做允许应力。在结构设计时，可先用假定的截面积计算杆件的应力，如果大于允许应力，表示截面积不够大，加大截面积后重新计算，直到符合要求为止。

1）杆件的稳定。细长的杆件受压力的承载能力不同，即受拉承载能力很大，而受压承载能力很小。一般杆件受压后开始弯曲，出去荷载后能恢复原状，这种平衡状态叫做杆件的稳定。除去荷载后不能恢复原状，而失掉承载能力的叫杆件失掉稳定。荷载逐渐增加，杆件由稳定转入失稳状态，这种引起质变的荷载叫做临界荷载。

临界荷载与杆件材料的弹性模量和截面惯性矩成正比，而与杆件长度成反比，当杆件缩短1/2时，临界荷载能提高4倍，所以设计杆件时如能减小杆件长度对提高承载力是很有效的。

2）构件的刚度。结构设计中除了验算构件的强度条件外，还要验算构件的刚度条件，即验算杆件的挠度是否存在允许挠度以内，挠度是杆件弯曲后的垂度。杆件的允许挠度都有规定，玻璃温室规定在其跨度的1/150～1/200以下，塑料大棚规定在其跨度的1/100～1/150以下。为了不使杆件自重下产生过大的挠度，或在运输和安装过程中因刚度过小易发生弯曲，设计时杆件的长细比不能大于最大长细比。对圆钢、小型钢的轻型桁架的主要杆体如弦杆、端斜杆、断竖杆规定为不大于150，其他压杆不大于200，拉杆不大于400。

由于园艺设施是薄壁围护轻体结构，使用年限短，在荷载计算和组合上应有所不同。其结构计算基本上与建筑物的结构计算相同。首先计算恒载、风雪等荷载，用其中最不利的条件进行荷载组合。其次，再用此荷载计算柱、梁、檩等所有构件的内力。各种构件再用其内力和假定的截面积计算其最大应力；计算结果能在允许范围内，表明构件的强度安全够用。如果不在允许应力范围内，就要调整截面尺寸重新计算。第三，强度计算后再验算变形量，如变形量在允许值以内，就可最终认定构件的尺寸。如此完成所有构件计算后，再设计计算其连接处和基础。

6.3　园艺设施的结构设计与施工

6.3.1　塑料大棚的设计与建造

塑料大棚是进行春提前和秋延后生产的保护地设施，在我国始于20世纪60年代中期。与日光温室相比，塑料大棚具有结构简单、建造容易、造价较低、作业方便、土地利用率高等特点。与露地相比，塑料大棚能大大改善室内作物的温度、湿度环境条件，更有效地提早和延迟作物栽培时间。

1. 棚址的选择

在不同地区，有不同的气候特点，即使在同一地区，自然条件也有差别，要选择对塑料大棚有利的环境条件。

（1）光照条件。光照是塑料大棚的主要能源，它直接影响着大棚内的温度变化，影响着蔬菜的光合作用。为保障塑料大棚有足够的自然光照条件，棚址必须选择在四周没有遮荫的高大建筑和树木的地方，向南倾斜5°～10°的地形较好，在丘陵和山区南坡选择这样的地形非常方便。

（2）通风条件。棚址的选择既要避开风口，还要通风良好，有利于作物生长。如果单纯考虑防风，建在窝风的地方，则不利于塑料大棚的通风换气。

（3）土壤条件。黑色沙壤土吸收光热能力强，易提高地温。还要土层深厚，有机质含量高，灌排水良好。盐池县多为沙壤土，地下水位低，适于拱棚建造和生产。

（4）水源条件。拱棚生产必须有水源保证，同时要有相应配套的蓄水窖等设施，以保证前期坐水点种和移栽的用水需求。

（5）交通条件。棚址选择要考虑交通方便，便于生产资料和产品的运输，同时便于管理，一旦遇到灾害性天气，能够动员群众及时采取预防和补救措施。

2. 大棚的方向

大棚的方向决定了棚内的光照和温度。研究证明，春、秋季节，南北向大棚抗风能力强，日照均匀，棚内两侧温差小。棚面角度在不影响排雨的情况下，采用比较小的角度为宜。确定棚向方位也受地形和地块大小等条件的限制，需要因地制宜加以确定，但最好选择正向方位，不宜斜向建棚。

3. 大棚的规模

大棚全长40～60m为宜，最长不宜超过100m，太长了管理不方便。棚宽6～12m，过宽影响通风。在相同条件下，宽与长的比值小，抗风力强，宽与长的比值一般取1∶5较为稳妥。

棚的高度：单棚中高1.8～2.4m，中边高1.6～2.0m，边高1.3～1.5m为宜。设计大棚的高度以能满足作物生长的要求和便于操作管理为原则，尽可能矮，以减少风害。

4. 棚架与基础

棚架的结构设计应力求简单，尽量使用轻便、坚固的材料，以减轻棚体的重量，为降低成本，可选择钢管加竹片做为骨架材料。

风对大棚的破坏，主要是受风的压力和引力作用。在棚架设计上，要考虑立柱和拱杆的间隔。施工时，立柱、拱杆、压杆要埋深、埋牢、捆紧，使大棚成为一体。

5. 棚群的排列

为了便于管理，要求大棚的规格统一，建造集中，排列整齐。一般作法是棚群对称式排列，两棚东西间距不小于2m，棚头与棚头之间留4m的作业道，为运苗、排水、通风等作业创造方便条件。

6. 扣膜和通风方式

大棚骨架搭好后，尽早扣上棚膜，捂地提地温。如何扣膜与采取不同的通风换气方法紧密相关。根据盐池县风大风多的实际，可采用以下两种扣膜和通风方式。

（1）扣整幅十米幅宽的棚膜，通过底脚式放风，即将底脚薄膜直接揭开放风。这种方法的优点是防风抗风性能较好，但早春气温较低，作物易受扫地风的危害，同时后期气温较高时热气不易排出。防止扫地风危害的办法是在底脚内侧挂棚裙，棚裙的长度与大棚南北长相等，高度1.5m。底脚通风时，外界空气可由裙的上沿进入棚内。

（2）将10m宽的棚膜裁成6m、4m宽的两幅，每幅膜的边缘穿上绳子，上膜时顺风向压30cm，即宽幅膜在上，窄幅膜在下，接口处重叠30cm，两边拉紧，放风时把接缝扒开。这种放风方式不会产生扫地风危害，同时后期气温较高时能有效通风降温，但抗风性能与扣整幅膜底脚通风相比略差，棚内的空气对流也略差。有大风天气时，最好在上幅宽膜的绳子上吊上重物（如砖头、石块等），有利于防风。若条件允许最好把底脚放风与拉缝放风结合起来，形成比较安全全面的通风换气方法。

7. 塑料大棚的建造

（1）竹木结构大棚。

1）立柱。立柱分中柱、侧柱和边柱三种。选直径4～6cm的圆木或方木为柱材。立柱基部可用砖、石或混凝土墩，也可用木柱直接插入土中30～40cm。上端锯成缺刻，缺刻下钻孔，刻留固定棚架用。南北延长的大棚，东西跨度一般是10～12m，两排相距1.5～2.0m，边柱距棚边1m左右，同一排柱间距离为1.0～1.2m，棚长根据大棚面积需要和地形灵活确定，然后埋立柱。根据立柱的承受能力埋南北向立柱4～5道，东西向为一排，每排间隔3～5m，柱下放砖头和石块，以防柱下挖。柱子的高度要不断调整。

2）拱杆。拱杆连接后弯成弧形，是支撑薄膜的拱架。如为南北向延长的大棚，在东西两侧划好标志线，使每根拱架设东西方向，放在中柱、侧柱、边柱上端的刻里，把拱架的两端埋入土中。用直径为3～4cm的竹竿或木杆压成弧形，若一根竹竿长度不够，可用多根竹竿或竹片绑接而成。

3）拉杆。拉杆是纵向连接立柱的横梁，对大棚骨架整体起加固作用。拉杆直径一般为5～6cm，顺着大棚的纵长方向，每排绑1根，绑在距顶25～30cm处，要用铁丝绑牢，以固定大棚西半球，使之连成一体。

4）盖膜。首先把塑料薄膜，按棚面的大小粘成整体。如果准备开膛放风，则以棚脊为界，粘成2块长块，并在靠棚脊部的薄膜边粘进一条粗绳。不准备开膛放风的，可将薄膜粘成一整块。最好选晴朗无风的天气盖膜，先从棚的一边压膜，再把薄膜拉过棚的另一侧，多人一齐拉，边拉边将薄膜弄平整，拉直绷紧，为防止皱褶和拉破薄膜，盖膜前拱杆上用草绳等缠好，把薄膜两边埋在棚两侧宽20cm、深20cm左右的沟中。

5）压膜线。扣上塑料薄膜后，在两根拱杆之间放一根压膜线，压在薄膜上，使塑料薄膜绷平压紧，不能松动。位置可稍低于拱杆，使棚面成垄状，以利排水和抗风，压膜线用专业压膜的塑料带。压膜线两端应绑好横木并在土中埋实。

6）装门。在西端或东端设门，用方木或木杆作门杠，门杠上钉上薄膜。采用塑料大棚育苗时，一般将棚内土地按大棚走向做成宽1～1.5m的小厢，每厢需加盖塑料薄膜，盖的方法与小拱棚相同。没有加热设施的大棚，在严寒季节，同样需采用多层塑料膜覆盖保温防冻。

（2）钢管结构大棚。

1）定位。确定大棚的位置后，平整地基，确定大棚的四个角，用石灰画线，而后用石灰确定拱杆的入地点，同一拱杆两侧的入地点要对称。

2）安装拱杆。选用4分镀锌管作拱杆，拱杆间距1m，在拱杆下部，同一位置用石灰浆作标记，标出拱杆入土深度，后用与拱杆相同粗度的钢钎，在定位时所标出的拱杆插入位置处向地下打入，深度与拱杆相同，而后将拱杆两端分别插入安装孔，调整拱杆。

3）安装拉杆。安装拉杆有两种方式，一是用卡具连接，安装时用木锤，用力不能过猛。另一种是用铁丝绑捆，绑捆时铁丝的尖端要朝向棚内，并使它弯曲，同时，避免其刺破棚膜和在棚内操作的人。

4）安装棚头。安装时要保持垂直，否则不能保持相同的间距，降低其牢固性。

5）安装棚门。将事先做好的棚门，安装在棚头的门框内，门与门框应重叠。

6）扣膜。将膜按计划裁好，用压膜槽卡在拱架上。压膜线可用事先埋地锚的方法固定，也可在覆膜后，用木撅固定在棚两侧。

8. 塑料大棚设计与建造注意事项

（1）棚型与棚的稳定性。对塑料大棚来说，棚型就是由矢高、跨度和长度彼此间相互关系，以及棚横断面上采光膜曲线特征等要素所决定。而曲线特征多用曲线函数的数学模型或利用该模型绘出的曲线形状加以反映。对塑料大棚稳定性威胁最大的自然力就是风，可通过三种作用方式损坏大棚。

1）作用在大棚的迎风坡面，直接对大棚施加的压力。塑料大棚结构设计应满足风荷载大于当地30年一遇风压要求，以保证大棚结构的稳定性。

2）当风掠过大棚时，由于不同时间在薄膜外表面不同部位风速变化，导致棚内外发生压强差，从而产生举力。风速越大，则举力越大。有压膜线的地方鼓起较小，而压膜线之间鼓包会很大。风具有阵性，当风速大时薄膜鼓起，当风速小时在压膜线压力下，薄膜又回到原处。这样随风速阵性变化，薄膜不断被上下摔打而破损，甚至挣断压膜线而被刮跑。

为了减轻或杜绝压力和举力的破坏作用，塑料大棚的结构设计应为流线型棚型。矢高与跨度比的范围在0.25～0.3为适宜。此范围低于0.25会导致棚内外差值过大，棚内压强对膜举力增大；高于0.3则棚面过陡使风荷载增大，均影响大棚的稳定性。高跨比确定之后，棚的曲线就成为影响结构的主要因素。流线型曲线型塑料大棚由于两侧太低，严重影响室内操作和高秆作物的生长，因此实践上很少被采用，必须经过调整和改进，目前主要有流线调整型、三元复合型和一斜二折式三种类型设计。

3）外界空气以高速直接进入棚内而产生的对塑料薄膜的举力。毫无刚性的塑料膜，只有被压膜线或铁丝等压紧固定在大棚骨架上才能与棚架构成一个整体。在作物栽培管理过程中，为了调节棚内环境因子，经常需要通风换气。风口卷起一定开度或棚脚处薄膜未埋好而出现缝隙，如遇大风突然到来，则棚内空气压强剧增，棚内壁各处都会受到很大的压力，可能导致大棚局部或整个大棚受到破坏。

(2) 骨架中的杆件须妥善固定，维持几何不变体系。塑料大棚属于简易保护设施，加上多数以就地取材方式和因陋就简习惯建造，因此很少从合理结构角度研究加强其稳定性的措施。要保持几何不变体系，杆件的连接点和节点必须妥善固定，如采用螺栓固定、焊接固定、销钉铆钉固定、夹板固定和榫槽固定等方式，忌用麻绳、尼龙绳等材料固定。

(3) 加强防腐处理，延长使用寿命。竹木结构的塑料大棚，建材易腐烂和发霉，使用寿命短，也容易形成微生物滋生蔓延的环境。因此，为了延长大棚的使用寿命，可对木立柱做防腐处理，即埋于地下的基部可采用沥青煮浸法处理，地上部分可采用抛光刷油、刷漆、裹塑料布带并热合封口等方法处理。竹材拱杆可抛光烘烤造型后刷油以延长使用寿命。

竹拱、钢梁、水泥柱大棚，应对水泥柱上的预埋钢件与桁架焊接部位、钢制桁架、固定拱杆与水泥柱的各种钢件均需做防腐处理，可采用镀锌或喷锌、刷铝粉、涂防锈漆后再刷调和漆的方法。

以钢管为主建造的大棚，最好选用热浸镀锌钢管，处理好焊口和连接部件，可大大减少防腐处理费用，延长使用寿命。

6.3.2 高效节能日光温室的设计与建造

1. 太阳位置计算原理

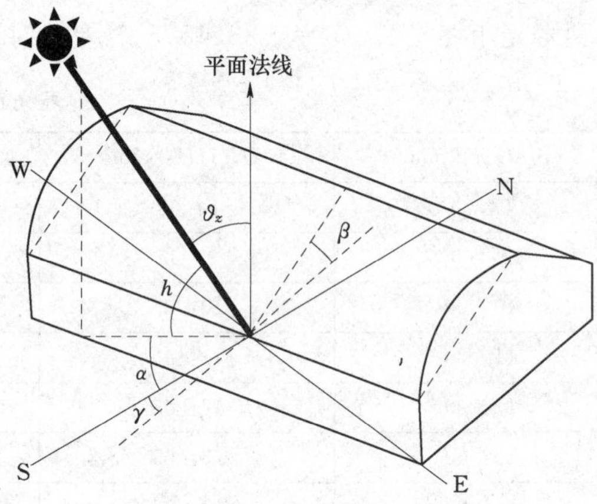

图 6-3-1 太阳高度角和方位角与温室方位角的关系

太阳辐射是温室内作物生长的基本能量来源，地球上太阳辐射的变化源于地球与太阳之间的相对运动，确定太阳相对于地球的空间位置是研究到达地球表面的太阳辐射及室内采光遮荫情况的基础。计算太阳在天球中对地球上某一点的相对位置，是由该观测点的地理纬度、季节和时间三个因素来决定的，通常以太阳高度角 h、太阳方位角 α（见图 6-3-1）以及赤纬 δ 和时角 ω 来表示，θ_z 是太阳天顶角，即太阳光线和平面法线的夹角，$\theta_z+h=90°$。

(1) 太阳高度角计算。太阳高度角 h，指太阳光的入射方向和地平面之间的夹角，是决定地球表面获得太阳热能数量的最重要的因素，按照式（6-1）计算：

$$\sin h=\sin\phi\times\sin\delta+\cos\phi\times\cos\delta\times\cos\omega \quad (6-1)$$

$$\delta=23.45\times\sin\left(360\times\frac{284+n}{365}\right) \quad (6-2)$$

$$\omega=(s_t-12)\times15 \quad (6-3)$$

$$\omega=\left(H_s\pm\frac{L-L_s}{15}+\frac{e}{60}-12\right)\times15 \quad (6-4)$$

$$e=9.87\times\sin2B-7.53\times\cos B-1.5\times\sin B \quad (6-5)$$

$$B=\frac{360\times(n-81)}{364} \quad (6-6)$$

式中 ϕ——当地纬度；

δ——太阳赤纬（太阳光线与地球赤道面的夹角，太阳倾角），它随地球在公转轨道上位置的不同而逐日变化，δ 从赤道面算起，向北为+，向南为-；

n——计算日在一年中的日期序号，1 月 1 日为 1，1 月 2 日为 2，依此类推；

ω——太阳时角，按照地球自转一周（24h）相当于太阳在天球图上绕天轴一周（360°）的原理，不同的时角表示一天不同时间的太阳位置，以其所在时区的角度表示，即 1h 相当于时角 15°。以太阳在观测点正南向即 12：00 时（真太阳时，下同）的 ω 为 0°，这时的时圈称为当地的子午圈，对应于上午的 ω 为-，下午的 ω 为+，可按式（6-3）计算，如果为标准时 H_s，可按式（6-4）计算；

s_t——时数，为当地的真太阳时；

L、L_s——当地经度和当地标准时间位置的经度（我国北京时间以东经120°计算），当地经度位于东半球时$\pm\frac{L-L_s}{15}$取＋号，位于西半球时取－号。e为时差，min；

n同式（2），为计算日在一年中的日期序号。

（2）太阳方位角计算。太阳方位角α即太阳所在的方位，是指太阳光线在地平面上的投影与当地子午线的夹角，可近似地看作是竖立在地面上的直线在阳光下的阴影与正南方的夹角，上午为－，下午为＋，按式（6－7）计算：

$$\sin\alpha=\frac{\cos\delta\times\sin\omega}{\cos h} \tag{6-7}$$

以寿光市为例，$\phi=36.88°$N，$L=118.73°$E，冬至日n为356，代入式（6－1）～式（6－7），可计算得到寿光市冬至日（$\delta=-23.45°$）时差、时角和太阳位置的日变化情况，如表6－3－1所示。

表6－3－1　　寿光市冬至日太阳位置日变化

S_t/HH：mm	H_s/HH：mm	时角ω（°）	太阳高度角h（°）	太阳方位角α（°）
8：00	8：05	－60	7.4	－53.2
9：00	9：05	－45	16.3	－42.5
10：00	10：05	－30	23.4	－30.0
11：00	11：05	－15	28.0	－15.6
12：00	12：05	0	29.7	0.0
13：00	13：05	15	28.0	15.6
14：00	14：05	30	23.4	30.0
15：00	15：05	45	16.3	42.5
16：00	16：05	60	7.4	53.2

寿光市由于所处经度L比地区标准时间（北京时间）位置经度L_s小1.27°（120°～118.73°），所以s_t比H_s推迟5min。由表6－3－1可以看出，12：00时太阳高度角h最大，午前、午后各时刻的ω、h和α均关于12：00时对称。因此在计算各地太阳位置日变化的过程中可只计算午时（12：00）及午前各时刻数据。按照同样的计算方法可得到我国北方各个地区的时差、时角和太阳位置的日变化情况，由于篇幅有限不再详列。

2. 日光温室采光设计

（1）日光温室合理采光时段屋面角设计。采光屋面角（指温室采光屋面与地平面的夹角）在很大程度上决定着太阳直射光透过采光屋面透明覆盖材料的透过率，因而是节能日光温室设计和建造中的关键。太阳直射光的透过率与太阳入射角i（太阳射线与采光面法线之间的夹角）有关，入射角i越小，透光率越大。所以确定节能日光温室合理采光时段屋面角β_m以保证日光能有合理的入射角i是采光设计的关键之一。

从理论上讲，入射角i为0°（日光垂直照射于采光屋面）时，日光反射率为0而透过率为最大值1。但是在冬季太阳高度角h很小，要使入射角i为0°，则采光屋面角β必须很大，这样的温室采光虽然较好，但是脊高和后墙则相当高，既浪费建材，又不利于保温。而且由于太阳位置随季节和时刻的变化而变化，日光也不可能始终垂直照射采光屋面，因此在生产上并不现实。入射角i在0°～40°范围内，随入射角i增大，日光透过率略有下降，但不显著。入射角i为40°时的反射损失仅为3.4%，对采光影响不大。另外，根据合理采光时段理论，节能日光温室的合理采光时段应保持午间4h以上。因此，为了最大程度地为温室作物生长提供最佳温光条件，一般以太阳高度角最小、光照最弱的冬至日为计算日，以日光在上午10：00时的入射角i为40°来计算节能日光温室的合理采光时段屋面角β_m，按式（6－8）计算：

$$\cos i=\cos\beta_m\times\sin h+\sin\beta_m\times\cos h\times\cos\varepsilon \tag{6-8}$$

式中　i——太阳入射角；

ε——采光屋面太阳方位角（见图6－3－2），即采光屋面上某点和太阳之间的连线在水平面上的投影与采光屋面法线在水平面上的投影之间的夹角（$\varepsilon=\alpha-\gamma$）；

γ——节能日光温室方位角（见图 6-3-1）。采光屋面朝向正南时 $\gamma=0°$，则 $\varepsilon=\alpha$，即采光屋面太阳方位角等于太阳方位角。

以采光屋面朝向正南（$\gamma=0°$）的日光温室为例，按照式（6-1）和式（6-7）计算我国北方各地冬至日（$\delta=-23.45°$）10：00 时（$\omega=-30°$）的太阳高度角 h 和太阳方位角 α，再将 $i=40°$ 代入式（6-8），通过计算机试算，可分别得到我国北方各地合理采光时段屋面角 β_m，如下表 6-3-2 所示。

表 6-3-2　　我国北方地区冬至日 10：00 时太阳位置及合理采光时段屋面角

城　市	纬　度 ϕ（°）	太阳高度角 h（°）	太阳方位角 α（°）	合理采光时段屋面角 β_m（°）
西安	34.25	25.6	−30.6	30.4
郑州	34.73	25.2	−30.5	30.9
兰州	36.05	24.1	−30.2	32.2
西宁	36.62	23.6	−30.0	32.8
济南	36.67	23.6	−30.0	32.8
寿光	36.88	23.4	−30.0	33.0
太原	37.85	22.5	−29.8	34.0
银川	38.47	22.0	−29.7	34.6
北京	39.90	20.8	−29.4	36.1
呼和浩特	40.80	20.0	−29.2	37.0
沈阳	41.80	19.1	−29.0	38.0
乌鲁木齐	43.77	17.4	−28.7	39.9
长春	43.92	17.2	−28.7	40.1
哈尔滨	45.75	15.6	−28.4	41.9

不同地区由于地理位置不同，合理采光时段屋面角 β_m 也不同。随着纬度 ϕ 的增加，10：00 时太阳方位角 α 逐渐减小（绝对值，负号表示午前），也就是说该时刻太阳位置越偏向正南方向，说明一天中日照时数越少。太阳高度角 h 也随着纬度 ϕ 的增加而逐渐减小，必须增加采光屋面角来减小入射角进而增加透光率，以获得更多的太阳辐射热量，因此合理采光时段屋面角 β_m 必然随着纬度 ϕ 的增加而逐渐增大。

（2）日光温室方位角设计。节能日光温室接受太阳直射辐射能量与节能日光温室的方位（节能日光温室屋脊的走向，即节能日光温室的朝向）密切相关。节能日光温室以冬季生产为关键时期，此时太阳高度角较低，为了争取太阳辐射较多进入室内，建造方位基本以东西延长、坐北朝南为主，可根据具体情况适当偏西或偏东。节能日光温室的方位由节能日光温室方位角 γ（节能日光温室屋脊方向的法线与当地子午线的夹角）表示，正南为 0，南偏东为−，南偏西为+。节能日光温室的方位角 γ 决定了其采光开始和结束的时间，从而影响温室的采光时数，按式（6-9）计算：

$$\sin\gamma=\sin\phi\times\tan\frac{\omega_1+\omega_2}{2}\times\cos\gamma+\cos\phi\times\cot\beta_m\times\tan\frac{\omega_1+\omega_2}{2} \tag{6-9}$$

式中　ω_1、ω_2——冬季该温室日照最好时段的起至时刻的时角；

β_m——合理采光时段屋面角。

一般情况下，绿色植物上午的光合作用最强，如黄瓜有 70%的光合产物，甜瓜 60%的光合产物是在 12：00 以前制造的，偏东方位（抢阳）的节能日光温室可以提前见到阳光，相应延长作物的上午光照时间，有利于提高产量。因此，理论上而言，节能日光温室建造偏东方位是有利的。但是节能日光温室越冬生产面临的主要问题是清晨的低温冻害问题，冬季严寒、早晨气温比较低的北方高纬度地区，太阳高度角偏低，冬季过早揭苫会造成温室内气温骤降，产生低温伤害。因此，该地区节能日光温室应朝正南方向或南偏西（抢阴），这样可以推迟日升温高峰，延长下午的光照时间和加强温室对下午弱光的利用，充分蓄积午后太阳能量，提高晴天节能日光温室夜间气温和地温，增强翌日清晨抗御外界低气温的能力。但偏东或偏西都不宜超过 10°，其方向为地理方向，如果是用罗盘仪测定方向，必须将磁偏角扣除。

早晨多雾地区节能日光温室朝向也不宜偏东。由于冬季主导风向影响室内的热损耗程度，因此节能日光温室朝向的选择还应避免对着冬季主导风向，以免热损耗过大，影响室内温度。另外在多风沙地区，节能日光温室朝向应避免面对风沙出现季节的主导风向，从而减少采光屋面遭受风沙侵袭和降低由于灰尘污染而导致的透明覆盖材料透光率的下降。

因此，温室朝向的选择应以室内获得尽可能多的日照时间、日照面积和太阳辐射热量为原则，各地应根据当地地理位置和气候等条件因地制宜，确定合理朝向范围。用罗盘仪指示的是磁南磁北而不是正南正北，因而要按不同地区的磁偏角加以修正（见表6－3－3）。

表6－3－3 我国部分城市的磁偏角

城市	磁偏角	城市	磁偏角
齐齐哈尔	9°23′（西）	呼和浩特	4°36′（西）
哈尔滨	9°23′（西）	西安	2°11′（西）
长春	8°42′（西）	太原	3°51′（西）
沈阳	7°56′（西）	包头	3°46′（西）
大连	6°15′（西）	兰州	1°44′（西）
北京	5°57′（西）	玉门	0°01′（西）
天津	5°09′（西）	郑州	3°50′（西）
济南	4°47′（西）	银州	2°53′（西）
徐州	4°12′（西）	保定	4°43′（西）

照射到地球表面的太阳光线可视为一束平行光，不同方向的光线，将产生不同形状的阴影，因此同样结构参数的节能日光温室在不同的地理位置、季节和时间产生的阴影区域也就不同。对下挖式节能日光温室采光而言，在屋面结构尺寸、方位、骨架材料和覆盖材料等确定的情况下，在某一时刻其自身骨架、立柱，以及后屋面等在室内产生的阴影就基本确定了，那么下挖壁面的下挖深度就成为室内地面阴影面积的决定因素。因此，确定适宜的下挖深度对下挖式节能日光温室的采光和蓄热保温就显得尤为重要。

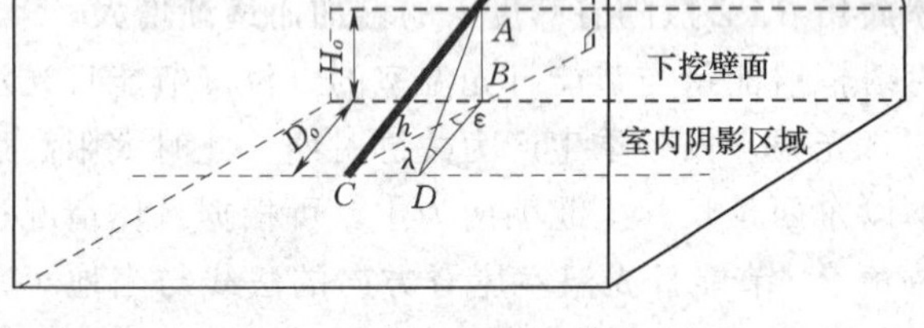

图6－3－2 节能日光温室下挖壁面在室内产生阴影示意图

我们假设温室下挖壁面是由无数有规律的直线组成的平面，那么其在室内形成的阴影则由各种平行四边形组成，这样就可以得出任意时刻室内阴影区的大小和位置。反过来，如果确定了某一时刻室内规定的最大阴影面积，则可求出该时刻下挖壁面的下挖深度。

如图6－3－2所示，AB 为下挖壁面上任意一条垂直线段，在计算阴影时把下挖壁面看作是由无数条线段 AB 的平行线组成的矩形面，只要知道某个时刻 AB 的投影位置及投影长度，用连线方法就能得到该时刻整个矩形区域的阴影。AB 的高度即下挖深度为 H_o，其在某个时刻的阴影为 BC，则矩形阴影区域的高为 BD，即阴影长度 D_o，那么整个阴影区域的面积即可由 D_o 与温室长度的乘积得到。阴影长度 D_o 按式（6－10）计算：

$$D_o=\frac{H_o}{\tan\lambda} \qquad (6-10)$$

式中 λ 为太阳高度角 h 的侧影角（太阳高度角在地平面的一个垂直表面法线方向上的投影角），λ 可按式（6－11）计算：

$$\tan\lambda=\frac{\tan h}{\cos\varepsilon}=\frac{\tan h}{\cos(\alpha-\gamma)} \qquad (6-11)$$

将式（6－11）代入式（6－10），可得：

$$D_o=H_o\times\frac{\cos(\alpha-\gamma)}{\tan h} \qquad (6-12)$$

阴影长度 D_0 与太阳高度角 h 的正切函数成反比，因此太阳高度角 h 最小的冬至日，阴影长度 D_0 最大，阴影区域面积也就最大。如果按照冬至日计算阴影区域面积的话，那么适宜的下挖深度则很小，发挥不了下挖式节能日光温室的高保温蓄热效应的优势。因此，我们以冬季温度较低的 11 月～翌年 2 月的平均值来计算阴影区域面积。以寿光市采光屋面朝向正南（$\gamma=0°$）的下挖式节能日光温室为例，计算下挖深度分别为 0.5～1.5m、11 月～翌年 2 月合理采光时段 10：00～14：00 时的平均阴影长度，如表 6－3－4 所示。

表 6－3－4　寿光市各下挖深度的下挖壁面在室内产生的平均阴影长度日变化　单位：m

下挖深度	时间								
	10：00	10：30	11：00	11：30	12：00	12：30	13：00	13：30	14：00
0.5	0.84	0.80	0.77	0.76	0.75	0.76	0.77	0.80	0.84
0.6	1.00	0.95	0.92	0.91	0.90	0.91	0.92	0.95	1.00
0.7	1.17	1.11	1.08	1.06	1.05	1.06	1.08	1.11	1.17
0.8	1.34	1.27	1.23	1.21	1.20	1.21	1.23	1.27	1.34
0.9	1.51	1.43	1.39	1.36	1.35	1.36	1.39	1.43	1.51
1.0	1.67	1.59	1.54	1.51	1.50	1.51	1.54	1.59	1.67
1.1	1.84	1.75	1.69	1.66	1.65	1.66	1.69	1.75	1.84
1.2	2.01	1.91	1.85	1.81	1.80	1.81	1.85	1.91	2.01
1.3	2.18	2.07	2.00	1.96	1.95	1.96	2.00	2.07	2.18
1.4	2.34	2.23	2.16	2.12	2.10	2.12	2.16	2.23	2.34
1.5	2.51	2.39	2.31	2.27	2.25	2.27	2.31	2.39	2.51

随着温室下挖深度的增加，各下挖壁面在室内形成的阴影长度明显增大。阴影长度以午时（12：00）最小，且午前、午后各时刻阴影长度关于午时对称。越接近中午，阴影长度的变化幅度越小，而越远离中午，变化幅度越大，这与太阳高度角和太阳方位角的日变化幅度相一致。对于下挖式节能日光温室而言，其自身骨架材料和覆盖材料等在室内产生的阴影率约 15%左右，在室内总阴影率不大于 30%的情况下，可兼顾温室的采光与蓄热保温性能。据此，下挖式节能日光温室下挖壁面在室内产生的阴影率不宜超过 15%。以寿光市跨度为 10m 的下挖式节能日光温室为例，要使合理采光时段 10：00～14：00 时内各时刻下挖壁面产生的阴影率均不超过 15%，则其阴影长度不能大于 1.5m（1.5/10＝15%）。由表 6－3－4 可以看出，下挖深度不超过 0.8m 时，在合理采光时段内阴影率均小于 15%，因此，寿光市跨度为 10m 的下挖式节能日光温室适宜的下挖深度为 0.8m。以下挖壁面在室内产生的阴影率不宜超过 15%为约束条件，适宜的下挖深度则随温室的跨度的变化相应地发生变化。

采用同样的方法，可以计算得到我国北方地区 10m 跨度的下挖式节能日光温室适宜的下挖深度，如表 6－3－5 所示。

表 6－3－5　我国北方地区 10m 跨度的下挖式节能日光温室适宜的下挖深度和温室间距

城　市	纬度 ϕ（°）	太阳高度角 h（°）	太阳方位角 α（°）	适宜下挖深度（m）	温室间距 B（m）
西安	34.25	25.6	－30.6	0.9	3.0
郑州	34.73	25.2	－30.5	0.9	3.1
兰州	36.05	24.1	－30.2	0.9	3.5
西宁	36.62	23.6	－30.0	0.9	3.7
济南	36.67	23.6	－30.0	0.9	3.7
寿光	36.88	23.4	－30.0	0.8	3.8
太原	37.85	22.5	－29.8	0.8	4.2
银川	38.47	22.0	－29.7	0.8	4.4
北京	39.90	20.8	－29.4	0.7	5.0

续表

城　市	纬度 ϕ（°）	太阳高度角 h（°）	太阳方位角 α（°）	适宜下挖深度（m）	温室间距 B（m）
呼和浩特	40.80	20.0	−29.2	0.7	5.4
沈阳	41.80	19.1	−29.0	0.7	5.9
乌鲁木齐	43.77	17.4	−28.7	0.6	7.0
长春	43.92	17.2	−28.7	0.6	7.1
哈尔滨	45.75	15.6	−28.4	0.6	8.4

随纬度的增加，不同地区下挖式节能日光温室的适宜下挖深度有逐渐降低的趋势。因此在设计建造下挖式节能日光温室时，必须要根据当地的地理位置、气候、温室结构与建筑材料等条件，以室内产生的阴影率为依据来确定适宜的下挖深度，切不可盲目下挖过深，影响温室的采光和土壤蓄热性能，对室内作物的生长发育带来不利影响。

(3) 日光温室间距设计。在生产实践中，节能日光温室大多集中连片建造，因此前后排温室的间距对温室的采光，以及土地利用率影响较大。根据合理采光时段理论，一般以太阳高度角最小、阴影最长的冬至日10：00时前后栋温室不相互遮荫为依据来计算温室间距 B（见图6－3－3），按式（6－13）计算：

$$B=L_1-L_2-D=H_1\times\frac{\cos(\alpha-\gamma)}{\tan h}-L_2-D \tag{6-13}$$

$$L_1=H_1\times\frac{\cos(\alpha-\gamma)}{\tan h} \tag{6-14}$$

式中　H_1——温室保温覆盖材料卷起后至地平面的高度；

L_1——前栋温室屋脊在水平面上的投影到后栋温室前地角距离；

L_2——温室后屋面投影（温室屋脊在水平面上投影到室内后墙的距离），D 为温室后墙底部厚度。

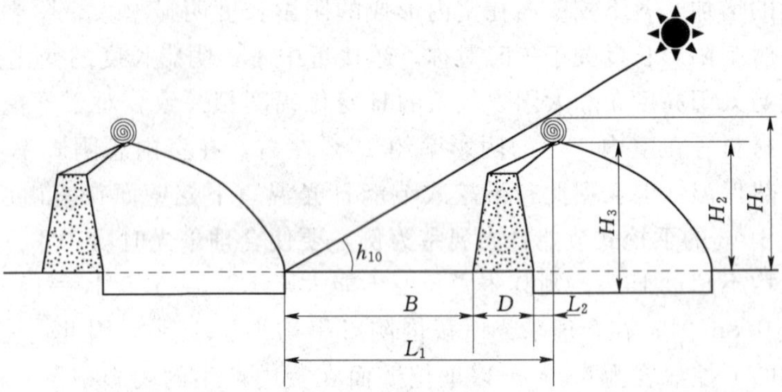

图6－3－3　下挖式节能日光温室间距示意图

以跨度为10m、脊高 H_1 为4.0m、后墙底厚 D 为3.0m、后屋面投影 L_2 为1.2m、朝向正南（$\gamma=0°$）的下挖式节能日光温室为例，计算我国北方地区适宜的节能日光温室间距（冬至日 $\sigma=-23.45°$，10：00时 $\omega=-30°$），结果如表6－3－5所示。

由表6－3－5可以看出，各地区适宜的温室间距也与纬度和太阳位置密切相关。与下挖壁面产生阴影的原理相似，纬度越高的地区，太阳高度角越小，前排温室产生的阴影就越长，因而前后排温室的间距需相应加大。

(4) 日光温室的跨度和高度设计。日光温室的跨度影响着光能截获量、温室总体尺寸、土地利用率。跨度越大截获的直射光越多，如7m跨度温室的地面截获光能为4m跨度温室的1.75倍（见图6－3－4）。

实际上，日光温室后墙也参与截获光能，其跨度和高度均影响光能截获量。在跨度相等的条件下，温室最高采光点的空间位置成为温室拦截光能多少的决定性因素。例如，一个8m跨度温室，若将温室前缘与地面的交点作为直角坐标系的原点（图6－3－5中的 O 点），然后在横坐标5.0m和6.6m处分别向上引垂线，如在相同高度3.6m处设采光点，于是得坐标点 K_1（5.0，3.6）和 K_2（6.6，3.6）两个最高采光点。最高采光点 K_2 处的截获直射光量为 K_1 处的1.13倍。而将 K_2 点下降到高度2.6m处时，所拦截的

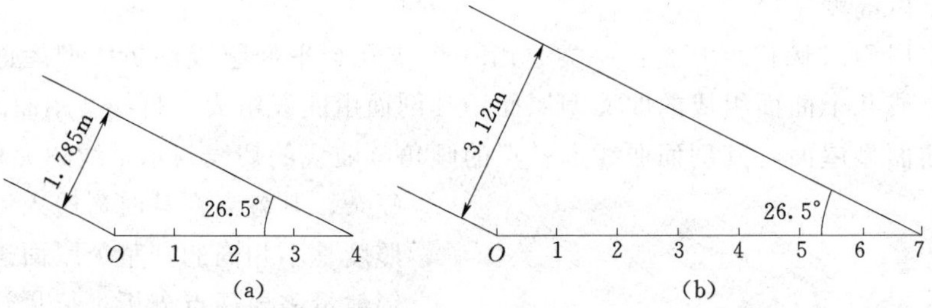

图 6-3-4 日光温室跨度与截获光能示意图

(a) 跨度为 4m；(b) 跨度为 7m

(引自穆天明，2004 年)

直射光量仅为 3.6m 处的 85.2%。可见，最高采光点越高日光截获量越大，当然单纯提高采光点会导致温室造价增加。因此，日光温室节能设计中需找到各种要素、参数的最佳组合。

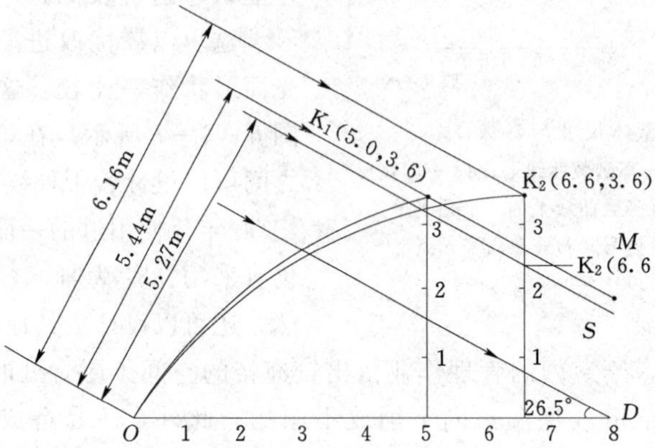

图 6-3-5 跨度、最高采光点位置与拦截直射光的关系

(引自穆天明，2004 年)

我国的日光温室经过半个多世纪的发展，各地均优选出一些构型，如河北、山东、内蒙古、宁夏及京津唐地区等，其代表性的温室，跨度和最高采光点位置的相互关系有较佳的组合。例如，河北的冀优Ⅱ型和冀优改进型，日光温室的跨度是 6.0m 和 8.0m，相应的最高采光点为 3.0m 和 3.6m（见图 6-3-6）。寒温带南缘的辽宁、吉林和黑龙江南部各地区一些有代表性的日光温室，如鞍山Ⅱ型、改进型一斜一立式、辽沈Ⅰ型日光温室，其跨度依次为 6.0m、7.2m 和 7.5m，相对应的最高采光点依次为 2.8m、3.0m、3.2～3.4m。

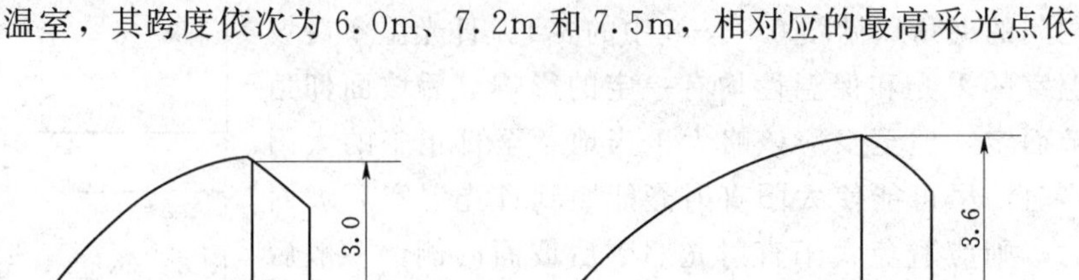

图 6-3-6 冀优Ⅱ型和冀优改进型日光温室跨度与最高采光点位置参数（单位：m）

(引自穆天明，2004 年)

数十年作物栽培实践结果表明，在使用传统建筑材料、采光材料并采用草苫保温的条件下，在中温带地区建日光温室，其跨度以 8m 左右为宜；在中温带与寒温带的过渡地带，跨度以 6m 左右为宜；在寒温带地区，如黑龙江和内蒙古北部地区，跨度宜取 6m 以下。这样的跨度有利于使日光温室同时具备造价低、高效节能和实现周年生产三大特性。

(5) 日光温室采光屋面形状的确定。当跨度和最高采光点被设定之后，温室采光屋面形状就成为温室截获日光能量的决定性因素（此处不涉及塑料膜品种、老化程度、积尘厚度及磨损程度等因素），因此设计者对棚形设计应予以高度重视。

节能型日光温室屋面形状有两大类：一类是由一个或几个平面组成的折线型屋面，其剖面由直线组成；另一类是由一个或几个曲面组成的曲面型屋面，其剖面由曲线组成。折线型屋面的屋面倾角就是直线与水平线的夹角。曲面型屋面，其剖面曲线上各点的倾角（曲线的切线与水平线的夹角）都不相等，比较复杂，其各点在某时刻透入温室的太阳直接辐射照度是不相同的，整个屋面透入温室的太阳直接辐射量需要逐点分析进行累计，根据累计的辐射量，可对不同曲线形状屋面的透光性能进行比较。

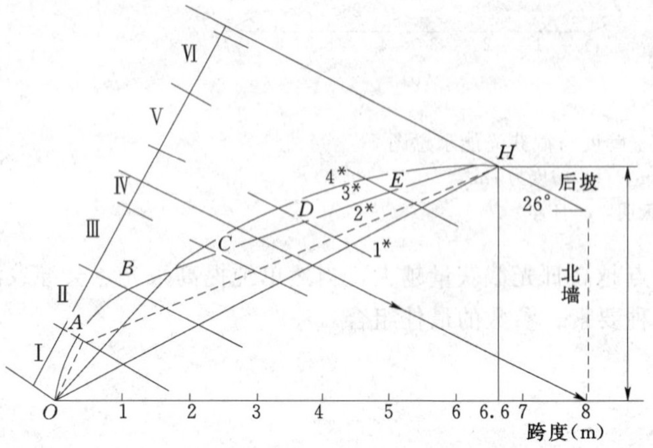

图 6-3-7 温室的型体尺寸与参数

1*—一面坡形；2*—二折形；3*—幂函数曲线形；4*—圆弧形

OA、*AB*、*BC*、*CD*、*DE*、*EH*—幂函数曲线上的 6 个采光单元；

Ⅰ—Ⅳ—温室上空直射光的分区号；*H*—最高采光点

（引自穆天明，2004 年）

理想的采光屋面形状应能同时满足以下 4 个方面要求：①能透进更多的直射辐射能；②温室内部能容纳较多的空气；③室内空间有利于园艺作业；④造价较低。

这里以冀优改进型日光温室为例，对各种采光面形状作一比较。这种温室的型体尺寸参数如图 6-3-7 所示。在该图 *O* 与 *H*（最高采光点）之间可以设计若干种线形：1* 为直线，这是 20 世纪 30 年代使用过的一面坡形；2* 是二折形，至今仍有采用；3* 为幂函数曲线形；4* 是圆弧形。当然，还可以设计成其他形状的线或复合曲线。

屋面前部应有一定的高度，给室内的管理作业留出较充裕的空间。屋脊处的屋面倾角如过小，将使该处透光较差；同时，屋面保温草帘或保温被向下铺放不顺畅。此外，还易造成屋面薄膜兜水的情况。因此，一般屋脊处的屋面倾角应保证大于 10°以上。4 种屋面中，屋脊处的屋面倾角，圆弧形屋面偏小，一面坡与二折形较大。

实践证明，在我国中温带地区（指行政区划中的山西、河北、辽宁、宁夏，以及内蒙古、新疆的部分地区）建设日光温室时，圆与抛物线组合式曲面比单圆、抛物线、椭圆线更好。圆与抛物线采光面不但比上述几种类型的入射光量都多，而且还比较易操作管理，容易固定压膜线，大风时不致薄膜兜风，下雨时易于排走雨水。

（6）日光温室后坡面仰角设计。日光温室后坡面仰角是指日光温室后坡面与水平面之间的夹角（见图 6-3-8 中的 α_2）。日光温室后坡面角的大小对日光温室的采光和保温性均有一定的影响。后坡面仰角应视温室的使用季节而定，但至少应该略大于当地冬至日正午的太阳高度角，在冬季生产时，尽可能使太阳直射光能照到日光温室后坡面内侧；在夏季生产时，则应避免太阳直射光照到后坡面内侧。一般后屋面角取当地冬至正午的太阳高度角再加 5°～8°。

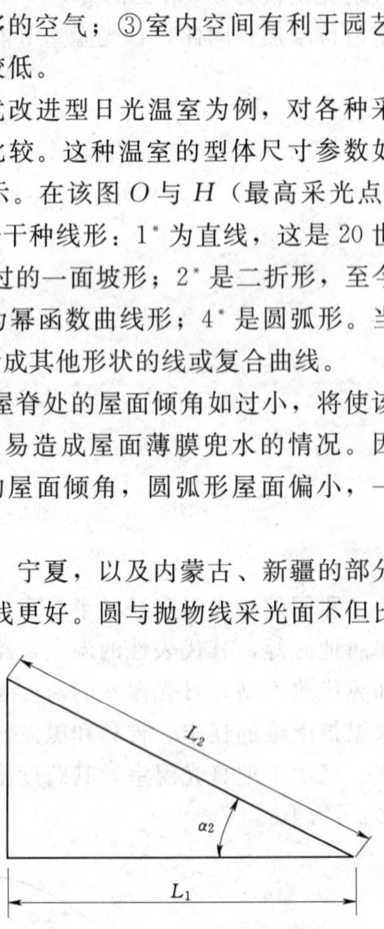

图 6-3-8 日光温室后坡面仰角及水平投影（引自张晓东等，2002 年）

（7）日光温室的后坡水平投影长度。日光温室后坡的长短直接影响日光温室的保温性能及其内部的光照情况。当日光温室后坡长时，日光温室的保温性能提高，但这样当太阳高度角较大时，就会出现温室后坡遮光现象，使日光温室北部出现大面积阴影；而且日光温室后坡长，其前屋面的采光面将减小，造成日光温室内部白天升温过慢。反之，当日光温室后坡面短时，日光温室内部采光较好，但保温性能却相应降低，形成日光温室白天升温快，夜间降温也快的情况。日光温室的后坡面水平投影长度 L_1 一般以 1.0～1.5m 为宜。

3. 日光温室的保温设计

节能日光温室在密闭的条件下，即使在严寒冬季，只要天气晴朗，在光照充足的午间室内气温可达到 30℃以上。但是如果没有较好的保温措施，午后随着光照减弱，温度很快下降。特别是夜间，各种热量损失有可能使室温下降到作物生育适温以下，遇到灾害性天气，往往发生冷害、冻害。因此，不搞好保温设计，就不能满足作物正常生育对温度条件的要求。日光温室的保温性与温室墙体结构、后屋面及前屋面的覆盖物等有关。

(1) 日光温室墙体的材料、结构与厚度。日光温室的墙体和后坡，既可以支撑、承重，又具有保温蓄热的作用。因此，在设计建造墙体和后坡时，除了要考虑承重强度外，还要考虑材料由导热、蓄热性能和建造厚度、结构等。但一般地讲，日光温室墙体和后坡的保温蓄热是主要问题，为了保温蓄热的需要，一般都较厚，承重一般容易满足要求。现在日光温室墙体和后坡多采用多层复合构造，在墙体内层采用蓄热系数大的材料，外层为导热系数小的材料。这样就可以更加有效地保温蓄热，改善温室内环境条件。

1) 墙体厚度。鞍山市园艺研究所对墙体厚度与保温性能进行了研究，采用三种不同厚度的土墙：①土墙厚 50cm，外覆一层薄膜；②土墙厚 100cm；③土墙厚 150cm，其他条件相同。结果表明：自 1 月上旬至 2 月上旬，②比①室内最低气温高 0.6～0.7℃，③比②室内最低气温低 0.1～0.2℃。室内最高气温差分别为 0.2～0.5℃和 0.1～0.3℃。由此可见，随着墙体厚度的增加，蓄热保温能力也增加，但厚度由 50cm 增至 100cm，增温明显，由 100cm 增至 150cm，增温幅度不大，也就是实用意义不大。根据经验，单质土墙厚度可比当地冻土层厚度增加 30cm 左右为宜。据北京地区生产实践证明：节能型温室的墙体厚度，土墙以 70～80cm 为宜；砖墙以 50～60cm 为宜，有中间保温隔层则更好。

2) 墙体的材料与构造。节能型日光温室墙体有单质墙体，如土墙、砖墙、石墙等，以及异质复合墙体（内层为砖，中间有保温夹层，外层为砖或加气混凝土砖）。异质复合墙体较为合理，保温蓄热性能更好。经研究表明，白天在温室内气温上升和太阳辐射的作用下，墙体成为吸热体，而当温室内气温下降时，墙体成为放热体。其中墙体内侧材料的蓄热和放热作用对温室内环境具有很大的作用。因此，墙体的构造应由 3 层不同的材料构成。内层采用蓄热能力高的材料，如红砖、干土等，在白天能吸收更多的热并储存起来，到夜晚即可放出更多的热。外层应由导热性能差的材料，如砖、加气混凝土砌块等以加强保温。两层之间一般使用隔热材料填充，如珍珠岩、炉渣、木屑、干土和聚苯乙烯泡沫板等，阻隔室内热量向外流失。

墙体材料的吸热、蓄热和保温性能主要从其导热系数、比热容和蓄热系数等几个热工性能参数判断，导热系数小的材料保温性好，比热容和蓄热系数大的材料蓄热性能较好。表 6-3-6 列出温室常用墙体材料的热工性能参数供参考。

表 6-3-6　日光温室墙体材料的热工性能参数

材料名称	密度 ρ (kg/m³)	导热系数 λ [W/(m·℃)]	蓄热系数 S_{24} [W/(m²·℃)]	比热容 c [kJ/(kg·℃)]
钢筋混泥土	2500	1.74	17.20	0.92
碎石或卵石混泥土	2100～2300	1.28～1.51	13.50～15.36	0.92
粉煤灰陶粒混泥土	1100～1700	0.44～0.95	6.30～11.40	1.05
加气、泡沫混泥土	500～700	0.19～0.22	2.76～3.56	1.05
石灰、水泥混合砂浆	1700	0.87	10.79	1.05
砂浆黏土砖砌体	1700～1800	0.76～0.81	9.86～10.53	1.05
空心黏土砖砌体	1400	0.58	7.52	1.05
夯实黏土墙或土坯墙	2000	1.10	13.30	1.10
石棉水泥板	1800	0.52	8.57	1.05
水泥膨胀珍珠岩	400～800	0.16～0.26	2.35～4.16	1.17
聚苯乙烯泡沫塑料	15～40	0.04	0.26～0.43	1.60
聚乙烯泡沫塑料	30～100	0.042～0.047	0.35～0.69	1.38
木材（松和云杉）	550	0.175～0.350	3.90～5.50	2.20
胶合板	600	0.17	4.36	2.51
纤维板	600	0.23	5.04	2.51
锅炉路炉渣	1000	0.29	4.40	0.92
锯末屑	250	0.093	1.84	2.01
稻壳	120	0.06	1.02	2.01

引自：马承伟，农业设施设计与建造，2008 年。

（2）后屋面的结构与厚度。日光温室的后屋面结构与厚度也对日光温室的保温性能产生影响。一般由多层组成，有防水层、承重层和保温层。一般防水层在最顶层、承重层在最底层，中间为保温层。保温层的材料通常有秸轩、稻草、炉渣、珍珠岩及聚苯乙烯泡沫板等导热系数低的材料。此外，后屋面为保证有较好的保温性，应具有足够的厚度，在冬季较温暖的河南、山东和河北南部地区，厚度可在30～40cm，东北、华北北部、内蒙古寒冷地区，厚度为60～70cm。

（3）前屋面保温覆盖。前屋面是日光温室的主要散热面，散热量占温室总散热量的73%～80%。所以前屋面的保温十分重要。节能型日光温室前屋面保温覆盖方式主要有两种。

一种是外覆盖，即在前屋面上覆盖轻型保温被、草苫、纸被等材料。外覆盖保温在日光温室中应用最多。草苫是最传统的覆盖物，是由芦苇、稻草等材料编织而成的，由于其导热系数小，加上材料疏松，中间有许多静止空气，保温效果良好，可减少60%的热损失。在冬季寒冷地区，常常在草苫下附加4～6层牛皮纸缝合而成的纸被，这样不仅增加了覆盖层，而且弥补了草苫稀松导致缝隙透气散热的缺点，提高了保温性。但草苫等传统的覆盖材料较为笨重，易污染，损坏薄膜，易浸水、腐烂等。因而近十年来研制出了一类新型的称为保温被的外覆盖保温材料，这种材料轻便、洁净、防水而且保温性能不逊于草苫。保温被一般由3层或更多层组成，内外层由塑料膜、防水布、无纺布（经防水处理）和镀铝膜等一些保温、防水和防老化材料组成，中间由针刺棉、泡沫塑料、纤维棉及废羊绒等保温材料组成。目前市场上出售的保温被，其保温性能一般能达到或超过传统材料的保温性能，但有的保温被的防水性和使用寿命等性能还有待提高。

另一种是内覆盖，即在室内张挂保温幕，又称二层幕、节能罩，白天揭晚上盖，可减少热损失10%～20%。保温幕多采用无纺布、银灰色反光膜或聚乙烯膜、缀铝膜等材料。

（4）减少缝隙冷风渗透。在严寒冬季，日光温室的室内外温差很大，即使很小的缝隙，在大温差下也会形成强烈对流交换，导致大量散热。特别是靠门一侧，管理人员出入开闭过程中，难以避免冷风渗入，应设置缓冲间，室内靠门处张挂门帘。墙体、后屋面建造都要无缝隙，夯土墙、草泥垛墙，应避免分段构筑垂直衔接，应采取斜接的方式。后屋面与后墙交接处，前屋面薄膜与后屋面及端墙的交接处都应注意不留缝隙。前屋面覆盖薄膜不用铁丝穿孔，薄膜接缝处、后墙的通风口等，在冬季严寒时都应注意封闭严密。

（5）设置防寒沟。防寒沟一般设在温室南侧，挖一条宽30～40cm、深度不小于当地冻土层厚度、略长于温室长度的沟，在沟中填充马粪、稻壳、麦糠或碎秸秆等，踩实后再盖土封严，盖土厚15cm以上，可减少温室内热量通过土壤外传，阻止外面冻土对温室的影响，可使温室内土温提高3℃以上。如果盖土不严或土层过薄均会影响防寒效果。也可在温室四周设置防寒沟或铺设聚苯泡沫板保温。

4. 日光温室的建造与施工

（1）场地定位及平地放线。场地定位和平地放线是建筑施工的第一个步骤。场地定位就是依据设计图先将场内道路和边界方向位置定下来。道路和边线定位的方法是，首先用罗盘仪测出磁子午线，然后再根据当地磁偏角调正并测出真子午线，再测出垂直道路的东西方向线（即东西道路的方向线）。

场地道路定位后，要对温室建设用地进行平整，清除各种杂物，再对各栋温室定位。温室定位一般依据主干道路方位进行就可以了。按照设计的尺寸把每个温室占地边界划定后，每一栋温室在自己占有的地块里所处位置一定要合适。对于每一栋温室来说，前后都应预留出走道、取土和培土的地方，而且要求每栋室温都应依据统一规划布置的位置来修建，这样才可以使每栋温室的建造不与相邻温室发生矛盾，也可避免造成前一栋温室对后一栋温室遮光。为此，各地在建温室群时，一定要细致做好土地调查工作。

（2）温室基础。为防止土壤冻融的影响，温室基础的埋深应大于当地的冻土深度。在北纬38°～42°地区，基础一般埋深0.5～1.2m；北纬43°～46°地区，埋深1.0～1.8m；北纬47°～48°地区，埋深1.6～2.4m；北纬49°～50°地区，埋深2.2～2.8m。基础下部全部采用干沙垫层30cm，可防止由于冻融引起墙体开裂。

（3）墙体建造。传统温室墙体采用实心砖墙，但若想增加保温性能，单纯采用增加墙体厚度的方法是很不经济的。东农98－Ⅰ型节能日光温室的墙体建造方法如下：温室前墙厚24cm，高出地平面6cm，上设预埋件；后墙的厚度可根据不同纬度来确定，一般内墙为24～37cm，外墙为12～24cm，中间为空心，内加聚苯乙烯泡沫板，两侧用塑料薄膜包紧；如温室内墙里侧采取红砖勾缝，内墙也可采用蜂窝状墙体，便于贮热；温室外墙外侧采取水泥砂浆抹面，上留防水沿，防止雨水直接淋蚀温室后墙；内外墙间采用拉筋连接。

近年来在山东寿光大面积推广的厚墙大跨下挖式日光温室，其墙体建造利用挖掘机和压路机进行施工。二次下挖式高效节能日光温室的后墙和侧墙均为机打土墙，使用挖掘机和推土机筑墙，墙体形状为梯形体，墙体上宽1.5～2.0m，底宽3.0～6.0m。用于夯土墙的土应为黏土或粉质黏土，且不能含有植物根茎等有机物及垃圾。夯墙前先将墙体所在位置及两侧各30cm的土夯实，然后再做墙体。夯墙土壤温度应适宜，用手攥成团，高地面30cm松手后土团落地应成散沙状。开始筑墙之前，先用推土机将温室内30cm左右的表土推向棚址的南侧，以便表土回填。然后推平墙基，墙基宽6m，碾压5～6次后，用挖掘机挖土筑墙，下挖深度为1.3m。墙体每次筑高40～50cm，要用推土机错开车辙碾压6～8次，大约筑4～5层，墙高达到4.3m（相对原地面），然后用挖掘机切削出后墙，后墙面切削时应注意有一定斜度，以防止墙体滑坡、垮塌。东、西侧墙要与主墙体同时建起，建造过程同后墙建造过程一样，建成后切削成采光屋面形状。墙体建成之后，及时回填表土，整平并浇水沉实室内栽培床面，基准地面与屋脊线平行度不大于30mm。

（4）前屋面的建造。温室前屋面钢筋拱架的上弦多采用ϕ14～16，下弦ϕ12～14，腹筋ϕ8～10，拱架间距0.9～1m，拱架间设置3道ϕ10纵向水平拉筋。上下弦最大间距250mm，拱高500～600mm。采光屋面为圆拱形，拱架底角为65°。温室后坡面角为30°～34°，脊高3.2～3.5m。

（5）后坡的建造。后坡水平投影宽度1.3～1.5m。通常采用聚苯乙烯发泡板做保温层，其厚度根据当地气温条件，在5～15cm范围选取。后坡的组成一般下层为2～3cm厚承重木板，往上依次为油毡纸或厚塑料膜（隔绝水汽）、聚苯乙烯泡沫板（保温）、油毡防水层（二毡三油）、40mm厚水泥砂浆面层（抹至后墙挑檐）。保温层也可以采用5～6cm厚的聚苯乙烯发泡板，上铺10～20cm厚的珍珠岩或炉渣，之上用铁丝网覆盖后，用水泥砂浆抹平，上面再做防水层。

（6）通风口。通风口位置可设在距内墙面最高点20cm以下，规格为500mm×500mm，间距5m，双层窗。墙体厚如果超过1.5m，通风口可设在后坡上，但要做好防水、防雨处理。

（7）前屋面覆盖。前屋面的薄膜要在霜冻出现以前覆盖，尤其是日照率低的地方应提早覆盖，以利冬前蓄热，安全越冬生产。节能日光温室前屋面长短有差异，塑料薄膜的规格也不一致，这样就要在覆盖前按所需宽度把薄膜进行烙合或剪裁。应选用耐低温、抗老化的长寿无滴膜。目前使用的薄膜主要是聚氯乙烯无滴膜和聚乙烯长寿无滴膜，前者幅宽多为3m，后者幅宽4m。覆盖薄膜要考虑放风方法，一般用1.2m宽的薄膜，一边卷入麻绳或塑料绳固定在拱架下部做围裙，其上部覆盖一整块薄膜，上边卷入细竹竿固定在后屋面上，下部超过围裙30cm左右，用压膜线压紧。覆盖薄膜宜选晴暖无风天气中午进行，以便于把薄膜绷紧压平。

（8）安装或修建辅助设备。节能日光温室的辅助设备是指生产运行中具备的辅助设备，以及可以提高劳动效率和有利于作物生长发育的设备。

1）灌溉系统。日光温室的灌溉以冬季早春寒冷季节为重点，不宜利用明水灌溉，最好采用管道灌溉或滴灌。在每栋温室内安装自来水管，直接进行灌水或安装滴灌设备。地下水位比较浅的地区，可在温室内打小井，安装小水泵抽水灌溉。不论采取哪种灌溉系统，都应在田间规划时确定，并在建造温室施工前建成。

2）缓冲作业间。每栋温室都应设缓冲作业间。作业间是管理人员休息场所，又是放置小农具和部分生产资料的地方，更主要的是出入温室经过作业间起缓冲作用，可防止冷空气直接进入温室。

3）卷帘机。节能日光温室前屋面夜间覆盖草苫，白天卷起夜间放下，若卷放草苫由两个人操作，则需要时间较长，特别是遇天气时阴时晴，草苫不可能及时揭盖，对作物的生育极为不利。利用卷帘机揭盖草苫，可以在很短时间内完成草苫的揭盖工作。卷帘机分为人工卷帘和电动卷帘两种。使用卷帘机的温室长度以50～60m为宜。

4）加温设备。在北纬43°以北地区，由于冬季寒冷，仅靠太阳热能是不能维持蔬菜生产的，特别是果菜类的生产，必须设有辅助热源进行临时加温。一般多采用砖砌炉加设烟道的加温方式。炉子由砖砌筑而成，烟道为缸瓦管，或由砖、瓦砌成，烟气经烟道由烟囱排走。有条件的地区可采用暖气统一供暖，或采用暖风机临时加温。

5）反光幕。节能日光温室栽培的北侧或靠后墙部位张挂反光幕，可利用反光，改善后部弱光区的光照，有较好的增温补光作用。

6）蓄水池。节能日光温室冬季灌溉由于水温低，灌水后常使地温下降，影响作物根系正常发育。农民很早就有用大缸在室内蓄水的经验，经过预热的水比刚引上来的地下水温度高，灌溉效果好。但是大缸盛水量少，多摆大缸又占地较多，影响生产。近年来，有些地区在日光温室中建蓄水池用于蓄水灌溉，避免用地下水灌溉引起的不良后果（用明水灌溉的地区尤为重要）。采用1m宽，4～5m长，1m深的半地下式蓄水池，内用防水水泥砂浆抹平，防止渗漏，池口白天揭开晒水，夜间盖上，既可提高水温又防水分蒸发。

7）防寒沟与防寒裙。防寒沟设在温室前侧，沟宽30～40cm左右，深度与当地冻土层深度一致，如北京地区为80～100cm。沟内填入杂草、秸秆、炉渣等保温材料，顶部覆盖10～15cm厚的泥土，并盖上地膜，防雨水侵入，或用秸秆把沟顶起，再用泥浆封严。温室后墙外也可挖防寒沟，为省工常采用后墙培土的办法来保温。

防寒裙是设在温室里面前坡下面的一条纵向塑料薄膜，一般宽1m，长与温室一致。上边与棚膜紧靠，下边埋入土中，可减少温室前部的散热。

5. 日光温室施工要求

(1) 准备工作。首先要有一套正规的设计图纸，其次要有技术人员指导，第三要由有资质的施工队施工。

(2) 施工时间。一般要求9月底前完工。

(3) 墙体施工。墙基夯实后起墙。土打墙必须粉细，干湿均匀，土内无杂物，夯打实在，直而平光，墙体内外各留50cm空地不可取土，保护墙体。

(4) 屋面施工。前屋面屋架上部要求横向高低一致，纵向垂直。后屋面要求平整无缝，排水良好，并能承受一定的负载量。

(5) 卷帘设备。安装自动卷帘系统。

(6) 上人扶梯。可按梯式建在山墙上。

(7) 防寒沟。在距拱杆前端30～40cm处挖宽40cm、深50cm、东西走向的防寒构，沟内填入隔热材料，上铺薄膜，用土埋好。

(8) 通风口。安装自动通风卷膜器。建议在通风口设置防虫网。

(9) 压膜线。采用专用压膜线，每两拱杆间压一道，并绑扎结实。

(10) 缓冲间。在温室的东侧或西侧修建缓冲间（3m×5m）。

(11) 注意施工安全。

6.3.3 现代化温室的设计与建造

6.3.3.1 现代温室的总平面布置

对温室群及其辅助建筑进行合理的平面布局，有利于减少占地，提高土地利用率、降低造价和生产成本，以及提高产量。一定规模的温室群，除了温室种植区外，还包括相应的辅助设施，如供水设施、采暖设施、配合设施、控制室、加工室、保鲜室、消毒室、仓库，以及办公室等，才能保证温室的正常、安全生产。

在进行温室总体布置时，种植区的温室群应放在优先考虑的位置，使其处于场地上的采光、通风、运输等的最有利位置。一般情况下，要保证良好的采光，要求温室周围应保证冬至的太阳能照射到温室外围1.0m的范围以外。为保证通风条件，温室通风口周围3.0～5.0m的范围内不受遮挡等干扰，尤其是自然能风温室，必须认真考虑其周围通风环境和温室间的距离、风向等因素，才能达到良好的自然通风的效果，自然通风的通风方向尽量与夏季主导风向一致。所有辅助设施如库房、锅炉房、水塔、烟囱等应尽量布置在冬季主导风向的下方，并与温室保持合理间距，避免影响温室采光；各种工作室、化验室、消毒室等为避免遮阴，则应靠朝阴面布置；加工室、保鲜室、仓库等既要保证与种植区的联系，又要便于交通运输。

为减少占地、提高土地利用率，前后栋温室相邻的间距不宜过大，但必须保证在最不利情况下，不至于前后遮荫。道路、管线结合整个场区的交通设计应尽量安排在阴影范围之内，在节约用地的前提下，保证生产和流通对道路数量和宽度的要求，同时综合考虑排水、绿化等方面的要求。

6.3.3.2 现代温室的方位

连栋温室的方位是指温室屋脊的走向，朝向为南的温室，其建筑方位为东—西（E—W）。一般纬度增高东—西（E—W）方位连栋温室的日平均透光率比南—北（N—S）方位的连栋温室日平均透光率将增大。研究表明，中、高纬度地区东—西（E—W）走向连栋温室直射光日总量平均透过率较南—北（N—S）走向连栋温室高5%～20%，纬度越高，差异越显著。但东—西（E—W）走向温室屋脊、天沟等主要水平结构在温室内会造成阴影弱光带，最大透光率和最小透光率之差可能超过40%；南—北（N—S）走向连栋温室，其中央部位透光率高，东西两侧墙附近与中央部位相比低10%。

以北京地区（北纬39°57′）为例，东—西（E—W）方位的玻璃温室，日平均透光率比南—北（N—S）方位高7%左右，但南—北（N—S）方位的温室清晨、傍晚的透光率却高于东—西（E—W）方位；北京地区东—西（E—W）方位的玻璃温室室内光照不够均匀，屋架、天沟、管线形成相对固定阴影，南—北（N—S）方位的温室无相对固定阴影带，光照比较均匀。

根据研究得出如下结论：对于以冬季生产为主的连栋玻璃温室（直射光为主）温室，以北纬40°为界，大于40°地区，以东—西（E—W）方位建造为佳；相反，在纬度低于40°地区则一般以南—北（N—S）方位建造为宜。对东—西（E—W）方位的玻璃温室，为了增加上午的光照，建议将朝向略向东偏转5°～10°为宜。

我国对玻璃温室的初步研究成果，以及由此提出对玻璃或PC板温室的建造的建议如表6-3-7所示。

表6-3-7 建议我国不同纬度地区的玻璃温室建筑方法

地区	纬度	主要冬季用温室	主要春季用温室
黑河	50°12′	E—W	E—W
哈尔滨	45°45′	E—W	E—W
北京	39°57′	N—S，E—W	N—S
兰州	36°01′	E—W	N—S
上海	31°12′	N—S	N—S

6.3.3.3 主要施工方法及顺序

1. 施工测量

（1）轴线测量。根据甲方所给点位坐标，计算出建筑物的轴线控制线，并在现场设立井字轴线控制网，使用T2型经纬仪采用借线法引测出各轴线，并在相邻永久性建筑物上面建立轴线控制点，轴线实行双控制。

（2）水准测量。根据现场实地勘测所给水准点，使用S3自动安平或精密水准仪，采用往返复测法，把水准点引至施工现场并在施工现场建立水准标高控制网，各标高采用水准仪钢尺配合引测。

2. 施工顺序

一般大型现代温室工程按先地下后地上，工期长的工程先施工，工期短的工程按资源优化和工艺要求的原则适时插入，先主体后装修，水暖专业工程安装穿插作业的基本顺序组织施工。现代温室施工应根据不同的施工分为若干个施工区段，各施工区段组织流水施工。同时，要在工地建立成品保护措施，合理安排施工顺序，避免返工损失。

3. 土建工程

（1）温室常用基础类型。一般对于重要和大型温室应有场区地质勘查报告；对于中型温室的建造应进行施工现场测试；若是小型温室则可根据经验或近项目的地质资料参考进行设计。设计时，先根据所选温室的结构体系确定基础的类型，然后进行具体的结构计算。

常用的温室基础有条形基础、独立柱基础和混合基础三种。一般独立基础可用于内柱或边柱，条形基础主要用于侧墙和内隔墙，侧墙基础也可采用独立基础与条形基础混合使用的方式，两类基础底面可位于同一标高处，也可根据地基承载能力设置在不同标高处，独立基础主要承担柱传来的荷载，条形基础仅承受温室分隔构件的一部分荷载。

条形基础：条形基础根据所用材料的不同，又可分为砖基础和石基础两种。施工时在基础顶部常设置一钢筋混凝土圈梁以便设置埋件和增加基础刚度。常见条基形式如图 6-3-9 所示。

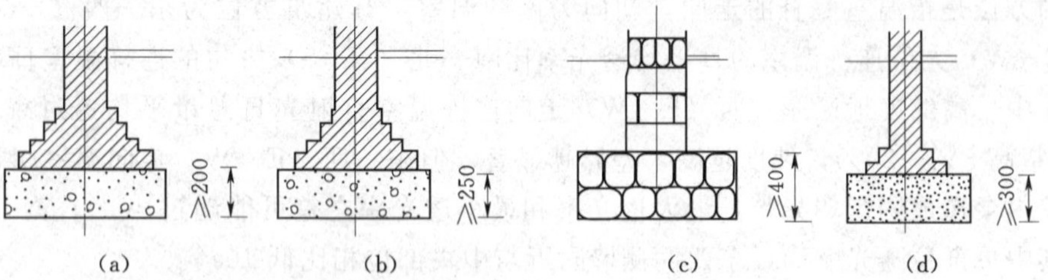

图 6-3-9 常见条形基础（单位：mm）

(a) 混凝土砖基础；(b) 毛石混凝土砖基础；(c) 浆砌毛石基础；(d) 石灰三合土砖基础

钢筋混凝土独立基础根据施工方法的不同，可分为全现浇、部分现浇和预制三种方式。全现浇采用施工现场支模，整体浇筑的方式进行；部分现浇方式采用基础短柱预制、基础垫层现场浇筑的方式进行。现浇方式具有整体性好、造价较低的特点；部分现浇方式造价较高但施工速度快，施工质量较易保证。两种方式可根据具体情况选择采用。在实际工程中，为了减少施工时间，提高施工质量，不少温室公司把基础预制好，再运往工地。但对于杯形基础，由于过大适宜于现浇。

温室内部的柱子基础使用独立基础。对高度不是很高，荷载不大，地质状况较好的环境，可直接使用独立基础，根据实际的设计要求，对基础高度，扩大基础的宽度进行调整。但是，由于温室柱子螺栓孔距一般在 100mm 左右，加上钢筋直径和必要的混凝土保护层厚度，因此基础口部长度方向不宜少于 160mm。如果竖筋、螺栓直径都比较大时，要达到 200mm。对于风载或者其他荷载比较大或地质情况比较差的温室，使用杯形基础较好。

混合基础：实际工程中，对于在一些地质条件比较好，压力强度不大的工程中，在保证强度条件满足要求的情况下，采用在四周布置圈梁的条形基础，每一个有立柱的地方加一个独立基础。这种做法既节约材料，又缩短了工期。尤其在四周有围廊结构的温室中，由于围廊处荷载比较小，结构相对次要，应用起来显得更加合理。

与温室钢结构连接的埋件都设置在基础顶部，因而埋件的设计也是基础设计中一个重要的组成部分。埋件与上部结构连接方式主要有铰接、固结及弹性连接等方式，根据连接方式的不同，设计和构造方法也不一样，但所有埋件必须保证与基础的良好连接，并保证将上部结构传来的力正确地传给基础。

钢筋混凝土是现代温室基础和地圈梁常用的一种材料。混凝土常用标号为 C15 或 C20，钢筋常用一级和二级钢。其力学性能和物理指标见表 6-3-8、表 6-3-9 所示。

表 6-3-8　　混凝土强度设计值和弹性模量　　单位：N/mm^2

混凝土等级	轴心抗压 f_c	弯曲抗压 f_{cm}	抗拉 f_t	弹性模量 E
C10	5	5.5	0.65	1.75×104
C15	7.5	8.5	0.9	2.20×104
C20	10	11	1.1	2.55×104
C25	12.5	13.5	1.3	2.80×104

注　C10 级混凝土主要用于垫层。

表 6-3-9　　温室用钢筋强度设计值和弹性模量　　单位：N/mm^2

钢筋种类	抗拉强度 f_y	抗压强度 f'_y	弹性模量 E
Ⅰ级热轧	210	210	2.10×105
Ⅱ级热轧	310	310	2.00×105
Ⅰ级冷拉	250	210	2.10×105

（2）温室基础设计。温室基础设计的内容包括确定基础材料、基础类型、基础埋深，以及基础地面尺寸等，此外还要满足一定的基础构造措施要求。

进行基础设计的前提首先要知道基础所要承受的荷载类型及其大小；其次要准确掌握地基持力层的位置、地耐力的大小和低级土壤性质。此外，还应了解地下水位高低及地下水对建筑材料的侵蚀性等，当地常年冻土层深度也是基础设计的一个重要参数。

基础设计时，除满足强度的要求外，温室基础还应具有足够的稳定性和抵抗不均匀沉降的能力，与柱间支撑相连的基础还应具有足够的传递水平力的作用和空间稳定性。

（3）砌体工程。砌筑前应完成房心回填，按标高抹好水泥砂浆防潮层；弹好墙身线、轴线，并根据现场砖的实际规格尺寸，再弹出门窗洞口位置线，经验线符合设计图纸的尺寸要求，办完预检查手续；按标高立好皮数杆，皮数杆的间距以15～20m为宜。

常温施工时，黏土砖必须在砌筑前一天浇水湿润，一般以水浸入砖四边1.5cm为宜，不得用干砖砌墙；雨季施工时，不得使用含水率达到饱和状态的砖砌墙；冬季施工时（上午十时至下午三时），在晴天无风的条件下。应用喷壶用适用温水浇砖，随浇随砌，以提高砌体抗剪强度。

（4）地面工程。防滑地砖面层的铺砌采用挤浆法，砂浆要求稠度均匀，搅拌充分，在结合层上刷素水泥浆，并随刷随铺，并注意地砖事先应用水润湿。板块及结合层间、墙角、镶边和靠墙处均应以水泥浆紧密结合。施工间歇继续铺砌前，应将已铺砌的板块下挤出的砂浆予以清除，面层溢出的水泥浆或水泥砂浆应在其凝结前清除。

4. 钢结构工程

（1）钢结构制作场地、存放、运输。钢结构的制作场地定在现场，长20m，宽5m，完全符合施工要求。钢构件应根据钢结构的安装顺序，分单元成套供应。运输钢构件时，根据钢构件的长度、重量选用车辆。钢构件在运输上的支点、两端伸出的长度及绑扎方法均应保证钢构件不产生变形、不损伤涂层。钢构件存放场地应平整坚实、无积水。钢构件应按种类、型号、安装顺序分区存放；钢构件底层垫层垫枕应有足够的支承面，并应防止支点下挖。相同型号的钢构件叠放时，各层钢构件的支点应在同一垂直线上，并应防止钢构件被压坏和变形。

（2）钢构件的吊装。钢构件吊装前，应对钢构件的质量进行检查。钢构件的变形、缺陷超过允许偏差时，应进行处理。吊装采用一台5t汽车进行吊装。钢结构的柱、屋架安装就位后应立即进行校正、固定，当天安装的钢构件应形成稳定的空间体系。吊装时要做好轴线和标高的控制。各支承面的允许偏差：标高为±3.0mm，水平度为L/1000。

5. 玻璃工程

（1）安装玻璃。安装玻璃前，应将裁口内污垢杂物清除干净，并沿裁口的全长均匀涂抹1～3mm厚的底油灰，然后随即安装玻璃。

安装木门窗玻璃，应用钉子固定，钉距不得大于300mm，且每边不少于两个，钉帽应紧靠玻璃，钉身不得靠玻璃，并用油灰填实抹光，抹油灰应均匀一致收刮成斜形，做到表面光滑、棱角整齐，对露出油灰的钉子或卡子头收刮时应敲进，用木压条固定时，应先涂干性油，并不应将玻璃压得过紧。

玻璃安装好抹完油灰后，应即时用干净的软布或棉纱将贴附在玻璃上的油灰、印渍揩擦干净，达到透明光亮。并将门窗关好，插好插销，以免损坏门窗及玻璃。

（2）施工方法。屋面龙骨安装要按设计要求找坡找平，以保证屋面玻璃安装的平整不漏水。玻璃制作安装要用玻璃吸盘，斜屋面玻璃，如设计无要求时，应使用夹丝玻璃。如采用平板玻璃，宜在玻璃下面加设一层镀锌铁丝网，以保证使用安全。屋面玻璃应顺流水方向盖叠安装，在盖叠缝隙中垫环氧树脂胶。其盖叠长度：屋面坡度为1/4或大于1/4时，不小于30mm；坡度小于1/4时，不小于50mm。用十字无头螺钉将玻璃与铝合金龙骨拧紧固定，玻璃与支撑的铝合金龙骨、金属螺冒相接处，应按要求衬橡皮垫和羊毛毯层。顶棚安装玻璃的骨架，应与结构连接牢固。玻璃应排列均匀整齐，表面平整，线缝顺直，嵌缝的环氧树脂应饱满密实。施工中要挂线弹线安装，随安随用靠尺检查确保平整度、坡度符合设计要求。完成施工后按要求作好抗漏、抗渗检验。

6. 温室结构设计的内容和步骤

温室结构设计就是通过科学合理的方法，分析温室结构整体及各构件的力学反映，并在符合国家有关规范和标准的前提下将温室结构各个部分具体化的过程。总的来讲，温室结构设计应包括下列几个步骤。

(1) 温室结构形式的选择。通过初步的比较分析，确定适当的结构形式。

(2) 温室几何尺寸的确定。主要用以确定温室的几何特性，如跨度、檐高、脊高、构件及长度等。

(3) 温室结构用材的选择。确定各分类构件的材料种类。

(4) 温室设计荷载的确定。主要确定荷载作用形式和特点、荷载数值大小、组合方式等。

(5) 温室结构计算。选择计算方法，进行力学分析和截面分析，按照承载能力极限状态和正常使用极限状态对结构构件进行分析。

(6) 确定初步结果通过计算比较，在满足国家有关设计标准与规范要求的前提下，确定温室整体和各个构件的具体参数，选择适当连接方式。

(7) 对设计结果再次进行比较和分析。在分析比较的基础上，进行局部调整或整体调整。

(8) 确定最终设计结果。完成设计文件和生产工艺方案。

复习思考题

1. 园艺设施建筑有何特点？
2. 园艺设施场地的选择需考虑哪些方面的因素？
3. 什么是荷载？园艺设施的荷载主要包括哪些类型？
4. 如何计算太阳高度角和太阳方位角？
5. 日光温室采光设计主要考虑哪些因素？
6. 日光温室方位角如何设计？
7. 日光温室间距如何设计？
8. 日光温室的保温设计包括哪些方面？

第7章　现代设施园艺技术及其应用

【本章要点】 了解自动化控制的概念、自动化控制系统构成及在现代设施园艺中的应用；了解作物生长模型的定义及在现代农业中的应用；重点掌握设施消毒技术、授粉技术及工厂化育苗技术。

7.1　计算机信息技术在设施园艺中的应用

7.1.1　温室环境自动控制系统

1. 自动控制的一般概念

在现代科学技术的许多领域中，自动控制技术起着越来越重要的作用。所谓自动控制，是指在没有人直接参与的情况下，利用外加的设备或装置（称控制装置或控制器），使机器、设备或生产过程（统称被控对象）的某个工作状态或参数自动地按照预定的规律运行。例如，数控车床按照预定程序自动地切削工件；化学反应炉的温度或压力自动地维持恒定；雷达和计算机组成的导弹发射和制导系统自动地将导弹引导到敌方目标；设施温室内浇灌系统自动、适时地给作物灌溉补水等，这一切都是以自动控制技术为前提的。

现代数字计算机的迅速发展，为自动控制技术的应用开辟了广阔的前景。使它不仅大量应用于科技、工业、农业、交通管理及环境卫生等领域，而且它的概念和分析问题的方法也向其他领域渗透。例如政治、经济、教学等领域中的各种体系；人体的各种功能；自然界中的各种生物学系统，都可视为是一种自动控制系统。自动控制技术的广泛应用改善了劳动条件，提高了产品质量和劳动生产率。自动控制已成为现代社会活动中不可缺少的重要组成部分。

自动控制理论是研究自动控制共同规律的技术科学。为了实现各种复杂的控制任务，首先要将被控对象和控制装置按照一定的方式连接起来，组成一个有机总体，这就是自动控制系统。在自动控制系统中，被控对象的输出量，即被控量是要求严格加以控制的物理量，它可以要求保持为某一恒定值，例如温度、压力、液位等，也可以要求按照某个给定规律运行，例如飞行航迹、记录曲线等；而控制装置则是对被控对象施加控制作用的机构的总体，它可以采用不同的原理和方式对被控对象进行控制。

2. 自动控制的基本原理和方式

自动控制系统的结构和用途各不相同，自动控制的基本方式有开环控制、闭环控制和复合控制。近几十年来，以现代数学为基础，引入电子计算机的新控制方式也有了很大发展，例如最优控制、极值控制、自适应控制及模糊控制等。其中反馈控制是自动控制系统最基本的控制方式，反馈控制系统也是应用最广泛的一种控制系统。

(1) 开环控制。开环控制方式是指控制装置与被控对象之间只有顺向作用而没有反向联系的控制过程，按这种方式组成的系统成为开环控制系统，其特点是系统的输出量不会对系统的控制作用发生影响。开环控制系统可以按给定量控制方式组成，也可以按扰动控制方式组成。

按给定量控制的开环控制系统，其控制作用直接由系统的输入量产生，给定一个输入量，就有一个输出量与之对应，控制精度完全取决于所用的元件及校准的精度。例如开环温度控制系统如图 7-1-1 所示。

这种开环控制方式没有自动修正偏差的能力，抗扰性较差。但由于其结构简单、调整方便、成本低，

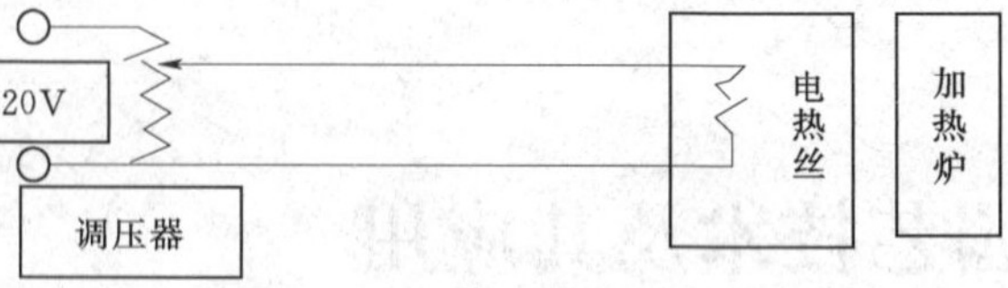

图 7-1-1 开环温度控制系统

在精度要求不高或扰动影响较小的情况下，这种控制方式还有一定的应用价值。目前，用于国民经济各部门的一些自动化装置，如自动售货机、自动洗衣机、产品自动生产线、数控车床以及指挥交通的红绿灯的转换等，一般都是开环控制系统。

按扰动控制的开环控制系统，是利用可测量的扰动量，产生一种补偿作用，以减小或抵消扰动对输出量的影响，这种控制方式也称顺馈控制。这种按扰动控制的开环控制方式是直接从扰动取得信息，并据以改变被控量。因此，其抗扰动性好，控制精度也较高，但它只适用于扰动是可测量的场合。

（2）闭环控制。闭环控制也称为反馈控制，这是一种把系统的被控量反馈到它的输入端，并与参考输入相比较的控制方式。在反馈控制系统中控制装置对被控对象施加的控制作用，是取自被控量的反馈信息，用来不断修正被控量的偏差，从而实现对被控对象进行控制的任务，这就是反馈控制的原理。

其实，人的一切活动都体现出反馈控制的原理，人本身就是一个具有高度复杂控制能力的反馈控制系统。例如，人用手拿取桌上的书，汽车司机操纵方向盘驾驶汽车沿公路平稳行驶等，这些日常生活中习以为常的平凡动作都渗透着反馈控制的深奥原理。下面，通过解剖手从桌上取书的动作过程，透视一下它所包含的反馈控制机理。在这里，书位置是手运动的指令信息，一般称为输入信号（或参据量）。取书时，人要用眼睛连续目测手相对于书的位置，并将这个信息送入大脑（称为位置反馈信息）；然后由大脑判断手与书之间的距离，产生偏差信号，并根据其大小发出控制手臂移动的命令（称控制作用或操纵量），逐渐使手与书之间的距离（即偏差）变小。显然，只要这个偏差存在，上述过程就要反复进行，直到偏差减小为零，手便取到了书。可以看出，大脑控制手取书的过程，是一个利用偏差（手与书之间距离）产生控制作用，并不断使偏差减小直至消除的运动过程；同时，为了取得偏差信号，必须要有手位置的反馈信息，两者结合起来就构成了反馈控制。显然，反馈控制实质上是一个按偏差控制的过程。因此，它也称为按偏差控制，反馈控制原理就是按偏差控制的原理。

通常，我们把取出输出量送回到输入端，并与输入信号相比较产生偏差的过程，称为反馈。若反馈的信号是与输入信号相减，使产生的偏差越来越小，则称为负反馈；反之，则称为正反馈。反馈控制就是采用负反馈并利用偏差进行控制的过程。其特点是不论什么原因使被控量偏离期望值而出现偏差时，必定会产生一个相应的控制作用去减小或消除这个偏差，使被控量与期望值趋于一致。可以说，按反馈控制方式组成的反馈控制系统，具有抑制任何内、外扰动对被控量产生影响的能力，有较高的控制精度。但这种系统使用的元件多，线路复杂，特别是系统的性能分析和设计也较麻烦。尽管如此，它仍是一种重要的并被广泛应用的控制方式，自动控制理论主要的研究对象也是用这种控制方式组成的系统。

（3）复合控制。复合控制是指按偏差控制和按扰动控制相结合的控制方式。按扰动控制方式在技术上较按偏差控制方式简单，但它只适用于扰动是可测量的场合，而且一个补偿装置只能补偿一个扰动装置，对其余扰动均不起补偿作用。因此，比较合理的一种控制方式是把按偏差控制与按扰动控制结合起来，对于主要扰动采用适当的补偿装置实现按扰动控制，同时再组成反馈控制系统实现按偏差控制，以消除其余扰动产生的偏差。这样，系统的主要扰动已被补偿，反馈控制系统就比较容易设计，控制效果也会较好。

（4）反馈控制系统的基本组成。反馈控制系统是由各种不同的元部件组成的。从完成“自动控制”这一职能来看，一个系统必然包含被控对象和控制装置两大部分，而控制装置是由具有一定职能的各种基本元件组成的。在不同系统中，结构完全不同的元部件却可以具有相同的职能。因此，将组成系统的元部件按职能分类主要有以下几种。

1）测量元件。其职能是检测被控制的物理量。如果这个物理量是非电量，一般再转换为电量。例如，测速发电机用于检测电动机轴的速度并转换为电压；温度传感器用于检测物体的温度并转换为电信号。

2）给定元件。其职能是给出与期望的被控量相对应的系统输入量（即参据量）。

3）执行元件。其职能是直接推动被控对象，使其被控量发生变化。用来作为执行元件的有阀、电动执行机构、液压马达等。

4）比较元件。其职能是把测量元件检测的被控量实际值与给定元件给出的参据量进行比较，求出它们之间的偏差。常用的比较元件有差动放大器、机械差动装置及电桥电路等。

5）放大元件。其职能是将比较元件给出的偏差信号进行放大，用来推动执行元件去控制被控对象。电压偏差信号可用电子管、晶体管、集成电路等组成的电压放大级和功率放大级加以放大。

6）校正元件。校正元件也叫补偿元件，它是结构或参数便于调整的元件，用串联或反馈的方式连接在系统中，以改善系统的性能。最简单的校正元件是由电阻、电容组成的无源或有源网络，复杂的则用电子计算机。

3. 温室环境自动控制系统构成

温室环境控制系统由信号检测、执行机构和控制器三大部分组成。

(1) 信号检测。设施环境检测技术是运用现代科学技术方法测取、运用环境质量数据资料和科学的方法监视和检测反映设施内环境质量及其变化趋势的各种数据的过程。目前一般都是以微电子技术为依托，采用连续检测技术进行快速检测、非接触检测及采用计算机系统进行智能化处理。

设施环境检测的主要内容有以下四个方面。

1）温室内、外小气候环境指标检测：主要包括温室内外部温度、湿度、光照强度、CO_2 浓度、风速等气候条件的检测。

2）栽培基质理化指标检测：主要包括基质的理化性质指标，即基质含水量、pH 值、EC 值、阳离子交换量（CEC）、基质内多种营养元素含量。

3）营养液的理化性质指标检测：营养液温度、浓度、pH 值、EC 值、营养液液温，以及各元素含量等。

4）栽培作物生理生化指标检测：主要包括叶绿素含量、光合作用、植物水势、温度、作物水分含量、根系信息、冠层信息、茎流量等。

信息采集检测系统要求灵敏度及分辨率高，精确度好，具有线性特征。灵敏度是指传感器或检测系统在稳态条件下输出量的变化与引起输出量变化的物理量的比值。比如，温度检测装置在温度变化 1℃时，输出电压变化为 30mV，则灵敏度为 30mV/℃。分辨率是检测系统对被测量系统的另一种表示形式，是指系统能检测到的被测量的最小变化。一般情况下，系统灵敏度越高，分辨能力越好。精确度又称准确度，它表示检测系统所获得的检测结果与被测量真值的一致程度，精确度在一定程度上反映出检测系统各类误差的综合情况。检测系统的线性特征可用系统的非线性度来表示。所谓非线性度是指在有效量程范围内，实测的检测系统输入输出特性曲线与由测量值拟合成的直线间最大相对偏差与满量程输出的百分比。

(2) 执行机构。温室自动控制系统的执行机构主要有：开窗系统、拉幕系统（外遮阳、内保温幕）、湿帘—风机降温系统、内循环风机系统、喷雾系统、加温系统、CO_2 控制系统、补光系统、营养配比系统及灌溉控制系统。每个子系统的控制对象、控制目的和控制方式都有所不同。下面重点介绍一下加温系统、湿帘风机系统、灌溉控制系统、CO_2 控制系统。

1）加温系统（Heating System）。温室加温系统的热源有锅炉热、废热和地热等。锅炉供热分煤炉、油炉和气炉三种。利用火力发电厂排出的循环热水和地下温泉的热水供热是一种值得提倡的方案。温室气温的加热方式有热风、热水和热蒸汽三种。大多数现代温室采用热水和热蒸汽供热方式，其显著优点是热源管理集中，便于实现自动控制。

2）湿帘—风机降温系统（Wet-curtain Fan-cooling System）。该系统由湿帘、给水和通风三大部分组成。湿帘由填夹在两层铁丝网之间的帘片或蜂窝状纸帘构成，上有淋水槽，下有集水槽。帘片材料要求容易浸湿，不易积聚盐分，耐水浸，不变形，取材容易和价廉。因湿帘浸水后有一定的气流通过阻力，所以要求温室生成负压才能吸入室外的空气，为此温室需要具有密闭环境，并配备压力型风机。湿帘和排风机的距离以 30～60m 为宜，一般在此范围内，每增加 6m，湿帘高度增加 60cm。为使气流分布均匀，风机间隔不应超过 7.5m。一栋温室风机数量少于 4 台时，应安排变速风机，以适应不同换气量的调节。

3）温室灌溉系统（Greenhouse Irrigation System）。温室灌溉系统自动控制范围主要是灌溉用水的加温和精确、定时、定量、高效地自动补充土壤水分。温室内的灌溉方法有喷雾法、小型喷灌法、多孔管喷灌法、滴灌法，以及地下灌水法等，可按低限土壤湿度调节、适宜土壤湿度调节、生育特点和上市目标调节等不同原则调节土壤水分。

4）CO_2 气肥施肥系统。该系统主要是利用 CO_2 气体发生器燃烧碳氢化合物，即将煤油与液化石油气通过燃烧充分氧化而释放出 CO_2。通风机一方面送入新鲜空气助燃，一方面将产生的 CO_2 气体送入温室内。CO_2 浓度和送气时间等由控制器自动调控。

5）换气窗调控系统。以比例积分法控制，外气温低时，即使开启度很小也会导致室温的很大变化，宜依季节不同调整设定值。根据太阳辐射量和室内外温差指令，自动调节窗的开闭度，遇强风时，指令所有换气窗必须关闭。依风向感应器和风速，也可仅关闭顶风侧的窗，仅调节下风侧的换气窗的开闭，降雨时指令开窗关闭到雨水不侵入温室的程度。

6）保温幕调控系统。依辐射、温度和时间的不同而开闭，以保温为目的，通常根据温室热收支计算结果，做出开闭指令，但存在需确保作物一定的光照长度和湿度的矛盾，因此必须在不发生矛盾的原则下进行调节。输入设定值还要根据幕的材料而异，反射性不透明的铝箔材料则依辐射强度来设定，透明膜则依热收支状况来设定。保温幕的调节与换气设备、加温设备调控密切相关，如不可能发生开窗而保温幕关闭的状态。又如日落后，加温装置开启前，关闭保温幕可以节省能耗，三者需配合协调调节。

（3）控制器。控制器分为三个部分：一是输入信号处理部分；二是控制算法软件和硬件平台部分；三是输出处理和输出设备部分。控制器的核心是微处理器和系统软件。微处理器主要含中央处理器 CPU，可编程存储器 RAM 和 EPROM、输入/输出接口，以及定时器和时钟脉冲发生器等。系统软件由主程序、数据（信号）巡回采集及处理子程序、显示子程序、键盘中断服务程序及定时器中断服务程序等组成，其中主程序是决定系统运行顺序的关键和主体。

4. 自动控制系统的分类

自动控制系统可以从不同的角度进行分类。例如，按控制方式可分为开环控制、反馈控制、复合控制等；按元件类型可分为机械系统、电气系统、机电系统、液压系统、气动系统及生物系统等；按系统功用可分为温度控制系统、压力控制系统、位置控制系统等；按系统性能可分为线性系统和非线性系统、连续系统和离散系统、定常系统和时变系统、确定性系统和不确定性系统等；按参据量变化规律又可分为恒值控制系统、随动控制系统和程序控制系统等。一般，为了全面反映自动控制系统的特点，常常将上述各种分类方法组合应用。这里只介绍下列三种常用的分类方法。

（1）线性控制系统和非线性控制系统。若组成控制系统的元件都具有线性特性，则称这种系统为线性控制系统。这种系统的输入与输出间的关系，一般用微分方程、传递函数来描述，也可以用状态空间表达式来表示。线性系统的主要特点是具有齐次性和适用叠加原理。如果线性系统中的参数不随时间而变化，则称为线性定常系统；反之，则称为线性时变系统。

在控制系统中，如有一个以上的元件具有非线性，则称该系统为非线性控制系统。这时要用非线性微分（或差分）方程来描述其特性。非线性控制系统一般不具有齐次性，也不适用叠加原理，而且它的输出响应和稳定性与其初始状态有很大的关系。

严格地说，绝对的线性控制系统（或元件）是不存在的，因为所有的物理系统和元件在不同的程度上都具有非线性特性。例如放大器和电磁元件的饱和特性；运动部件的死区、间隙和摩擦特性等。为了简化对系统的分析和设计，在一定的条件下，对于非线性程度不太严重的元部件，可采用在一定范围内线性化处理的方法，这样非线性系统就近似为线性系统，从而可以用分析线性系统的理论和方法对它进行研究。

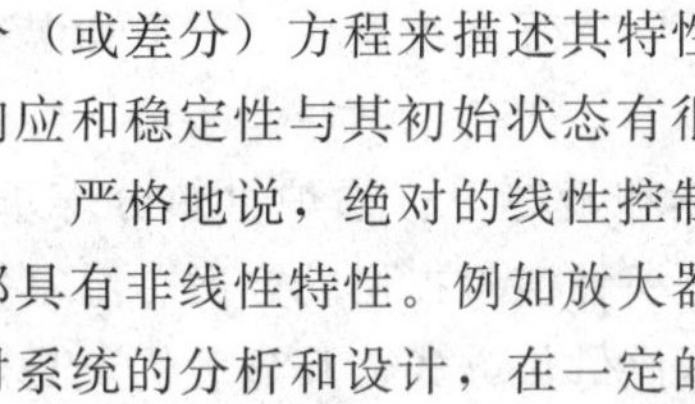

图 7-1-2　恒值控制系统

（2）恒值控制系统、随动系统和程序控制系统。恒值控制系统的参考输入是一个常值，要求被控量也等于一个常值，如图 7-1-2 所示。但由于扰动的影响，被控量会偏离参变量而出现偏差，控制系统便根据偏差产生控制作用，以克服扰动的影响，使被控量恢复到给定的常值。在恒值控制系统中，参据量可以随生产条件的变化而改变，但是一经调整后，被控量就应与调整好的参据量保持一致。

例如冶金部门的恒温系统，石油部门的恒压系统等。

随动控制系统的参据量是预先未知的随时间任意变化的函数，要求被控量以尽可能小的误差跟随参据量的变化，如图 7-1-3 所示。在随动系统中，扰动的影响是次要的，系统分析、设计的重点是研究被控量跟随的快速性和准确性。

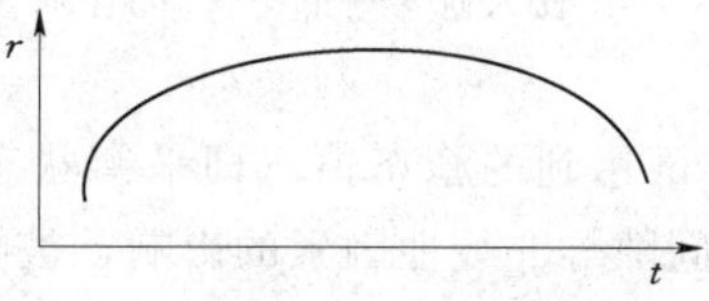

图 7-1-3　随动控制系统

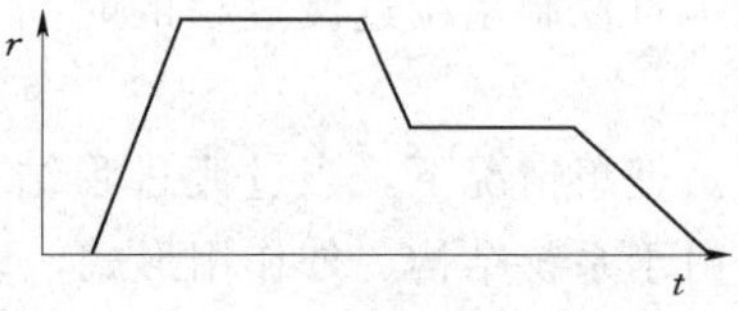

图 7-1-4　程序控制系统

例如火炮系统，雷达跟踪，靠模加工系统，卫星控制系统等。

程序控制系统的参据量是按照预定规律随时间变化的函数（见图 7-1-4），要求被控量迅速、准确地复现。机械加工使用的数字程序控制机床便是一例。程序控制系统和随动系统的参据量都是时间函数，不同之处在于前者是已知的时间函数，后者则是未知的任意时间函数，而恒值控制系统也可视为程序控制系统的特例。

例如金属热处理，化学水处理，炼钢炉中的微机控制系统，以及洲际弹道导弹的程序控制系统等。

（3）连续控制系统和离散控制系统。若控制系统中各部分的信号都是时间的连续函数，则称这类系统为连续控制系统。

在控制系统各部分的信号中只要有一个是时间的离散信号，则称这种系统为离散控制系统。显然，脉冲和数码都属于离散信号。计算机控制系统是一种常见的离散控制系统。

5. 对自动控制系统的基本要求

自动控制理论是研究自动控制共同规律的一门学科。尽管自动控制系统有不同的类型，对每个系统也都有不同特殊的要求，但对于各类系统来说，在已知系统的结构和参数时，我们感兴趣的都是系统在某种典型信号输入下，其被控量变化的全过程。例如，对恒值控制系统是研究扰动作用引起被控量变化的全过程；对随动系统是研究被控量如何克服扰动并跟随参据量的变化过程。但是，对每一类系统被控量变化全过程提出的共同基本要求都是一样的，且可以归结为稳定性、快速性和准确性，即稳、准、快的要求。

（1）稳定性。稳定性是保证控制系统正常工作的先决条件。一个稳定的控制系统，其被控量偏离期望值的初始偏差应随时间的增长逐渐减小或趋于零。具体来说，对于稳定的恒值控制系统，被控量因扰动而偏离期望值后，经过一个过渡过程时间，被控量应恢复到原来的期望值状态；对于稳定的随动系统，被控量应能始终跟踪参据量的变化。反之，不稳定的控制系统，其被控量偏离期望值的初始偏差将随时间的增长而发散。因此，不稳定的控制系统无法实现预定的控制任务。

线性自动控制系统的稳定性是由系统结构所决定，与外界因素无关。这是因为控制系统中一般含有储能元件或惯性元件，如绕组的电感、电炉热容量、物体质量等，储能元件的能量不可能发生突变。因此，当系统受到扰动或有输入量时，控制过程不会立即发生，而是有一定的延缓，这就使得被控量恢复期望值或跟踪参据量有一个时间过程，称为过渡过程。例如，在反馈控制系统中，由于被控对象的惯性，会使控制动作不能及时纠正被控量的偏差；控制装置的惯性则会使偏差信号不能及时转化为控制动作。这样在控制过程中，当被控量已经回到期望值而使偏差为零时，执行机构本应立即停止工作，但由于控制装置的惯性，控制动作仍继续向原来方向进行，致使被控量超过期望值又产生符号相反的偏差，导致执行机构向相反方向动作，以减小这个新的偏差；另一方面，当控制动作已经到位时，又由于被控对象的惯性，偏差并未减小为零，因而执行机构继续向原来方向进行，使被控量又产生符号相反的偏差；如此反复进行，致使被控量在期望值附近来回摆动，过渡过程呈现振荡形式。如果这个振荡过程是逐渐减弱的，系统最后可以达到平衡状态，控制目的得以实现，我们称为稳定系统；反之，如果振荡过程逐步增强，系统被控量将失控，则称为不稳定系统。

（2）快速性。为了很好完成控制任务，控制系统仅仅满足稳定性要求是不够的，还必须对其过渡过程的形式和快慢提出要求，一般称为动态性能。例如，对用于稳定的高射炮射角随动系统，虽然炮身最终能跟踪目标，但如果目标变动迅速，而炮身跟踪目标所需过渡过程时间过长，就不可能击中目标；对用于稳定的自动驾驶仪系统，当飞机受阵风扰动而偏离预定航线时，具有自动使飞机恢复预定航线的能力。但在恢复过程中，如果机身摇晃幅度过大，或恢复速度过快，就会使乘员感到不适；函数记录仪记录输入电压时，如果记录笔移动很慢或摆动幅度过大，不仅使记录曲线失真，而且还会损坏记录笔，或使电器元件承受过电压。因此，对控制系统过渡过程的时间（即快速性）和最大振荡幅度（即超调量）一般都有具体要求。

(3) 准确性。理想情况下，当过渡过程结束后，被控量达到的稳态值（即平衡状态）应与期望值一致。但实际上，由于系统结构、外作用形式，以及摩擦、间隙等非线性因素的影响，被控量的稳态值与期望值之间会有误差存在，称为稳态误差。稳态误差是衡量控制系统控制精度的重要标志，在技术指标中一般都有具体要求。

7.1.2　温室作物生产系统模拟及模型

温室作物模拟研究大致开始于20世纪70年代末80年代初，较大田作物晚近10年，研究基础相对薄弱。有关统计资料表明，在大量的作物模型研究中，有关设施园艺作物模型的研究仅占5%左右，但是由于温室园艺作物自身的特殊性，为作物模型的研究开拓了一个广阔的新领域。

作物的生长发育不仅与遗传生理、生态环境有关，还受农业气象、土壤肥料及耕作栽培技术等因子的影响和制约。其特点是生产周期长、明显的不确定性、易受外界条件影响、可重复性差及难以定量化等。为了达到对如此复杂系统的研究和把握，完全依赖物理试验有时是很难完成的，例如要受到人力财力、天气条件、生长周期等因素的制约。通过作物模型的研究，可以不同程度简化试验过程、加快研究进度、缩短研究周期、节省大量物力财力，因此模型的研究已引起广泛的重视。就其本质而言，无论园艺作物还是大田作物，尽管在形态上差异很大，但其生长发育的生理生态过程有很大的相似性，所以其研究理论和技术方法必然是一种互为继承和发展的关系。对大田作物模型研究的基本理论和技术方法，为园艺作物的研究奠定了一定的基础，而对园艺作物的研究又丰富和发展了整个作物模型研究的内涵。目前对作物生长发育的模拟研究已取得不少进展和成果，并正在成为实现农业信息化（智能化、自动化、定量化、网络化）的桥梁，是农业信息技术发展过程中的必由之路。

1. 作物生长模型的定义

作物生长模拟模型（Crop Growth Simulation Model）是指能定量地和动态地描述作物生长发育和产量形成的过程及其对环境反映的计算机程序，简称为作物生长模型或作物模型（Crop Model）。

根据研究的对象及实现的功能，对模型的分类有所不同。但总体上可分为两大类：描述模型（Descriptive Models，简称D类模型）和解释模型（Explanatory models，简称E类模型）。

D类模型基本上是一种经验的统计模型，又称静态模型、工程应用模型、回归模型、黑箱模型等。它几乎不反映作物的机理，但它是基于现有的理论知识，利用统计或经验方法通过对大量的数据资料进行分析，从而确定得到研究因子相互间的关系。这类模型的主要缺陷是通用普适性差，只有在特定的时空和品种条件下有效。当对作物生理机制认识不足，或计算机技术水平低的条件下，模型多采用此种方法来建立，同样能发挥重要的作用。但从长远观点看，对机理模型的研究是重要的发展趋势。

E类模型又称动态模型、科学理论模型、机理模型等。该类模型根据动力学原理描述环境因子、栽培管理与作物生长、发育和产量形成过程的定量关系。建立这种模型的前提是必须对作物的生理机制及其与环境因子、栽培管理等相互间的关系有清楚的认识和了解，并通过数学方程式对其进行准确合理的定量化表达。

目前对这类模型的研究，大多数是基于光合作用的模型（Photosynthetic-based models）。模型主要由两部分组成：一是根据作物光合作用机理，研究太阳辐射利用率和干物质的积累；二是从形态学角度研究干物质的分配，从而模拟作物各种器官的生长发育状况。这种模型的基本原理是，作物通过叶片进行光合作用获得基本能量，一部分用于呼吸消耗，剩余的净同化量用于分配到作物各个器官的生长发育，其中呼吸消耗又分为维持呼吸（Maintenance respiration）和生长呼吸（Growth respiration）。

2. 作物生长模型研究的现状

荷兰和美国等是世界上研究作物模型较早的国家，取得了不少成果。荷兰在C. T. de. Wit教授的领导下，经过了30多年的发展，研制建立了一系列的作物模型。较有代表性的有ELECROS—作物碳素平衡模拟模型、MACROS—全年作物生长模型等。在美国较有代表的研究成果有CERES（Crop-Environment Resource Synthesis）模型（也称作物—环境—资源综合系统）、COMAX-GOSSYM（Cotton Management Expert system-Gossypium Simulation Model）模型，该模型后来发展为 CottonPlus 模拟系统。目前世界上有不少国家的科研组织从事与作物模型有关的研究工作，如荷兰（Wageningen Agricultural University；DLO-Research Institute for Agrobiology and Soil Fertility，Wageningen）、美国（University of California，Gainsville）、以色列（Volcani Institute，Habsor，Bet-Dagan）、英国（Hor-ticultural Research International，Welleshourne）、加拿大（Laval University，Quebec）和法国（INRA-Bioclimatology，Avignon）等国家的科学家，在相关研究领域开展了大量的工作。

我国作物模型的研究相对国外起步晚了将近 20 年，因此与国际先进水平差距较大。进入 80 年代国内在作物模拟 RIGAM 系统研究上取得较大进展，其中以水稻计算机模拟模型 RICEMOD 和水稻生长日历模型最具代表性，这些研究在 90 年代得到了进一步的发展和完善。关于温室园艺作物模型的研究，近来已在我国设施园艺领域得到广泛重视，不过目前尚未见到公开报道的研究成果。但可以预见，随着我国设施园艺的发展，对园艺作物模型的研究一定会取得快速的进展。

在园艺作物模型研究方面，目前比较有影响的如 HORTISIM（Horticultural Simulator）和 TOMGRO，其中 TOMGRO 已经发展成不同的版本。HORTISIM 又称园艺模拟器，是由荷兰、以色列及美国等科学家共同研究开发的，集成了 TOMSIM、TOMGRO 等研究成果。该作物模拟系统是较为完整的研究成果，已在荷兰和以色列等国家进行了系统的验证，并正向可用化方向发展。

以色列由于其独特的地理位置和气候环境，大力发展了设施农业，并且较早地开展了温室作物模型的研究，其中比较有代表性的是针对温室番茄建立了 TOMGRO 模型。TOMGRO 模型的研究开始于 80 年代中期。该模型研究了主要环境要素，如温度、太阳辐射、CO_2 等与番茄生长发育的定量关系，采用了 7 个状态变量向量组描述整个模型，这些变量包括叶片数、茎、果实、叶面积、叶面积指数、干物重等，一共涉及到近 270 个变量。该模型的特点是考虑的因素多，几乎包括了所有的作物发育过程。但该模型没有考虑土壤、营养等方面的影响，而假设这些因素是满足作物需要的。另外由于模型过于复杂，使模型的实用性受到一定的影响。近些年该模型在美国等国家不断进行完善和验证，已发展成为不同的版本，模型的实用性大大加强。

荷兰对园艺作物的研究比较广泛，如番茄、黄瓜、甜椒等都有不同程度的研究，取得了较丰硕的成果。Marceliso 在 90 年代初就进行了温室黄瓜动态生长发育模拟模型的研究，在所建立的模型中，对于植株从开花到果实成熟收获这段时间内各器官、单个果实间的干物质积累和分配进行了详细的研究。Spittero 在 90 年代初研究建立了 TOMSIM 番茄生长发育动态模型，该模型主要侧重对作物冠层光截获量的模拟研究，而对于干物质积累分配的模拟主要借鉴于已有的研究成果 SUCROS87 模型。该模型的突出之处是对太阳辐射在作物群体中的分布及光合作用的分析计算。在模型中把太阳直射光和散射光分别予以考虑，并对植株冠层不同层面的相关叶面积指数（分为阴影或照射两类）进行计算。在此基础上对植株冠层不同层面的光合作用速率，进一步积分而得到植株的日光合总量。

美国在温室作物模型研究方面也开展了大量的工作，如北卡罗来纳州立大学进行了常见温室作物栽培模型的研究开发工作；加利福尼亚州立大学和美国 Computer Associates 软件开发公司合作开发了常见温室花卉栽培管理模型；密执根州立大学研制开发了温室花卉决策支持系统 Greenhouse CARE System，该系统通过差温对花卉的株高进行精准控制，达到定时上市的目标，是一个比较成功的作物模型，已被农场主广泛应用。

3. 作物生长模型的结构

一般的作物生长模拟模型的结构包括三大模块。第一为气候数据、土壤数据、作物数据和栽培管理措施输入模块；第二为模拟模块，包含了主要生理生态过程的模拟模型；第三为模拟结果的数据或图形输出与分析模块。一般较完善的作物生长模拟模型中的模拟模块包含如下部分：①光截获和光合作用动力学模型，涉及冠层结构，辐射特性和叶片特性；②营养吸收和根系动力学模型，涉及根系结构，土壤营养状况等；③干物质分配模型，描述干物质在源与库之间的运输、储藏及器官间的分配；④水分吸收与蒸腾模型，涉及植株和土壤间的水分平衡，植株的水分状况和水分胁迫；⑤生长和呼吸模型，干物质用于生长和呼吸的消耗；⑥叶面积增长模型，描述叶面积的动态变化；⑦发育和器官形成模型，包括阶段发育、形态发育和新器官（茎、叶、花、果、储藏器官）的形成；⑧衰老模型，描述根、叶等器官的衰老与死亡对作物生长的影响；⑨田间管理措施模型，田间管理措施对光、温、水、肥的时空分布与数量改变对作物生长发育和产量的影响（见图 7－1－5）

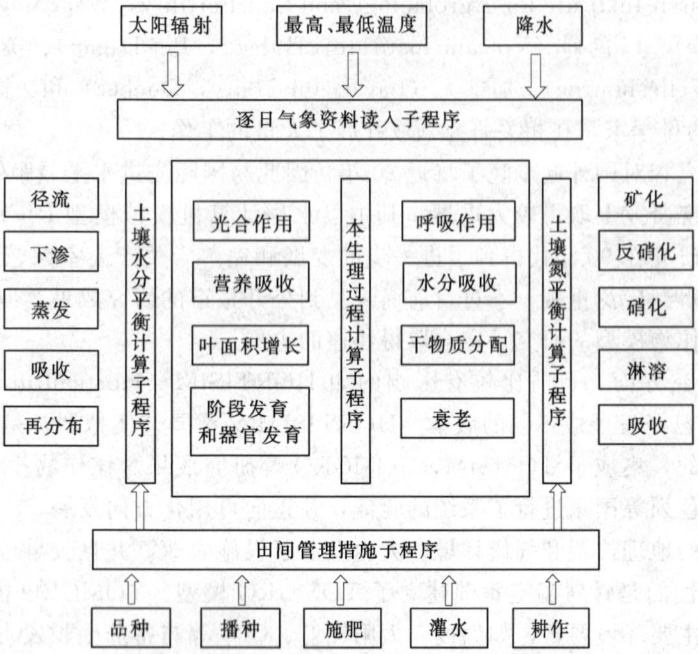

图 7－1－5　作物生长模型结构

4. 作物生长模型的应用

（1）预测作物生长发育过程。作物生长发育过程是在天气—土壤—作物系统综合影响下的一个动态变化过程，在大田管理中，人们往往凭借生产经验和对作物形态变化的感官认识进行生产管理的决策，难免出现失误，生产技术部门虽也进行一些田间调查，以便及时掌握作物生长的动态变化，从而作出相应的决策，但这种调查需要花费相当多的人力和时间，也往往造成决策滞后。如能用作物模拟模型对作物生长发育过程的常年情况作出预测，按照预测信息再根据当年的实际情况作出相应的调整，将会大大提高作物生产的决策管理水平。

（2）预测作物产量。作物产量预测对政府部门粮食政策的制定有很重要的参考价值，是一项政策性很强的工作，往往要投入大量专门人员，需要设置许多取样点。如能把实际取样测产同用作物模型预测产量相结合，一定会收到事半功倍的效果。

（3）直接进行作物生产决策。在作物模拟研究中，如果将作物模拟与作物栽培的优化原理相结合，就可以形成直接为作物生产服务的模拟优化决策系统，既可进行常年生产决策，也可进行当年生产决策，还可及时、方便地提供不断变化着的栽培模式图。充分发挥快速、准确、不受地区限制的优点，为作物生产决策提供可靠的信息。

（4）确定新品种的适应性。随着科学技术的不断发展，尤其是生物工程技术的广泛应用，作物新品种更新换代年限大大缩短，地区之间的相互引种也日渐频繁，因而新品种适应性的鉴定任务繁重，如果能将田间试验鉴定同作物模拟试验有机结合，将会大大提高工作效率，适应生产的要求。

（5）作物模型在农业信息技术中的应用。作物模型与专家系统相结合，相互丰富和发展专家系统是以专家知识库为基础的决策系统，如果能与作物模型库相结合，将会大大增加其通用性、机理性；与气候变化系统相结合，评价气候变化对作物生产的影响；与地理信息系统（GIS）相结合，其应用于生产管理的能力；与遥感技术（RS）相结合，利用遥感快速收集作物、土壤、天气等资料以进行作物产量预测和生产管理决策等；与全球定位系统（GPS）相结合，发展“精准农业”。

5. 模型的局限性和发展趋势

对作物模型的研究发展至今，从总体上来看仍然还存在诸多局限性和不足，这就要求研究人员在进行模型的描述和设计上必须要目标明确、逻辑清晰。例如要明确所建模型基于的问题所在、模型的局限性分析、模型完善性与实用性的协调、模型输入数据是否容易获得或具有代表性等。具体要注意如下几个方面：①在建立模型时首先要考虑到底是追求模型的完善性还是基于所要解决的问题，要求在确定模型研究内容时进行优化与平衡。因为在大多数情况下，结构与组成简单的模型解决问题的能力有限，在实际应用中存在很大的局限性；但另一方面，如果模型结构与组成过于复杂，则增加了模型的不确定因素，可能使模型的输入数据很难得到或缺乏实际意义。②由于作物生理因子和环境因子的不确定性，使得模型中各因子初值和边界条件很难确定，所以这是在模型设计之初必须要注意到的问题。③在目前的研究中，大多数模型仅仅在某些特定的环境条件下通过了验证，因此这些模型并不能全面准确地反映出作物的生理特征及其与环境条件的关系，从而影响了模型具有的外延与推理的优势，因此限制了模型的实际应用。④随着模型研究的不断深入，需要更多的跨学科领域知识的融入，因此要在寻找各学科领域共同关注的切入点，协调各类研究人员和试验人员间的合作与交流等方面，给予足够的重视。

从作物模型研究的发展趋势来看，应在以下几个方面有所加强：①作物生理机制的研究。现代化设施农业的主体是生物（在种植业里是作物），为了掌握和认识作物的生理机制及其生长与环境因子的关系，国内外许多科学家对此进行了广泛的研究，但是要非常清楚地描绘、分析、解释作物的整个生理过程，仍需要开展长期的工作。②数据结构的深入研究。随着作物模型研究的不断深入和完善，其必然遵循从简单到复杂、从局部到整体、从粗放到精确的发展过程，因此涉及的研究内容、数据信息量等将不断的增加，所以必须对数据结构进行深入研究，研究合适的数据结构和表达方式，使庞大的信息量与处理速度得以协调、统一。③模型研究的标准化。对作物模型的研究是一项难度大、涉及众多学科的复杂过程，为了便于不同学科研究人员的合作和交流，在模型研究过程中，需要建立统一和标准的技术方法，如数组变量、输入输出数据、数据结构、控制体系等，实现资源共享，加快信息交换，方便模型的验证与调试，提高模型的通用性和兼容性。④模型研究的综合应用。作物模型的研究是一项基础性工作，只有同其他有关技术系统相结合才能发挥其相应的特定功能。目前国外已将作物模型与地理信息系统 GIS、大气环流模拟模型 GCM 等技术研究相结合，取得了很好的应用效果。人工智能技术和网络信息技术在农业上的发展，为作物模型的应用带来了更多的契机。⑤作物模型与温室气候模型的耦合。温室生产与大田生产的最大区别在于其独特的温室效应和封闭效应。温室由于与外界环境相隔离，从而可以通过控制调节技术创造出适宜作物生长的环境。要对作物生长发育进行动态模拟，就要不断地为模型输入温室环境要素变化信息，这必须通过对温室微气候的不断变化进行模拟预测，因此开展温室气候模型的研究，是进行作物模拟分析过程中不可缺少的组成部分。

7.1.3 信息技术在设施园艺其他方面的应用

1. 设施作物栽培主要病虫害计算机预警和管理系统

植保信息技术将人工智能、系统工程、多媒体及网络信息技术等计算机新技术与昆虫学、植物病理学、农药学和植物保护科学相结合起来，此项技术是植物保护领域最具活力的新兴边缘学科之一。应用于设施生产的多是病虫害计算机预警和管理专家系统。1978 年美国伊利诺斯大学开发了大豆病虫害诊断系统 PLANT/ds；1983 年日本千叶大学研制出番茄病虫害诊断专家系统 MTCCS。

设施生产病虫害诊断与管理专家系统的主要功能为：①病害诊断。正确的诊断、鉴别病虫草害是有效进行农业有害生物管理的基础，因此病虫草害的诊断与识别成为专家系统在植保应用中的主要方面之一。②预测预报。预测预报是病虫害防治，特别是有害生物综合治理（IPM）的基础，其准确性、及时性的高低常常影响到 IPM 的成败与否。③管理决策。管理决策型专家系统为病虫害综合管理提供了一种有力的工具。

2. 设施作物收获机器人的计算机视觉识别和定位技术

随着经济的发展，劳动力的成本越来越高，设施园艺生产中控制投入成本显得十分重要。设施栽培、耕耘、育苗、定植、收获及包装等作业种类繁多，像摘叶、防病、搬运等作业需要反复进行，要投入大量的劳动力。克服设施内高温、高湿等不良劳动环境，实现自动化将大大提高劳动效率。因此，发明机器人移苗机、嫁接机、收获机等至关重要。

农业机器人是以一种农产品或者农作物为操作对象，具有感知、行动和决策能力的自动化设备。农业机器人集传感技术、监测技术、人主智能技术、通讯技术、图像识别技术、系统集成技术等多种前沿科学技术于一身，是农业生产领域中新一代的生产工具，在提高农业生产力、改变农业生产模式、解决劳动力不足问题等方面显示出极大的优越性。

设施作物生产的机械化、自动化程度较高，温室内小气候环境和作物生长模式的可调控性强，更加有利用于农业机器人的应用。设施作物收获机器人是一类针对水果、蔬菜等设施园艺作物，可以通过编程来完成这些作物的采摘、转运、打包等相关作业任务的具有感知能力的自动化机械收获系统，是集机械、电子、信息、智能技术、计算机科学、农业和生物等学科于一体的交叉边缘性科学，需要涉及机械结构、视觉图像处理、机器人运动学、传感器技术、控制技术，以及计算信息处理等多方面的学科领域知识。

目前的收获机器人一般可分为行走部分、机械手、识别和定位系统及末端执行器四大部分。

(1) 行走部分。机器人的行走机构多为轮式结构的移动小车，它是一个承载平台，机械手、识别和定位系统、末端执行器和控制系统等均安装于其上。行走路面为自然地面或者经过改造的水泥地面。荷兰开发的黄瓜收获机器人还以铺设于温室内的加热管道作为小车的行走轨道，采用智能导航技术的无人驾驶自主式小车是智能收获机器人行走部分的发展趋势。

(2) 机械手部分。机械手又称操作机，是指具有和人手臂相似的动作功能，并使工作对象能在空间内移动的机械装置，是机器人赖以完成工作任务的实体。在收获机器人中，机械手的主要任务就是将末端执行器移动到可以采摘的目标果实所处的位置。机械手一般可分为直角坐标、圆柱坐标、极坐标、球坐标和多关节等多种类型。多关节机械手又称为拟人机器人，和其他结构比较起来，要求更加灵活和方便。机械手的自由度数是衡量机器人性能的重要指标之一，它直接决定了机器人的运动灵活性和控制的复杂性。

(3) 识别和定位系统。采摘机器人的首要任务就是要识别和定位果蔬产品，因此视觉系统是果蔬机器人的重要组成部分。识别系统可根据颜色、形状、纹理或者光学特性的差异对果实进行识别。收获机器人视觉系统的工作方式通常是：首先获取水果的数字化图像，然后再运用图像处理算法识别并确定图像中水果的位置。传感器是机器视觉系统最重要的部件，主要包括图像传感器和距离传感器等。图像传感器有CCD黑白相机、彩色摄像机或者立体摄像机，一般安装于机械臂或末端执行器上。距离传感器有激光测距、超声、无线和红外传感器等。果实识别之后的下一步工作是果实的三维空间定位，为末端执行器的采摘工作提供准确的空间信息。获得空间距离的方式可以分为两类：主动测距法和被动测距法。前者使用专门、特定的光源，如激光或者其他一些光源，对场景中的物体进行照射，利用物体表面对特定光源的反射特性，来获取物体的相对深度，该方法测量精度高、抗干扰能力强和实时性高。后者是在自然环境下，利用物体自身的反射特性，来获取物体的三维信息，该方法不需要专门的光源，因而造价低，适应性强，是目前研究最多、应用最广的一种方法。

(4) 末端执行器。末端执行器直接对目标果蔬产品进行操作。该部分须根据对象的物理属性来设计，包括形状、尺寸、动力学特性，水果的化学和生物特性也必须考虑。其性能评估指标一般有：抓取范围、水果分离率、水果损伤率等。荷兰农业环境工程研究所在研究黄瓜收获机器人时，发明了一种新的双电极切割法，该方法利用机械手将茎杆放回到切割器的2个电极之间，利用电极产生的高温切除果实，该方法不仅易于采摘果实，而且由于高温还可以防止植物组织细胞细菌感染，此外，切割过程中形成一个封闭的疤口，还可以减少果实水分损失，减慢果实熟化。

随着技术的进步和成本的降低，越来越多的国家在设施生产过程中采用果蔬产品收获机器人，同时也有更多的国家参与到这一未来技术的研究中。目前世界设施研究先进国家果蔬采收机器人研究进展如表7-1-1所示。

表7-1-1 部分国家果蔬收获机器人研究进展

国别	商业化阶段	样机阶段	研究阶段
日本		甘蓝、葡萄、番茄、黄瓜、樱桃	甘蓝、番茄、茄子、西瓜、甜橙、草莓
荷兰	萝卜、蘑菇	番茄、芦笋	黄瓜、葡萄
法国	葡萄、橄榄、甜橙、苹果		
英国		蘑菇	定期收获水果的攀缘机器
美国	椰菜、甜橙、柑橘		

7.2　栽培新技术在园艺植物上的应用

7.2.1　设施消毒技术

随着科学技术的迅速发展，设施园艺技术得到广泛推广和应用。种植设施大棚蔬菜产量高、效果好，在许多地方已帮助农民走上致富之路。但蔬菜设施大棚由于其特有的小气候条件（温度高、湿度大、空气难流通），常有利于病原菌和害虫越冬、越夏，并且大棚蔬菜轮作换茬难、重茬频率高，常有利于病原菌菌量和害虫虫量的积累。因此，种植设施大棚蔬菜时做好其消毒处理工作、压低病虫基数，是控制病虫害大面积发生及夺取蔬菜优质丰产的关键。本文主要介绍以下几种。

1. 高温热力消毒法

（1）土壤高温消毒法。蔬菜种植前，深翻棚内土壤30～35cm，并施足有机底肥，浇水后，平铺地膜并压实密封，再密闭大棚，利用夏季高温和有机肥彻底腐熟过程中散发的热量，使塑料大棚内温度高达70℃以上，地膜内土壤10cm左右以内土温高达60℃以上，连续闭棚处理15d左右。利用高温、高湿条件，可有效杀灭粪肥和土壤中的害虫和病菌。

（2）高温闷棚抑菌法。闷棚的高温是蔬菜生长、生存能承受的高温，连续处理几小时，就能达到明显的抑菌防病效果。如防治黄瓜霜霉病，应用此法效果尤佳。方法是选择晴天进行闷棚，闷棚前1d棚内浇足水分，在中午高温时密闭大棚，使棚内温度上升到46～47℃，保持2h；处理后降温要缓慢，注意棚内温度不能超过48℃。另外，该方法对防治温室白粉虱也有一定效果。

（3）药物、高温闷棚。高温闷棚与药物消毒相结合，对杀灭设施大棚内空气中的病菌效果更佳。方法是在高温闷棚时，向棚内喷洒福尔马林100倍液或菌毒清300倍液，每667m^{2}喷洒40kg；也可喷5%百菌清粉剂，每667m^{2}喷洒0.75kg。操作完毕后，工作人员必须立即离开大棚。

2. 温差处理法

与露地栽培相比，蔬菜设施大棚内更易进行变温调节，因此，利用蔬菜设施大棚内高低温差大的特点，可杀死一些对温差反应较敏感的害虫（如蓟马）和病菌。方法是在冬季种植蔬菜前，密闭大棚15d左右。由于大棚被密封，棚内温度较高，土壤中的越冬害虫（如蓟马）不再越冬，继续生长发育，害虫羽化出地时在夜间掀膜，使大棚内急剧降温，连续进行10多天的温差巨变处理，能有效杀灭大部分害虫。

3. 紫外线照射消毒法

紫外线消毒是在设施大棚内架设紫光灯管，进行紫光照射消毒。在蔬菜种植前或收获后，开灯对设施大棚内进行紫外光照射30min左右，可起到杀菌消毒作用。若大棚面积大，达333.5m^{2}以上，需架设3～5盏20W紫光灯管，架3盏灯，呈三角形架设，架4盏灯，呈“Z”形架设，架5盏灯，呈“W”形架设；若大棚面积小，达333.5m^{2}以下，则架1～2盏20W紫外灯管即可。

4. 药剂消毒法

（1）土壤药剂消毒法。由于一些病原菌和害虫能在蔬菜设施大棚的土壤中越冬，增加了菌源基数和虫口基数的积累。为有效压低病虫基数，在蔬菜设施大棚内常采用药剂消毒法进行土壤消毒处理。

1）预防蔬菜软腐病。在整地、播种前，清除蔬菜病株残体，并搬出田外，集中深埋，可充分沤制成农家肥，然后进行土壤消毒。整地时，每667m^{2}用生石灰50kg、草木灰50kg、硫磺粉1kg，匀撒，晒土2d后再播种；或每667m^{2}用生石灰粉25kg加硫磺铜粉0.75kg，撒匀深翻，晒土6d后再播种；或每667m^{2}施用50～100kg生石灰或用50%敌克松原粉1000倍液喷洒土壤进行杀菌消毒。

2）预防苗期病害（立枯病、猝倒病等）。①土壤全层消毒：播种或幼苗移栽前，苗床施入14.5%双效灵8g/m^{2}或40%五氯硝基苯粉剂15g/m^2，均匀拌入10cm左右深的土层中。②毒土处理：施入五氯硝基苯+代森锌粉剂（8+8～10g/m^2）拌干细土15kg配成药土。播种时，1/3药土填底，2/3药土覆种。撒施药土时，应戴橡皮手套。

3）预防枯萎病。蔬菜播种前15d左右，在菜地里，每隔25～30cm打1个20cm深的小孔，向每个孔中注入氯化苦溶液5～8mL，立即盖土踏实，并浇一勺粪，然后覆膜闷闭，15d后揭膜翻土，让药液挥发后再播种。

4）预防土壤中害虫。幼苗移栽前，按每667m^{2}用5%辛硫磷颗粒剂1.5kg加细土50kg制成毒土均匀撒入土壤中，并用地膜覆盖，能有效杀死土壤耕层中的越冬害虫和其他地下害虫。

（2）烟雾法。使用烟雾剂进行蔬菜大棚消毒时，注意时间应选择在日出之前或日落之后，用暗火（如烟头）点燃。每667m^{2}大棚用硫磺烟雾剂或45%百菌清烟雾剂（安全型）200～250g，分成4～5份，均匀安放在棚内，暗火点燃着烟后，密闭大棚，每7～10d进行1次，连续2～3次。

（3）熏蒸法。用福尔马林100倍液加80%敌敌畏100倍液，喷拌于木屑上，按行均匀撒施，密闭大棚，使棚温控制在30～35℃，熏蒸2h，隔7～10d再熏蒸1次，连续2次，对防治温室白粉虱及其他病害有明显效果。

7.2.2　授粉技术

我国是蔬菜保护地面积最大的国家，应用蜜蜂为大棚蔬菜授粉是增加农业经济效益的重要手段和设施农业发展的必然趋势。大棚蔬菜一般在冬季开花，采用人工授粉效果较差，而利用蜜蜂授粉节省劳力资源，能有效协调作物的生殖生长和营养生长，大大提高作物的产量和质量。但由于为大棚蔬菜授粉改变了蜜蜂的正常生活习性及生活空间，需掌握相应的管理技术，才能达到预期的授粉效益。

1. 授粉前的准备

（1）选择授粉蜂群。选择蜂王产卵好、无病敌害、群内饲料充足的作为授粉蜂群。租蜂授粉，尽量选择群势强壮的新王强群，同时注意签定租蜂合同。

（2）防治作物病虫害。蜜蜂进棚之前，对大棚蔬菜要进行一次全面的检查，做好病虫害的综合防治工作，以免蜜蜂进棚后再发现、再治疗，导致蜜蜂中毒。防治后第二天将通风口打开，更换室内的有害气体，同时将喷洒农药用的器具拿出，残效期过后再将蜂群搬进大棚。

（3）创造授粉环境。在棚内中后部搭一蜂箱架，架高30cm，长55cm，宽45cm，准备好专用的授粉蜂箱及巢门饲喂器；在放风口遮挡窗纱，防止蜜蜂从通风口飞出后无法返回；棚内蔬菜保留雄花，以免影响授粉效果。

（4）授粉前的蜂群准备。选择晴好天气，将蜂群搬入空大棚中飞行排泄1～2d，以免进棚后排泄污染蔬菜茎叶，然后根据大棚规模对蜂群进行适当的群势调整。

2. 蜂群进入大棚的时间

蜂群入室时间对授粉效果影响较大，蔬菜花期较长，初花少，开花速度慢，初花时将蜂群搬进即可。蜂群进棚时间确定后，应在头一天傍晚将蜂群搬进大棚，30～40min后打开巢门，第二天随着温度升高蜜蜂进行认巢飞翔，便于蜜蜂适应棚内环境。

3. 授粉期的蜂群管理

（1）调整蜂脾关系。大棚内昼夜温差变化较大，应一直采取蜂多于脾或蜂脾相称的比例关系，有利蜂群的增殖。

（2）饲喂蜜粉饲料。

1）喂蜜。大棚蔬菜大都流蜜不好，即使是流蜜较好的作物，也是面积较小，花数较少，难以满足蜂群的生活需要，特别是蜜腺不发达的黄瓜等更应补饲。喂蜜可直接加入优质蜜脾，也可采用1∶3的蜜水比例进行饲喂。

2）喂粉。大棚蔬菜的花粉并不能满足蜂群的需要，应及时补喂，否则幼虫难以孵化，工蜂采集积极性降低，影响授粉效果。喂花粉可直接加入粉脾或喂花粉饼。花粉饼制法：将用高压或者微波灭菌方法消毒灭菌后的蜂花粉粉碎，把蜂蜜加热到70℃趁热倒入盛花粉的盆内，蜜粉比例为3∶5，搅匀浸泡12h，充分搅拌，让花粉团散开，揉和均匀，其硬度以放在蜂箱框梁上流不到巢箱底下为准，越软越利于蜜蜂取食。饲喂量以10～15d一次最好，直至蔬菜授粉结束为止。

3）喂水。蜂群进入大棚后，必须保证水源充足，以适应蜂群繁衍的需要。喂水方法主要有两种，一是巢门喂水器喂水，二是在棚内固定位置放一带有漂浮物的浅容器，每隔两天换一次水，供蜜蜂饮用。

（3）诱导蜜蜂为目标植物授粉。为了提高授粉效率，加强蜜蜂对授粉作物的专一性，可以根据情况使用带有作物花香的糖浆对蜜蜂进行训练。具体方法：从初花期直到末花期，每天用浸泡过该种花瓣的糖浆饲喂蜂群，使蜜蜂尽快建立起采集这种植物花的条件反射。

(4) 科学管理蜂群。科学合理的蜂群管理，有利于发挥蜜蜂的授粉力。对大棚内授粉蜂群的检查多采用箱外观察、局部检查与全面检查相结合，减少开箱次数及其他干扰，以免影响蜂群正常的生活秩序。根据蜂群实际情况，确定下一步工作内容。

(5) 注意蜂群保温。目前大部分日光温室主要靠白天积温维持温度，昼夜温差较大。夜间温度低于8℃时蜂群结团，外部子脾无法保温，易使虫卵受冻，而中午太阳直射时，最高温达40℃。因此加强蜂箱内外的控温措施，是保证蜂群正常繁殖的重要环节。

(6) 防治蜜蜂病敌害。温室内湿度大，蜂具易发霉变质，应将箱内多余脾全部取出。冬季老鼠在外界找不到食物，较易钻进保护地，咬巢脾，吃蜜蜂，严重扰乱蜂群秩序，据调查，80%温室发生不同程度的老鼠危害，这对大棚蜜蜂授粉影响较大，采取放鼠夹、堵鼠洞等一切有效措施消灭老鼠，同时缩小巢门，防止老鼠从巢门进入。如发现蜂群的其他异常，及时咨询，尽量减少损失。

4. 防止蜜蜂中毒

授粉期间，严禁使用一切对蜜蜂有毒害作用的药物防治植物病害。花期施药，会造成一定的减产，也会危及蜜蜂的生命，大棚空间小，空气流通速度慢，少量毒气就会给蜂群造成严重危害，防止温室蜜蜂中毒，在蜜蜂授粉管理中尤为重要。

5. 授粉后的蜂群处理

花期过后，要及时处理蜂群，可继续运到其他保护地为其他作物授粉。租用的蜂群，要及时交还，结清账目。对保护地蜂群授粉要进行评估，总结授粉经验，为下一年的工作打好基础。

7.2.3 有益微生物应用技术

植物病害每年给农业造成巨大经济损失。因此，病害防治已成当务之急。目前，植物病害的防治方法主要是利用抗病品种和化学防治为主。使用抗病品种可以达到经济有效的防治效果，但要获得一个理想的抗病品种，并不是一件容易的事情，而且抗病品种往往推广几年以后容易丧失抗性。化学防治在病害防治中起到重要的作用，但它又受到三个因素的限制：一是目前高效低毒的杀菌剂农药品种较少；二是环境条件对防治效果影响很大，在环境条件适宜病原菌侵入和传播时，防治效果不令人满意；三是容易造成环境污染。作为病害防治方法之一的生物防治，在某些情况下，具有良好的防治效果，并成为目前研究和开发的热点。

在土壤中尤其是在植物根际存在着大量具有生防潜力的有益微生物，其种类多、数量大、繁殖快，不仅可以对病原菌进行有效的拮抗抑制而且还有促进植物生长和增产的作用，所以利用土壤有益微生物防治植物病害具有巨大的应用潜力。

1. 土壤有益微生物的种类

土壤中存在的有益微生物种类繁多，目前在生产上广泛应用的大体可分为三种：细菌、真菌和放线菌。细菌主要有芽孢杆菌（Bacillus）、假单胞菌（Pseudomonas）、土壤放射杆菌（Agrobacterium radiobact）等。真菌主要有木霉（Trichoderma spp.）、毛壳菌（Chaetomium spp.）、淡紫拟青霉（Paecilomyceslilacinus）、厚壁孢子轮枝菌（Verticillium chlamydosporium）、小盾壳霉和菌根真菌等。放线菌主要是链霉菌属及其相关类群。

2. 土壤主要有益微生物在植物病害防治中的开发利用

(1) 细菌。目前，已经开发利用的土壤细菌种类主要包括芽孢杆菌（Bacillus）、假单胞菌（Pseudomonas）和土壤放射杆菌（Agrobacterium radiobact）等几种。

1) 芽孢杆菌（Bacillus）。芽孢杆菌的抑菌范围很广，包括根部病害，叶花部病害和收获后果品病害如大豆根腐病、番茄青枯病、苹果红腐病、小麦赤霉病及其他一些土传和地上部病害。由于其具内生芽孢，抗逆性强，繁殖速度快，营养要求简单并易于在植物根圈定植的特点，所以被广泛应用于植物病害的生物防治中。目前应用于生防细菌的种类主要有枯草芽孢杆菌（B. subtilis）、蜡状芽孢杆菌（B. cereus）、巨大芽孢杆菌（B. megateriums）、多粘芽孢杆菌（B. polymyxs）和短小芽孢杆菌（B. pumils）等。

国外利用枯草芽孢杆菌（B. subtilis）防治丝核菌（Rhizoctonia solani）、腐霉菌（Pythium）、镰刀霉（Fusarium spp.）和 Botryadiplodia solani—tuberosi 引起的病害，均取得较好的效果。

2）假单孢菌（Pseudomonas）。假单孢菌属细菌，常能在植物根际土壤中大量增殖，许多菌株对植物有抑制病害、促进生长的作用。其中，以荧光性假单胞菌等为主。例如假单胞菌菌株 PseudomonasWCS358 可以通过产生强力结合三价铁的螯合物—嗜铁素，有效地与病原菌竞争铁离子，从而抑制萝卜枯萎病；从小白菜植株内分离得到假单胞菌（Pseudomonassp.）菌株 XBC-PS，对小白菜炭疽病和霜霉病的防治效果分别为 76.7%和 72.9%。

3）土壤放射杆菌（Agrobacterium radiobact）。土壤放射杆菌（Agrobacterium radiobact）早在 20 世纪 70～80 年代就已经在澳大利亚进行商品化生产，它可以有效的防治由根瘤土壤杆菌（A. tumefaciens）引起的桃、樱桃、葡萄、玫瑰等植物的根癌病。

（2）真菌。

1）木霉菌（Trichoderma spp.）。目前对生防真菌研究最广泛的是木霉菌，常见于土壤中。木霉菌作为一种资源丰富的拮抗微生物，在植物病害生物防治中具有不可忽视的作用。木霉菌的拮抗作用具有广谱性。据资料显示，木霉菌至少对 18 个属 29 种病原真菌有拮抗作用。利用木霉菌 T5 菌株的培养物可以防治草莓灰霉病，其防效均在 80%以上；绿色木霉能促进西瓜根系生长，抑制西瓜枯萎病菌；康氏木霉、哈茨木霉、拟康氏木霉及粘帚霉对西瓜枯萎病菌、生菜菌核病菌和番茄青枯病菌均有较强的抑制作用。

2）毛壳菌（Chaetomium spp.）。毛壳菌通常存在于土壤和有机肥中，它可以有效降解纤维素和有机物，并对土壤中的其它微生物产生拮抗作用。因此，毛壳菌成为植物病原菌的生物防治菌并被广泛应用。

例如巴西的各品种燕麦的种子被球毛壳和螺卷毛壳侵染后，则对维多利亚长蠕孢毒素的作用产生了抵抗力，从而使谷物、燕麦、大麦的幼苗免受 Fusariumspp.（镰孢属）或 Drechslera sorbkiniana 的侵染。

3）淡紫拟青霉菌（Paecilomyces lilacinus）及厚壁孢子轮枝菌（Verticillium chlamydosporiu）。这两种菌主要在控制植物病原线虫方面有很好的功效。如用淡紫拟青霉菌的培养料施入土壤对大豆孢囊线虫可持续 2～3 年的防效，造成大量的空孢囊；用厚壁孢子轮枝菌防治南方根结线虫卵寄生率达 90.8%。

4）菌根真菌（Mycorrhizal fungi）。丛枝菌根真菌在农业生态系统中具有重要的作用，菌根的形成影响寄主植物对有机、无机营养的吸收，水分运输及碳水化合物分配。逆境胁迫下，能增强植物的抗逆能力，从而改善植物在胁迫下的生长，其在生态农业的发展中具有一定的应用潜力。

（3）放线菌。用在植物病害生物防治中的主要是链霉菌属（Streptomyces）及其相关类群，目前已有许多的成型制剂广泛应用于工业、农业和医学领域。如我国研制开发的井冈霉素、多效霉素和农用链霉素等生物农药已经大量使用，取得了巨大的社会效益、经济效益和生态效益。如农用链霉素可以有效控制由十字花科软腐病菌、黄瓜角斑病菌、菜豆疫病菌、番茄溃疡病菌等引起的多种植物细菌性病害，而井冈霉素则是防治水稻纹枯病非常理想的生物农药。

7.2.4 嫁接技术

1. 嫁接的作用

（1）增强植株抗病能力，提高产品质量与产量。大樱桃易患根癌病，嫁接后根癌病很少。西瓜、甜瓜、黄瓜嫁接后可有效防治枯萎病；茄子嫁接后基本上可以控制黄萎病的发生。通过嫁接，茄果类蔬菜的枯萎病、黄萎病、立枯病等土传病害发病率由自根苗的 30%～40%降低到 2%左右。

由于病害少，农药施用量大幅度降低，植株长势健壮，果大形正，味纯，成为生产无公害食品的有效技术保障措施。嫁接苗生长势强，茎粗叶大，能迅速扩大冠幅，提前结果，生长期延长，抗病性强，较常规栽培增产 13.5%左右，达到优质高产的目标。

（2）提高植株耐低温能力。由于砧木根系发达，抗逆性强，嫁接苗耐低温能力强。如用本溪山樱嫁接大樱桃可增强耐寒性，使大樱桃栽培区域向北延伸。用黑籽南瓜嫁接的黄瓜在低温下根系伸长性好，在地温 12℃左右、气温 6～10℃时，根系仍能正常生长，是冬季日光温室生产的重大技术保障。

（3）克服连作障碍和实现节水节肥。换根以后，根系吸收能力得到提升，可大大减轻土壤积盐和有害物质的危害。嫁接后的植株根系发达，总量成倍增长，增强了对肥、水的吸收能力，成为实现节水节肥的有效技术措施。

(4) 加快苗木繁育，实现高接换优，挽救垂危树体。果树用种子繁殖的后代分化大，而经过嫁接的无性繁殖苗，能保持和发展母本品种的优良性状，提早结果，并能有效加快繁殖速度。充分利用野生资源对现有品种改劣换优，提高果树的适应能力。对蔬菜而言，能有效保持优良变异株的性状，解决了运用实生苗繁殖普遍存在的品种混杂退化问题。

2. 砧木选择

要选择嫁接亲和力高，抗寒、耐高温，根系生长旺盛，吸水吸肥能力强，嫁接后对接穗品质无影响的品种。

(1) 果树砧木选择。大樱桃用 colt、辽宁山樱和青肤樱等；梨用杜梨或木梨作砧木则苗木耐寒抗旱、耐盐碱、根系发达；苹果类用山定子、海棠、沙果、楸子等做砧木；葡萄用贝它或巨峰做砧木，耐寒、抗病、高产；枣树用野生酸枣作砧木，生长健壮，无病虫害；桃树用毛桃作砧木，亲和力强，抗病。

(2) 蔬菜砧木选择。用抗土传病害的托鲁巴姆、CRP、野茄、红茄及番曼托罗等作砧木，也可以用耐低温性强的番茄毛粉 802、中蔬 4 号、中蔬 5 号等作砧木；番茄常用砧木有 knvf、106、砧木一号和砧木二号、bf 兴津 101、赤茄及共砧品种等。黄瓜用黑籽南瓜作砧木；西瓜主要用黑籽南瓜、葫芦、瓠瓜、南瓜、冬瓜作砧木；甜瓜用南瓜、冬瓜、美国圣砧 1 号、甜瓜作砧木；西葫芦以黑子南瓜作砧木；甜（辣）椒选择抗逆性强的野生茄子、日本野生刺茄或粘毛茄作砧木。

3. 嫁接时期及嫁接方法

(1) 果树嫁接。有早春嫁接、夏季嫁接和秋季嫁接，也有休眠期嫁接。早春嫁接在果树萌芽前进行；夏接在接穗芽熟化后进行；秋接在夏末秋初进行；休眠期是在树液停止流动期嫁接。改良果树品种的嫁接，除需用嫩枝嫁接的果树必须选择在夏季嫁接外，一般果树都可选择在早春嫁接。早春嫁接改良更有利于幼枝生长和树冠的形成。春季枝接和带木质芽接可在砧木芽萌发时进行，若在砧木展叶后嫁接，往往成活后生长速度下降。北方地区芽接应在雨季以后进行，接穗芽饱满充实，砧木和接穗都易离皮时则嫁接效果最好。

梨多用秋季芽接法，现在也采用秋季绿枝嫁接新方法，时间在 7～9 月，采用劈接法嫁接。大樱桃嫁接用带木质嵌芽接和丁字形芽接。嫁接时期：春季在 3 月下旬～4 月上旬，夏季在 6 月上、中旬，秋季在 9 月上、中旬。枣树最佳嫁接时期为 7～9 月，最常应用的方法是嫩枣头接和插皮接。葡萄采用绿枝嫁接，时间最好是在夏季，此时接口无伤流，成活率高。

(2) 蔬菜嫁接。选择砧木和接穗第 1 片真叶同时微展或半展开时嫁接，常用插接法、劈接法、靠接法。其中顶插接以第 1 片真叶同时露尖或微展时最好，靠接以第 1 片真叶半展或平展时嫁接最好，其它嫁接方法宜选第 1 片真叶微展或半展时嫁接。黄瓜和甜瓜采用顶插接法，也可采用靠接法；西瓜和番茄采用插接法；西葫芦采用靠接法；茄子采用劈接法和斜切接法。

4. 嫁接后管理

(1) 果树嫁接后管理。为防止砧木萌蘖消耗养分，应及时除去萌蘖。嫁接成活后及时解除捆绑物。当新梢长 30cm 左右时，为防风折还要及时立支柱，并做好病虫害防治工作，加强水肥管理。

(2) 蔬菜嫁接苗的管理。嫁接后的温、湿度控制非常重要，特别是嫁接后的 2～3d 更加关键。小拱棚内白天要避阳，完全遮荫，温度保持在 25～30℃、夜间温度不能低于 15℃；拱棚膜上流水，湿度在 95%～100%，不得向营养钵内浇水，要浇到拱棚的畦面上。第 4 天左右嫁接苗成活后，逐步通风透光炼苗，及时除去砧木萌生的侧芽，以后每 7d 除 1 次，靠接法嫁接苗要及时去掉接穗不定根。成活后，保持白天 23℃左右、夜间 15℃左右，高于 28℃应通风降温，低于 12℃应适当加温。

7.3 设施园艺种苗工程技术

7.3.1 脱毒苗生产技术

病毒严重危害园艺作物生产，如衰退病几乎毁灭了巴西的柑橘业。园艺作物被病毒感染以后生活力明显降低，轻则减产或使产品质量下降，重则毁种无收。有性繁殖的园艺作物可通过选育高抗病的品种，有性世代杂交和综合防治等方法来清除外界病毒的侵染。而无性繁殖的园艺作物在繁殖过程中，体内的病毒可通过营养体进行传递，并逐代累积，从而造成作物生长受抑和形态畸变，最终导致品种的严重退化。利用植物组织培养技术使植物脱除病毒并进行快速繁殖，是迅速获得大量健康无毒优质种苗的有效途径。这一技术改变了传统育苗方法，是新的农业技术革命的重要组成部分，正在园艺作物生产实践中迅速推广应用。

园艺作物脱毒种苗生产技术主要包括以下几个环节：一是病毒的脱除。目前主要采用茎尖分生组织培养法。先将获得的茎芽材料用自来水洗净、消毒，然后置于解剖镜下，用解剖针小心将叶片和叶原基剥离，切取长 0.1～0.3 mm 的茎尖分生组织，置于适宜培养基上进行无菌培养，一定时间后便可获得新的植株（幼芽）。除茎尖分生组织培养法外，愈伤组织培养、珠心胚培养、原生质体培养及繁殖组织培养等方法也常用于园艺作物脱毒上。此外，热处理法和茎尖微嫁接法也常结合上述方法使用。二是病毒的检测。经上述方法处理和培养所获得的植株必须经过病毒检测，确定已脱除病毒后，方可作为母株来生产无病毒原种。植物病毒的检测方法包括生物学方法和理化方法。生物学方法常用指示植株法，理化方法则多采用酶联免疫吸附法、免疫电镜法和血清鉴定法。近年来，以分子生物学技术为基础的检测方法也广泛应用于植物病毒检测，如反转录-PCR 法、核酸斑点杂交法、PCR 微量板杂交法等。三是脱毒苗的扩繁。组培苗经检测不带病毒后，切取其幼芽和茎段在组织培养条件下继续扩繁，形成无毒快繁系。组培苗的病毒检测是生产脱毒种苗的关键，因此要严格把好此关。此外，在脱毒苗的转接扩繁中，要严格操作程序，以免病毒的再次感染。四是原原种繁殖。取上述脱毒苗在隔离网室内采用无土栽培方法进行无毒繁殖，并对生成的原种进行病毒检测，确定无毒后再进行原种的繁殖。五是原种繁殖。原种繁殖可在普通网室内进行，一般周围 500m 以内无普通用种种植。原种收获时病毒检测感染率应低于 8%。六是生产用种繁殖。利用高山天然隔离的环境及潮湿多雨的气候进行生产用种繁殖，以最大限度降低病毒对用种的侵染。生产用种收获后即可用于大田种植，此时病毒检测感染率应低于 10%。

7.3.2 工厂化育苗技术

育苗移栽具有对气候的补偿作用和使作物生育提早的综合效应，可以充分利用光热资源，其经济效益和社会效益均十分明显。在我国蔬菜和经济作物的种植一直采用育苗移栽的种植方式。传统的育苗方式是用工最多、劳动强度最大的环节，主要依靠人工作业，从制钵工序开始一直到钵苗入土，其中所涉及的各个环节如从土壤筛选、运输、制钵成型到钵上播种、施肥、浇水到钵苗的搬运，以及到移栽机上的分苗等，几乎全部由手工完成，劳动强度大、费工费时、效率低下。为此，必须对传统的育苗方式进行改革，实施工厂化育苗是提高我国蔬菜和经济作物产量的必然选择。

7.3.2.1 工厂化育苗的特点

1. 节约种子、节省能源与资材、占地少

工厂化育苗节约种子，一般 1 穴 1 粒，如西芹穴盘育苗用种量为 $5g/667m^2$，是常规育苗用种量的 1/10；基质用量少，穴盘苗 50g/株左右，钵苗则需 500～700g/株；占地少，营养钵育苗 100 株/m^2，穴盘育苗可达 500～1000 株/m^2。另外，规模化育苗较传统分散育苗可节省电能 2/3 以上，在北方冬季育苗可节约能源 70%以上。

2. 种苗生产效率高，秧苗质量好

利用精量播种生产线，可播种 700～1000 盘/h，同时采用精准环境控制，基质消毒、施肥灌溉等先进技术，可实现标准化生产，种苗出苗整齐，苗龄短，生长健壮，病虫害少，一次成苗不伤根，移植成活率高，缓苗快。

3. 利于长距离运输和商品化供应

工厂化育苗多采用轻型基质穴盘育苗，成苗后幼苗质量轻，便于操作、搬运和长距离运输，且已有和不同规格穴盘相适应的嫁接机、移栽机等，对实现种苗的集约化生产和商品化经营十分有利。

4. 有利于优良品种的推广

工厂化育苗的种子来源渠道正当，能保证品种纯度，有助于良种的繁育推广，有利于品种区域化种植。

7.3.2.2 工厂化育苗的方式

工厂化育苗是传统育苗方式的重大变革，是更高层次的现代化育苗技术，目前发展起来的工厂化育苗方式主要有以下六种。

1. 穴盘育苗

此方式是一种以草炭、珍珠岩、蛭石等为基质，以不同规格穴盘为容器，用机械化自动精量播种生产线完成基质填装、压穴、播种、覆土、镇压及浇水等过程，然后在催芽室和温室等设施内进行有效管理和培育，一次成苗的现代化育苗体系。

2. 容器育苗

此方式是指将种子直接播入装有固体基质的容器内，培育成半成苗或成龄苗的方法。

3. 水培育苗

水培育苗又称营养液育苗，是利用成型的膨化聚苯乙烯格盘或泡沫为载体，应用泡沫块、海绵块等介质直接在营养液内培育秧苗的方式。

4. 岩棉育苗

利用能镶嵌大小岩棉块为载体，前期利用小岩棉块播种，待幼苗出现一片真叶时，将小岩棉块嵌入大岩棉块中，并利用岩棉块底部毛细管作用为种苗供水、供肥的一种育苗方式，被称为岩棉育苗。

5. 扦插育苗

此方式是取植物体的部分营养器官插入基质中，在适宜环境下使其生根，然后培育成苗的技术，包括叶插、枝插和根插等。

6. 试管育苗

试管育苗是在人工控制条件下，将植物组织如茎、叶、花药等放在无菌的人工培养基上进行离体培养，形成具有根、茎、叶的幼苗后经驯化成苗的一种育苗方式。

7.3.2.3 工厂化育苗设施与设备

工厂化育苗的方式多样，不同的育苗方式所需的设施设备也不尽相同，下面列举的是目前最高级的标准化育苗工厂所配备的一些设施与设备，实际生产中可根据自身的实际需要和经济实力选择其中的一部分设施与设备。

1. 设施

(1) 基质处理车间。工厂化育苗一般为批量生产，基质用量较大，且多使用混合基质，所以需要建设一个能通风、避雨的车间用以摆放基质消毒机、搅拌机等，以及能存放一定量的基质，避免基质被日晒雨淋，保证消毒后的基质不被再次污染，同时还需留有作业空间，以利搬运。

(2) 播种车间。播种车间内的主要设备是播种生产线，当然为了提高空间利用率，实际生产中通常把成品种苗包装、运输，温室的灌溉设备和储水罐等也安排在播种车间内，因此设计时要注意有供水来源，通风，空间分区合理，使播种、催芽、包装、搬运等操作互不影响，且便于运输车辆的进出。

(3) 催芽室。种子播种后需把穴盘一同放进催芽室内催芽，穴盘采用垂直多层码放，催芽室的体积可根据每一批的育苗总数来计算。为降低加温能耗，在寒冷地区可将催芽室建在育苗用的温室或大棚内，多用密闭性、保温隔热性能良好的材料建造，且为方便不同种类、批次的种子催芽，可将催芽室设计为小单元多室配置，每个单元 20d 左右。若为种子发芽提供适宜温度、湿度、氧气、光照等条件，则需在催芽室内配备加温系统、加湿系统、通风系统和补光系统，以及微电脑自动控制器等。

(4) 绿化、驯化、幼苗培育设施。种子完成催芽后立即转入有光并能保持一定温、湿度的设施内进行绿化或驯化，直至炼苗、起苗、包装后进入运输环节，即幼苗生长发育绝大多数时间是在此绿化室或称幼苗培育设施内度过的。为了满足种苗生长发育所需要的温度、湿度、光照和水肥等条件，工厂化育苗要求的设施、设备的配置比普通栽培温室要高。如环境条件能调控的玻璃温室或加温塑料大棚，除配置通风、帘幕、加温、降温等系统外，还装备苗床、补光、水肥灌溉、自动控制系统等。目前我国的一些规模化育苗或经济实力较差的情况下，也使用结构性能较好的日光温室，利用电热线加温代替水暖加温、安装固定式喷灌代替自走式灌溉系统等，以降低设备投资和运行成本。当然，这样就会导致育苗环境控制能力弱、操作技术要求高、种苗质量不稳定的现象。

(5) 组织培养室。组织培养室是试管育苗法的必备设施，植物组织如茎、叶、花药等在无菌的超净工作上接种至人工培养基上后，就需进入环境可控的组织培养室中离体培养，一般为充分利用空间都会设置多层层架，每层架下都安装有补光灯管，建设规模需根据具体情况确定。

2. 设备

工厂化育苗的关键设备主要有育苗生产设备和育苗温室环境控制系统，以及一些辅助设备。育苗生产设备主要包括种子处理设备、基质消毒机、自动精量播种生产线、种苗储运设备等；温室环境控制系统则由加温系统、降温系统、保温系统、灌溉施肥系统、二氧化碳补充系统、补光系统、计算机控制与管理系统等组成；另外一些辅助设备有育苗穴盘、苗床、嫁接机等相关设备。

(1) 生产设备。

1) 种子处理设备。工厂化育苗为了满足机械播种或其他农艺要求，经常需采用生物、物理化学或机械的方法处理种子以提高种子的发芽率和出苗率，促进幼苗生长，减少病虫害。常用的种子处理设备包括种子拌药机、种子表面处理机械、种子单粒化机械和种子包衣机等，以及用γ射线、紫外线、超声波等物理方法处理种子的设备。

2) 基质消毒机。国外工厂化育苗采用的都是基质生产厂消毒好了的基质。目前，我国这类基质生产厂还很少，多数育苗工厂都是根据自己需要，结合当地资源选择和配制基质，因此需要配置基质消毒设备，特别是掺入了有机肥或其他来源不卫生的基质时，为防止育苗基质中带有致病微生物或线虫等，都需消毒后再用。一般多用高温蒸汽消毒。

3) 自动精量播种生产线。自动精量播种生产线是工厂化育苗的一组核心设备，一般由搅拌机、育苗穴盘（钵）摆放机、送料和基质装盘机、压穴和精播机、覆土机，以及喷淋机等组成整个流水生产线，基质从搅拌、装盘、压穴、播种、覆盖、喷水等多道工序可一次完成，且生产线的各组成部分可拆开单独使用。

(2) 育苗环境自动控制系统。育苗环境自动控制系统主要指育苗过程中的温度、湿度、光照等的环境控制系统。我国多数地区园艺作物的育苗是在冬季和早春低温季节（平均温度5℃、极端低温－5℃以下）或夏季高温季节（平均温度30℃、极端高温35℃以上），外界环境不适于园艺作物幼苗的生长，温室内的环境必然受到影响。园艺作物幼苗对环境条件敏感，要求严格所以必须通过仪器设备进行调节控制，使之满足对光、温及湿度（水分）的要求，才能育出优质壮苗。

1) 加温系统。育苗温室内的温度控制要求冬季白天温度晴天达25℃，阴雪天达20℃，夜间温度能保持14～16℃，以配备若干台15万kJ/h燃油热风炉为宜，水暖加温往往不利于出苗前后的温度升温控制。育苗床架内埋设电加热线可以保证秧苗根部温度在10～30℃范围内任意调控，以便满足在同一温室内培育不同园艺作物秧苗的需要。

2) 保温系统。温室内设置遮荫保温帘，四周有侧卷帘，入冬前四周加装薄膜保温。

3) 降温排湿系统。育苗温室上部可设置外遮阳网，在夏季有效地阻挡部分直射光的照射，在基本满足秧苗光合作用的前提下，通过遮光降低温室内的温度。温室一侧配置大功率排风扇，高温季节育苗时可显著降低温室内的温、湿度。通过温室的天窗和侧墙的开启或关闭，也能实现对温、湿度的有效调节。在夏季高温干燥地区，还可通过湿帘风机设备降温加湿。

4) 补光系统。苗床上部配置光通量1.6万lx、光谱波长550～600nm的高压钠灯，在自然光照不足时，开启补光系统可增加光照强度，满足各种园艺作物幼苗健壮生长的要求。

5) 控制系统。工厂化育苗的控制系统对环境的温度、光照、空气湿度和水分、营养液灌溉实行有效的监控和调节。由传感器、计算机、电源、监视和控制软件等组成，对加温、保温、降温排湿、补光和微灌系统实施准确而有效地控制。

(3) 灌溉和营养液补充设备。种苗工厂化生产必须有高精度的喷灌设备，要求供水量和喷淋时间可以调节，并能兼顾营养液的补充和喷施农药；对于灌溉控制系统，最理想的是能根据水分张力或基质含水量、温度变化控制调节灌水时间和灌水量。应根据种苗的生长速度、生长量、叶片大小，以及环境的温、湿度状况决定育苗过程中的灌溉时间和灌溉量。苗床上部设行走式喷灌系统，保证穴盘每个穴孔浇入的水分（含养分）均匀。

(4) 运苗车与育苗床架。运苗车包括穴盘转移车和成苗转移车。穴盘转移车将播完种的穴盘运往催芽室，车的高度及宽度应根据穴盘的尺寸、催芽室的空间和育苗的数量来确定。成苗转移车采用多层结构，根据商品苗的高度确定放置架的高度，车体可设计成分体组合式，以利于不同种类园艺作物种苗的搬运和装卸。

育苗床架可选用固定床架和育苗框组合结构或移动式育苗床架。应根据温室的宽度和长度设计育苗床架，育苗床上铺设电加温线、珍珠岩填料和无纺布，以保证育苗时根部的温度，每行育苗床的电加温由独立的组合式控温仪控制；移动式苗床设计只留一条走道，通过苗床的滚轴任意移动苗床，可扩大苗床的面积，使育苗温室的空间利用率由60%提高到80%以上。育苗车间育苗架的设置以经济有效地利用空间，提高单位面积的种苗产出率，便于机械化操作为目标，选材以坚固、耐用、低耗为原则。

7.3.2.4 工厂化育苗关键技术

1. 种子处理

种子是育苗时最常用的播种材料，要快速育成高质量的幼苗，就必须保证有高质量的种子，一般要求种子在“真、纯、净、壮、饱、健、干”方面都符合种子质量检验的标准。为保持并进一步提高种子质量，满足工厂化育苗的用种需要，播种前常会采取各种方式对种子进行处理，以达到提高种子活力，减轻、防治病虫害，打破种子休眠，促进种子发芽和生长，适于机械化精播等目的。常用的种子处理技术有：超干贮藏保持种子活力；用种子引发剂（如 KNO_3，$Ca(NO_3)_2$，NaCl，$CaCl_2$，PEG，PVA，SPP 等）预浸处理促进种子发芽，提高出苗的一致性；种子消毒（如温汤浸种和药剂处理等）防治病虫害；催芽（如浸种催芽、层积催芽、药剂浸种催芽等）提高种子发芽率等。

2. 基质配方

基质是幼苗根系赖以生长的物质基础，基质的好坏直接影响到种苗的质量。对育苗基质的基本要求是无菌、无虫卵、无杂质，有良好的保水性和透气性。总孔隙度在60%～80%，其中大孔隙度以25%～30%为宜，pH 值5.5～6.8。育苗时原则上应用新基质，并在播种前对基质消毒。目前，穴盘育苗基质主要采用草炭、蛭石、珍珠岩、椰子壳等材料。基质中各成分的配比为草炭：蛭石为2：1或3：1。

3. 穴盘选择

工厂化育苗必备的育苗容器，是按一定规格制成的带有很多小型钵状穴的塑料盘。穴盘的制作材料主要有聚氯乙烯和聚酯类塑料、纸、泥炭等，按其化学性质可分为能自行降解腐烂和不能自行分解两类，我国多采用PS吸塑盘。穴盘宽度多为24～30cm，长度为54～60cm。每张盘上有32、40、50、72、128、200、288等数量不等的穴孔，穴孔深度为3～10cm。穴格体积大的装基质多，其水分、养分蓄积量大，水分调节能力强，通透性好，有利于幼苗根系发育，但同时可能育苗数量少，而且成本会增加，据育苗种类及所需苗的大小，可选择不同规格的育苗盘。育苗盘一般可以连续使用2～3年。

4. 营养液的配方与管理

工厂化育苗中的养分供应除部分由混配在基质中的肥料供给外，主要还是通过定期浇灌的营养液提供。育苗营养液可使用无土栽培的配方，只不过使用的浓度需相应减少，如1/3～1/2日本园式配方或山崎配方等，也可使用育苗专用配方。选择好适宜的营养液配方后，还需对营养液的供液时间、供液次数，以及供液量等进行科学管理。一般在幼苗出土进入绿化室后即可开始浇灌或喷施营养液，每天1次或两天1次；供液后保持容器底部0.5～1.0cm深的液层为宜。供应营养液的同时也应注意供水，通常可浇1～2次营养液后浇一次清水。当然，营养液的管理还和选用的基质的理化性质、幼苗的生长状态、天气状况等有密切联系，如采用草炭、有机肥和复合肥合成的专用基质可只浇清水或适当补充些大量元素即可；小苗少浇，大苗多浇；夏季高温多浇（每天喷水2～3次），冬季气温低少浇（2～3d喷一次），喷水施肥交替进行等。

5. 商品种苗的包装与运输

种苗的包装和运输是种苗生产过程的最后一道程序，对种苗生产企业来说非常重要，如包装和运输方法不当，可能会造成较大损失。

种苗的包装包括：包装材料的选择、包装设计和装潢、包装技术标准等。种苗包装根据运输要求选择钙塑箱或瓦楞纸箱，包装设计应根据苗的大小、育苗盘规格、运输距离的长短、运输条件等确定包装规格尺寸、包装装潢和包装技术。包装标志必须注明种苗种类、品种、苗龄、叶片数、装箱容量及生产单位，每个穴盘在进入包装箱之前应该仔细检查标签是否完整、正确。瓦楞纸箱包装时不得直接叠放，穴盘苗需配备定制的种苗运输车架，提高运输效率。

常用包装箱有两种：一种是高20～25cm的纸箱或塑料箱，一般装一盘苗，纸箱要求有一定强度，便于运输时叠放，一般用于大苗或较重种苗的包装和运输。另一种是现在育苗工厂采用较多的多层包装纸箱，一般可放置4～6个穴盘，采用纸板分层叠加，内隔层纸板经防潮处理，可避免因潮湿造成穴盘挤压。包装箱应注意在箱外标注“种苗专用箱”、“向上放置↑”等标记，并设置种苗标签粘贴处，注明品种、数量、规格等。

种苗的运输设备有封闭式运输车辆、种苗搬运车辆、运输防护架等，根据运输距离的长短、运输条件等选择运输方式。种苗运输过程中，经过包装的秧苗放在运输防护架上，这样不仅装卸方便，而且能保证运输过程中，秧苗处于适宜的环境下，减少运输对苗的危害和损失。运输车辆尽可能使用冷藏车，运输途中温度尽量接近目的地的自然温度，冬季5～10℃，不得高于15℃，空气相对湿度保持在70%～75%；其他季节的运输温度15～20℃，不得高于25℃，空气相对湿度保持在70%～75%。种苗的运输基本上采用汽车运输，运输种苗的汽车大都采用温、湿可调的箱式专用运输车辆。

穴盘苗的运输尽量选用恒温车辆，根据栽培的季节和穴盘苗的种类确定运输车的温度，应选用较好的包装，运输前浇足水，尽量缩短运输时间，适当降低空气湿度，以保证穴盘苗在运输过程中的质量。

7.3.2.5 影响工厂化育苗发展的原因

工厂化育苗设备经过多年的研究，取得了较大的进步，少量设备已经进入商品化生产的初级阶段。但是关键技术问题仍然没有突破，主客观存在着一系列制约工厂化育苗生产发展的因素，主要体现在以下几个方面。

1. 基础研究依旧薄弱

单一基质由于理化性状上的缺陷很难满足作物生长的各项要求，加之生产成本、栽培管理等方面的因素，用多种基质按一定比例混合形成复合基质更经济适用。目前市场和生产应用的基质种类较多，但基质间和同种基质不同产地、不同批次间质量差异较大，导致基质栽培作物和育苗的难度增大，基质的使用效果不稳定。

从发表的文献上看，学者的研究大多集中在育苗基质的成分及不同配比上。由于各地具体情况差异较大，同一种材料在配比时的生物、物理、化学性质和状态很难统一。不同的基质材料经过什么样的处理方法，达到什么样的生物、物理、化学性质和状态才可以作为基质组分。这些既是基质标准化生产的技术基础，也是营养管理的依据和前提。

随着基质用量的激增，依据环境保护的要求，基质的重复利用和无害化处理是发展的必然趋势。由于基质的结构在灌溉和植物根系作用下会有所改变，同时基质中积聚了根系分泌物和盐分，以及可能存在的病虫等。因此，基质在重复利用前应进行适当的处理，如结构重组、水分淋洗、消毒等。基质的消毒、灭菌处理是基质重复利用的重要措施，有蒸汽消毒、化学药品消毒和太阳能消毒等，尚须研究开发经济、安全、有效的大批量基质消毒的方法。

2. 关键技术有待突破

国内研发的设备、设施尽管价格低，但性能还满足不了要求，而且不配套，故障率较高。现行播种装置与育苗成套设备一般为独立工作，所以播种与育苗整个环节流水线的自动化程度较低，劳动强度相对较大。多数育苗播种机械对裸种的适应性差，或者要包衣丸化处理，增加了成本且影响发芽率。许多育苗播种机械排种装置的排种性能达不到要求，尤其在高速作业下易发生种子箱排空、导种管杂物堵塞、排种器故障、针头堵塞和不能及时清种等工艺性故障，造成重播、少播或漏播现象。尤其是在形状不规则和质量比较轻的小颗粒种子的精量播种方面，播种质量不稳定。

3. 设备价格高，一次性投资大

多年来，管理部门、生产部门及广大的农民已习惯于传统的生产、育苗，由于宣传力度不够，生产者对蔬菜工厂化穴盘育苗认识不足，普遍认为那是国外的东西、是经济发达地区的东西，我们用不着，传统的育苗没有什么不好，足够我们自己生产需要了。陈旧的思想观念，还没有得到彻底解放。

工厂化育苗是集成了设施生物技术、设施工程技术、设施智能控制技术和现代管理技术为一体的综合体。国内比较大型的育苗工厂所采用的设施、设备大多都是从国外进口，尽管技术先进，质量好，但价格较贵，投资较大。同时，育苗工厂所消耗的水、电等量大，运营成本高。中国蔬菜种植业长期以来是以户为单位的小规模分散经营，种植规模小，生产效率低，所以机械化育苗的秧苗较传统秧苗的成本高。目前，我国农民的人均收入水平仍然较低，对购买机械化育苗设备所育秧苗的积极性不高，这与我国整个农业在低水平循环有关。

复习思考题

1. 自动控制的概念。
2. 自动控制系统的有哪些分类？
3. 自动控制系统的基本要求是什么？在农业生产上有何应用？
4. 作物生长模型的类型有哪些？
5. 设施消毒有哪些方法？
6. 工厂化育苗的设施设备有哪些？
7. 嫁接的作用是什么？

第8章 设施无土栽培技术

【本章要点】 重点掌握无土栽培的分类、不同水培及基质培的设施组成与技术要点、营养液的配制方法、要求与管理；掌握主要园艺作物的无土栽培管理技术。

设施无土栽培技术是一种不用土壤而用营养液与其他设备来栽培作物的农业技术，它是当今世界农业生产中发展较快的一项高新技术，也是农业生产向“工业化”发展的一项基础技术。由于土壤、水资源等生态环境的恶化，作物生产受到限制，产品产量、质量连年下降，采用无土栽培技术从事园艺作物保护地生产，是从根本上解决连作障碍问题的有效途径，也是无公害园艺产品生产，甚至是绿色产品生产的重要手段。

8.1 无土栽培概述

8.1.1 无土栽培的含义

无土栽培（Soilless culture）是指不用天然土壤，而用营养液或固体基质加营养液栽培作物的方法。固体基质或营养液代替天然土壤向作物提供良好的水、肥、气、热等根际环境条件，使作物完成从苗期开始的整个生命周期。无土栽培有时又称为营养液栽培、水耕、水培、溶液栽培等。近年来，我国广泛推广应用的以含有一定营养成分的有机基质作载体，栽培过程中浇灌低浓度营养液或阶段性浇灌营养液的有机基质栽培技术，特别是在固体基质中只施用有机固体肥料并进行合理灌水的有机生态型无土栽培技术，大大降低了一次性投资和生产成本，简化了操作技术，由此也丰富和拓展了传统无土栽培的内涵。

8.1.2 无土栽培的分类

无土栽培的方式很多，按照应用的基质类型可以分为无基质栽培（水培）、有基质栽培两大类；按照栽培的设施设备形式分为槽式无土栽培、袋式无土栽培、架式无土栽培、立体式无土栽培及浮板式无土栽培等；按固体基质的物料组成可以分为单一基质培（岩棉培、砂培等）、复合基质培、有机生态型无土栽培等。但在这些分类中还是按基质的有无和种类来分类较为实用（见图8-1-1）。

- 无土栽培
  - 无基质栽培
    - 水培（营养液膜技术，深液流技术，动态浮根系统，浮板毛管水培法等）
    - 水气培（喷雾水培）（水培与喷雾培的中间型）
    - 雾培（气培）
  - 有基质栽培
    - 无机基质
      - 颗粒基质
        - 砾
        - 沙
        - 膨胀陶粒
        - 浮石
      - 泡沫基质——聚乙烯，聚丙烯，尿醛
      - 纤维基质——岩棉
      - 其他——珍珠岩、蛭石等
    - 有机基质——草炭、锯末、树皮、稻壳、麦秸、稻草、棉籽皮等

图8-1-1 无土栽培的分类

8.1.3 无土栽培发展的历史与现状

“土壤是农业生产的基础”，这是长期以来人们对作物种植所形成的基本概念，而无土栽培不用土壤，

冲破了传统观念的束缚，在技术和观念上是一重大的改革和进步。人们很早以前就开始了无土栽培的各种尝试，形成了原始的无土栽培雏形。随着人们对植物营养本质的逐步认识，便进行了广泛的无土栽培试验研究工作，现已进入大规模的生产应用阶段。从人们无意识地进行无土栽培至今已有2000多年的历史。但是科学地自主性地进行无土栽培试验研究到今天大规模生产应用不过经历了140余年的历程，大体上可分为试验探索研究、生产应用和高科技发展三个阶段。

1. 试验探索阶段

人类对植物矿质营养的探索，可以追溯到公元前600年至亚里斯多德时代，但是目前比较公认的是在1600年比利时科学家Van Helmant，通过著名的柳树试验得出“植物从水中获得生长所需物质”的正确结论。1838年德国科学家斯普兰格尔，鉴定出来植物生长发育需要15种营养元素。1840年，德国化学家李比希对植物的养分吸收进行了研究，对植物体进行了化学分析，提出了植物以矿物质作为营养的“矿质营养学说”，为科学的无土栽培奠定了理论基础。1842年，德国科学家卫格曼和波斯托罗夫证实李比希的矿质营养学说，使用白金（铂）坩埚，用石英砂和白金碎屑作基质支撑植物，并加入溶有硝酸铵和植物灰分浸提液的蒸馏水来栽培植物获得成功，发现仅用硝酸铵溶液时植物发育不够完全，而添加植物灰分浸提液后植物生育良好，这是营养液栽培的雏形。1865年，德国著名科学家Sachs和Knop一起设计了一种水培植物的装置，加入他们配制的营养液，用棉花塞固定植株，把植株悬挂起来而根系伸入瓶内的营养液中，进行栽培植物试验，建立了直到今天还沿用的、用营养液培养来研究植物矿物质营养的方法。在此基础上逐步演变和发展而成为今天的无土栽培实用技术。

2. 生产应用阶段

随着现代化学科学和生物科学的进展，继Sachs和Knop的工作之后，许多科学工作者对营养液进行了深入的研究，提出了很多营养液的配方。1920年营养液的制备达到标准化，但这些都是在实验室内进行的试验，尚未应用于生产。1929年美国加州大学的W. F. Gericke教授利用营养液成功地培育出一株高达7.5m的番茄，收获果实14.5kg，这引起了人们极大的关注，被认为是无土栽培技术由试验转向实用化的开端。1935年一些蔬菜和花卉种植者，在Gericke指导下，进行了大规模的生产实践，首次把无土栽培发展到商业规模，面积最大的有0.8hm^2。同时美国中西部发展了一些沙培和砾培技术，水培技术也很快传到欧洲、印度和日本等地。Gericke教授并把无土栽培定义为“Hydroponics”（hydro是“水”的意思，ponics意为“放置”）。

第二次世界大战期间规模化无土栽培得以发展，美国拉科石油公司在荷兰属地西印度的阿鲁巴岛和丘拉克岛的油田上进行无土栽培以生产新鲜蔬菜供员工生活的需要。同年，英国空军在南大西洋英属圭亚那的阿森松岛，都曾建立了无土栽培基地，生产蔬菜以解决军需。由于二战期间无土栽培在解决不毛之地的军需供应上的突出贡献，战后美国、欧洲等喜生食蔬菜国家的国际交流频繁，把无土栽培推广到日、韩、中等东方国家，以生产洁净的蔬菜满足西方人饮食文化需求。

出于无土栽培理论和技术本身已趋于完善和成熟，在生产应用上也初步显示出其优越性，作为一种理想的农业生产模式被展示，引起了科技界和政府部门的普遍关注，成为生产者所期望的一种新的生产技术。由于广阔的应用前景和社会需要，众多的研究者和非农业生产部门迅速介入，使无土栽培技术自二次大战以后，真正进入大规模生产应用阶段。随着石油化工业的迅速发展，无土栽培中大量使用塑料制品，使栽培设施定型化、标准化，使安装操作简易、方便化，使栽培环境洁净化，且成本投入大幅度降低，使得许多种植者可以接受，实现了大面积的推广应用。

3. 高科技发展时代

20世纪50～60年代是无土栽培大规模商品生产的时期，在世界各国包括美、日、意、法、英、荷，以及西班牙、以色列、丹麦、瑞典和前苏联都得到迅速的应用与发展。但是，1973年由于受世界石油危机的冲击，以石化产品为依托的无土栽培业严重受挫，当时石油价格上涨3倍，水耕成本激增，生产处于停滞状态。此时，英国温室作物研究所Cooper开发的营养液膜技术（Nutrient film technique，NFT）和丹麦首先开发后而在荷兰普及的岩棉培技术（Rockwool culture，RW），使濒临绝境的水培技术极大地简化了设备和技术，节约了能耗，成本大为降低，挽救了处于危机之中的无土栽培，许多学者认为NFT和RW的开发应用，是无土栽培技术的重大突破。由于营养液管理系统辅助设施、仪器、仪表的开发、应用和发展，尤其是计算机自动控制技术的应用，基本实现了营养液管理的自动化，使得温、光、气等环境条件的调控实现了自动化。由于园艺设施内小型机械的研发和使用，使得无土栽培的生产过程逐步实现机械化和自动化，生产规模日益扩大。

20 世纪 80 年代后期和 90 年代初，许多发达国家的无土栽培已实现了集约化、现代化、自动化、工厂化生产，且高产、优质、高效、低耗，特别是在获取高产值和高附加值方面，效果十分明显。进入 20 世纪 90 年代以后，世界各国都以立足本国条件和取得高效为前提，努力寻找适合本国国情、国力的无土栽培形式。在全球面临人口、环境、资源的严重危机的今天，联合国提出可持续农业的对策，西欧等发达国家纷纷立法禁止使用化学农药进行土壤消毒，限制化肥使用量，以防地下水被污染，这迫使经营温室园艺的农家舍弃土壤栽培，而改用易于蒸气等物理方法消毒的轻基质无土栽培，并实行营养液循环利用的封闭式无土栽培系统。近几年来，西欧等发达国家设施园艺生产者纷纷将温室作物生产从有土栽培更新为岩棉培等无土栽培。例如荷兰无土栽培的推广应用面积，从 1971 年的 $20hm^2$ 发展到 2000 年的 1 万 hm^2 以上，这在一定程度上反映了西欧各国无土栽培生产应用的发展态势和规模化程度。

近 20 年来，无土栽培技术的发展已逐渐趋向于多学科研究成果的综合，大型的机械化或自动化的无土栽培工厂已在世界各地建立，无土栽培技术已成为植物工厂的核心技术。20 世纪 80 年代开始在日本、英国、美国、奥地利及丹麦等国都陆续建有高度自动化的蔬菜工厂、花卉工厂和果树工厂。日本相继建立了 40 余所植物工厂，采用全新的调控系统，最大限度地满足作物对水、肥、气、光、热等条件的要求，采取水平放任栽培法，使番茄根茎粗达 20cm 以上，1 株生产果实 1300 个，1 株黄瓜生产 3300 条瓜，1 株甜瓜生产 90 个瓜，开拓了生命科学新空间，最大限度地发挥了植物的生产能力。日本三菱重工和九州电力有限公司建立了一个面积为 $100m^2$ 的全自动、全天候的蔬菜工厂，它由计算机对温室内所有的作物生长条件自动控制，操作过程均由机器人来完成，从种子的播种开始，经历生长的各阶段直至最后的收获均由计算机控制，生产过程高度机械化和自动化，代表着未来无土栽培技术的发展方向。我国无土栽培技术的研究与应用起步较晚，在“九五”（1996～2000 年）期间无土栽培迅速发展。20 世纪末从国外引进成套水培生产设施，例如 1996 年上海从荷兰引进 $6hm^2$ 钢结构玻璃温室，其中 $3hm^2$ 设在浦东孙桥现代农业开发区，并引进相应的岩棉培无土栽培技术，长季节栽培番茄、甜椒等蔬菜作物获得成功；1998 年、1999 年深圳和北京分别从加拿大引进 $1.33hm^2$ 和 $1.5hm^2$ 的生菜连续生产深池水培装置，反映了高科技时代无土栽培技术水平。一些地方对非可耕地利用方面也积累了丰富的经验，甘肃省肃州区 2007～2009 年累计利用盐碱、砂石地发展日光温室 352.7 hm^2，主要采用无土栽培技术生产茄果类和瓜类蔬菜，平均每 $667m^2$ 效益达 15447 元。目前世界上已有 100 多个国家和地区掌握了无土栽培技术，应用于蔬菜、花卉、果树和药用植物的栽培。

8.1.4 无土栽培的优点和应用

无土栽培作为一项新的现代化农业技术，具有许多优点，发展潜力很大，但同时也存在着诸多缺陷和不足，只有正确评价无土栽培技术，充分认识其特点，才能对其应用范围和价值有所把握，才能恰到好处地应用好这一新技术，扬长避短，发挥作用。

1. 无土栽培的优点

(1) 作物长势强、产量高、品质好。无土栽培和设施园艺相结合，能合理调节作物生长的光、温、水、气、肥等环境条件，充分发挥作物的生产潜力，与土壤栽培相比，无土栽培的植株生长速度快、长势强，产量可以成倍或几十倍地提高，见表 8-1-1。

表 8-1-1 无土栽培与土壤栽培产量比较

作　物	土壤栽培产量（kg/hm^2）	无土栽培产量（kg/hm^2）	无土栽培与土壤栽培产量比
土豆	18180	174990	9.6
甘蓝	14770	20450.5	1.4
莴苣	10222.5	23865	2.3
黄瓜	7972.5	31815	4.0
番茄	10502.5～24997.5	150000～750000	12～30

无土栽培作物不仅产量高，而且产品品质好。无土栽培生产的生菜、芥菜、芹菜和小白菜等绿叶蔬菜生长速度快，粗纤维含量低，维生素C含量高；番茄、黄瓜、甜瓜等的瓜果蔬菜外观整齐、着色均匀、口感好、营养价值高；香石竹等花卉香味浓郁、花期长、开花数多。例如，无土栽培芥菜粗纤维含量2.8%，仅为土壤栽培的61%；无土栽培番茄维生素C含量为54.9mg/kg，比土壤栽培提高25%，矿物质含量可增加近一倍（见表8-1-2）；无土栽培香石竹单株开花数为9朵、裂萼率仅为8%，土壤栽培则分别为5朵和90%。

表8-1-2　　番茄的矿物质含量　　鲜重%

种植方式	钙	磷	钾	硫	镁
土壤栽培	0.20	0.21	0.99	0.06	0.05
无土栽培	0.28	0.33	1.63	0.11	0.10

(2) 省水、省肥、省力、省工。土壤种植时灌溉的水分、养分大量流失渗漏，浪费很多，无土栽培可以避免土壤灌溉水分、养分的流失和渗漏，以及土壤微生物的吸收固定，充分被作物吸收利用，提高利用效率。无土栽培的耗水量大约只有土壤栽培的1/4～1/10，节省水资源，尤其是对于干旱缺水地区的作物种植有着极其重要的意义，是发展节水型农业的有效措施之一；土壤栽培肥料利用率大约只有50%，甚至低至20%～30%，一半以上的养分损失，而无土栽培尤其是封闭式营养液循环栽培，肥料利用率高达90%以上，即使是开放式无土栽培系统，营养液的流失也很少；无土栽培省去了繁重的翻地、中耕、整畦及除草等体力劳动，而且随着无土栽培生产管理设施中计算机和智能系统的使用，逐步实现了机械化和自动化操作，大大降低了劳动强度，节省了劳动力，提高了劳动生产率，可采用与工业生产相似的方式。

(3) 病虫害少，可避免土壤连作障碍。无土栽培和园艺设施相结合，在相对封闭的环境条件下进行，在一定程度上避免了外界环境和土壤病原菌及害虫对作物的侵袭，加之作物生长健壮，因此病虫害的发生轻微，也较易控制；不存在土壤种植中由于施用有机粪尿而带来的寄生虫卵及重金属、化学有害物质等公害污染。

设施栽培中，土壤极少受自然雨水的淋溶，水分、养分运动方向自下而上。土壤水分蒸发和作物蒸腾，使土壤中的矿质元素由土壤深层移往表层，土壤表层盐分大量积聚。作物连作后又造成土壤中土传病虫害大量发生、养分失衡，以及根系分泌物引起自毒作用，发生连作障碍，这些问题成为设施土壤栽培的难题。土壤处理和消毒不仅困难、成本可观，而且缺乏高效药品、消毒难以彻底，致使设施土壤种植数年后，效益急速下滑，直至停种。无土栽培可以从根本上避免和解决以上壤连作障碍的问题，每收获一茬作物之后，只要对栽培设施进行必要的清洗和消毒就可以种植下茬作物。

(4) 不受地区限制、充分利用空间。无土栽培使作物生产摆脱了土壤的约束，可极大地扩展农业生产的可利用空间。空闲的荒山、荒地、河滩、海岛，甚至沙漠、戈壁滩都可采用无土栽培进行作物生产，特别在人口密集的城市，可利用楼房阳台、平面屋顶等空间种菜、种花，发展多层立体栽培，不仅扩大了栽培面积，而且美化了生态环境。

(5) 产品清洁卫生。无土栽培的作物生长在栽培槽或容器内，使用的是基质和营养液，有专门的供液系统，种植的蔬菜或花卉便于管理和采收，无异味、无尘土污染，生产的产品清洁卫生。

(6) 有利于实现农业生产的现代化。无土栽培通过多学科、多种技术的融合，现代化仪器、仪表、操作机械的使用，可以按照人的意志进行作物生产，属一种可控环境的现代农业生产，有利于实现农业机械化、自动化，从而逐步走向工业化、现代化。世界上众多的“植物工厂”是现代化农业的标志。我国近十年来引进和兴建的现代化温室及配套的无土栽培技术，有力地推动了我国农业现代化的进程。

2. 无土栽培应注意的问题

无土栽培具有上述许多优点，但也应当清楚地看到，无土栽培是农业科学技术发展到一定程度的产物，它的应用要求一定的设备和技术条件，它本身也具有一些缺陷，只有充分考虑这些，寻求妥善的解决办法，才能充分发挥无土栽培的技术优势。

(1) 投资大、运行成本高。要进行无土栽培生产，就需要有相应的设施、设备，这就比土壤栽培投资大，尤其是大规模、集约化、现代化无土栽培生产投资更大。由于高昂的运行费用致使无土栽培常用来生产高附加值的园艺经济作物和高档的园艺产品，以求高额的经济回报。另外，必须因地制宜，结合当地的经济水平、市场状况和可利用的资源条件选择适宜的无土栽培设施和形式。20世纪90年代以来，国内的许多大学和科研单位根据我国的国情，研制出一些节能、低耗的简易无土栽培形式，大大降低了投资成本和运行费用。例如，浮板毛管水培技术、鲁SC型无土栽培、有机基质培无土栽培、有机生态型无土栽培、基质袋培、立体栽培等都具有投资小、运行费用低、实用的特点。

(2) 技术要求严格。无土栽培生产过程中需要依据作物和季节选用营养液配方、配制营养液，对营养液浓度、pH值等进行管理，即使是有机生态型无土栽培也需要进行水分、营养的调节和管理，地上部生长环境的温、湿、气、光等也要进行必要的调控，这些对管理人员的文化素质和技术水平都提出了较高的要求。

(3) 管理不当，易发生某些病害的迅速传播。无土栽培生产是在相对密闭的保护设施内进行，栽培环境湿度较大、光照相对较弱，而水培形式中根系长期浸于营养液之中，若遇高温，营养液中含氧量急减，根系生长受阻，地上部环境高温高湿，一些病菌易快速繁殖侵染植物，再加上营养液循环流动极易迅速传播，导致种植失败。若栽培设施、种子、基质、器具，以及生产工具等消毒不彻底，操作不当，易造成病原菌的大量繁殖和传播。另外，无土栽培的营养液在使用过程中，缓冲能力差，水肥管理不当就出现生理性障碍。

3. 无土栽培的应用与前景

无土栽培技术的出现，使人类获得了对作物生长环境条件（地上和地下）进行精密控制的能力，从而使得农业生产有可能彻底摆脱自然条件的制约，按照人类的愿望，向着机械化、自动化和工厂化的方向发展。人类可以用无土栽培代替土培，可以为作物提供更好的水、肥、气、热等环境条件，但它的推广应用需要有一定的设备、技术条件和相当的经济基础，而且要求一定的社会化生产程度。在现阶段或今后相当长的时期内，无土栽培不能完全取代土培，只能够作为土壤栽培的一种补充形式，只有这样才能从根本上把握无土栽培的应用范围和价值。

(1) 用于反季节和高档园艺产品的生产。当前多数国家用无土栽培生产洁净、优质、高档、新鲜、高产的蔬菜产品，多用于反季节和长季节栽培。例如，近几年在厚皮甜瓜的东进、南移过程中，无土栽培技术发挥了巨大的作用，利用专用装置，采用有机基质培技术，为南方地区栽培甜瓜提供了有效的途径，在早春和秋冬栽培上市，经济效益十分可观；还有露地很难栽培，产量和质量较低的七彩甜椒、高糖生食番茄、迷你番茄、小黄瓜等可用无土栽培生产，供应高档消费、出口创汇，经济效益很好。

近年来，花卉无土栽培逐渐增多，多用于栽培切花、盆花用的草本和木本花卉，其花朵较大、花色鲜艳、花期长、香味浓，尤其是家庭、宾馆等场所无土栽培盆花深受欢迎。另外，草本药用植物和食用菌无土栽培，也取得良好的栽培效果。

(2) 用于不可利用土地上的园艺作物生产。在沙滩薄地、盐碱地、沙漠、礁石岛、南北极等不适宜进行土壤栽培的不毛之地可利用无土栽培大面积生产蔬菜和花卉，具有良好的效果。例如，新疆吐鲁番西北园艺作物无土栽培中心在戈壁滩上兴建了12栋日光温室，采用砂基质槽式栽培，种植蔬菜作物，产品在国内外市场销售，取得了良好的经济和社会效益。

(3) 用于现代化园艺生产和观光农业。无土栽培作为一项农业高新技术，充分吸收传统农业技术中的精华，广泛采用现代农业技术、信息技术、环境工程技术及材料科学技术等，已发展为设施齐全而配套的现代化高新农业技术，已成为设施生产中一项省工、省力、能克服连作障碍、实现优质高效农业的一种理想模式，是实现现代化园艺生产、现代农业技术展示和现代农业观光的有效方式。

(4) 在家庭、办公场所中应用。采用无土栽培在庭院、阳台、走廊和屋顶种花、种菜，既有独特的观赏性又有一定的食用价值，便于操作、洁净卫生，可美化环境。

(5) 在太空农业上的应用。随着航天事业的发展和人类进住太空的需要，在太空中采用无土栽培种植绿色植物来生产食物可以说是最有效的方法。无土栽培技术在航天农业上的研究应用正发挥着重要的作用，如美国肯尼迪宇航中心对用无土栽培生产宇航员在太空中所需食物做了大量研究与应用工作，有些粮食作物、蔬菜作物的栽培已获成功，并取得了很好的效果。

无土栽培这一农业高新技术，在我国虽然开发利用的时间不长，但在开拓农业生产的空间，不断提高有限土地面积的生产效率，发展节水型农业方面已取得明显效果，表现出广阔的发展前景和巨大的开发潜力。另外，随着居民生活水平提高对农产品种类和质量的要求，参与国际竞争的需要和随着农业现代化进程的加快，无土栽培技术将会受到更大的重视，发展进程将进一步加快。经济发达的沿海地区和大、中城市将是现代化无土栽培发展的重点地区，它已作为都市农业和观光农业的主要组成部分，将会有更大的发展。具有成本低廉、管理简单的简易槽式基质培和其他无土栽培形式，这将是大规模生产应用、推广的主要形式。

欧洲、北美、日本等技术先进的国家，农业人口逐年减少，劳动力逐年老龄化，劳动成本逐年加大等，解决这些问题的对策就是实行栽培设施化、作业机械化、控制自动化，无土栽培将成为其重要的解决途径和关键技术。地球上人口在不断膨胀，耕地在急速缩减，水资源的紧缺也随着人口的不断增长日显突出，无土栽培技术对于缓和地球上日益严重的土地问题、水资源紧缺的问题、土壤环境恶化等问题无疑有着深远的意义。

8.2 水培和雾培技术

8.2.1 水培技术

1. 水培的特点

水培（Hydroponics）是指植物根系直接与营养液接触，不用基质的栽培方法。最早的水培是将植物根系浸入营养液中生长，但是这种方法容易出现缺氧现象，影响根系呼吸，严重时造成烂根死亡。

2. 水培的类型及设施

（1）营养液膜技术（Nutrient Film Technique，NFT）。它的原理是使一层很薄的营养液层（0.5～1cm）不断循环流经作物根系，既保证不断供给作物水分和养分，又不断供给根系新鲜氧气。它不用固体基质，只维持浅层的营养液在根系周围循环流动，就可以较好地解决根系呼吸对氧的要求。NFT的设施主要由种植槽、贮液池、营养液循环流动装置三个主要部分组成（见图8-2-1）。此外，还可以根据生产实际和资金的可能性，选择配置一些其他辅助设施，如浓缩营养液罐及自动投放装置、营养液加温、冷却及消毒装置等。

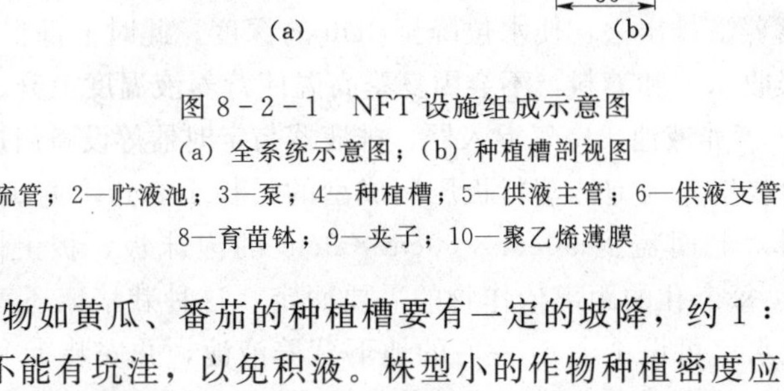

图8-2-1 NFT设施组成示意图

(a) 全系统示意图；(b) 种植槽剖视图

1—回流管；2—贮液池；3—泵；4—种植槽；5—供液主管；6—供液支管；7—苗；8—育苗钵；9—夹子；10—聚乙烯薄膜

1）种植槽。大株型作物如黄瓜、番茄的种植槽要有一定的坡降，约1∶75，营养液从高端流向低端比较顺畅，槽底要平滑，不能有坑洼，以免积液。株型小的作物种植密度应增加，才能保证单位面积产量，坡降1∶75或1∶100。比例高低不同，营养液流速不同，根据作物不同用以调节供液量。

2）贮液池。一般设在地平面以下，容量足够供应全部种植面积。大株型作物以每株3～5L计，小株型以每株1～1.5L计。

3）供液系统。主要由水泵、管道、滴头及流量调节阀门等组成。

(2) 深液流水培技术（Deep Flow Technique，DFT)。此项技术是最早开发成可以进行农作物商品生产的无土栽培技术。这种栽培方式与营养液膜技术（NFT）类似，不同之处是流动的营养液层较深（5～10cm)，植株部分根系浸泡在营养液中，其根系的通气靠向营养液中加氧来解决。营养液由地下贮液池经水泵注入栽培槽，栽培槽内的营养液通过液面调节栓经排液管道进入过滤池后，又回流到地下营养液池，使营养液循环使用。这种系统的优点是解决了在停电期间 NFT 系统不能正常运转的困难。由于系统建造材料不同和设计上的差异，已有多种类型。实践中试用，认为改进型神园式深液流水培比较适合中国国情。DFT 的基本设施包括：营养液栽培槽、定植板（或定植网框)、贮液池、水泵、营养液自动循环系统及控制系统等部分（见图8-2-2)。

1）种植槽。一般宽度为 80～100cm，槽深 15～20cm，槽长 10～20m 的水泥槽。槽底用 5cm 厚的水泥混凝土制成，然后在槽底的基础上用水泥砂浆将火砖结合成槽周框，再用高标号耐酸抗腐蚀的水泥砂浆抹面，以达防渗、防蚀的效果。

2）定植板。定植板用硬泡沫聚苯乙烯板块制成，厚约 2～3cm，长度一般为 150cm，板面开若干个定植孔，孔径为 5～6cm，种果菜和叶菜都可通用。定植孔内嵌一只塑料定植杯，高 7.5～8.0cm，杯口的直径与定植孔相同，杯口外沿有一宽约 5mm 的唇，以卡在定植孔上，不掉进槽底。

3）循环供液系统。此系统包括供液管道、回流管道、水泵及定时器，所有管道均用塑料制成。

4）水泵和定时器。水泵配以定时控制器，按需控制水泵的工作时间。大面积栽培时，可将温室内全部种植槽分为四组，每组有一供液控制阀，分组轮流供液，以保证供液时从小孔中射出的小液流有足够的压力，提高增氧效果。

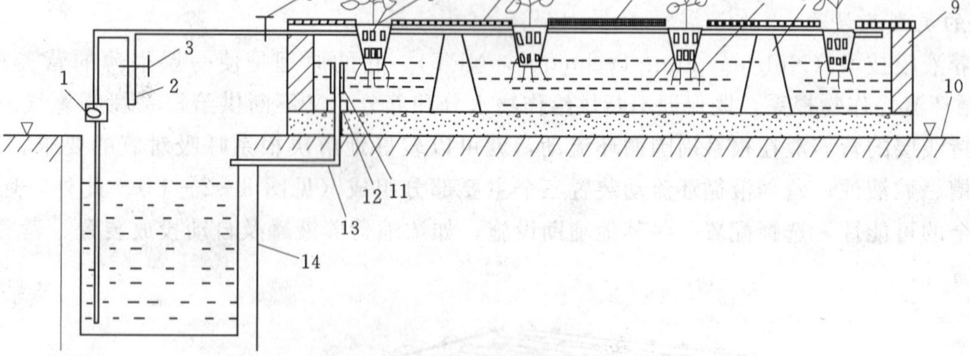

图 8-2-2 改进型神园式深液流水培设施组成纵切面示意图

1—水泵；2—充氧支管；3—流量控制阀；4—定植杯；5—定植板；6—供液管；7—营养液；8—支撑墩；9—种植槽；10—地面；11—液层控制管；12—橡皮塞；13—回流管；14—贮液池

(3) 动态浮根系统（Dynamic Root Floating System，DRF)。这是我国台湾省开发应用的一种深水培技术，是指栽培床内进行营养液灌溉时，作物根系随着营养液的液位变化而上下浮动。灌满 8cm 的水层后，由栽培床内的自动排液器，将营养液排出去，使水位降至 4cm 的深度。此时上部根系暴露在空气中可以吸氧，下部根系浸在营养液中不断吸收水分和养料，不会因夏季高温使营养液温度上升、氧的溶解度低，可以满足植物的需要。DRF 由栽培床、营养液池、空气混入器、排液器与定时器等设备组成，如图 8-2-3 所示。

1）栽培床。台湾省用的栽培床为泡沫塑料板压制成型的，长 180cm，宽 90cm，深 8cm，中间有 2cm 凸起，以使栽培床更加牢固，上面盖上 90cm×60cm×3cm 的泡沫板，板上隔一定的距离挖 1 个直径 2.5cm 的孔，以便定植叶菜。每个孔的距离依作物的需要而定。这种栽培床还需要安装支架。

2）营养液池。每亩面积水培可设 1 个 6t 左右的地下营养液池，并安装 1 个 750W 的高速水泵。

3）空气混入器。空气混入器安装在营养液流进栽培床的入口处，其内部构造为两组十字型重叠的塑料闸门，会产生 8 条水流冲出，约可增加 30%的空气混入，使溶氧量增加，维持 3～6μg/mL。

4）排液器与定时器。栽培床一般有 1%～2%的倾斜度。在排水口处安装 1 个 0～8cm 高度的排水器，可以自动调节营养液的水位，它要与定时器联合工作，在上午 10 时至下午 16 时之间，每隔 1h 抽液 1 次，每次 15min。其余时间每 2～3h 抽 1 次，每次 15min。

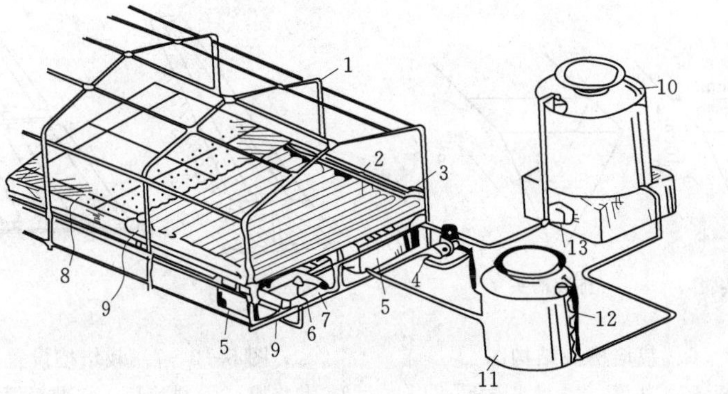

图 8-2-3 动态浮根系统的主要组成部分

1—管结构温室；2—栽培床；3—空气混入器；4—水泵；5—水池；6—营养液液面调节器；7—营养液交换箱；8—板条；9—营养液出口堵头；10—高位营养液罐；11—低位营养液罐；12—浮动开关；13—电源自动控制器

(4) 浮板毛管水培法（Floating capillary Hydroponics，FCH）。浮板毛管水培法系浙江省农业科学院和南京农业大学研究开发的。它利用分根法和毛细管原理有效地解决了水培中供液与供氧的矛盾。根系环境条件相对稳定，营养液液温、浓度、pH 值等变化较小，根际供氧较好，既解决了 NFT 根环境不稳定、因临时停电营养液供应困难的问题，又克服了 DFT 根际易缺氧的困难，具有成本低、投资少、管理方便、节能、实用等特点。

FCH 设施包括栽培槽、贮液池、循环系统和控制系统 4 部分组成。栽培槽由聚苯乙烯泡沫板连接成凹形槽，一般长 15～20m，宽 40～50cm，高 10cm，安装在地面同一水平线上（见图 8-2-4，图 8-2-5），槽内铺 0.3～0.8mm 厚的聚乙烯薄膜。营养液深度为 3～6cm，液面飘浮 1.25cm 厚、宽为 10～20cm 的苯乙烯泡沫板，板上覆盖亲水性无纺布（密度 $50g/m^2$），两侧延伸入营养液内。通过毛细管作用，使浮板始终保持湿润。秧苗栽在有孔的定植钵中，然后悬挂在定植板的定植孔中，正好把槽内的浮板夹在中间，根系从定植钵的孔中伸出后，一部分根爬伸到浮板上，产生根毛吸收氧气，一部分根伸到营养液内吸收水分和营养。栽培床一端安装进水管，另一端安装排液管，进水管处顶端安装空气混合器，增加营养液的溶氧量。贮液池与排水管相通，营养液的深度通过排液口的垫板来调节。一般在秧苗刚定植时，种植槽内营养液的深度保持 6cm，定植杯的下半部进入营养液内，以后随着植株生长，逐渐下降到 3cm。其他管理参考 DFT。

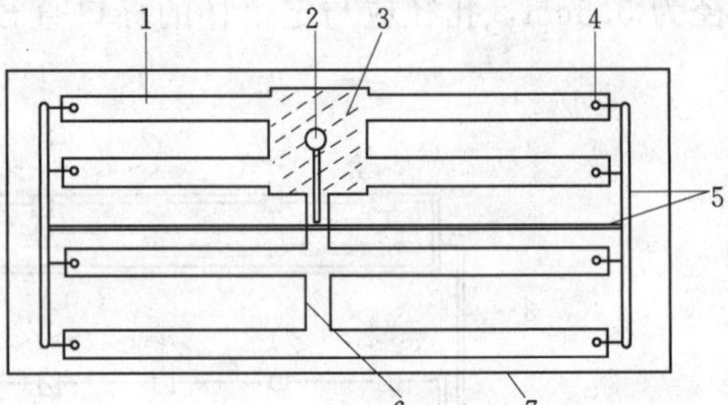

图 8-2-4 FCH 系统设施平面布置图

1—种植槽；2—水泵；3—贮液池；4—空气混入器；5—供液管道；6—排液管道；7—6m×30m 大棚

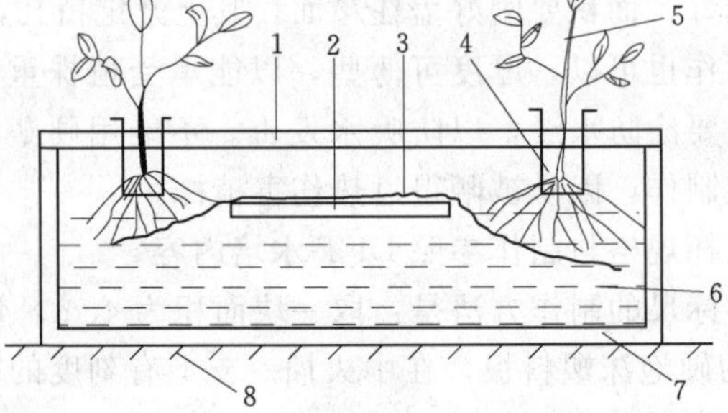

图 8-2-5 FCH 种植槽横断面示意

1—定植板；2—浮板；3—无纺布；4—定植杯；5—植株；6—营养液；7—定型聚苯乙烯种植槽；8—地面

(5) 鲁 SC 系统。鲁 SC 系统系统由山东农业大学研制开发的无土栽培系统，又称“基质水培法”。该系统主要由贮水池、栽培槽、供液和排液管、供液时间控制器及水泵等组成（见图 8-2-6，图 8-2-7）。栽培槽体可用土或水泥建造，长 2～3m，呈倒三角形，高与上宽为 20cm，土槽内铺垫厚度为 0.1mm 的薄膜防渗，中间加层，其上加一层棕皮衬垫，其上再加约 10cm 厚的基质，下部为置营养液和根系生长的空间，栽培槽的两端为供液槽头和排液槽头，每日定时供液 3～4 次，$1m^3$ 贮液池的容量可供 80～$100m^2$ 栽培面积使用，该系统可用于栽培果菜类及西瓜、甜瓜等，现在山东、新疆等部分地区使用。

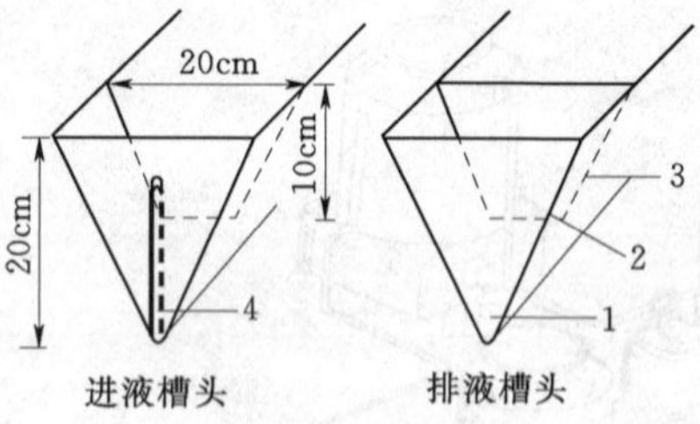

图 8-2-6　栽培槽头结构图

1—槽头挡板；2—垫篦；3—槽头隔板；4—虹吸管

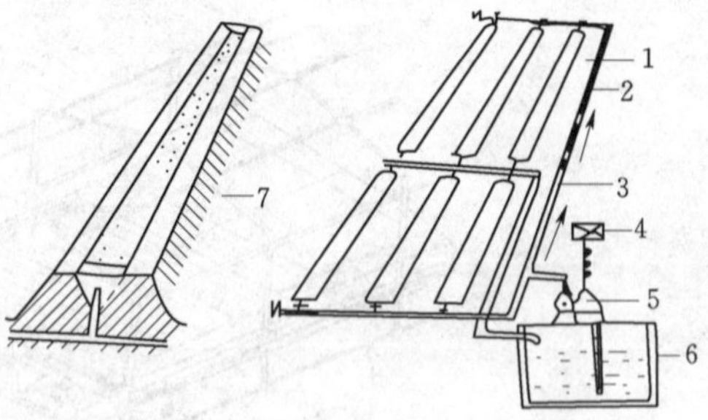

图 8-2-7　栽培槽设置及结构图

1—栽培槽；2—供液管；3—排液管；4—时间控制器；5—电泵；6—贮液池；7—栽培槽结构图

（6）家用简易静止水培法。水培因其洁净、美观、简易的特点而适宜于家庭应用。目前适合家庭用水培装置主要有家用 NFT 装置、蔬菜墙、蔬菜花卉桌和简易静止水培箱等。现以家用简易静止水培箱为例介绍家用静止水培技术。该法就是在深液层上悬挂植株进行静止水培。深液层是省工的需要，不用天天加水，甚至 10 多天不加水也可以。静止是为了省去循环流动或打气的程序。静止水培实践证明是可以的，当然不是说任何植物都可以进行静止水培，非沼泽性植物能够静止水培的技术关键在于控制液层淹浸根系的深浅。现已知许多蔬菜如莴苣、茼蒿、鸭儿芹、蕹菜、番茄及小葱等是可以使用此方法培植。

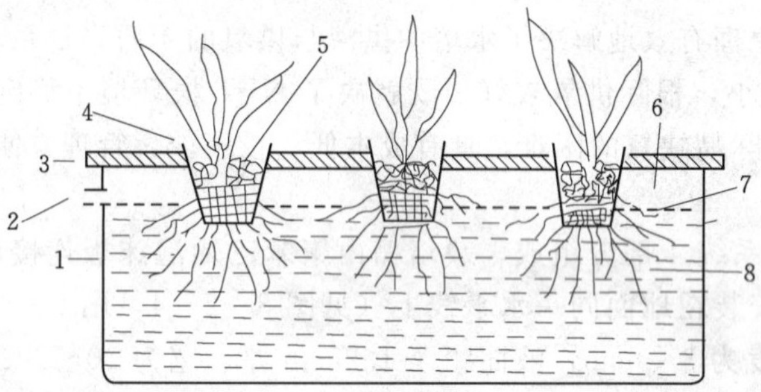

图 8-2-8　家用简易微型静止水培箱

1—塑料箱；2—溢水孔；3—泡沫塑料定植板；4—塑料定植杯；5—小石砾；6—空隙；7—液面；8—营养液

家用静止水培法装置很简单，包括一个不漏水的容器（瓶、桶、盆、箱等）和一块带定植杯的定植板（见图 8-2-8）。

1）容器。陶瓷、玻璃、塑料等抗腐蚀的材料制成的瓶、盆、桶、箱等都可作容器，玻璃和白色透光的塑料制品要涂漆或裹黑色塑料使其不透光。面积大小形状不论，但深度宜控制在 15～20cm。

2）定植板、定植杯和浮动标尺。定植板最好用硬泡沫塑料板材制成，厚 2.5cm，其质轻且易加工，隔热性能好。面积要刚好盖住箱面，其上开定植孔，直径为 5.5cm，孔径应与定植杯的杯口直径相一致。用木板制作也可以，厚度可薄些，以能承受植株重量为准。木板要涂防水漆，以防吸水发霉。不能用硬塑料板和金属板制作，因易被晒得过热伤害植株。

定植杯规格与制作参照 DFT 水培内容。

浮动标尺的制作方法是：取一块面积为 4cm×4cm、厚 2cm 的硬泡沫塑料板，在中央插一支上有刻度的塑料棒，用粘胶剂粘牢，然后放置于最边角的一个定植孔中。浮动标尺要能上下浮动以示液面的高低。

3）附件。为了配制和管理营养液，要有一些专门用具，即 300～500mL 塑料量杯 1 只，口径 7～10cm 的塑料漏斗 1 个，口径约 1cm 的塑料软管约 1m，橡胶吸球 1 个。

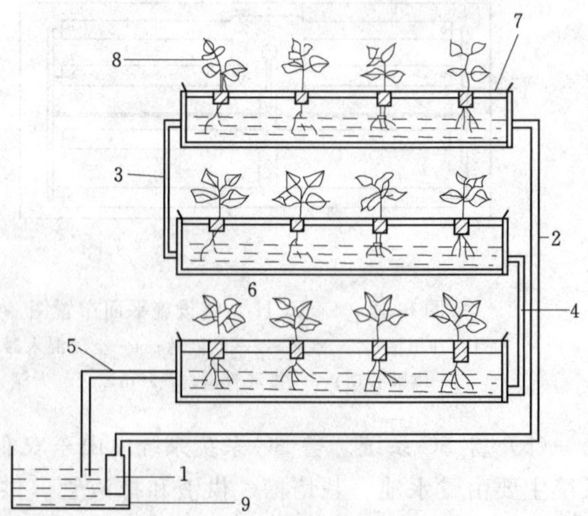

图 8-2-9　草莓立体栽培示意图

1—水泵；2—进液管；3—中层进液管；4—下层进液管；5—回液管；6—栽培槽；7—定植板；8—草莓植株；9—贮液池

（7）现代立体水培法。

1）三层槽式水培。将三层水槽按 80cm 距离架设于空中而成。栽培形式为 DFT 水培，营养液顺槽的方向逆水层流动（见图 8-2-9）。

2）报架式管道 DFT 水培。报架式管道 DFT 水培装置状如报架，用 ϕ11～16cm 的 PVC 管或不锈钢管作栽培容器，其上按一定间距开定植孔，安放塑料定植杯。每个定植杯处安放 1 个滴头或不安放滴头，营养液通过水泵从安放在栽培架下或旁边的贮液箱或贮液池供液，营养液循环流动（见图 8－2－10、图 8－2－11）。

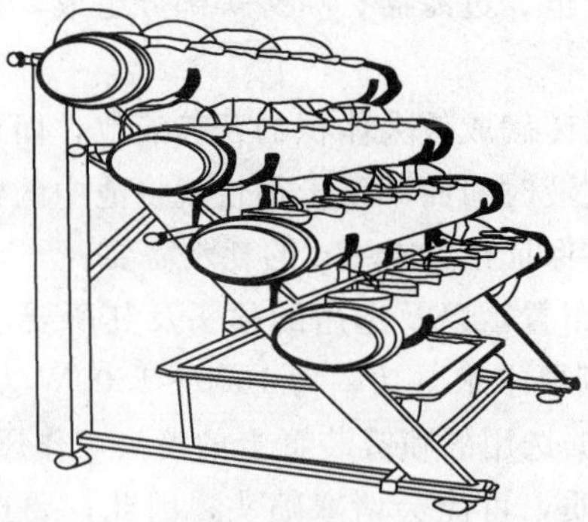

图 8－2－10　报架式管道 DFT 装置示意图

图 8－2－11　报架式管道 DFT 水培西芹

8.2.2　雾培技术

1. 雾培的特点

雾培（spray culture）是指作物的根系悬挂生长在封闭、不透光的容器（槽、箱或床）内，营养液经特殊设备形成雾状，间歇性喷到作物根系上，以提供作物生长所需的水分和养分的一类无土栽培技术。雾培又称喷雾培或气雾培。根系生长在相对湿度 100％的空气中，而不是生长在营养液中，作物茎叶的生长与一般栽培方式相同。雾培可以节约温室面积，提高土地利用率，但雾培系统成本很高，国外多作为旅游设施，供游客观赏。研究单位也只用雾培系统做研究根系的设备，目前在生产上还未见报道。

2. 雾培的类型及设施

喷雾栽培可根据植物根系是否有部分浸没在营养液层而分为喷雾培和半喷雾培两种类型。所谓喷雾培是指根系完全生长在雾化的营养液环境中的无土栽培技术（见图 8－2－12、图 8－2－13）；而半喷雾培是指部分根系浸没在种植槽下部的营养液层中，而另外那部分根系则生长在雾化的营养液环境中的无土栽培技术（见图 8－2－14）。

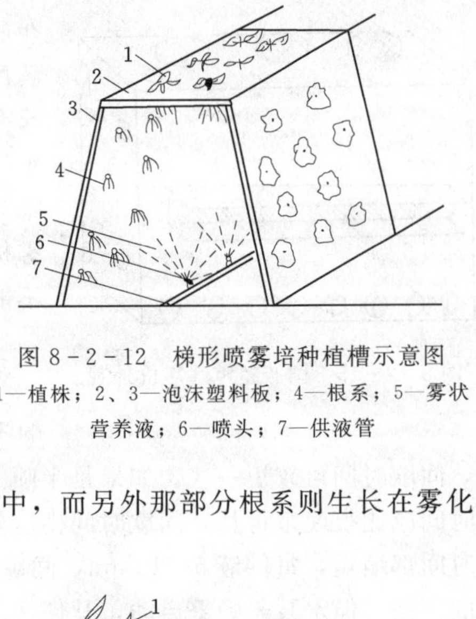

图 8－2－12　梯形喷雾培种植槽示意图

1—植株；2、3—泡沫塑料板；4—根系；5—雾状营养液；6—喷头；7—供液管

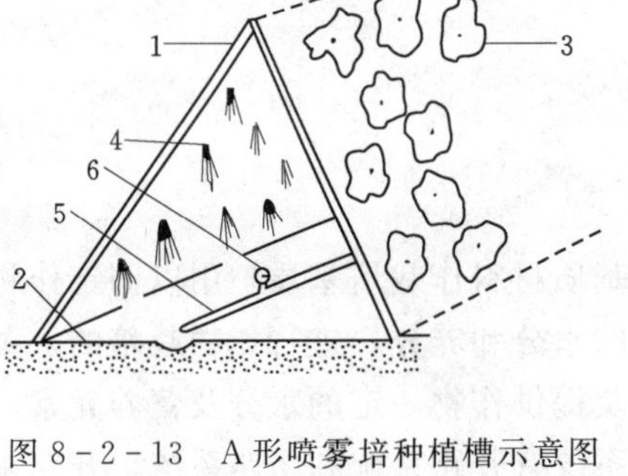

图 8－2－13　A 形喷雾培种植槽示意图

1—泡沫塑料板；2—塑料薄膜；3—结球生菜地上部分；4—根系；5—供液管；6—喷头

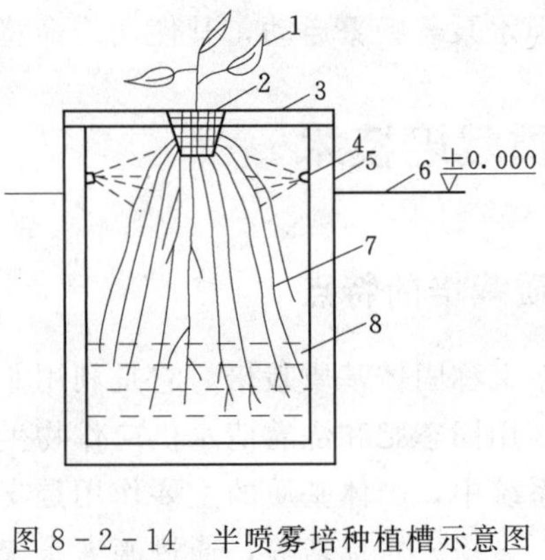

图 8－2－14　半喷雾培种植槽示意图

1—植株；2—定植杯；3—定植板；4—喷头；5—种植槽；6—地面；7—根系；8—营养液层

雾培的主要设施包括种植槽、供液系统和自动控制系统。

(1) 种植槽。喷雾培的种植槽可用硬质塑料板、泡沫塑料板、木板或水泥混凝土制成，形状可多种多样。图 8-2-12、图 8-2-13 分别为梯形和 A 形种植槽，槽的底部可用混凝土制成深约 10cm 的槽，用于盛接多余的营养液。而在槽的上部可用铁条做成 A 形或梯形的框架，然后将已开了定植孔的泡沫塑料定植杯放置在这个框架上方，即可定植作物。

(2) 供液系统。供液系统主要由营养液池、水泵、管道、过滤器、喷头等部分组成，有些喷雾培不用喷头，而用超声气雾机来雾化营养液。

1) 营养液池（贮液池）。规模较大的喷雾培可用水泥砖砌成较大体积的营养液池，而规模较小的可用大的塑料桶或箱来代替。池的体积要保证水泵有一定的供液时间而不至于很快就将池中的营养液抽干，如果条件许可，营养液池的容积可做得大一些，但最少也要保证植物 1～2d 的耗水需要。

2) 水泵。水泵的功率应与种植面积的大小、管道的布置，以及选用的喷头及其所要求的工作压力来综合考虑而确定。选用耐腐蚀的水泵，一般 667m^2 的大棚要求水泵功率为 1000～1500W 左右。

3) 管道。管道应选用塑料管，各级管道的大小应根据选用的喷雾装置上的喷头工作压力大小而定。

4) 过滤器。因水或配制营养液的原料中含有一些杂质，可能会堵塞喷头，因此，要选择过滤效果良好的过滤器。

5) 喷头。喷雾管设在封闭系统内靠地面的一边，在喷雾管上按一定的距离安装喷头。喷头可根据喷雾培形式，以及喷头安装的位置的不同来选用不同的喷头。有些喷头的喷洒面为平面扇形，而有些则是全面喷射。喷头的选用以营养液能够喷洒到设施中所有的根系并且雾滴较为细小为原则。喷头的工作由定时器控制，如每隔 3min 喷 30s，将营养液由空气压缩机雾化，成细雾状喷到作物根系。

6) 超声气雾机。超声气雾机是利用超声波发生装置产生的超声波把营养液雾化为细小雾滴的雾流而布满根系生长范围之内（种植槽内），取代了上述的供液系统。通过超声波雾化营养液有助于杀灭营养液中可能存在的病原菌，对作物生长有利。图 8-2-15 为国产超声气雾机的外观。营养液池或罐的出水口应设在高于超声气雾机的入水口的位置，通过管件把营养液池或罐与超声气雾机的入水口相连，使营养液在重力的作用下流入超声气雾机内。由于超声气雾机中内置鼓风设备的功率有限，因此，种植床不能过长，一般不超过 8m。

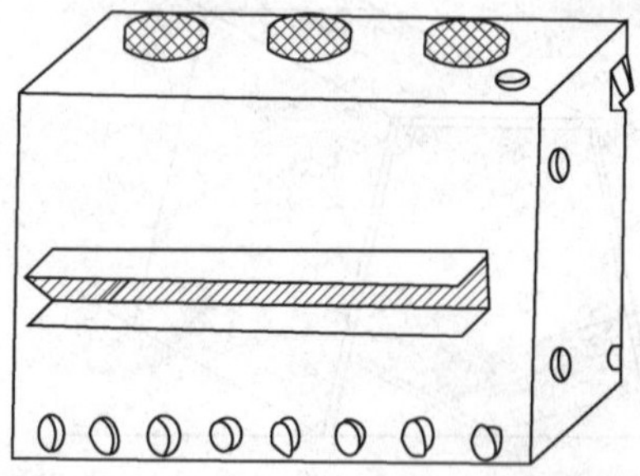
图 8-2-15 国产超声气雾机外观

3. 供液管理

喷雾培是间歇供液。供液及间歇时间应视植株的大小及气候条件的不同而定。植株较大、阳光充沛、空气湿度较小时，供液时间应较长，间歇时间可较短一些。如果是半喷雾培，供液的间歇时间还可稍延长，而供液时间可较短，白天的供液时间应比夜晚来得长，间歇时间则应较短。也有人为了省却每天调节供液时间的麻烦，将供液时间和间歇时间都缩短，每供液 5～10min，间歇 5～10min，也即供液的频度增加了，这样解决了营养液供液不及时的问题，但水泵需频繁启动，其使用寿命将缩短。

8.3 基质栽培技术

8.3.1 基质栽培的特点

基质栽培又称固体基质栽培，它是利用非土壤的固体基质材料作栽培基质，用以固定作物，并通过浇灌营养液或施用固态肥和浇灌清水供应作物生长发育所需的水分和养分，进行作物栽培的一种形式。在基质无土栽培系统中，固体基质的主要作用是支持作物根系及提供作物一定的水分及营养元素。基质栽培的方式有槽培、袋培、岩棉培等，通过滴灌系统供液。供液系统有开路系统和闭路系统，开路系统的营养液不循环利用，而闭路系统中营养液则循环利用。由于闭路系统的设施投资较高，而且营养液管理复杂，因而在我国目前的条件下，基质栽培主要采用开路系统。与水培相比，基质栽培设施简单，成本低，由于基质有缓冲作用，养分、水分和温度等环境变化缓和，栽培技术与传统土壤栽培有很大相似之处，容易掌握。因此在世界各国的栽培面积均大于水培，我国更是如此。在基质培生产中需要大量基质材料，使用前需对基质进行处理，栽培后需对基质进行消毒、添加和更换等工作，费工较多。

基质培有多种设施形式，按照栽培空间状况可分为平面栽培和立体栽培。平面栽培就是利用平面空间进行栽培，一般的蔬菜都可以进行平面栽培，尤其适于植株高大的蔬菜，如番茄、黄瓜等。平面栽培又分槽培和袋培等；立体栽培就是充分利用设施空间进行栽培，主要用于小株型园艺作物，又可分为袋式栽培和柱式栽培等。

8.3.2 无土栽培固体基质的种类和要求

1. 无土栽培固体基质的种类

用于无土栽培的基质种类很多，从基质的来源分类：可以分为天然基质和人工合成基质两类。如天然基质有砂、石砾等，人工合成基质有岩棉、泡沫塑料、多孔陶粒等。

从基质的组成分类：可以分为无机基质和有机基质两类。如无机基质包括砂、石砾、岩棉、蛭石和珍珠岩等以无机物组成的基质，有机基质包括泥炭、树皮、煎渣、稻壳、椰壳纤维、芦苇沫等以有机残体组成的基质。

从基质的性质来分类：可以分为惰性基质和活性基质两类。如砂、石砾、岩棉、泡沫塑料等本身既不含养分也不具有阳离子代换量，属于惰性基质；而泥炭、蛭石、芦苇沫基质等属于活性基质。

从基质使用时组分的不同来分类：可以分为单一基质和复合基质两类。单一基质在栽培作物时，总会存在一些缺陷和不足，如容重过轻或过重、通气不良或保水性差等，常将两种或两种以上基质混合形成复合基质来利用。如1：1的草炭：蛭石；1：1的草炭：锯末或1：1：1的草炭：蛭石：珍珠岩等混合基质，均在我国无土栽培生产上获得了较好的应用效果。

2. 无土栽培固体基质的要求

用于无土栽培的固体基质要能为作物生长提供稳定协调的水、气、肥根际环境条件，具有支持固定植物、保持水分和透气的作用，有机基质还具有养分供应、病虫防除和缓冲作用，可以使根际环境保持相对稳定。要适于种植多种植物和植物各个生育阶段，不会因施加高温、熏蒸、冷冻而发生变形变质，便于重复使用时灭菌消毒。要能使作物正常生长，无土栽培基质的理化性状要达到一定的要求，无机基质理化性状稳定，是当前基质栽培的主要材料，而有机基质材料在使用上有一定的要求，主要为工农业有机废弃物经堆制发酵后合成，所形成的有机基质培在我国各地广泛采用。可根据当地的基质来源，因地制宜加以选择。尽量选用原料丰富易得、价格低廉、理化性状好的材料作为无土栽培的基质。

无土栽培对基质物理化学性状的具体要求是以下几个方面。

(1) 具有一定大小的粒径。粒径是指基质颗粒的直径大小，用毫米（mm）表示。按着粒径大小可分为：0.5～1mm；1～5mm；10～20mm；20～50mm。同一种基质粒径越大，容重越小，总孔隙度越大，气水比越大，通气性较好，但持水性较差，栽培时要增加浇水次数；反之，粒径越小，容重越大，总孔隙度越小，气水比越小，持水性较好，通气性较差，容易造成基质内通气不良、水分过多，影响根系呼吸，抑制根系生长。可以根据栽培作物种类、根系生长特点、当地资源状况加以选择。

(2) 具有良好的物理性状。基质必须疏松，保水、保肥又透气。南京农业大学吴志行等研究认为，对蔬菜作物比较理想的基质，其粒径最好在0.5～10mm，总孔隙度>55%，容重为0.1～0.8g/cm^3，空气容积为25%～30%，基质的水气比为1：2～4。

总孔隙度是指基质中通气孔隙与持水孔隙的总和，以孔隙体积占基质总体积的百分比来表示。基质气水比（即大小孔隙比）是指在一定时间内，基质中容纳气、水的相对比值，通常以通气孔隙和持水孔隙之比表示。几种常用基质的物理性状如表8-3-1所示。

(3) 具有稳定的化学性状，本身不含有害成分，不使营养液发生变化。基质的化学稳定性是指基质发生化学变化的难易程度。有些容易发生化学变化的基质，发生变化后产生一些有害物质，既伤害植物根系，又破坏营养液原有的化学平衡，影响根系对各种养分的有效吸收。基质种类不同，化学组成不同，因而化学稳定性也不同。一般来说，主要由无机物质构成的基质，如河沙、石砾等，化学稳定性较高；而主要由有机物质构成的基质，如木屑、稻壳等，化学稳定性较差。但草炭的性质较为稳定，使用起来也最安全。

表 8-3-1　　几种常见基质的物理性状

基质名称	容重（g/cm³）	总孔隙度（%）	通气孔隙（%）	持水孔隙（%）	气水比
菜园土	1.10	66.0	21.0	45.0	1：2.4
沙子	1.49	33.5	29.5	1.0	1：0.03
煤渣	0.70	54.7	21.7	33.0	1：1.51
蛭石	0.13	95.0	30.0	65.0	1：2.17
珍珠岩	0.16	93.2	53.0	40.2	1：0.76
岩棉	0.11	96.0	2.0	94.0	1：47.00
泥炭	0.21	84.4	7.1	77.3	1：10.89
锯末	0.19	78.3	34.5	43.8	1：1.27
碳化稻壳	0.15	82.5	57.5	25.0	1：0.44
棉籽壳	0.24	74.9	55.1	19.8	1：0.36

基质的化学性状主要指以下几方面。

pH值：反映基质的酸碱度，非常重要，它会影响营养液的pH值及成分变化，pH=6～7最好。

电导度（EC）：它表示基质内部已电离盐类的溶液浓度，反映基质含有的可溶盐分的多少，将直接影响到营养液的平衡和作物根系对各种元素的吸收。基质中可溶性盐含量不宜超过1000mg/kg，最好<500mg/kg。使用基质前应对其电导率进行测定，以便用淡水淋洗或作其他适当处理。

缓冲能力：是指基质在加入酸碱物质后本身所具有的缓和酸碱变化的能力。反映基质对肥料迅速改变pH值的缓冲能力，缓冲能力大小主要由阳离子代换量、基质中的弱酸及其盐类的多少决定的。因此，要求基质缓冲能力越强越好。

基质的阳离子代换量（CEC）：是指在pH=7时测定的可替换的阳离子含量，并非所有的基质都有阳离子代换量。无机基质中蛭石可代换物质较多，而其他惰性基质可代换物质就很少。基质具有阳离子代换量会影响营养液的平衡，使人们难以监测和控制营养液的组分。有利的一面是指它能暂时贮存营养、减少养分损失和对营养液的酸碱反应有缓冲作用，在供液间歇期也不影响植物根系对养分的吸收。

碳氮比：是指基质中碳和氮的相对比值。碳、氮比高的基质，由于微生物生命活动对氮的争夺，会导致植物缺氮。碳氮比很高的基质，即使采用了良好的栽培技术，也不易使植物正常生长发育。C：N=30：1左右较适合作物生长。

8.3.3 基质的消毒与更换

基质经多茬作物栽培后，其中会残留许多烂根、病菌、盐分，甚至线虫等，加之基质本身理化性状发生变化，会影响栽培效果，换茬时需进行基质消毒处理，添加或更换新基质。

1. 基质消毒

(1) 蒸汽消毒。将用过的基质装入消毒箱等容器内，进行蒸汽消毒，也可将基质块或种植垫等堆叠一定的高度，全部用防水防高温布盖严，通入蒸汽，在70～100℃下，消毒1～5h，杀死病菌。注意每次消毒的基质不可过多，否则处于内部的基质中的病菌或虫卵不能完全杀灭；消毒时基质的含水量应控制在35%～45%，过湿或过干都可能降低消毒效果。具体消毒温度和时间要灵活掌握，如黄瓜病毒等需100℃才能将其杀死，裸露岩棉蒸汽消毒需2h，此法比较安全，但缺点是成本较高。

(2) 化学药剂消毒。化学药剂消毒操作简单，成本较低，但消毒效果不如蒸汽消毒，且对操作人员身体不利。化学药剂消毒主要消除包括线虫在内的土传病虫害。常用的化学药剂有甲醛、高锰酸钾、氯化苦、溴甲烷和漂白剂等。

1) 40%甲醛（福尔马林）消毒法。甲醛是良好的杀菌剂，但杀虫效果较差。一般将40%的原液稀释50倍，用喷壶将基质均匀喷湿，所需药液量一般为20～40L/m³基质。最后用塑料薄膜覆盖封闭24～48h后揭膜，将基质摊开，风干2周或暴晒2d后，达到基质中无甲醛气味后方可使用。要求工作人员戴上口罩，做好防护工作。

2）氯化苦熏蒸消毒法。将基质堆成高30cm、长若干米的条状堆，在基质上每隔30cm打一个深为10～15cm的孔，每孔注入氯化苦5ml，随即将孔堵住，第一层打孔放药后，再在其上堆同样的基质一层，打孔放药，总共2～3层，随后盖上塑料薄膜，熏蒸7～10d后，揭去薄膜，翻晾7～8d后即可使用。也可溴甲烷熏蒸剂消毒，将基质堆起，将溴甲烷注入基质中，每立方米基质用药100～150g，基质施药后，随即用薄膜盖严，5～7d后揭去薄膜，晒7～10d以上即可使用，消毒效果很好，使用中要严格遵守操作规程，防止人畜受伤害，可向溴甲烷中加入2%的氯化苦以检测是否对周围环境有泄露。

3）高锰酸钾消毒法。高锰酸钾是强氧化剂，一般用在石砾、粗沙等没有吸能力且较容易用清水冲洗干净的惰性基质上消毒，而不能用于泥炭、木屑、岩棉、陶粒等有较大吸附能力的活性基质或者难以用清水冲洗干净的基质，因为这些基质会吸附高锰酸钾，会直接毒害作物，或造成植物的锰中毒。基质消毒时，用0.1%～1.0%的高锰酸钾溶液喷洒在固体基质上，并与基质混拌均匀，然后用塑料包埋基质20～30min后，用清水冲洗干净即可。

(3) 太阳能消毒。太阳能消毒是近年来在温室栽培中应用较普遍的一种廉价、安全、简单实用的基质消毒方法。具体方法是：在夏季高温季节，在温室或大棚中把基质堆成20～25cm高，长宽视具体情况而定，堆放的同时喷湿基质，使其含水量超过80%，然后覆盖塑料薄膜。如果是槽培，可在槽内直接浇水后上盖薄膜即可。密闭温室或大棚，暴晒10～15d，消毒效果好。

2. 基质中盐分的消除

基质随着种植时间的延长，营养液或施用肥料的副成分残留于基质中，或使用的配方剂量、肥料量较大，都会造成基质内盐分的累积，引起基质电导率的增高，从而影响作物根系吸收功能，危害作物的生长，故基质培在使用一段时间后要用清水洗盐。方法是检测基质内电导率的变化，每周取种植槽底部流出来的液样测定电导率，如发现超过3.5mS/cm，则停止供营养液，在短时间内，滴入较多清水，洗去过多的盐分，无机基质（如岩棉等）流出来的洗液电导率降至接近清水，有机基质（如泥炭混合基质等）流出来的洗液电导率降至1.5mS/cm以下时，重新改滴营养液或施入固体肥料。由于清水洗盐会使许多不含营养的无机基质较长时间处于只含清水状态，会导致植株出现“饥饿”，最好用稀营养液洗盐（1/4～1/2倍浓度），当流出来的洗液电导率接近稀营养液时，重新改滴原浓度营养液。

3. 基质的更换

基质使用一段时间（1～3a）后，各种病菌、作物根系分泌物和烂根大量积累，物理性状变差，特别是有机残体为主体材料的基质，由于微生物的分解作用使得这些有机残体的纤维断裂，从而导致基质通气性下降，保水性过高，这些因素会影响作物生长，因而要更换基质。

基质栽培也提倡轮作，如前茬种植番茄，后茬就不应种茄子等茄科蔬菜，可改种瓜类蔬菜。消毒方法大多数不能彻底杀灭病菌和虫卵，轮作或更换基质才是更保险的方法。

更换下来的旧基质可经过洗盐、灭菌、离子重新导入及氧化等方法再生处理后重新用于无土栽培，也可施到农田中作为改良土壤之用。难以分解的基质如岩棉、陶粒等可进行填埋处理，防止对环境二次污染。

8.3.4 基质培的类型与设备

1. 岩棉培

岩棉是蔬菜、花卉生产中一种极好的基质，是国外（荷兰最多）基质培广泛应用的材料。但由于其造价高，岩棉培在我国的应用面积一直不大，目前主要应用于蔬菜生产。岩棉是由60%的辉绿岩、20%的石灰石和20%的焦炭混合，先在1500～2000℃的高温炉中溶化，将熔融物喷成直径为0.005mm的细丝，再将其压成容重为80～100kg/m^{3}的片，然后在冷却至200℃左右时，加入一种酚醛树脂以减小表面张力而成。岩棉是完全消毒的，不含病菌和其他有机物，它孔隙度大，吸水能力强。未使用过的岩棉pH值较高，加入少量的酸，1～2d后pH值就会降下来。岩棉在强酸下不稳定，纤维会溶解。岩棉基质干燥时重量较轻，容易对作物根部进行加温。开放式岩棉栽培营养液灌溉均匀、准确，一旦水泵或供液系统发生故障有缓冲能力，对作物造成的损失也较小。

岩棉培采用小岩棉播种育秧，育苗岩棉块因作物种类不同大小也不同，一般黄瓜、番茄采用7.5～10cm³的岩棉块，除了上下两面外，其外侧四周包裹黑色或黑白双面薄膜，以防水分散失及盐类在岩棉块周围积累，还可提高岩棉块温度。在岩棉块上部可直播也可移栽小苗。定植用岩棉板一般长70～100cm，宽15～30cm，厚度7～10cm。将岩棉板置入塑料袋内，制作方法同袋培，岩棉板可置于地面或放在栽培架上，岩棉板应向一侧倾斜，在其端部开2～3个孔以排除多余营养液；在栽培袋上开2个直径为8cm的定植孔，每个岩棉垫种植2株作物（见图8-3-1，图8-3-2）。

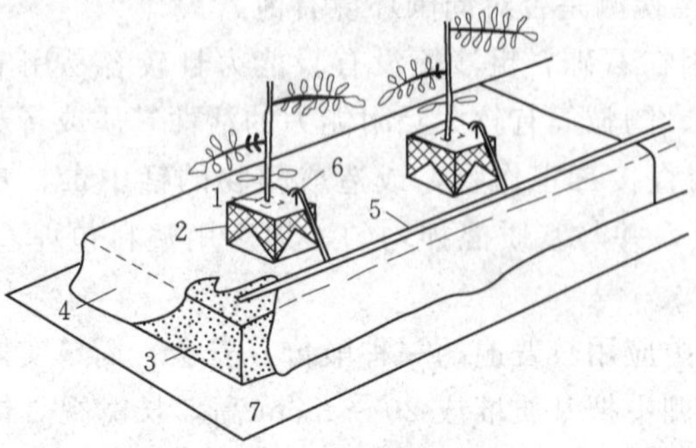

图8-3-1　岩棉垫栽培示意图

1—岩棉块播种孔；2—岩棉块（侧面包黑膜）；3—岩棉垫；4—黑白双面膜；5—滴灌管；6—滴头；7—衬垫膜（白色）

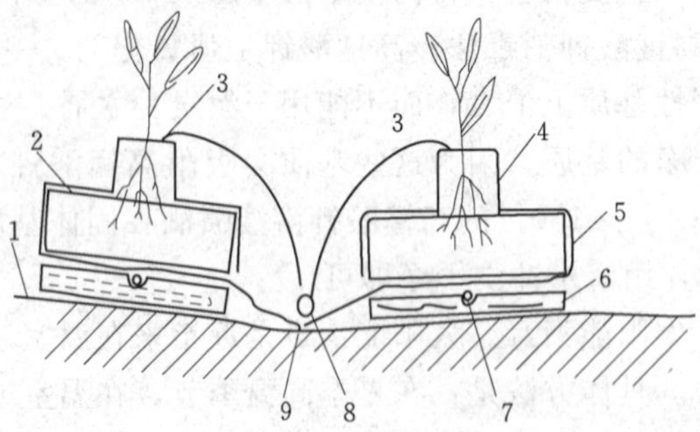

图8-3-2　岩棉栽培示意图（横断面图）

1—畦面塑料膜；2—岩棉垫；3—滴灌管；4—岩棉育苗块；5—黑白塑料膜；6—泡沫塑料块；7—加温管；8—滴灌管；9—塑料膜沟

岩棉培在定植前应将岩棉垫板滴灌润湿，在其上定植摆放2株岩棉块培的秧苗，一般株距35～40cm，滴头先固定在小岩棉块上，使育苗用岩棉块及其下部的岩棉垫板处在均衡的湿润状态，待7～10d后作物根系长出岩棉块深入垫板中，可将滴头转向垫板直接滴淌营养液。岩棉垫板上营养液的电导度为2.5～3.0mS/cm为适宜，如果超过可注清水洗盐。

在冬季比较寒冷的地区，可设根部加温装置。方法是在全部连接成行的岩棉种植垫底下，再垫一块硬泡沫塑料板，宽度与岩棉种植垫一致，厚度约3cm，长度视工作方便而定，板的中央延长方向开一小凹沟，以放置加温管道。

2. 沙培

沙是无土栽培中应用最早的一种基质材料，取材广泛，价格便宜。用沙子作为基质的无土栽培系统就是沙培。在沙漠、半沙漠地区沙子资源极其丰富，且栽培中沙子不需每隔1～2a进行定期更换，在发展节水农业中，理论上这种系统具有很大的潜在优势。

沙培可用栽培槽配套滴灌系统的方式栽培，在沙漠地区则常用全地面沙培床的栽培方式。方法是：在整个温室地面上全部铺上砂，做成一个大栽培床，为了利于排水，床底的坡降应稍大，通常为1：200。在床上铺两层0.15～0.2mm厚的黑色聚乙烯薄膜，薄膜上按1.5～2.0m的间隔，平行排列直径为4.0～6.0cm的多孔塑料排液管，排液管孔应向下，排出的营养液流到室外的贮液池中，可用于大田施肥。排液管放好后，铺上30cm厚的沙层，整平。对栽培床排出的溶液需经常测试，若总盐浓度大于3000mg/L时，必须用清水洗盐。

供液时可选用多孔微灌软管进行灌溉。在正常情况下，可根据作物对水分的需要来确定供液次数。每天可滴灌2～5次，每次要灌足水分，允许有8%～10%的水排出，并以此来判断灌液量。

3. 袋培

袋培是将基质装入一定容积的栽培袋中以种植植物。袋子通常由抗紫外线的聚乙烯薄膜制成，至少可使用2年。在光照较强的地区，塑料袋表面应以白色为好，以利反射阳光并防止基质升温。相反，在光照较少的地区，袋表面应以黑色为好，利于冬季吸收热量，保持袋中的基质温度。其优点是由于袋培床彼此分开，根际病害不易传播蔓延。

袋培的方式有两种：一种为开口筒式袋培（见图8-3-3），每袋装基质10～15L，种植1株作物；另一种为枕头式袋培（见图8-3-4），每个栽培袋的大小一般长70～100cm，宽30～40cm，每袋装基质20

～30L，每袋栽培果菜 2～3 株，每株苗设 1 个营养液滴头。袋的底部或两侧开两三个直径为 0.5～1.0cm 的小孔，以便多余的营养液从孔中流出，防止沤根。

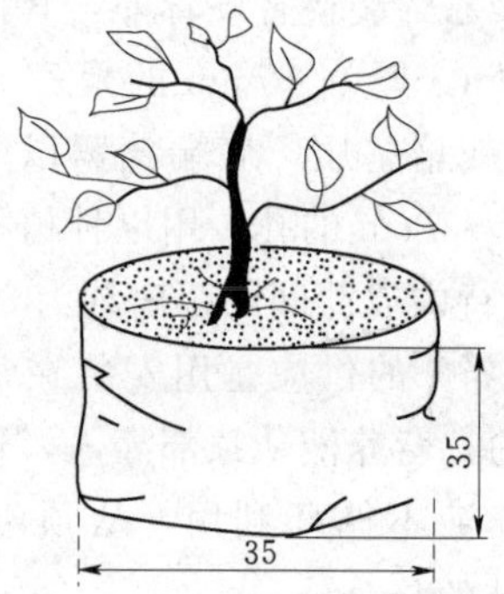

图 8-3-3 筒式栽培（单位：cm）

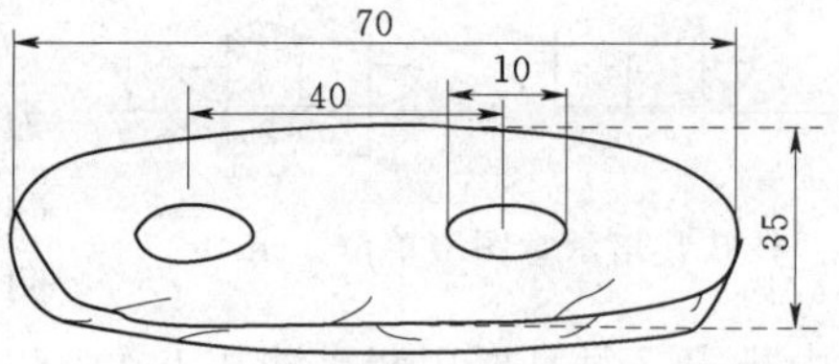

图 8-3-4 枕头式栽培（单位：cm）

常用的袋培基质有珍珠岩、蛭石、草炭与蛭石混合物等。基质装袋后，布设滴灌管，营养液可由水泵泵入滴灌系统后供给植株，也可用重力法供液（见图 8-3-5），不需动力。

4. 槽培

槽培是在温室、大棚等设施内，将基质装入一定容积的栽培槽中，可以高于地面，也可以低于地面，在槽内栽培作物。槽培所用的培养槽可分为永久性的水泥槽、半永久性的木板槽、砖槽、竹板槽等，以固定基质栽培作物，为防止营养液向外泄漏，其下方应垫铺 1～2 层 0.1mm 厚的聚乙烯塑料薄膜，以防止水分的流失和土壤病虫害传染。栽培槽的大小取决于不同作物，当种植植株高大的番茄、迷你西瓜等瓜果类蔬菜时，通常每槽种植两行，栽培槽一般宽 48cm，栽培槽之间的距离为 0.8～1.0m，以便于整枝、绑蔓和收获等田间操作，对某些矮生作物可设置较宽的栽培槽，进行多行种植，只要方便田间管理就可。如种植植株矮小的生菜等叶类蔬菜时，栽培槽的宽度可为 70～90cm，两槽相距 0.6～0.8m。槽边框高度为15～25cm 为好，为了降低成本也可采用较浅的栽培槽，但栽培槽太浅灌溉时必须特别细心。槽的长度可由灌溉能力（保证对每株作物提供等量的营养液）、温室大小、结构，以及田间操作所需走道等因素来决定。

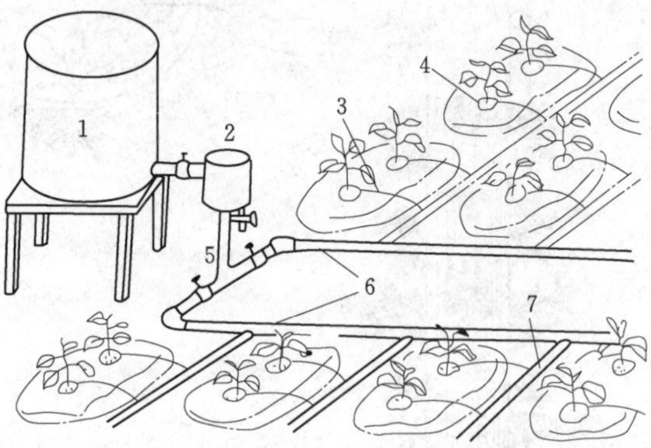

图 8-3-5 番茄袋培重力法滴灌系统示意图

1—营养液罐；2—过滤器；3—水阻管；4—滴头；5—主管；6—支管；7—毛管

槽的坡度最小应为 0.4%，槽内铺放基质，布设滴灌软管，营养液由水泵自贮液池中提出，通过干管、支管及滴灌软管灌滴于作物根际附近，也可用贮液池与根际部位的落差自动供液，营养液不回收，属开放式供液法（见图 8-3-5）。供液系统可按单个棚室建成独立的供液系统，利用自来水基础设施或者是采用水位差为 1m 以上的贮水池建成。在栽培槽上铺设塑料滴灌带，较窄的槽铺 1～2 条，较宽的槽铺 2～4 条。

槽培基质有多种，其中以草炭和蛭石的混合基质较为适用。草炭在运输过程中已大致风干，可能结成大块，需粉碎成纤维状或团状颗粒。基质混合前需分别测其酸碱度、电导率和主要营养元素含量，草炭测定氮、磷、钾含量，蛭石测定钾、镁含量，并加入一定量的肥料做基肥。例如：草炭 0.4m^3，炉渣 0.6 m^3，硝酸钾 1.0kg，蛭石复合肥 1.0kg，消毒鸡粪 10.0kg。

5. 立体基质栽培

立体栽培也称垂直栽培，主要种植一些如生菜、草莓等矮秧类作物，可以提高土地利用率 3～5 倍，可提高单位面积产量 2～3 倍。

(1) 柱状栽培。栽培柱采用石棉水泥管或硬质塑料管，在管的四周按螺旋位置开孔，植株种植在孔中的基质中，也可采用专用的无土栽培柱，栽培柱由若干个短的模型管构成。每一个模型管上有几个突出的杯状物，用以种植植物（见图 8-3-6）。可采用底部自下而上或从上部滴灌供液，一般营养液不循环

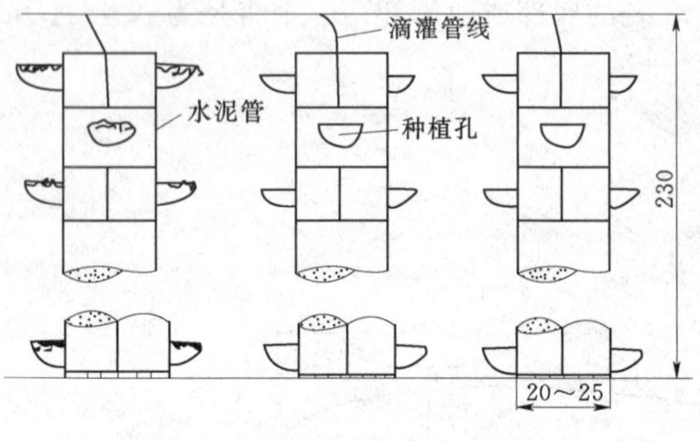

图 8-3-6 柱状栽培示意图（单位：cm）

利用。

(2) 吊袋式栽培。吊袋栽培是柱状栽培的简化。这种装置除了用聚乙烯袋代替硬管外，其他都相同。栽培袋采用直径 15cm、厚 0.15mm 的聚乙烯筒膜，长度一般为 2m，内装栽培基质，底端扎紧以防基质落下。袋子的周围开 2.5～5 cm 的孔，用以种植植物（见图 8-3-7）。栽培袋在行内彼此间的距离约为 80cm，行间距离为 1.2m。水和养分的供应是用安装在每一个袋顶部的滴灌系统进行的，营养液从顶部灌入，通过整个栽培袋向下渗透。营养液不循环利用，从顶端渗透到袋的底部，即从排水孔中排出。每月要用清水洗盐 1 次，以清除可能集结的盐分。

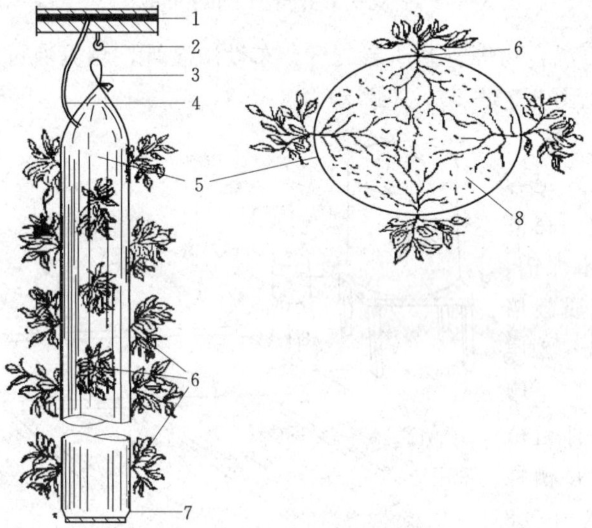

图 8-3-7 吊袋栽培示意图

1—供液管；2—钩子；3—挂鼻；4—滴灌管；5—塑料袋；6—种植孔；7—排水孔；8—培养基

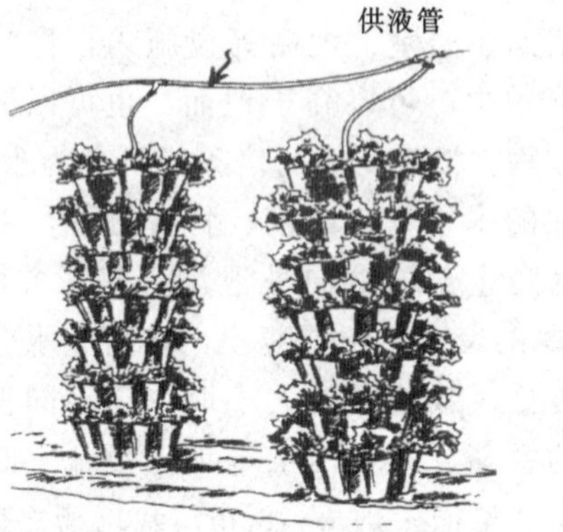

图 8-3-8 立柱式盆钵无土栽培示意图

(3) 立柱盆钵式无土栽培。将定型的塑料盆填装基质或不装基质直接上下叠放，栽培孔交错排列，保证作物均匀受光。供液管道由顶部自上而下供液（见图 8-3-8）。也有由底部自下而上的供液方式。立柱式栽培并不适于所有植物，一般矮秧型植物适宜柱式栽培，如莴苣、草莓、西芹、非洲紫罗兰等作物，其向上生长的高度一般不宜超过 45cm，目前已试验成功的品种有紫背天葵、草莓、大叶茼蒿、散叶生菜、油菜及三叶芹等小株型的叶菜类。

(4) A 型架栽培。A 型栽培架根据梯田布置模式设计（见图 8-3-9），不同层次的植物都可以接受到充足的阳光。采用此种栽培模式可以节约土地 1/3 以上，同时外形美观，可作观赏展架。目前在草莓、生菜等植物栽培上应用较多。每组 A 型骨架一般长 5～6m，可根据需要定做。两架间距一般 70～80cm，种植 3 层，保证作物均匀受光均匀，营养液通过供液管道经滴灌管供应至栽培槽。栽培槽直径≥160mm，长度根据温室及景观配置确定。

6. 有机生态型无土栽培

有机生态型无土栽培技术是由中国农业科学院蔬菜花卉研究所研制成功的，是指用基质代替土壤，用有机固态肥取代营养液，并用清水直接灌溉作物的一种无土栽培技术。因而有机生态型无土栽培仍具有一般无土栽培的特点，例如提高作物的产量和品质，减少农药用量，产品洁净卫生，节水、节肥、省工，可利用非耕地生产蔬菜等。此外，它还具有如下特点。

(1) 用有机固态肥取代传统的营养液。传统无土栽培是以各种无机化肥配制成一定浓度的营养液，以供作物吸收利用。有机生态型无土栽培则是以各种有机肥或无机肥的固体形态直接混施于基质中，作为供

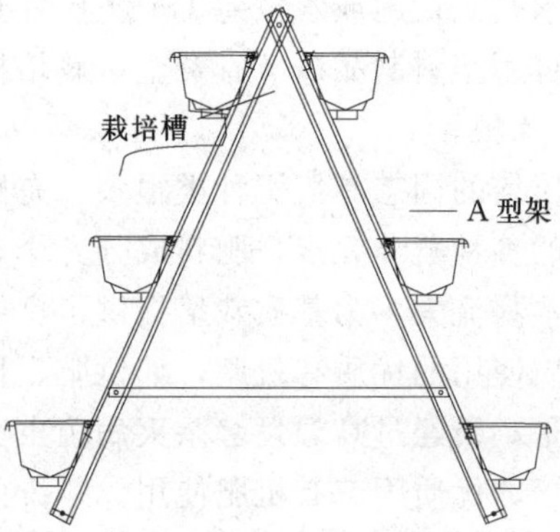

图 8-3-9　A 型架草莓栽培示意图

应栽培作物所需营养的基础，在作物的整个生长期中，可采取类似于土壤栽培追肥的方式分若干次将固态肥直接追施于基质中，以保持养分的供给浓度。

(2) 操作管理简单。有机生态型无土栽培操作管理简单，它采取在基质中加入固态有机肥，在栽培中用清水灌溉的方法，较一般营养液栽培省去了营养液配制和复杂管理，一般人员只要通过简单培训，即可掌握。

(3) 大幅度降低设施一次性投资成本，大量节省生产费用。由于有机生态型无土栽培不使用营养液，从而可全部取消配制营养液所需的设备、测试系统，甚至定时器、水泵、贮液池等设施，从而大幅度降低设施系统的一次性投资成本。而且有机生态型无土栽培主要施用消毒的有机肥，与使用营养液相比，其肥料成本降低 60%～80%。从而大大节省了无土栽培的生产开支。

(4) 对环境无污染。在无土栽培的条件下，灌溉过程中有 20%左右的营养液排到系统外是正常现象，但排出液中盐浓度过高，易污染环境，如岩棉栽培系统排出液中硝酸盐的含量高达 212mg/L，对地下水有严重污染。而有机生态型无土栽培系统排出液中硝酸盐的含量只有 1～4mg/L，对环境无污染。

(5) 产品品质优良。有机生态型无土栽培从基质到肥料均以有机物质为主，其有机质和微量元素含量高，在养分分解过程中不会出现有害的无机盐类，特别是避免了硝酸盐的积累。植株生长健壮，病虫害发生少，减少了化学农药的污染，产品洁净卫生、品质好。

有机生态型无土栽培常采用基质槽培的形式（见图 8-3-10），设施主要由栽培槽和供水系统组成。在无标准规格的成品槽供应时，可选用当地易得的材料建槽，如用木板、木条、竹竿甚至砖块。实际上只建没有底的槽框，所以不须特别牢固，只要能保持基质不散落到过道上就行。槽框建好后，在槽的底部铺一层 0.1mm 厚的聚乙烯塑料薄膜，以防止土壤病虫传染。槽边框高 15～20cm，槽宽依不同栽培作物而定。如黄瓜、甜瓜等蔓茎作物或植株高大需有支架的番茄等作物，其栽培槽标准宽度定为 48cm，可供栽培两行作物，栽培槽距 0.8～1.0m。如生菜、油菜、草莓等植株较为矮小的作物，栽培槽宽度可定为 72cm 或 96cm，栽培槽距 0.6～0.8m，槽长应依保护地棚室建筑状况而定，一般为 5～30m。为供水及时、

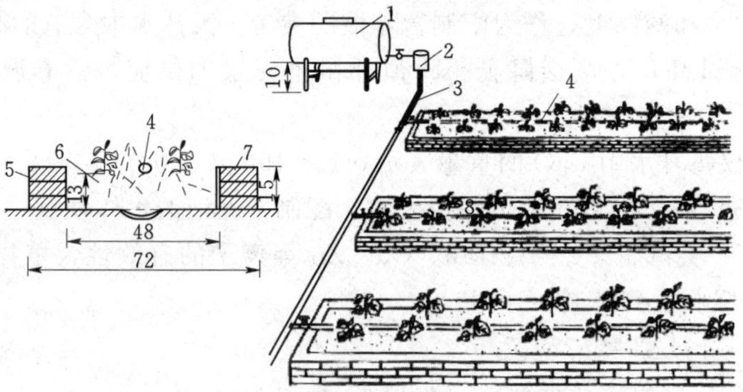

图 8-3-10　有机基质培设施系统（单位：cm）

1—贮液罐；2—过滤器；3—供液管；4—滴灌带；5—砖；6—有机基质；7—塑料薄膜

均匀，在有自来水基础设施或水位差1m以上储水池的条件下，按单个棚室建成独立的供水系统。输水管道和其他器材均可用塑料制品以节省资金。栽培槽宽48cm，可铺设滴灌带1～2根，栽培槽宽72～96cm，可铺设滴灌带2～4根。

用于有机基质培的固态有机肥种类很多，有厩肥、人粪尿、堆肥、绿肥、饼肥及杂肥等。有机肥富含植物生育所必需的各种营养元素，肥料成分齐全，易分解被植物吸收利用，有机质含量丰富，阳离子代换量高，有效成分不易流失，为基质栽培提供了良好的营养条件。

作为有机基质使用的优质有机肥，如饼肥、作物秸秆和动物粪便等，都必须经过堆沤、发酵、腐熟。常用的膨化鸡粪是鸡粪经过高温发酵杀灭病菌虫卵，然后脱水烘干，保持较高的肥效和丰富的营养成分，可作为有机基质培的优质固态有机肥使用。

有机栽培基质的营养水平，每立方米基质应含有全氮（N）1.5～2.0kg，全磷（P_2O_5）0.5～0.8kg，全钾（K_2O）0.8～2.4kg，可满足一般蔬菜作物对各种营养的需求。

为确保整个生育期均处于最佳的养分供应状态，固态有机肥等肥料可分为基肥和追肥施用，比例为3：2。定植前向槽内基质施入基础肥料作基肥，定植后20d，每隔10～15d将有机肥均匀撒布在距根茎5cm处的周围作追肥。

8.4 营养液的配制与管理

营养液的基本成分包括水、肥料（无机盐类化合物）和辅助物质。经典或被认为合适的营养液配方必须结合当地水质、气候条件及栽培的作物种类，对配制营养液的肥料的种类、用量和比例作适当调整，才能最大程度地发挥营养液的使用效果。因此，只有对营养液的组成成分及要求有清楚的了解，才能配成符合要求的营养液。

8.4.1 原料及其要求

1. 营养液对水源、水质的要求

（1）水源。配制营养液的用水十分重要。无土生产上一般使用自来水和井水。以自来水作水源，水质有保障，但生产成本高，以井水作水源，生产成本低，但以软质的井水为宜。河水、泉水、湖水、水库水及雨水也可用于营养液配制。无论采用何种水源，使用前都要经过水质化验或从当地水利部门获取相关资料，以确定水质是否适宜，必要时可经过处理，使之达到符合卫生规范的饮用水的程度。流经农田的水、未经净化的海水和工业污水不能作水源。

作物无土栽培时要求水量充足，尤其在夏天不能缺水。如果单一水源水量不足时，可以把自来水和井水、雨水、河水等混合使用。

（2）水质。水质好坏对无土栽培的影响很大。因此，无土栽培的水质要求比国家环保总局颁布的《农田灌溉水质标准》（GB 5084—85）的要求稍高，与符合卫生规范的饮用水相当。无土栽培用水必须检测多种离子含量，测定电导率和酸碱度，作为配制营养液的参考。天然水中含有的有机质往往对无土栽培有好处，但有机质浓度不能过高，否则会降低pH值和微量元素的供应。营养液对水质要求的主要指标如下。

1）硬度。水的硬度仪每升水中CaO的重量表示，1°＝10mgCaO/L。0°～4°为很软水，4°～8°为软水，8°～16°为中硬水，16°～30°为硬水，30°以上为极硬水。配制营养液的水体硬度一般以不超过10°为宜。水质过硬，水的pH值升高，会降低Fe、B、Mn、Cu、Zn等离子的有效性，植物会发生缺素症状。水中Ca^{2+}过多，植物对K^+的吸收受到抑制。

2）酸碱度。一般要求pH值为5.5～7.5。

3）溶解氧。使用前的溶解氧应接近饱和，即O_2含量为4～5mg/L。

4）NaCl含量。小于2mmol/L。水中如果NaCl含量过高，会使植物生长不良或枯死。

5）余氯。主要来自自来水消毒和设施消毒所残存的氯。氯对植物根系有害。因此，最好自来水进入设施系统之前放置半天以上，设施消毒后也要空置半天，以便余氯散逸。

6）悬浮物。小于10mg/L。以河水、水库水作水源时要经过澄清之后才可使用。

7）重金属及有毒物质含量。无土栽培的水中重金属及有毒物质含量不能超过国家标准（见表8-4-1）。

表8-4-1 无土栽培水中重金属及有毒物质含量标准

名　称	标准（mg/L）	名　称	标准（mg/L）
汞（Hg）	≤0.001	镉（Cd）	≤0.005
砷（As）	≤0.05	铅（Pb）	≤0.05
硒（Se）	≤0.02	铬（Cr）	≤0.05
铜（Cu）	≤0.10	锌（Zn）	≤0.20
氟化物（F）	≤3.0	大肠菌群	≤1 000个/L
六六六	≤0.02	DDT	≤0.02

2. 营养液对肥料及辅助物质的要求

（1）肥料选择要求。

1）根据栽培目的选择肥料。如果是研究营养液新配方及探索营养元素缺乏症等试验，必须使用化学试剂，除特别要求精细之外，一般用到化学纯级即可。如果用于作物无土栽培生产，除了微量元素用化学纯试剂或医药用品外，大量元素的供给多采用农用品，以降低成本。如无合格的农业原料可用工业用品代替，但肥料成本会增加。

2）根据作物的特殊需要选择肥料。如铵态氮（NH_4^+）和硝态氮（NO_3^-）都是作物生长发育的良好氮源。NH_4^+-N和NO_3^--N的营养效果由于其盐类的伴随性质的不同，在应用上有一定差异。两种氮源的盐类所伴随的性质的主要区别，在于其生理酸碱性及其离子的特性上。例如，铵盐$(NH_4)_2SO_4$，NH_4Cl，甚至NH_4NO_3都是生理酸性盐，尤以$(NH_4)_2SO_4$，NH_4Cl为甚。而NH_4^+离子是一价阳离子，具有对二价离子的拮抗作用，尤其对Ca^{2+}的吸收有明显的抑制，而生理酸性所带来的H^+更是Ca^{2+}的强拮抗者。所以，使用铵盐作氮源时容易出现缺钙以致作物生长不良，甚至伤害根系的细胞而使作物死亡。硝盐$NaNO_3$、KNO_3、$Ca(NO_3)_2$都是生理碱性盐，它们都能使营养液的pH值升高，造成一些营养元素因沉淀而失效（Fe，Mg等）。使用生理碱性强的硝盐，常出现缺铁、缺镁而使作物生长不良。

很多研究结果证明，只要采用适当措施克服了其伴随性质的不良影响，两种氮源就会具有同等效果。例如，中和其生理酸碱性，在NH_4^+-N作氮源时增加钙的用量，在NO_3^--N作氮源时用螯合铁为铁源等。营养液的N源有效形态还与栽培方式有关，基质栽培由于基质的理化性状，缓冲能力，都与营养液之间存在交互作用，因此二种形态的N源都可使用，且生产效果良好。水培营养液因缓冲能力差，一般多以NO_3^--N为主，NH_4^+-N比例不宜过高。

3）选用溶解度大的肥料。如硝酸钙的溶解度大于硫酸钙，易溶于水，使用效果好，故在配制营养液需要钙时，一般都选用硝酸钙。硫酸钙虽然价格便宜，却难溶于水，生产上一般很少使用。

4）肥料的纯度要高，适当采用工业品。这是因为劣质肥料中含有大量惰性物质，用作配制营养液时会产生沉淀，堵塞供液管道，妨碍根系吸收养分。营养液配方中标出的用量是以纯品表示的，在配制营养液时，要按各种化合物原料标明的百分纯度来折算出原料的用量。在考虑成本的前提下配置营养液的大量元素通常使用价格便宜的农用化肥。微量元素用量较少，可采用工业品。

5）肥料种类适宜。对提供同一种营养元素的不同肥料的选择要以最大限度地适合组配营养液的需要为原则。如选用硝酸钙作氮源就比用硝酸钾多一个硝酸根离子。一种化合物提供的营养元素的相对比例，必须与营养液配方中需要的数量进行比较后选用。

6）肥料中不含有毒、有害成分，购买方便，价格便宜。

（2）无土栽培常用的肥料。

1）氮源。主要有硝态氮和铵态氮两种。蔬菜为喜硝态氮作物，硝态氮多时不会产生毒害，而铵态氮多时会使生长受阻形成毒害。两种氮源以适当比例同时使用，比单用硝态氮好，且能稳定酸碱度。常用氮源肥料有硝酸钙、硝酸钾、磷酸二氢铵、硫酸铵、氯化铵及硝酸铵等。

2）磷源。常用的磷肥有磷酸二氢铵、磷酸二铵、磷酸二氢钾、过磷酸钙等。磷过多会导致铁和镁的缺乏症。

3）钾肥。常用的钾肥有硝酸钾、硫酸钾、氯化钾，以及磷酸二氢钾等。钾的吸收快，要不断补给，但钾离子过多会影响到钙、镁和锰的吸收。

4）钙源。钙源肥料一般使用硝酸钙，氯化钙和过磷酸钙也可适当使用。钙在植物体内的移动比较困难，无土栽培时常会发生缺钙症状，应特别注意调整。

5）营养液中使用镁、锌、铜、铁等硫酸盐，可同时解决硫和微量元素的供应。

6）营养液的铁源。pH 值偏高、钾的不足，以及过量地存在磷、铜、锌、锰等情况下，都会引起缺铁症。为解决铁的供应，一般都使用螯合铁。营养液中以螯合铁（有机化合物）作铁源，效果明显强于无机铁盐和有机酸铁。常用的螯合铁有乙二胺四乙酸一钠铁和二钠铁（NaFe-EDTA、Na_2Fe-EDTA）。螯合铁的用量一般按铁元素重量计，每升营养液用 3～5mg。

7）硼肥和钼肥。多用硼酸、硼砂和钼酸钠、钼酸钾。

(3) 辅助物质。营养液常用的辅助物质是螯合剂，它与某些金属离子结合可形成螯合物。最常用的螯合剂是乙二胺四乙酸（EDTA）。它与铁离子螯合形成的螯合铁，常用于解决营养液中铁源的沉淀或氧化失效的问题。这类螯合铁用于无土栽培营养液中作铁源效果很好，逐渐推广应用的整合剂有：乙二胺四乙酸（EDTA）、二乙三胺五乙酸（DTPA）、环己烷-1，2 二胺四乙酸（CDTA）、乙二胺双（邻羟苯基乙酸）（EDDHA ）。

8.4.2 营养液的组成

营养液的组成不仅直接影响作物的生长发育，而且也涉及到经济、有效地利用养分的问题。根据植物种类、水源、肥源和气候条件等具体情况，有针对性地确定和调整营养液的组成成分，能够充分发挥营养液的使用功效，以适应作物栽培的要求。

1. 营养液成分配组原则

(1) 营养元素齐全。植物生长发育必需的营养元素有 16 种，其中碳、氢、氧 3 种营养元素由空气和水提供，其余 13 种营养元素从根际环境中吸收，其中大量元素有 N、P、K、Ca、Mg；微量元素有 S、Fe、Mn、B、Zn、Cu、Mo、Cl。

(2) 营养元素可以被植物吸收。配制营养液的肥料应以化学态为主，在水中有良好的溶解性，同时能被作物有效利用。通常都是无机盐类，也有一些有机螯合物。

(3) 营养均衡。营养液中各营养元素的数量比例应是符合植物生长发育要求的、生理均衡的，可以保证各种营养元素有效地充分发挥和植物吸收的平衡。在保证元素种类齐全并且符合配方要求的前提下，所用肥料的种类力求要少（一般不超过 4 种），以防止化合物带入植物不需要和引起过剩的离子或其他有害杂质。

(4) 总盐度和酸碱度适宜。营养液中总浓度应符合植物正常生长要求。不因浓度太低，造成作物缺素；也不因浓度太高，作物发生盐害。尽管某些肥料溶解后因为根系的选择性吸收而表现出生理酸性或生理碱性，甚至其生理酸碱性较强，但营养液的酸碱度及其总体表现出来的生理酸碱反应是较为平稳的，不超出植物正常生长所要求的酸碱度变化范围。

(5) 营养元素有效期长。营养液中的各种营养元素在栽培过程中应长时间地保持其有效态，并且有效性不因氧化、根的吸收，以及离子间的相互作用而在短时间内降低。

2. 营养液组成的确定方法

营养液成分的组配除了要明确种植某种作物时的总浓度之外，还需要确定营养液中各元素间是否保持化学平衡和生理平衡，并且经过生产检验、修正与完善，确定作物能在营养液中正常生长发育，同时有较高的产量。这样才可以说营养液组配成功。

(1) 确定营养液组成的理论依据。目前，世界上关于营养液组成主要有三派配方理论，即园试标准配方、山崎配方和斯泰纳配方。

1）园试标准配方理论。由日本园艺试验场经过多年的研究而提出来的，其依据是分析植株对不同元素的吸收量，以此来决定营养液配方的组成。

2）山崎配方理论。由日本植物生理学家山崎肯哉以“园试”标准配方为基础，以果菜类植物为材料研究提出来的。其依据是作物吸收元素量与吸水量之比，即吸收浓度（n/ω 值）来决定营养液配方的组成。

3）斯泰纳配方理论。由荷兰科学家斯泰纳依据作物对离子的吸收具有选择性而提出来的。斯泰纳营养液是以阳离子（Ca^{2+}、Mg^{2+}、K^{+}）之摩尔和与相近的阴离子（NO_3^-、PO_4^{3-}、SO_4^{2-}）之摩尔和相等为前提，而各阳、阴离子之间的比值，则是依据植株分析得出的结果而制定的。根据斯泰纳的试验结果，阳离子的比值为以 $K^+ : Ca^{2+} : Mg^{2+} = 45 : 35 : 20$，阴离子的比值为 $NO_3^- : PO_4^{3-} : SO_4^{2-} = 60 : 5 : 35$ 时为最恰当。

(2) 营养液总盐度的确定。首先，根据作物种类、品种、生育期在不同气候条件下对营养液含盐量的要求来大体确定营养液的总盐分浓度。电导度（EC）是溶液含盐量的导电能力，单位为 mS/cm（毫西门子）。无土栽培所用的营养液含盐量的浓度很低，导电能力也低，故电导度常用其 0.1%来表示。

一般营养液的总盐分浓度在 0.4%～0.5%以下，大多数作物都可以正常生长。当营养液的总盐分浓度超过 0.5%，很多蔬菜、花卉植物就会表现出不同程度的盐害。不同作物对营养液总盐分浓度的要求差异较大，例如番茄、甘蓝、康乃馨要求营养液的总盐分浓度为 0.2%～0.3%；荠菜、草莓、郁金香要求营养液的总盐分浓度为 0.15%～0.2%。因此，在确定营养液的盐分总浓度时要考虑到植物的耐盐程度。

(3) 营养液的氢离子浓度（pH）的确定。通常用 mol/L 来表示。当溶液呈中性时，溶液氢离子浓度为 100nmol/L(pH=7.0)；当氢离子浓度小于 100nmol/L(pH>7.0)，溶液呈碱性；反之，H^+ 占优势，氢离子浓度>100nmol/L(pH<7.0)，溶液呈酸性。pH 的测定，最简单的方法可以用石蕊试纸进行比色，但这只能测出大概的范围，准确的测定要用 pH 仪，测试方法简单、快速、准确。大多数植物的根系，在氢离子浓度为 316.3～3163.0nmol/L(pH5.5～6.5）的弱酸性范围内生长最好。氢离子浓度过低（pH>7），会导致 Fe，Mn，Cu 和 Zn 等微量元素沉淀，腐蚀循环泵及系统中的金属元件，而且使植株过量吸收某些元素而中毒。氢离子浓度（pH 值）不适宜，植株的反应是根尖发黄和坏死，之后叶片失绿。

(4) 营养液成分的确定。主要依据生理平衡性和化学平衡性来确定营养液各组成成分的适宜用量和比例。

1）生理平衡。生理平衡的营养液是既含有满足植物正常生长发育需要的一切营养元素，又不影响到其正常生长发育的营养液。影响营养液生理平衡的因素主要是营养元素间的协助作用或拮抗作用。目前世界上流行的确定原则是分析正常生长的植物体中各种营养元素的含量来确定其比例。

2）化学平衡。营养液组配的几种化合物，当其离子浓度处在一定浓度范围时，不会因相互作用而形成难溶性的化合物沉淀，不会造成营养液中某些营养元素的有效性降低。

8.4.3 营养液的配制技术

1. 营养液配制的原则

营养液配制总的原则是确保在配制后和使用营养液时都不会产生难溶性物质沉淀。营养液是否会产生沉淀主要取决于营养液的浓度。几乎任何均衡的营养液中都含有可能产生沉淀的 Ca^{2+}、Fe^{3+}、Mn^{2+}、Mg^{2+} 等和 SO_4^{2-}、PO_4^{3-} 或 HPO_4^{2-} 等，当这些离子在浓度较高时会相互作用而产生沉淀。如 Ca^{2+} 与 SO_4^{2-} 相互作用产生 $CaSO_4$ 沉淀；以及 Ca^{2+}、Mg^{2+} 与 OH^- 产生 $Ca(OH)_2$ 和 $Mg(OH)_2$ 沉淀等。实践中运用难溶性物质溶度积法则作指导，采取以下两种方法可避免营养液中产生沉淀：一是对容易产生沉淀的两种盐类化合物分别溶解，分罐配制与保存，使用前再稀释、混合；二是向营养液中加酸，降低 pH 值，使用前再加碱调整至正常水平。

2. 营养液配制前的准备工作

(1) 正确选用和调整营养液配方。这是因为不同地区的水质和肥料纯度存在差异，会直接影响营养液的组成；栽培作物的品种和生育期不同，要求的营养元素比例也不同，特别是 N、P、K 营养三要素的比例；栽培方式特别是基质栽培时，基质的吸附性和本身的营养成分都会改变营养液的组成；不同营养液配方的使用还涉及栽培成本问题。因此，营养液配制前应根据植物种类、生育期、当地水质、气候条件、肥料纯度、栽培方式，以及成本大小，正确选用和灵活调整营养液配方，在证明其确实可行之后再大面积应用。

（2）选好适当的肥料。所选肥料既要考虑肥料中可供使用的营养元素的浓度和比例，又要注意选择溶解度高、纯度高、杂质少以及价格低的肥料。

（3）阅读有关资料。在配制营养液之前，先仔细阅读有关肥料或化学品的说明书或包装说明，注意肥料的分子式、纯度、含有的结晶水等。

（4）选择水源并进行水质化验。以此作为配制营养液时的参考。

（5）准备好贮液罐及其他必要物件。营养液一般配成浓缩100～1000倍的母液，需要2～3个母液罐。小型母液罐的容积以25L或50L为宜，以深色不透光的为宜。此外，还需准备好相关的检测设备和溶解、搅拌用具等。

3. 营养液配方的计算

一般在进行营养液配方计算时，因为钙的需要量大，并在大多数情况下以硝酸钙为唯一钙源，所以计算时先从钙的量开始，钙的量满足后，再计算其他元素的量。一般是依次计算氮、磷、钾，最后计算镁，因为镁与其他元素互不影响。微量元素需要量少，在营养液中的浓度又非常低，所以每个元素均可单独计算，而无须考虑对其他元素的影响。无土栽培营养液配方的计算方法较多，有3种较常用的方法。一是百万分率（10^{-6}）单位配方计算法；二是mmol/L（毫摩尔）计算法；三是根据1mg/L元素所需肥料用量，乘以该元素所需的mg/L数，即可求出营养液中该元素所需的肥料用量。

计算顺序：①配方中1L营养液中需Ca的数量（mg数），先求出$Ca(NO_3)_2$的用量；②计算$Ca(NO_3)_2$中同时提供的N的浓度数；③计算所需NH_4NO_3的用量；④计算KNO_3的用量；⑤计算所需KH_2PO_4和K_2SO_4的用量；⑥计算所需$MgSO_4$的用量；⑦计算所需微量元素用量。配制营养液所用的肥料及其使用浓度如表8-4-2所示。

表8-4-2 营养液用肥及其使用浓度 单位：μL/L

元素	使用浓度	肥料
NO_3-N	70～210	KNO_3，$Ca(NO_3)_2\cdot 4H_2O$，NH_4NO_3，HNO_3
NH_4-N	0～40	$NH_4H_2PO_4$，$(NH_4)_2HPO_4$，NH_4NO_3，$(NH_4)_2SO_4$
P	15～50	$NH_4H_2PO_4$，$(NH_4)_2HPO_4$，KH_2PO_4，K_2HPO_4，H_3PO_4
K	80～400	K_2HPO_4，KNO_3，KH_2PO_4，K_2SO_4，KCl
Ca	40～160	$Ca(NO_3)_2\cdot 4H_2O$，$CaCl_2\cdot 6H_2O$
Mg	10～50	$MgSO_4\cdot 7H_2O$
Fe	1.0～5.0	FeEDTA
B	0.1～1.0	H_3BO_3
Mn	0.1～1.0	MnEDTA，$MnSO_4\cdot 4H_2O$，$MnCl_2\cdot 4H_2O$
Zn	0.02～0.2	ZnEDTA，$ZnSO_4\cdot 7H_2O$
Cu	0.01～0.1	CuEDTA，$CuSO_4\cdot 5H_2O$
Mo	0.01～0.1	$(NH_4)_6Mo_7O_{24}$，$Na_2MoO_4\cdot 2H_2O$

4. 营养液的配制方法

生产上配制的营养液一般分为母液（浓缩贮备液）和工作液两种。母液配制时，不能将所有肥料都溶解在一起，因为浓缩后某些阴阳离子间会发生反应而沉淀。所以一般配成A、B、C三种母液。A母液以钙盐为中心，凡不与钙作用而产生沉淀的盐都可溶在一起，一般配成100～200倍的浓缩液；B母液以磷酸盐为中心，凡不会与磷酸根形成沉淀的盐都可溶在一起，一般配成100～200倍的浓缩液；C母液是由铁盐和微量元素化合物混配而成，因其用量小，一般配成1000～3000倍的浓缩液。

工作液的配制方法有母液稀释法和直接配制法。其中，母液稀释法是生产上常用的工作液配制方法。

利用母液稀释为工作营养液时，在加入各种母液的过程中，也要防止沉淀的出现。配制步骤为：应在储液池中放入大约需要配制体积的1/2～2/3的清水，量取所需A母液的用量倒入，开启水泵循环流动或搅拌器使其扩散均匀，然后再量取B母液的用量，缓慢地将其倒入贮液池中的清水入口处，让水源冲稀B母液后带入贮液池中，开启水泵将其循环或搅拌均匀，此过程所加的水量已达到总液量的80%为度。最后量取C母液，按照B母液的加入方法加入贮液池中，经水泵循环流动或搅拌均匀即完成工作营养液的配制，然后用pH计测其pH值，用电导率仪测EC值，看是否与预配的值相符。

8.4.4 营养液配方

在规定体积的营养液中，规定含有各种必需营养元素的盐类数量称为营养液配方。配方中列出的规定用量，称为这个配方的一个剂量。如果使用时将各种盐类的规定用量都只使用其一半，则称为某配方的1/2剂量。一个生理平衡的营养液配方可能适用于某一类或几类作物，也可能适用于几类作物中的几个品种。营养液配方根据应用对象的不同，分为叶莱类和果莱类营养液配方；根据配方的使用范围分为通用性（如霍格兰配方、园试配方）和专用性营养液配方；根据营养液盐分浓度的高低分为总盐度较高和总盐度较低的营养液配方。现列出两种通用性配方（见表8-4-3，8-4-4），以供参考。

表8-4-3　　营养液大量元素用量

化合物名称	霍格兰配方（Hoagland和Arnon，1938年）					日本园试配方（1966年）				
	化合物用量		元素含量（mg/L）		大量元素总计（mg/L）	化合物用量		元素含量（mg/L）		大量元素总计（mg/L）
	mg/L	mmol/L				mg/L	mmol/L			
$Ca(NO_3)_2 \cdot 4H_2O$	945	4	N 112	Ca 160	N 210 P 31 K 234 Ca 160 Mg 48 S 64	945	4	N 112	Ca 160	N 243 P 41 K 312 Ca 160 Mg 48 S 64
KNO_3	607	6	N 84	K 234		809	8	N 112	K 312	
$NH_4H_2PO_4$	115	1	N 14	P 31		153	4/3	N 18.7	P 41	
$MgSO_4 \cdot 7H_2O$	493	2	N 48	S 64		493	2	Mg 48	S 64	

表8-4-4　　营养液微量营养元素用量　　单位：mg/L

化合物分子式	营养液化合物含量	营养液含元素
Na_2Fe-EDTA（含铁14.0%）	20～40	2.8～5.6
H_3BO_3	2.86	0.5
$MnSO_4 \cdot 4H_2O$	2.13	0.5
$ZnSO_4 \cdot 7H_2O$	0.22	0.05
$CuSO_4 \cdot 5H_2O$	0.08	0.02
$(NH_4)_6Mo_7O_{24} \cdot 4H_2O$	0.02	0.01

8.4.5 营养液的管理

营养液的管理主要指循环供液系统中营养液的管理。开放式基质栽培时养液不回收使用，管理方法较为简单。营养液的使用方式主要有3种，即水培、雾培和基质培，在每种方式中的使用都有各自的特点。

营养液用于水培时，植物根系浸入营养液，直接从中吸收水肥和氧气。在水培中，营养液的浓度不可过高，一般来讲，浓度低一些反而更有利于植株生长，在有些情况下，只要植株不出现缺素症，就不要提高营养液的养分浓度。在低浓度下，稍微改动营养液中的离子比例，即可观察到明显的生长效应。

喷雾培的营养液浓度可比其他水培的高一些，一般要高20%～30%左右。这主要是由于营养液以喷雾的形式来供应时，附着在根系表面的营养液只是一层薄薄的水膜，因此总量较少，而为了防止在停止供液的时候植株吸收不到足够的养分，就要把营养液的浓度稍微提高。而如果是半喷雾培，则不需提高营养液的浓度，可与深液流水培的一样。

基质培中除沙、石砾、岩棉、珍珠岩等惰性基质外，基质培营养液的浓度和组成没有水培或雾培严格，尤其是在使用有机基质比例较高的复合基质时，由于有机基质能吸附足够多的养分，特别是阳离子代换量较高的基质，表面有电荷与养分形成双电层，当营养液浓度高时，可以增加基质表面的吸附量；反之，当营养液浓度降低，吸附的养分会解离出来，供植物利用。同时，植物根系对离子的吸收具有选择性，植物对需要量比较多的离子吸收多一些，对需要量少的离子则吸收少一些。

1. 营养液浓度管理

营养液浓度的管理直接影响作物的产量和品质，不同作物营养液管理指标不同，而且同一作物的不同生育期营养液浓度管理也不相同，不同季节营养液浓度管理也略有不同。一般夏季用的营养液浓度比冬季略低些为好，但是也有个别作物浓度管理恰巧相反。例如，日本的三叶芹夏季 EC 浓度提高到 4.5mS/cm 来管理，目的在于抑制根腐病菌的繁殖。无土栽培网纹甜瓜，收获前提高营养液管理浓度，可以增加果实的糖度。番茄无土栽培时高浓度管理比低浓度管理的果实糖度高。

要经常用电导率仪测量检查营养液浓度的变化，但是电导率仪仅能测量出营养液各种离子总和，无法测出各种元素的各自含量，因此，有条件的地方，每隔一定时间要进行一次营养液的全面分析。没有条件的地方，也要经常细心地观察作物生长情况，有无生理病害的迹象发生，若出现缺素或过剩的生理病害，要立即采取补救措施。

2. 营养液的酸碱度（pH 值）的管理

营养液的 pH 值一般要维持在最适 pH 范围，尤其水培，对于 pH 值的要求更为严格。这是因为各种肥料成分均以离子状态溶解于营养液中，pH 值高低会直接影响各种肥料的溶解度，从而影响作物的吸收。尤其在碱性情况下，会直接影响金属离子的吸收而发生缺素的生理病害。

3. 光照与液温管理

(1) 光照。营养液受阳光直照时，这对无土栽培是不利的。因为阳光直射容易促使营养液中的铁产生沉淀。另外，阳光下的营养液表面会产生藻类，与栽培作物竞争养分和氧气。因此，营养液应避免阳光照射。

(2) 营养液温度。营养液温度即液温直接影响到根系对养分的吸收、呼吸和作物生长，以及微生物活动。稳定的液温可以减少过低或过高的气温对植物造成的不良影响。例如，冬季气温降到 10℃以下，如果液温仍保持在 16℃，则对番茄的果实发育没有影响。在夏季气温升到 32～35℃时，如果液温仍保持不超过 28℃，则黄瓜的产量不受影响，而且显著减少劣果数。一般来说，夏季的液温保持不超过 28℃，冬季的液温保持不低于 15℃，对大多数作物的栽培都是适合的。

液温的变化主要受气候的影响，所以在无土栽培条件下，需要用一定的装置确保液温维持在一个较适宜的水平。在液温较低的情况下，可采用贮液池或栽培床加温的方式。在高温季节液温偏高时可在栽培床上用隔热性能好的材料是营养液与外界空气隔绝，并加大营养液的循环频率或用井水或冷泉水通过贮液池中的螺旋管进行循环降温。另外，有条件的地方，可以设置冷却装置，使液温维持所需的温度。

4. 供液时间与供液次数的管理

营养液的供液时间与供液次数，主要依据栽培形式、环境条件、作物的长势和长相而定。总的供液原则是：营养供应充分和及时，经济用液和节约能源。为此，在无土栽培过程中应做到适时供液和定时供液。基质培一般每天供液 2～4 次即可，每次 5～10min。如果基质层较厚，供液次数可少些；反之则供液次数多些。NFT 水培每日要多次供液，间歇供液。作物生长盛期，对养分和水分的需要量大，供液次数应多，每次供液的时间也应长。供液主要集中在白天进行，夜间不供液或少供液。晴天供液次数多些，阴雨天可少些；气温高、光线强时供液多些，反之则供液少些。总之，供液时间与次数应因时因地制宜，灵活把握。

5. 营养液的补充与更换

循环使用的营养液在使用一段时间以后，需要补充与更换营养液。在循环供液过程中，营养液被作物吸收、消耗，液量不断减少，回液的量不足时就需补充添加。当多次补充养分后，即使电导率能达到要求，但作物生长不良或电导率一直处于一个较高的水平而不降低时，就要更换营养液，这说明营养液中非营养成分积累得较多。这些物质主要来源于营养液配方所带的非营养成分（如钠、氯等）、调节 pH 值中和生理酸碱性所产生的盐，使用硬水作水源时所带的盐分，根系的分泌物和脱落物以及滋生的大量微生物、相关分解产物等。这些物质积累较多，就会造成总盐浓度过高而抑制作物生长，出现电导率虽高，但实际的营养成分很低的状况，也干扰了对营养液养分浓度的准确测量。为了避免植株生育缓慢或发生生理病害，一般在营养液连续使用 2 个月以后，进行一次全量或半量的更新。

6. 营养液的消毒

虽然无土栽培根际病害比土培少，但是地上部一些病菌会通过空气、水以及使用的装置、器具等传染，尤其是营养液循环使用的情况下，如果栽培床上有病株，就会有通过营养液传染整个栽培床的危险，所以需要对使用过的营养液进行消毒。营养液杀菌和除菌的方法有紫外线照射、高温加热、砂石过滤器过滤、药剂杀菌、超声波处理等。在国外，营养液消毒最常用的方法是高温热处理，处理温度为 90℃，但需要消毒设备。经过消毒处理的废液收集起来，可以重复循环利用或回收用作肥料等也是比较经济且环保的做法。

8.5　主要园艺作物无土栽培技术

8.5.1　番茄

番茄（Lycopersicum esculentum Mill.）已成为世界各国，特别是发达国家，无土栽培面积最大、产量最高的主要蔬菜。番茄无土栽培可比土壤种植的产量高几倍甚至十几倍，且较有土栽培更易于提高品质。目前，番茄的栽培仍主要停留在土壤栽培阶段，劳动量大、效率低、环境污染、连作障碍、产量连年下降等问题日趋突出。采用无土栽培技术，对上述问题的解决均有独到之处。

1. 对环境条件的要求

番茄是喜温、喜光性蔬菜，在正常条件下，同化作用最适温度为 20～25℃，根系生长最适温为 20～22℃。适宜光照强度为 30000～50000lx。空气湿度过大，不仅阻碍正常授粉，而且在高温高湿条件下病害严重，以 45%～65%为宜。

2. 栽培季节

利用温室、大棚进行种植，番茄在我国基本实现周年栽培。番茄周年无土栽培一般分为以下两种茬口类型。

(1) 一年两茬。第一茬春番茄 11～12 月播种育苗，翌年 1～2 月定植，4～8 月采收，共采收 7～10 穗果；第二茬秋番茄 6～7 月播种育苗，7～8 月定植，10 月～翌年 1 月采收，共采收 7～10 穗果。

(2) 一年一茬。这种栽培方式又叫长季节栽培，适于冬季较温暖、光照充足地区，或冬季寒冷，但有加温温室的地区。7～8 月播种，8～9 月定植，10 月至翌年 7 月连续采收 17～22 穗果。一年一茬栽培的番茄一般比一年两茬产量高。

3. 品种选择

不同茬口种植的番茄对品种特性有不同的要求。

(1) 冬春茬。番茄对光照强度要求较高，其光饱和点为 70000lx。因此冬春栽培宜选耐低温、耐弱光品种，同时还应选用抗烟草花叶病毒、叶霉病、等病害的品种。

(2) 秋冬茬。秋冬茬番茄栽培，恰逢苗期高温，应选用生长势不过旺、耐热、抗病性强、着色均匀、品质好的品种。

(3) 长季节栽培。长季节栽培的番茄因生长期长，应选择综合形状良好，尤其是坐果性好、品质优良、抗病性强的品种。近几年来，樱桃番茄因其糖分含量高，品质优良，生食口感好而深受消费者喜爱，也成为长季节栽培番茄的主选种类。

4. 无土栽培类型的选择

番茄无土栽培常基质培，如槽培、桶培、盒培等。因番茄是高秧作物，不宜用立体设施栽培，如立柱培。有许多种有机或无机基质可用于番茄的无土栽培，如草炭＋蛭石（1：1），草炭＋珍珠岩（2：1），草炭+炉渣（2：1），椰子壳纤维，炭化稻壳，岩棉，废菇料等。番茄无土栽培基质的选择本着就地取材的原则。

5. 无土栽培设施

番茄基质培主要设施包括栽培床、营养液循环系统和自动控制系统。

(1) 栽培床。栽培床可以是砖垒的槽、聚乙烯泡沫塑料床或容积合适的塑料桶、塑料盒等容器。

(2) 营养液循环系统。此系统包括营养液罐、泵、加液管道、营养液回收装置和过滤装置。贮存在营养液罐中的营养液经泵和加液管道输送至栽培床；多余的营养液经回收装置，可循环使用。过滤装置可滤除营养液中的杂质颗粒，防止对加液装置造成堵塞。

(3) 自动控制系统。较完全的自动控制系统包括与计算机相连的电导率仪、pH 计、温湿度计、光照测定装置及报警装置等。上述系统可以对营养液的浓度、酸碱度、温度进行实时监测，对根系生长环境的温度、湿度及温室的温度、湿度和光照进行监测，并按照设定程序自动加液。简易的自动控制系统有时只包括一台定时器，通过对定时器的设定实现定时自动加液。但种植者必须经常对营养液的浓度、酸碱度进行测定。

6. 播种与育苗

(1) 穴盘育苗。穴盘育苗的种子一般不进行催芽处理，直接将干籽播在穴盘中。番茄宜选用 72 孔或 128 孔的穴盘进行育苗。育苗基质一般使用草炭+蛭石。番茄发芽最适温度为 27～30℃。出苗后，白天 20～25℃，夜间 15～18℃。穴盘育苗要始终保持基质湿润，最初阶段浇清水，第一片真叶出现后，开始浇营养液。苗期使用的营养液可用山崎番茄配方或园试配方浓度的 1/2。当幼苗长至 3～4 片真叶即可定植。因温度条件不同，番茄苗期所需的时间为 30～55d。

(2) 育苗钵育苗。直径 6～8cm 的塑料育苗钵或用过的一次性纸杯也可用于番茄育苗。播种前种子于 28～30℃催芽。挑选出芽的种子播入育苗钵。出苗后管理同穴盘育苗。

(3) 特殊类型基质培育苗。岩棉培一般使用岩棉育苗块。育苗块为边长 7.5～10cm 的立方体岩棉块，四边用塑料膜包裹，上部有播种孔。番茄种子播在孔里，覆以轻基质。出苗后管理同穴盘育苗。

7. 定植

苗龄与定植后的长势有密切的关系。一般愈是小苗定植，定植后长势愈强，产量高，但易发生畸形果，品质下降，且因生长过盛而易于发病。凡在夏、秋高温季节育苗，秋季延后栽培的秋番茄或越冬长季节栽培的番茄，宜以幼龄苗定植为好，可维持其必要的生长势，增加产量；而在适温、适期下定植的春番茄，则以大苗定植为宜。一般夏季苗龄 30d 左右，冬季 55d 左右。

定植密度因栽培茬口而定。一年一茬的长季节栽培，每 666.7m^2 栽 1600～1700 株；一年两茬的栽培，则每 666.7m^2 栽 1800～2000 株。番茄在栽培床里双行定植，株距 30～40cm。

8. 营养液管理

(1) 营养液配方。番茄营养液配方有很多种，由于地域不同，栽培季节不同，作物生长发育阶段不同，应结合实际情况比较选用。营养液一般为日本山崎番茄配方的 1 个剂量（即 EC 值为 1.2mS/cm）。从定植到开花前，营养液中应加入 30mg/L 硝酸铵以补充氮素。第一穗果坐住后，营养液可提高到 1.2 个剂量；第二穗果坐住后，可提高到 1.5 个剂量；第三穗果坐住后，可提高到 1.8～2.0 个剂量，并加入 50mg/L 磷酸二氢钾，注意调节营养生长与生殖生长的平衡。

(2) 酸碱度（pH 值）。番茄生长适宜的营养液 pH 值范围是 5.5～6.5。pH 值过高会造成 Fe、Mn、B、P 的不可被利用；pH 值过低，则造成 Ca、Mg 的不可被利用。

(3) 浓度（EC 值）。营养液浓度管理取决于季节、气候和番茄的生长阶段。番茄一般使用 EC 值为 2.5～3.0mS/cm。通常，低温弱光条件下，需适当提高营养液浓度，防止徒长；光照较强的情况下，作物需要消耗更多的水分用于蒸腾，因此，需适当降低营养液浓度。研究和生产实践表明，高浓度的营养液管理与较低浓度的管理，产量无大差异，但高浓度管理下，果实的含糖量增加，品质较好。

(4) 供液方法。供液方法受基质培类型、季节、气候，以及番茄生长阶段等因素影响。如果基质中没有添加任何固体肥料，一般每天至少浇液一次，每次浇液必需将基质浇透。供液的基本原则是既满足作物对水分和养分的需求，又不过量。苗期，每株番茄每天浇液 300～500mL。在盛果期，晴天，一株番茄日耗水量可达1.5～2L。

9. 生理病害的防治

无土栽培番茄基本杜绝了土传病虫害，尤其是避免了线虫的危害。其地上部病虫害与土培相似。但无土栽培中由于高温易产生缺钙而导致脐腐病多发。主要原因是：高温期NO_3-N加速吸收，抑制了Ca^{2+}的吸收；蒸腾作用弱的果实先端，容易产生随蒸腾流运转的Ca^{2+}的不足；空气湿度不足引起叶片加速蒸腾也会诱发脐腐病。高温期夜间根系氧气供应充足，增加湿度，营养液浓度不要太高，开花时喷施0.5%～1.0%氯化钙溶液等均可减轻此病的发生。

8.5.2 黄瓜

黄瓜无土栽培面积仅次于番茄，黄瓜无土栽培的主要特点是生长速度快，收获期早，产量高，品质好。但黄瓜无土栽培的难点是容易早衰，生长势不易维持，低温期侧枝长势弱，高温期果实着色浅，因此多实行短季节栽培。

1. 栽培季节

黄瓜无土栽培的季节选择主要根据黄瓜的生长发育特性和设施的环境条件来决定。在现代温室、大棚条件下，一般有两种茬口类型。

(1) 一年三茬。第一茬在8月中旬播种、9月上旬定植，10月上旬育苗至1月采收；第二茬为12月育苗，翌年1月定植2月下旬至4月采收；第三茬为5月上旬定植，6月上旬至8月采收。

(2) 一年两茬。前茬为长季节番茄，黄瓜为番茄后作。3月下旬育苗，4月上旬定植，6月上旬到8月采收。也可作为春番茄后作，7月下旬育苗，8月定植，9月下旬至12月采收。

北方地区日光温室一般安排两茬，以冬、春季节为主茬，栽培时间较长，秋、冬季节为副茬，栽培时间较短。冬、春季节栽培于11月下旬至12月上旬播种育苗，1月中下旬，3月上旬至6月下旬收获。秋、冬季节栽培于8月下旬到9月上旬播种育苗，9月下旬到10月上旬定植，11月上旬至翌年1月采收。

塑料大棚由于保温增温条件差，一股进行秋季延迟栽培和春季早熟栽培。秋季7月下旬至8月上育苗，9月中旬定植，10～12月收获；春季于1月下旬育苗，2月下旬定植，4～6月收获。

2. 品种选择

(1) 大棚早春栽培。要求品种早熟性强、第一雌花节位低、叶蔓生长适宜、具有较强的抗病性等。

(2) 大棚秋延迟栽培。拱圆型大棚、单坡面春用型大棚秋延迟栽培的黄瓜生长前期高温多雨后期低温寒冷。因此所选用的品种需具备抗病丰产生长势强，且苗期较耐热等特点。

(3) 日光温室越冬栽培。越冬茬黄瓜要在一年中温度最低、光照最差的季节开花结果，品种要求耐低温、耐弱光、根瓜节位低、抗枯萎病、白粉病和霜霉病能力强，瓜条在低温条件下生长速度快。

3. 育苗

(1) 播种育苗。用55～60℃的温水浸泡10min，清洗干净在温水中浸4～6h然后置于30℃催芽发芽后播种于直径10cm的育苗钵或50孔穴盘内。播种后盖上塑料薄膜并将温度降到18～20℃，防止幼苗徒长。当秧苗长到2～3片真叶后，应降低温度，白天15～20℃，夜间10～12℃，限制供水，以增强其抗性和利于根系生成。无土栽培的黄瓜1～3片真叶均可定植，尤其在高温季节宜小苗定植，伤根少，缓苗快。

(2) 嫁接育苗。为防止枯萎病、疫病，可采用嫁接育苗，砧木以新土佐南瓜抗病性和嫁接亲和性最强。若越冬栽培，则宜选用耐低温性强的黑籽南瓜做砧木。嫁接方法常采用靠接法和顶芽插接法。无土栽培因根系生长环境好，也可以不嫁接。播种育苗时间，同当地土壤栽培。

4. 栽培方法

黄瓜无土栽培可采用多种方式但以槽培方式种植为主。有采用混凝土建造的永久性的栽培槽，也有用木板做成半永久性槽，目前应用较为广泛的是温室地面上直接用红砖垒成栽培槽。为了在作物栽培过程中能把基质围在栽培槽内，通常在槽的基部铺1～2层塑料薄膜。

栽培槽高15～20cm，宽48cm，槽距80cm槽的长度可由灌溉能力、温室结构等因素来决定坡度应在0.4%以上，如有条件还可在槽的底剖铺设一根多孔排水管。

常用的槽培基质有砂、砾石、珍珠岩、草炭及有关基质的混合物。组成比例（珍珠岩：蛭石：草碳＝

2：2：1）应以最大持水量不超过60%为宜，持水量过大易造成烂根和影响植株的生长发育。基质准备好以后即可装入槽中，布设滴灌带。营养液可由水泵供给植株，也可利用重力把营养液供给植株。2～4片真叶定植，苗龄25～30d左右，定植密度为1800～2000株。定植后立即浇缓苗水。使幼苗根坨与基质结合利于根系发育。

5. 营养液管理

定植后3～5d需配合滴灌用人工浇营养液，每天上、下午各浇1次，每次100～250mL/株，营养液配可使用日本园试通用配方、日本山崎黄瓜专用配方等营养液配方。3～5d后再用滴灌管滴液，采用滴灌系统滴灌营养液的时间和数量，可根据植株的大小和栽培季节而定，一般都采用间歇供液法，即定时定量浇灌营养液。刚定植的黄瓜每株每天可浇200～500mL。随着黄瓜植株的长大，叶片增多，结果增多时，每天每株需浇营养液1.0～2.5L。营养液主要在白天浇灌，每天1～2次，视植株大小和天气情况而定，浇灌营养液时可以比往常量多浇10%，以达到从系统中淋洗出残留盐分；也可以每10d浇一次清水，清洗基质中积累的盐类。灌溉以保持基质湿润为原则，不要达到饱和。

采用营养液方式栽培应注意营养液的理化特性。营养液的适宜温度为20～25℃，冬季气温低时要用电热丝加温。要注意调节营养液的酸碱度和电导度，pH值应保持在5.5～7之间，太高时用硫酸或磷酸调节，营养液的电导度EC控制在2.2～2.5mS/cm之间。

6. 植株调整

植株调整主要包括搭架、整枝、绕蔓、摘心、摘叶等方面，无土栽培一般采用吊绳的方式。黄瓜长到7～8片真叶以后，将聚丙烯塑料绳一头挂在温室上面的铅丝上，另一头挂在真叶以下的基部并定期将植株缠绕在绳上，使之向上生长。大棚早春栽培的黄瓜植株长到10～20片叶时开始留侧枝，侧枝结2～3个果时摘心，采收频率一般2d一次或每天采收一次。秋延迟黄瓜坐瓜节位较高，要及时上架和绑蔓，结合吊蔓协调株间长势。秋延迟黄瓜可利用侧蔓增加后期产量，在侧蔓上留2片叶，1～2条瓜摘心。但要防止秋蔓过密。

7. 环境控制

（1）温度。黄瓜需要高温、高湿的环境条件，适宜气温范围是17～29℃，能适应的温度范围10～36℃。定植一周内保持白天25～30℃，夜间18～20℃，不超过30℃不放风。缓苗后要降低温度，白天22～28℃，夜间16～18℃。黄瓜对根系温度要求也比较严格营养液栽培的适宜温度20～25℃。

（2）湿度。随着基质湿度的提高，可增强对空气干旱的忍耐力，即使空气相对湿度下降至60%，黄瓜仍能生长发育，而且还可减轻病害。因此在温室栽培管理中要适当通风换气，降低空气湿度。

（3）光照。微型黄瓜耐弱光能力强，冬季弱光情况下，能获得较高的产量，高温、强光易产生生理障碍，一定要加盖遮阳网。

8. 病害防治

危害温室黄瓜的主要病害有：猝倒病、炭疽病、病毒病、晚疫病、霜霉病、蔓枯病及白粉病等。为防止病害的发生应选用抗病品种，轮作换茬，培育壮苗。在病虫害防治适期施药，应用高效、低毒、低残留的农药。早春以烟熏剂为主，各种农药交替使用，不盲目增加用药次数和用药量。低温等恶劣环境会引发生长停滞、花打顶现象。一般先疏花疏果，压蔓管理，同时加强肥水管理，多施P、K、N肥，提高温室、基质温度，白天25～28℃，夜间13～15℃，根际温度15℃左右。另外，用200mg/L的生根粉液灌根，叶面喷生长调节剂等，促进植株生长。

8.5.3 生菜

生菜属菊科莴苣属莴苣种中的叶用莴苣变种，学名叶用莴苣，俗称生菜。它是世界广泛栽培和食用的叶类蔬菜，也是无土栽培四大类蔬菜之一。国外生菜主要用做鲜食，消耗量极大。我国过去主要在南方地区普遍栽培和食用，现在全国各地均有栽培。由于无土栽培生菜生长迅速，产量高，粗纤维含量低，口感极好，因而深受消费者欢迎。

1. 对环境条件要求

生菜喜冷凉气候，比较耐寒，不耐高温。种子发芽要求适宜的低温，以15～20℃为宜，高于25℃种子发芽不良。叶球生长适宜温度为13～16℃、0～5℃以下会产生冷害，25℃以上温度易发生徒长，品质变差。生长期间要求有较强光照，光照弱则叶片薄，叶球松散，产量低。生菜为长日照植物，长日条件下，特别是伴有高温环境可促进生菜抽薹开花，影响产量和品质。

2. 品种选择

生菜有三个变种：①散叶生菜或称直立生菜、长叶生菜，叶全缘或锯齿状，外叶直立，一般不结球或有松散的圆筒形或圆锥形叶球，欧美栽培较多；②皱叶生菜，叶面皱缩，不结球或有松散叶球；③结球生菜，叶全缘，有锯齿或深裂，叶面平滑或皱缩，外叶开展，心叶形成叶球，叶球有球形，呈扁圆或圆锥形等。

生菜品种较多，在品种选择上，首先要考虑到市场需求，即消费者食用习惯和保证周年供应。水培生菜一般以散叶生菜和结球生菜为主，尽可能选择早熟、耐热、耐抽薹、结球性好的品种。

3. 栽培季节与方式

由于生菜要求冷凉的温度条件。因此除夏季炎热季节之外，其他时间均可进行生菜栽培。近年由于引进耐热、耐抽薹品种并配合遮阳网覆盖和喷淋降温等措施，也可以在7～8月份高温季节进行生菜栽培。不同品种生菜从定植到收获生育期大约在35～60d，而且抗热和耐寒性也不同。因此，根据不同品种特性和市场需求特点进行茬口安排，可实现周年供应。

生菜生长期短，生长速度，苗期一般15～20d。定植后，散叶生菜约25～40d即可收获；结球生菜50～70d左右可收获。因此可采用各种不同类型的无土栽培方式，出于生菜株型小，最适宜进行水培形式栽植，营养液膜、雾培、深液流及采用基质培方式进行种植。

4. 栽培管理

(1) 育苗。采用水培技术栽培生菜应使用岩棉块或海绵块育苗，基质栽培可采用基质进行穴盘育苗。生菜种子发芽困难，需较低温度，因此必须对种子进行播前处理。先用20℃左右的清水浸泡3～4h，搓洗沥干水分后，置于清洁湿纱布上，在15～20℃下催芽，约2～3d后即可发芽。种子发芽后即可播于2.5cm×2.5cm×2.5cm的育苗岩棉块或海锦块上，每个育苗基质块播1粒种子，待长出3～4片真叶时即可定植。岩棉块育苗的营养液可用园试通用配方的1/2剂量补充矿质营养，从第1片真叶长出时结合喷水施用。

穴盘育范可将发芽种子直接播入基质中，一穴一粒种子。育3～4片真叶苗选用288孔穴盘，育4～5片真叶苗选用128孔穴盘。基质可用草炭与蛭石按2：1比例或草炭：蛭石：珍珠岩按1：1：1比例的混合基质，配制基质时可在每平方米基质中加入15：15：15的氮磷钾三元复合肥0.7～1.2kg。出苗后，前期只浇清水即可，三片真叶后，结合喷水施两次叶面肥。

由于生菜种子发芽具有需光特性，因此基质育苗的播种深度不宜超过0.5cm，播后上面覆盖一层蛭石，浇水后种子不露出即可。苗期温度控制为白天18～20℃，夜间8～10℃。苗龄一般为25～30d。

(2) 定植。水培方式栽培，先把生菜苗移入定植杯，随即放入定植板的定植孔中。栽培床定植槽的水位调至营养液能浸没定植杯底端1～2cm为好，防止生长不均。对于基质培，将生菜苗直接定植于栽培槽的基质中即可。散叶生菜定植密度一般为每平方米30～35株，即株行距15cm×20cm；结球生菜为每平方米定植20～25株，即株行距20cm×20cm。

(3) 营养液管理。许多营养液配方均可用于生菜种植，如日本山崎莴苣配方，园试配方1/2剂量等。生菜耐酸性差，生长适宜pH为6.0～6.9，pH值过低（低于5.0）造成根系生长不良，地上部分山现焦状缺钙症状，结球生菜反应更为敏感；pH值过高，会造成离子吸收障碍，产生缺素症，表现全株黄化，生长缓慢。生菜整个生长期内对钙、镁需求变化不大，对磷、钾需求在结球后期大幅度增加，否则易因缺钾而引起黄化。定植后到结球前期浓度适当低些，结球期浓度适当增加。结球前期，营养液浓度为$EC=2.0$mS/cm为宜，进入结球期以EC=2.0～2.5mS/cm为宜。

生菜水培采用循环式供液的方法。每天供液两次，上午8时和下午5时，每次供液5～10min，温度高光线好的天气适当延长供液时间。营养液每周更换一次，同时测量电导率和pH值。营养液循环的主要目的在于增加营养液中的溶氧量，以满足生菜根部的需要，同时，循环使养分均匀。营养液的补充应根据栽植的品种和选择的营养液配方进行。如果是散叶生菜且生长期较短，可不补充营养液，直接以原营养液循环。如果生长期较长，如结球生菜，定植后需 50～70d 才收获，应每隔 20d 左有补充一次营养液。生菜全生育期每株约耗液 2～2.5L。

生菜栽培如果从定植到收获没有出现大的生理病害，营养液一般不必更新，只需定期补充即可。在收获前 1 周左右不必再补充营养，这样不会降低产量，但可显著降低生菜的硝酸盐含量。

5. 病虫害防治

生菜无土栽培的病害主要有菌核病、霜霉病和灰霉病等。菌核病主要在茎基部和叶柄发病，病斑初期为褐色水浸状，叶柄受害时叶片萎蔫下垂。在潮湿条件下，病部布满棉絮状毛霉，后期产生鼠粪状菌核；生菜无土栽培的虫害主要有温室白粉虱、蚜虫、红蜘蛛等，应确立以预防为主，综合防治的原则，注意棚室卫生、消除虫卵，采用防虫网阻断害虫传播。药物防治以生物农药和高效低毒农药为主。

6. 采收

生菜采收时期因栽培品种和季节不同而存在差。一般情况下，晚熟品种，冬、春茬栽培，生菜生长缓慢，生长时间长；早熟品种，夏、秋季节栽培，生长时间短。因此一定要确定适宜的采收期，过早影响产量，过晚会引起抽薹，结球生菜一般在心球较为紧实时进行采收，而散叶生菜可根据市场情况，既可在较小时采收，也可在较大时采收。

8.5.4 紫背天葵

紫背天葵为菊科土三七属，又名观音菜、观音苋、血皮菜，是一种以嫩茎叶供食用的高档蔬菜。紫背天葵富含黄酮类化合物及铁、锰、锌等对人体有益的微量元素，具有很高的保健和药用价值。同时其颜色独特，常进行不同形式的无土栽培，形成美丽的景观。紫背天葵的无土栽培方法有基质培、DFT 水培、静止水培及立体栽培等模式。

8.5.4.1 对环境条件的要求

紫背天葵抗逆性强，耐旱、耐热、耐贫瘠，适宜保护地周年栽培。生长发育适温为 20～25℃，在 35℃的高温条件下仍能正常生长，能忍耐 3～5℃的低温，5℃以上不会受冻，但怕霜冻，3℃以下易冻死。紫背天葵对光照条件要求不严格，比较耐阴，但光照条件好时生长健壮。喜湿润的生长环境，但较耐旱。对土壤肥力的要求不严格，耐瘠薄，但在生产上宜选沙质壤土或沙土较好。

8.5.4.2 品种选择与栽培季节

紫背天葵有红叶种和紫茎绿叶种两类。根据叶片大小，又分为大叶种和小叶种。大叶种，叶大而细长，先端尖，粘液多，叶背、茎均为紫红色，茎节长；小叶种，叶片较少，粘液少，茎紫红色，节长，耐低温，适于冬季较冷地区栽培。紫茎绿叶种，茎基淡紫色，节短，分枝性能差，叶小椭圆形，先端渐尖，叶色浓绿，有短绒毛，粘液较少，质地差，但耐热耐湿性强。

8.5.4.3 繁殖方法

紫背天葵有三种繁殖方式：扦插繁殖、分株繁殖和播种繁殖。

1. 扦插繁殖

紫背天葵茎节易生不定根，插条极容易成活，适宜扦插繁殖，这也是生产上常常采用的繁殖方式。一般在 2～3 月和 9～10 月进行。

2. 分株繁殖

分株繁殖一般在植株进入休眠后或恢复生长前（南方地区多在春季萌发前）挖取地下宿根，随切随定植。但分株繁殖的系数低，分株后植株的生长势弱，故生产上一般不采用。

3. 播种繁殖

一般在春季 2～3 月气温稳定在 12℃以上时播种，播后 8～10d 即可出苗，苗高 10～15cm 时定植大田。紫背天葵利用种子繁殖的优点是繁育出的幼苗几乎不带病毒。

8.5.4.4 紫背天葵立柱盆钵基质栽培技术

1. 设施建造

(1) 平整地面，建立柱。先将棚室内地面整平压实，然后用砖和水泥沿南北向砌成几条作业道，作业道宽为 80～100cm，间距 80～120cm。每两个作业道间隙就是每排立柱建造的位置，立柱之间相距 100～

120cm。立柱底层为可转动的塑料转盘，其下砌 20～30cm 见方深水泥墩，同时将一根 2m 左右长的 6 分镀锌管预埋于水泥墩里，塑料转盘上叠放 6～10 个梅花形塑料栽培盆。按转盘、栽培盆的顺序自下而上叠放成柱，要求栽培盆突出部上下错开。棚室后脊至前屋面的立柱高度要逐渐降低。立柱旋转自如，这样有利于各处立柱上的苗都能正常接受光照。

（2）铺设滴灌系统。供液总管一端通过阀门与贮液池水泵相连，另一端通过阀门分别与各排立柱的供液支管相连。在每排供液支管上距各立柱较近位置开有三个直径约 1.0cm 的小孔，通过接头与毛管相通，毛管自立柱上部伸到栽培盆的中心，其中一根毛管安装在上部第一盆，剩余两根平均安装在中、下部栽培盆中，三条毛管呈三角形排列，以便供液均匀。在供液时营养液经供液总管→供液支管→毛管→栽培盆，流量由供液支管阀门控制，栽培盆内的多余水分自上而下通过各栽培盆底的小孔依次渗流至地面，最后汇流至排水沟，排出棚室外。

2. 基质的选择与消毒

由于紫背天葵耐瘠薄，喜沙质壤土，无土栽培基质可选用炉渣、沙子等无机基质。炉渣使用前用 40 目筛子过筛，选择粒径 0.5cm 以上炉渣作为栽培基质（基质粒径最大不能大于 2cm），基质使用前可用 0.1%高锰酸钾溶液消毒，之后用塑料布覆盖基质，闷 20～30min 即可装盆。

3. 定植

预先按塑料盆底形状剪成相应大小的塑料（塑料上要稀疏地扎一些小孔），置于盆底，然后将已消毒好的炉渣装至距盆沿 1～2cm 的高度。紫背天葵的扦插苗根系在配好的 0.5%～1%的高锰酸钾溶液中浸泡数分钟后再用清水清洗，然后栽在栽培盆 5 个突出部位的基质中，用手稍按实后，启动水泵，通过滴灌系统向各栽培盆浇水至湿透。2～3d 后再浇 1 次水，约 7d 后缓苗结束，而后过渡到正常栽培管理。

4. 栽培管理

（1）温湿度调控。紫背天葵耐热、怕霜冻，因此冬、春低温季节（11 月～翌年 3 月）保护地栽培注意保温；夏、秋季气温较高，应使用遮阳网，并揭膜通风，降低棚内温、湿度，减少病虫害发生，提高品质和产量。

（2）整枝调整。定植后待植株长至 15cm 高时，摘去生长点，促其腋芽萌发成为营养主枝，立柱栽培一般每株留 4～6 个枝条。

（3）营养液管理。

1）营养液配方。可选用日本山崎茼蒿标准配方。

2）营养液浓度管理。基质培紫背天葵营养液适应范围很广，在 EC 值 1.5～3.5mS/cm 范围内都能生长，生理上未见异常。一般管理浓度以 EC 值 2.0～2.5mS/cm 为宜，定植初期 EC 值 0.7～1.0mS/cm，后期浓度逐渐提高。

3）营养液酸度控制。每周定期测定营养液酸碱度 1 次。紫背天葵适宜的 pH 值为 6.0～6.9，若营养液 pH 值高于或低于此范围，应及时调整。

（4）定期旋转立柱。一般每隔 2～3d 旋转立柱一次，使各栽培盆中紫背天葵苗都能正常接受光照，尽量达到苗长势一致。

（5）定期洗盐处理。紫背天葵栽培管理过程中，要定期通过滴灌系统浇清水清洗炉渣表面吸附沉积的营养元素，以免积盐毒害根系。一般 1 个月清洗一次，夏季高温季节半个月清洗一次。

5. 采收

定植后 20～25d，苗高 20cm 左右，顶叶尚未展开时采收。采收时，剪取长 10～15cm，先端具 5～6 片嫩叶的嫩梢，基部留 2～4 片叶，以便萌生新的侧枝。以后每隔 10～15d 采收 1 次，常年采收，每 $667m^2$ 产量 8000～10000kg。

8.5.5 草莓

草莓属蔷薇科草莓属多年生常绿草本植物，在世界内广泛栽培，在浆果生产中占重要地位。近年来，随着观光农业的发展，各种形式的草莓无土栽培发展很快，并取得较好效果。

1. 对环境条件的要求

草莓对温度适应性较强，根系生长适温为15～23℃；茎叶生长适温为20～25℃；花芽分化为5～17℃；开花授粉为15～25℃。果实膨大为18～25℃。草莓喜光又比较耐阴，适宜光强为30～50klx，光照过强易造成伤害。8～12h的短日照有利于花芽形成，而较长光照有利于匍匐茎形成。草莓叶片大，蒸腾量高，对水分要求较高，空气相对湿度以80%为好，特别是在花期，不能高于90%。适宜pH值为5.5～6.5，生长发育要求有充足的氮、磷、钾供应，但在花芽分化期氮肥过多会抑制花芽分化，而增施磷钾肥，不仅可促进花芽分化，还可增加产量，提高品质。草莓也要求适量的钙、镁和硼肥。草莓有休眠特性，在设施栽培中要合理地利用草莓品种的休眠特性来进行促成或半促成栽培。

2. 品种选择与栽培季节

（1）品种。无土栽培草莓应选用休眠浅、花芽分化容易、品质好的品种，多数栽培品种都可以用于无土栽培。如日本品种丰香、章姬、鬼怒甘等。

（2）栽培季节。草莓露地栽培是秋季定植，露地越冬，春季萌发后从4～6月持续收获。但草莓无土栽培属于高效栽培，应以反季节栽培为主。因此，除在夏季6～8月高温季节不能进行外，其他季行可采用促成栽培、半促成栽培、冷藏抑制栽培。生产上常见的为越冬栽培，即8月下旬～9月上、中旬定植，11月底～12月初始收，持续收获至翌年5月，一般称冬草莓栽培。另一种方式是利用冷藏抑制方法在夏、秋季节栽培，10～11月供应草莓上市。

（3）栽培方式。草莓植株矮小，可采用多种无土栽培形式栽植，如水培系统的营养液膜技术、深液流水培技术；基质培中的槽式基质培、袋式基质培、高架栽培，以及柱式立体栽培和多层立体栽培等形式。由于采用立体栽培，不仅管理方便，还能充分利用空间，提高单位面积产量，因此在草莓无土栽培中发展较快。

3. 栽培管理

（1）育苗。草莓为无性繁殖，主要利用匍匐茎发生的子株育苗，由于多年进行无性繁殖，容易出现草莓品种退化，为此使用组培脱毒苗效果更好。育苗在3～4月进行，选用品种纯正、未经结果、健康无病虫害的植株为种株，在专门育苗圃中育苗。草莓无土栽培应注意培育优质种苗，即培育生长健壮、花芽分化良好的种苗。主要采用以下方法。

1）假植育苗。选择健壮子株在7月进行假植，然后在9月定植。通过假植使子株断根，抑制营养生长，促进花芽分化。

2）营养钵育苗。即将子株移入营养钵集中育苗，通过改善营养供应和断根作用，促进花芽分化。与普通育苗相比花芽分化可提早7～10d，收获期提早2周左右。

3）高山育苗。利用高山低温环境，在8月将子株移入高山地区假植，假植时不施氮肥，可明显促进花芽分化。在海拔500～1000m的高山地区育苗效果较好。

除上述育苗方法外，为促进花芽分化，还可采用遮光育苗、夜冷育苗、藏电照育苗等方法。

（2）定植。定植时期的确定既要考虑种苗的生长发育状态，也要考虑到当时的气候条件，还应注意栽培目的。以促成和半促成栽培为目的，宜在50%以上植株完成花芽分化时进行，一般在9月中旬左右，最迟不晚于10月上旬。

草莓定植初期要保证适当养分和水分，以利于缓苗和植株生长，白天25～30℃，夜间10℃左右，营养液温度在20℃左右。缓苗后，白天温度保持在18～25℃，夜间5～10℃，以促进花芽分化。在果实膨大期可适当降温至20℃左右，以促进果实膨大。定植后温度管理非常关键，原则是既有利于植株继续进行花芽分化，又不至于导致植株进入休眠。冬、春季节光照时间短，光照强度较低，为获得优质高产，设施栽培尽可能提高光照强度，延长光照时间，如有条件，冬季可以进行人工补光。棚室栽培还易造成CO_2浓度过低，尤其是营养液栽培，缺少CO_2来源，可进行人工增施CO_2气肥促进植株的生长，浓度一般为1000×10^{-6}左右。

（3）营养液管理。草莓根系耐盐性较弱，营养液浓度过高会加速根系老化，造成植株早衰。一般在开花前控制较低浓度，开花以后浓度逐渐增高。营养液可使用日本园试通用配方、山崎草莓配方及华南农业大学果菜配方。由于不同品种耐盐性不同，营养液浓度的确定可根据品种不同有所差异。

草莓生长发育最适 pH 值为 5.5～6.5，但在 pH 值为 5.0～7.5 范围内均可正常生长，一般不必调整。适宜 EC=1.0～2.0mS/cm。由于水培草莓生长期长达 8 个月，栽培后期由于草莓根系腐烂及其产生的分泌物，用 EC 计测定不能准确反映营养液中养分浓度，应通过化学分析测定氮、磷、钾、钙等主要营养元素的含量并进行调整。

草莓水培可进行循环供液，NFT 水培每株每分钟供液 0.2～0.5L，且连续供液。待根垫形成后，采用每分钟 1～1.5L 的流量以每小时 15～20min 的间歇方式供液。对于基质栽培，营养液以滴灌方式供应，根据植株生长状态和天气情况进行供液，基质含水量控制在最大持水量的 70%～80%，也可按单株日最大耗水量 0.3～0.8L 进行供液。

4. 病虫害防治

(1) 生理病害。无土栽培容易出现缺钙和缺硼现象，表现为畸形花和叶枯症状。特别是花芽分化期缺硼极易导致畸形花。除及时调节营养液中钙、镁浓度外，也可进行叶面喷硼肥。

(2) 真菌性病害。为害草莓的病害主要有灰霉病、白粉病、病毒病等。草莓灰霉病主要危害果实，其次为叶片。栽培设施消毒不彻底、环境湿度过高、氮素施用过多均可导致病害严重。

因此，先要对栽培环境和设施彻底消毒，发现病果、病叶要及时摘除并带出棚室外并销毁。加强环境的通风透光，降低环境湿度。发病初期使用 0.3%科生霉素水剂 100～200 倍喷雾或用 50%万霉灵及复配剂 1000～1500 倍液喷雾防治，每 5～7d 喷 1 次，连喷 3～4 次。

(3) 虫害。草莓虫害主要有红蜘蛛、蚜虫，可用生物农药虫螨克 1500～2000 倍防治，但采收前 15d 应停止喷药。

5. 采收

草莓花后约 20d 果实开始着色，根据贮运时间，可分别在果面着色 70%、80%或 90%时进行采收。采收后应按不同品种、大小、颜色对果实进行分级包装。可用聚苯乙烯塑料小盒或硬质纸盒包装。经 4～7℃预冷，然后在温度 0～1℃、相对湿度 90%～95%条件下贮藏。

8.5.6 香石竹

香石竹又名康乃馨，因其具有花朵秀丽、高雅，花期长，产量高，切花耐贮藏、保鲜和水养，又便于包装运输等的特点，而在世界各地广为栽培，是四大切花之一。

1. 对环境条件的要求

香石竹为石竹科、石竹属常绿亚灌木，作宿根花卉栽培。性喜温和冷凉环境，不耐寒，最适宜的生长温度昼温为 16～22℃，夜温为 10～15℃。喜空气流通、干燥之环境，喜光照，为阳性、日中性花卉，但长日照有利于花芽分化和发育。要求排水良好、富含腐殖质的土壤，能耐酸碱，忌连作，自然花期 5～10 个月，保护地栽培可周年开花。

2. 品种选择

香石竹品种很多，依耐寒性与生态条件可分为露地栽培品种和温室栽培品种；依花茎上花朵大小与数目，可分为大花型香石竹（又称单花型香石竹、标准型香石竹）和散枝型香石竹（又称多花型香石竹）。大多品种均可用于基质无土栽培。

3. 繁殖方法

可采用扦插、组培繁殖。扦插繁殖多在春季或秋冬季，选择中部健壮、节间短的侧枝，长 10～14m，具 4～5 对展开叶的插穗。插穗如不能及时扦插，可于 0～2℃低温下冷藏，一般可贮藏 2～3 个月。扦插基质多用泥炭、珍珠岩、蛭石或砻糠等，可单独使用，也可按一定比例混合使用。扦插用 500～2000mg/L 的萘乙酸、吲哚乙酸或两者混合液处理，可促进生根，处理时间视浓度而异，一般插后 3 周左右生根。组培多用于香石竹脱毒培养，繁殖取穗母株。因其苗期长，前期生长瘦弱，切花生产上较少运用。

4. 定植与管理

(1) 定植。香石竹的无土栽培多采用无土轻型基质，栽培基质通常采用泥炭、蛭石、砻糠、珍珠岩、河砂、锯木屑、炉渣等。以泥炭加蛭石以 1∶1 的复合基质最适宜。栽培床宽度 120～140cm、高 20～25cm。香石竹定植时间主要根据预定产花期和栽培方式等因素而定，通常从定植至始花期约需要 110～

150d。因此，一般秋、冬季首次产花的栽培方式多在春季5～6月定植，而春、夏季首次产花的栽培方式多在秋季9～10月定植；香石竹定植密度依品种习性不同，分枝性强的品种可略稀植，分枝性弱的品种可适当密植，一般定植密度为30～50株/m^2左右，株行距多在15cm×15cm或20cm×20cm之间，春、夏季开花的可适当密植，秋、冬季开花的宜适当稀植。

(2) 营养液管理。养液和水分的供应多用滴灌方式进行。营养液可采用以下配方（见表8-5-1）。

表8-5-1 香石竹无土栽培营养液配方

化合物名称	用量(mg/L)	化合物名称	用量(mg/L)
硝酸钙 $Ca(NO_3)_2 \cdot 4H_2O$	950	硫酸锰 $MnSO_4 \cdot 4H_2O$	2.2
硝酸钾 KNO_3	500	硫酸铜 $CuSO_4 \cdot 5H_2O$	0.2
磷酸二氢钾 KH_2PO_4	170	硫酸锌 $ZnSO_4 \cdot 7H_2O$	1.2
硝酸铵 NH_4NO_3	20	硼酸 H_3BO_3	1.9
硫酸镁 $MgSO_4 \cdot 7H_2O$	250	钼酸铵 $(NH_4)_6Mo_7O_{24} \cdot 4H_2O$	0.15
螯合铁 Na_2Fe-EDTA	10	EC值	2.0mS/cm

营养液的浓度和供应量视具体情况而定，定植初期，浓度低而量小，旺盛生长期浓度高而且量大。每日供液4～5次，平均每株日供液200～400mL。定期测定基质的pH值、EC，根据测定结果，对营养液进行调整；定植初期，营养液EC为1.0mS/cm；旺盛生长至开花期逐渐提高到1.8～2.0mS/cm；夏季高温时，由于水分蒸发量大，营养液浓度应适当降低。

(3) 病虫害防治。香石竹病害较为严重，5～9月高温多湿时更甚，主要病害有花叶病、条纹病、杂斑病、环斑病、枯萎病、萎蔫病、茎腐病及锈病等，引起这些病害的病原有病毒、真菌和细菌。香石竹还有蚜虫、红蜘蛛、棉铃虫等的危害。在生产中应注意清洁环境，控制温度、湿度；并根据病虫害发生的规律定期喷施农药预防，一般每周1次，如病虫害已发生应每3d左右1次，及时拔除病株并销毁，以控制病虫害的蔓延。

8.5.7 红掌

1. 对环境条件的要求

红掌又称安祖花、火鹤花、花烛、灯台花、红鹤芋，是天南星科花烛属多年生常绿草本植物。其性喜高温多湿，生长温度为18～28℃，以19～22℃为最合适。高于35℃植株便受害，低于15℃生长迟缓，低于12.8℃出现寒害，叶片坏死。根际温度15～20℃为宜，低于13℃易发生生理病害。空气相对湿度为70%～80%，苗期可达85%～90%，湿度过低易产生叶畸形，佛焰苞不平整等问题。喜散射光，光照强度7500～25000lx为宜，低于5000lx，花品质与产量下降；超过20000lx则可能灼伤叶面。根际环境要求基质透气保水，含水量保持50%～75%，pH值为5.5～6.5，EC 0.5～1.5mS/cm。

2. 品种选择

红掌按生产用途可分为盆花和切花品种。国内红掌栽培的品种主要来自于荷兰种苗公司，如皇后系列的红皇后、北京成功、美丽皇后等；莱妮系列的莱妮、幸运莱妮、丽拉莱妮等；特别系列的红天使、萨莎、红国王等；爱系列的粉色的爱、神奇的爱、开心的爱等。

3. 繁殖方法

红掌的繁殖主要以分株和组织培养为主，此外还有扦插。分株法是将母株旁生长的侧芽基部用水藓或泥炭包住并保湿，生根后待长出3～4片叶时剪离母株。分株可全年进行，以4～5月份和9～10月份为宜。分株苗大小不齐，且容易发生退化。组织培养是红掌商品化栽培主要苗木来源，组培苗具有繁殖系数大、苗质好、移栽后生长快、长势好、易调控等优点。扦插法是掰或剪取带茎插条，生根处理后扦插于基质中的方法，此法可用于更新复壮。

4. 定植与管理

(1) 基质与设施。红掌的栽培方式主要有床（槽）式栽培和盆栽二种形式。床（槽）式栽培主要生产切花，采用珍珠岩、花泥等惰性基质。珍珠岩粒径以2mm左右为宜；花泥块径以3～4cm为宜，使用前必须用生石灰调pH值为在5.5～6.0左右。栽培床宽1.0～1.2m，高0.2m，长45m以内，具有一定坡降(技术要点参阅前面章节相关内容)，床底最好设排水层，可用砾石、陶粒等基质，以便多余的液体可以迅速排泄出去。盆栽时盆的大小根据品种、植株大小而异，生产上一般选用15～17cm和20～22cm规格的塑料盆。基质可选用草炭：珍珠岩=2：1的复合基质，基质搅拌均匀后要充分消毒方可使用。滴灌、浇灌供液或低位喷灌供液。应注意，基质保持透气性良好，如果基质腐烂影响通透性，应及时更换。

(2) 定植。环境调控适宜，红掌可一年四季定植，以3～5月为最佳，9～10月为其次。床式栽培，定植前将基质浇透水。其定植要点：最好将原苗坨散开，尽量少伤根，裸根双株定植。其目的是避免因两种基质理化性质不同而影响根系的发育。每床4行，株距25～35cm，行距30cm左右，定植深度以基质与根颈部位相平为宜，过深生长慢，易烂根，过浅易倒伏。

盆栽方式可直接将种苗定植于盆中，深度以原苗坨上表面与基质相平或略深0.5cm为宜，裸根苗定植在根颈部位，轻轻墩实盆中基质，保证基质深度与盆水线相平或略高0.5cm即可，因品种特性可单株或双株定植。

定植后浇透水，最好喷一次杀菌杀虫剂，如农用链霉素和阿维菌素。扣小拱棚，适当遮荫，以促进缓苗。温度保持16～28℃，湿度控制75%～85%，基质湿度60%～70%，光强7500～10000lx，缓苗前不施肥，约7～10d新根开始生成。当植株具有生长势，缓苗期结束，再开始正常植株管理。

(3) 营养液管理。营养液可根据王华芳拟定的肥料配方配制：硝酸钙236mg/L、硫酸钙86mg/L、硝酸铵80mg/L、硝酸钾354mg/L、磷酸二氢钾136mg/L、硫酸镁247mg/L。此配方与荷兰所用安祖花标准营养液的元素量一致。也可按表8-5-2营养液配方配制。营养液要根据品种、苗期、季节作相应调整。苗期N肥适当提高，促营养生长；花期增高K肥用量，提高花质；盆花品种对Ca^{2+}需求较高。冬季可相应提高微量元素的用量，如硼等。EC值一般控制在0.5～1.5mS/cm之间，但因苗龄、品种而异。小苗EC 0.5～0.75mS/cm，中苗EC 0.8～1.0 mS/cm，成品苗EC 0.9～1.2 mS/cm，盆花EC值最高可达1.5mS/cm，切花EC值不高于1.2mS/cm。pH值为5.5～6.5。营养液的供液量因植株大小、生长势、EC值大小做相应的调整。供液时以基质下方（盆底）略有少量液体流出为宜，过多会造成营养液的流失，过少植株易出现营养缺乏现象。一般切花2～3d/次，盆花5～7d/次，要定期进行基质洗盐，尤其是切花栽培，方法是将营养液停用一段时间，多次浇水即可。

表8-5-2　　红掌营养液配方

大量元素		微量元素	
元素	mmol/L	元素	μmol/L
NO_3^-	6.5	Fe	15
NH_4^+	1.0	Mn	3.0
P	1.0	Zn	3.0
K	4.5	B	10
Ca	1.5	Cu	0.5
Mg	1.0	Mo	0.5
S	1.5		

(4) 植株调整。植株调整主要包括适时剪叶除花、侧枝处理、扩大盆距、老株处理。

切花栽培适时剪除下部的小叶和老叶，产花期每株只留2片成熟叶片，随时打掉下部老叶、不合格的小花、老花，避免营养的损失；盆花一般不做剪叶、除花处理，可根据要求适当打掉初始小花。

红掌生长到一定阶段后会萌发侧枝，切花栽培要及早除去侧枝，以免影响主枝的生长；对于盆花品种而言，要求分枝多，所以初期增强光照或用激素处理，促发侧芽生长，待侧芽长多后，再正常管理。

盆花刚定植时要密放，随着植株生长逐步拉开间距，对17cm盆径而言，定植时约38盆/m^2，栽培4～5个月后，扩大间隔约19盆/m^2，再栽培2～3个月后，最后扩大间隔达9.5盆/ m^2，不同品种盆距不同，生产者要因苗而异。

切花红掌生长几年后，茎杆过长，养分供应不足，成花质量下降，易倒伏，所以有必要适当进行更新处理。具体做法如下：切下植株上部约15cm的根状茎，扦插定植，加强管理，2个月可生根，进行正常管理，可继续生长开花。荷兰一般采取沿一个方向，压倒苗木，使茎与基质接触，重新发根，植株继续向上生长。

(5) 切花采收。当佛焰苞充分展开、花穗有1/3～1/2变色时，即可采收。用刀沿茎基部斜切采下，将基部套入盛水或保鲜液的塑料花套中，佛焰苞用塑料膜包裹，包装上市。贮运温度不得低于13℃。切花瓶插期1个月以上。

8.5.8 百合

1. 对环境条件的要求

百合为百合科百合属多年生宿根草本植物。喜凉爽的气候和光照充足的环境，较耐寒，高温地区生长不良；喜干燥，不耐盐，空气相对湿度以80%～85%为宜，怕水涝，土壤湿度过高则引起鳞茎腐烂死亡；对土壤要求不严，但粘重的土壤不宜栽培，在土层深厚、肥沃疏松的砂质壤土中，鳞茎色泽洁白、肉质较厚。亚洲和铁炮百合最适宜的土壤pH值为6.0～7.0；东方百合适宜的pH值为5.5～6.5。6月上旬现蕾，7月上旬始花，7月中旬盛花，7月下旬终花，果期7～10月。

2. 品种选择

目前，国内栽培品种多从荷兰、新西兰等国家进口，主要品系和品种有：①东方品系：卡萨布兰卡、黄丝带、柏林、科隆娜、西伯利亚、白玛丽等；②亚洲品系：白天使、哥伦布、新中心、多福等；③铁炮百合品系：晶体、雪皇后、素雅、白天堂等；④铁亚杂交百合：冰山、放歌、发光、晕眩等；⑤盆栽百合：杰特、蒙娜丽莎、宝贝爱等。

3. 繁殖方法

(1) 无性繁殖包括以下3种。

1) 鳞片繁殖。秋季，选健壮无病、肥大的鳞片在1：500的苯菌灵或克菌丹水溶液中浸30min，取出后阴干，基部向下，将1/3～2/3鳞片插入有肥沃沙壤土的苗床中，密度3～4cm×15cm，盖草遮荫保湿。约20d后，鳞片下端切口处便会形成1～2个小鳞茎，多者达3～5个。培育2～3年鳞茎可重达50g，每亩约需种鳞片100kg，能种植大田15亩左右。

2) 小鳞茎繁殖。百合老鳞茎的茎轴上能长出多个新生的小鳞茎，收集无病植株上的小鳞茎，消毒后按行株距25cm×6cm播种。经一年的培养，一部分可达种球标准(50g)，较小者，继续培养一年再作种球用。

3) 珠芽繁殖。珠芽于夏季成熟后采收，收后与湿润细纱混合，贮藏在阴凉通风处。当年9～10月，在苗床上按12～15cm行距、深3～4cm播珠芽，覆3cm细土，盖草。

(2) 有性繁殖。秋季将成熟的种籽采下，在苗床内播种，第二年秋季可产生小鳞茎。此法时间长，种性易变，生产上少用。

4. 栽培管理

(1) 基质与栽培槽准备。以基质槽栽法较为适宜。栽培槽规格一般为宽96～120cm，深15～25cm，长度灵活确定。基质最好采用复合基质，如沙子：炉渣＝1：2、珍珠岩：蛭石＝3：1、珍珠岩：蛭石：草炭＝2：1：1等。开浅穴(8～10cm)栽种，一般行株距25～30cm×15～20cm。

(2) 鳞茎栽培。选根系发达、个大、鳞片抱合紧密、色白形正、无损伤、无病虫的子鳞茎作种，并用农用链霉素浸种30min或喷800～1000倍多菌灵闷30min，或用2%福尔马林浸15min进行药剂消毒，晾干后下种。播种时间以9月下旬～10月为宜。每亩用种量约为150～250kg。约2～4a后培育成种球。

(3) 营养液管理。营养液配方可选用日本园试配方或荷兰岩棉培花卉通用配方。基质栽培定植初期可只浇灌清水，5～7d后当有新叶长出时，改浇营养液，用标准配方的1/2剂量。地上茎出现后改用标准配方的1个剂量浇灌，并适当提高营养液中P、K的含量，在原配方规定用量的基础之上，P、K的含量再增加100mg/L。开花结实期用标准配方的1.5～1.8个剂量浇灌。在此期间，还可适度进行叶面施肥。水培时营养液浓度的调整与基质栽培类似。

基质栽培时，冬季每2～3d浇灌1次营养液，夏季可每1～2d浇灌1次营养液，1次清水。灌溉水的EC值小于0.5mS/cm，氯含量低于50mg/L，pH值在5.5～6.5之间。水培时，采用DFT间歇供液的方法，也可不循环。不循环时，需每15～20d更换1次营养液。

(4) 植株管理。百合可以忍耐一定程度的高温，但是30℃以上的持续高温会对其生长发育不利，夏季高温时应适当遮荫；百合的根系较浅，容易发生倒伏，所以要适时搭建支撑网或用吊绳固定。当苗高50cm左右时搭建第一层支撑网或吊一次，以后至少需要再搭建一层支撑网或吊一次。

(5) 病虫害防治。对苗期食根类的害虫，可以结合浇水用辛硫磷或敌百虫防治；对花期的蚜虫可以用敌敌畏防治。苗期主要的病害是立枯病和根颈腐烂病，用苗菌敌、百菌清、扑海因等防治；生长期的叶枯病可以用代森锰锌、扑海因、克枯星等防治；灰霉病可以用灰霉净、万霉灵、多菌灵等防治。

(6) 切花采收及处理。10个以上花蕾的植株有3个花蕾着色时，5～10个花蕾的植株有2个花蕾着色时，5个以下花蕾的植株有1个花蕾着色时，开始采收。最好早上采收，这样可以减少脱水，采收后的百合在温室中旋转的时间应在30min以内。一般采收后按花蕾数、花蕾大小、茎的长度和坚硬度，以及叶子与花蕾是否畸形来分级，然后捆绑成束，摘掉黄叶伤叶和茎基部10cm的叶子。成束后应直接把百合插在清洁水中，如果温度较高，最好用已预先冷却的2～3℃的水，以使百合充分吸收水分。包装时要确保百合装在带孔的干燥的盒内。百合切花运输时应保持2～3℃的低温。

另外，待地上部分枯萎之后，采挖鳞茎，最好在冷库（－1～0℃）中贮藏。贮藏前要将种球分级、消毒，并用湿润的锯末或草炭作填充基质。

8.5.9 非洲菊

非洲菊又名扶郎花，由于非洲菊花朵硕大，花枝挺拔，花色艳丽，产量高，花期长，栽培管理容易，现已成为世界著名的切花种类，在国内外均有广泛栽培。

1. 对环境条件的要求

非洲菊性喜冬季温暖、夏季凉爽、空气流通、阳光充足的环境，要求疏松肥沃、排水良好、富含腐殖质且土层深厚的砂质壤土，土壤以pH值为6.0～6.5的微酸性为宜，不耐盐碱性土壤。对日照长度不敏感，在强光下花朵发育最好。生长期最适温度为昼温20～25℃，夜温16℃，冬季若能维持在12℃以上，夏季不超过30℃，则可终年开花，冬季低于7℃则停止生长，自然条件下以4～5月和9～10月为盛花期。

2. 品种选择

非洲菊品种丰富，按栽培方式可分为切花品种和盆栽品种；按花色可分为红色系、粉色系、黄色系、白色系及橙色系等品种；在切花栽培上，常根据花瓣的宽窄分为窄花瓣型、宽花瓣型、重花瓣型与托桂型。目前国内栽培品种大多引自荷兰，较多品种是荷兰Terranigra的Terra系列。

3. 繁殖方法

非洲菊可用组培、分株或播种繁殖。切花生产上现多以组培方法繁殖，既可大量、快速繁殖种苗，又可解决品种退化问题，且植株的生长势强、产量高；也可分株繁殖，分株苗开花早，但生长势弱于组培苗，且长期分株繁殖，易出现退化现象。分株一般在4～5月进行，切离的单株应带有芽和根；播种繁殖多用于育种和盆栽品种的栽培，因其种子寿命短，采种后应即行播种，发芽适温20～25℃，约2周发芽，出芽率一般为50%左右。

4. 栽培管理

(1) 栽培基质与设施。一般采用塑料大棚保温栽培，冬季大棚内还应加2～3层薄膜保温，必要时还需在夜间加温。采用栽培槽栽培，槽宽60cm、深25cm，长根据实际情况而定，槽间距40cm。槽内衬塑料薄膜，种植两行，中央铺设1根软塑料滴管，定时灌水。

非洲菊无土栽培以煤渣加珍珠岩加草炭土（配比为2∶1∶1）作栽培基质为宜。基质pH值为5.8～6.5。基质中添加一定量的腐熟有机肥（主要成分是鸡粪）和复合肥（氮∶磷∶钾＝1∶1∶1，不含氯），按20kg/m^{3}有机肥和1.5kg/m^{3}复合肥添加。

(2) 定植。春季于4～5月定植，秋季于9～10月定植，定植苗采用有4～5片叶的组培苗。定植密度因品种不同而异，一般株距为35cm，定植以阴天或晴天的傍晚进行为宜，一定要浅植，使根颈部稍露出土面，植后浇透水。如定植过深，根颈上的生长点就会被埋在土下，叶及花蕾在生长过程中必须顶破土面，生长发育受阻，遂影响产花量及切花品质，且根颈部极易感病腐烂。

（3）环境调控。定植后10～15d内，应注意保持适当的温湿度，温度超过25℃时应及时通风降温，晴天还应适当遮阳。非洲菊抗旱而不耐湿，生长期间切忌积水，土壤不干不浇，冬季应少浇水。在开花期内应经常观察叶片的生长状况，如叶小而少时可适当增施氮肥，在4～6月和9～11月的两次开花高峰期前应酌情进行叶面喷施磷酸二氢钾。

冬季寒流到来之前可在大棚或小棚上再加盖1层塑料膜，或直接在小拱棚上加盖草帘。6～9月可用遮阳网降温。非洲菊虽对光照不敏感，但要求阳光充足，光线充足时叶片生长健壮，花梗挺拔，花色鲜艳。

（4）采收和保鲜。

1）采收。非洲菊采收的适期是：花瓣已充分展开，花盘上最外面二三圈管状小瓣已经开放时，则标志可以采收。采摘时应用手抓住花梗，向外方向拉掰，使花梗从根颈处断离。

2）保鲜。采收后的鲜花在晴天很快会失去水分而萎蔫，采用预处理对保证鲜花质量。延长鲜花保鲜期非常重要。具体操作方法是：用硝酸银20mg/kg，硫酸铝80mg/kg的水溶液浸渍花茎基部5～6h，再用专用花桶装清水插养。

（5）病虫害防治。

1）虫害。非洲菊的幼苗期及初花期均有桃蚜发生，受害植株生长延缓，叶面上有许多黑褐色的粘稠排泄物，失去光泽。可用杀灭菊酯喷雾防治。生长期叶螨危害植株后，叶片收缩，花朵硬化，叶面失去光泽，叶背变黄褐色，花瓣畸形，并有许多小的白斑；严重时花瓣萎缩硬化，甚至整个植株萎缩而死。防治方法：一是定植前进行土壤消毒；二是叶面经常喷水，可抑制螨虫繁殖；三是及时喷施杀螨类农药。

2）病害。主要病害有灰霉病、腐霉病、疫霉病及根颈基腐病等。大部分是由土壤中所带的病原菌而引发，一旦发病尚无根治方法，只能采取防治措施，如栽培基质的消毒、浅植和定期喷施杀菌剂等。

复习思考题

1. 什么是无土栽培？无土栽培有哪些分类？
2. 无土栽培与土壤栽培相比有哪些特点？在未来的农业中有什么作用？
3. 水培和雾培有何特点？各有哪些类型？
4. 试比较深液流技术和营养液膜技术有何异同？
5. 不同水培技术的设施结构包括哪几部分？
6. 基质培有何特点？有哪些类型？
7. 性能良好的基质应具备的条件有哪些？
8. 理解立体栽培的含义？与平面栽培相比，立体栽培有何应用价值？
9. 有机生态型无土栽培与一般无土栽培相比有何特点？
10. 无土栽培对营养液的成分有何要求？
11. 营养液管理需注意哪几个方面的问题？如何进行营养液的管理？
12. 营养液配制的原则是什么？如何进行营养液的配制？
13. 以一种园艺作物为例，谈谈如何进行无土栽培的管理？

第9章　园艺植物设施栽培技术

【本章要点】了解设施蔬菜、花卉、果树栽培方式及特点，掌握主要园艺作物设施栽培及管理技术要点。

9.1　蔬菜设施栽培

9.1.1　蔬菜设施栽培概述

1. 蔬菜设施栽培特点

目前中国设施园艺总面积中，约95%是蔬菜的设施栽培。蔬菜设施栽培是一种高科技的高效集约型农业，要求应用现代化的栽培管理和经营管理技术，才能实现高投入、高产出的目标。其主要特点是：除防雨棚外，一般都能实行半封闭式或封闭式的环境调控，有利于创造蔬菜作物地上部和地下部最适的环境条件，实现优质高产。由于常年避雨和冬季长期保温或加温，设施的土壤水分管理、通风换气、冬季加温保温，以及夏季防止热蓄积等都要求精细集约的管理技术。实施封闭式环境调控条件下，易于利用天敌等生物防治病虫技术，实行无（少）农药栽培。设施蔬菜栽培季节长，复种指数高，长季节栽培果菜番茄、黄瓜等，如何保持营养生长与生殖生长的平衡，成为关键栽培技术。设施蔬菜周年四季生产，不同季节要选用适宜的品种以适应不同气候环境，防止生长障碍的发生。设施果菜栽培低温期授粉受精困难，为防止落花落果，避免应用激素，可利用熊蜂等昆虫授粉和选用单性结实性强的品种等，省工省力环保型农业技术。设施蔬菜栽培的环境调控，产期调节，反季节栽培，需要大量劳力，要尽量采用省工省力技术。

2. 中国设施蔬菜栽培区划

我国设施蔬菜可区划分为下列四个气候区。

（1）东北蒙新北温带气候区。大体上位于长城以北，全年最冷候气温－10℃等温线以北的黑龙江、吉林和辽宁、内蒙古、新疆等地。冬季日照充足，但日照时数少；1月月均日照时数180～200h，日照百分率60%～70%，一月平均气温在－10℃以下，北部最低的达－20～－30℃，是我国最寒冷气候区。设施生产冬季以日光温室为主，设临时加温设备。在极端低温地区（如松花江以北地区，）冬季生产只能以耐寒叶菜为主。春、秋蔬菜生产可以利用各种类型的塑料棚，但要注意防寒、防风。

（2）华北暖温带气候区。本区包括秦岭淮河以北，长城以南最冷气温－10℃等温线以南，0℃等温线以北的北京、天津、河北、山东、河南、山西、陕西的长城以南至渭河平原以北地区以及甘肃、青海、西藏和江苏、安徽的北部地区，辽东半岛也属于这个地区。1月日照时数均在160h以上，该区冬、春季光照充足，是我国日光温室蔬菜生产的适宜气候区。冬季利用节能型日光温室在不加温条件下可安全冬、春茬生产喜温果菜，但北部地区日光温室要注意保温，冷冬年应有临时辅助加温设备，南部冬季要注意雨雪和夏季暴雨的影响。这一地区春提前、秋延后蔬菜生产设施仍以各种类型塑料棚为主。大中城市郊区作为都市型农业可适当发展现代加温温室，用来生产蔬、花、果等高附加价值园艺产品。

（3）长江流域亚热带气候区。本区包括秦岭淮河以南、南岭—武夷山以北，四川西部—云贵高原以东的长江流域各地，亚热带季风气候区，大体上相当于最冷候气温0℃等温线以南，5℃等温线以北地区，主要包括苏、皖南部，浙江、江西、湖南、湖北、四川、贵州和陕西渭河平原等。该区的1月日照百分率在45%以下，其中四川盆地、贵州大部，以及湘西，鄂西南地区是全国1月日照百分率最低的地区，均在20%以下，局部地区甚至小于15%。本区属亚热带气候，1月平均最低气温0℃～8℃左右。冬春季多阴雨，寡日光照，但这里冬季温度条件优越。因此蔬菜生产设施以塑料大、中棚为主，在有寒流侵入时搞好多重覆盖，即可进行冬季果菜生产，夏季以遮阳网、防雨棚等为主要蔬菜生产设施。高附加值的蔬、花、果、药等园艺作物，或作为工厂化穴盘育苗的设施，在都市型农业中可以适当发展高强度的开放型现代玻璃温室。

(4) 华南热带气候区。主要包括最冷候气温5℃等温线以南的福建、广东、海南、台湾及广西、云南、贵州、西藏南部。1月平均温在12℃以上，周年无霜冻，全年露地栽培蔬菜，可利用该区优越的温热资源，作为天然温室进行南菜北运蔬菜生产，但该区夏季多台风、暴雨和高温，故遮阳网、防雨棚开放型玻璃温室成为这一地区夏季蔬菜生产主要设施，冬季则以中小型塑料棚覆盖增温。

3. 设施栽培蔬菜的主要种类

因设施投资高，应优先栽培高效益的蔬菜。通常以果菜冬春反季栽培为主，主要包括瓜类中的黄瓜、西瓜、厚皮甜瓜、西洋南瓜、瓠瓜、早丝瓜、苦瓜、早冬瓜，茄果类的番茄、辣椒、茄子和甜玉米、菜豆、食荚豌豆、早毛豆、草莓等；其次是根茎菜类的芦笋、马铃薯、芋头、水生蔬菜的莲藕、茭白和芦蒿等野菜。第三是叶菜类的莴苣、芹菜、小白菜、小萝卜、菠菜、蕹菜、苋菜、茼蒿、芫荽、冬寒菜、落葵、紫背天葵、菊花菜、荠菜、豆瓣菜等。既可单作还可间作套种。北方严寒地区单作面积较大的绿叶菜为芹菜、莴苣（结球）、茼蒿、菠菜、芫荽、苋菜、蕹菜、荠菜等。第四是芽苗菜类的豌豆、萝卜、苜蓿、花生、荞麦、葵花籽等种子遮光发芽培育成黄化嫩苗或在弱光条件下培育成绿色芽菜，作为蔬菜食用。芽苗菜含丰富的维生素、氨基酸，质地脆嫩容易消化，在设施栽培条件下适于工厂化生产，是提高设施利用率、补充淡季蔬菜的重要蔬菜。第五是食用菌类，大部分的食用菌类需要设施栽培，其中大面积栽培的有双孢蘑菇、香菇、平菇、金针菇、草菇等；特种食用菌鸡腿菇、鸡松茸、灰树花、木耳、银耳、猴头、茯苓、口蘑及竹荪等近年来设施栽培面积也不断扩大；双孢蘑菇、金针菇、灰树花、杏鲍菇等工厂化生产技术发展很快。

4. 设施栽培方式及茬口类型

(1) 设施栽培方式。

1) 促成栽培。又称越冬栽培，深冬栽培，冬、春长季节栽培。促成栽培是指冬季严寒期利用温室等设施进行长期的加温或保温栽培蔬菜的方式。如目前的一些大型连栋温室内进行的茄果类蔬菜的长季节栽培，从9月定植到翌年6月采收结束，从播种到拉秧长达10～11月，在低温期的10月下旬至翌年3月下旬均进行加温以维持生育最盛期以后的生长势，促进座果及果实发育。

在我国，除少数现代化温室外，大多利用不加温或短期加温的节能型日光温室，通过多重覆盖增加保温性能的方式进行栽培。例如在辽宁南部，节能型日光温室的黄瓜，可在10月育苗，11月定植，1～6月采收。在淮河以北地区采用节能型日光温室、在长江流域采用塑料大棚多重覆盖，将8～10月育苗的茄果类、瓜类等果菜，在10～12月定植到棚室内，于1月初至3月即开始上市，直到6～7月结束，也属于长季节栽培。

2) 半促成栽培。通常是指在设施栽培条件下定植的蔬菜，生育前期（早春）短期加温，而生育后期不加温，只是进行保温或改为在露地条件继续生长或采收的春季提早上市的栽培方式，故又称之为早熟栽培。我国常用于早熟栽培的设施主要是日光温室、塑料大棚和中小棚。如番茄、辣椒、茄子等于前一年冬季11月至翌年1月用电热线加温，于日光温室或塑料大棚内育苗，翌年2～3月定植于日光温室或塑料棚内，采收期较常规露地育苗栽培能提早一个月左右。

3) 延迟栽培。一般指一些喜温性蔬菜的延迟栽培，如黄瓜、番茄等。秋季前期生长在未覆盖的棚室或在露地生长。晚秋早霜到来之前扣膜防霜冻，使之在保护设施内继续生长，延长采收时间，俗称大棚、日光温室的秋延后栽培，它比露地栽培延迟供应期1～2个月。如利用日光温室或塑料大棚多重覆盖栽培，可使采收期延长到元旦春节上市，经济效益大幅度提高。

4) 越夏栽培。此栽培是长江以南广大地区夏季利用遮阳网、防虫网、防雨棚等设施栽培的主要类型，在大棚温室骨架上覆盖遮阳网或将大棚的裙膜掀掉，只保留顶膜并覆盖遮阳网，以遮阳降温、防暴雨台风为主的夏季设施蔬菜栽培技术，这种设施栽培方式很好地解决了南方夏季一些喜凉叶菜、茎菜的夏季安全生产问题和北方一些地区果菜的安全越夏问题，对缓解南方蔬菜夏淡季，保证蔬菜周年均衡供应有重要意义。用网目为20～25目封闭式防虫网覆盖，主要用来覆盖于塑料拱棚或温室的门窗通风口，切断各种害虫成虫潜入产卵繁殖、幼虫危害和传毒的途径，实现夏季蔬菜的无（少）农药栽培。

（2）设施栽培的茬口类型。

1）日光温室秋、冬茬栽培。此茬口类型主要解决喜温果菜深秋初冬淡季问题。一般在7月下旬～8月上旬播种，9月初定植，10月中～11月上旬开始收获，春节前后拉秧。

2）日光温室早春茬栽培。早春茬栽培的目的在于早春提早上市，解决早春淡季问题。例如，用日光温室进行黄瓜早熟栽培，其上市期可比塑料大棚早熟栽培上市期提早45d以上。喜温果菜一般利用电热温床，在加温温室或节能日光温室内，于11月中旬～12月中旬播种，1月下旬～2月上旬定植，一直到7月中下旬拉秧。

3）塑料大棚春夏秋一大茬栽培。该茬口是充分考虑当地气候特点和光热资源，充分利用大棚设施，在日光温室或加温温室内，采用日光温室于1月上旬～2月中旬播种育苗，3月上旬～4月上旬定植，5月上旬开始采收上市的茬口类型，该茬口夏季应加强肥水管理和环境调控，主要是通风降温、防暴风雨，夏季顶膜一般不揭，只去掉四周裙膜，防止植株早衰，秋末早霜来临前将棚膜全部盖好保温，使采收期后延30d左右。此茬口类型产量高峰期与露地喜温果菜相遇，通过加强管理和栽培措施上的改进，尽量提高早期产量和后期产量，提高其经济效益。

4）塑料大棚秋冬茬。一般是夏末秋初播种育苗，中秋定植，秋末到初冬开始收获，直到深冬的11月下旬到1月结束。如秋冬茬番茄、秋冬茬黄瓜、秋冬茬辣椒、秋冬茬芹菜等。

在华南地区秋、冬茬可以延续进行越冬一大茬生产，一般是夏末到中秋育苗，初冬定植到温室，冬季开始上市，直到第二年夏季，连续采收上市，其收获期一般是120～160d。目前有冬春茬黄瓜，冬春茬番茄、冬春茬茄子、冬春茬辣椒、冬春茬西葫芦等。这是本地区目前日光温室蔬菜生产应用较多、效益也较高的一种茬口类型。多利用节能型日光温室，通称长季节栽培。

5）塑料大棚春提前栽培。一般于温室内育苗，苗龄依据不同蔬菜种类30～90d不等，据此合理安排播种期。在3月中旬定植，4月中下旬始收供应市场，一般比露地栽培可提早收获30d以上。目前许多喜温果菜如黄瓜、番茄、豆类蔬菜及耐热的西瓜、甜瓜等均有此栽培茬口。

6）塑料大棚秋延迟栽培。一般是7月上中旬～8月上旬播种，7月下旬～8月下旬定植，9月上中旬以后开始供应市场至12～翌年1月结束。同类蔬菜其供应期一般可比露地延后30天左右，大部分喜温果菜和部分叶菜均有此栽培茬口。

7）遮阳网、防雨棚越夏栽培。此茬口多为喜凉叶菜的越夏栽培茬口。大棚果菜类早熟栽培拉秧后，将大棚裙膜去除以利通风，保留顶膜，上盖黑色遮阳网（遮光率60%以上），进行喜凉叶菜的防雨降温栽培，是南方夏季主要设施栽培类型。

利用大型连栋温室所具有的优良环境控制能力，进行果菜一年一大茬生产。一般均于7月下旬～8月上旬播种育苗，8月下旬～9月上旬定植，10月上旬～12月中旬始收，第二年6月底拉秧。对于多数地区而言，此茬茄果类蔬菜采收期正值元旦、春节及早春淡季，蔬菜价格好、效益高。但也要充分考虑不同区域冬季加温和夏季降温的能耗成本，在温室选型、温室结构及栽培作物类型均应慎重选择，以求得高投入、高产出。

9.1.2 茄果类蔬菜设施栽培

9.1.2.1 番茄

原产秘鲁西部高原地带，在果菜类中较耐低温，其在设施栽培面积上仅次于黄瓜，在我国设施栽培中具有十分重要的地位。

1. 主要茬口类型

全国各地设施番茄栽培的茬口主要有以下几种。

（1）温室冬春茬。长季节栽培通称促成栽培，多在8月中下旬播种育苗，9月下～10月上旬定植，12月～至翌年6月采收。为我国现代温室和北方日光温室主要茬口类型。

(2) 日光温室早春茬。华北地区一般在11月下旬～12月上中旬育苗，东北地区在1月育苗，苗龄60～70d；定植期华北一般在1月中旬～2月上中旬（东北多在2月），4～7月采收。

(3) 日光温室秋冬茬。主要供应冬季和春节市场，北方一般在6月下旬～7月播种育苗，8月中下旬～9月上旬定植，10月下旬～翌年1月采收。

(4) 大棚多重覆盖特早熟栽培。长江流域在10月中下旬育苗，11月下旬定植，仅利用2～3穗果摘心，密植于大棚内，多重覆盖保温，2月下旬～4月采收供应，类似北方日光温室的冬春茬，是一种“矮密早”的促成栽培技术。分布在安徽和县等地。

(5) 大棚春季早熟栽培。一般在12月育苗，苗龄70d左右；南方的播种期在11月上旬～12月上旬，苗龄90～110d，2～3月定植，4月下旬～6月供应。

(6) 大棚秋延后栽培。北方常在7月播种育苗，8月定植（高纬度地区宜适当提早），9月下旬开始采收；长江流域一般在6月中下旬～7月中旬左右播种，约8月中旬定植，10～12月上市供应。

2. 番茄冬春茬栽培技术

(1) 播种育苗。除工厂化穴盘育苗外，目前主要仍采用营养钵育苗，通常利用温室或大棚内设置普通育苗床或电热育苗床作为播种床，苗长到2枚子叶，1片真叶时，分苗到营养钵中育苗。番茄壮苗的标准是株高15～25cm，茎粗0.5～0.6cm；子叶完整，具7～9片真叶，带大花蕾，叶大而厚，色浓绿，侧根多而白，无病无损伤；在较适宜环境下，苗龄一般早熟品种55～65d，中熟品种60～70d，晚熟品种80d。

1) 营养土制备。营养土最好在6～7月间开始准备。营养土的配制可以用4份大田土加3份未腐熟鸡粪或猪粪，3份未腐熟马粪或其他有机肥，再在每立方米床土内加入尿素250～300g，过磷酸钙500～1000g进行堆制；临时使用时可用3份大田土加4份腐熟鸡粪或猪粪，加3份腐熟马粪或其他有机肥配制。床土使用前需过筛。

2) 播种。按每平方米苗床播5～7g（每667m^{2}栽培面积需种子20～30g）种子的要求，做好苗床，用喷壶均匀浇水，覆膜预热；选择冷尾暖头天气将拌上细沙或细泥的种子均匀撒播，上覆0.5～0.8cm厚的药土，然后覆盖地膜，保持地温25～28℃，一般5d即出苗。种子播种前宜进行消毒浸种、催芽。

3) 苗期管理。分苗假植是指当70%～80%的幼苗出土后，即揭去地面覆盖物，若发现“带帽”顶壳现象，可以再覆一层湿润的细土。1～2片真叶展开后分苗。番茄宜假植在营养钵或72孔穴盘中。假植宜选择无风、晴朗天气进行。栽植后及时浇水，并盖膜闷棚2～3d。

温度管理指番茄育苗期的温度掌握“两低两高”的原则，即播种到出苗温度要高，昼温25～28℃，夜温20℃；出苗到假植温度要低，昼温20～25℃，夜温10～15℃；假植到缓苗期温度要高，昼夜温度分别为28℃和18℃左右；缓苗到定植前降温炼苗，昼温20～25℃，夜温前半夜14～17℃，后半夜12～13℃为宜。

光照管理指设施内番茄育苗，基本上依靠揭盖覆盖物、进行苗床内的光照及温度管理。白天即使遇到阴、雨、雪天气也要在短时间揭开不透明覆盖物使幼苗见光。并经常保持透明覆盖物洁净明亮，清除污染物。

肥水管理指由于育苗用的营养土肥料和底水充足，育苗期间一般少浇水不施追肥，使苗床较为干燥，以减少苗期病害。发现幼苗长势较弱时，如果天气晴朗，可适当补施叶面肥，如0.1%磷酸二氢钾、0.3%磷酸二铵或尿素等。在分苗前和定植前一天要浇透水，以免起苗伤根。若发现床土发白、过分干燥，可在晴天中午气温较高时用喷壶淋水。如在育苗期间雨水偏多，这时应加强通风降湿。必要时可用30mg/L的多效唑来控制幼苗生长，培育壮苗。

(2) 整地施基肥。在定植前应做到早翻耕、早施肥。要求耕作层深20～25cm，做成宽1.2～1.5m（连沟）、高15～20cm的畦，畦面应平整无大泥块，使地膜覆盖时能紧贴上面。

番茄生育期长，需肥量大，尤其对钾肥需要量大。施肥原则是前期重施氮、磷肥，中后期增施钾肥和微量元素，三要素的配合比例应为1：1：2。施肥方法为每667m^{2}施腐熟有机肥3000～4000kg，过磷酸钙20～25kg、碳酸氢铵50kg或尿素20kg、硝酸钾30kg（或用三元复合肥50～60kg）。北方日光温室冬春茬栽培时间长，每667m^{2}需施有机肥约5～6t。

(3) 定植。种植密度要根据品种特性、整枝方式、肥力基础和施肥数量来决定。一般畦宽（连沟）

1.4～1.5m，每畦2行，株距30～40cm，每667m^2种植3000株左右。

长季节栽培番茄以大行1m小行0.8m，株距0.5m，每667m^2种植1600株左右。

(4) 定植后管理。

1）温度管理。番茄设施栽培时，日温掌握在25℃左右，上限温度为30℃；夜温在10℃以上，以14～17℃为最适。可利用揭、盖农膜及覆盖物，调节通风口大小和通风时间进行调控。3月以后，当棚内最低气温稳定在15℃以上时，白天温室大棚顶侧通风口全部揭开，这样既可通风，又能增加光照。

2）水分管理。在栽培前期要注意降低设施内湿度。在番茄整个生育期内，要求土壤水分供应均衡，特别是进入结果期后，土壤更不能忽干忽湿。最好应使设施内土壤含水量维持在70%～80%（pH值为2.3～2.5）。可以应用膜下滴灌施肥技术，降低设施内湿度。

3）增光、换气。冬、春季节设施内的番茄栽培中，白天应该尽量揭开室内外覆盖物，即使是阴、雨、雪天，也要把不透明的覆盖物揭开，只是要晚揭早盖。在日光温室栽培中要注意保温，超过25℃才开始通风，下午温度降到20℃左右时停止通风。在后墙张挂反光膜；经常清除透明覆盖物上的污染等有利于增加光照。

4）追肥。设施番茄施肥的原则是重施基肥，及时追肥。坐果前要控制施肥，在第一花序坐果后，果实似核桃大时开始追肥。追肥应分次进行，第一次每667m^2施8～10kg复合肥或磷酸二铵，第二次在第一穗果采收后追肥，一般每667m^2施15～20kg复合肥，或尿素8kg左右加硫酸钾8kg。以后根据植株的生长情况再行追肥。

5）设施内的CO_2追肥具有显著的增产效果。可在第1果穗开花至采收期间，在日出或揭除不透明覆盖物后0.5～1.0h开始，持续施用2～3h。施用浓度为800～1000μl/L（阴天减半）。

6）搭架绑蔓。当番茄植株长到30cm时，一般在根部附近插一根竹竿或吊绳支撑植株。竹竿垂直插入时为直立架，可在其上方绑一根横竹形成篱壁式联架；每两根竹竿相对时为人字架。在每一果穗下绑一道绳，防止番茄倒伏。

7）植株调整。一般行单杆整枝，在番茄的整个生育期中，尤其在中后期，要注意摘除老叶、病叶，以利通风透光。同时还要对萌生的其他侧枝进行打杈。打杈的时间不能过早，尤其对长势弱的早熟品种，过早打杈会抑制营养生长；过迟会使营养生长过旺，影响坐果。长季节栽培时，当植株长高到生长架横向缆绳时，要及时放下挂钩上的绳子使植株下垂，进行“坐秧整枝”。

8）授粉保果疏果。冬春季设施，常因棚温偏低、光照不足、湿度偏大而发生落花落果现象。除了要加强栽培管理外，可适时地应用植物生长调节剂如2，4～D和防落素，前者的使用浓度为10～20μL/L，以涂果柄为宜；后者为20～40μL/L，涂、蘸、喷花均可。使用时注意在温度低时用高浓度，温度高时用低浓度，并避免溅到生长点或嫩茎叶上产生药害。

现代温室则放置雄蜂授粉或在上午10时至下午3时用电动授粉器授粉，较使用生长调节剂省工省力又卫生。

有时每个花序的结果数过多，导致果实偏小。在生产中应适当疏果，大果形品种每个花序保留2～3个果实，中果形品种可保留3～4个果实。

(5) 病虫害防治。番茄栽培上的主要病害有猝倒病、立枯病、早疫病、灰霉病、菌核病、叶霉病、病毒病及青枯病等，主要虫害有蚜虫、蓟马、茶黄螨和棉铃虫等，应及时采取措施防治。

(6) 采收。设施栽培的番茄由于温度较低，果实转色较慢，一般在开花后45～50d方能采收。一般短途外运可在变色期采收；长途外运或贮藏则在白果期采收。

3. 大棚秋延后栽培技术

(1) 确定适宜的播种期。秋番茄的播种期必须要考虑将开花结果期处于最佳的气候条件下，即日温25℃左右，夜温15℃左右；并要在初霜到来之前有较长的收获时期。长江流域一般在6月中下旬～7月中旬左右播种比较适宜。

(2) 选择耐热抗病品种。栽培秋番茄宜选择早熟、耐高温、抗病毒病、耐贮藏、优质高产的品种。秋番茄生育期短，一般选用有限生长型的大红果品种。如中蔬4号或5号，苏抗5号或11号等。

(3) 培育壮苗。

1）苗床准备。选择通风、排灌方便的稻田或旱地（前作不能是茄果类蔬菜），做成南北向的苗床，育苗床宽4m；以每667m^2秋番茄栽培用15～20g种子，营养钵育苗需准备苗床面积20～30m^2。为了防高温、暴雨、大风的危害，需搭遮阳棚。遮阳棚的棚顶高1.7m，两侧高1m，周围开好排水沟和床中直沟。每畦排钵的宽度不超过1.3m，以便于播种、间苗等操作。

2）播种。秋季番茄育苗可用穴盘或直接播入营养钵；或先播种在苗床地中，待幼苗长到1叶1心时，再移入营养钵。目前一般采用直播，在播种前2～3d，将营养钵浇透水，在营养钵底不留积水时即开始播种。

播种前应进行种子消毒。每钵播种子2～3粒（每钵1株）或4～5粒（每钵2株），要分散点播，播种后用少量松细土覆盖，然后在上面覆盖1.5cm厚的浸湿稻草，棚顶及四周用遮阳网覆盖，并保持营养土湿润。当有30%～50%种子出土后，及时揭去覆草，以防高脚苗。

3）育苗期管理。肥水管理，即幼苗出土至2片真叶期，要保持土壤湿润。如遇雨天表土较湿，要覆干细药土以降低表土水分，促进发根，防治猝倒病。5片真叶后，浇水次数逐渐减少。苗期一般不追肥，以防植株徒长。

光照及遮阳管理指培育秋番茄壮苗要以降温为中心，采用照光与遮阳相结合的管理办法。一般用防雨棚上盖遮阳网（一膜一网）下育苗。荫棚四周需要留1m左右的空间，保证棚内通风良好。移栽前应逐渐减少盖网时间炼苗4～5d。如幼苗徒长可喷用75～100μl/L多效唑，喷叶1～2次，间隔7～10d。

间苗是指在1～2叶期应及时间苗，用营养钵直播育苗者每钵留1株或2株大小相当的壮苗。如有缺苗，应及时在阴天或晴天的傍晚补苗。

4）病虫害防治。苗期主要应及时防治蚜虫、猝倒病和病毒病。

（4）整地施基肥、定植。秋季栽培番茄应尽早翻耕晒白，提高土壤保水保肥能力和通气性。在定植前5～7d施基肥。一般每667m^2全层铺施腐熟厩肥2～3t、过磷酸钙20kg后作畦，在畦中间沟施过磷酸钙15kg、钾肥15kg、尿素15kg，或施复合肥20kg。

8月中旬前后，当幼苗具有5～6叶真叶时即可移栽大田。畦宽1.2m（连沟），双行单株种植，株距33～45cm，每667m^2约栽3000株。定植后及时在畦面上覆盖稻、麦草；或在设施顶覆盖遮阳网。

（5）管理。在移栽后10d左右，及时插人字形竹竿或吊蔓。主枝第一花穗结果10～12d、第二穗果实结果5～7d时进行疏果；一般在9月下旬～10月上旬，当达到所需果数时，进行摘心。在番茄生长中后期，摘去下部的病叶、老叶。在施足基肥的前提下，营养生长期一般不需追肥。第一穗花序坐果后5～7d开始施催果肥，以后在盛果期和第一次采果后各施一次，共3～4次，每次每667m^2施复合肥15～20kg。栽培土壤切忌忽干忽湿，浇灌水在清晨和傍晚时进行为好，切忌在土温较高时浇（灌）水。为了防止高温引起落花，常用植物生长调节剂点花保果，促进果实膨大。

9月上旬以前的管理主要以减弱光照、降低温度、保持一定湿度为重点管理目标。可在设施表面再覆盖遮阳网以减光降温。10月中旬以后，气温明显下降，为确保番茄正常生长，应及时进行覆盖。白天气温超过30℃，进行通风降温；进入11月中旬后，外界气温较低，除晴天中午可作短时间通风外，一般均密闭设施；当外界最低气温在4℃以下时，宜进行二重帘内覆盖，两边的外侧可覆盖草片保温。

病毒病、早疫病、晚疫病和青枯病是秋番茄常见病害，其中尤以病毒病影响最大，是秋季番茄栽培中的防治重点。虫害主要有蚜虫、蓟马、棉铃虫、茶黄螨等，也应及时防治。

（6）采收。秋季栽培的番茄一般在10月上旬进入始收期，大棚保温适宜，可继续采收到12月。

9.1.2.2 辣椒设施栽培

辣椒在我国普遍种植。随着日光温室和大棚等栽培设施的发展，辣椒的设施栽培面积不断扩大，栽培季节也发生了较大的变化。

1. 主要茬口类型

（1）冬春茬长季节栽培。系北方节能型日光温室和现代加温温室主要茬口，一般于8月中旬育苗，9月下旬～10月上旬定植，12月～翌年6月采收，多应用甜椒的长季节栽培。

（2）春提早半促成栽培。日光温室一般10～11月播种育苗，2月定植，3～4月始收，6～7月拉秧。

（3）秋冬茬。秋延后栽培主要茬口一般7月下旬～8月播种，9月定植，10～12月采收。

2. 冬春茬及早春茬栽培

(1) 播种育苗。

1) 播种季节。长季节冬春茬栽培甜椒，长江流域在8月中下旬播种育苗，9月下旬～10月初定植，11月～翌年6月采收。早春茬设施辣椒的播种季节，在长江中下游地区一般在9月下旬～10月上中旬，或12月上中旬电热线加温育苗。东北南部地区温室早熟栽培可在11月播种，大棚早熟栽培可在12月播种，通常在2～3月定植于日光温室或大棚，4～7月采收。总之，辣椒播种期的确定必须考虑到苗龄适宜时能否及时定植。

2) 育苗设施。8～9月育苗，只要具备保温、避雨条件即可，但假植后，苗床必须具备较好的保温设施，必要时还需要加温设施；12月中旬前后播种者，则必须采用增温育苗设施。

3) 营养土的配制。辣椒育苗营养土的配制与番茄基本相同。

4) 种子处理。为提高成苗率和培育壮苗，播种前应进行种子处理。具体方法是：先晒种2～3d后，用55℃温水浸种15min；也可用1%硫酸铜溶液浸5min，或45%甲醛150倍液浸种15min，或10%磷酸三钠溶液浸泡20～30min（浸后用清水将药液冲洗干净）。再将种子用30℃左右的温水继续浸泡7～8h后，25～30℃催芽，催芽时间3～4d，待70%种子露白时即可播种。辣椒也可用干种子播种。

5) 播种及播种后的管理。有条件的宜行穴盘育苗，一次成苗。通常育苗方法是在播种前将播种床平整，上面铺4～5cm厚的营养土，浇足底水，然后撒播。播种后覆盖1～1.5cm疏松的营养土，利用大棚或温室内搭小拱棚育苗。

一般每平方米苗床可播种辣椒种子25～30g($667m^2$栽培面积需种量长辣椒类型为150g左右，灯笼椒类型为120g左右)。当有30%的种子出苗后，及时揭膜并适当通风透光。如果出现种子戴帽现象，可适当撒干土。假植前3～4d适当进行幼苗锻炼，加强通风，白天温度控制在19～25℃，夜间控制温度在13～15℃。

6) 假植。当有2～3片真叶时即应假植，每个营养钵假植1株。假植应选冷尾暖头的晴天进行，边假植边浇水，如果当时气温过高，小棚上可用草帘或遮阳网适当遮阳降温。假植后随即用小拱棚覆盖，保温保湿4～5d，棚内温度保持28℃左右。

7) 假植后的管理。假植后要保证地温达18～20℃，日温要求达25℃；并提高空气相对湿度，以促进缓苗。缓苗后要适当降温2～3℃，如棚内温度超过25℃，要加强通风，增强幼苗抗逆性。应强调的是，即使遇连续的雨雪天气，也要保持通风，以增强透光并增强幼苗抗性。苗期遇寒冷天气，应增加覆盖，以增强保温能力。如有条件，也可增设电热线增温。幼苗前期浇水要勤，低温季节要适当控制浇水，做到钵内营养土不发白不浇水，要浇就要浇透水。浇水应选晴天午后进行。幼苗缺肥可结合浇水施肥。定植前一星期左右，将夜温降至13～15℃，并控制水分和逐步增大通风量炼苗。

苗期病害主要有猝倒病、灰霉病、菌核病，主要害虫有蚜虫、蓟马、茶黄螨、红蜘蛛等，应及时防治。

(2) 整地定植。

1) 整地施基肥。整地至少应在定植前半个月进行。整地要求深翻1～2次，深度需达30cm，并抢晴天晒土降低土壤湿度，提高地温。畦宽连沟一般1.2～1.4m，畦面要作成龟背形。施基肥与整地作畦相结合。每$667m^2$基肥的施用量为腐熟堆肥3000～4000kg，过磷酸钙和饼肥分别为80kg和50kg或复合肥50kg。一般采用沟施法。大棚农膜应在定植前10～15d覆盖。

2) 定植期。辣椒的早熟栽培中，定植期主要是依据幼苗苗龄大小和天气状况来确定。在设施环境中定植辣椒，幼苗应具有9～10片真叶，株高20cm左右，茎粗约0.3cm，并开始发生分枝，带数个花蕾为宜。长江流域地区，辣椒定植的时间大棚在2月中下旬，小拱棚地膜在2月下旬～3月上旬。

3) 定植密度。为改善植株的通风透光条件，宜采取宽行密植，长季节甜椒畦宽（连沟）1.5m，株距40～50cm，一般单行双干整枝方式栽培，辣椒栽培即在宽为1.2～1.4m（连沟）的畦面上栽2行，株距25～30cm，每穴栽1株；或株距30～40cm，每穴栽2株。定植时强调浅栽，以根颈部与畦面相平或稍高一些为宜。

(3) 定植后的管理。

1）光照管理。光饱和点30～40klx，宜扩大行距，及时整枝、打杈，定植后的生长前期，正处于低温弱光时间，此时应尽量增加光照，及时清除透明覆盖物的污染，以促进作物前期的正常生长发育。

2）温湿度管理。定植后5～7d应保持较高的空气湿度，且要力争做到日温达25～30℃，夜温达15～20℃，地温在18～20℃以上，有利于新根的发生和促进对养分的吸收。植株进入正常生长阶段的生育适温：白天为20～25℃，夜温不低于15℃，夜间地温不低于13℃。为了达到上述温度要求，白天大棚内气温在25℃以上时即应进行揭膜通风；夜间常需要进行多层覆盖，当夜间气温在15℃以上时，可昼夜通风。甜椒在15℃以下生育不良，35℃以上畸形果增多。

3）肥水管理。在苗期轻施一次“提苗肥”，但氮肥不宜过多。进入结果期应加大追肥次数和数量，保证植株继续生长和果实膨大的需要。一般在采收2次辣椒后追肥一次，每次每667m^2追施尿素20kg加硫酸钾8kg，可采用穴施或条施。在水分管理上，缓苗后应适当控制水分；初花坐果时只需适量浇水，以协调营养生长与生殖生长的关系，提高前期坐果率。大量挂果后，必须充分供水，一般土壤相对湿度应保持在80%左右。有条件的地方，可采用膜下滴灌装置补充水分和肥料。

4）防止落花、落果、落叶。主要通过农业综合防止措施，包括耐低温、耐弱光品种的选择；保持适宜温度，白天25～30℃，夜温20℃左右，过高过低均易落花。此外还应注意合理密植，科学施肥，加强水分管理，及时防治病虫害，以及使用生长调节剂等。

5）调整植株。主要包括摘叶、摘心（打顶）和整枝等。摘叶主要是摘除底部的一些病残老叶，整枝是剪掉一些内部拥挤和下部重叠的枝条，打顶是在生长后期为保证营养物质集中供应给果实而采取的有效手段。

甜椒长季节栽培的整枝方法有两种：一为垂直吊蔓，每畦种二行，进行单干整枝。另一种为每畦种一行，采取V字形双杈整枝，具体方法是：当植株长到8～10片真叶时，叶腋抽生3～5个分枝，选留二个健壮对称的分枝成V字形作为以后的两个主枝，除去其他多余的所有分枝。原则上的两大主枝40cm以下的花芽侧芽全部抹去，一般从二大主干的第4节位开始，除去二大主干上的花芽，但侧芽保留一叶一花打顶。如此持续整枝不变，待每株坐果5～6个果实后，其后开放的花开始脱落，待第一批果采收后，其后开的花又开始坐果，这时主枝和侧枝上的果全留果，但侧枝务必留1～2叶打顶，一般每2～3周整枝一次。

6）病虫害防治。辣椒冬、春季栽培的主要病虫害有猝倒病、立枯病、病毒病、炭疽病、疫病，以及蚜虫、茶黄螨、蓟马等，应及时防治。

(4) 采收。辣椒早熟栽培应适时尽早采收。采收的基本标准是果皮浅绿并初具光泽，果实不再膨大。开始采收后，每3～5d可采收一次。由于辣椒枝条脆嫩，容易折断，故采收动作宜轻；雨天或湿度较高时不宜采收。彩色甜椒在显色八成时即可采收。

3. 秋冬茬栽培技术

设施辣椒的秋季栽培有两种情况：一种是夏播秋收，另一种是秋播，晚秋和冬季采收，甚至可越冬栽培，采收至元旦、春节。

(1) 选择品种。秋季栽培的辣椒品种要求具备耐热、抗病毒病、优质等条件。秋季一般不适宜栽培甜椒。主要栽培汴椒1号、江蔬2号、淮研2号、洛椒98－B等微辣品种。

(2) 培育壮苗。秋季栽培辣椒，其播种期一般应掌握在6月下旬～8月中旬，其中6月下旬～7月中旬播种者，其采收期一般为9月中旬～12月上中旬；7月下旬～8月上中旬播种者，其采收期为10月初～12月，甚至元旦、春节。

苗床多筑成深沟高畦；播种时浇足底水，覆土后使用遮阳网覆盖以降低土温，防止暴雨冲击。当有2～3片真叶时，一次性假植进钵。假植后要盖好遮阳网，拱棚四周最好围上隔离网纱，以防蚜虫传染病毒。气温高时要经常浇水，同时可根据幼苗情况补施薄肥（稀人粪尿）。苗期要注意防治蚜虫、红蜘蛛、茶黄螨、蓟马等病虫害，特别是蚜虫。

(3) 整地施基肥。秋、冬辣椒生长期长，要施足基肥，一般每667m^2施腐熟厩肥3t，复合肥40kg，基肥可结合整地施入土壤。

(4) 遮荫定植。一般苗龄25～30d，有5～6片真叶时即可定植，每畦种两行（窄畦每畦种一行），株距 25～30cm。由于定植时温度较高，定植后在畦面覆盖稻草；或在大棚上覆盖遮阳网降温。

(5) 田间管理。定植后应经常保持土壤湿润。进入开花期后，每 15～20d 可结合浇水进行施肥，一般每 667m^2 施复合肥 8kg（前期可用人粪尿代替）；如果单独施肥，则可采用条施，但施肥后，必须进行覆土。始花期由于气温较高，容易落花，用 2,4～D、防落素等生长调节剂喷花，以促进坐果。进入 10 月中下旬，应及时对设施进行覆盖保温。开始时，白天温度较高，应注意通风降温，但到了 11 月下旬后，外界气温较低，通风一般只能在中午前后进行。进入 12 月后，除了大棚覆盖外，还需要搭建二重帘或小拱棚进行多层覆盖，以确保适宜的温度。

秋季栽培辣椒时病虫害较多，前期特别要注意病毒病（蚜虫）的防治，中后期应特别注意菌核病的防治。其他的病虫害主要有灰霉病、疫病、炭疽病、枯萎病、青枯病、红蜘蛛、蓟马、烟青虫、茶黄螨及小菜蛾等，也应及时防治。

(6) 采收。秋季辣椒设施栽培的采收期一般自 9 月中旬～10 月上旬开始，具体视播种期而异。当辣椒达到其固有的大小、形状、色泽时应及时采收，特别是前期采收更应及时。

9.1.3 瓜类蔬菜的设施栽培

9.1.3.1 黄瓜设施栽培

1. 主要茬口类型

(1) 日光温室的茬口类型。

1) 早春茬。早春茬黄瓜上市期比大棚黄瓜上市期提早 45～60d。一般 12 月下旬～翌年 1 月上旬播种，2 月上中旬定植，3 月上中旬开始采收，7 月上旬拔秧。

2) 秋冬茬。栽培的目的在于延长供应期，解决深秋、初冬淡季问题，比大棚秋延后黄瓜供应期长 30～45d。一般 8 月下旬～9 月上旬播种，9 月下旬定植，10 月中旬始收，春节前后拔秧。

3) 冬春茬。秋末冬初（10 月中下旬～11 月上旬），在日光温室播种的黄瓜，幼苗期在初冬渡过，初花期处在严冬季节，1 月开始采收上市、采收期跨越冬、春、夏 3 个季节，收获期长达 150～200d，整个生育期长达 8 个月以上的茬口安排，叫做冬春茬黄瓜长季节栽培，这是三北地区栽培面积较大，技术难度最大，也是效益最高的茬口。

(2) 塑料棚栽培的茬口类型。

1) 小拱棚早熟栽培。一般在春季进行，属于短期覆盖，可比露地黄瓜提早 15d 左右定植，缓苗后，开始放风，覆盖约一个月以后，通过加大放风锻炼，逐步适应外部环境，然后撤棚插架、有时在未撤棚前即可开始采收，早熟效果超过地膜覆盖栽培，近年来采用地膜加小拱棚的双膜覆盖，效果更好。

2) 大棚栽培。主要以春提早为主，其次是秋延后。

大棚黄瓜春提早栽培在华北地区一般在 1 月下旬～2 月上旬，于温室播种育苗，3 月中旬定植，4 月中旬～7 月中下旬供应市场，供应期可比露地提早一个月左右。

大棚黄瓜秋延后栽培是指在华北地区一般是 7 月上中旬～8 月上旬播种，7 月下旬～8 月下旬定植，9 月上旬～10 月下旬供应市场。一般供应期可比露地延后 30d 左右。

2. 日光温室冬春茬黄瓜栽培

冬春茬黄瓜栽培面积大，生育期长，技术难度大。

(1) 品种选择。冬春茬期内将经历较长时间的低温弱光环境，因此，必须选用耐低温、耐弱光、雌花节位低、节成性好、抗病性强、生长势强、品质好、产量高的品种。目前生产上常用的品种有：津优 3 号、津杂 3 号、新世纪、鲁黄瓜 1 号等，由荷兰引进的“迷你”型黄瓜戴多星近年来也有一定栽培面积。

(2) 嫁接育苗。嫁接育苗是冬春茬高产栽培的主要技术措施之一。嫁接目的一是为抗土传病害，特别是提高对枯萎病的抵抗能力；二是提高黄瓜根系的耐寒性和抗逆性，克服因重茬导致的土壤连作障碍。

1) 砧木的选择。根据易成活、抗病、抗逆且不影响黄瓜品质、产量的要求。适宜的砧木有美国、日本的黑籽南瓜和我国云南黑籽南瓜，后者来源丰富，为黄瓜砧木主要品种。

2) 种子处理和嫁接方法。常用温汤浸种和 600～800 倍多菌灵或甲基托布津进行药剂浸种 10min，清水多次冲洗后浸种 4～6h，在 28～30℃温度下催芽 16～18h 即可播种。

黑籽南瓜后熟期较长，当年发芽率低，只有40%左右，采后一年种子发芽率较高，为提高黑籽南瓜发芽率及发芽整齐度，以0.3%商品双氧水（有效成分0.09%）浸泡8h，在室温12～14℃下晾种18h后与湿稻壳按1∶1混合拌匀后催芽，可使发芽率达80%左右。

嫁接方法多采用靠接（舌接）方法。

冬春茬黄瓜嫁接苗苗龄不宜太大，一般以3～4片叶，13～14cm高，苗龄30～40d即可定植。

(3) 定植后管理。

1) 定植黄瓜应不与瓜类作物重茬，防止枯萎病等土传病害发生。定植前10～15d进行田间清理，重施有机肥。一般667m^2施有机肥10t以上，2/3用于普施，而后深翻40cm，耙平后按行距开沟，沟内再集中施用剩余1/3基肥。增施有机肥，可提高地温、促进根系生长，加强土壤养分供应，保证黄瓜在低温季节生长发育正常。

定植密度一般为3000～3500株/667m^2，太密影响通风透光。作畦方式主要有两种，一种是垄作，另一种是高畦作。采用宽窄行定植，宽行距80～100cm，窄行距50～60cm，株距20～25cm。定植后均采取地膜覆盖，增温保墒，并降低温室内空气湿度，减轻霜霉病、灰霉病的危害。

2) 环境控制。

定植初期尽量给予较高温度，促进植株生长。开花前在同一日平均温度下，较大的日夜温差比小温差控制的植株营养生长旺盛，前期产量显著提高。生长前期（开花至采收4周）的温度控制至关重要，产量与这一时期的温度直线相关。日平均温度在15～23℃范围内，平均温度每升高1℃，总产量提高1.17kg/m^2，因此这段时间（约5周），也宜尽量提高控制温度。生长后期（采收4周至结束）的温度控制不严格，对产量影响不大，可降低控制要求。

日光温室秋冬茬或冬春茬生产，可按日光温室本身环境的日变化，结合黄瓜在一天中不同时段的生理活动中心来进行温度环境的管理，即“四段式温度管理”。上午是黄瓜一天中光合作用最强阶段，温度控制在28±2℃；下午控制在22±2℃；前半夜为促进养分运输，温度控制在17±2℃；后半夜为抑制呼吸，温度控制在12±2℃。放风温度应控制在30±2℃（晴天）。早晨揭苫时室内温度保持在8～10℃，当温室内温度下降到17℃时应盖草苫，具体揭盖草苫时间不同地区、不同季节不同，需灵活掌握。

光照。冬春茬黄瓜冬季的弱光照是限制黄瓜产量和品质的一个重要环境因子，宜改善温室内冬季光照条件：选用长寿无滴、防雾功能膜，并经常清扫表面灰尘；在保证室内温度前提下尽量早揭、晚盖草苫；在北墙和两个山墙张挂镀铝反光膜，改善室内光强和光分布；栽培上采用地膜覆盖和膜下灌水技术，降低温室内湿度；采用宽窄行定植，及时去掉侧枝、病叶和老叶，改善行间和下部通风透光。

湿度。日光温室内湿度的控制主要通过放风和浇水方式来实现。冬季揭苫后短时放风排湿，时间一般10～30min，浇水后中午要放风排湿，低温季节一般只放顶风，春季气温升高后，可以同时放顶风、腰风，放风量大小及时间长短主要根据黄瓜温度管理指标和室内外气温、风速及风向等的变化来决定。

3) 肥水管理。总的原则是少量多次，采收之前适量控制肥水，防止植株徒长，促进根系发育，增强植株的抗逆性。开始采收至盛果期掌握勤施少施的原则，一般自采收起每3～5d浇稀水粪一次，施肥量先轻后重，以氮、磷、钾复合肥为主，避免偏施氮肥，每次10～30kg/667m^2。但在冬季严寒季节要加大浇水间隔天数，可10～20d浇一次肥水，每次要浇透，以免频繁浇水降低地温。后期及时补充肥水，防止早衰。

4) CO_2施肥。黄瓜生长盛期增施二氧化碳可增产20%～25%，还可提高黄瓜品质，增强植株的抗病性。通常在定植后30d，开始结果期在日出后30min至换气前2～3h内施CO_2气肥，浓度为1000×10^{-6}～1500×10^{-6}。阴天施浓度低些为500×10^{-6}～1000×10^{-6}。施气肥条件下，昼温、夜温、湿度等都要求正常管理，防止低温、长期不通气、湿度过大、施肥过多，以期防止生长过旺。

5) 植株调整。当黄瓜植株长到15cm，4～5片真叶时开始插架引蔓或吊蔓。在果实采收期及时摘除老叶、去除侧枝、摘除卷须、适当疏果，以减少养分损失，改善通风透光条件，促进果实发育和植株生长。打老叶和摘除侧枝、卷须，应在上午进行，有利于伤口快速愈合，减少病菌侵染；引蔓宜在下午进行，防止绑蔓引起的折断。黄瓜越冬栽培生长期长达9～10个月，茎蔓不断生长长达6～7m以上，因此要及时落蔓、绕茎，将功能叶保持在日光温室的最佳空间位置，以利光合作用，落蔓时要小心不要折断茎蔓，落蔓前先要将下部老叶摘除干净。

6）病虫害防治。黄瓜设施栽培的主要病害有猝倒病、霜霉病、疫病、细菌性角斑病、白粉病、炭疽病、枯萎病及病毒病等。除了做好种子和床土消毒以外，发病初期可用普力克800倍液进行防治。病害以农业综合防治为主，重视增施有机肥，高垄栽培，膜下滴灌，夏季土壤高温密封消毒，嫁接苗、叶面施肥，防止重茬等，注意控制温室和大棚的温、湿度，地膜覆盖可有效降低棚内的空气湿度；在保温的前提下，注意通风降湿。化学防治以选用高效低毒农药、注意用药浓度、时间及方法，病虫害防治药剂，可参照一般黄瓜栽培。

7）采收。黄瓜属于嫩果采收，采收期的掌握对产量和品质影响很大。从播种至采收一般为50～60d。黄瓜必须适时采收，采摘太早，果实保水能力弱，货架寿命短，采摘太迟，则果实老化，品质差，而且大量消耗植株养分，造成植株生长失去平衡，后续果实畸形或化瓜。一般根瓜应及早采收，结瓜初期2～3d采收一次，结瓜盛期1～2d采收一次。

3. 日光温室早春茬栽培

日光温室早春茬黄瓜管理，既与冬春茬黄瓜管理有相同之处，又有其特点，一是早春茬黄瓜苗期正值低温季节，故多采用电热温床或在加温温室内育苗，苗龄也较长，一般为50d左右，品种与冬春茬一样，也应选耐低温弱光品种。其次早春茬黄瓜生育期短，在肥水管理上尽量采用大肥大水，促进植株和瓜条同时生长，要提早采收，又要提高产量。早春茬管理技术措施大体分为三个阶段。

(1) 定植后前期管理。从黄瓜定植到开花，这一时期约15～20d，管理基本与冬春茬黄瓜相同。定植时浇透水，如果缓苗期间水分不足，再灌一次缓苗水。不覆盖地膜的黄瓜，在表土干湿适宜时细致松土，培垄，然后促根控秧。

缓苗期要密闭保温，遇到寒流（潮）在室内加扣小拱棚保温。缓苗后，实行变温管理，白天控制在25～30℃，午后20～25℃，20℃时闭风，15℃时盖草苫；前半夜保持15～17℃，后半夜11～13℃，前期放风从顶部进行，后期放风顶风、腰风同时进行。并要及时吊蔓，摘除雄花、卷须等，都与冬春茬黄瓜相同。

(2) 中期管理。此阶段管理是从黄瓜根瓜开始膨大到盛瓜期阶段的管理。这一时期外界温度开始升高，光照强度增加，其管理重点是大肥大水，提高早期产量，避开大棚黄瓜的产量高峰，充分发挥日光温室的优势。此期，虽然严寒天气已过，但还经常有寒潮侵袭，变化无常。所以早春茬黄瓜第一次追肥灌水天气的选择非常重要，要求寒潮（流）刚过，好天气刚开始，灌水后连续几个晴天，这要注意天气预报，准确掌握天气变化情况，在灌水同时随水追肥。灌水后要注意放风，为了促进生长发育，提高早期产量，可适当提高温度，白天25～32℃，超过32℃放风，18℃覆盖草苫，前半夜保持16～20℃，后半夜保持13～15℃。随着外温的提高，加强肥水管理，5～6d灌一次水，隔一次清水追一次稀化肥，每次追肥量为20～25kg/667m^2，尿素、磷酸二铵、硫酸钾等交替使用，灌水追肥在结瓜前期，由大小行间交替进行；进入结瓜盛期，大小行同时进行。每次灌水都要选择晴天，灌水后加大放风量。

揭盖草苫时间，也随着外温变化而变化，外温升高，早揭晚盖，最后全部撤掉草苫。当外温不低于15℃时昼夜放风。雨天关闭通风口防止雨水侵入。当植株长到25节时摘心，促进回头瓜形成。

(3) 后期管理。黄瓜从盛瓜期走向衰亡期管理重点，以追施钾肥为主，促进植株健壮抗病；防治病虫害，延长功能叶片寿命，使回头瓜迅速生长。

4. 日光温室秋冬茬黄瓜栽培

秋冬茬黄瓜处于日照时数、光照强度、外界温度不断下降季节，和早春茬黄瓜所处外界环境条件变化正好相反，因此栽培管理有很大不同。该茬黄瓜播种在秋季，外界气温高，雨水较多。幼苗期和甩蔓发棵期处于9～10月，温度、光照条件较好；开始收获时进入冬季，日照缩短，温度降低，外界环境条件不利于黄瓜的生长发育，一般产量较低。而且在秋凉季节，昼夜温差大，叶片结露时间长，利于病害发生和蔓延。因此，搞好秋冬茬黄瓜生产必须注意下述几方面问题。

(1) 选用抗性、生长势、抗病力较强的品种。目前尚无秋冬茬黄瓜温室生产专用品种，在现有的保护地黄瓜品种中，根据各地生产实践认为津杂1号、津杂2号、津研4号、津研7号、夏丰1号、郑黄2号及津春4号等品种表现较好。

(2) 采用护根育苗。该茬黄瓜虽可采用直播，但秧苗分散不易管理，而且遇连阴雨天易使幼苗染病，生产上多用防雨棚穴盘育苗，待三叶一心左右即可定植。

(3) 合理密植。生长前期外界条件有利于黄瓜的营养生长，若密度较高，进入冬季后会由于枝叶过于繁茂而致叶片相互遮荫，叶层间光照条件变劣，群体光合效能下降，造成大量化瓜，产量下降。故该茬黄瓜密度比早春茬黄瓜要低，宜掌握在3500株/667m^{2}左右。

(4) 适时扣膜盖苫。当夜间温度处于10℃以下时要及时扣膜。扣膜后白天温度高，夜间湿度大，只要外界温度不低于12℃就要昼夜通风，降温除湿，防止瓜秧旺长、叶片染病。随外界温度下降，早晨有时出现霜冻，夜间应放下底脚薄膜，关闭风口。尽量保持昼28～30℃，夜13～15℃ 。阴天适当降低温度，掌握白天20～22℃。当保持不了上述温度时应及时覆盖草苫，尽量早揭晚盖，争取光照，开始可隔一盖一，加大昼夜温差，尤其要控制夜温，防瓜秧旺长。进入严冬季节，再适当晚揭早盖。视外界温度状况增盖纸被或加盖双层草苫。

(5) 底肥要充足，加强叶面喷肥。长秧期注意肥水管理，争取良好的植株长势；结瓜期可酌情施用肥水，切不可肥水过大使根际环境条件骤变影响根系吸收。可采用叶面喷施微肥及生长调节剂方法弥补根系吸收能力的不足，对黄瓜生育后期显得尤为重要。

(6) 尽量延后采收。该茬黄瓜播种后50d左右即可开始采收，前期可重摘以保持植株长势，后期坐瓜减少，果实生长速度减慢，产量下降，应尽量延后采收上市，提高经济效益。

5. 塑料大棚黄瓜栽培技术要点

塑料大棚空间大，保温效果好，生产期间光照条件好，温度、水分可人为控制，适合黄瓜生产。大棚秋茬黄瓜栽培管理及所处外界环境条件变化规律与日光温室秋冬茬黄瓜基本相同，只是由于大棚没有草帘覆盖，它的播种、定植、拉秧较日光温室早些，故可参照进行。大棚春茬黄瓜可比露地春黄瓜提早定植1个月左右。要管理好塑料大棚春黄瓜，需注意下面几个关键问题。

(1) 选用适宜品种。应选用早熟性强、对温度适应性广、长势中等、适于密植、单性结实能力较强、抗病、高产优质的品种。据各地生产实践，可选用津春3号、吉选2号、鲁黄瓜1号、津杂1号、津杂2号及碧春等品种。

(2) 培育适龄壮苗。其育苗方法与日光温室早春茬黄瓜育苗相同，苗龄宜大些。在连续2～3年黄瓜生产的棚内最好采用嫁接育苗。由于大棚没有保温设备，温度变化幅度大，应加强幼苗锻炼，提高幼苗适应逆境能力。

(3) 合理密植。据董德民等（1988年）对大棚黄瓜种植密度与叶面积的关系研究，大棚黄瓜的最适叶面积指数为3.74±0.29。可采用前期密植（6000株/667m^2），中期摘心间拔留5000株/667m^{2}或采用主副行栽培等措施，调节、控制叶面积指数，提高早期产量、总产量和产值。但不同品种、密度应有所区别，如密刺类品种，密度可高些，一般为4500株/667m^{2}左右；但津杂1号等杂交一代生长势强，应稀些，一般为3500～4000株/667m^2。

(4) 根据保温条件灵活调整定植期。目前，为了提高大棚保温性能，生产上在单层大棚基础上，发展了双层覆盖、多层覆盖、炉火加温、围苫等保温措施，这样便可适当提早定植，一般双层覆盖比单层覆盖可提早定植7d左右，炉火加温提早10d左右，只要当棚内10cm地温稳定通过10℃以上即可定植。

(5) 加强管理，控制病害发生。大棚黄瓜定植后的管理可参照日光温室早春茬黄瓜技术措施，根据黄瓜的具体要求来调整进行。通过放风大小来调控大棚温湿度，通过合理肥水、植株调整、果实采收等手段调控营养生长与生殖生长关系。通过增施二氧化碳提高光合能力，提高植株自身抗性。采用生态防治，配合药剂防治控制黄瓜病害，尤其是霜霉病的发生，争取优质高产。

9.1.3.2 西葫芦设施栽培

西葫芦设施栽培茬口与黄瓜相似，但生产上主要以早熟栽培和越冬栽培面积最大。

1. 西葫芦早熟栽培技术

在冬季或早春育苗，定植在温室、大棚、小拱棚、阳畦等保护地设施中，争取在4～5月上市的栽培方式为西葫芦早熟栽培。这种栽培方式上市期较早，正值晚春初夏蔬菜供应淡季，是蔬菜周年供应的重要环节，而且有较高的经济效益。因此，我国应用面积很大。

西葫芦早熟栽培所用的保护设施种类很多，凡具有一定保温性能的设施均可。目前常用的有：风障阳畦、中小拱棚、塑料大棚、日光温室等。

(1) 品种选择。西葫芦早熟栽培的苗期在寒冷的冬春季节，生育前期也在春寒时间，故在品种选择上应兼顾耐寒性和早熟性两个主要性状，目前生产上常用的品种有：冬玉、4094，早青1号等西葫芦等，近几年作为特菜栽培的香蕉西葫芦也有一定栽培面积。

(2) 培育壮苗。西葫芦早熟栽培为保证幼苗质量，最好采用营养钵进行电热温床护根育苗或穴盘育苗。播种期应根据保护设施的保温性及当地气候条件而定。例如，在华北地区，利用阳畦栽培时，多用温室或阳畦育苗，2月上中旬播种，3月上中旬定植，约4月中旬开始采收，至6月结束。利用盖草苫子的小拱棚栽培时，多用温室或阳畦育苗，于2月中下旬播种，3月中下旬定植，5～6月供应市场。利用保温条件稍好的日光温室栽培时，播种期可提前至1月，2月定植，3月即可上市。

早熟栽培中育苗技术与露地栽培育苗基本相同。为育成壮苗注意如下环节：①配制高质量的营养土，营养土应选用未种过瓜类的肥沃、疏松的无病土壤，或者在育苗前用多菌灵等药剂进行土壤消毒，防止土壤带有病菌。营养土内应混有较充足的腐熟的有机肥，并注意磷、钾肥料配合施用；②适时早播；③确保播种质量，种子应进行处理，必须消毒并催芽，育苗畦应早覆盖塑料薄膜，夜间加盖草苫子或无纺布，尽量提高温度，注意浇水，保证早出苗、出全苗；④加强苗期温度管理。出苗期尽量提高温度，促进出全苗，出苗后白天控制20～25℃，夜间保持10～15℃，白天超过25℃放风，降至20℃以下闭风，防止徒长。幼苗期应适当控制浇水，如需浇水要在晴天上午进行，浇水后加强放风。

西葫芦的壮苗指标是3～4片叶，株高10cm左右，茎粗0.4～0.5cm，叶片较小，叶色浓绿，叶柄长度相当于叶片的长度，苗龄30～40d。

(3) 栽培管理。

1) 定植。当保护地内10cm的地温稳定在13℃以上，夜间最低气温不低于10℃时，即为安全定植期，在这个要求下，尽量适期早定植。

定植前15～20d将保护设施覆盖好，白天扣严塑料薄膜，夜间加盖草苫子，尽量提高棚内地温。定植前结合浅翻，每667m^2施入腐熟的有机肥料3000～5000kg。同时混入40～50kg过磷酸钙，或20kg复合肥料。翻后、整平、耙细，做成宽1.3～1.5m的平畦。

早熟栽培均为矮生早熟品种，故定植密度应增大。一般株行距为45～50cm×60～70cm，每亩2000～2500株。可用单行定植，亦可用宽窄行定植。定植密度还应考虑品种特性。如叶片较大，叶柄不太直立的阿太一代西葫芦应稍稀，每667m^2 1700～2000株为宜；而叶片小，叶柄短，直立性强的早青西葫芦则稍密，每667m^2 2200株为宜。

2) 环境控制。西葫芦早熟栽培环境控制重点是温度管理。西葫芦是喜温蔬菜，不耐霜冻，早熟栽培初期外界气温较低，故管理的重点是防寒保温，避免0℃的低温出现，保持适温以利生长发育。保温覆盖物应早揭晚盖，塑料薄膜应扣严。缓苗期不通风，白天保持25～30℃，夜间15～20℃。缓苗后逐渐通风降低温度，白天保持20～25℃，夜间15℃以上。进入结果期适当提高温度，白天25～28℃，夜间15～18℃。在3～4月上中旬，此期晴天中午保护设施内温度较高，在塑料薄膜密闭的情况下，可达40℃以上。故必须及时通风降温，防止高温灼伤。

当外界白天气温达20℃以上时，白天全天通风，只进行夜间覆盖。当夜间最低气温稳定在13℃以上时，可撤掉所有保护设施。

光照、湿度管理和CO_2施肥在定植初期较重要，可参照越冬茬西葫芦栽培环境管理方式进行。

3) 水肥管理。定植缓苗后浇一次缓苗水，并中耕松土，进行蹲苗。此期温度较低，应多次进行中耕，中耕可由浅而深，每5～7d一次，到根瓜采收时，一般中耕4～5次。

蹲苗后结合浇第一水，可随水冲施稀粪尿300～500kg/667m^2，以促进植株生长和根瓜的膨大。根瓜膨大期和开花结瓜期应加大浇水量和增加浇水次数，保持土壤见干见湿，一般2～5d浇一次水。待撤去覆盖物处于露地条件后，应增加浇水次数。

早熟栽培西葫芦每10～15d追一次肥，共追3～4次，每次每667m^2施用复合肥15～20kg，结果盛期每7～10d可根外追施0.1%～0.2%的磷酸二氢钾液。

4）整枝打杈。早熟栽培西葫芦多为矮生品种，分枝力弱，一般不必整枝，只将生长点朝南向即可。这样瓜秧方向一致，互不影响，便于管理和采收。多余的雄花、雌花，及枯花黄叶应及早摘除。

5）保花保果。早熟栽培早期外界气温尚低，昆虫很少，加上塑料薄膜密闭，不易接受昆虫传粉。因此，人工辅助受粉十分必要。此外，用生长调节剂防止落花、落果也很重要。具体方法同露地栽培。

6）采收。西葫芦早熟栽培，采收越早，经济效益越高，故开花后 12d 即可采收 0.25kg 左右的嫩瓜上市。

2. 西葫芦越冬栽培技术

西葫芦越冬栽培的主要设施是日光温室，因此这种栽培方式在北方地区有较大面积，南方则应用较少。

我国北方西葫芦越冬栽培多在 9 月中旬～11 月初播种（根据前作收获期、各地气候条件及上市期而异），元旦、春节期间大量供应市场，经济效益高。但因冬春茬西葫芦经历一年中最严寒的季节，故技术要求严格，此茬栽培技术要点可归纳如下。

（1）选择早熟、矮生抗病、耐寒品种。目前使用的主要有早青一代、黑美丽、阿太一代、灰采尼、一窝猴等品种，其中早青一代是目前各地日光温室西葫芦的主栽品种。

（2）适期播种，培育壮苗。10 月上旬～11 月上旬均可播种，纬度低者可适当早播，纬度高者可适当晚播，但主要取决于温室的保温性能和上市时间，只要在连续数日阴天后温室内白天气温不低于 10℃，夜间不低于 6℃时即可播种定植。适宜日历苗龄 30d 左右，壮苗标准是 3～4 叶，株高 5～8cm 以下，茎粗 8mm 左右，叶色深绿，根系发达。这样的幼苗定植后 30～45d 即可采收，采收期可长达 90～140d。育苗技术可参照黄瓜进行，但土坨应大些，覆土应厚些。

（3）合理密植、重施基肥。667m^2 施有机肥 5t 以上，并加 30kg 三元复合肥或过磷酸钙 150kg 和饼肥 100kg。普施 1/2，沟内集中施用 1/2。按宽行距 80cm、窄行距 60cm 做小高垄，垄高 15cm 左右，垄上覆地膜，最好一膜盖双垄，可膜下灌水，株距 40～50cm，667m^2 栽植 2000 株左右。以晴天上午定植为宜，定植方法同黄瓜。

（4）定植后管理。

1）温度控制。定植后一般闭棚保温，不超过 28℃不放风，以昼 25～30℃，夜 18～20℃为宜，促进缓苗。缓苗后适当降温，以昼 25℃左右，夜 12～16℃为宜。严冬来临前，掌握较低温度，加强植株锻炼，夜温可降到 8～12℃。严冬过后管理恢复正常，以昼 25～28℃，夜 12～15℃为宜。

2）光照调控。冬季保护地内尽量延长光照时间，增加光照强度是增产的关键措施。为此，应尽量早揭保温草苫，争取早见光，傍晚稍晚覆盖草苫，尽量延长光照时间；经常清洁塑料薄膜，增加透光量。在日光温室北侧张挂反光幕，以增加北侧的光强。

3）CO_2 调节。CO_2 不足是限制冬春茬西葫芦产量提高的主要因子之一，因此，一般应进行 CO_2 施肥。施肥方法、时期、浓度可参照黄瓜冬春茬栽培 CO_2 施肥技术。

4）湿度调控。参照日光温室冬春茬黄瓜栽培进行。

5）肥水管理技术。定植水要浇足，缓苗后可再浇 1 水，第一瓜坐住后浇催果水施催果肥，一般每 10～15d 浇 1 水，最好由膜下灌水。严冬过后可逐渐增加浇水次数至 4～5d 浇 1 水，可开始浇宽行，但应注意放风排湿。一般春节前追肥 1～2 次，春节后一般为 10～15d 追肥 1 次。冬季每次每 667m^2 追施复合肥15～20kg。春暖后可顺水追施，或顺水冲施腐熟粪尿。盛瓜期和生育后期可进行根外追肥。

6）整枝打杈和保花保果技术。日光温室西葫芦密度大，茎叶繁茂，易互相遮荫，影响植株受光和光合作用，故可采用吊蔓或支架使植株直立生长，并及时打掉出现的侧蔓和卷须，打掉底部黄、老、病叶。另外，还需进行人工辅助授粉或采用 2,4～D 或番茄灵处理，保花保果提高坐果率。

7）适时采收。根瓜一般 250g 左右时应及时采收以免坠秧，以后的果实大小可掌握在 500g 左右，但应根据植株长势和市场行情灵活掌握，协调长秧与结果关系。

9.1.3.3 西瓜设施栽培技术

西瓜设施栽培茬口以春提前栽培为主，不同设施类型播种期不同。以日光温室为例，春季早熟栽培，4～5 月上市，产量较高，品质优良，价格高，销路也广，因此，利用塑料大棚、日光温室等设施进行西瓜早熟栽培已成为许多地区重要设施栽培方式之一。其栽培技术要点如下。

1. 品种选择

利用塑料大棚、日光温室等进行西瓜早熟栽培，早熟性是提高经济效益的关键，因此应选择早熟、品质好、丰产，同时还能够在早春低温、多阴雨、日照不足的条件下正常坐果的品种。目前生产上所用的优良品种有京欣1号、早红宝、平优2号、抗病苏密，黑美人及小兰等品种。

2. 培育壮苗

12月中下旬～翌年1月上旬在塑料大棚或日光温室内利用电热温床营养钵护根育苗。播种前用55℃温水浸种15min，杀死种子表面病菌，然后用常温水继续浸种4～6小时，捞起后稍控水用湿纱布包好，放在28～30℃温度下催芽，经40h，70%～90%种子长出3mm左右幼芽时即可播种。早春栽培，为提高抗病性和耐低温性，普遍实行嫁接换根，西瓜嫁接用砧木，根据其亲和性、抗病性、商品性状及栽培特性综合分析，以瓠瓜作砧木最好，其次为南瓜。主要砧木品种有超丰F_1、瓠砧1号，相生，长颈葫芦和勇士等。嫁接方法以插接为主。西瓜苗或嫁接苗培育到4～5叶1心时即可定植。

3. 适期定植

西瓜是深根性作物，忌连作，为提高产量，必须深耕30～40cm，每667m^2施优质堆厩肥5000kg，加饼肥100kg，草木灰100kg，过磷酸钙50～75kg，硫酸钾10kg。大棚或日光温室定植适期应在棚室内最低气温10℃以上，5～10cm地温稳定通过13℃时选晴天上午定植。为充分利用设施空间，除地爬栽培外（每667m^2栽600棵左右），有进行密植搭架栽培的垄畦地膜覆盖，株距为30～50cm，行距1m，667m^2栽苗1200株左右。

4. 定植后管理

(1) 温度调节。定植后密闭保温，在高温高湿条件下促进缓苗。缓苗后白天棚室内温度超过35℃放风，降到25℃以下时闭风，夜间温度尽量维持在15℃以上。遇到寒潮增加覆盖，保持棚室内温度不低于10℃；开花期要注意通风散湿，以空气湿度50%为宜，温度白天控制在25～28℃，夜间15～18℃。坐果后膨瓜期白天30℃左右，但不宜超过35℃，夜间15～18℃；瓜大小长足后白天提温，夜间降温，加大温差。总之，温度管理上前期以覆盖保温为主，生长后期外界最低温15℃以上时夜间可通风降温，加大昼夜温差以利果实生长。

(2) 光照调节。选用长寿、无雾滴、防老化棚膜。日光温室栽培初期每天早晨揭开草苫后，清扫屋面薄膜，擦净灰尘，争取多透阳光，最好在温室北墙张挂反光幕，增加光强。

(3) 植株调整。西瓜5～6片叶时茎蔓开始伸长，不能直立生长，需及时插架清蔓。根据整枝方式采取相应插架方式。西瓜设施栽培，整枝方法一般用双蔓整枝，主蔓长30cm左右时，（主蔓5～7节叶腋处）选留一条粗壮子蔓，其余摘除，每株西瓜插两根竹竿或用尼龙绳吊蔓。无论哪种方式，都要及时吊绑茎蔓。因棚室高度有限，一般采取S形绑吊蔓，尽量降低植株高度，日光温室栽培要使龙头排列在南低北高一条斜线上，以利受光。绑蔓时要防止叶片重叠，坐瓜后顶部留15片叶摘心，全株留叶片50～55片左右。

(4) 人工授粉。第二雌花或高节位第一雌花开花时进行人工授粉，同时挂牌标记授粉日期，以便适时收获。授粉宜在上午7～9时进行，阴雨天气时可延迟至上午10～12时进行。

(5) 定瓜和吊瓜。瓜一般应选在15～17节，选瓜形正常，子房肥大发亮者保留，其余去掉，每株留一主蔓瓜，主蔓无瓜时也可侧蔓留瓜。当瓜重500g左右时要及时吊瓜，以防瓜蔓承受不了瓜重而坠地。托瓜可用8～10号铅丝弯成网状瓜托，在瓜托圆环的三等分点上各系一根细绳（尼龙绳、麻绳均可）吊在棚室钢管架上。

(6) 肥水管理。基肥充足可不追肥，定植水浇足，前期一般不用浇水，在茎蔓开始迅速生长时浇一水以促进茎蔓生长。浇完催蔓水后要控制浇水，进行“蹲瓜”，待瓜坐住并开始膨大时进行浇水催瓜。因此，正常情况下，浇两水即可保证丰产。

(7) 采收。一般依授粉日期判断成熟度，早熟品种授粉后30d左右，中熟品种35～40d收获。

9.1.3.4 厚皮甜瓜设施栽培技术

由于厚皮甜瓜对环境条件要求严格，中国东部地区厚皮甜瓜生产的发展始终受到限制。近年来东部地区保护地厚皮甜瓜栽培成功，扩大了种植地区，延长了生产季节和供应期，填补了东部地区厚皮甜瓜商品生产的空白。目前主要有日光温室、塑料大棚和小棚栽培。其技术关键包括以下几方面。

1. 选择适宜品种

应选用耐低温弱光、生育快、早熟、株型紧凑的品种。目前生产上应用的无网纹的西薄洛多、状元，网纹系统有翠蜜、西域一号、新世纪等品种，也可选用京兰系列、黄蜜系列等品种。东北地区也可选用生长期较长的白兰瓜及网纹厚皮甜瓜，如大庆蜜瓜、天蜜等。

2. 提早育苗，适期定植

栽培季节因纬度和保温条件而异，在春季只要当保护地内10cm地温稳定通过12℃以上即可定植。例如北纬40°以南地区日光温室内地膜加小拱棚一般于2月上旬定植，可于4月上旬开始采收上市；长江中下游地区采用大棚加地膜覆盖一般3月下旬定植，5月开始采收上市。其育苗播种时期可据苗龄依定植期向前推算。例如，北纬40°以南地区日光温室栽培适宜日历苗龄25～30d，生理苗龄3叶左右，播期一般在1月上旬。育苗方法可参照西瓜对温度、水分、光照等要求调节进行。

定植密度因栽培季节及整枝方式而异。大棚或日光温室吊蔓栽培宜用高畦地膜覆盖或小高垅。高畦栽培一般畦宽1.0～1.2m，沟宽50cm，畦高20～30cm，单干整枝，双行定植，株距40～50cm，每667m^{2}定植1600～2000株；或大行80cm，小行50cm，株距50cm，667m^{2}种植2000株左右。

3. 加强肥水管理与温、湿度控制

在重施基肥基础上，一般于开花前追肥1次，以饼肥、磷酸二铵等复合肥为主。若使用甜瓜专用肥，施肥量以每株氮9g、磷18g、钾10g、钙40g为宜。若基肥充足也可不追肥。生长后期根系的吸收能力衰退，可用氮0.5%、磷0.3%、钾0.3%及硼、锰、锌的0.2%溶液进行叶面喷肥，利于提高品质。

定植4～5d内为促进缓苗水分宜多些，而后控制灌水，然后配合生育条件增加灌水量，在开花期应控制浇水，结果中期增加浇水量，每7～10d浇一次水，成熟期再次控水。为了降低空气湿度可采用滴灌和膜下灌水。

利用覆盖物的增减及放风口大小与多少调节设施内温、湿度。具体指标是：营养生长期昼温25～30℃，夜间不低于15℃，地温15～18℃；花期昼温27～30℃，夜温15～18℃，地温15～18℃；果实膨大期昼温27～30℃，夜温15～20℃。空气相对湿度宜控制在50%～70%。

4. 吊蔓栽培，合理整枝

为充分利用空间，增加种植密度，宜采用吊蔓栽培。在幼苗7～8片叶时进行，吊蔓用单蔓整枝，一般可于第9～12节选留2～3子蔓结果，子蔓结果后留2叶摘心，一般主蔓27～30片叶摘心。

5. 人工授粉及留瓜技术

为确保理想节位结果，早春气温低，昆虫活动少，宜行人工授粉，时间为每天上午7～9时，并挂上标记。宜按品质第一，产量第二的原则进行留瓜，当结果后5～10d，幼果似鸡蛋大时，应进行疏果，选果形端正者留瓜，顺便把花痕部的花瓣去掉，减少病菌侵入，留果数视品种特性和生长情况而定，大果品种每蔓留1果，小型果品种每蔓最多留2果，留果数过多，则果小，外观不良，糖度、品质均下降。留果时期不能太晚，以免影响生育。

6. 吊瓜护瓜

果实膨大后要及时进行吊瓜，以免瓜蔓折断和果实脱落。吊瓜可用软绳或塑料绳缚在瓜柄基部（果梗部）的侧枝上吊起，使结果枝呈水平状态，可固定在大棚拱杆上，以及趾支架上。为使果实清洁美丽，着色均匀，减少病虫危害，以及喷药时，避免农药直接接触果实，留果后最好进行套袋衬瓜垫或用旧报纸做成帽子盖住瓜。

7. 采收与包装

厚皮甜瓜采收期是否适当，直接影响到商品价值。采收适期应是果实糖分已达最高点，但果实尚未变软时最好。一般可从外观、开花日数、试食结果几方面综合起来确定适宜的收获期。一般开花后，早熟品种40～50d，晚熟品种50～60d为收获适期，所以在开花时最好结合授粉，吊牌记录开花日，以作为收获的标志，采收宜选果实温度低的清晨进行，收获时要保留瓜梗及瓜梗着生的一小段（3cm左右）结果枝，剪成“T”形，果实贴上标纸，用包装纸包裹或塑料网果套包装，单层纸箱装箱，纸箱外设计通风孔，内衬垫碎纸屑，切勿使果实在箱内摇动为原则。网纹甜瓜一般有后熟作用，采收后放 0～4℃条件下 2～3d 食用品质最好。

9.2 果树设施栽培

9.2.1 概述

果树设施栽培可以根据果树生长发育的需要，调节光照、温度、湿度和二氧化碳等环境生态条件，人为调控果树成熟期，提早或延迟采收期，可使一些果树四季结果，周年供应，显著提高果树的经济效益，同时通过设施栽培提高抵御自然灾害的能力，防止果树花期的晚霜危害和幼果发育期间的低温冻害。还可以极大地减少病虫鸟等危害。可使一些果树在次适宜或不适宜区成功栽培，扩大果树的种植范围，如番木瓜等热带果树，在温带地区的山东日光温室条件下引种成功；欧亚种葡萄在高温多雨的南方地区获得成功。作为果树栽培的一类特殊形式，设施栽培已有 100 多年的历史；20 世纪 70 年代以后，随着果树栽培集约化的发展，小冠整形和矮密栽培的推广，工业化为种植业提供日益强大的资金、材料和技术上的支持，加上果品淡季供应的高额利润，促进了果树设施栽培的迅猛发展。与此相适应，世界各国陆续开展了果树设施栽培理论和技术的研究，经过 20 多年的发展，目前，果树设施栽培的理论与技术已成为果树栽培学的一个重要分支，并已形成促成、延后、避雨类型等栽培技术体系及其相应模式，成为 21 世纪果树生产最具活力的有机组成部分和发展高效农业新的增长点。

1. 果树设施栽培的主要树种和品种

目前世界各国进行设施栽培的果树有落叶果树，也有常绿果树，涉及树种达 35 种之多，其中落叶果树 12 种，常绿果树 23 种。落叶果树中，除板栗、核桃、梅、寒地小浆果等未见报道外，其他均有栽培，其中以多年生草本的草莓栽培面积最大，葡萄次之。树种或品种选择的原则是：需冷量低，早熟，品质优，季节差价大；通过设施栽培可提高品质，增加产量及适应栽培等。常见落叶果树及主要品种如表 9-2-1所示。

表 9-2-1　设施促成栽培中常见落叶果树及主要品种

树　种	主　要　品　种
葡萄	玫瑰、巨峰、玫瑰露、蓓雷、新玫瑰、先锋、龙宝、蜜汁、康拜尔早生、底拉洼、乍娜、凤凰 51、里扎马特、京亚、紫珍香、京秀、有核 8611
桃	京早生、武井白凤、布目早生、砂子早生、八幡白凤、仓方早生、Flor dagold、Mararilla、春蕾、春花、庆丰、雨花露、早花露、春丰、春艳
油桃	五月火、早红宝石、瑞光 3 号、早红 2 号、曙光、NJN72、早美光、艳光、华光、早红珠、早红霞、伊尔二号
樱桃	佐藤锦、高砂、那翁、香夏锦、大紫、红灯、短枝先锋、短枝斯坦勒、拉宾斯、斯坦勒、莱阳矮樱桃、芝罘红、雷尼尔、红丰、斯得拉、日之出、黄玉、红蜜
李	大石早生、大石中生、圣诞、苏鲁达、美思蕾、早美丽、红美丽、蜜思李
杏	信州大石、和平、红荷包、骆驼黄、玛瑙杏、凯特杏、金太阳、新世纪、红丰
梨	新水、幸水、长寿、二十世纪
苹果	津轻、拉里丹
柿	西村早生、刀根早生、前川次郎、伊豆、平核无
无花果	玛斯义·陶芬
枣	金丝小枣

2. 果树设施栽培的管理特点

果树设施栽培目前有塑料薄膜拱棚和塑料薄膜温室两种主要类型，其中塑料薄膜拱棚在设施栽培中应用比较广泛。

果树设施栽培除各种果树特有的栽培措施外，有与露地栽培不同的技术管理特点。

(1) 增加光照。设施栽培因覆盖物而导致设施内光照减弱，影响光合效能，且常会引起果树树势衰弱，可通过多种措施改善光照状况：①选择透光性能好的覆盖材料；②利用反射光，地面铺设反光材料和设施内墙刷白；③用人工光源技术，如白炽灯、卤灯和高压钠灯进行补光；④适宜的树形及整形修剪技术。

(2) 施用 CO_2。设施栽培由于密闭保温，白天空气中的 CO_2 因果树光合作用消耗而下降，设施内施用 CO_2 可以提高 CO_2 浓度，弥补由于光照减弱而导致的光合效能的下降；CO_2 提高到原来的 2 倍以上，可收到明显的增产效果。人工补充 CO_2 要解决不同树种、品种所适宜的 CO_2 气源、适宜的使用时间、促进扩散的方法及合理、有效的浓度等问题。

(3) 调节土壤及空气湿度。土壤水分尤其是对果实的膨大及品质构成因素影响很大。设施覆盖挡住自然降水，土壤水分完全可以人为控制，准确确立不同树种、品种，不同生育期下，土壤水分含量的上下阈值，对优质丰产极为重要。此外，设施内空气湿度由于密闭作用往往较大，尤其不利于果树的授粉、授精。因此可通过铺地膜和及时通风进行调节，以适应果树需求。

(4) 控制温度。设施环境创造了果树优于露地生长的温度条件，其调节的适宜与否决定栽培的其他环节。一般认为，设施温度的管理有两个关键时期：一是花期。花期要求最适温度白天 20℃左右，最低温度晚间不低于 5℃。因此花期夜间加温或保温措施至关重要。二是果实生育期，最适 25℃左右，最高不超过 30℃。温度太高，造成果皮粗糙、颜色浅、糖酸度下降、品质低劣。因此，后期果树设施管理应注意通风换气。

(5) 人工授粉。设施内尽管配置有授粉树，但由于冬季、早春温度较低，昆虫很少活动，影响果树的授粉、受精。即使有昆虫活动，其传粉也极不平衡，除影响座果外，桃和葡萄容易出现单性结实，果实大小不一致，差异较大。草莓容易出现畸形果。除早春放蜂（每 $300m^2$ 设置 1 箱蜜蜂）帮助果树授粉外，还需要人工授粉。通常采取棉花小球，鸡毛掸蘸花粉进行，也可用鸡毛掸子或用兔毛自制毛刷，先在授粉品种花或花序上滚动，吸附花粉，再在主栽品种的花或花序上滚动，反复进行，可使花粉互相授粉，整个花期可人工授粉 2～3 次，能确保果树授粉、受精，保证坐果。

(6) 应用生长调节剂。设施栽培时，冬、春由于低温，一般果树生长较弱，以后又由于高温多湿，生长较旺，所以需要应用生长调节剂加以调控。为促进果树生长通常应用 GA_3；防止枝叶徒长，多用 250mg/L 的多效唑（PP_{333}）溶液，施用生长抑制剂过量时可用 20mg/L 的 GA_3 溶液调节。

(7) 整形修剪。为经济有效地利用设施空间，栽植密度应加大，单株树体结构应简化并应十分有效地控制树体大小。由于设施减弱了光照，整形修剪方式以改善光照状况为基本原则，群体的枝叶量小于露地栽培，同时注意正确的手法，防止刺激过重，枝梢徒长。

(8) 土肥水管理。多年或几年设施栽培后，设施土壤盐渍化是共同的问题。因此加强土壤管理，尤其是增施有机肥成为各国设施栽培中土壤管理的重点。另外基于设施空气湿度的调节，地面一般采用清耕或全部覆盖地膜。

由于设施内肥料自然淋失少，追肥效率高，因此追肥量比露地减少。保护栽培促进早期萌芽、开花与新梢生长，采果后树体易返旺徒长，影响花芽分化质量。应严格掌握施肥时期与数量。同时应适当减少灌水数量与次数，一般仅在扣棚前后、果实膨大期依需要浇水保墒。

(9) 病虫害防治。果树设施栽培，减轻或隔绝了病虫传播途径，可相应减少喷药次数与数量，为生产无公害绿色果品开辟了新途径。

9.2.2 葡萄设施栽培

葡萄是世界果品生产中栽培面积最大，产量最多的水果之一。我国的葡萄种植始于汉朝，约有 2000 余年的历史，并一直沿用常规露地栽培。在北方各省的露地上市时期比较集中，为时不过 50 多天，而大量上市时期，更不超过 1 个月。另一方面，葡萄是一种浆果，不耐贮运，无法通过长期贮藏和调运，来调节淡季市场。为了满足人民生活日益增长的需要，进行葡萄设施栽培，使其提早或延迟成熟上市，就地供应市场，调节水果淡季，已势在必行。

1. 葡萄的促成栽培

促成栽培是以果实提早上市为目的的一种栽培方式。根据催芽开始时期的早晚，又可分为：①早促成栽培型是指在葡萄还没解除休眠或休眠趋于结束的早些时候即开始升温催芽；②标准促成栽培型是指在葡萄休眠结束后才开始升温催芽；③一般促成栽培型则是指葡萄休眠结束后的晚些时候再进行升温催芽。葡萄开始升温催芽时期的确定，又与葡萄植株的休眠生理和保护设施种类及其性能有关。

(1) 适用栽培设施。

日光温室：日光温室根据其形状可分为一斜一立式、拱圆式和三折式三种。其中以一斜一立式为主。进行葡萄栽培时，一般脊高 2.8～3.2m，跨度 6.5～7.5m，后墙高 2m 左右，厚度 0.5～1m（空心墙填保温材料），采光面为倾斜平面或微拱圆两种，坡度为 16.5°～23.5°。

塑料大棚：塑料大棚保温性能不及日光温室，昼夜温差较大，且春季地温回升缓慢。因而在进行果树栽培时，其生长的日期与薄膜温室相比要延后很多。一般栽培葡萄，需在露地日平均气温为 5℃时，方可扣棚、出土上架。

(2) 品种选择。在设施内种植葡萄，因投入的财力和人力较多，种植成本高，所以，选择品种时一定要慎重，谊选择早熟性状好、品质优良、耐弱光、耐潮湿、低温需求量低、生理休眠期短的品种。适于促成栽培的主要适用品种如表 9-2-2 所示。

表 9-2-2　葡萄促成栽培的主要适用品种

种　类	品　种	果实性状				果实发育期 (d)	需冷量 (c.u)
		单粒重 (g)	穗重 (g)	果粒颜色	品质		
欧亚种	京早晶	3	420	黄绿色	上	60	—
	凤凰 51 号	8	450～500	紫玫瑰红	上	62	—
	乍娜	10	500	粉红色	上	65	1300
	郑州早红	5	390	紫红	上	65	—
	京玉	6.5	680	绿黄色	上	70	—
	早红无核	3	300	粉红	上	90	—
	京秀	6.3	500	玫瑰红	上	110	1100
	里扎马特	10	850	红色	上	110	1700
	森田尼无核	4.2	510	黄白色	上	110	1300 *
欧美杂交种	京亚	9	400	紫黑色	中上	103	1100
	京优	10	510	紫红色	中上	118	1100
	金星无核	4.1	350	蓝黑色	中上	115	—
	藤稔	12	450	紫黑色	中上	120	1800
	巨峰	10	400	紫黑色	中上	130	1600
	先锋	12	400	紫黑色	中上	135	1400

注　需冷量数据来自上海农科院，其余为山东农业大学数据。

(3) 栽植、架式与整形修剪。

1) 定植地选择。葡萄设施栽培的园地选择除了应具备露地栽培时的园地条件外，还应考虑以下几点。

保护设施要建在背风向阳，东、西、南三面没有高大遮光物体的开阔地段，以便得到充足的阳光。在冬季季风较大的地方，园地要选择避风地带，如迎风面有山、防风林或高大建筑物等，只要不遮光就可以。以免保护设施被风吹坏。靠近村屯、住宅。保护地葡萄的栽培管理比露地的精细，用工量较多。园地靠近村屯、住宅，则便于管理。特别是在遇上灾害性天气（如大风、降温、下雪等）时，便于集合人力、物力进行妥善处理。临近水源，排灌方便。葡萄设施栽培主要靠人工灌溉，要有水源。雨季遇涝能排，以防涝害。临近大城市的郊区，交通方便。设施栽培的葡萄主要在城市销售，园地靠近大城市郊区，便于产品及时供应销售市场。栽培设施宜建在有地热、工厂余热可以利用的地方。以便利用较便宜的热力资源给保护设施加温，降低生产成本。

2）栽植与扣膜。葡萄设施栽培是集约化栽培，要求霜后第二年就得达到丰产指标（1500～1750kg）。栽植行向以南北为宜，宜密植，株行距为 0.5m×1.5m 的单行栽植或大行 2～2.5m，小行 50～60cm，株距 40～50cm 的大小行节状定植。栽植制度可为一年一栽制和两年以上（每年进行一次树改造）的多年一栽制。多年一栽制的多采用东西行向，行距 6m，株距 60～80cm，可在室内栽培床南北两侧各栽一行。

设施栽培葡萄采用的苗木要按标准严格挑选，准备好苗木后，应先进行修整，一般茎部保留 2～3 个饱满芽，根系保留 20cm 左右即可，不足 20cm 的也要剪个新茬，修剪完根系后，在清水中浸泡 12～24h。一年一栽制的，我国北方 5 月下旬定植，多年一栽制的则在 4 月中～5 月上旬定植。

扣膜对于保温型设施应在地温升至 12～13℃时，北方约在 2 月下～3 月上旬进行。加温型设施，即使人工打破休眠，也宜在 1 月扣膜。扣膜前为促进萌芽整齐一致，常用石灰氮浸出液（200g 溶于 1L 水中，充分搅拌，静置 2h，取其上清液）加适量粘着剂，于 12 月处理结果母枝或树上喷布。或升温后每隔 1 周喷 50mg/kgGA_3＋0.2%尿素先后 2 次。

3）架式选择与修剪。设施内的环境特点易造成植株徒长，加之受设施高度的限制，促进旺长的篱架栽培是不适宜的，而应采用棚架，以便控制树势。但在一年一栽制中，必须加大栽植密度，宜采用篱架栽培。在二年以上的多年更新栽培制中，开始采用篱架，当葡萄枝蔓能爬上架面时，采用棚架栽培还是比较有利的。

①棚架。日光温室栽培葡萄，在多年更新情况下常采用这种架式。其内棚架的设立，要与东西两侧墙壁的采光屋面平行，间距 60cm 左右，然后在铁管上每隔 50cm 的，横向拉一道 8～10 号铁线，两端固定在铁管上，最南端的一道铁线距温室前缘至少要留出 1m 的距离。每道铁线都要用紧线器拉紧。这样就构成了一个与温室的采光屋面相平行、间距为 60cm 的倾斜式连棚架。②双壁篱架。塑料大棚栽培葡萄时常采用这种架式。设立双壁篱架是在塑料大棚内，先沿着栽植方向，每隔 5～8m 向两侧扩展 40cm 定点立支柱，支柱地上高为 1.8m，地下埋入 0.4～0.5m，两端的支柱因其承受的拉力最大，必须在其内侧设立顶柱或在其外侧埋设基石牵引拉线，以加固边柱的牢固性。支柱立好后再沿着行向往支柱上牵拉 4 道铁线，第一道铁线距南面至少为 0.6m，其余等距。如此即构成了间距为 0.8m 的双壁篱架。③整形与更新修剪。在设施内的高密栽培条件下，为使其迅速丰产，每株只保留一个主蔓。栽植当年培养一个健壮的新梢，及时引缚（绑梢）使其迅速延长生长，尽快达到要求的高度。落叶后冬剪，一般剪留成熟部分的 2/3～3/4，约 1.5～2.0m，副梢一律从基部剪掉。下年果实采收后，继续留用不换苗的，可对树体进行更新修剪。更新方法有以下两种：一是在地上 50～80cm 处选个新梢做预备枝，当果实采收后从该处回缩，将预备枝培养成下年的结果母枝；二是在主蔓上每隔 50cm 左右选留一个预备枝，将其留 3～4 个叶片反复摘心，果实采收后把其他的新梢全部剪掉，培养预备枝做下年的结果母枝。

4）生长期管理技术。在新稍管理时，除对温、湿度和氮肥用量要严格控制外，对树势弱的植株和品种要及早抹芽和定枝，以节约树体贮藏养分。对生长势强旺的品种和植株要适当晚抹芽和晚定枝，以缓和树势，最后达到篱架平均 20cm 左右留一个新梢，棚架每平方米架面留 10～16 个新梢。

另外，按北高南低倾斜角 10°在葡萄架下地面铺设银灰色反光膜，可增加葡萄下层叶片的光照强度，促进光合作用，增加光合产物。

温度管理是葡萄设施栽培成功的关键因素，除根据不同生育时期提供适宜的温度外，还应避免葡萄遭受高温和低温的危害。

升温催芽期。葡萄从升温开始到萌芽要求超过 10℃的活动积温为 450～500℃。因此，一般加温温室从 1 月中旬左右开始上架升温，不加温日光温室从 2 月中旬左右开始升温，约经 30～40d 葡萄即可萌芽。塑料大棚因无人工加温条件，萌芽期随各地气温而不同。由于春季光照充足，设施内气温上升很快，而地温上升较慢，为防止萌芽过快和气温回寒时受冻，保证花序继续良好分化和地上部与地下部生长协调一致，升温催芽不能过急，要使温度逐渐上升。温度过高时采取通风降温办法。因此，在葡萄上架揭帘升温第一周，设施内白天应保持 20℃左右，夜间 10～15℃，以后逐渐提高到萌芽时白天保持 25～30℃，夜间 15℃。

浆果生长期。坐果后为促进幼果迅速生长，可适当提高温度，白天保持 28～28℃，夜间 18～20℃。

此期白天设施外温度较高，内部常出现高温现象，当温度超过35℃时要注意放风降温。当外界气温稳定在20℃以上时，设施内常出现40℃以上的高温，这时应及时揭除裙膜，再逐渐揭去顶幕，使葡萄在露地生长，以改善光照和通风条件，使一茬果良好成熟。

二次果实与成熟期。当外界气温逐渐下降到20℃以下时，要及时扣膜保温。2次果生长肥大期，一般白天宜保持30℃左右，夜间保持15～20℃。在浆果着色成熟期，为了增加糖分积累，加大昼夜温差是必要的，可适当降低夜间温度到7～10℃。当浆果已趋成熟、夜间温室内出现5℃以下温度时，要及时盖草帘保温，以避免浆果受低温伤害。如只生产一茬果，应在葡萄落叶后再扣膜，使树体得到充分的抗寒锻炼。

休眠期。设施内葡萄叶片黄化、脱落标志着休眠期的开始。落叶后1周进行冬剪。各季葡萄需埋土防寒的地区，此后设施上覆盖的草帘或棉被到翌年催芽前可不再揭开。

设施栽培最大的作用是增温，加强设施的保温措施具有重要意义。这些措施包括：温室北墙外拥土防寒；在玻璃或农膜上覆盖保温材料，如草帘、棉被、毛毡等；在设施内设双层保温膜，提高保温效果；在设施内地面上覆盖塑料薄膜或农膜，有利于白天增温和减少夜间热量辐射损。

土壤水分和空气湿度管理。由于设施中土壤水分可以人工控制，所以设施葡萄的水分管理相对比较容易，可根据葡萄生长发育不同时期的需水特点进行灌溉。另外，在设施内温度较高的条件下，湿度过大易发生徒长，应注意及时通风。不同生育期室内空气相对湿度和土壤灌水量如表9-2-3所示。

表9-2-3 室内土壤灌水量及空气湿度管理

时期	相对湿度（%）	灌水量（mm）
扣膜后	70以上	15～20、每5天1次
萌芽后	60左右	20、每10天1次
结果枝20cm	60以下	20、每10天1次
花期	60以下	控制灌水
散穗期	60以下	20、每10天1次
硬核期前后	60以下	30、每10天1次

4）施肥特点。

设施葡萄由于栽植密度大，第二年就大量结果。因此，营养条件要求较高，施肥应以有机肥为主，一般每667m^{2}施肥量3000～5000kg，于每年采收后的秋、冬时期施入，但应控制氮肥用量。追肥在苗长到30～40cm高时，开始每隔30～50d，每株追施复合肥50～100g。在密闭的温室里，空气中二氧化碳的浓度明显低于自然环境，不能满足葡萄光合作用的需要。可在温室中葡萄新梢长15cm时开始，每天日出后1h到中午利用二氧化碳发生器释放二氧化碳，667m^{2}温室每日补充800～1500g二氧化碳，连续30d，显著增加果实产量，果实的可溶性固形物含量提高，成熟期一致。

5）花果管理。保花保果是指在设施栽培中，因其内部环境易引起新梢徒长，为提高坐果率，除花前对新梢实行摘心外，花前喷0.5%～1.0%B_9是十分必要的。喷布时期最好是在新梢展开6～7叶时进行，当树势特别旺时，可在第一次之后10～15d再喷一次。但要注意喷布前、后一周时间内，不能喷布波尔多液，以防产生药害。

调整结果量。保护设施内的栽培环境是抑制生长，不是保花、保果，植株容易发生徒长，光合能力差。高温多湿的环境又使植株呼吸强烈，增加了营养消耗。在这种情况下，结果量稍一过，就会出现着色不良，延迟成熟的现象。还能导致树势衰弱，影响下年产量。为了保证果品质量、维持树势，应严格控制其结果量在667m^{2}产1500～2000kg比较合适，可通过疏果枝、果稔、掐穗尖等方法进行定枝定果。

套袋。可减轻病虫危害，减少裂果，防止药剂污染，提高其商品价值。套袋要在果穗整形后立即进行，巨峰、藤稔等靠散射光着色的品种宜用纯白色聚乙烯纸袋，红瑞宝等靠直射光着色品种宜用下部带孔的玻璃纸袋或无纺布袋。若对散射着色品种用深色袋与直射光着色品种用白然袋或深色袋时需在采收前1～2周除袋，以促进着色。白色品种如无核白鸡心等可采用深色纸袋。

6）间作管理。

为提高设施栽培的经济效益，可充分利用空间和土地，实行立体栽培，多种经营。在室内空间吊挂盆栽作物种花苗等，在地下间种草莓、蔬菜、秧苗等。

2. 葡萄的避雨栽培

避雨栽培是以避雨为目的将薄膜覆盖在树冠顶部以躲避雨水、防菌健树、保护葡萄、提高葡萄品质和扩展栽培区域为目的的一种方法。此栽培法是我国长江流域及南方栽培欧亚种高品位葡萄的一项有效措施，可以减少病害侵染，提高坐果率和产量，减轻裂果，改善果品质量，避免雨日误工，提高劳动生产率，扩大欧亚种葡萄的种植区域。

（1）方法。避雨栽培一般在开花前覆盖，落叶后揭膜，全年覆盖约7个月。避雨覆盖最好采用厚度0.08mm的抗高温高强度膜，可连续使用2年，不能用普通膜。棚架、篱架葡萄均可进行避雨覆盖，在充分避雨前提下，覆盖面积越小越好。

（2）适用栽培设施。塑料大棚，其结构与促成栽培所用塑料相同。适于小棚架栽培。大棚两侧裙膜可随意开启，最好大棚顶部设置部分顶卷膜。根据覆膜时间的早迟和覆盖程序，分为促成＋避雨或单纯避雨栽培等模式。

遮雨小拱棚，适用于双十字V形和单壁架。一行葡萄搭建一个避雨棚（见图9－2－1）。葡萄架柱地面高2.3m，入土0.7m。如原架柱较低，用竹棍或木料加高至离地面2.3m，每根柱的高度应一致。在每根柱柱顶下40cm处架1.8m长的横梁。为了加固遮雨棚，一行葡萄的两头及中间的葡萄架柱每间隔一根，横向用长毛竹将各行的架柱连在一起，这根柱上不需另架横梁。柱顶和横梁两头拉3条较粗的铁丝，且每行葡萄园的两头拉3条铁丝并在一起用锚石埋在土中40cm以下。用2.2m长、3cm宽的竹片，每隔70cm 1片，中心点固定在中间顶丝上，两边固定在边丝上，形成架面。用2.2m宽，0.03mm厚的塑料薄膜盖在遮雨棚的拱片上，两边每隔35cm用竹（木）夹将膜边夹在两边铁丝上，然后用压膜带或布条或塑料绳按拱片距离从上面往返压住塑料薄膜，压带固定在竹片两端。

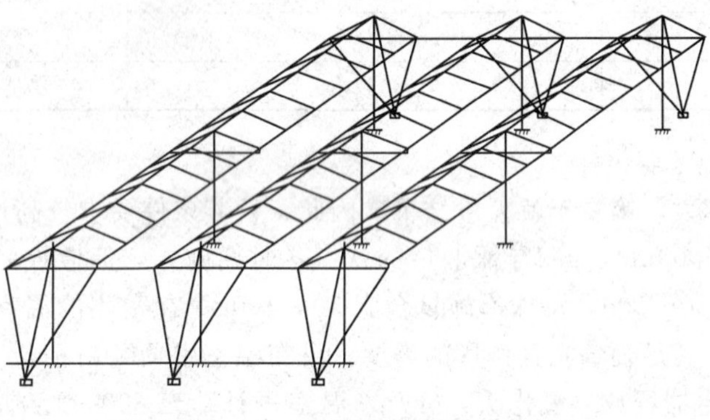

图9－2－1 葡萄遮雨棚结构示意图

（3）促成加遮雨小拱棚。主要在浙江一带应用。在双十字V形架基础上建小拱棚（见图9－2－2）。柱上1.4m处拉一道铅丝，用3.6m竹片上部靠在铅丝上，两端插入地下，基部宽1.3m左右，竹片距离1m，形成拱棚。顶部利用葡萄架柱用竹棍加高至2.4m，柱顶拉一道铁丝，低于柱顶60cm的横梁两边75cm处各拉较粗的铅丝，两条铅丝的距离1.5m，用2m长的弓形竹片固定在3道铁丝上，竹片距离0.7m，形成避雨棚。

2月底盖拱棚膜，两边各盖2m宽的薄膜，两膜边接处用竹（木）夹夹在中间铅丝上，两边的膜铲入泥内或用泥块压，膜内畦面同时铺地膜。盖膜前结果母枝涂5%～20%的石灰氮浸出液，打破休眠，使萌芽整齐。4月下旬左右（开花前）揭除拱膜，上部盖2m宽的避雨膜。

（4）连栋大棚。连栋大棚适于小棚架栽培葡萄，2连栋至5连栋均可。连栋中一个单棚宽5～6m，种2行葡萄，一座连栋棚面积控制在1500m²以内，面积过大，不利于温、湿、气的调控。连栋棚的每个单棚矢高3m左右，肩高1.8～2m。每个单棚两头中间均应设棚门。

（5）主要适宜品种。南方葡萄避雨（促成）栽培主要选择品质好、坐果多、需冷量低及耐贮运的欧亚种葡萄为主（见表9－2－4）。

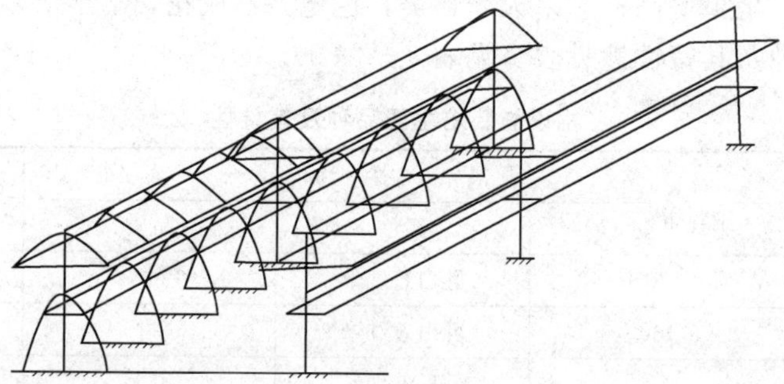

图 9-2-2 促成加遮雨棚结构示意图

表 9-2-4 葡萄避雨设施栽培的主要品种（欧亚种）

品种	平均粒重（g）	平均果穗重（g）	果粒颜色	品质	萌芽到果成熟期天数（d）
京玉	6.5	680	黄绿	上	130
绯红	8	380	玫瑰红	上	120
森田尼无核	5.4	450	浅黄	上	140
里扎马特	8	450	紫红	上	140
甲斐路	7	350	紫红	上	170
秋红	7.5	880	深紫红	上	180
秋黑	8	520	蓝黑	上	160
红地球	13	800	暗紫红	上	160
意大利	8	330	黄绿	上	155

（6）管理要点。

1）露地期管理。萌芽后至开花前为露地栽培期，适当的雨水淋洗，对防止长期覆盖所致的土壤盐碱化有益，此时须注意防止黑痘病对葡萄幼嫩组织的危害。

2）盖膜期。一般欧亚种宜在开花前盖膜，如萌芽后阴天多雨，则宜提早盖膜，起到防治黑痘病的作用。此外，覆盖后白粉病危害加重，虫害也有增加趋势。白粉病防治主要抓好合理留梢和及时喷药两个环节。可在芽眼萌动期和落花后各喷一次石硫合剂，秋季喷粉锈宁。

3）揭膜期管理。早、中熟品种宜在葡萄采果后揭膜，尤其是易裂果的品种。晚熟品种在南方梅雨期过后可揭膜，果穗必须预先套袋；进入秋雨期再行盖膜，直至采果后揭膜。

4）水分的管理。覆盖后土壤易干燥，要注意及时灌水，而滴灌是避雨栽培最好的灌水方法。

5）温度管理。夏季如覆盖设施同内出现35℃以上的高温，可打开顶部通风降温。其他管理基本与露地葡萄相同。

6）畦面管理。坐果后应畦面覆草，一则有利于保持土壤湿润，二则可以防除杂草。

9.2.3 桃设施栽培

桃是人们喜食的果品之一，也是中国的主要果品之一。由于桃（含油桃）以鲜食为主，不耐贮藏，季节差价大；而且树体相对较小，易于栽培管理，且生长期短，结果早，产量高，因此是最具设施栽培价值的树种之一。桃作为落叶果树中成熟最早的果品之一，通过设施促早，提早鲜桃在淡季供应市场，采收期可提前20～60d，或者通过设施延后，又可推迟10～30d，同时提高产量40%～50%，经济效益高，因此在我国北方的辽宁、山东、河北、河南及宁夏等省区桃树的设施栽培发展迅速。

1. 品种选择

桃树促成栽培的主要目的是为了提早上市，应能在露地桃上市之前成熟上市。因此，促成设施栽培的品种应具备如下条件：①成熟期明显早于露地极早熟桃果的上市时间，果实发育期为50～70d为宜，最多不超过80d；②低温需冷量最好在850h以下；③果实品质最好能优于露地优良极早熟和早熟品种；④花粉量大，自花结实能力强，坐果率高；⑤果大，形美，色艳，易成花，早丰产。

桃设施栽培常见的品种及其特性参见表（见表9-2-5）。

表9-2-5 桃设施栽培主要品种及其特性

类型	品种	果实性状			果实生育期(d)	需冷量(h)
		平均果重(g)	颜色	品质		
水蜜桃	春蕾	70	乳白着红晕	中	56	850
	果露露	100	乳白着红晕	中	55	850
	春花	98	乳白着红晕	中上	60	850
	京春	100	乳白着红晕	上	65	850
	霞晖1号	125	乳黄着红晕	上	67	850
	布目早生	120	乳黄带玫瑰条纹	上	71	800
	雨花露	125	乳黄着淡红晕	上	73	850
	砂子早生	184	乳黄着红晕	上	77	860
	庆丰	120	乳白着红晕	上	80	850
	仓方早生	150	乳黄着红晕	上	85	800
硬肉桃	五月鲜	135	乳黄红晕	中	89	1150
蟠桃	早露蟠桃	80	乳白着红晕	中上	63	700
油桃	五月火	75	浓红	中上	60	550
	早红蛛	100	全红	上	60	780
	华光	100	玫瑰红	上	62	770
	曙光	100	浓红	上	65	780
	早红宝石	100	宝石红		65	650
	早红霞	98	鲜红	上	65	700
	艳光	105	玫瑰红	中上	70	780
	早美光	75	浓红	上	70	700
	瑞光3号	130	玫瑰红	上	90	850

2. 适用设施

用于桃设施栽培的设施主要有日光温室、塑料大棚、防雨棚，生产上多进行促成栽培。防雨棚是在树冠上搭建简易防护设施，用塑料薄膜和各种遮雨物覆盖，达到避雨、增温或降温、防病、提前或延迟果实成熟等目的。日光温室和塑料大棚是桃树设施栽培的主要设施，又有加温和不加温两种栽培方式。一般冬季促成栽培，主要采用高效节能日光温室，实行一棚三膜覆盖。春季提前生产，大部分采用塑料大棚，跨度大，面积大，南北延长，也有少部分东西延长。春季提前生产，扣棚升温时间一般在2月以后，大部分采用一棚二膜覆盖，即不再加盖草帘或纸被。秋季延迟采收，一般采用塑料大棚设施。

3. 栽培技术要点

(1) 定植建园。设施栽培桃园应选择背风向阳、排灌便利、土层较厚的沙壤地建园搭棚。日前生产中桃设施栽培大都采用密植建园，以增加早期产量，由于桃树的年生长量较大，扩冠快，1年的露地生产可达到理想覆盖率，故一般不搞计划密植，而采用行株距为2.0～2.5×1.0～1.5m的永久性的定植为宜。在定植时，每个温室或大棚均要配置授粉品种或能相互授粉的2个以上品种，以提高结实率。桃苗定植前，要对土壤进行改良，结合土壤深翻，每667m^{2}施入充分腐熟的鸡粪5000kg，或土杂肥7000kg，全元复合肥20kg，并将土肥混匀置于定植穴中。

(2) 整形修剪。

1) 定干。苗木定植后，要及时定干，高度30～40cm，如采用一面坡温室要注意掌握南低北高。

2) 树形。目前设施栽培中采用较多的树形主要有两大主枝开心形，多主枝自然形、纺锤形和自然开心形等。两大主枝开心形，也称"Y"形，即在30cm左右的主干上反向着生两大主枝，主枝上着生结果枝组。多主枝自然形，树体无中心干，在主干上留 4～6 个大枝，在大枝上着生中小型结果枝组。纺锤形类似于苹果的纺锤形，中央领导干强壮直立，其上自然着生 8～12 个小主枝，或大中型结果枝组。

3）修剪原则。设施栽培桃树的修剪应以生长季节为主，冬季为辅。当新梢长到 20cm 左右时反复摘心，促发二、三次枝，同时及时疏除直立枝和过密枝，改善光照条件，促进花芽形成。冬季修剪要以更新、回缩、疏枝、短截相结合，疏除无花枝、过密枝、细弱枝，尽量多留结果枝，并适度轻截，多留花芽，适当回缩更新，控制树势，稳定结果部位。

（3）温湿度的调控。

1）温度的调控。桃树的自然休眠期比其他果树相对较短，大多数品种为 30～40d，需低温时间 850h 以下，一般 12 月底～翌 1 月中旬便可通过自然休眠期。此时可扣严棚膜，关闭通风口。白天打开草帘升温，夜间盖好保温。室温管理有三个关键时期必须严格加以控制：一是扣棚初期，扣棚后 1～5d，打开通风口，使温度缓慢升高，不能太快，防止地温与室温相差太大，以免根系未生长，枝条先萌芽，一般室温控制在 20℃以下；二是开花期，要求白天温度为 20～25℃，夜间不低于 5℃；三是果实膨大期，要求白天控制在 25℃左右，不超过 28℃，夜间不低于 10℃。室温可通过开关通风口和揭盖草帘来调控。果实采收后，可揭去棚膜。

2）湿度的调节。温室内的湿度一般指空气的相对湿度，从扣膜到开花前，相对湿度要求保持在 70%～80%，花期保持在 50%～60%之间，花后到果实采收期控制在 60%以下。湿度过大可通过放风或地面覆膜来调节，湿度过低可进行地面洒水，喷雾或浇水。

（4）花果管理。桃花虽是自花结实的虫媒花，但在温室内缺乏传粉条件，并且有的品种本身无花粉或少花粉，须进行异花授粉，除配置好授粉树外，还应进行人工辅助授粉，以提高坐果率，增加产量。辅助授粉可采用人工点授法和鸡毛掸滚授法。另外，还可在温室内放蜂进行授粉。

疏花、疏果也是提高坐果率和果品质量的重要措施。设施栽培的桃树，花期常受温度、湿度、光照、传粉等因素的影响，坐果不稳定，应本着“轻疏花重疏果”的原则进行疏花疏果。疏花最好在蕾期，只摘除过密的小花小蕾。疏果应在生理落果后能辨出大小果时进行，具体可根据桃树的树龄、树势、品种、果形大小等疏去并生果、畸形果、小果、发黄萎缩果等，保留适宜的果量。

（5）土壤管理。土壤的管理主要是松土、除草，每次灌水后应适时划锄，松土保墒。施肥时应注意基肥和追肥配合施用。基肥一般在 9～10 月秋季落叶前施，以鸡粪、圈肥等有机肥为主，每株 40～50kg，每 667m^{2}500～1000kg。追肥可根据桃树各物候期的需肥特点和生长结果情况灵活掌握，一般在开花前、果实膨大期、摘果后追施硫酸钾等速效肥。也可结合病虫害防治进行叶面喷布 3～4 次光合微肥、氨基酸复合微肥、磷酸二氢钾等。灌水的时期和次数与追肥基本一致，即根据土壤湿度结合追肥，在萌芽前、开花后、果实膨大期、采果后等重要物候期适当灌水。因桃树较抗旱而不耐涝，所以要防止土壤过湿，雨季要注意排水。

（6）病虫害防治。设施栽培桃的病虫害主要有蚜虫、红蜘蛛、潜叶蛾、细菌性穿孔病、炭疽病、根癌病和根腐病等。桃蚜可在芽萌动初期用速灭杀丁 2000 倍或一遍净 1500 倍或硫丹 1500 倍进行防治。红蜘蛛可用螨死净或尼索朗 2500 倍和蛾螨灵 2000 倍防治。潜叶蛾用灭幼脲 3 号或蛾螨灵 2000 倍液防治。细菌性穿孔病和炭疽病，可在发芽前喷波美 4～5 度石硫合剂，花后喷 65%的代森锌 500 倍 2～3 次，果实成熟前喷甲托 1000 倍液进行防治。根部病害可用 600～800 倍甲托或 1500 倍多效灵灌根防治。

温室内湿度大，通风差，药液干燥慢，吸收多，因此不能按露地的常规浓度使用，一般宜稀不宜浓，最好用较安全的农药，以免产生药害，引起落花落果，造成经济损失。

（7）采收、包装及保鲜。桃果实的风味、品质和色泽主要是果实在树上发育过程中形成，采后几乎不会因后熟而增进。因此，采摘过早导致果实品质差，产量低，但桃不耐贮运，采摘过迟易遭机械损伤，品质变差快。因此，一般当地销售宜 8～9 成熟采收，外销宜 7～8 成熟采收。日光温室内桃树中部果着色好，成熟早，其他部位果实着色略差，成熟略晚。采收后进行分级、包装。可采用特制的透明塑料盒或泡沫塑料制品硬包装盒，每盒 1.0～2.0kg 为宜。在进行运输贮藏前，先使果实预冷，待果温降至 5～7℃后再进行贮运。贮藏适温为－0.5～1℃。

9.2.4 草莓设施栽培

我国从20世纪80年代中后期开始发展草莓的设施栽培并且面积不断扩大，形成了日光温室，大、中、小棚等多种设施栽培形式，并根据不同地区的气候、资源优势形成了具有和地方特色的规模化生产基地。如四川以小拱棚为主的草莓生产基地，浙江、上海、江苏的塑料大、中棚为主的基地，山东、河北的塑料大棚为主的基地，北京、辽宁的日光温室为主的基地。通过设施栽培，我国草莓鲜果供应可从11月开始到第二年6月，不仅延长了市场供应期，更增加了生产者和经营者的经济效益，而且成为许多地区高效农业的主导产业。

1. 草莓生长发育对环境条件要求

(1) 温度。草莓对温度适应性较强，总体上在生长发育期要求比较凉爽温和的气候环境。根系生长适宜温度为15～18℃，地上部分生长适温在20℃左右，叶片光合作用适温在20～25℃，15℃以下和30℃以上光合速率下降。生长期－7℃以下低温植株会发生冻害，－10℃会冻死。

除四季草莓外，一季作草莓，花芽分化要求低温短日照，花芽分化适温为5～17℃，自然状态下华北、长江流域一带在9月中下旬～10月上旬开始花芽分化，暖地品种15～26℃较高温度，配合短日（13h以下），低氮水平，也能顺利花芽分化。但四季莓则在长日照下促进花芽分化。高温长日、高氮条件下促进从花芽分化到开花的进程，而从开花到成熟，需要6℃以上有效积温300～450℃。进入休眠期需要在5℃以下保持一定时间（春香、女峰等0～5h；冷地型的盛冈16号则需700～1000h），此后在20～25℃下恢复生长。通过休眠的母株在25℃左右，13～14h长光照下，匍匐茎旺盛发生。GA可替代长日作用，促进匍匐茎生长。开花适宜温度为13.8～20.6℃，平均温度高于10℃开始开花，遇0℃低温会受到伤害，柱头变黑，温度高于30℃使花粉发育不良。果实膨大适温是18～25℃，最低温度12℃，在此温度下，昼夜温差大有利果实发育和糖分积累。在适宜温度范围内，较低温度可形成大果，但果实发育慢，较高温度可促使果实提前成熟，但果个偏小。

(2) 光照。比较耐荫，光饱和点为20～30klx。光周期更为重要，花芽分化要求8～12h的短日照，16h以上日照不能形成花芽。匍匐茎发生要求长日照条件，而且要求较高温度。

(3) 水分。草莓为浅根系须根作物，叶片蒸腾量大，对土壤水分要求高。水分缺乏，阻碍茎、叶正常生长，降低产量和品质。在匍匐茎大量发生期，土壤缺水干旱，不定根难以扎入土中，造成子株死亡。但草莓也忌土壤湿度过高，否则，土壤空隙少，氧气不足，影响根系生长，严重时会造成植株死亡。草莓正常生长期间要求土壤相对含水量在70%左右；花芽分化期在60%；结果成熟期在80%为好。草莓对空气相对湿度要求在80%以下为好，花期不能高于90%，否则影响受精，易出现畸形果。

(4) 土壤和营养。草莓可以在各种土壤中生长，但在疏松、肥沃、通水、通气良好的土壤中容易获得优质高产。草莓要求土壤地下水位不高于80～100cm。适宜的土壤pH值为5.5～7.0，在4以下或8以上，就会出现生长发育障碍。草莓对土壤中盐浓度敏感，盐浓度过高会发生障害，一般兑施液肥浓度不宜超过3%。

草莓要求土壤有机质含量丰富，花芽分化和开花座果期增施磷、钾肥可促进花芽分化，增加产量，提高品质，而氮肥过多会抑制和延缓花芽分化。除氮、磷、钾外，草莓也要求适量施用钙、镁和硼肥。

2. 设施栽培类型

(1) 半促成栽培。草莓植株在秋、冬季节自然低温条件下进入休眠之后，通过满足植株低温需求量并结合其他方法打破休眠，同时采用保温、增温的方法，使植株提早恢复生长，提早开花结果，使果实在2～4月成熟上市。果实主要供应春节过后的市场，在品种要求以品质优、果型大、耐贮运为主要标准。通常采用小拱棚、中棚、大棚，以及日光温室栽培。

(2) 促成栽培。促成栽培，也称草莓特早熟栽培，是在冬季低温季节，采用促进花芽分化，利用设施加强增温保温，人工创造适合草莓生长发育、开花结果的温度光照等环境条件，使草莓鲜果能提早到11月中下旬成熟上市，并持续采收到翌年5月。草莓促成栽培是以早熟、优质、高产为目标，在南方地区以大棚栽培为主，北方地区以日光温室为主。

(3) 冷藏抑制栽培。为了满足7～10月草莓鲜果供应，利用草莓植株及花芽耐低温能力强的特点，对已经完成花芽分化的草莓植株在较低温度（−2～3℃）下冷藏，促使植株进入强制休眠，根据计划收获的日期解除冷藏，提供其生长发育及开花结果所要求的条件使之开花结果，称冷藏抑制栽培。

3. 设施栽培主要品种

（1）丰香。日本品种。生长势强，株型较开张，休眠程度浅，打破休眠在5℃以下低温只有50～70h。座果率高，低温下畸形果较少，平均单果重16g左右。果型为短圆锥形，果面鲜红色，富有光泽，果肉淡红色，较耐贮运。风味甜酸适度，汁多肉细，富有香气，品质极优。丰香是目前设施栽培应用最广的优良品种。

（2）章姬。日本品种。生长势旺盛，株型较直立，休眠程度浅，花芽分化对低温要求不太严格，花芽分化比丰香略早。果实呈长圆锥形，平均单果重20g左右，果形端正整齐，畸形果少。果面绯红色，富有光泽，果肉柔软多汁，肉细风味甜多酸少，果实完熟时品质极佳。为设施栽培的新型优良品种。

（3）杜克拉。西班牙品种。植株直立，花序平于叶面，在5～17℃气温条件下1～2周即可完成休眠，是目前休眠期较浅的草莓品种之一。一级花序平均单果重33g，最大单果重75g。果实呈长楔形或长圆锥形，颜色鲜红，果面光滑，有光泽。果肉粉红色，质地细腻，果味浓甜，果肉硬，极耐运输。适于设施栽培。在我国北方寒冷地区，一般情况下可在1月采收果实，延续结果2～3个月。

除上述品种外，全国不同地区使用的设施栽培品种还有女峰、宝交早生、春旭、申旭1号、申旭2号、静宝、明宝、红宝石、长虹、安娜、大将军及皇冠等（见表9-2-6）。

表9-2-6　部分草莓品种的主要性状

品种	来历	植株形态	果实	抗性	适宜栽培形式
女峰	日本育成，1981年定名	长势中庸，株形直立、叶大浓绿，叶片较薄	果实较大，圆锥形，果面鲜红，肉细汁多，酸甜可口，有香气，果皮韧，肉质硬，耐贮运	较抗灰霉病和白粉病，易受蚜虫和红蜘蛛为害，花粉稔性差	促成栽培 半促成栽培 冷藏抑制栽培
鬼怒甘	日本育成，1992年定名	长势强，株形直立，植株高大，匍匐茎易发，叶大浓绿，根系发达	果大，圆锥形，果表浓红，富有光泽，口味较浓，香甜爽口，品质好，肉质硬，耐贮性强	抗性较强	促成栽培 半促成栽培 冷藏抑制栽培
丽红	日本育成，1987年定名	长势强，株形直立，叶大，色浓，叶缘锯齿粗	果大，整齐美观，长圆锥形，色深红，酸甜芳香，风味好，较耐贮运	抗灰霉病、萎黄病，不抗白粉病、炭疽病，轮纹病	半促成栽培 冷藏抑制栽培
宝交早生	日本育成	生长健壮，株形稍直立，株高中等，叶中等大小，叶色浓绿有光泽	果中大，圆锥形，色鲜红有光泽，果肉橘黄色，有香气，品质上等，较耐贮运	对白粉病抗性强，对灰霉病、根腐病、萎黄病抗性较弱，易感病毒病	半促成栽培 冷藏抑制栽培
申旭2号	上海农科院育成	长势中等，株形直立，叶色黄绿有光泽，叶厚中等	果较大，圆锥形，果面橙红，果肉粉红，酸甜适中，香味浓，品质优，硬度中等	较抗病，对白粉病抗性强，对灰霉病较弱	促成栽培 半促成栽培
弗吉尼亚	西班牙引入	生长势强，株高中等，叶片圆形，浓绿色，较厚，叶柄长度中等	果实较大，圆锥形，鲜红色，果面平滑，有光泽，风味酸甜，有香味，硬度较大，耐贮运	抗病性强，果实病害少，少数果实感革腐病和灰霉病	促成栽培 半促成栽培
明旭	沈阳农业大学育成	长势强，株形直立，叶片大而厚，绿色，卵圆形	果实较大，近圆形，果面红色，光亮，平整，果肉粉红色，香味浓，果皮韧性好，较耐贮运，货价期长	植株耐寒，病虫害发生少	促成栽培 半促成栽培
达赛莱克	法国1995年育成	长势强，株型大，姿态直立，秧苗粗壮，叶片多而肥厚，叶色深绿，根系发达	果大，长圆锥形，果面深红色，有光亮，果肉全红，风味浓，品质好，硬度高，耐贮运	较抗根腐病和黄萎病，早期叶片易感白粉病和红蜘蛛	促成栽培 半促成栽培

4. 育苗技术

壮苗是草莓高产的基础。设施栽培选用的壮苗标准一般为：根系发达、一级侧根25条以上；叶柄粗短、长15cm左右，宽3cm左右；成龄叶5～7片；新茎粗1cm以上；苗重25～40g；花芽分化早、发育好；无病虫害。

（1）草莓育苗技术要点。

1）繁苗田准备。选择灌排方便、土壤肥沃，前茬未栽培过草莓的田块。越冬前进行深翻、冻垡，以改善土壤性状，减少病虫害发生。繁苗田选好后要施足基肥，准备好排灌设施，定植前土壤要施杀虫剂，以防地下害虫伤根。

2）母株的选择及定植。选择长势健壮、丰产性好、果形及品质符合品种特性的植株，利用其抽生的匍匐茎苗作为繁苗母株。秋季以20cm左右的株行距假植于田间，翌年在日平均气温12℃以上时将母株定植于专用繁苗田，如选用组培苗或脱毒苗作为母株会获得更好的效果。

定植时掌握以深不埋心，浅不露根为标准，栽植密度以每667m^2 500～600株为宜。可采用宽垄双行定植法，也可采用单行定植，株距60～80cm。

3）肥水管理。繁苗田的施肥原则是“适量氮，重磷、钾”。基肥使用腐熟菜籽饼80～100kg/667m^2，外加尿素15kg，过磷酸钙25kg。植株活棵后，可结合浇水适量追肥1～2次，以氮肥为主。8月中旬以后增加磷、钾施用量，可用磷酸二氢钾0.2%作根外追肥，不施用氮肥。

母株定植后要立即灌足水，次日再复水一次，注意保持土壤湿润，但不宜积水。暴雨过后，要及时清沟排水，保持土壤良好通气条件。

4）喷赤霉素。植株体内赤霉素积累多，有助于匍匐茎发生，在母株定植成活后喷布赤霉素30～50μL/L 1～2次。

5）摘花序和匍匐茎整理。母株成活后，要及时摘除花蕾、花序和枯叶，以增加匍匐茎抽生量。定期将相互靠得太近的匍匐茎适当拉开，使子株苗之间尽可能分布均匀，以利培育壮苗。为使子苗不定根及时扎入土中，结合匍匐茎整理应及时进行压蔓。

6）病虫草害防治。繁苗田中常见害虫有蛴螬、斜纹夜蛾等，可用50%辛硫磷、40%乐斯本等药剂防治。常见病害有炭疽病和叶斑病等，以炭疽病危害最重，可采用药剂防治并配合摘除枯叶、病叶、黄叶，减少病源和防止再次侵染。

母株苗定植后正值夏、秋季杂草滋生季节，应注意除草，防止杂草抑制小苗生长。除人工除草外，可采用除草剂如氟乐灵防治杂草为害，用药量为0.1～0.2kg/667m^{2}兑水后喷洒田面，随即中耕松土，可获得很好的除草效果。待子株苗布满田间后，杂草才能被控制。

（2）培育壮苗和促进花芽分化。

1）假植育苗。在草莓定植前选择生命力强和无病虫害的子株苗，移植在事先准备好的苗床上或营养钵中培育。假植引起的子株苗断根，以及苗床土壤营养条件的改变，使子苗的素质有很大提高，并有利于花芽提早进行分化。长江流域用于草莓设施栽培子苗在7月假植，9月中下旬定植，假植太迟不利于移植苗的成活与生长，假植期以30～60d为宜。

2）营养钵育苗。营养钵育苗是将草莓繁苗田中母株发生的匍匐茎小苗移入塑料营养钵中集中管理，以达到促进花芽分化、培育壮苗的目的。育苗用营养钵口径一般为10～12cm，高10cm。内装经过消毒的育苗基质，基质可选用砻糠灰、蛭石、筛过灰的炭渣及少量腐熟的有机肥混合使用，也可直接使用消过毒的园土。

3）无土育苗。即不用土壤而采用基质或营养液育苗，草莓苗用有机肥稀释液或专用营养液浇灌。无机基质有沙、珍珠岩、岩棉、蛭石、煤渣，有机基质有泥炭、发酵的锯末屑、稻壳、蔗渣等。草莓育苗可使用日本山崎草莓专用营养液配方或1/2剂量的日本园试通用营养液配方。

4）高山育苗。高山育苗是利用高山上气温比山下平原气温低的特点来促进草莓花芽提早分化，在海拔500～1000m的高山地育苗。一般在7月上旬采苗假植，8月中旬上山育苗，在9月中下旬下山定植。

5）遮光育苗。此育苗法是用苇帘、高密度遮阳网或黑色薄膜等材料覆盖遮光，以满足花芽分化对短日照条件的需求，达到提早花芽分化的目的。遮光时间应控制日照在10h以内，不能过度遮光，否则会使植株同化功能减弱，苗的发育变差，花器官发育不良。

6）冷藏电照育苗。是将植株直接置于较低温度的冷藏设备中，满足花芽分化需求的低温，以达到促进花芽分化目的的育苗方法。冷藏温度在6～18℃之间，以14℃最好。14～15℃冷藏6～9d，并以500lx电照每天补光8h，可达到促进花芽分化的目的。也可采用草莓植株白天接受自然光照进行光合作用，夜间采用低温处理，促进其花芽分化，称夜冷育苗。

5. 草莓设施栽培技术要点

（1）促成栽培。

1）品种选择。以早熟、优质、高产为目标，在品种选择上要求：①品种花芽分化容易，植株能在9月中旬完成花芽分化；②休眠浅，植株不经低温处理，可正常生长发育。在较低温度下花序能连续抽生和结果，花、果实耐低温性能好；③果实大小整齐度好，开花至结果期短，风味甜浓微酸，早期产量和总产量均高。目前主栽品种有丰香、明宝、章姬、益香、幸香及女峰等。

2）整地。选择光照良好、地势平坦、土质疏松、有机质含量丰富、排灌方便的壤土或砂质壤土，在黏质壤土中也能获得很好的栽培效果。要求pH值为5.5～7.0，土壤盐分积累不能过高。

在整地施肥前要对设施土壤进行太阳能消毒或药剂熏蒸消毒，以杀灭地下害虫和土传病害，然后要充分通气。草莓基肥以有机肥为主，每667m^2施入腐熟的有机肥2～2.5t，同时加入过磷酸钙40kg、氮磷钾复合肥30～40kg。草莓设施栽培采用高垄双行种植，作垄时垄面要平，每垄连沟占地1m。为了提高土温，应提高垄的高度，以30～40cm为宜。

3）定植。应以50%草莓植株达到花芽分化期为定植适期，一般为9月中旬左右，最迟不晚于10月上旬。选苗重25g以上，根系发达，新茎粗0.5cm以上的壮苗定植。为了使花序伸向垄的两侧，在定植时应将草莓根茎基部弯曲的凸面朝向垄外侧，这样可使果实受光充足，空气流通，减少病虫害，增加着色度，提高品质，同时便于采收。

采用双行三角形定植，行距25～28cm，株距15～18cm，每667m^2定植6000～8000株。栽植不能过深或过浅，定植深度应以叶鞘基部与土面相平为宜。定植后随即浇透水，使土壤与植株根系紧密接触，否则苗容易萎蔫。

4）定植后的管理。草莓定植后促进叶面积大量增加和根系迅速扩大，以在低温前使植株生长良好，以达到早熟高产。及时将草莓植株下部发生的腋芽、新发生的匍匐茎及枯叶、黄叶摘除，保留5～6片的健壮叶。在10月下旬覆盖地膜，以提高土温，促进肥料分解，防止肥水流失及病虫草害发生，选用黑地膜或黑白双色两面膜。在铺设地膜之前，应装好地膜下的滴灌装置，可将带孔的塑料滴灌带置于垄面中央，孔口朝上将来紧贴地膜，使喷出的水顺地膜内膜面向土中渗透。铺膜后立即破膜提苗，使其舒展生长。

5）扣膜。决定草莓盖棚时期的因素主要有两个：休眠和侧花序花芽分化。如果盖棚过早，植株生育旺盛，但侧花序不能正常花芽分化，着果数减少产量降低。扣棚过晚，植株易进入休眠状态，生育缓慢，导致晚熟低产。保温适期应该是第一侧花序进入花芽分化，而植株尚未进入休眠之前，一般在10月20日左右。

盖棚后的7～10d内白天应尽量保持30℃以上较高温度，以防止植株进入休眠。同时增加大棚内的湿度，避免在高温下出现生理障碍。植株现蕾后，温度逐步下降至25℃。当外界气温降到0℃以下时，应在大棚内覆盖中棚或小棚。开花期白天温度保持在23～25℃，果实转白后温度保持在20～22℃，收获期保持18～20℃。草莓植株附近温度夜间应保持5℃以上。草莓现蕾后的整个开花结果期应保持较低湿度，否则，不利于开花授粉，也易使果实发生灰霉病导致烂果。

6）肥水管理。保温开始后，应在现蕾前灌水提高土壤水分，保持大棚内的湿度，避免高温造成的叶片伤害。追肥可结合灌水进行，一般在铺地膜前施肥1次，以后在果实膨大期、采收初期各施1次，果实收获高峰过后的发叶期施1次，早春果实膨大期再施2～3次，共施追肥6～8次。

7）赤霉素处理。赤霉素可打破植株休眠，处理植株后可促进果柄伸长，促进地上部的生长发育。在高温时，赤霉素处理效果较好，一般在盖棚保温开始后3～5d内进行。喷法是：用手持式喷雾器，在植株上面10cm处，对准生长点喷雾，按休眠深浅采用5～10μL/L的浓度。

8）植株整理。及时摘除新发生的侧枝、匍匐茎，以及基部的老叶片，否则会影响开花结果，且易成为病菌滋生场所。摘除基部叶片和侧芽的适宜时期是始花期，每个植株应保留6～7片叶。

9）辅助授粉。大棚内温度低、湿度大，易造成植株授粉不良，着果不好，形成畸形果。为防止畸形果发生，最好采用蜜蜂辅助授粉技术，蜜蜂在开花前5～6d放入大棚，持续到3月下旬。放蜂量以每$330m^2$左右放置1只蜂箱为宜。

10）电灯照明和增施CO_2气肥。电灯照明的目的是通过加强和延长日照并结合大棚保温，抑制草莓进入休眠状态，促进植株生长发育，提早进入果实生长。采用CO_2施肥可以增加设施内CO_2浓度，提高光合速率，达到提高产量和品质的目的。

（2）半促成栽培。半促成栽培的特点是对经过花芽分化并已进入休眠的植株，通过一定的技术措施使植株提前觉醒并保持旺盛生长状态，达到提早开花、提早结果的目的。与促成栽培相比，果实上市时间较晚，但由于花芽分化充分，产量相对较高，品质也较好。而且设施简单，管理方便，成本低，花工少，也是一种广泛采用的设施栽培方式。半促成栽培的关键之处在于提前打破休眠，根据打破休眠的原理和技术不同，有普通半促成栽培、植株冷藏半促成栽培、电照半促成栽培等。在我国以普通半促成栽培应用最广，其技术要点为：①选择品种：宜选择休眠浅或中等的品种，如丰香、女峰、鬼怒甘、宝交早生、达赛莱克等；②培育壮苗：要求秧苗具有4～5片叶、根茎粗1～1.5cm、苗重20～30g；③适时定植：应在植株完成花芽分化后尽早定植，一般可在10月中旬，寒冷地区可提早到9月下旬～10月上旬；④扣棚保温：是半促成栽培的一个重要技术环节，主要有两个目的：一是通过提高温度打破植株休眠，二是促进植株生长。扣棚时间应根据当地气候条件和品种特性而定，宜在植株已感受足够低温但休眠又没完全解除之前进行。休眠浅的品种可早些，休眠晚的品种应晚些，一般在12月上旬～1月上旬进行。其他管理与促成栽培相同。

（3）植株冷藏抑制栽培。在植株已结束自然休眠，但仍处于强迫休眠的阶段，采用低温冷藏的方法继续保持其休眠状态，根据预期收获时间，将植株从冷库取出定植，给予正常生长发育条件使之开花结果，这种栽培方式为冷藏抑制栽培。其技术要点为：①育苗技术：可采用繁苗田直接育苗，也可采用假植育苗，无论何种方法，均要求有发育良好的根系、充足的营养积累、较迟的花芽分化和较多的花芽数目，入库前要求苗根茎粗在1cm以上，重量30～40g。为此，宜选择8月下旬～9月上旬新发的子苗进行培育，假植也应在8月下旬进行。9月中下旬～10月上中旬增加肥水，可适当增施速效氮肥，有利于培育壮苗并可推迟花芽分化，但在11月下旬应控制氮肥，多施磷肥，提高植株耐低温能力。②入库冷藏：入库时间一般在12月上旬～2月上旬，在入库前1d挖苗，挖苗时要尽量少伤根，轻轻抖掉泥土，如土太粘要用清水冲洗后晾干，留2～3片展开叶装箱。箱可用木箱、纸箱或塑料箱，内衬塑料薄膜或报纸，根部在内侧排放紧实，每箱400～1000株，装满封口后放入冷库贮藏。入库后的前2～3日贮藏温度控制在－3～－4℃，以迅速降低植株温度，以后稳定在－1～－2℃。③出库定植：出库定植的临界气温平均为22.4℃，地温为25.4℃，根据预期收获果实的时期，可在7～9月进行。一般7、8月出库，30d后可采收；9月上旬出库，45～50d后采收；9月下旬出库，60d左右采收。生产上一般在8月下旬～9月上中旬出库定植。出库后可在遮阴条件下驯化2～3h，然后在流动清水中浸根3h，在下午高温过后采用宽畦多行定植。④植株管理：待植株成活后并有新叶展开时，要及时摘除老叶和贮藏过程中受冷害的叶片，高温强光条件下应用遮阳网遮阳，肥水管理应促进根系生长并达到地上地下平衡。低温季节注意保温，一般在10月下旬应盖棚保温。⑤二次结果：冷藏抑制栽培的特点是可以第二次结果，即冷藏前形成的花芽第一次果，采收后，植株继续进行花芽分化，还可结第二次果。第一次过采收后，及时摘除老叶枯叶、花梗及匍匐茎。将棚室薄膜打开使植株感受30d左右自然低温，再进行保温。最好剪掉一些植株，保留的植株每株只留2个健壮芽，其他管理同促成栽培。

（4）草莓无土栽培。草莓系矮生植物，定植、抹芽、打老叶、采收等作业都要弯腰，费工费时，极为劳累。同时长期进行设施土壤栽培，容易发生土壤连作障碍。设置高架种植槽进行无土栽培，不仅可解决上述问题，还可实现高产、优质、清洁生产，所以近年来草莓的无土栽培发展较快。技术要点为：①栽培方式：草莓可利用营养液膜、深液流水培、槽式基质培、袋式基质栽培，以及柱式立体基质栽培。由于草莓的植株展开度较小，也适宜进行多层架式立体栽培。②营养液配方：草莓各种形式的无土栽培都可以使用山崎草莓专用配方。该配方的pH值均较稳定。草莓的耐肥能力较弱，营养液浓度过高会导致根系衰老加快。一般采用在开花前控制较低的浓度，开花后逐渐增加营养液浓度，以防止植株早衰。花前控制浓度为0.4～0.8mS/cm，花期在1.2～1.8mS/cm，结果期在1.8～2.4mS/cm。草莓最适的pH值范围为5.5～6.5，但在pH值5.0～7.5范围内均可生长正常，如果营养液的pH值超出这一范围，可用稀酸或稀碱溶液来进行调节。③供液方式对于深液流水培采用间歇供液方法，在开花前期每小时循环10min，开花后供液时间增至每小时15～20min。对于营养液膜栽培，在定植至根垫形成之前，以0.2～1.5L/min的流量连续供液，根垫形成后采用1～1.5L/min的流量，每小时间歇供液15～20min。基质栽培方式供液可参照营养液膜形式，但要控制基质含水量在70%～80%左右。其他管理按草莓设施栽培的一般技术要求进行。

6. 采收与贮运

一般从定植当年的11月～翌年5月均可采收鲜果上市。草莓在成熟过程中果皮红色由浅变深，着色范围由小变大，生产上可以此作为确定采收成熟度的标准，根据需要贮运的时间，可分别在果面着色达70%（5～6月）、80%（3～4月）、90%（11月～翌年2月）时采收。

草莓采收应尽可能在上午或傍晚温度较低时进行，最好在早晨气温刚升高时结合揭开内层覆盖进行采收，此时气温较低，果实不易碰破，果梗也脆而易断。

盛装果实的容器要浅，底要平，采收时为防挤压，可选用高度10cm左右、宽度和长度在30～50cm的长方形食品周转箱，装果后各箱可叠放。采收后应按不同品种、大小、颜色对果实进行分级包装。小盒包装的每盒装果约200g，这样不仅可避免装运过程中草莓的挤压碰撞，而且美观，便于携带。草莓采收后，可进行快速预冷，然后在温度0℃、相对湿度90%～95%条件下贮藏。也可进行气调贮藏。气体条件为1%O_2和10%～20%CO_2，降温最好采用机械制冷进行。

9.3 花卉设施栽培

9.3.1 概述

20世纪70年代后，随着国际经济的发展，花卉业作为一种新型的产业得到了迅速的发展。为保证花卉产品的质量，做到四季供应，提高市场竞争能力，温室栽培面积越来越大。以荷兰为例：2000年花卉栽培面积7328hm^2，其中温室面积5378hm^2，占总面积的73.4%，除繁殖种球等在露地生产外，切花和盆栽观赏植物几乎全部在温室生产。为了满足花卉不同品种在不同生长阶段对环境条件的要求，生产高品质的花卉产品，设施栽培贯穿在花卉生长的各个阶段，其在花卉生产中的作用主要表现在以下几个方面。

1. 加快花卉种苗的繁殖速度，提早定植

在塑料大棚或温室内进行三色堇、矮牵牛等草花的播种育苗，可以提高种子发芽率和成苗率，使花期提前。在设施栽培的条件下，菊花、香石竹可以周年扦插，其繁殖速度是露地扦插的10～15倍，扦插的成活率提高40%～50%。组培苗的炼苗和驯化也多在设施栽培条件下进行，可以根据不同种、品种，以及瓶苗的长势进行环境条件的人工控制，有利于提高成苗率、培育壮苗。

2. 进行花卉的花期调控

随着设施栽培技术的发展和花卉生理学研究的深入，满足植株生长发育不同阶段对温度、湿度和光照等环境条件的需求，已经实现了大部分花卉的周年供应。如唐菖蒲、郁金香、百合、风信子等球根花卉种球的低温储藏和打破休眠技术，牡丹的低温春化处理，菊花的光照结合温度处理已经解决了这些花卉的周年供花问题。

3. 提高花卉的品质

例如在上海地区普通塑料大棚内，可以进行蝴蝶兰的生产，但开花迟，花径小，叶色暗，叶片无光泽。在高水平的设施栽培条件下，进行温度、湿度、光照的人工控制，是解决上海地区高品质蝴蝶兰生产的关键。我国广东省地处热带亚热带地区，是我国重要的花卉生产基地。但由于缺乏先进的设施，产品的数量和质量得不到保证，在国际市场上缺乏竞争力。例如广东产的月季在香港批发价只有荷兰的1/2。

4. 提高花卉对不良环境条件的抵抗能力，提高经济效益

不良环境条件主要有夏季高温、暴雨、台风，冬季霜冻、寒流等，往往给花卉生产带来严重的经济损失。如广东地区1999年的严重霜冻，使陈村花卉世界种植在室外的白兰、米兰、观叶植物等损失超过60%，而大汉园艺公司的钢架结构温室由于有加温设备，各种花卉几乎没有损失。

5. 打破花卉生产和流通的地域限制

花卉和其他园艺作物的不同在于观赏上人们追求“新、奇、特”。各种花卉栽培设施在花卉生产、销售各个环节中的运用，使原产南方的花卉如蝴蝶兰、杜鹃、山茶顺利进入北方市场，也使原产北方的牡丹花开南国。

6. 进行大规模集约化生产，提高劳动生产率

设施栽培的发展，尤其是现代温室环境工程的发展，使花卉生产的专业化、集约化程度大大提高。目前在荷兰等发达国家从花卉的种苗生产到最后的产品分级、包装均可实现机器操作，自动化控制，提高了单位面积的产量和产值，人均劳动生产率大大提高。

改革开放20多年来，我国花卉业取得了突飞猛进的发展。1978～1998年间，花卉种植面积从0.4万hm^2发展到9.1万hm^2，产值从1.5亿元增加到105.3亿元，出口创汇从零增加7850.4万美元，其中1996年出口创汇值为12640.4万美元，1999年达到了25953.7万美元。花卉的栽培设施从原来的防雨棚、遮荫棚、普通塑料大棚、日光温室，发展到加温温室和全自动智能控制温室。表9-3-1列举了我国2000年花卉设施栽培情况。

表9-3-1　　2000年中国花卉设施栽培情况

类型＼项目	总面积（hm^2）	保护地使用情况	
		用于切花（hm^2）	用于盆栽植物（hm^2）
1. 加温温室	1369.19	567.80	686.50
其中进口温室	121.63	55.29	64.60
2. 日光温室	1569.55	362.40	1080.03
3. 大中小棚	7407.05	2476.90	1978.90
4. 遮荫棚	4123.30	679.97	3047.10
合计	14489.31	4087.03	6792.60

我国的花卉种植面积居世界第一，而贸易出口额还不到荷兰的1%。因此，要生产出高品质的花卉成品，提高中国花卉在世界花卉市场中的份额，就必须充分利用我国现有的设施栽培条件，并继续引进、消化和吸引国际上最先进的设施及设施栽培技术。

在花卉设施栽培的过程中，我们还必须注意投入和产出比例。由于交通运输的发展，世界的花卉生产逐渐开始产地和销售地分离，充分利用自然资源，降低花卉设施栽培成本。因此我们在制定花卉设施栽培的发展计划时，应注意全球的生产发展趋势。

9.3.2 设施栽培花卉的主要种类

设施栽培的花卉按照其生物学特性可以分为一、二年生花卉、宿根花卉、球根花卉、木本花卉等。按照观赏用途及对环境条件的要求不同，可以把设施栽培花卉分为切花花卉、盆栽花卉、室内花卉、花坛花卉。

1. 切花花卉

切花花卉是指用于生产鲜切花的花卉，它是国际花卉生产中最重要的组成部分。可分为：①切花类：如菊花、非洲菊、香石竹、月季、唐菖蒲、百合、小苍兰、安祖花、鹤望兰等；②切叶类：如文竹、肾蕨、天门冬、散尾葵等；③切枝类：如松枝、银牙柳等。

2. 盆栽花卉

盆栽花卉是国际花卉生产的第二个重要组成部分，盆栽花卉多为半耐寒和不耐寒性花卉，半耐寒性花卉一般在北方冬季需要在温室中越冬，具有一定的耐寒性，如金盏花、紫罗兰、桂竹香等。不耐寒性花卉

多原产热带及亚热带，在生长期间要求高温，不能忍受0℃以下的低温，这类花卉也叫做温室花卉，如一品红、蝴蝶兰、小苍兰、花烛、球根秋海棠、仙客来、大岩桐、马蹄莲等。

3. 室内花卉

泛指可用于室内装饰的盆栽花卉。一般室内光照和通风条件较差，应选用对两者要求不高的盆花进行布置。常用的有：散尾葵、南洋杉、一品红、杜鹃花、柑橘类、瓜叶菊、报春花类等。

4. 花坛花卉

多数一、二年生草本花卉可作为园林花坛花卉，如三色堇、旱金莲、矮牵牛、五色苋、银边翠、万寿菊、金盏菊、雏菊、凤仙花、鸡冠花及羽衣甘蓝等。许多的多年生宿根和球根花卉也进行一年生栽培用于布置花坛，如四季秋海棠、地被菊、芍药、一品红、美人蕉、大丽花、郁金香、风信子和喇叭水仙等。花坛花卉一般抗性和适应性强，进行设施栽培，可以人为控制花期。

9.4 切花设施栽培

9.4.1 月季

月季为蔷薇科，蔷薇属花卉，是切花中的主要品种。

1. 生产类型及品种

(1) 生产类型。根据设施情况，我国切花月季生产有以下3种主要类型。

1) 周年型。适合冬季有加温设备和夏季有降温设备的温室。可以周年产花，但耗能较大，成本较高。

2) 冬季切花型。适合冬季有加温设备的温室和南方广东一带的露地各塑料大棚生产。此类生产以冬季为主，花期从9月～翌年6月，是目前切花生产的主要类型。

3) 夏季切花型。适合长江流域及其以北地区的露地及大棚切花生产。产花期从4～11月，生产设施简单，成本低，也是目前常见的栽培类型。

切花生产的目的是周年供应。采用第一种类型最为理想，但往往成本较高，作为商品生产不划算。现在普遍采用第二、第三种类型相结合的方式，比较经济合算。

(2) 主要品种。在杂种茶香月季中，花大、有长花茎的各色品种都适于切花。其中最早受欢迎的是红色系的品种，以后逐渐发展的粉红、橙色、黄色、白色及杂色，常见的各色品种中适于做切花的有：

1) 红色系。卡尔红（Carl Red）、萨曼莎（Samantha）、红衣教主（Kardubal）、飞红（Americana）等。

2) 粉红色系。铁塔（Eiffel Tower）、初恋（First Love）、索尼亚（Somia）、婚礼四化建设（Bridal pink）等。

3) 黄色系。金凤凰（Golden Scepter）、和平（Peace）、赛维亚（Silva）、黄金时代（Alsmeer Gold）等。

4) 白色系。佳音（White Knight）、白天鹅（White Swan）、卡·布兰奇（Core Blanche）等。

5) 其他色系。橙色的杏花天（Mahina）、蓝月（Blue Moon）、杂色的鸳鸯和（President H. Hoover 等。

2. 繁殖育苗

切花月季繁殖育苗的方法主要有扦插、嫁接与组织培养3种，目前我国保护地切花月季栽培多以前两种为主。

(1) 夏季嫩枝扦插育苗。

1) 设施。用砖砌成宽100～120cm，长4m或8m，深30cm的畦状插床。床间设供水管理，每隔150～200cm装1个喷头。用继电器、电磁阀、电子叶组成自动控制系统。

2) 基质。先在床底铺垫12～15cm的煤渣作渗水层，上面再铺15～20cm的河沙等基质。

3) 时间。7～8月份，盛夏最好。

4) 插穗。生长季节植株还未木质化的嫩茎。剪去部分枝叶，留上面两片叶子，也可再剪去复叶的顶叶以减少蒸发。插穗一般长5～8cm，然后密集插于扦插床。20～30d左右即可生根，扦插成活率可达95%以上。生根后移到培养土中进行培养壮苗。

(2) 冬季硬枝扦插育苗。时间在10月下旬～11月上旬均可，可结合露地月季冬剪进行。

1) 插条剪截与处理。将半木质化和成熟的枝条剪成3～4节一段，上端平剪，下端斜剪，去掉叶片。然后用生根粉200ppm浸泡插条下端0.5～1h。

2) 保护地和加温设施。可在苗床上铺设电热线（间距10cm），电热线上铺1cm黑土与河沙的混合基质。扦插后搭双层塑料薄膜拱棚。

3) 营养土配制好后得用1%高锰酸钾拌匀消毒。

4) 扦插和发芽前管理。扦插深度为插条长度的1/2，株行距3cm×3cm。然后盖单层膜。发芽前管理的关键是增加地温，控制气温，促进生根。白天中午温度高时通风降温，晚上低温时接通电热线加温。使地温在20～25℃，气温保持在7～10℃，根据土壤湿度，见干就得浇水。

5) 发芽后管理。经20～30d扦插条生根发芽，此时关键是稳定地温，防止嫩枝芽受冻。晚间盖双层膜保温，白天盖单层膜，地温维持在20℃左右，气温10℃以上。每10d左右浇1次水，每浇2次水施1次液体肥料，2月底移栽，也可在温室内进行嫩枝扦插育苗。

3. 温室栽培技术要点

(1) 定植前土壤准备。由于月季一旦栽植后，要生产4～6年或更长时间，因此栽前应深翻土壤最少30cm，并施入充足的有机肥改良土壤，调节土壤酸碱度pH值达6～6.5。如化验缺磷可每1m^{2}施用2.44kg过磷酸钙，为了改良土壤结构，可另加2.3kg硫酸钙。并适当加入复合肥、骨粉等做为基肥。每100m^{2}施入的基肥量为：堆肥或猪粪500kg，牛粪300kg，鱼渣20kg，羊粪300kg，油渣10kg，骨粉35kg，过磷酸钙20kg，草木灰25kg。

整好的土壤应是用蒸气或化学药品消过毒的，以杀死菌类孢子、虫卵、杂草种子等。

(2) 栽植。

1) 定植时间。栽植的时间从冬到初夏均能进行，但为了节约能源，多在春季种植，以迎接夏季逐渐升高的温度。因采收切花，4年以后需要更换新株，以便维持较高产量，温室若轮番依次换栽，每年应有25%需去旧换新。注意更换品种应相同或对管理要求相似。有些品种可生产切花6～8年，可有计划地安排新花更替。

2) 定植方式。为了操作（如修剪、采花）方便，一般采用两行式。即每畦两行，行距30cm或35cm，株距依品种差异采用20cm、25cm和30cm，直立型品种（如玛丽娜）密度（含通道）10株/m^2，扩张型品种密度6～8株/m^2。

3) 定植后的管理。

①新栽植株要修剪，留15cm高，尤其是折断的枝与根应剪掉；②栽植芽接口离地面约5cm，上面应覆盖8cm的腐叶、木屑之类有机物；③刚栽下一段时间，一天要喷雾几次，保持地上枝叶湿润，如已入初夏，要不断地用低压喷雾，以助发芽；④新植的苗室内温度不可太高，以保持5℃为宜，有利于根系生长。过半个月后可升温到10～15℃，一个月后升到20℃以上。若与原来月季在同一温室，则按原来月季要求。

(3) 修剪与摘心。

1) 修剪。常规操作与管理同露地栽培。在温室中修剪方式可采用两种。

逐渐更替法：即第一次采收后，全株留60cm左右，一部分使它再开一次花，一部分短截，等短截的新枝开花后，原来开花的一部分再短截，这样轮流开花，植株不致升高太快，采花工作也可全年进行。

一次性短截法：冬季切花型的温室月季，夏季气温过高，往往让植株休眠，一次性短截法，即6～7月采收一批切花后，主枝全部短截成一样高的灌木状。如是第一年新栽植株，留45cm，其他留60cm，以后进入炎热夏季，停产一段，到9～10月再生产新的产品。

第二种修剪往往使植株生理失去平衡，造成根系萎缩、主枝枯死等现象。在温室管理中可采用折枝法来避免这种不良后果，此法已在国外温室生产中普遍应用。具体操作即把需要剪除的主枝都向一个方向扭折，让上部枝条下垂。操作时应注意以下几方面。

①折枝要求折而不断，折枝前上部枝叶可以适当修剪，但必须保留植株生长足够的叶数；②折枝高度一般为 50～60cm，折枝时间一般为 7 月中旬；③折枝前半个月应停止浇水，以利折枝进行；④折枝前要集中防治病虫害，清除病弱枝，喷药浓度可适当大一些；⑤一定要注意摘除所折枝上再次出的芽；⑥新枝长出后，如仍未到产花时期，可以剪枝，但要保留较多新枝条（一般留叶 4～5 片以上）；⑦直到新枝生长比较旺盛时期才可剪除所折的枝条，一般所折枝条要保留 2～3 个月。

修剪也是强迫休眠的一种方法。生产上为了赶节日大量出花，可在供花上市前 6～8 周全面采收 1 次切花，然后减少浇水，迫使其休眠一周，为下次开花积蓄能量。如为了元旦大量供花，则在 10 月初开始恢复正常生长，注意浇水，一般品种新梢抽生 60d 之后即可开花，可赶上元旦供花。

修剪如希望尽快恢复生长，应将光线减弱，温度降低一些，多次喷水，待新枝抽长到 15～20cm 时，加施肥料，摘心，促使其多生侧枝，将来才能得到更多的花朵。

2）摘心。月季的摘心主要起以下作用。

①促进侧枝生长：在栽培的初期可为全株的树形打好基础，产花期可形成适量的花枝；②改变开花时间：开花后为了调剂市场上淡季或旺季的需要，可进行不同的摘心。轻度摘心（花茎 5～7mm 时将顶端掐去）受影响的只是它附近的侧芽，形成仅是一个枝条，对花期影响不大。重摘心（花芽直茎达 10～13mm 时，摘掉枝顶到第二复叶处）能生出两个侧枝，对花期的促进比前者早 3～7d。

3）采花。花枝及采收方法要求同露地。在温室栽培切花月每次采收时间的间隔按季节而有所不同。春、夏两季日照时间长，光照强度大，两茬采花时间相隔 6 周左右。秋季至适应冬季，要 7～8 周才能采 1 次。温室栽培者可参考此数据，以结合摘心、灯光、增加湿度、调节温度来调整合意的花期。

（4）温度的管理和控制。温度直接影响切花的产量和品质。如修剪后出芽的多少、花芽的分化、封顶条的多少、产花的天数、花枝的长度，以及花瓣数、花型和花色等。

1）花芽的分化。修剪后枝条上的芽有以下几种可能。①休眠芽：生长激素和营养条件都非常差，腋芽不生。②莲座状芽：生长激素和营养条件较差，腋芽长出后，枝生长不高而呈莲座状。③封顶芽：生长激素和营养条件稍差，出芽后激素水平稍差，花芽分化中途停止，不开花。④开花枝：生长激素和营养水平良好，着蕾开花。当然，是否形成开花枝，与月季的品种特征，栽培环境中的土壤、光照、病虫害等都有可能有关，温度也是一个决定性的重要条件。有资料表明，当栽培温度从 20℃降到 10℃时，开花枝要降低 5%左右，尤其在遮光低温条件下更为显著。

2）温度控制的要求。

①夜温。一般品种要求夜温 15.5～16.5℃，但“萨曼莎”等品种要求 18～20℃，而“索尼亚”、“玛丽娜”、“彭彩”等低温品种只要求 14～15℃。夜温过低是影响产量、延迟花期的一个重要原因，有些栽培者为了节省能源，把夜温调至 13℃，结果产量减少，采花期延迟了 1～3 周，大大地影响了经济效益。有关资料证明：“索尼亚”夜温从 12℃提高到 15℃时，2 月的产花量可提高 40%～50%。②昼温。一般阴天要求昼温比夜间温度高 5.5℃，晴天要高 8.3℃，如温室内人工增加二氧化碳的浓度，温度应适当提高到 27.5～29.5℃，才不致损伤花朵。如加钠灯照射的温室，温度应至少在 18.5℃以上，以充分利用光照。在夏季高温季节，温度控制在 26～27℃最好。③地温：在昼温 20℃、夜温 16℃条件下，生长良好。当地温提高到 25℃时可增产 20%。但若只提高地温，而降低气温，则会生长不良。

为了满足月季对温度的要求，应重视设施在冬季的保温与加温，夏季进行必要的降温，方法参见本书第 5 章的 5.3。

（5）温室光照调节。月季是喜光植物，在充足的阳光下，才能得到良好的切花。在温室栽培，强光伴随着高温，就必须进行遮荫，遮荫的目的是为了降温，当夏季最高光强达到 130klx 时，应遮荫使光强降低一半。有些地方 3 月初就开始遮荫，但遮荫度要低，避免植株短时间内在光强度上受到骤然变化，随着天气变暖可增强遮荫，若室内光强低于 54klx 时，要清除覆盖物上的灰尘，9～10 月（根据各地气候情况而定）应去除遮荫。

冬季虽日照时间短，而且又有防寒保护，使室内光照量减少，但一般月季可照常开花。如果用灯光增加光照，可以提高月季产量，有报道，用钠灯以 12.9～16.1klx 的照度在冬季夜间补光使光照时数达 18h，产量大为提高。若用高光强的荧光灯和白炽灯组合的光源补光，也可明显提高花枝质量和产量。由于补光耗电量大，经济上不合算，只是在常年阴天和下雪的地区用冷光型的荧光灯补充光照。

4. 切花的采收和处理

一般当花朵心瓣伸长，有1～2枚外瓣反转时（2°）采收。但冬天可适当晚些，在有2～3枚外瓣反转时采收。从品种上看，一般红色品种2°时采收，黄色品种略早些，白色品种应略晚些。采花应在心瓣伸长3～4枚（3°），甚至5～6枚（4°）时采收，若装箱运输，则应在萼片反转，花瓣开始明显生长，但外瓣尚未翻转（1°）时采收。

采收时注意保留原花枝剪后应有2～4片叶子，剪时在所留芽上方1cm处倾斜剪除，为下次花枝生长准备条件。

采后的切花应立即送到分级室中在5～6℃下冷藏、分级。不能立即出售的，应放在湿度为98%的冷藏库里，保持0.5～1.5℃的低温，可保存数日。

9.4.2 百合

百合可以作为切花、盆花和园林地被，国内主要作为切花栽培。百合由于花大色艳，花姿奇特，深受人们的喜爱。百合切花是继世界5大切花之后的一支新秀。中国近年来开始在设施栽培条件下，大力发展百合切花生产。

9.4.2.1 适用设施

有玻璃温室、日光温室、塑料大棚、遮荫棚、防雨棚，另外为对种球进行低温处理，还必须有配套的冷库。在我国北方地区，百合切花生产主要采用加温的玻璃温室和日光温室，夏季短期栽培可以用塑料大棚、遮荫棚。南方地区大面积的百合切花生产主要采用连栋塑料大棚或玻璃温室。在一些经济发达地区如上海、江苏等地也开始在全自动控制的现代化温室中进行百合切花生产，经济效益良好。

9.4.2.2 栽培方式及环境控制

1. 栽培方式

有促成栽培和抑制栽培。促成栽培是指采用低温打破鳞茎的休眠，在设施栽培的条件下，满足百合切花生长发育所需的环境条件使其提前开花。按照开花花期的早晚不同，可以把百合切花的促成栽培分为早期促成栽培和促成栽培两种。

早期促成栽培是指在8月采挖当年培养的商品鳞茎，通过低温打破休眠，10月上中旬分批种植到塑料大棚或玻璃温室中，12月～翌年1月采收切花。这一时期采收的切花经济效益好，但是8月正处于百合鳞茎的生长期，所以应选用早花品种。

促成栽培是指9月下旬收获当年生产的鳞茎，低温打破休眠后，11月上中旬～12月分批种植，第二年1～3月采收切花，这一时期外界气候条件多变，设施栽培条件直接影响百合切花质量。温室栽培除加温外，还应注意雨雪天的补光，以减少盲花和消蕾现象的发生。

抑制栽培是指通过人为控制环境条件，在满足百合切花生长发育的条件下，使其花期推迟。要求把当年秋季采收的球根贮藏在冷库中，按照所要求的花期在5～9月分批种植，花期从7～12月不等。这一时期的切花生产在南方主要考虑防雨降温，主要的设施有塑料大棚和防雨遮荫棚。在北方10～12月的生产中还要根据品种的要求适当加温。抑制栽培比较困难，但经济效益好。

2. 环境控制

（1）温度。切花百合耐寒性强，喜冷凉湿润气候，生长适温白天25℃，夜间10～15℃，5℃以下或28℃以上生长受到影响。亚洲百合系生长发育温度较低，东方百合系要求比较高的夜温，而麝香百合杂种系属于高温性百合，白天生长适温25～28℃，夜间适温18～20℃，12℃以下易产生盲花。应根据当地的设施栽培条件，选择合适的品种。

百合鳞茎休眠的打破，根据品种的不同，需在5℃条件下冷藏4～10周。

（2）光照。百合属于喜光性植物，光照强度、光周期均会影响百合的生长发育。在夏季全光照下，需要根据品种不同进行适当的遮荫，尤其以幼苗期更为明显。冬季的弱光容易导致花蕾脱落，亚洲百合杂种系尤其严重，需要进行补光处理。百合属于长日照植物，在百合的切花生产中尤其在冬季延长光照时间可以加速生长，增加花朵数目，减少花蕾败育。

(3) 水分。切花百合的生长发育要求较高及恒定的空气湿度，空气湿度变化太大，容易造成叶烧现象，最适宜的相对湿度为80%～85%。对于土壤湿度的需求不同生长期不同，营养生长期需水较多，开花期和鳞茎膨大需水较少，此期土壤含水量过高容易造成落蕾，鳞茎组织不充实和鳞茎腐烂现象。

(4) 土壤。百合属于浅根性植物，适宜在肥沃、腐殖质含量高、保水性和排水性良好的沙质壤土中生长，忌连作。土壤总盐分含量不能高于1.5mS/cm^2，适宜的基质pH值为5.5～7.0。

(5) 气体。国外在设施栽培的条件下，进行CO_2施肥，可以促进植株生长发育，有利于提高切花的品质。

3. 栽培技术

(1) 品种选择。依栽培设施和栽培方式的不同可以选择不同的品种，进行早期促成栽培，可以选择生育期早的品种，主要的多属于亚洲百合杂种系如Kinks，Lotus，Sanciro，Lauocado，Orange，Mountain等，亚洲百合杂种系对弱光敏感，进行切花百合的冬季栽培，需有补光条件。东方百合需要的温度高，尤其是夜温高，需有加温设备。华东及华南地区设施没有加温条件下，主要选择麝香百合杂种系。

(2) 繁殖方式。百合的繁殖方法有鳞片扦插、分球繁殖、组织培养、叶插、播种繁殖和小鳞茎的培养，在生产实践中主要采用鳞片扦插、组织培养和培养小鳞茎的方法进行百合的繁殖。

(3) 打破休眠。百合种球采收后需经历6～12周的生理休眠期。根据不同品种的生理特点，采用适宜的方法打破球茎的休眠，是百合切花周年生产的关键。

种球采收后在13～15℃预冷，然后在2～5℃下贮藏6～8周，即能打破球茎的生理休眠，随着处理时间的延长，开花需要的时间缩短。采用100uL/LGA_3溶液浸泡，也可以打破百合球根的休眠。在处理的过程中，为避免发根阻碍，可先将鳞茎倒置浸泡一半，而后再恢复正常位置进行处理。

(4) 栽培管理。

1) 肥水管理。切花百合适宜栽植在微酸性、疏松肥沃、潮湿、排水良好的环境中。国内多采用地槽式栽培，槽高30cm，宽1.2m，长度视需要而定，栽植行距为20～25cm，株距为5～6cm。在种球种植后三四周不施肥，注意保持槽土湿润。百合萌芽出土后要及时追肥，按薄肥勤施的原则每3～5d追肥一次。切花百合营养生长期，生长迅速需水量大，要注意保持土壤湿润。进入开花期后，要适当减少灌水次数，以提高切花品质和防止鳞茎腐烂。

2) 病虫害防治。百合栽培过程中病害主要有叶枯病、灰霉病、炭疽病、鳞茎腐烂病和茎腐病。主要以预防为主，种植前用40%的福尔马林100倍液进行床土消毒，鳞茎在50%的苯来特1000倍液或25%多菌灵500倍液中浸泡15～30min。虫害主要有棉蚜、桃蚜、根螨，棉蚜和桃蚜要及时防治。

(5) 切花的采收、包装、保鲜。百合第一朵花着色后，即可采收。切花采收时间以早晨为宜，切花采收后应立即根据花朵数及花茎长度分级，去除基部10cm左右的叶片进行预处理，以去除田间热和呼吸热。仍然采用打洞的瓦楞纸箱包装，进行冷链运输或进入销售市场。

9.4.3 蝴蝶兰

蝴蝶兰系兰科蝴蝶兰属多年生附生类单茎草本植物。原产于亚洲热带雨林地区，在原产地主要附生在林中的树干或岩石上，以发达的根系固着在树干或岩石的表面，有时根系变成绿色，具有叶片进行光合作用的功能。由于花大，开花期长，很多品种一枝花可以开数月之久，花色艳丽，色泽丰富，花型美丽奇特，深受世界各国消费者的喜爱，是热带兰中的珍品，素有“兰花皇后”之称。我国近几年来，随着经济的发展，兰花业发展迅速，一些大型的兰花公司以生产蝴蝶兰为主。目前蝴蝶兰以成为一种重要的年宵花卉，可以进行盆栽观赏，也是一种高档的切花。

1. 适用设施

蝴蝶兰是一种高温温室花卉，对环境条件的要求比较严格。不适宜的环境条件会直接影响蝴蝶兰的花期甚至造成全株死亡。因此大规模栽培蝴蝶兰的设施应该具有良好的调节温度、湿度、光照的设施。最好使用现代化智能温室，北方地区也可以采用具有增温和降温设备的日光温室进行栽培。

2. 栽培方式及环境控制

(1) 栽培方式。蝴蝶兰既可盆栽，又可吊养。盆栽可用塑料营养钵、塑料盆、瓷盆等，而吊养则可用蛇木板、蛇木柱、木块、树段等。盆栽中小苗可用水苔混合细蛇木屑栽培，也可用水苔或蛇木屑单独栽培。成株时可用蛇木屑、水苔、珍珠岩、蛭石、泥炭土、木炭及碎砖块等加以混合使用。若基质腐烂或表面长青苔，则需及时换盆。上盆种植时，盆底要用较粗大的基质铺垫，用量可达基质总用量的50%左右。吊盆栽培时，不宜选择过于坚硬的材料，而且时间长了基质也会腐烂，同样需要及时更换。

（2）环境控制。蝴蝶兰的生长发育对环境条件的要求较高，其中最主要的是温度、湿度和光照。

1）温度。蝴蝶兰适宜栽培温度为白天25～28℃，夜间18～20℃，幼苗夜间应提高到23℃左右。在这样的温度环境中，蝴蝶兰几乎全年都可处于生长状态，尤其是幼苗生长迅速，从试管中移出的幼苗一年半即可开花。蝴蝶兰对低温十分敏感，长时间处于平均温度为15℃时则停止生长。在15℃以下，蝴蝶兰根部停止吸收水分，造成植株的生理性缺水，老叶变黄脱落或叶片上出现坏死性黑斑，而后脱落，再久则全株叶片脱光，植株死亡。蝴蝶兰开花后可放置在温度稍低的地方，但室温不宜低于15℃，否则花瓣上容易产生锈样斑点。夏季应注意通风降温，32℃以上的高温会使其进入休眠状态，影响花芽分化。

2）湿度。由于原产地空气湿度大，叶表面角质层薄，抗干旱结构比较差，蝴蝶兰栽培设施内应维持比较高的空气湿度。一般来说，全年均应维持相对湿度70%～80%。

3）光照。蝴蝶兰是兰花中较耐阴的种类，需光量一般是全光照的一半左右，强光直射会造成损伤。可根据季节不同调整光照强度，一般情况下，夏季需光照20%～30%，春、秋季节需光照40%～50%，冬季需光照70%～80%。蝴蝶兰不同苗龄对光照强度的需求也不同。刚出瓶的小苗软弱，光线最好能控制在10klx以下，并保持良好的通风条件，中、大苗的日照可提高到15klx左右，成株的最强日照（尤其在冬天）可提高到20klx。调整光照强度的方法一般是遮荫，选择遮光适宜的遮阳网。

3. 栽培技术

（1）品种选择。蝴蝶兰属植物约有20个原生种。原生种的花色除常见的白色和紫红色以外，还有黄色、微绿色或花瓣上带有紫红色条纹。现有的栽培品种群由原种种间和属间杂交而成，除常见的纯白色花和紫红色花品种外，出现了许多中间过渡色，如白花红唇、黄底红点、白底红点、白底红色条纹等。常见栽培的蝴蝶兰品种分为粉红花系、白色花系、条花系、黄色花系及点花系5个系列。

（2）繁殖方式。蝴蝶兰除在原产地少量繁殖采用分株方法外，均采用组培快繁。蝴蝶兰组培快繁可以采用叶片和茎尖为外植体，也可以采用无菌播种法。采用无菌播种法繁殖的优良杂交品种后代分离十分严重，不能保持其优良性状，现已基本不用。以叶片为外植体进行无菌繁殖时，切取花梗刚生出1～3片小叶的幼苗的嫩叶作为外植体。茎尖培养时，选取5～6枚叶片的健壮幼苗，灭菌后剥取带有2～4枚叶原基的生长点作为外植体。以叶片和茎尖作为外植体均是通过外植体产生愈伤组织、愈伤组织分成原球茎、球茎增殖分化和幼苗生长四个步骤形成无菌幼苗。不同品种、外植体、分化阶段采用的培养基不同。pH值一般维持在5.1～5.3，加入0.1%～0.2%的活性炭和10%～20%的生理活性物质，如土豆泥、苹果汁、椰子汁。

（3）栽培管理。

1）换盆。换盆是一项重要的栽培管理工作，长期不换盆造成栽培基质老化，苔藓腐烂，透气性差，致使根系向盆外生长，严重时引起根系腐烂，导致全株死亡。

换盆的最佳时期是春末夏初，花期刚过，新根开始生长时。换盆时的温度太低植株恢复慢，管理稍有不甚易引起植株腐烂。在冬季温度太低时一定不能换盆。蝴蝶兰的小苗生长很快，春季栽在小盆中的试管苗，到夏季就需要换盆了。这种小苗开始时每盆栽植1株或几株，以后要根据生长情况逐步换大盆栽培。切忌小苗直接栽在大盆里。小苗换盆不必将原植株根部盆栽基质去掉，以免伤根，只需将根的周围再包上一层苔藓或其他盆栽基质，栽种到大盆中即可。注意要使根茎部分与盆沿高相一致。生长良好的幼苗可4～6个月换盆1次。新更换的小苗在2周内需放置在荫蔽处，这期间不可施肥，只能喷水或适当浇水。成苗蝴蝶兰盆栽1年以上需换盆。首先将兰苗轻轻从盆中扣出，用镊子将根部周围的旧盆栽基质去掉，要避免伤根，然后用剪刀将已枯死的老根剪去，再用盆栽基质将根部包起来。注意要使根均匀地分散开。用苔藓和蕨根盆栽时，盆下部应充填碎砖块、盆片等粗粒状透水物。上面用1/3的苔藓和2/3的蕨根（或蛇木屑）将蝴蝶兰苗栽植盆中，并稍压紧，能将兰苗固定在盆中即可。如完全用苔藓盆栽，应将浸透水的苔藓挤干，松散地包在兰苗根下部，轻压，但不可将苔藓压得过紧，因为苔藓吸水量大，如压得太紧，易造成根部腐烂。苔藓的用量以花盆体积的1.3倍为准。

2）浇水。适当浇水是养好盆栽蝴蝶兰的条件。一般来说，蝴蝶兰的根部忌积水，喜通风和干燥。如果水分过多，容易引起根系腐烂。通常浇水后5～6h盆内仍很湿，就易引起根部腐烂。盆栽基质不同，浇水的时间间隔不同。苔藓吸水量大，可间隔数日浇水1次，蕨根、蛇木块、树皮块等保水能力差，可每日浇水1次。当看到盆内栽培基质表面变干，盆面呈白色时浇水。生长旺盛时期浇水量要大，休眠期浇水量小。温度高，植株蒸发吸收水分快，应多浇水，温度低应少浇水。温度降至15℃以下时严格控制浇水，保持根部稍干。刚换盆或新栽植的植株，应相对保持盆栽基质稍干，要少浇水，以促进新根萌发，也可避免老根系腐烂。冬季是花芽生长的时期，需水较多，只要室温不太低，一旦看到盆栽基质表面变白、变干燥，就应及时浇水。

3）施肥。蝴蝶兰生长迅速，需肥量比一般兰花稍大。最常用和使用最方便的是液体肥料结合浇水施用。掌握的原则是少施肥、施淡肥。春天只能施少量肥。开花期完全停止施肥。花期过后，新根和新芽开始生长时再施以液体肥料。每周1次，喷洒叶面和施入盆栽基质中，施用浓度为2000～3000倍液。营养生长期以氮肥为主，进入生殖生长期，则以磷钾为主。蝴蝶兰幼苗期、生长期、开花期对养分的需求量不同，根据其不同生长发育阶段对矿质养分的需求配制的复合肥料“花多多”在生产上使用效果很好。

4. 病虫害防治

危害蝴蝶兰的病虫害主要有软腐病、褐斑病、炭疽病和灰斑病等。软腐病和褐斑病的防治可用75%百菌清600～800倍液或农用链霉素200mL/m^3喷洒，炭疽病的防治采用70%的甲基托布津800倍液或50%多菌灵800倍液喷洒。灰斑病出现在花期，主要以预防为主，在花期不要将肥水直接喷在花瓣上就能很好地预防此病的发生。

一般温室的虫害较少，主要有蜗牛和一些夜间活动的咬食叶片的金龟子、蛾类和蝶类，只要定期喷施杀虫剂便可防治。

5. 盆花上市和切花采收

由于蝴蝶兰花期长，从花开始显色时即可上市，至盛花期观赏价值更高，但不利于长途运输。其储运的方法同一品红。切花在花序上最后一朵花蕾半开时采收，花梗基部斜切，采后立即在烫水中浸沾30s，然后按品种、品质分级包装，并用含水的塑料管套住保鲜。将切花浸入200mg/L 8－HQC＋25mg/L $AgNO_3$＋20g/L蔗糖的保鲜剂中，在7～10℃温度下可储存10～14d。

复习思考题

1. 蔬菜设施栽培的茬口类型有哪些？
2. 简述番茄大棚秋延后栽培技术要点。
3. 简述日光温室冬春茬黄瓜栽培的技术要点。
4. 葡萄、桃设施栽培有哪些关键技术？
5. 简述草莓设施栽培的类型及草莓育苗的技术要点。
6. 切花百合、蝴蝶兰设施栽培有哪些关键技术？

实验实习指导

实验一　常见园艺设施类型的调查

一、实验目的

通过对不同类型园艺设施的参观、调查、测量，同时观看相关的录像、幻灯片、多媒体资料，了解常见园艺设施的类型及其结构特点，重点掌握本地区常见的园艺设施的结构与性能特点及其应用。

二、实验器材

常见园艺设施；皮尺、钢卷尺、水准仪等测量器具及铅笔、绘图板等记录用品；相关园艺设施的录像、幻灯片、光盘等影像资料及其放映设备。

三、方法步骤

（一）实地调查与测量

将全体学生分为几个小组，各组学生按下列内容进行实地调查与测量，并将调查和测量结果整理成实验报告。主要内容如下。

1. 调查本地园艺设施的类型

观测几种类的园艺设施的场地、方位和整体规划情况，区分几种园艺设施的差异。

2. 测量并记载几种类型园艺设施的规格、建筑特点和应用差异

(1) 大、中、小塑料拱棚。方位、长、宽、高，用材种类与规格等。

(2) 日光温室。方位、长、宽、高，透明屋面及后屋面的角度、长度，各个墙体厚度和高度，建筑材料和覆盖材料的规格，门的位置和规格，配套设施、设备的配置方式等。

(3) 大型现代温室（大棚）　方位、长、宽、高、间距以及型号、骨架材料和覆盖材料与配套设施。

(4) 温床与防雨棚　方位、长、宽、高，结构类型，覆盖材料和覆盖方式等。

3. 分析调查的几种园艺设施结构原理的异同、结构性能的差异及其优缺点，讨论不同设施类型的有效节能措施

4. 讨论各种园艺设施在本地区的主要栽培作物的种类、栽培季节、周年利用情况及常见栽培措施

（二）观看录像、幻灯片等多媒体资料

观看我国南北方及国外简易设施、地膜覆盖、荫棚、温床、塑料大棚、日光温室、大型连栋现代温室等园艺设施的多媒体资料，了解各种类型园艺设施的结构、功能及应用情况。

四、实验作业

(1) 撰写实验报告，根据本地调查和测量数据绘制主要园艺设施、类型的纵断面示意图，并注明各部位名称和尺寸。

(2) 列表比较本地主要园艺设施的差异和优缺点。

五、思考题

分析本地区主要园艺设施的类型、结构特点、主要应用及其形成的原因。

实验二　常见园艺设施内小气候观测

一、实验目的

通过对本地常见园艺设施内外温湿度、光照、CO_2 浓度等指标的测定，掌握设施小气候的观测方法及各种测量器材的使用方法，分析总结设施内小气候的变化规律。

二、实验器材

本地代表性温室（大棚）、光辐射仪、照度计、通风干湿表、干湿球温度表、最高最低温度表、曲管地温表（5cm、10cm、15cm、20cm）或热敏电阻地温表、便携式红外 CO_2 分析仪等。

三、方法步骤

设施内小气候包括温度（气温和地温）、空气湿度、光照、气流速度和 CO_2 浓度，是在特定的设施内形成的。本实验主要测定大棚、温室内各个气候要素的分布特点及其日变化特征。由于同一设施内的不同位置、栽培作物状况和天气条件不同都会影响各小气候要素，所以应多点测定，而且日变化特征应选择典型的晴天和阴天进行观测。但是，根据仪器设备等条件，可适当增减测定点的数量和每天测定次数、确定测定项目。

1. 观测点布置

水平测点按图 1 所示：左边为设施内，一般布置 9 个观测点，其中 5 观察点位于设施中央，其余各点以 5 点为中心在四周均匀分布；右边为设施外，它与 5 点相对应。垂直测点按设施高度、作物生长状况和测定项目来定。在无作物时，可设 20cm、50cm、150cm 3 个高度；有作物时，可设作物冠层上 20cm 和作物层内 1～3 个高度。室外是 150cm 高度。土壤中设 10cm、15cm、20cm 等深度。

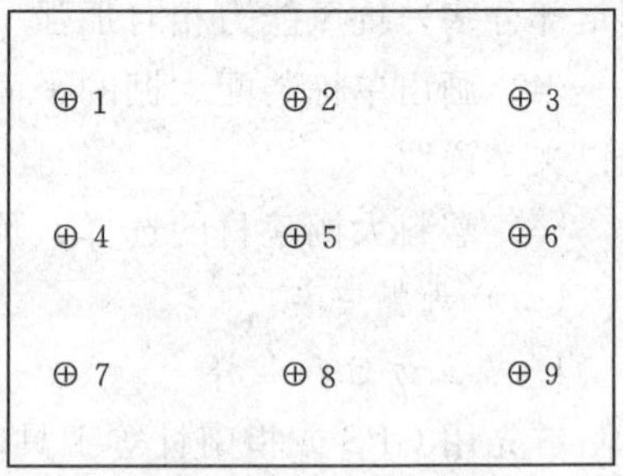

图 1　设施内外水平观测点分布图

2. 观测时间

一天中每隔 2h 测一次温度（气温和地温）、空气湿度、气流速度和 CO_2 浓度，一般在 20h、22h、24h、02h、04h、06h、08h、12h、14h、16h、18h 共测 11 次，但设施揭盖前后最好各测一次。总辐射、光合有效辐射、光照度在揭帘以后、盖帘之前时段内每隔 1h 测一次，总辐射和光合有效辐射要在正午时再加测一次。

3. 观测值读取

每组测一个项目，按每个水平测点顺序往返两次，同一点自上而下、自下而上也往返两次，取两次观测平均值。

4. 注意事项

（1）测定前先画好记载表。

（2）测量仪器放置要远离加温设备。

（3）仪器安装前必须经校正和预测一次，没问题后再进行安装与正式测定。

（4）测定时必须按气象观测要求进行，如温度、湿度表一定要有防辐射罩，光照仪必须保持水平不能与太阳光垂直，要防止水滴直接落到测量仪器上等。

（5）测完后一定要校对数据，发现错误及时更正。

四、实验作业

1. 作业

写出实验报告，根据观测数据绘出设施内、外温度、湿度的日变化曲线图。

2. 思考题

根据观测数据比较温室和大棚小气候各要素的时空分布特点，分析形成的原因，并对温室和大棚的结构、管理提出自己的意见。

实验三　组合式塑料大棚的规划与装配

一、实验目的

在课堂学习基础上进一步了解组合式镀锌钢管大棚的结构和类型，掌握塑料大棚的设计规划步骤，运用课堂知识，依据本地的自然条件和一定的生产要求进行组合式塑料大棚的选材、设置和装配。

二、实验器材

皮尺、钢卷尺、量角器、绘图纸、铅笔、橡皮等绘图工具，组合式塑料大棚各部分组件及安装工具等。

三、方法步骤

（一）规划设计

（1）塑料大棚的方位与规格长、宽、中高、拱间距等。

（2）棚面弧度与高跨比的设计根据合理轴线公式计算同一大棚弧面各点合理高度。

合理轴线公式：$Y=4f\times X(L-X)/L^2$

式中 Y——弧线各点高；

f——脊高；

L——跨度；

X——水平距离。

根据公式计算的数值，从建筑力学考虑最合理，但栽培上为管理方便，可适当调整高度。

（3）塑料大棚的面积与长宽比大棚的长宽比与大棚的稳固性有密切的关系，长宽比大，周径长。地面固定部分多，抗风能力相对加强。

（4）画出单栋装配大棚的平面结构示意图和多个单栋大棚布置的平面图，注意棚间距离及道路设置，配以文字说明。

（5）塑料大棚建材的选择、预算与准备。

（二）大棚安装

1. 确立方位和放样

首先用GPS或指南针等工具确定方位，然后按图纸设立的位置和规格进行放样。根据现场样位，测定塑料大棚四个角的具体位置，设置好定位桩，在同侧的两个定位桩之间水平画上基准线，在基准线上方30cm左右再画一根水准线。

2. 安装拱管

（1）在所有拱管尾部标上记号，使该记号至拱管末端的距离等于插入土中深度与地面距水准线距离之和。

（2）沿两侧基准线，按设计的拱架间距标出拱架插孔具体位置，注意确保同一拱架两侧的插孔对称。

（3）用冲击钻或其他工具向地下打出所需深度的垂直插孔。

（4）将拱架末端插入孔内，固定，将拱管尾部与水准线对齐，保证高度一致。

3. 安装棚头、纵向拉杆和压膜槽

（1）安装立柱。用作棚头的两副拱架必须保持垂直，保证拱架间距离一致，棚体竖直。

（2）安装拉杆和压膜槽。纵向拉杆必须保持水平直线，拉杆和压膜槽的接头尽量错开，不要设置在同一拱架间。要求在立柱、拉杆和压膜槽安装完成后，棚面整齐平整，没明显的高低差。

4. 覆盖塑料薄膜并固定

将裁剪好的塑料薄膜覆盖在棚架上，裙膜与顶膜相接处重叠50cm左右，留设为通风口，用弓形卡件将薄膜卡紧在卡槽，然后设置好压膜线，棚四周基部薄膜埋入土中约30cm，以固定棚膜。

5. 安装棚门

将按照设计做好的棚门，装入大棚的门框内。棚门要求开关方便，关闭严密。

四、实验作业

（1）按照实验步骤撰写报告，说明大棚型号、结构特点、材料厂家等，并详细记录安装过程和注意事项。

（2）如何根据当地自然条件选择塑料大棚不同的类型。

实验四　电热温床的设置

一、实验目的

电热线辅助育苗是根据不同作物、不同生育阶段对温度的需求，用电热线辅助控制地温、培育壮苗的常见技术。在苗床底部铺设电热线，利用通电后电热线释放的热量进行床土加温，弥补冬春季育苗时地温不足的问题，并使用控温仪实现地温的自动控制，人为控温，使苗床地下温度分布均匀，不受自然条件制约，提高苗床利用率，安全有效，能在较短的时间内培育大量优质幼苗，是蔬菜商品化育苗的一条重要途径。通过本实验，要求学生掌握电热温床的建造程序及自动控温装置的安装和使用方法。

二、实验器材

(1) 温室、阳畦、拱棚等设施，铁锹、铁耙、麦秸或稻草、细竹竿等。

(2) 控温仪，不同规格的农用电热线（800W、1000W或1100W），交流接触器，辅助的电线、开关、插座、插头和保险丝钳子、螺丝刀、电笔、万用电表等电工工具。

三、方法步骤

1. 挖床基

在整好的育苗畦基础上，将畦中表土挖出15cm，堆放在畦外一侧，整平床底，铺5cm厚的秸秆或发泡板作隔热材料，然后压上一层过筛细炉灰，整平后踩实，待铺电热线。

2. 布线

选定功率密度根据当地的气候条件、育苗季节、育苗种类等情况而定，一般取80～120W/m^2。两线的距离约10～15cm，布线时，为方便接线应使电热线的两个接线头在床的一端，故布线道数一般取偶数。同时，利用电热线增温时，为使苗床温度均匀一致，应适当缩小苗床两侧的线间距，增大苗床中间线间距。布设完后在电热线上盖上一层薄细炉灰或沙子，然后覆床土厚度10～15cm；若采用营养钵育苗，床土覆2～3cm即可。

3. 控温仪安装与电源连接

温床面积在16m^{2}以下，总功率不超过200W时，只安装一台控温仪即可；如果温床面积大，总功率较大时，应配备相应的交流接触器；三根以上多组电热线，控温仪及电热线间也必须加上交流接触器，使用三相四线制的星形接法，电热线应并联，力求各项负荷均衡。具体安装方法可参照说明书。

4. 温度控制

根据育苗种类及不同生育阶段对地温的要求，结合当地的气候条件和育苗季节，调整地温达到作物的最适状态。温度的控制应注意：①番茄、辣椒、茄子等变温作物的电热线育苗过程中不采用恒温，昼夜温度一般实行四段变温管理。②作物如果在花芽分化期，在保持较高的地温同时，夜间降低气温2～3℃，促进分化。③加强水分控制，小水勤灌，控温不控水，防止缺水影响作物幼苗生长。

5. 其他注意事项

(1) 如果电热苗床面积大，电热线铺设量较大时应由专业电工操作。

(2) 电热线铺设时不可重叠、交叉，不打死结。注意保护电热线避免其他工具的损伤。电线接头应要用电胶布包好，防止漏电。电热温床使用完后，电热线在清理上层覆土后需轻轻提出，擦净卷好后妥善保存。控温仪和交流接触器应放置于通风干燥处。

(3) 在温床上操作时必须切断电源，保证人身安全。

四、实验作业

(1) 完成实验报告，详细记录电热温床的设置过程、技术要点和注意事项。

(2) 如何进行电热温床育苗的温度管理。

实验五　瓜类嫁接育苗技术

一、实验目的

目前设施栽培中嫁接育苗主要用在瓜类及部分茄果类蔬菜。嫁接育苗可以有效地防止枯萎病等土传病害的侵染，提高植株抗病性。枯萎病很少在南瓜上发生，所以以南瓜为砧木，黄瓜为接穗进行嫁接育苗可以有效地防止该病害，同时还能增强根系的吸收能力，提高黄瓜的抗寒性，培育壮苗，提高产量。本实验通过对黄瓜幼苗的嫁接操作，学习掌握瓜类嫁接技术及嫁接苗成活率的影响因素，以便应用到生产中。

二、实验器材

1. 砧木和接穗

培育好的黄瓜接穗幼苗和南瓜砧木幼苗。南瓜幼苗需第一片真叶完全展开。

2. 嫁接工具

刀片、竹签、酒精棉、嫁接夹、小喷雾器等。嫁接的场所避免阳光直射，保持空气湿度在70%以上。

三、方法步骤

1. 嫁接前的准备

(1) 砧木和接穗的准备。黄瓜嫁接一般用黑籽南瓜作为砧木。不同的嫁接方法，砧木和接穗的播种期有所差别。一般，靠接法砧木比接穗迟播 3～5d，插接法砧木比接穗早播 3～5d。种子的处理、播种和管理与常规育苗一样，等晚播幼苗子叶充分展开，第一片真叶显露时进行嫁接。同时，使用靠接法嫁接时，接穗比砧木的下胚轴要稍长；使用插接法嫁接时砧木要求下胚轴粗壮，接穗在第一片真叶显露时进行。

(2) 场地的准备。一般选用保湿性能较好的温床作为嫁接苗床，同时提前浇足底水。

2. 嫁接方法

嫁接的基本顺序包括：处理砧木→处理接穗→接合砧木与接穗（靠接法用嫁接夹固定）→嫁后喷雾补水→移与嫁接苗床内。不同嫁接方法在砧木和接穗的处理上有一定差别：

(1) 靠接法。

砧木：去除生长点和真叶，在子叶下方 0.5cm 处向下斜切，深达胚轴横径 1/2 左右处（不超过 2/3），刀口长 0.6～1.0cm。

接穗处理：在子叶下方 1.5～2.0cm 处向上斜切，深达胚轴横径 3/5～2/3 处，刀口长 0.6～1.0cm。按接口方向互补插靠，用嫁接夹固定。

(2) 插接法。

砧木：去除生长点和真叶，用楔面光滑的竹签从一侧子叶叶基部中脉处斜向下插向另一侧，孔深 0.4～0.6cm，不要刺穿另一侧胚轴表皮。

接穗处理：在子叶下 0.5cm 处按竹签末端形状斜切，刀口长 0.4～0.6cm。拔出竹签，立刻将接穗插入孔中，并保证接穗子叶与砧木子叶十字交叉。

3. 嫁后管理

(1) 环境管理。创造适宜的环境条件，冬春温度较低时，应架设塑料小拱棚，并适时用草帘或遮阳网遮光，地温低时还应铺设电热温床；夏季温度较高时，应及时遮阴、防雨和降温。

(2) 防虫防病。嫁接前一天应该对接穗、砧木喷药，嫁接过程中应对手和嫁接工具消毒，嫁接后愈合期内也应喷药 1～2 次。一般使用 1000 倍百菌清或 1500 倍甲基托布津，结合喷雾进行。

四、实验作业

(1) 完成实验报告，记载嫁接苗嫁接及管理要点，统计嫁接苗成活率。

(2) 根据个人操作体会以及嫁接成活统计，总结不同蔬菜嫁接技术的优缺点。

实验六　无土栽培营养液的配制

一、实验目的

无土栽培又称为营养液栽培，营养液的管理是无土栽培的关键技术。营养液的配制是无土栽培最为基础的技术。本实验运用所学理论知识，通过具体操作，掌握常用营养液母液的配制方法以及工作营养液的使用。

二、实验器材

1. 用具

电子天平、烧杯、容量瓶、玻璃棒、量筒、试剂瓶、移液管、洗耳球、洗瓶、药勺，记号笔、标签纸、塑料桶、毛刷、洗衣粉等。

2. 药品

以日本园试通用配方为例，准备下列大量和微量元素。

(1) 大量元素。$Ca(NO_3)_2 \cdot 4H_2O$、KNO_3、$NH_4H_2PO_4$、$MgSO_4 \cdot 7H_2O$。

(2) 微量元素。$Na_2Fe-EDTA$、H_3BO_3、$MnSO_4 \cdot 4H_2O$、$ZnSO_4 \cdot 7H_2O$、$CuSO_4 \cdot 5H_2O$、$(NH_4)_6Mo_7O_{24} \cdot 4H_2O$。

三、方法步骤

1. 配制母液

分成大量元素和微量元素，其中 A、B 母液为大量元素，A 液包括 $Ca(NO_3)_2 \cdot 4H_2O$ 和 KNO_3，100

倍浓缩；B液包括 $NH_4H_2PO_4$ 和 $MgSO_4 \cdot 7H_2O$，100倍浓缩；C液为微量元素，包括 $Na_2Fe-EDTA$ 和各微量元素，1000倍浓缩。

2. 按配方计算各母液试剂用量

按日本园试通用配方要求浓度要求配制1000mL母液，各试剂用量如下。

A液　$Ca(NO_3)_2 \cdot 4H_2O$　94.50g　KNO_3　80.9g；

B液　$NH_4H_2PO_4$　15.30g　$MgSO_4 \cdot 7H_2O$　49.30g；

C液　$Na_2Fe-EDTA$　20.0g　H_3BO_3　2.86g　$MnSO_4 \cdot 4H_2O$　2.13g；

$ZnSO_4 \cdot 7H_2O$　0.22g　$CuSO_4 \cdot 5H_2O$　0.08g　$(NH_4)_6Mo_7O_{24} \cdot 4H_2O$　0.02g；

$Na_2Fe-EDTA$ 可用 $FeSO_4 \cdot 7H_2O$ 13.9g与 Na_2EDTA 18.6g（1000倍）混溶。

3. 分别称量，溶解，定容，贴标

按上述重量，分别准确称取各试剂的用量，溶解定容至1000mL，然后装入棕色试剂瓶，并贴上标签，注明母液类别、倍数、元素组成和配制时间。

4. 工作液的配制

用上述母液配制5L的工作液。

（1）根据母液倍数和工作液用量计算各母液和水的用量。5L工作液需量取A母液和B母液各50mL、C母液0.5mL。

（2）先加入40%的水，再加入A母液，摇匀。

（3）随水加入B母液，控制总体积的80%左右，摇匀。

（4）随水加入C母液，补足水量，摇匀。

四、实验作业

（1）撰写实验报告，详细记录营养液配制的过程。

（2）营养液配制过程中，需要注意哪些注意事项。

实验七　设施果菜的植株调整

一、实验目的

果菜的植株调整是设施栽培管理中一项细致的日常工作。通过日常植株调整可以平衡植株营养生长和生殖生长的关系，促进果实的生长，增加单果重并提高品质。同时，植株调整还可以改善设施内通风透光条件，提高植株的光能利用率，并减少病虫害发生和果实机械损伤，提高单位面积的产量。

设施果菜的植株调整一般包括搭架、整枝打杈、吊蔓摘叶、疏花疏果等。通过本实验使学生掌握种蔬菜作物植株调整的常见方法，了解其对植株生长发育和产品器官产量、品质的影响。

二、实验器材

（1）番茄、茄子、甜辣植株或者厚皮甜瓜、黄瓜植株。

（2）剪刀、竹竿、绳子、记号笔、标签牌等。

三、方法步骤

1. 根据不同蔬菜的生长特性确定整形方式

（1）不同生长类型的番茄植株调整方法一般有单干、双干和改良单干整枝。

（2）设施茄子一般采用双干或三干整枝。

（3）设施甜椒一般分为花单生和花丛生两类，采取单干、双干或三干整枝。

（4）黄瓜一般为主蔓结果（除侧枝）；甜瓜一般侧蔓结果（吊蔓摘叶）；西瓜一般为主侧蔓均可结果（整蔓压蔓）。

2. 搭架、吊蔓、缚蔓

（1）番茄。苗高30cm左右时进行搭架，植株每生长3～4片叶缚蔓一次。

（2）黄瓜、甜瓜。于5片真叶后茎蔓开始伸长，需支架或吊蔓。蔓长30cm以后缚于支架或绕吊绳一次，以后每隔3～4节一次。当黄瓜蔓长至3m以上时应将吊绳不断下移落蔓，使下部空蔓盘起来，保证结瓜部位始终在中部。厚皮甜瓜则在第25～28叶打顶。

3. 定干（蔓）

(1) 茄果类：番茄采用单干整枝，只留主干，去除所有侧枝。甜椒采用单干或双干整枝，甜椒采用双干或三干整枝，茄子采用双干或三干整枝。

(2) 瓜类：温室黄瓜、厚皮甜瓜一般采用塑料绳吊蔓、单蔓整枝法。对于厚皮甜瓜，去除12节前的侧蔓，12～14节侧蔓上留果后，仅留1～2片叶片摘心，14节以后侧蔓也要去除。

4. 去侧枝、摘心、去老叶

在果菜生长过程中，应即时去除多余侧枝、卷须和老叶，此项工作应在中午进行，有利于伤口愈合。当植株长至一定高度时，根据定干要求进行摘心，促使养分集中输送到果实中去，有利于果实发育和提早成熟。注意及时将残枝老叶清理出温室。

5. 疏花疏果

(1) 番茄。大果型番茄每穗留2～3个果，中果型每穗留4～6个果，其余花果全部疏去。

(2) 黄瓜。及时摘去根瓜及畸形花果。

(3) 厚皮甜瓜。一般只保留1～2个果，开花后要进行人工授粉，待幼果长至鸡蛋大小时，选留其中生长良好的1个果。

四、实验作业

(1) 完成实验报告，记录整枝的操作步骤。

(2) 举例说明为什么蔬菜作物植株调整必须以生长结果习性为基础。

实验八　现代设施农业示范园区实习

一、实验目的

近年来，设施农业不仅充分发挥了其重要的生产性功能，还在提升和改善生态环境质量，为人们提供观光、休闲、疗养、度假等社会福利与生态性功能方面有了快速的发展。本实验通过参观典型的以现代园艺设施及其应用为主的农业园区，实现以下目的：

(1) 了解在新形势下我国设施农业的建设，以及设施农业实施中的综合利用方针、政策和发展趋势。

(2) 通过对设施种植、设施养殖基地的参观和现场报告，增加对我国现代设施农业发展的感性认识，促进理论与实践的结合，增加工程概念，丰富生产知识，促进理论与实践的结合，增加工程概念，丰富生产知识，对将要从事的专业工作有比较全面深入的了解和亲身感受，提高分析和解决实际问题的能力，为今后的工作打下基础。

(3) 通过实际参与农业设施工程规划、设计、施工和运行管理的整个过程，加深对工程施工技术、施工组织和管理知识的理解，为毕业设计做好准备。

(4) 熟悉设施农业园区的组成与总体布置，了解各种农业设施的作用，不同设施的布置方式、组成及其运行管理。

二、实习内容

1. 典型现代设施农业园区的参观

通过参观现代农业园区、现代植物园、蔬菜批发市场、新能源公司、生态餐厅等不同类型的现代农业示范园区，使学生从中体会现代生态观光农业和休闲农业的基本内容、主要形式及其运作方式。

2. 不同类型现代温室的识别

(1) 农业观光温室。要求奇观景致、先进科技、农业风情为主要内容，强调人文内涵、景区式布局和景点式作物种植群体，以及园林化艺术氛围。

(2) 农业生产温室。以优新温室专用品种、高效无土栽培为主要内容，强调生产的优质安全和高产高效标准化生产，要求作物品种分类布局合理，植株景观整齐有序。

(3) 温室植物园。以植物自然景观、特色植物种类齐全、科学有序布局为主要内容，强调适于植物基础科学研究和科学普及。

(4) 园艺养生疗养复康等配套庭园设施。不但环境优美，还要符合都市亚健康人群的多样化与人性化的生活需求。

三、实习要求

（1）参观学习现代农业高新技术的主要形态，总结其特有模式。

1）各种园艺作物无土栽培的形式和优质高效节本模式。

2）各种先进园艺植物育苗技术。

3）节水灌溉设施和配套技术。

4）不同类型现代温室的体量、形态及材料。

5）现代温室智能化环境控制设施和配套技术。

6）名特优新园艺品种的栽培和展示。

（2）参观学习异地、反季及乡村农业景观庭院园艺设施，总结其运用的主要技术手段。

异地植物景观如在北方温室栽培南方热带、亚热带果树，并能正常开花结果；反季栽培如在北方冬季，温室里能实现鲜花盛开、瓜果累累、绿叶盈盈、生机勃勃；乡村景观再现是利用温室设施模拟乡村农业生产场景与庭园建筑设施，使都市居民体会乡村景观，甚至是原始和原生态乡村景观。

（3）参观学习"新、奇、特"农产品景观，总结其运用的主要技术手段。

利用大型现代温室的环境调控能力，栽植"新、奇、特"园艺植物，通过植物本身奇特的株型和茎、叶、花、果形态以及色彩和大小等性状，向人们展示自然界植物的多样性，如南瓜类、茄果类、观赏叶菜类，适于温室栽培的各种果树和观赏树木，以及各种奇花异草等。

（4）参观学习先进及特殊的设施栽培技术。如蔬菜的树式栽培技术、立柱栽培技术、管道栽培技术、雾培和墙面栽培技术等，果树和观赏树木的异地栽培技术（如热带、亚热带水果在北方温室种植）等。

四、实习作业

（1）撰写一份参观实习报告，记录参观的内容和感想。

（2）结合参观内容和相关资料，论述设施园艺在现代生产和生活中的应用。

参考文献

[1] 喻景权."十一五"我国设施蔬菜生产和科技进展及其展望[J].中国蔬菜,2011(2):11-23.
[2] 吴智明,赵春香,周俊辉.《设施园艺学》课程教学改革思考[J].现代农业科技,2010(16):31-32.
[3] 乔正卫,邹志荣,张立明,等.4种日光温室保温被室内的试验性能测试[J].西北农林科技大学学报(自然科学版),2008(6):153-158.
[4] 刘友华.EVA多功能复合膜的研制与应用开发[J].塑料,1999(4):28-34.
[5] 高继志.EVA多功能三层复合棚膜的研究[J].中国塑料杂志,1999(2):42-50.
[6] 雒焕炘.白银地区砂田的防旱作用及其耕作[J].干旱地区农业研究,1991(1):37-45.
[7] 周允将,李保明,秦家利.保护地遮阳材料的筛选[J].北京农业工程大学学报,1991(1):76-80.
[8] 齐飞,周新群.从科学发展的角度看中国设施园艺产业的未来[J].农机化研究,2011(12):233-236.
[9] 何芬,齐飞,鲍顺淑,等.当前中国设施园艺发展存在的主要问题和建议[J].北方园艺,2010(15):29-32.
[10] 韩昌泰.多功能农用大棚膜的应用研究[J].塑料,1986(1):7-15.
[11] 科学技术部农村与社会发展司等,申茂向,等.发展中的中国工厂化农业 工厂化农业可持续研讨会论文集[M].北京:北京出版社,2000.
[12] 孙雪梅,金新华,周敏敏.防虫网在叶菜上的防虫效果及其对田间小气候的影响[J].上海蔬菜,2010(6):46-47.
[13] 李式军,凌丽娟.非织造布的覆盖性能及其在蔬菜上的应用[J].长江蔬菜,2005(5):12-13.
[14] 郁樊敏.非织造布覆盖在管棚蔬菜生产上的推广应用[J].产业用纺织品,2000(7):33-36.
[15] 宋维峰.甘肃砂田[J].甘肃水利水电技术,1994(2):56-58.
[16] 唐俊昌.高效设施园艺生产技术大全[M].西安:西安地图出版社,2001.
[17] 胡睦荫,蔡庭付,吴夏华,等.工厂化容器育苗研究进展[J].安徽农业科学,2007(14):4099-4100.
[18] 刘志侠,张宏友,刘颖.工厂化育苗精量播种装置现状分析[J].农机化研究,2005(2):16-18.
[19] 时连辉,张志国,刘登民,等.菇渣和泥炭基质理化特性比较及其调节[J].农业工程学报,2008(4):199-204.
[20] 郭世荣.固体栽培基质研究、开发现状及发展趋势[J].农业工程学报,2005(2):1-4.
[21] 周跃华,聂艳丽,赵永红,等.国内外固体基质研究概况[J].中国生态农业学报,2005(4):40-43.
[22] 孙忠富,陈青云,吴毅明.计算机在现代温室中的应用现状及前景[J].农业工程学报,1998,14:22-27.
[23] 王铁良,白义奎.辽沈系列日光温室类型与应用[J].新农业,2011(2):29-30.
[24] 郭世荣,赵鸿钧.漫反射农膜覆盖效应研究[J].山西农业科学,1991(6):7-10.
[25] 王沛霖.南方果树设施栽培技术[M].北京:中国农业出版社,2002.
[26] 陈青云,李成华.农业设施学[M].北京:中国农业大学出版社,2001.
[27] 李式军,凌丽娟.农用非织造布的性能及其在冬春季蔬菜生产上的应用[J].产业用纺织品,2002(5):30-34.
[28] 张颂培,刘英俊,康军,等.农用转光膜的性能研究[J].中国塑料杂志,2002(12):69-74.
[29] 董春旺,毛树春,胡斌,等.盘吸式穴盘播种机抛振系统运动分析与优化[J].农业工程学报,2010(6).
[30] 夏红梅,李志伟,牛菊菊,等.气力滚筒式蔬菜穴盘播种机吸排种动力学模型的研究[J].农业工程学报,2008(1):141-147.
[31] 张石平,夏静,陈进.气吸振动式蔬菜穴盘育苗精密播种装置的研究[J].农机化研究,2007(8):80-83,105.
[32] 郜庆炉,梁云娟,段爱旺.日光温室内光照特点及其变化规律研究[J].农业工程学报,2003(3):200-204.
[33] 胡景平.日光温室蔬菜灾害及其预防[J].北方园艺,2008(2):75-77.
[34] 杨来胜,席正英,李玲,等.砂田的发展及其应用研究(综述)[J].甘肃农业,2005(7):72.
[35] 赵燕,李成军,康建宏,等.砂田的发展及其在宁夏的应用研究[J].农业科学研究,2009(2):35-38.
[36] 杨国强,杨敬青,张明玺.砂田在干旱山区农业持续发展中的作用与效益[J].中国水土保持,1995(5):31-33.
[37] 李建明.设施农业概论[M].北京:化学工业出版社,2010.
[38] 邹志荣,邵孝侯.设施农业环境工程学[M].北京:中国农业出版社,2008.
[39] 张乃明.设施农业理论与实践[M].北京:化学工业出版社,2006.
[40] 张乃明,常晓冰,秦太峰.设施农业土壤特性与改良[M].北京:化学工业出版社,2008.
[41] 王双喜.设施农业装备[M].北京:中国农业大学出版社,2010.
[42] 谢小玉.设施农艺学[M].重庆:西南师范大学出版社,2010.

[43] 李建新．设施蔬菜灾害性天气防范管理措施［J］．山西农业科学，2009（7）：86－87.
[44] 亢立．设施蔬菜栽培中新型覆盖材料的应用［J］．上海蔬菜，2008（5）：61－64.
[45] 张庆霞，金伊洙．设施园艺［M］．北京：化学工业出版社，2009.
[46] 刘志强．设施园艺［M］．北京：高等教育出版社，2005.
[47] 张彦萍．设施园艺［M］．北京：中国农业出版社，2002.
[48] 宛成刚．设施园艺［M］．苏州：苏州大学出版社，2001.
[49] 杨其长，ToyokiKozai，ABot GerardP．设施园艺创新与进展［M］．北京：中国农业科学技术出版社，2011.
[50] 王耀林，等．设施园艺工程技术［M］．郑州：河南科学技术出版社，2000.
[51] 王宇欣，孔云，段红平，王宏丽．设施园艺工程与栽培技术［M］．北京：化学工业出版社，2008.
[52] 杨祖衡．设施园艺技能训练及综合实习［M］．北京：高等教育出版社，2000.
[53] 梁鹗．设施园艺技术［M］．丰年社附设出版部，1989.
[54] 刘颖，高寿利，程堂仁，等．设施园艺技术标准研究［J］．农业工程技术（温室园艺），2010（8）：13－21.
[55] 赵习姮，李进才．设施园艺技术发展动向［J］．北方园艺，2011（5）：66－69.
[56] 田建文，谢华，李建设．设施园艺生产技术［M］．银川：宁夏人民出版社，2008.
[57] 李式军，郭世荣．设施园艺学［M］．北京：中国农业出版社，2011.
[58] 张福墁．设施园艺学［M］．北京：中国农业大学出版社，2010.
[59] 胡繁荣．设施园艺学［M］．上海：上海交通大学出版社，2003.
[60] 李式军．设施园艺学［M］．北京：中国农业出版社，2002.
[61] 张福墁．设施园艺学［M］．北京：中国农业大学出版社，2001.
[62] 杨和连，李新峥，陈碧华，等．设施园艺学课程教学的改革与优化［J］．河南科技学院学报，2011（8）：105－107.
[63] 杨其长，古在丰树，博特．设施园艺研究新进展［M］．中国农业科学技术出版社，2009.
[64] 杜纪格，等．设施园艺栽培新技术［M］．，2008.
[65] 李廷轩，张锡洲．设施栽培条件下土壤质量演变及调控［M］．北京：科学出版社，2011.
[66] 辜松．蔬菜工厂化嫁接育苗生产装备与技术［M］．北京：中国农业出版社，2006.
[67] 宋元林，等．蔬菜软化栽培技术［M］．北京：中国农业出版社，2003.
[68] 王勤．蔬菜穴盘育苗技术的发展［J］．内蒙古农业科技，2006（7）：39－40.
[69] 蒋先明主编．蔬菜栽培学总论［M］．北京：中国农业出版社，2000.
[70] 温祥珍，李亚灵．温室高效优质高产栽培技术［M］．北京：农业出版社，1994.
[71] 齐飞，魏晓明，鲍顺淑，等．我国设施园艺发展的机遇与挑战［J］．农机化研究，2010（12）：222－226.
[72] 李天来．我国设施园艺发展的几点思考［J］．农业工程技术（温室园艺），2011（3）：25－26.
[73] 郭世荣，孙锦，束胜，等．我国设施园艺概况及发展趋势［J］．中国蔬菜，2012（18）：1－14.
[74] 卢白娥．我国蔬菜生产现状与育苗问题探讨［J］．现代农业科技，2008（23）.
[75] 刘伟，余宏军，蒋卫杰．我国蔬菜无土栽培基质研究与应用进展［J］．中国生态农业学报，2006（3）：4－7.
[76] 孙竹波，汪东，柳新明，等．我国蔬菜无土栽培研究应用进展及发展前景［J］．北方园艺，2000（2）：11－12.
[77] 马太和．无土栽培［M］．北京：北京出版社，1980.
[78] 黄科，吴秋云．无土栽培的现状与展望［J］．福建农业科技，2001（2）：14－46.
[79] 王素静，唐辉，沈博，等．无土栽培基质现状及展望［J］．云南化工，2007（6）：54－56，59.
[80] 孙霞．无土栽培技术的发展状况及趋势［J］．中国农机化，2005（6）：47－50.
[81] 肖宝珠，肖庆元．无土栽培技术的应用前景［J］．湖南农业科学，1994（2）：23－24.
[82] 张广楠．无土栽培技术研究的现状与发展前景［J］．甘肃农业科技，2004（2）：6－8.
[83] 郭世荣．无土栽培学［M］．北京：中国农业出版社，2003.
[84] 刘士哲．现代实用无土栽培技术［M］．北京：中国农业出版社，2001.
[85] 周长吉．现代温室工程［M］．北京：化学工业出版社，2010.
[86] 黄丹枫，等．现代温室园艺［M］．上海：上海教育出版社，2005.
[87] 邹志荣．现代园艺设施［M］．北京：中央广播电视大学出版社，2002.
[88] 李胜战．新型薄膜覆盖材料的性能分析及其应用效果的研究［D］．杨凌：西北农林科技大学，2009.
[89] 贾东坡．芽球菊苣的软化栽培技术［J］．信阳农业高等专科学校学报，2004（1）：102－103.
[90] 丁为民．园艺机械化［M］．北京：中国农业出版社，2001.
[91] 陈国元．园艺设施［M］．苏州：苏州大学出版社，2009.
[92] 吴凤芝．园艺设施工程学［M］．北京：科学出版社，2012.
[93] 邹志荣．园艺设施学［M］．北京：中国农业出版社，2002.
[94] 章镇，王秀峰．园艺学总论［M］．北京：中国农业出版社，2003.

[95] 范双喜，李光晨．园艺植物栽培学［M］．2版．北京：中国农业大学出版社，2007.
[96] 郭晓冬．灾害性天气对日光温室蔬菜的危害及预防措施［J］．甘肃农业科技，2008（9）：50-52.
[97] 李式军，凌丽娟，姚禾芬，等．遮阳网性能与夏白菜的覆盖栽培技术研究［J］．农业工程学报，1995（4）：111-116.
[98] 杨其长，张成波．植物工厂概论［M］．北京：中国农业科学技术出版社，2005.
[99] 蔡尚光．植物工厂 迈向21世纪的设施园艺［M］．台北淑馨出版社，1991.
[100] 陈青云．中国日光温室的实践与理论［J］．设施园艺研究新进展——2009中国·寿光国际设施园艺高层学术论坛论文集，2009.
[101] 周长吉．中国设施园艺 全国设施园艺生产调研报告［M］．北京：中国农业出版社，2011.
[102] 鲍顺淑，齐飞，魏晓明，等．中国设施园艺发展的意义和作用［J］．北方园艺，2010（15）：25-28.
[103] 吕英民，张振贤，王秀芹．中国设施园艺区域发展研究［M］．北京：中国林业出版社，2010.
[104] 王玉霞，徐坤，米庆华，等．转光膜的温光效应及其对春大白菜生长发育的影响［J］．中国蔬菜，2006（9）：12-15.
[105] 林丰隆．自制自动化设施园艺与清洁蔬菜无土栽培［M］．台北淑馨出版社，1988.
[106] 熊格生，陈金湘，唐海明．作物无土育苗技术的研究现状及展望［J］．江西农业学报，2007（10）：42-45.